象
征
Symbol

漫漫征途　与书为伴

ANCIENT SCIENCE
THROUGH THE GOLDEN
AGE OF GREECE

希腊
黄金时代的古代科学

(修订版)

上

[美] 乔治·萨顿(GEORGE SARTON) 著
鲁旭东 译

中原出版传媒集团
中原传媒股份公司

大象出版社
·郑州·

图书在版编目(CIP)数据

希腊黄金时代的古代科学 : 修订版 / (美) 乔治 · 萨顿著; 鲁旭东译. -- 郑州 : 大象出版社, 2024. 10
ISBN 978-7-5711-1939-3

Ⅰ. ①希… Ⅱ. ①乔… ②鲁… Ⅲ. ①自然科学史-古希腊 Ⅳ. ①N095. 45

中国国家版本馆 CIP 数据核字(2023)第 254428 号

希腊黄金时代的古代科学

XILA HUANGJIN SHIDAI DE GUDAI KEXUE

[美]乔治 · 萨顿　著

鲁旭东　译

出版人　汪林中
责任编辑　王　卫　王　晓　刘东蓬　杨　倩
责任校对　牛志远　张绍纳　任瑾璐　赵　芝　安德华　李婧慧
装帧设计　王莉娟

出版发行　大象出版社(郑州市郑东新区祥盛街 27 号　邮政编码 450016)
发行科　0371-63863551　总编室　0371-65597936
网　址　www.daxiang.cn
印　刷　郑州新海岸电脑彩色制印有限公司
经　销　各地新华书店经销
开　本　890 mm×1240 mm　1/32
印　张　42
字　数　999 千字
版　次　2024 年 10 月第 1 版　2024 年 10 月第 1 次印刷
定　价　280.00 元
若发现印、装质量问题,影响阅读,请与承印厂联系调换。
印厂地址　郑州市鼎尚街 15 号
邮政编码　450002　电话　0371-67358093

谨以此书献给
我的同事和朋友沃纳·耶格
以示感谢

译者前言

读科学史不能不读萨顿的著作,之所以如此,不仅因为萨顿是科学史这一学科的杰出奠基者和一代巨匠,他的著作已经成为这一领域的经典,而且因为他告诉了我们如何正确理解科学史以及科学史对于沟通自然科学与人文科学的重大作用。

萨顿的全名是乔治·阿尔弗雷德·莱昂·萨顿(George Alfred Léon Sarton),他于1884年8月31日生于比利时的根特,1902年进入根特大学哲学系学习,由于发现传统的人文科学的教学与他的兴趣不相符,他便放弃了在哲学系的学习。经过一年的自学和反思之后,他于1904年重新进入该校的科学系学习,并于1911年获得科学博士学位。第二年,他创办了第一个科学史杂志《伊希斯》(*Isis*),并亲自担任主编达40年之久。为躲避战乱,萨顿在第一次世界大战之前举家迁往英格兰,随后他又于1915年来到美国。1916年他与哈佛大学签约讲授科学史,但一年期满后学校未与他续约。在美国著名教育家和史学家安德鲁·迪克森·怀特(Andrew Dickson White,1832年—1918年)的帮助下,他于1918年开始担任卡内基协会(Carnegie Institution)的研究员,从此与该组织结下了不解之缘。萨顿于 1920 年起在哈佛大学任教,1940 年被聘为教授。1951 年退休,并成为哈佛的荣誉退休教授(professor emeritus)。

从哈佛大学退休后,萨顿仍在科学史领域中辛勤耕耘。已经是古稀之年的他,不仅笔耕不辍,而且还不辞劳苦外出讲学。1956 年 3 月 22 日,他热切期望着去加拿大的蒙特利尔访问,他要在麦吉尔大学(McGill University)做"科学与新人文主义"的讲演,但是,意想不到的事情发生了。他平时看起来身体似乎很健康,然而,当他乘出租车离开他在波士顿的家向机场驶去后不久,他就感觉到身体不适,于是叫司机往回开。到家后没多久,他便因充血性心力衰竭在他非常喜欢的那把扶手椅上与世长辞了,时间是当天上午 7 点 30 分。

萨顿把自己的一生奉献给了他所钟爱的科学史事业。尽管对科学史的研究(或者更确切地说,对科学分科史的研究)源远流长,甚至可以追溯到古希腊时代,但是,直到萨顿开始其学术生涯的时代亦即 20 世纪初叶,科学史仍未成为一个独立的学科:它没有得到学术界的普遍认同,没有固定的学术职位可供讲授这门课程,没有自己的专业杂志。那时的科学史研究远没有成为一种职业,甚至对于倡导科学史研究的很多人来说,科学史也仅仅是一个副业。正是在这样一种严峻的学术环境下,萨顿开始了他一生的探索。

刚从学校毕业的萨顿虽然初出茅庐,但却富有远见卓识,并且雄心勃勃。甚至在求学时,萨顿就决心要投身于科学史这一领域,而且他很早就在构思这个学科发展的蓝图了。萨顿在28岁时创办致力于科学史评论的《伊希斯》杂志，不可不谓一项大胆的创举，尽管这个刊物在创办初期发行量很小（创刊两年以后在全世界只有125个订户），但萨顿有一个远大的抱负，他要使这个杂志成为“既是科学家的哲学杂志，又是哲学家的科学杂志；既是科学家的史学杂志，又是史学家的科学杂志；既是科学家的社会学杂志，又是社会学家的科学杂志”[1]。事实证明，萨顿的这个梦想最终实现了，它不仅成为多学科学术交流的一个权威平台，更重要的是，它为科学史提供了必要的制度化工具。正是借此，科学史的制度化建设向前迈出了关键的一步。除了办杂志之外，他还大力推进科学史的教学工作，积极培养学术人才，他的弟子中最杰出者有美国著名社会学家、科学社会学之父罗伯特·K.默顿（Robert King Merton，1910年—2003年），以及后来成为他在哈佛大学接班人的美国著名科学史家I.伯纳德·科恩（I. Bernard Cohen，1914年—2003年）。萨顿努力促使这个学科得到学术界的认同，并为该学科的发展做了大量工作：他和其他人一起创办了学术团体（科学史学会，1924年成立），为学术研究寻找和调动稀有的人力和财力资源，设法提供参考书，进行资料普查，帮助出版学术专著和教学指南；他为这门学科确立了指导原则和评价标准，确定了研究方向，阐明了研究方法，论述了科学史的科学基础，并且揭示了科学史与史学、科学史与科学分科史之间的区别与联

[1] 梅·萨顿（May Sarton）：《我知道一个长生鸟：自传概述》（*I Knew a Phoenix: Sketches for an Autobiography*, New York: W. W. Norton, 1959），第69页，转引自罗伯特·K.默顿：《科学社会学散忆》（*The Sociology of Science: An Episodic Memoir*, Southern Illinois University Press, 1977），第61页（本文所标的文献页码，除注明“中文版”的文献外，其余皆为原文页码）。

系。萨顿为科学史这一学科的最终形成做出了巨大贡献,付出了毕生的心血。他的才华、学识、气魄、激情和实干,至今无人能出其右。他被誉为科学史之父,确实当之无愧。

对于科学,人们有着不同的理解。成长于19世纪末的萨顿,其思想不可避免地会受到孔德及其实证主义的影响。按照萨顿的观点,"如果把科学定义为系统化的实证知识,或者看作在不同时期不同地点所系统化的一种知识,那么科学史就是这种知识发展的描述和说明"。[2] 萨顿把科学看作人类精神和人类文明的中枢,科学与所有其他人类创造性活动的区别就在于,唯有它具有显而易见和无可怀疑的积累性与进步性:"科学史是唯一能说明人类进步的历史。事实上,在科学领域之外,'进步'没有明确的和无可非议的含义。"[3]因此,对他而言,科学史实际上就是人类文明史,尽管它只是其中的一小部分,但却是本质的部分。在人类文明史中,科学的进步是人们关注的中心,而一般的历史往往是科学史的背景;任何一部文明史如果不充分说明科学的进步,就是不完善的。当然,萨顿无意要贬低人类的其他精神成果,如宗教、艺术、社会正义等等,相反,他认为,科学与它们具有同样的重要性。他清醒地认识到,无论科学多么重

---

〔2〕 G. 萨顿:《科学的历史》(*Science, History of*),原载《美国百科全书》(*Encyclopedia Americana*),1977年版,第24卷。应当指出的是,萨顿并没有把实证知识当作崇拜的偶像,因为他很清楚,对实证知识的绝对崇拜会使人们陷入最糟糕的形而上学——科学偶像崇拜。参见 G. 萨顿:《科学的生命》,商务印书馆,1987年中文版,第43页。

〔3〕 G. 萨顿:《科学的历史研究》(*The Study of the History of Science*, New York: Dover, 1957),第5页。

要，它都是不充分的，因为人类并不能只靠真理而生活。萨顿的这种思想由来已久，在其求学时就已经有了萌芽，正如他所说的那样："从我是佛兰德（Flanders）根特大学（the University of Ghent）的一名学生时起，我的生命就受到两种激情的支配——一种是对科学的热爱，或者也可称之为对合理性的热爱；另一种是对人文学的热爱。很早的时候我就忽然意识到，没有科学，人就不能理性地生活；而没有艺术和文学，人就不能高雅地生活。"[4]

科学史的学科建设无疑是萨顿一生中最重要的成就之一，但对他本人来说，科学史只不过是一种手段而不是目的。萨顿的最终目的就是要促成一种完整的科学哲学，使之成为科学与人文学科之间的桥梁。他发现，很多人（甚至包括少数科学家）对科学的理解都是完全错误的，他们只看到了科学的物质成就，而无视科学的精神。萨顿对此提出了批评，他指出："如果科学只被人从技术的和功利主义的角度来看待，那它就简直没有任何文化上的价值。"[5]萨顿希望把科学与人类文化联系起来，从而使之成为人类文化中的一部分，并确立一种新的价值观，这种价值观就是他所说的新人文主义。新人文主义也可以称为科学人文主义，与旧人文主义不同的是，它并不排斥科学，而是以科学为核心。它强调科学在人类文明和文化中的重要地位，认为大体而言科学方法就是人类全部知识的基础，科学是人类进化的中心和最高

[4] G. 萨顿：《希腊化时代的科学与文化》（*A History of Science, Hellenistic Science and Culture in the Last Three Centuries B. C.*, Cambridge [Massachusetts]: Harvard University Press, 1959），第 ix 页（参见本书边码，下同）。

[5] G. 萨顿：《科学史与新人文主义》，华夏出版社，1989 年中文版，第 141 页。

目标;它强调统一性原则,认为自然的统一性和一致性是科学知识的基础,而科学则是全世界不同国家、不同种族、不同语言和不同信仰的人的共同成就,科学知识的这种统一性证明了人类的统一性;它强调科学的人性,认为任何科学思想从诞生到成熟都是彻底人性化的,科学像其他人类活动一样充满生机,而且充满最高级和最纯洁的生命力;它强调文明的东方起源,认为东方思想在整个人类文明发展中发挥了巨大作用,否认这种作用就无法理解科学的发展史,并且会使人误入歧途;它强调宽容原则,认为没有宽容精神,人类的文明无论现在怎样都是不稳定的。萨顿重申,必须把科学人性化,而若想实现这一理想,科学史就是最恰当的桥梁,因为科学史有助于科学家了解自己学科的发展脉络,有助于哲学家把科学与哲学联系起来以说明哲学的某些演变,有助于心理学家探索人类精神的特性和能力,有助于社会学家阐明科学与社会之间以及科学家群体内部的多种社会互动。

萨顿的这些思想不仅在科学史界产生了重大的影响,而且对科学哲学和科学社会学也有一定的影响。例如,萨顿发明了一些数量分析方法,这些方法不仅被他应用于他的科学史的研究之中,而且后来也进入了科学社会学的人学和引证分析领域。正如他的弟子默顿指出的那样,他对科学社会学的影响尽管是间接的,但却是持久的。

萨顿生前出版了 15 部专著,发表了 300 余篇论文,其中最具代表性的科学史著作有《科学史导论》(*Introduction to the History of Science*)和《科学史》(*History of Science*)。然而很可惜,这两部著作都只完成了一部分。《科学史导论》从

1927 年至 1948 年共出版了 3 卷 5 册，该书从公元前 9 世纪写到 14 世纪。在第 3 卷出版之后，萨顿没有继续写，而是开始着手他的另一部也是最后一部鸿篇巨制即《科学史》的工作。萨顿的这部科学史是以他 1916 年至 1951 年在哈佛大学所讲授的科学史的讲义为基础的，按照计划，这部著作应该写 8 卷，分为 4 个部分，每部分为两卷，这 4 个部分分别为古代、中世纪、15 世纪到 17 世纪和 18 世纪到 20 世纪。这 8 卷既可构成一个统一的整体，每卷又可独立成篇。遗憾的是，萨顿只写完了古代部分的两卷就去世了。

萨顿已完成的《科学史》的两卷是《希腊黄金时代的古代科学》（*A History of Science, Ancient Science through the Golden Age of Greece*）和《希腊化时代的科学与文化》（*A History of Science, Hellenistic Science and Culture in the Last Three Centuries B. C.*）。《希腊黄金时代的古代科学》于 1952 年出版，探讨的范围从史前时代到公元前 4 世纪。《希腊化时代的科学与文化》在他生前已经完成，并且由他对打字稿进行了修订和校对。由于他的去世，该卷于 1959 年才出版，它所探讨的范围是公元前最后 3 个世纪。萨顿在这两卷共计 1139 页（原文正文）的著作中，论述了从科学发端到公元前 1 世纪末的自然科学与人文科学的发展、科学思想的传播以及不同文明的交流与互动。

《希腊黄金时代的古代科学》分为三篇。第一篇从史前时期的数学、天文学以及其他科学的最早证据入手，描述了埃及和美索不达米亚的成就、希腊文化的黎明、古老的东方文明对希腊文明的影响以及公元前 6 世纪爱奥尼亚科学的繁荣；介绍了泰勒斯、阿那克西曼德、色诺芬尼以及其他著名思想家的理论,并用一整章的篇幅介绍了颇有影响的毕达哥拉斯的学说。第二篇从公元前5世纪雅典的辉煌开始,展现了希腊人在诗歌、艺术、哲学和科学方面的显著成就。作者清晰地描述了赫拉克利特、阿那克萨戈拉、普罗泰戈拉、芝诺、巴门尼德、德谟克利特以及其他许多人前所未有的贡献。同时,作者还以敏锐的眼光讨论了公元前5世纪的地理学家和史学家(如希罗多德、修昔底德以及其他人),以及公元前5世纪(以希波克拉底医学为主)的希腊医学。第三篇集中讨论了公元前4世纪那些非凡的希腊思想家——柏拉图、亚里士多德、色诺芬以及其他人,同时还介绍了犬儒学派、斯多亚学派、怀疑论学派以及伊壁鸠鲁学派等重要的思想学派。这一部分主要关注的是数学、天文学、物理学、自然科学、亚里士多德人文科学和编史学等的进展。

《希腊化时代的科学与文化》分为两篇。第一篇探讨了公元前3世纪托勒密、欧几里得、阿利斯塔克、阿基米德、埃拉托色尼以及其他思想家的成就。萨顿对希腊化的成就进行了广泛的评价,勾勒了在地质学、年代学、物理学、技术、解剖学、医学、哲学以及宗教、语言学等领域中的发展。第二篇继续探讨公元前最后两个世纪的情况。作者从希腊世界的社会背景入手,说明了希腊宗教与希伯来圣经的关系、雅典各个哲学学派的发展、喜帕恰斯的天文学理论,并证明了人类在物理学、技术、博物学、医学、地理学、哲学、艺术与文学等领域的进步。

阅读萨顿的这两卷著作,就仿佛跟着一位优秀的导游在时间隧道中旅行。我们会在这位大师的引导下,回到遥远的古代,走进一座巨大的古代文明宝库。那里宛如一个梦幻的世界,我们可以领略古代神奇而富有魅力的不同文化,欣赏古代人所取得的各种辉煌成就。不计其数的人类文明瑰宝让人目不暇接,一个个古代巨匠令人遐思冥想。我们在惊叹几千年前人类的祖先所创造的文明奇迹的同时,也不得不敬佩这位享誉世界的学者渊博的学识、精深的思想和博大的胸怀。

像在萨顿的其他著作中一样,新人文主义思想也贯穿这两卷《科学史》的始终。论述古代部分的这两卷以古代希腊的科学成就为主轴,而萨顿认为,要正确理解古代科学,必须消除两种错漏。一种错漏是隐瞒科学的东方源头,萨顿指出,这种做法是错误的而且非常幼稚。科学并不起源于希腊,科学的摇篮在东方,而"希腊的'奇迹'是以埃及、美索不达米亚(Mesopotamia)而且可能还有其他地区数千年的成就为前提的。在希腊科学中,发明的成分少于复兴的成分"。〔6〕萨顿试图说明东西方文化的交流与互动,或者用他自己的话来说,要说明"西方的东方化"和东方的"希腊化"的过程和历史。他在这两卷著作中用了相当的篇幅展现东方诸文明古国悠久的历史、杰出的智慧、惊人的成就和这些成就的广泛传播,描述了希腊人在不同时期通过各种渠道对这些成就的吸收、借鉴,以及他们在此基础上的创造和发展。他借助许多事例证明,东方的科学、思想、艺术、神话、宗教和风俗等对希腊的影响是巨大而深远的。而且,在希腊文明走向成熟之后,这种影响依然存在,他指出:"我们应该永远记住,那些古代文化以这样或那样的形式一直持续到罗马对

〔6〕G. 萨顿:《希腊黄金时代的古代科学》,第 ix 页(参见本书边码,下同)。

外征服时期，甚至在此之后依然幸存下来。除了前希腊时代的影响外，还有许多其他影响贯穿于希腊史的进程之中，或者毋宁说，在东方与西方之间存在着无休止的奉献和索取。”[7]

科学史的任务不仅要说明科学的发现，而且要说明科学精神的发展、人类对真理反映的历史、逐渐揭示真理的历史以及人类心灵逐渐从黑暗和偏见中解放出来的历史。“由于科学史是人类把理性应用于自然而完成的发现和发明的历史，因此在很大程度上，它必然就是理性主义的历史。不过，理性主义也暗示着非理性主义的存在；对真理的追求暗示着对错误和迷信的斗争。”[8]然而，有一种错误的做法，亦即萨顿所说的第二种错漏，却要掩饰希腊文化的迷信背景。萨顿认为，否认那些迷信的存在就像无视传染病一样是愚蠢的。他用许多无可争辩的事实说明，像其他民族一样，希腊思想中也掺杂着迷信、谬误与偏见，希腊科学就是在与它们的斗争中一步步向前发展的，也正因为如此，希腊的科学成就才显得弥足珍贵：“希腊科学是理性主义的胜利，尽管希腊人有非理性的信念，这一胜利还是不可避免地取得了，当人们认识到这一点时，这一胜利就会显得更伟大，而不会显得更渺小；因为它首先是理性战胜非理性的胜利。无论是对于适当地评价这一胜利，还是对于解释偶尔的失败，例如柏拉图的许多偏差，对希腊迷信有所认识都是必要的。”[9]

总之，萨顿认为，古代科学史理应也包含有关东方科学

---

〔7〕G. 萨顿：《希腊黄金时代的古代科学》，第 112 页。
〔8〕G. 萨顿：《希腊化时代的科学与文化》，第 x 页。
〔9〕G. 萨顿：《希腊黄金时代的古代科学》，第 ix 页。

和希腊神秘主义这两组事实的充分知识,否则,科学史就不仅是不完善的,而且是失败的。

在萨顿看来,仅仅分别研究每个学科的发展是远远不够的,他的目的是要完整地说明古代科学的发展。他考察了数学、物理学、天文学、地理学、地质学、矿物学、冶金学、建筑学、工程学、医学、生理学、解剖学、生物学、植物学、动物学、农学以及各种工艺技术的发展,而且,他总是思考它们的相互关系,并且尽可能全面地说明它们的背景。从年轻时起,萨顿就很清楚,科学史应当包含多种不同学科的历史,应当考察精神的全部变化和文明进步所产生的全部影响,而且在他的学术生涯中,他一直保持着这种百科全书式的眼界。在这两卷科学史中,他非常重视诸多人文社会科学学科与自然科学之间的联系与互动,分析了这些人文学科对科学发展所起到的启示和促进作用。例如,他清晰地阐述了苏格拉底的哲学对科学研究的重要意义,他指出,苏格拉底的"某些思想对未来科学的发展不仅有积极的贡献,而且是必不可少的。第一,他坚持清晰的定义和分类。如果我们对我们所谈论的事物没有尽可能正确的认识,那么讨论是没有意义的。这一点在科学中甚至比在哲学中更重要。第二,他运用了一种可靠的逻辑发现方法(他的助产术法)以及辩证法。必须把科学家培养成这样的人:他们能进行没有逻辑缺陷的论证。否则,他们就会得出错误的结论。第三,他对法律的职能有着深刻的认识并且很尊重法律。科学的健康发展以道德纯洁、诚实以及个人和社会的素养为必要条件。一个糟糕的公民不可能成为一个优秀的科学家。第四,他的理性怀疑论为科学研究提供了基础。科学家在能够开始建立其基础之前,必须心甘情愿地唾弃那些偏见和迷信的依据”[10]。

萨顿从其科学史家的生涯一开始,就有一种具有普遍意义的观点,按照这种观点,科学史家应当具备某种社会学视角。他十分关注科学与社会的关系,认为科学史必然是某种形式的社会史。在他看来,一个优秀的科学史家必须是一个优秀的社会史家。科学归根到底是一种社会活动,即使在古代,科学没有现代这样完备的组织形式,它的产生、发展和传播过程也不可避免地要受到各种社会因素的影响,因此,“这种以科学为中心的关于古代文化的历史,必然是某种形式的社会史,因为‘文化’除了是一种社会现象外,还能是什么呢?我们试图在其社会背景中来了解科学和智慧的发展,因为脱离了这个背景,我们就无法获得真相。科学不可能在社会真空中发展,因此,每一门科学的历史,甚至包括最抽象的数学的历史,都包含许多社会事件”[11]。萨顿在这两卷科学史中对科学的社会环境进行了细致的考察,深入分析了政治、哲学、宗教、伦理、法律、经济、语言、文学、史学、教育、战争、社会变革甚至传染病对科学家和科学事业的影响,他通过诸多历史事实说明,科学家也是人,他们也有缺点和弱点,他们的思想和研究可能而且往往是受各种社会因素支配的。

萨顿是一位治学严谨的学者,在这部科学史中,为了追根寻源,他尽可能以古代的著作和古代的评注等原始资料作

---

〔10〕 G. 萨顿:《希腊黄金时代的古代科学》,第 272 页。
〔11〕 同上书,第 xii 页。

为其记述的基础;同时,他也充分利用了其他史学著作。他非常耐心地挑选所要叙述的史实以及它们各自的细节,以便在篇幅允许的范围内尽可能论述全面,并且把必不可少的内容提供给读者。萨顿是一位才贯二酉、学富五车的学坛巨子,但他并没有因此恃才傲物、自命不凡,他坦率地承认,由于我们对古代的知识的匮乏,许多论述不可能是精确的。在撰写本书时,他的《科学史导论》已经得到了学界的赞誉,但他并没有满足于过去的成果,他在本书中仍不断纠正他在《科学史导论》中的错误和疏漏,充分体现出一代宗师的大家风范。

萨顿不仅有广博的自然科学和人文科学的知识,而且通晓 14 种语言(包括阿拉伯语和汉语),这使他在浩瀚的东西方史料的筛选上独具慧眼、游刃有余。他用通俗的语言、清晰的逻辑、流畅的叙述把古希腊科学与文化的历程一一展现在读者面前,同时,配以精心挑选的插图,使得这部科学史更加通俗直观、引人入胜。当然,出于各种原因,萨顿的这部著作也有这样或那样的不足或局限,但是毕竟瑕不掩瑜;而且,我们应该像萨顿那样,对此采取宽容的态度,而不应过于苛求。无论如何,在今天,尤其是在有关古希腊科学的完整论述依然不足的中国,这部著作仍然是一部了解希腊思想和科学的起源与发展以及古代东西方思想交流的重要参考书。

萨顿的著作在国内已经介绍了一些,但这部科学史从未在中国翻译出版。翻译这样一部内容丰富的长篇大作的确是一种挑战,不仅要面对诸多学科、历史事件和人物,还要面对多种语言。译者学疏才浅,一人承担此书的翻译,确有心有余而力不足之感。好在有多位前辈和同事的勉励与帮助，此书的翻译方得以顺利完成。在此，我首先要感谢中国社会科学院外国文学研究所的王焕生老师，哲学研究所的张伯霖教授、李理教授和詹文杰博士，他们为译者提供的帮助令译者没齿难忘。其次，我要感谢大象出版社的原副总编辑王卫和特约编辑王晓，他们既是本书中译本的责任编辑，也是它的第一读者，他们提出的一些宝贵意见和建议，使译者避免了一些疏漏。另外，在翻译这部著作时，译者参考了国内出版的有关译著，因为数量过多，难以一一列举，谨向这些译著的各位译者表示诚挚的谢意。最后，我要特别感谢我那年逾耄耋的父母，多年来他们为我解除了家务之劳，才使得我能够无忧无虑，静心译书。遗憾的是，他们前两年先后驾鹤西归，看不到本书修订本的出版了。

本书中译本第 1 版于 2010 年 5 月出版，这次重印，内容整体上没有太大改动，译者仅对一些文字进行了修改。尽管译者在翻译这部学术巨著时已经倾心尽力，但毕竟学识有限，讹误之处在所难免，敬请各位专家学者批评指正。

译者

2021 年 7 月

前　言

多年以前，在我的《导论》*第1卷出版后不久，有一天，当我穿过校园时，我遇到了我以前的一个学生，我邀请他到哈佛广场的一个咖啡厅与我一起喝咖啡。稍微犹豫了一下后，他对我说："我买了一部您的《导论》，可是我这辈子从来没这么失望过。我记得您的那些讲座，它们都生动活泼而且丰富多彩，我希望在您的这部大作中看到它们有所反映，但是我只看到了一些枯燥的陈述，这真让我扫兴。"我尝试着向他说明我的《导论》的目的：这是一部严肃的、一丝不苟的著作，它的大部分根本不是打算供读者阅读用的，而是供读者参考的，最后我说："也许我能写出一本更让你喜欢的著作。"

从那以后，我常常在构思这样一部书：它不仅应当再现我那些讲座的文字，而且应当再现它们的精神。它首先是为我以前的学生以及科学史家而写的，作为《伊希斯》(*Isis*)和《奥希里斯》(*Osiris*)的读者，他们都是我的伙伴，而且他们

---

* 指萨顿的三卷本巨著《科学史导论》(*Introduction to the History of Science*)。——译者

当中的许多人和我一起工作，或者以各种方式帮助过我。它也是为受过教育的一般人写的，但不是为语言学家而写的。

对此需要解释一下。我并不是对语言学家有敌意，尽管他们可能不会接受我，但从某些方面讲，我是他们中的一员。大自然中充满了奇妙的事物，如贝壳、鲜花、飞禽和星辰等等，对于观察它们，人们永远不会感到厌烦，不过在我看来，在这之中，最奇妙的事物是人类的词汇，当然，我不是指那些从喋喋不休的嘴中说出的空洞的重复之词，而是指那些出自睿智和机敏之口的珠玑妙语和情深意切之词。最令人激动的，莫过于对人类所发明的表达他们的思想和情感的方式进行沉思，以及把他们在不同时间和不同地点所使用的各种修辞方法加以比较。历经世世代代，男男女女们使用过的单词和短语就成了最可爱的人类之花。每一个词都有很多功效；的确，从一个词被创造之日起，过去的一切就体现在这个词中；它不仅会描述清晰的思想，而且还会呈现无穷无尽的模糊观念；每一个词都是现实与幻想、真相与迷团的宝库。这就是我为什么常常会暂停我的思考、演说或写作，而想弄清楚这个或那个词是否确实意味着某种意义的原因。这种出神的现象往往会不由自主地出现在我的著作中，尤其是出现在脚注中，对此不关心的读者如果愿意，可以很容易地跳过去。

然而，我太沉湎于对科学的研究了，而且从事这一研究的时间也太久了，以至于无法使我与语言学家在一起时感到自由自在，或者无法使他们与我在一起时感到无拘无束。按照我的判断，我对语言的兴趣比一般的语言学家对科学的兴趣更为名副其实。作为讲授古代科学的教师，我最大的遗憾

是，我的大量听众中几乎从来就没有学习古典语言的学生， viii
而我的课程对他们可能是有某种启发的；他们不来听课的一个可能的原因是，他们的指导老师不关心科学，甚至不关心科学史。这实在太糟糕了！

本书不是为古典语言学家写的，而是为这样一些理科学生写的，对古代他们只有初步的知识，而且他们可能从来没有学过希腊语，或者他们的希腊语知识非常肤浅，难以为继。因此，我把希腊语引文限制在最低限度，而且大都作了翻译，我所说明的许多东西是每一个语言学家都已经了解的。另一方面，我对科学问题的说明尽可能地简洁，在这里，难以对科学进行全面的说明，因为任何人都不可能同时既讲授科学又讲授科学史。

我讲授的科学史分为四门课程，分别论述古代、中世纪、15 世纪至 17 世纪以及 18 世纪至现代。每一门课程大约为 35 讲，印出来需要两卷的篇幅。本书即是这 8 卷中的第 1 卷，而每一卷都可独立成章。本书将说明科学从其发端到希腊时代结束时的发展。

由于我讲完全部系列讲座要花两年的时间，因而，我不可能在比这更短的时间间隔内回过头来讨论某一主题，例如恩培多克勒（Empedocles）或欧多克索（Eudoxos）。对于一个清醒的学者来说，两年的时间已经相当长了。许多事情可能会发生而且的确发生了。有助于重新说明这一学科的论文和书籍出版了；科学的这种进展迫使人们重新考虑一些旧的观念；最重要的是，我自己在不断地改变着。所有这一切的结果是，我从来没有把同一个讲义用过两次，而且没有一个讲义是一成不变的；它们总是处于不断变动的状态。直到现在,因为写作和出版的需要我才把它们固定下来。这种固定非常不合我意,不过也没有办法。我希望,我的一些读者至少会对这些印刷的文字采取开放的态度,并且通过他们自己的批判性关注赋予它们新的生命。

科学史是一个庞大的领域,要想用100个或1000个讲座完全涵盖它是不可能的,我宁愿讨论一些经过选择并且我足以胜任的主题,而不去尝试讨论那些我力不从心的主题。我们没有那么多时间和篇幅进行包罗万象的论述,不过,对于那些筛选过的话题,本书的论述比我的讲座更为精心也更为丰富。

对于每一个选定的话题,例如荷马(Homer),要陈述所有事实也是不可能的,而且也没有必要这样做。对于少数基本问题必须予以重申,同时,还必须留出篇幅给一些鲜有论述而又更为重要的话题。在这方面,我得益于我对读者的信念:他们并不需要面面俱到的知识,而只需要少量线索。

知识与智慧之间的冲突是无休无止的。已知的事实和技术数据是基础性的,但仍是不充分的。必须把它们简化、符号化,而且在传授它们时,还要对所涉及之问题有更深入的理解。

随着年龄的增长,我的讲义变得简洁了;我试着讲述较少的问题,但把它们讲得更精一些,更人性化。本书以一种不同的方式延续了这种演变,不过,它尚未达到我所希望的简洁的程度。

我把一些非常复杂的专业性问题略去了,因为对非专业
ix 人员解释这些问题可能需要相当多的篇幅,更糟糕的是,这

样做可能会分散他们的注意力，使其偏离更重要的问题。技能与智慧之间的冲突过去存在，而且现在依然存在，在过去像在当今一样，有许多愚蠢之人对一些无足轻重的问题过分关心，但却忽略了一些最基本的问题。

一些并不聪明的人理解最为复杂的机械装置和使用它们的能力常常令我感到吃惊，而更让我吃惊的是，他们对于理解一些简单问题的无能。使一些简单的观念为人们普遍接受是很难也很少能做到的，然而，只有当一些简单的和基础性的观念被人们接受时，在更高水平上的进一步发展才会成为可能。

博学而不迂腐像智慧本身一样弥足珍贵。

有两种不可原谅的错漏常常会损害对古代科学的理解。第一种错漏涉及东方科学，它天真地认为科学起源于希腊。其实希腊的“奇迹”是以埃及、美索不达米亚而且可能还有其他地区数千年的成就为前提的。在希腊科学中，发明的成分少于复兴的成分。

第二种错漏涉及迷信背景，不仅东方科学有迷信背景，而且希腊科学本身也有迷信背景。把科学的东方源头隐瞒起来真是大错特错，没有这一源头，希腊的成就是不可能获得的；有些史学家把这一错误又加重了，他们把妨碍这一成就或者会使其丧失价值的数不胜数的迷信也隐瞒了起来。希腊科学是理性主义的胜利，尽管希腊人有非理性的信念，这一胜利还是不可避免地取得了，当人们认识到这一点时，这一胜利就会显得更伟大，而不会显得更渺小；因为它首先是理性战胜非理性的胜利。无论是对于适当地评价这一胜利，还是对于解释偶尔的失败，例如柏拉图的许多偏差，对希腊迷信有所认识都是必要的。

如果撰写一部古代科学史却没有给读者提供有关这两组事实的充分知识——一组是关于东方科学的事实，另一组是关于希腊神秘主义的事实，那么，这样写出来的科学史就不仅是不完善的，而且是失败的。

我的记述尽可能以原始资料为基础，我总是想追根寻源。不过，一方面，我们的参考文献常常是很不完善的。例如，原始人在他们认识到自己拥有任何知识以前，就已经应用了大量知识；如果他们都没有认识到，我们又如何能认识呢？

但在另一方面，关于埃及科学和美索不达米亚科学的参考文献往往是非常准确的，比有关希腊科学的文献准确得多。的确，埃及学家和亚述学家在掌握原始文献方面具有优势，而希腊学家通常却只能满足于一些残篇、间接的引语和观点，以及从与原件相隔久远的抄本那里被抄录了许多次的副本。有时候，一个比较完整的文本例如《伊利亚特》(*Iliad*)留传给我们，但人们实际上却一直不知道其作者是谁；还有些时候，通过各种奇闻逸事我们已经熟悉了某个作者，比如泰勒斯(Thales)或伊壁鸠鲁(Epicuros)，但是他的大部分著作已经佚失了。

史学家们必须在每一个个案所限定的范围内尽其所能。“原始资料”意味着不同的价值。在 faute de mieux(不得已退而求其次)的情况下使用一些不太完善的资料时，只要记
x 住它们的本质，不把复制过 n 遍的副本与原件相混同，不把

传闻与确定的事实相混同,就不会有大碍。的确,在我们关于古代的知识中,几乎不可能有真正确定的内容,但这并不能削弱我们的责任。

本书的主要部分,当然是论述希腊,论述希腊辉煌的某个新的或者说鲜为人知的方面。希腊早期的科学工作者的伟大成就,可以与伟大的建筑师、雕塑家或者与诗人和其他文人墨客相媲美。科学的成就似乎是短暂的,因为恰恰是科学的进步使得这些成就不断更新换代;不过,它们当中也有一些是非常基础性的,以至于它们以一种更深邃的方式变成了永恒的东西。欧多克索和亚里士多德(Aristotle)得出的一些结论,直至今天仍然是现行知识最基本的部分。此外,从人文主义的观点看,每一项人类成就本质上都是不可忘却的和不朽的,即使它已被一项"更优秀的"成果取而代之后亦是如此。

反思希腊文化是件令人愉快的事,因为希腊文化非常简单和质朴,而且缺少新的发明,所有这些特点不久或者在后来都成为希腊人受束缚的一个原因。

富有创造性的人们的理性主义被大量空想削弱了,历史丰碑的壮美大概也被它周围那些浮华和丑陋的事物毁坏了;在少数事例中,希腊人在其力所能及的范围内接近了圆满的程度,但他们仍然是人,因而依然是不完善的。

希腊科学最令人惊讶的特点是,在它那里可以发现许许多多我们自己的思想的预示。领先于其他民族,而且领先他们1000多年,这样的民族的确是非常有才华的。希腊人在科学方面的天赋像他们在艺术和文学领域的天赋一样卓越;

如果我们不能正确地评价他们在科学方面的天赋，那么我们就不能说我们真正理解了他们的天赋。

仅仅强调文化的领先是不够的，我们必须回顾一切可能有助于我们理解过去的现在的事物，以及一切可能有助于我们理解现在、理解我们自己的过去的事物。对于艺术家来说，而且的确，对于哲学家来说，他们习惯于 *sub specie aeternitatis*（以永恒的方式）考虑一切，在他们那里，没有过去，没有未来，只有永恒的现在。在今天，荷马和莎士比亚仍像过去一样充满活力；从他们首次出场开始，他们就总是在舞台上，但我们却不是这样。

我们关于过去的记述在许多方面受到限制；有些局限是不可避免的，其中一种局限是，我们必然会把我们自己限定在我们的祖先那里。早期的印度科学和中国科学一般都被人们忽略了，这不是因为它们不重要，而仅仅是因为它们对于我们西方读者来说没有多少意义。我们的思维一直深受希伯来思想和希腊思想的影响，但几乎没有受到任何印度思想或中国思想的影响，而且鲜有任何来自南亚和东亚的影响以间接的方式传播到我们这里。

我们自己的文化，源于希腊文化和希伯来文化，即使我们不是只对自己的文化感兴趣，但最令我们感兴趣的还是我们自己的文化。我们并不是说它是最好的文化，而只是说它是我们自己的。声称它必然具有优势可能是错误的和有害的，因为这种态度是当今世界国际纷争的主要根源。如果我比我的邻居具有优势，那么这应该由他们来说而不是由我来说。如果我声称具有优势，而他们不能或不愿意证实它，那

么这种主张可能只会在我们之间造成敌意。把不同民族进 xi
行比较时，情况也是如此，只不过其表现形式更为复杂、更意味深长。每一个民族都偏爱自己的风俗习惯。

我的主要兴趣，或者几乎可以说，我的唯一兴趣，就是热爱真理，无论它是否会令我快乐，无论它是否对我有用。真理是自足的，不存在任何这样的事物：真理有可能被迫向它屈服而自身却又不会有什么损失。当使真理屈从于其他任何事物时，无论这种事物多么伟大（例如宗教），真理就会失去纯洁而变得肮脏。

我的目的不是要说明任何一门科学的发展，而是要说明古代科学的整体发展。我们将思考数学问题、天文学问题、物理学问题和生物学问题，不过，我们总是要通过它们的相互关系思考这些问题，并且尽可能全面地理解它们的背景。我们的主要兴趣是全部古代文化，但我们关注的中心理所当然是古代的科学和古代的智慧。智慧既不是数学的、天文学的，也不是动物学的。对任何事情谈论得过多，它就不再是它自身了。有聪明的物理学家，但智慧不是物理学的；同样，有聪明的医生，而智慧也不是医学的。

对科学史的主要误解，是由这样一些医学史家造成的，他们认为医学是科学的中心。这种误解被卡尔·萨德豪夫（Karl Sudhoff）这位伟大的学者扩大了，他的专长是医学史，而且他是一位非常不同凡响的医学史家，但是他没有足够的科学(非医学的)知识。[1] 任何一个有真正科学头脑或哲学头脑的人都会认识到,知识发展的层次是很普遍的现象:最简单和最基础的是数学思想;如果你在空间和数量概念上加上时间概念,那么你就会进入力学领域;其他假设将会把我们引入天文学、物理学或化学领域。或许有人可能要思考地球的过去和现在,就会开始地理学和地质学的研究;或者有人要研究地震问题,由此就会开创矿物学和结晶学的研究。

到此为止,我们所有的思考都仅限于无生命的问题。加上生命观念,我们就会引入生物学及其所有分支学科:植物学、动物学、古生物学、解剖学、生理学。如果人们由此更上一层楼,思考人和人类精神,那么就会开启人文学和社会科学的领域。

已经列举的所有这些知识的分支,可以而且的确适用于人类的各种需要,由此又可以导致许多应用,如技术、医学和教育等。的确,在实践中,实际应用往往是先于它们自己的那些基本原理的;古代的人,远在他们把注意力放在解剖学或胚胎学之前,就不得不实施产科手术和外科手术。以上所描述的顺序是一种逻辑顺序,而绝非任何意义上的历史顺序。医生的出现早于物理学家和化学家,但正是后两者为前者提供了工具,而不是相反。我们必须从适当的角度考虑问题。历史的顺序是非常有趣的,但又是偶然的和无常的;如果我们想理解知识的发展,我们就不能满足于偶然的事物,

---

〔1〕 G. 萨顿:《公报和议程》(“Acta atque agenda”),载于《国际科学史档案》(*Arch. internat. d' histoire des sciences*)*30*,322-356(1951)。萨德豪夫是《医学史和自然科学史通报》(*Mitteilungen zur Geschichte der Medizin und der Naturwissenschaften*,40 vols.,1902-1942)的创办者,从这一杂志的标题可以看出,它首先关心的是医学史,其次才是科学史。

我们必须说明:知识是怎样逐渐积累起来的。这并不是说,我们应当首先说明数学的历史,然后再说明力学的历史,如此等等。这样的方法大概多半是错误的;我们必须先从某一 xii
编年史时期出发走向以后的更高阶段,不过,在每一个阶段,我们都必须关注数学思想,然后关注物理学思想,等等。

健康与疾病以及生与死等问题对一般人来说非常重要,如果他因此相信医学是科学的中心,那么这种重要性也许可以用来为他的这种信念进行辩解。哲学家和数学家非常愿意承认那些问题的实际重要性,但不愿意承认它们的精神权威。他们非常感兴趣的是其他类的问题,如上帝和我们自己的本质,数字和连续性的意义,空间和时间的意义。他们关心生命问题,而不仅仅是我们自己的生命;关心均衡问题,而不仅仅是我们自己的健康。

医学的起源是非常早的,但它是否先于数学和天文学尚不确定。当我还是一个孩子的时候,早在我的脑海中出现医学观念以前,我就在思考数字和形状的问题了。不过,如果我体弱多病或者是跛脚,我的价值观的标准和我的视角可能就截然不同了。

人们对世界的理解是多种多样的。主要的差异就在于,有些人更擅长抽象思维,因而他们自然而然就会首先思考统一性、上帝、整体、无限以及其他诸如此类的概念。而另一些人更擅长具象思维,他们会考虑诸如健康和疾病、利润和亏损等问题;他们会发明一些小装置和疗法;他们宁愿把任何他们已经掌握的知识应用于实际问题,而不太愿意去认识任何事物;他们尝试着使事物有所作用、有所回报,愿意去治病、教书。第一类人被称之为梦想者(如果没有比这更糟糕的称呼的话)；第二类人被认为是注重实际和实用的人。历史往往证明了注重实际的人目光短浅，而“懒惰的”梦想者是正确的；它也证明梦想者常常被误解了。

科学史家以同样的兴趣讨论这两类人，因为他们都是必不可少的；但科学史家不愿让基本原理屈从于应用，也不愿意为了工程师、教师或治疗师而牺牲所谓的梦想者。

这种以科学为中心的关于古代文化的历史，必然是某种形式的社会史，因为“文化”除了是一种社会现象外，还能是什么呢？我们试图在其社会背景中来了解科学和智慧的发展，因为脱离了这个背景，我们就无法获得真相。科学不可能在社会真空中发展，因此，每一门科学的历史，甚至包括最抽象的数学的历史，都包含许多社会事件。数学家也是人，他们也会具有人类所有的每一种幻想和弱点；他们的工作可能而且往往是受各种心理偏差和社会变迁支配的。

个人的心理反应是不可胜数的，而社会变迁则是由那些反应的无数不可预测的冲突引起的；史学家不可能叙述所有历史，至多只能选择碰巧是最重要的那些冲突加以讲述。

在辩证唯物主义的影响下，有一种信念广为流传，即认为对科学史的解释，即使不是唯一地，那么主要地也是以社会和经济因素为依据的。在我看来这是完全错误的。我要引入一种新的两分法。世界上有两类人，我们可以分别把他们戏称为公务人员和热衷追求者。公务人员这个词并不含有贬义：有好的公务人员也有坏的公务人员，而且在从基层到上层的所有社会阶层中都有好的和坏的公务人员。大多
xiii 数国王和皇帝都是公务人员，许多教皇也是公务人员。所有

这些人都在履行他们所肩负的职责，并且完成与之相关联的任务；他们也许会而且常常确实成功地承担了不同的工作，有时这些工作甚至是截然不同的。与之形成对照的是，热衷追求者渴望做他们自己做主的工作，而且几乎不做任何其他事。热衷追求者这个词也不一定是一个褒义词：有坏的热衷追求者也有好的热衷追求者；他们中的有些人追逐的是海市蜃楼，他们欺骗他们的伙伴，也自欺欺人；其他人则是真正的创造者。的确，艺术和宗教领域的大多数创造者以及科学领域的许多创造者都是热衷追求者。

现在，经济条件的确会对职业和公务人员产生相当深刻的影响，但却不会对热衷追求者起到多少作用。当然，绝不能否认后者最基本的生活需求，他们必须生存，但是，一旦那些需求以最低的标准得到满足，对于真正的热衷追求者来说，就没有别的比他们的工作或者使命更让他们操心的了。

确实，公务人员做事比较有连续性也比较平稳；他们是风俗习惯的建设者、道德和正义的捍卫者。正是他们在做着所有例行的工作，没有这些工作，一切很快都会陷入混乱。而诗人、艺术家、贤哲、科学工作者、发明家和发现者大体上都是热衷追求者，他们是变迁和进步的主要推动者；他们是真正的创造者和麻烦制造者。热衷追求者就像是地球上的盐，没有盐不行，但人也不能仅靠盐生活。

在本书中，我尽力描绘了现行科学的社会背景，但我没有试图根据“辩唯”*的术语去说明科学的发展，因为这样的说明至多只适用于公务人员，而几乎不适用于那些热衷追求

* 原文为 diamat，即 dialectic materialist（辩证唯物主义的）的缩写。——译者

者、那些狂热的个人,例如苏格拉底,对于他们来说,死亡的恐吓并不能使他们改变他们所选择的道路。

本书试图说明人类精神在其自然背景中的发展。这种精神总是受到这一背景的影响,但它有自己的首创性和完整性。一棵甘蓝在这块地或那块地上可以长得好或不好,但甘蓝的特性存在于这棵甘蓝之中,而不是在别的什么地方;如果对于一棵矮小的甘蓝来说情况尚且如此,那么对于一个有天才的人来说就更毋庸置疑了。不过,人的思想从来就不是完全独立的,也不是完全独创的;它们结合在一起并且形成了链条,我们把那些宝贵的链条称之为传统。这些链条是无比珍贵的,但有时候,它们也会变成有阻碍甚至有危险的东西。当它们处于最佳状态时,它们就像是轻巧的黄金链,人们会为持有它们而感到高兴和自豪;有时候,它们会变得像铁镣一样沉重,除了打破它们外,没有别的方法可以摆脱它们。这种情况时有发生,每当出现这种情况时,我们就会讲述这段(必须要讲述的)历史。这些史实是思想史的一部分,但也是社会史的基本组成部分。

我坚持认为,无论以多么简洁的方式,都有必要论述古老的迷信,这是我的社会观的一个证明。科学从来不是在社会真空中发展的,具体到每一个人,他(或她)也都不是在心理真空中发展的。每一个科学工作者都是他所处的时代和地点的一分子,是他所属的家庭和民族的一分子,也是他所在的群体和教会的一分子;他往往不得不与他自己的感情和偏见做斗争,还不得不与围绕他身边的那些有威胁的、有可
xiv 能会把新生事物扼杀的迷信进行战斗。否认那些迷信的存

在就像无视传染病一样是愚蠢的;我们必须揭示它们,描述它们并且战胜它们。科学的发展包含在与谬误和偏见进行斗争的每一个步骤中;发现大多是个人行为,而战斗却总是集体行为。

每一个优秀的科学史家(更不用说每一个医学史家了),都必须是一个社会的历史学家,即一个社会史家。除此之外还能有别的情况吗?俄国人主张,他们的科学史,或者他们所推动的历史,首先是社会史,这种主张是荒唐的。像所有狂热者一样,他们对真理并不像对他们自己的"真理"那样感兴趣,然而他们自己的"真理"是不完备的、有偏见的,而且 *ipso facto*(从事实本身来看)是错误的。

科学史不应当被用作捍卫任何一种社会或哲学理论的工具;我们应当只为了它自身的目的,用它来无偏见地说明理性反抗非理性的活动,说明真理以各种形式渐进地发展,无论真理令我们愉快还是不愉快、有用还是无用、受欢迎还是不受欢迎,我们都应如此。

在完成一部我构思和思考了多年的著作之际,对于所有其活动促成了我自己的活动的人,我想表达一下我的感激之情。我主要感谢 9 位学者:三位法国人、两位德国人、两位比利时人、一位英国人以及一位丹麦人——所有这些人都已经离世。首先要感谢克鲁瓦塞(Croiset)两兄弟,当我在希迈中学(the Athénée of Chimay)的"修辞班"(相当于高中的高年级)就读时,我就购买并阅读了他们的《希腊文学史》(*Histoire de la littérature grecque*)。这些是我最早购买的重要著作(洋洋五大卷),它们是我了解希腊的入门书,从那以后，我就把它们视若珍宝，常常向它们请教，除了给予我可能需要的“最早的帮助”以外，它们还激发了我年轻时的热情。这几卷书中有些是阿尔弗雷德·克鲁瓦塞（Alfred Croiset）写的，其他则是莫里斯·克鲁瓦塞（Maurice Croiset）写的，但是，我永远无法把它们分开，而且我认为它们的作者拥有同一个名字——克鲁瓦塞。我完全知道，自它们出版的那个时代[2]以来，情况有了很大变化，许多当时他们不知道的知识现在已为人所知了——许多其他书籍教给了我这些知识，虽然有许多学者批评这部书（他们比克鲁瓦塞兄弟更博学但不那么敏锐），但丝毫不能动摇我的感激之情。正是克鲁瓦塞兄弟激发了我对希腊天才的钦佩之情。

在根特大学（the University of Ghent）期间，我曾一度在约瑟夫·比德兹（Joseph Bidez）手下工作，很可惜，时间非常短暂，因为我不久就放弃了“faculté de philosophie et lettres”（哲学和文学系），而开始了科学研究。约瑟夫·比德兹那时对我的影响并不大，但是后来，当大西洋把我与他分开之后，他却通过无数似乎与他无关的研究成果，对我产生了很大影响。正是他（以不带个人成见的方式）向我介绍了弗朗茨·居蒙（Franz Cumont）和乌尔里希·冯·维拉莫维茨-默伦多夫（Ulrich von Wilamowitz-Moellendorff）。比德兹使用后者的《希腊语读本》（*Griechisches Lesebuch*）进行教学，这样，我（非常艰难地）阅读的第一个希腊科学文本，碰巧就是希波克拉底（Hippocrates）的论文《论圣病》（*Sacred Disease*）。

---

[2] 我使用的是该书第二次修订版的第1卷—第4卷（1896，1898，1899，1900）和第一版的第5卷（1899）。

希腊科学在我年轻的心灵中留下的印象是难以忘怀的，就像我第一次看到大海、高耸的阿尔卑斯山峰和沙漠时的印象一样难以磨灭。

在我结束我的漫长的科学研究时（在此期间，我完全停止了我的希腊语研究，而且几乎把这种语言忘了），保罗·塔内里（Paul Tannery）又把我从科学领域带回人文学领域。 xv
感谢他去世后出版的著作对我的帮助，我又知道了许多其他学者，主要包括赫尔曼·狄尔斯（Hermann Diels）和约翰·卢兹维·海贝尔（Johan Ludvig Heiberg）。再后来，我移居到美国，我更常使用的是英语，因而开始经常使用托马斯·利特尔·希思（Thomas Little Heath）的著作。

在这9个人[3]中，只有一人是我本人认识的，这就是比德兹，我只与他们中的4个人有书信往来，这4个人是：比德兹、居蒙、海贝尔和希思。对于使我受益最多的塔内里，我已经在《伊希斯》第38卷（1948）第33页—第51页一篇关于保罗·塔内里、朱尔·塔内里（Jules Tannery）和玛丽·塔内里（Marie Tannery）的文章中以及献给保罗和玛丽的《奥希里斯》第4卷中，在一定程度上做出了回报。《奥希里斯》的第2卷和第6卷分别献给了托马斯 ·希思爵士和约瑟夫·比德兹。《伊希斯》第11卷（1928）第367页—第374页曾发表过一篇关于海贝尔的传记文章。居蒙撰写的一篇文章发

[3] 也许，把他们的名单按去世时间排列更为便利：保罗·塔内里（1843年—1904年），赫尔曼·狄尔斯（1848年—1922年），阿尔弗雷德·克鲁瓦塞（1845年—1923年），约翰·卢兹维·海贝尔（Johan Ludvig Heiberg，1854年—1928年），乌尔里希·冯·维拉莫维茨-默伦多夫（1848年—1931年），莫里斯·克鲁瓦塞（1846年—1935年），托马斯·利特尔·希思爵士（1861年—1940年），约瑟夫·比德兹（1867年—1945年），弗朗茨·居蒙（1868年—1947年）。

表在《伊希斯》第26卷(1936)第8页—第12页，对于他的许多著作，尤其是他给人以启示的有关希腊占星术和炼金术之手稿的目录，在其出版时我都写了评论。

世界许多国家中仍然健在的希腊学家和科学家以各种方式帮助过我，但最好不列举他们，否则，我的名单就可能挂一漏万，而且会令人生厌。无论他们什么时候来问候我，我都很高兴见他们；无论他们什么时候写信给我，我都很感激；当我给他们写信时，我会很愉快地想起我们共同的兴趣和我们的相互受益。我不会总是把感谢挂在嘴边，但我心里充满了感激之情。最重要的是，我将与他们共同分享反思人类最伟大和最纯洁的成就的快乐。

乔治·萨顿

剑桥市，马萨诸塞州

1951年4月18日

本书使用说明

以下说明将有助于读者更好地利用我提供给他们的资料。

1. **预先提醒与无法肯定的情况**。当我们讨论古代时，我们的知识永远也不可能是确定的。回想起自己几乎对每一段陈述都不确定或无法肯定，作者的感觉是很痛苦的。但是，如果我不断重复这样的短语，例如“据我所知”、“在人们能确定的范围内”，或者干脆就说“也许”，那么，读者恐怕会失去耐心。尽管在少数情况下我没有勇气把这些限制语删除，但一般我都把它们略去了。我在这里一劳永逸地告诉读者，我所写的一切都是按照“据我所知”写的，无论我的努力的结果可能是怎样，我已竭尽全力了，而且始终如一。

这也适用于对日期的陈述。我们应当说苏格拉底生于“公元前469年或470年”还是“大约公元前469年”，抑或干脆就说其中的一个日期，其他的就不管了？我试图简化我的记述，但并非总保持一致。有时候，我的说法比可获得的有根据的证据更确定一些。对接近的日期进行长篇大论的讨论，似乎只不过是一种毫无益处的炫耀学问的做法。对任何人来说，苏格拉底生于公元前469年或公元前470年（公元前470年—前469年）又有什么差别呢？

2. **年表**。上面那段话并不意味着我不认为年代具有重 xvi
要性。年代是非常重要的。正确的年表是编史学的骨架。只要肯下工夫，就能够确定正确的年代。

谈到有关埃及和美索不达米亚问题，确定事件年代的最好办法，就是以某某国王的统治时期为依据，如果此法不行，就依据朝代的时期。我的标注时间的方式是，第 x 王朝（y—z），y 和 z 是指公元前的日期。这个公式并不总是准确的；注明的第一个日期是朝代的年代，第二个日期是为了便于读者阅读。有些学者也许会对这种方法的有效性提出质疑，但是，每叙述一段就来重新考虑埃及的（或美索不达米亚的）年表的普遍问题，是不太可能的。我们已经提醒读者，注明的第一个日期可能是不确定的，第二个日期的年代似乎比较准确，但实际上未必尽然，因为它就像第一个年代加上一些新的数字一样也是不确定的。

在提到千年期时，我通常不注明“公元前”，而只写第三千纪、第二千纪和第一千纪。对于世纪或年代,我一般也把"公元前"略去了,除非有模棱两可的危险存在。* 例如,对于亚里士多德,说他于 322 年去世就足够了(没有人会认为,这是指公元 322 年);但对于维吉尔(Vergil)最好就说他于公元前 19 年去世(否则容易使人们误以为他一直活到公元 19 年)。在提供两个或更多的年代时,也不可能造成混乱。例如,提萨费尼斯(Tissaphernēs)先后于 413 年至 408 年和 401 年至(他因政治原因而被处死的)395 年任西安纳托利亚(Anatolia)总督,这里所指的只能是公元前。

某个作者的名字例如第欧根尼·拉尔修(Diogenes Laërtios)后面的数字,有两类指示含义,第一类如Ⅹ,16—21 是指他的著作《名哲言行录》(*Lives of the Philosophers*)的第十卷,第 16 章—第 21 章;第二类如Ⅲ-1 则可能有两种意思,第一,他的活动时期在基督以后第三世纪的上半叶,第二,我的《导论》有关他的特殊章节。那一节出现在《导论》第 1 卷,第 318 页,但在本书中这些资料没有附上,因为这样做是多余的。这两大类指示含义不会混淆。对于第二大类,如果必要,通常会注明"公元前",例如:(希俄斯的)希波克拉底(Hippocrates of Chios,活动时期在公元前 5 世纪)。

3. **地理名称**。地点的准确性像年代的准确性一样必要。我们应当有能力确定每一个事件的地点和时间。因此,需要下工夫找出每一个重要人物出现在哪个时期,活跃在哪里。严格地讲,在提到古代的情况时,所使用的地名本应也是古

---

* 鉴于一般中国读者对于西方人物的生卒年代不甚了解,而且中文的习惯是表示公元前年代的"公元前"不能省,为方便读者阅读和符合中文习惯,中译文在公元前的年代前都相应地加上了"公元前"。——译者

代的。例如，在描述一个人从希腊出发向色雷斯（Thracia）东海岸或帕夫拉戈尼亚（Paphlagonia）北海岸航行时，我们应当说，他经过了赫勒斯滂（Hellēspontos），穿过了普洛庞蒂斯海（Propontis），沿着博斯普鲁斯海峡航行，抵达了攸克辛海。这种语言是很精确的，但却会使得科学家（非语言学家）感到莫名其妙。因此，我宁愿说这个人经过达达尼尔海峡、马拉马拉海和博斯普鲁斯海峡，最终抵达了黑海。这两种叙述表达的意思是相同的，只不过把名称换了。通常，最好还是清楚些，而不要太学究气，但我也并不总能够做到这样。

4. **文献**。文献参照业已限制在最小范围内了。如果论及一个重要的文本，一般所提到的都是希腊语的第一版，当然也会提到最好的和最方便的版本，最后会提到英译本，如果没有英译本，那就谈一下任何其他国际流行语言的译本。

本书总暗含着对我的《导论》的参照，但并不总是明确指出，我要一劳永逸地提醒读者，所有相关信息，例如，关于亚里士多德的信息，不仅在《导论》第 1 卷可以找到，而且在第 2 卷和第 3 卷也可以找到。因此，最好是先查一下第 3 卷 xvii
的索引。对于陈述而言，我们提供的参照都有一些新意，如果是老生常谈，那就没有必要参照了。

请在阅读完本序言后阅读书末的参考文献总目。

5. **引语**。引语都已翻译成英文。“洛布古典丛书”（Loeb Classical Library）版的那些书，包含了希腊语文本和与之对照的英语译本，对于英语读者来说，这是极为方便的，只要可能，本书就参照这些版本。我的引文并不多（也就是说，引文本可以多几倍），但有时候，为了读者能够了解引文的语境，引文的长度可能超出了当前需要。突兀的引文会给人误导而且是有害的，所以最好还是避免这样的引文。

6. **用英语字母翻译希腊词**。这是一个令我烦恼了半个世纪的未决的问题，而且我的答案不能令每一个人满意，甚至不能令笔者本人满意。我在《导论》中总是直接给出希腊文，但用印刷体拼写希腊文是很麻烦的，因而本书采用英语字母来拼写希腊文，这样反而比在《导论》中更准确。

复合元音与希腊语的同一元音写法相同（如 *ai* 不写作 *ae*；*ei* 不写作 *i*；*oi* 不写作 *oe*），但 *ou* 除外，*ou* 写作 *u* 以便与英语的发音相一致。我们总会用 *o* 来代替 *o*（*omicron*），这样希腊的名字就不会拉丁化，而会保持它的希腊字外观和发音。我们的这种拼写有一个优势，即可以把著名的希腊语作者如凯尔索斯（Celsos）和萨卢斯提俄斯（Sallustios）与拉丁语作者如塞尔苏斯（Celsus）和萨卢斯提乌斯（Sallustius）区分开。在用英语而不是用拉丁语写作时，实际上没有理由给一个希腊人名写上拉丁语词尾。因此，我们会这样写 Epicuros，而不把它写成 Epicurus（拉丁语中的这两个 *u* 表示的是希腊语的不同的元音！）。当两个 γ（*gammas*）前后相连时，我们把它们译成 *ng*，以便与发音相一致，例如 *angelos*，*lyngurion* 等等。对于以 *on* 结尾的人名，我们保留了词尾的 *n*，而不是按照拉丁语的方式把它省略。因此，我们会这样写：Heron，而不把它写作 Hero，但我们发现，不可能这样写：Platon。有时候，旧的习惯可能引起了其他不一致的情况，例如，用 Achilles 代替 Achilleys。

我们会标示短元音 ε（*epsilon*）和 ο（*omicron*）与长元音 η（*ēta*）和 ω（*ōmega*）之间的差异，正如我们刚刚在这里对它们的名称所做的那样。但是，我们不得不放弃加注重音的想法,因为这样做会使许多拼写出来的词看起来很古怪,从而会使非希腊语的读者感到厌烦,而不会对他们有所帮助。对于希腊语的读者来说,他并不需要这些注音;他知道每个词的重音在哪里,如果他不知道,他可以很容易地在一本词典或我的《导论》中查到。

我们的拼写中仍然存在着些不一致的情况,因为我们宁愿保留不一致,而不愿过于学究气,而且我们希望更多地帮助我们的读者而不是妨碍他们。我们希望他们会理解这种情况,对我们不要太苛刻。他们应该认识到,英语惯用法中含有许多不一致的情况,例如,有人习惯上会这样写:Aristarch*us* of Sam*os* 和 Eudox*us* of Cnid*os*。对古代的希腊人名,人们可用拉丁语方式拼写,但对拜占庭的人名(例如 Psellos, Moschopulos)却不然;至于现代希腊人名,则应当尊重叫某个名字(如 Eleutheroudakis, Venizelos)的人的决定。

7. **大写字母的使用**。我们将把大写字母限制在专有名词上,不随便把它们用在普通名词上。有些情况可能是不确定的。例如,当指天体时,Earth(地球)、Sun(太阳)和 Moon(月球)都用大写字母开头,但是作为一般名词使用时,earth(大地)、sun(阳光)和 moonshine(月光)就不用大写字母开头。

目　录

第一篇　东方和希腊科学的起源

第三篇　公元前4世纪

第一篇

东方和希腊科学的起源

第一章

科学的萌芽

科学起源于何时？起源于何处？无论何时何处，只要人们试图解答无穷无尽的生活问题，科学就会由此而发端。最初的解答仅仅是权宜性的，但在开始时却是必不可少的。逐渐地，人们把这些权宜性的解答加以比较、概括、合理化、简化，使它们相互联系并对它们进行整合；科学之网会缓慢地织就。最初的解答是朴陋的和粗糙的，它们属于什么呢？一棵2英寸高的美洲杉(*Sequoia gigantea*)可能并不十分显眼，但它仍然是一棵杉树。也许可以说，只要没有达到一定的抽象程度，就无法谈论科学，但是，谁来衡量这个程度呢？当第一个数学家认识到三棵棕榈树与三头驴之间有某些共同的东西时，他的思想达到了怎样的抽象程度？当早期的神学家确信某个至高无上神以不可见的方式存在，从而似乎达到了一种不可思议的抽象程度时，他们的思想真的是抽象的，抑或只是一种具体的观念？他们是在假设有一个上帝抑或真见到他了？最早的权宜性的解答仅仅是暂时性的吗，抑或它们包含了一些推论，包含了宗教或艺术的渴望？它们是理性的还是非理性的？早期的科学完全是实用的和以图利为目的的吗？它是否像现在这样是纯粹的科学，抑或它是科学与艺术、宗教或巫术的混合物？

问这些问题是徒劳的，因为它们缺少确定性，而且对它们的回答是无法得到证实的。最好还是把当前有关科学学的思考暂且放在一边，而只考虑一些明确的问题以及对它们的解答。这些问题是可以想象的，因为我们知道人类的需要；人必须能够养活自己和他们的家庭，能够找到一个庇护之所以抵御恶劣的天气，躲避野兽或者他们自己的同类的攻击，如此等等，不一而足。我们的想象不是随意的，而是受大量观察到的事实引导的。首先，考古学研究揭示的古代遗迹有助于我们认识我们的祖先创造的各种器具和工具，甚至有助于我们理解他们使用它们的方法，并且猜测他们的意图。其次，对语言的研究会使古代的词语得到解释，而这些词语就像远古器具或原始思想的化石见证。再次，人类学家已经使我们了解了他们亲眼观察到的原始人的生活方式和习惯。最后，对于孩子或发育不成熟的人面对原始人必须解决的问题时的反应，心理学家已经进行了分析。由于各方面获得的信息量如此之大，而一个学者的一生太短暂了，以至于无法把它们全部接纳。我们也没有篇幅对这些信息都进行评论——无论这评论多么简洁，而只能提供一点儿线索。

004 为了把我们的任务再简化一点儿，我们姑且假定，我们所要讨论的原始人已经解决了一些最紧迫的问题，否则他们的生活都会朝不保夕，遑论他们的物质或精神方面的进步了。我们不妨假设，他们已经发现了怎样取火，而且掌握了农耕的初步知识。他们当中的有些人，已经成为学者和技师，他们已在谈论往日的美好时光，那时生活虽然更危险但更为简单，人们也不必记住这么多的事情。我之所以说“谈论”,是因为这时他们无疑已经发展出某种语言,尽管他们仍然无法书写它;的确,他们还没有意识到书写的可能性。在这一阶段以及以后的很长一段时期,文字既非至关重要也非必不可少。我们自己的文化与文字有如此紧密的依赖关系,以至于要想象一种不依赖文字的文化,还真得下点儿工夫。没有文字,人类的发展依然能够延续很长一段时期,[1]但如果没有语言,这种情况就不可能了。语言是任何文化据以建设的基石,随着时间的推移,它会成为那种文化最丰富的宝库。

生命中最伟大的奇迹之一是,甚至那些最原始民族的语言,那些从未被(除了人类学家以外)简化到书面形式的语言,都是极为复杂的。那些语言在实际中是怎样发展的呢?这种发展在很大程度上是无意识的和偶然的。

参考一下当今人类学家的野外研究成果,它们足以告诫我们,当我们谈论科学的萌芽或任何史前时期时,我们并不是在根据某种具有普遍适用的年代学标准来思考。在这里,没有这样的标准。在世界的某些地区,科学的萌芽在10,000多年以前甚至更早以前就出现了;在今天,在其他地方仍可以目睹这种萌芽;而且无论在哪个地区,我们都可以在一定程度上在孩子的心灵中观察到这样的萌芽。

一、古代的技术问题

我们先来快速地思考一下古代人遇到的大量技术问题,如果他们想生存,而且在后来,如果他们想改善他们的条件,

[1] 以秘鲁的印加人为证,他们的文明是非常复杂和非常发达的。他们已经有了一种精致的语言,但还没有文字体系[《伊希斯》(*Isis*)6,219(1923-1924)]。

减轻他们的生活负担,他们就不得不解决这些问题。他们必须发明取火的方法,并且想方设法就此进行尝试。不仅庄稼汉而且游牧民也需要很多工具,用来砍伐、切割、刮擦、磨光、压榨某些东西,或者给它们去壳剥皮,并且用工具挖洞筑穴,抓取某物,或者把东西接合起来。每一个工具都是单独的一类发明,说得更确切些,是一系列新的发明的开始,因为对每个工具都可以加以改进,而这些改进又会引起一个又一个发明。在古代,已经有了进行一些关键性发明的机会,这些发明也许可以应用于无数组不同的问题,而且又带来了无限的可能性。例如,存在着这样一个普遍性的问题,即怎样给某种工具设计一个手柄,或者把它牢固地安装在这个工具上。为解决这个问题,人们找到了许多办法,最有独创性的方法之一是爱斯基摩人和北部印第安人的方法,即用皮条(用生皮制成的绳子或带子)把手柄与工具捆在一起。当兽皮变干时,它的长度几乎会缩短一半,这样手柄与工具就难以分开了。用其他办法难以把它们固定得如此紧固。

农夫发现了一种又一种有用的植物——这些植物有的可用来做食物,有的可用来做药材,或者可用于家庭生活的其他方面——这暗示着,人们进行了数不胜数的尝试。对于
005 农夫来说,发现某种植物是不够的,他还必须从它的无数种变异体中把最有用的挑选出来。他必须捕捉动物,并且把非

常少量的适于家养的动物驯化,[2]还要修建房屋和粮仓,制造各种器皿等。在某个地方,肯定已经出现了第一个制陶工,而制陶技术包含着上千人有意或无意的合作。人们不可避免要抬起和运送一些沉重的东西,有时要运送到很远的地方。怎么才能做到呢?可是,这必须得做到,而且也的确做到了。有独创性的人们发明了杠杆、简单的滑轮,发明使用滚木的方法,过了很久之后又发明了轮子。[3] 聪明的制陶工把轮子应用于他自己的制陶工艺之中。一个人怎样才能遮挡自己的身体,以免遭严寒、暴雨或烈日的侵袭呢?使用兽皮是一种办法,另一种办法是使用树叶和树皮,但是,它们都不能与用某种纤维织成的材料同日而语。当某个伟大的发明家产生这种观念时,纺织品业也就诞生了。[4] 最早的工具是用石头或骨头制成的;当金属的实用意义最终被人们认识到时,挖采金属矿石、对它们进行冶炼并以不同方式把它们制成合金,就变得非常有价值了。这就是采矿业和冶金

---

〔2〕威廉·亨利·赫德森(William Henry Hudson)评论说:"留传至今的所有家养的动物,都来自我们习惯上称为黑暗时代或野蛮时代的古代,而我们现代的所谓人类文明对动物生活的影响纯粹是有害的,想到这里就会让人觉得很可悲。我们要从全球日益加速的屠杀中拯救的不仅仅是一个物种。"[《拉普拉塔的自然主义者》(*The Naturalist in La Plata*, London: Chapman and Hall, 1892),第233页]在有史时代,人类驯化的唯一动物是鸵鸟[《伊希斯》*10*, 278(1928)]。这真是一个很可怜的成就,因为关于这一成就,唯一被认为恰当的解释就是,某些妇女和将军想用鸵鸟的羽毛装饰他们的帽子。

〔3〕而在美洲,人们一直不知道轮子。参见《伊希斯》*9*, 139(1927)。

〔4〕最精致的纺织品亦即丝绸,是中国人在远古时代发明的。考虑一下这一发明的意义:驯化一种昆虫,培育蚕蛹,种植白桑葚树——这是一个完整的养蚕业!中国人把最早的养蚕和丝织的思想归功于西陵氏(Hsi-ling Shih),(湖北省)西陵的一个妇女,传说中的黄帝(Huang Ti)的妻子。据推测,黄帝在位的时间是公元前2698年至公元前2598年。必须补充一句,留传至今的只有出自汉代的丝织品样本。(原文如此,近年来中国考古学者已经发现了远早于汉代的丝织品。——译者)

业的开端。这段话中的每一个句子都可以很容易地扩展成一篇专题论文。

要说明“原始”人的几乎不可思议的独创性,举出以下 3 个例子就足够了,这 3 个例子来自世界上 3 个彼此相距遥远的地区。澳大利亚的飞去来器已经尽人皆知,几乎不用讨论了。这是一种投掷性武器,它的弯曲的形状设计得如此巧妙,当把这个武器投出去时,它会飞出一些特别的曲线,甚至可能回到投掷者那里。南美[5]的棕榈树皮筒是一种用攀缘棕树皮编织而成的有弹性的圆筒,用来榨取木薯(或树薯)的汁液;当石头或其他东西的重量把圆筒拉长时,内部的压力就会增加,汁液就会流出来。这项发明的简便和有效值得称赞,但更令人惊异的是印第安人能够发现木薯具有很高的营养价值。木薯的汁液含有一种可以致命的物质(氢氰酸),必须通过烧煮把它除去;否则的话,食用者不仅不能从中获得营养,反而会因食用而丧命。印第安人是怎样发现这种只有当其有害的毒物除掉以后才能享用的宝物的呢?我
006 的第 3 个例子是鬲,中国史前时期[6]使用的一种鼎状器具。这是一种三足的炊器,三足形似母牛的乳房,只要在中间燃一把火,就可以在每一足中烹调不同的食物。

---

〔5〕常指巴西,但有时也指除巴西以外的南美洲的其他地区。参见阿尔贝·梅特罗(Albert Métraux)著作中的分布图,见《图皮-瓜拉尼部落的物质文明》(*La civilisation matérielle des tribus Tupi-Guarani*, Paris, 1928)[《伊希斯》*13*, 246(1929-1930)],第 114 页。也可参见维克托·W. 冯·哈根(Victor W. von Hagen):《苦木薯的食用者》(“The Bitter Cassava Eaters”),见《自然史》(*Natural History*, New York, March 1949),其中有许多插图。

〔6〕指仰韶文化时期,这一文化是以河南省仰韶村命名的,属于新石器时代晚期。参见 J. 冈纳·安德森(J. Gunnar Anderson):《黄土地之子》(*Children of the Yellow Earth*, London: Kegan Paul, 1934),第 221 页、第 330 页[《伊希斯》*23*, 274(1935)]。

可以很容易地把这些例子成倍扩展。由于它们选自相距遥远的世界的3个角落,因而它们足以说明天才的广泛分布。我们非常清楚,无论我们今天所享用的文明成果的数量有多少,它们都是众多民族的礼物;但我们不十分清楚,数千年以前是否就是这样。史前史学家已经消除了疑惑,证明在许多地方,很早以前就已经有了高度发展的文明。不过,这并没有证明人类单一起源说不成立。极有可能的是,新的智人物种起源于某一个地方,由于时间太久远了,当最早的可观察的文明繁荣起来时,人类已经拥入世界的许多地方。

二、史前旅行和贸易

在过去,外出旅行比现在慢得多也困难得多,有人也许总想得出这样的结论:原始人很少迁徙,他们不会远离他们的栖身地去流浪。这种结论恐怕是错误的。我们可以观察到,在蒸汽时代(亦即一个世纪)以前,交通的速度并没有实质性的增加。原始人可以走得像拿破仑(Napoleon)的士兵那样快,有时甚至走得比他们还快一些。现在人们公认,在科学研究能力所及的最早的时期,就已经有相当多的个人迁徙和部落迁徙(移居)了。例如,早在数千年以前,来自西伯利亚和跨越白令海峡地区的人就发现了南北美洲,并且向这里移民了;追根寻源,每一个美洲印第安人都有亚裔血统。在农艺发明以前的最古老的史前时期,移民可能是很常见的,而且数量巨大,因为一旦人们掌握了农艺,他们自然就变得更愿意过定居的生活,胆子也变小了。

在人类的全部历史中,从游牧生活到定居生活的转变也许是最富有意义的进步。这一转变远比从石器时代向青铜时代的转变或者从青铜时代向铁器时代的转变更为重要,也许可以把这一变化称作从食物采撷到食物生产的转变。在人类能够平安地躲避敌人的袭击以前,他们不可能在任何地方定居生活,因为定居意味着人们要与他人组成社会,并且要有某种形式的政府。而且,在人类的生活必需品获得保障之前,他们也不可能在任何地方定居生活,因为定居还意味着人类要能够从附近为自己、家庭和家畜获得足够的食物,并且意味着要有一定的农耕技术和农耕习俗。前面已经论述过了,人类的发展并不是在每一个地区同步进行的。某些民族比其他民族更先进,而不同民族也并非经历了同样的阶段。在某些地区,从游牧生活向定居生活的转变发生在数千年以前,但是,阿拉伯游牧民直到今天也没有完成这一转变。人类永远是环境之子,由于人类的环境从一地到另一地有着极大的差异,因而人们在不同地区不得不采取不同的发展方式。

007 学会耕作土地的人们逐渐拥有越来越多使人快乐的财产和物品(但也因此而苦恼),他们也越来越多地被束缚和捆绑在土地上。而他们的游牧同胞,到处流浪寻找更好的猎场或渔场,这些人也许会周期性地返回某些地方,但除了习惯和初级的驯养活动外,没有别的什么能迫使他们这样做。真正的游牧民会不断向前走而不会折回,而且可能会走很远的路程。

对定居者与半游牧民和游牧民之间的区分,一般是相对于在陆地上迁徙的人而言的,但它同样也适用于在水上迁徙的人。在靠近水域的地方,还没有发现不会在水面上航行的未开化的民族,不过,他们中的有些人比其他人的居住地更固定一些,另一些人则常年过着海盗的生活。独木舟大概是人类最古老的发明之一，比弓的发明还要早；在那些独木舟深受欢迎的地区，往往是人们非常需要它们，而且制造它们的材料唾手可得，在这里，独木舟也许早在30,000年以前就发明了。适于航海的船发明得较晚一些，但远在数千年以前，深海航行就已经进入鼎盛时期。按照挪威考古学家安东·威廉·布罗格（Anton Wilhelm Brøgger）的观点，[7]在腓尼基人开始航行以前，亦即从大约公元前3000年到公元前1500年期间，是航海的黄金时代。这是一种考古学的解释，但它的合理性得到了多方面的证实。像任何时代的年轻和强壮的人喜欢航行一样，古代人也喜欢航行，而他们只在不多的领域中显示出更卓越的创造力。在这个领域像在其他每一个领域一样，发明也并非只有一个，而是有上千个，相关的完整故事恐怕也是无穷无尽的。在原始技术的杰作中，我们也许应当提一下南海（the South Sea）*的木制舷外装有桨叉托架的小船，爱尔兰柳条皮艇（亦称coracle，柳条艇），爱斯基摩人的平底船式的木框皮艇以及他们不透水的独木舟。

古代西北欧沿海地区的居民，并不害怕在多雾和多风的大西洋中探险，南海诸岛的岛民则在太平洋的每一个方向上航行。例如，波利尼西亚人会毫不犹豫地用他们的独木舟从塔希提岛（Tahiti）出发，航行2400海里，驶往夏威夷岛。

关于原始商业，有许多证据，其中最清晰的证据就是琥

---

〔7〕见1936年奥斯陆（Oslo）第2届国际史前学和史前人类学大会（the Second International Congress of Prehistoric and Protohistoric Sciences）上的一次讲演，维尔加尔穆尔·斯蒂芬森（Vilhjalmur Stefansson）在他的《极北之地》（*Ultima Thule*, New York: Macmillan, 1940）第31页以及《格陵兰岛》（*Greenland*, New York: Doubleday, 1942）第26页［《伊希斯》*34*, 379（1942–1943）］，也提到了这种观点。

* 这里指的不是中国的南海，从上下文来看，应该是指南太平洋。——译者

珀贸易的遗迹。最著名的那种琥珀(淡黄色琥珀)是波罗的海沿岸的一种自然产物,然而,在分布于如此之多地区的史前墓穴中都发现了它的制品,以至于也许可以画出一幅史前的琥珀运送路线图。[8] 由于琥珀非常珍贵而且易于运输,斯堪的纳维亚人可以在交易中用它来换取南部地区的许多货物,这些获得了大自然恩惠的货物的生产也因此得到了进一步促进。贸易在那时与在当今一样,是交往的重要机会之一,也是文明的一个媒介。

在石器时代,人们很快认识到燧石可用来制造工具的价值,而边缘被磨得很锋利的实用的燧石,并不是在每个地方都能找到的。人们已经多次证明存在着燧石采石场和国际燧石贸易。古代的人们肯定在很早以前就注意到砂金并且
008 开始收集它们,把它们用来做装饰品。最早开采的矿石大概是硫化铜和硫化锑,由于这两种矿石很容易提炼,铜和锑就这样被发现了。当把一些锡矿石进行提炼时,人们得到了锡,最早的冶金天才之一萌生了把少许锡与铜熔合的想法,这样就得到了一种新的合金——青铜,它比铜更硬也更耐用。无论在哪里,当完成或者引入这一发明之后,石器时代结束了,随之而来的是青铜时代。以后,其他发明家又发现

---

〔8〕 J. M. 德 · 纳瓦罗(J. M. de Navarro):《北欧与意大利之间史前的琥珀贸易路线》("Prehistoric Routes Between Northern Europe and Italy Defined by the Amber Trade"),载于《地理学杂志》(*Geographical J.*)*66*,481-507(1925);那些地图涉及早期的青铜时代和铁器时代。

了提炼最易熔化的铁矿石的方法，从而开始了铁器时代。[9]

对读者大概已经熟悉的这些重要事实，没有必要强调，但是，很有必要重申一下一个双重告诫。第一，石器时代（或石器诸时代）、青铜时代和铁器时代并不一定在每个国家同步出现，它们也许在一个地区比在另一个地区出现得更早，延续的时间更长。在美洲，石器时代一直持续到欧洲人征服这里时。第二，这些时代并非彼此截然分开的。石器工具在青铜时代仍在使用，而在铁器时代，人们也还在继续使用青铜工具。有时候，继续使用老式的材料是为了宗教或礼仪的目的，例如，在埃及和巴勒斯坦，人们仍用石刀来行割礼，[10]而在中国，人们依然使用玉制器具。社会惰性往往足以使旧的习惯持久延续，并阻止人们用新的工具取代旧的工具。因此，马里耶特[11]的一个工头仍用一个燧石剃须刀刮脸。确实，有些史前工具直到今天仍在使用。在欧洲的许多地区（如苏格兰高地、比利牛斯山区等），可以看到妇女们用

---

[9] 在E. 温德姆·休姆（E. Wyndham Hulme）的《史前的和原始的炼铁术》［"Prehistoric and Primitive Iron Smelting"，载于《纽科门学会学报》（*Trans. Newcomen Soc.*）*18*，181－192（1937－1938）；*21*，23－30（1940－1941）］中，有关于最早的炼铁思想的论述。现有的关于古代冶金术的最出色的著作是R. J. 福布斯（R. J. Forbes）的《古代的冶金术》（*Metallurgy in Antiquity*，Leiden：Brill，1950）。

[10] 这里所依据的是W. 马克斯·米勒（W. Max Müller）对第六王朝（大约公元前2625年—前2475年）初期的一处塞加拉公墓遗址的解释，见他的《埃及学研究——1904年一次旅行的成果》（*Egyptological Researches. Results of a Journey in 1904*，Washington：Carnegie Institution，1906），第61页，插图106（本书插图10）。的确，让·卡帕尔（Jean Capart）在《塞加拉古墓的通道》（*Une rue de tombeaux à Saqqarah*，2 vols.，Brussels，1907）第1卷第51页，第2卷插图lxvi中，无条件地拒绝了这种解释。但无论如何，在《出埃及记》（Exodus）第4章第25节和《约书亚记》（Joshua）第5章第2节中都提到了石刀（在《圣经》钦定译本中，把*ḥarbot ẓurim*译成"锋利的刀"是错误的，这个词组更确切的含义是"燧石刀"）。

[11] 即奥古斯特·爱德华·马里耶特（Auguste Edouard Mariette，1821年—1881年），法国埃及学家。

装有石锭盘[12]的手工纺锤纺线。

装饰艺术，不仅古代和中世纪的装饰艺术，甚至包括现代的装饰艺术在内，都不过是许多史前主题的花样变化。我们也许可以说，形式语言中所包含的史前遗迹像文字语言中包含的一样多；艺术史家和语文学家的乐趣之一，就是去发现这些远古时期的不朽的证据。

三、史前医学

我们已经提到史前有关草药和其他药物的知识，这种知识是从远古的经验中，通过成百上千年坚持不懈的试错提炼出来的。我们不可能理解：这种不明确的因果试验是怎样不断重复，并且持续了如此之长的时间，它们的结果怎样被记录下来，而且留传了一代又一代。但有一点是事实：我们的史前祖先，就像现在仍然可以看到的原始民族一样，想方设
009 法试用了许多植物和其他东西，并根据它们的效用或危险把

〔12〕这是一种中间穿孔的石（或陶）盘，它沿着纺锤滑动，通过自身的重量可以起到调速轮的作用，使纺锤的旋转更平稳。

它们分成了不同的组。[13] 牧羊人肯定已经掌握了一些简单的处理骨折或骨关节脱臼的方法。实施助产术是不可避免的，一些聪明的产婆改进了她们的方法，并把它教给年轻的助手。在所有这些事例中，在身边发生的情况总是最好的和最严厉的教师：事实必然如此。如果一个人被野兽咬伤了手臂或者他从岩石上跌下来摔伤了手臂，如果他摔断了腿，如果一个妇女在分娩时经历了罕见的痛苦，那么必须迅速采取一些措施。其他病痛也需要及时解决。治病可能是最早的职业和专业之一。有时候，医师获得了成功，而他的成功比他的失败更有可能被人们记住。他出了名，并且成为人们效

---

[13] 这种发现和筛选的过程是非常不可思议的，因为它（像语言的创造一样）在很大程度上是无意识的。以下这段论述摘自卡尔·宾格（Carl Binger）的《医生的职业》（*The Doctor's Job*，New York：Norton，1954）第 153 页，这段话会令读者感兴趣，就像它曾强烈地吸引了我那样："我现在将要提一下，约翰斯·霍普金斯医学院（the Johns Hopkins Medical School）的柯特·里克特（Curt Richter）博士用白鼠做了富有创造性的重要实验。里克特曾讲述过一个有关三岁半男孩的故事，这个孩子因肾上腺肿瘤——一种致命的病而被约翰斯·霍普金斯医院（the Johns Hopkins Hospital）收治。这个孩子有个习惯，就是一把一把地吃盐。他像其他孩子吃糖或吃果酱那样吃盐。当他被送进医院后，医院制止了他的这种吃盐的习惯，并且限定他吃医院规定的饮食。不幸的是，此后没多久，他就死了。看来这个孩子已经独立地发现了实验科学家要花费许多年才能发现的东西——给患有肾上腺疾病的患者的饮食中增加大量的普通盐，对他们是有益的。

里克特博士的白鼠也是天才的科学家。他已经证明，依靠碳水化合物、蛋白质、脂肪，再加上矿物质和维生素混合而成的标准饮食，老鼠将以一个可预料的速度维持生长和体重的增加。而如果他给老鼠提供这种饮食的各个成分，但没有把这些东西混合在一起，老鼠仍会选择食用维持以正常的速度生长和发育所必需的东西。更值得注意的事实是，一个正常的老鼠食用的盐相对较少，而一个通过外科手术切除了肾上腺的老鼠，会迅速而自动地增加足够维持其生命的盐的摄取量。但是，对于笼子中它那些也做了类似手术的伙伴，如果只给它们的饮食提供正常的食盐摄取量，它们就将死去。甲状旁腺被切除的老鼠会食用足够的钙以保持其生命力，避免强直痉挛。如果这些老鼠能够查阅医学文献，它们就会发现，像给在治疗甲状腺肿的手术中切除甲状旁腺的成年人服用钙那样，人们也会给手足抽搐的婴儿服用钙。淡碘溶液是给甲状腺机能亢进的患者服用的一种标准药物，而老鼠食用甲状腺制剂后，就会对这种溶液产生一种病态的食欲。"

仿的榜样。通过与原始医师或萨满教巫师的一半是经验、一半是巫术的实践进行比较,也许就可以理解史前医学。很有可能,那些萨满教巫师非凡的成功,是由于他们具有巫术的力量,或者是由于关于这种力量的流行信念。我们也许可以假设,信仰疗法,至少在某些地区,始于文明的萌芽时期。

所有这一切必然是猜测性的,但是,至少在一个事例中,对于一种特别大胆的过程,我们有直接的和丰富的证据。在许多留传至今的史前头盖骨上都可以看出环钻术的痕迹。读者会问:“你怎么知道手术是在活人身上做的,而不是为了举行某种仪式在空的头盖骨上做的呢?”关于这一点,我们有很充足的知识,因为在活人头盖骨上钻的孔有自动愈合的趋势,而且,新长出的骨头可以一清二楚地被识别出来。[14] 为什么在头盖骨上钻孔?我们无法回答这个问题。有可能外科医生试图减轻因脑震荡引起的难以忍受的压力。有人也许会问:怎样做到这一点呢?旧石器时代的工匠们已经使用一些钻了。对此,古代遗址上遗存下来的有钻孔的石头和已有的钻就是证明。[15] 用石钻在石头上钻孔一定是一
010 项要耗费很长时间的工作;用环钻术在颅骨上开孔,至少对外科医生来说肯定相对轻松一些,但对患者而言并不

---

〔14〕关于这个主题,有相当多的文献可以参考,例如,斯特凡-肖韦(Stéphen-Chauvet):《原始人的医学》(*La médecine chez les peuples primitifs*, Paris: Librairie Maloine, 1936);亨利·E. 西格里斯特(Henry E. Sigerist):《医学史》(*History of Medicine*, New York: Oxford University Press, 1951),第1卷[《伊希斯》*42*, 278-281(1951)]。在我撰写这一章时,西格里斯特的这卷书尚未出版。

〔15〕弗兰茨·M. 费尔德豪斯(Franz M. Feldhaus):《技术》(*Die Technik*, Leipzig, 1914),第115页。

轻松。[16]

四、史前数学

在医学中，从经验主义向理性知识的转变必然是非常缓慢的，因为独立变量的数目十分巨大，而每一个小病对于不同的个人来说则有着相当大的差异。现在我们转向另一个领域——数学，在这里，在很早的某个阶段，可能就有了某种初级的合理化，一定程度的抽象也是很自然的。数学最基本的观念之一是数的观念，这种观念最简单的形式可能已经出现在远古人的头脑中了。第一位数学家——一个姓名不详的伟大天才，也许就是勾勒出这种观念之轮廓的人。

这一切是怎样发生的呢？我们只能猜测，但是，我们的猜测既不是任意的，也不是没有价值的。第一个神学家勾勒出一体或整体、单一原因、单一世界、单一自我以及单一上帝等观念的轮廓。二或二元的观念必然也是几乎同样早地出现的，因为自然界中有许多明显成双成对的事物。我们有两只眼、两个鼻孔、两只耳朵、两只手和两只脚；妇女有两个乳房。在实践中，手是很有启发意义的，从最初开始，人们肯定就不是同等地使用两只手。最简单的活动，例如吃饭、喝水、使用工具、示爱或战斗等，都意味着每只手有不同的任务。两只手显示了每一种事物的左右两侧，这不仅意味着二元性，而且意味着两极对立，亦即一方与另一方不同，并且比另一方占有优势。在具有支配性的每一种事物中，首先应该谈到的就是两性对立。不仅所有的人，而且人类所能看到的每

---

[16] 尽管可能已经有了使他麻醉或麻木的方法，但情况依然如此。在世界上的许多地区，这类方法很早就在使用了。

一个动物,要么是雄性,要么是雌性。这不仅是非常明显的,而且是不可避免的、难以摆脱的和无法消除的。此外,每一种性质也必然有两个方面;物体是热的或冷的,干燥的或湿润的,大的或小的,事物是令人快乐的或令人不愉快的,善良的或邪恶的,等等。

稍微大一点的群体,尽管普遍性仍比较小,但也非常值得注意。一个父亲和一个母亲再加上他们的第一个宝宝,就是一个三位一体的象征。对于一条河来说,一共有两个方向,即上游和下游;而对于一个站在平原上的人来说,就有许多方向。假设他站在那里,手臂向两边伸开,那么他的脑海中就会显示四个特别的位置——正前方、正后方,以及每只手臂的方向。他的语言中很快就会有四个实义词("前""后""左""右")来描述这些方向。如果他这样伸开手臂,右手对着太阳升起的地方,左手对着太阳落下的地方,那么四个基本方位的观念就会产生。在这四个基本要素上也许可以增加第五个要素,即中心,亦即他站的地方,或者可以再加上另外两个要素,即头顶的天空和脚下的大地。由此就产生了五、六和七的范畴。五个手指的存在,对这些范畴中的第一个(即五的)范畴是强有力的支持。当用一只手或一只脚计数物品时,人们会很自然地把它们以五归组,并且会说有很多"手"。更大的归组,如十或二十,几乎也是同样自然的,但人们对它们的认识稍微困难一些。

大多数人,或者说几乎是所有的人,都把这些范畴视为理所当然的,而且不曾去思考它们,但是如果在他们中出现了一个天生的数学家(为什么不会有呢?),他必定认识到数
011 的存在,认识到抽象的、不依赖于计数对象的数。他必然考

虑过,在手的五个手指、脚的五个脚趾和仙女水母的五个触手之间,存在着某种本质上相同的东西。对于神学家和宇宙论者来说,他们可能曾经迷恋于这个所有数字之母的数字一,或者迷恋于表述世界两极性的数字二,甚至迷恋于描述神秘三角形的数字三。而诸如拜火教所阐述的二元论,则在人类良知的最深处扎下了根。

这些数的范畴是算术(纯粹科学)的种子,但它们也是数字神秘主义(纯粹非理性)的种子。这两种根茎都在繁茂地生长。我们来考虑一下中国的情况。思考时,我们可以不必抛开史前时期,因为中国人十分喜爱的许多归组方式是非常古老的,如果我们能够追溯它们的起源,它们很有可能会把我们带到最遥远的古代。中国的意识形态是受普遍的两极对立的阳(*yang*)与阴(*yin*)、雄与雌和正与负这些生命本原支配的。阳代表雄性、光明、炽热、积极,是天空、太阳、岩石、山峰和善良等的象征;阴代表雌性、黑暗、寒冷、消极,是大地、月亮、水、烦恼和邪恶等的象征(显而易见,中国最早的宇宙论者是男人,而不是女人!)。每一个二元的事例都可以用阳与阴来表述。每一种生命形式都起源于性,以及每个孩子都需要父母双亲这一事实,可以扩展到整个宇宙。最奇妙的是,那种有性宇宙学很早就得到了一种数学解释。不仅负与正对立(这是后来在几何学和算术中得以发展的一种最基本的区分),而且人们还用实线表示阳,用虚线表示阴。在这两种线中每次取三条线组合成一组,就可以有不多不少正好 8 个组合,从而构成了八卦图(参见图 1)。这个奥秘的发现,被归功于传说中的中国文化的奠基者、第一个皇帝伏羲,据推测,他在位的时间是公元前 2953 年至公元前 2838

图1 中间是阴(代表黑、雌性)阳(代表白、雄性)图,周围是八卦

年。这种归因只不过是远古的一种特权而已。如果把阳线和阴线每六条一组进行组合,那就会有64种可能的六线卦形,每个卦形都被赋予了特定的含义;这一过程可以继续下去,而且也的确继续下去了(一定是数学智慧在起作用!),不过,我们不必为此担忧。那些中国古代的学者和神秘主义者在进行这种组合分析时并没有意识到这一点,了解到这种情况是很有趣的。期望他们在那么古老的时期就能够认识到他们的思维的数学意义是愚蠢的,但他们在那方面有本能的偏好,这已经被他们所发明的六十周期(又称“中国周期”)所证实了,这种周期是从十天干和十二地支中各选一项,每两项一组构成的。[17] 由于 $12 \times 5 = 10 \times 6 = 60$,那么就有60种可能的组合(参见图2)。这个发现被归功于另一个传说中的皇帝——黄帝,他在位的时间是公元前2698年至公元前2598年。最初,它只用于表示日子和时辰,而把它应用于年是在汉代(我们可以说大约是在基督时代)以后才出现的,但在这里,我们所关心

〔17〕这种60一周期的中文名称是“甲子”(*chia tzŭ*),由第一干“甲”和第一支“子”组成。十二地支的每一支的名称都是(代表黄道十二宫的)动物的名字,如子就是鼠。

1. 甲子	11. 甲戌	21. 甲申	31. 甲午	41. 甲辰	51. 甲寅
2. 乙丑	12. 乙亥	22. 乙酉	32. 乙未	42. 乙巳	52. 乙卯
3. 丙寅	13. 丙子	23. 丙戌	33. 丙申	43. 丙午	53. 丙辰
4. 丁卯	14. 丁丑	24. 丁亥	34. 丁酉	44. 丁未	54. 丁巳
5. 戊辰	15. 戊寅	25. 戊子	35. 戊戌	45. 戊申	55. 戊午
6. 己巳	16. 己卯	26. 己丑	36. 己亥	46. 己酉	56. 己未
7. 庚午	17. 庚辰	27. 庚寅	37. 庚子	47. 庚戌	57. 庚申
8. 辛未	18. 辛巳	28. 辛卯	38. 辛丑	48. 辛亥	58. 辛酉
9. 壬申	19. 壬午	29. 壬辰	39. 壬寅	49. 壬子	59. 壬戌
10. 癸酉	20. 癸未	30. 癸巳	40. 癸卯	50. 癸丑	60. 癸亥

图 2　60 一周期（“中国周期”）。每一列的第一个字彼此依次相同，它们都是按顺序取自十天干的一个字。每一列的第二个字是按顺序取自十二地支的一个字，从 1 至 12，13 至 24，25 至 36，37 至 48，49 至 60。由两个字组成的每一个词组彼此都是不同的［翟理斯（Herbert A. Giles）*：《华英词典》（*Chinese-English Dictionary*, Shanghai），第 2 版，（1912），第 1 卷，第 32 页］

的是 60 一周期这种思想，而不是它的应用。[18]

一般的中国人不会沉迷于这种思考，他们把八卦和甲子 012
当作诸如四季或月亮的盈亏那样的事物很自然地接受下来，

---

* 翟理斯，即赫伯特 · A. 贾尔斯（Herbert A. Giles，1845 年—1935 年），英国汉学家，22 岁来华，在英国驻华领事馆任职 24 年，回国后于 1891 年—1932 年任剑桥大学汉学教授。除《华英辞典》外，还著有《中国纲要》《中国文明》《中国和汉人》《中国满人》《儒家学派及其反对派》等著作，并译介了大量中国古典诗文，毕生为介绍中华文明做出了重大贡献。——译者

〔18〕把中国的农历与玛雅历比较一下是很有意思的，它们是以不同的行星运动为基础彼此独立地发展起来的。玛雅人把由 365 天组成的历年（*haab*）与由 260 天组成的宗教年（*tzolkin*）搅在一起了；这意味着会有一个由 18980 天（=52 历年=73 宗教年）组成的大年，或者像他们所说的那样，有一个“年组”（xiuhmolpilli）。相关的详细情况，请参见西尔维纳斯 · 格里斯沃尔德 · 莫利（Silvanus Griswold Morley，1883 年—1948 年）：《古代玛雅人》（*The Ancient Maya*, Stanford: Stanford University Press，1946），第 265 页—第 274 页［《伊希斯》*37*，245（1947）；*39*，241（1948）］。

不过,用数字表示范畴的习惯在他们心中已经根深蒂固了。从此以后,每个人的心中都有了某种把事物每两个或每三个等化归一组的愿望(这是一种对秩序和对称本能需要的表现,而秩序和对称无论对科学还是对艺术来说都是非常重要的),不过,在允许把归组扩大方面,中国人比任何其他民族都自由得多。因此,就像我们熟悉四个基本方位那样,他们则熟悉大量的归组集合,如由以 2、3、4、5[19]、6、7、8、9、10、12、13、17、18、24、28、32、72 以及上百个元素的组合。梅辉立*(William Frederick Mayers)[20]列举了 317 个这类组合,我确信,他的这张清单还可以扩展。当然,许多这类组合出现得较晚,未来还会增加其他组合,但这种原始的观念差不多像中国文化一样古老。

我们已经非常接近数学了,但随后又逐渐疏远了。这种情况在古代肯定发生过许多次;在我们的经历中,这种情况仍有发生。任何科学思想都有可能而且往往被曲解,这是在所难免的。它就像一个既可以用于善良目的,也可以用于邪恶目的的工具一样。

现在从想象转向现实,算术的发展大概应归因于这样的事实,即人们不可能在那些很小的而且已经熟悉的范畴中就止步不前,即使在非常遥远的古代,人们也得计算物品,并且

---

〔19〕关于 5 个元素的组合,请参见《伊希斯》22,270(1934-1935)上的一览表。

* 梅辉立,即威廉·弗雷德里克·迈耶斯(William Frederick Mayers,1831 年—1878 年),英国外交官,著名汉学家,1859 年到英国驻华领事馆任职,1871 年—1878 年任汉文正使,1878 年卒于上海,著有《棉花传入中国记》(*Introduction of Cotton into China*, 1868)、《中国辞录》(*Chinese Reader's Manual*, 1874)等著作。——译者

〔20〕见梅辉立:《中国辞录》(*Chinese Reader's Manual*, Shanghai, 1874)。

面对相对来说较大的数字。一个酋长要估算他的财力是很自然的,这时他会问自己,他有多少人可以依赖,有多少马、多少绵羊和多少山羊。简而言之,他需要人口普查和财产估价,即使其部落很小,普查中的数字也会很快达到大得难以用手指计算的程度。那么,他怎么办呢?在其关于龙目岛的酋长进行普查的有趣的记述中,[21] A. R. 华莱士(A. R. Wallace)向我们展示了历史上解决这类问题之策略的原貌,但他的叙述在数学困难开始出现时就停住了;那些困难是不能回避的。酋长用许多捆针代表了他所调查的有形资产的结果。他怎么数针呢?在这里,归组就是计数的基础。每一种语言都表现出存在着某种现在的数学家称之为数基的计数单位,这个数基(在许多美洲部落)常常是5,有时候它(在玛雅人中)是20,但更经常地它是10。[22] 这些数基比其他 013
数基更为流行,因为几乎每一个原始人都使用同样的计算器,亦即他的手指或脚趾。他也许在用一只手的手指(或一只脚的脚趾)计数完后就停一下,这样,他的数基就是5;当他用两只手的手指(或两只脚的脚趾)计数时,数基就是10;当他手脚并用时,数基就是20。[23] *In medio virtus*(出于本能)!那些其文化模式注定比其他所有人优越的民族有一点

---

[21] 参见艾尔弗雷德·拉塞尔·华莱士(Alfred Russel Wallace):《马来群岛》(*The Malay Archipelago*, London, 1869),第12章。龙目岛是位于爪哇岛与澳大利亚之间的小岛之一,它的西海岸正对着巴厘岛。

[22] 还有一些其他数基,请参见利瓦伊·伦纳德·科南特(Levi Leonard Conant):《数的概念》(*The Number Concept*, New York, 1896)。关于十进制体系,请参见G. 萨顿:《从古至今的十进制体系》("Decimal Systems Early and Late"),载于《奥希里斯》9,581-601(1950)。

[23] 在气候温暖的国家,用脚计数是很自然的,因为那里的人经常赤脚。在许多语言中,例如希腊语、拉丁语和阿拉伯语,表示手指和脚趾的词是相同的;如果需要表达得更精确些,人们就会把脚趾称作脚的指头。

是一致的，即他们都是在无意识地使用十进制。我们怎么能知道原始人的数基呢？关于这一点，正如我们的数词清楚地描述出我们自己的十进制数基一样，我们可以很容易地从他们的语言进行推论。的确，在一定程度上，正是由于词汇本身，人们才需要并且本能地创造出了某种数基。数基使得周而复始地使用同样的几个词成为可能，这些词即使有变化，其变化也是很小的；没有数基，所需要的词恐怕就得有无数个。[24]

领先的民族在十进制数基方面自发地一致，实在令人惊叹，不过，若与每种语言的不可思议的对称相比，人们对此就不会那么惊讶了。这些事情令我们难以理解。要说明这一点，即不止在一处，而是在人类繁荣的任何地方，如此复杂和对称的结构都是无意识地发展的，这怎么可能呢？每一种语言都被证明，它并非像一个几何图那样是完全对称的，它在许多方面是不对称的，就像一棵树或一个美丽的身体那样，是一种活动中的对称。

怎样重现所列举的那些原始普查的结果呢？我们假设，

---

〔24〕考虑一下我们自己的语言。要计数到 100 我们需要 19 个词：one（一），two（二），……，ten（十）；twenty（二十），……，ninety（九十）；hundred（百）；但是我们必须记住，在计数第二个十的时候，其中有些词需要有一点变化，如：eleven（十一［相对于一（one）和十（ten）来说］），twelve（十二），thirteen（十三），……，nineteen（十九）。一直计数到 999，999，我们只需要另外增加一个词 thousand（千）。

每一个要清点的项目都用一根树枝来代表,[25]并且以十进制为基础。也许有人会把每 10 根树枝绑成一捆,这样树枝的总数就是树枝捆的 10 倍。如果树枝捆太多了,计算者也许就会考虑把每一捆树枝看作一根树枝,这样就出现了一种能代表更多数目的树枝,从而又形成了新的每 10 捆树枝为一捆的树枝捆。如果这个计算者要做很多这样的计算工作,而且他很有数学头脑,那么没有什么会阻止他重复这种既经常又必要的运算。在认识到数十以后,他会认识到数百、数千、数万等等,而且如果他已经达到了这个特定的阶段,他还会创造新的词和新的符号。请注意,所需要的新的词(或符号)的数目迅速减少了。在实际需要使用 million(百万)这个词以前,可能已经过去了很长时间,而我们则刚开始稍微经常地使用 billion 这个词。[26] 014

我们所谓基本运算(加、减、乘、除),即使不是显而易见,也是很自然地从每一个清点和分配这些聚集物的过程中产生的。减法的思想也产生于这一事实:当一些数字比某些圆整数略小一点时,用一种就高不就低的方式描述前者会更容易些,例如,人们会说 20 减 2,而不说 18;说 100 减 1,而

---

〔25〕在华盛顿市国家博物馆(the National Museum),人们可以看到 5 捆芦苇,它们是科曼奇印第安人[原来住在怀俄明州(Wyoming)西部,后来在堪萨斯州(Kansas)和墨西哥北部地区之间大范围游荡]的一次普查的记录。这些芦苇分别代表村子里妇女的人数、青年男子的人数、战士的人数、儿童的人数以及小屋的数目。它们是爱德华·帕尔默(Edward Palmer)在 19 世纪 80 年代收集的[亚历山大·韦特莫尔(Alexander Wetmore)来信,1944 年 6 月 20 日寄自华盛顿市]。

〔26〕这个词仍有不同的含义:英国人用它来表示 10^{12}(万亿,兆),这比我们的用法更合逻辑;而我们用它表示 10^9(十亿)。

不说 99;说 10,000 减 300,而不说 9700。[27]

我们到目前为止已经假设,古代计数时使用的是树枝或其他东西,比如石子[在拉丁语中,表示石子的词是 calculi,所以我们有 calculus(运算,微积分)、calculation(计算)等词],也可以而且的确也有人用在绳上打结或在签筹上刻痕的方式来计数,而同样的周期性循环会很自然地再现。一个人无论是否意识到他有了十进制周期循环的观念,他都会刻一个较长的痕迹表示 10,并且刻一个更长的痕迹表示 100;接近较长痕迹的数,通过从那些痕迹倒退亦即采用扣除法就能很容易地得到。

必不可少的计数所启发的周期性循环和式样的概念,在装饰活动过程中以更具体的方式再现出来了。在建造一座祭坛或房屋时所需要的最简单的测量,可能激发了最早的几何学思想,但是,大多数人与生俱来的对美的热爱,可能才是几何学的真正摇篮,因为为了把不同的东西或人体装饰得赏心悦目,不仅需要一些测量结果,而且需要它们的整体效果,以及想象力所能联想到的尽可能多的装饰元素之对称和周期变化的组合。大自然是最好的老师;自然物如树木、树叶、鲜花、飞鸟、走蛇等所显示出的无数式样,是人们所获得的灵感的永不枯竭的源泉,人们正是从它们那里获得了对美的享受。某些天才的艺术家绘制的一些旧石器时代的绘画一直留传至今。在人类学博物馆中,人们可以看到陶器和纺织品上的装饰图案,它们展示了令人惊讶的想象力和敏锐的反应

---

〔27〕拉丁语中的 *duodeviginti* 和 *undecentum* 以及希腊语中的 *triacosiōn apodeonta myria* 这些词(大众的创造)就是证明。这些词的意思分别是 18,99 和 9700。

能力。工匠们不仅能够创造出非常复杂的式样，他们还会凭借其艺术鉴赏力用一些变化来装饰它们，而且他们非常敏锐，足以认识到一些细微偏差的价值。任何这样的构图都意味着要解决许多几何问题，无论这种解决方式多么粗糙。

例如，用一根可以折叠两次或更多次的绳子测量一段距离并对它进行等分是很容易的，但是，当古代的“科学家”试 015
图估算某个常见的星座中的恒星的相对距离时，或者估算某个运动的星体（行星）与某个固定的星体的距离变化时（即一个星体相对于所有其他星体有规则的运动），或者估算月球与它不停地穿梭于其中的星座之间的距离的变化时，更复杂的问题就出现了。他们也许试图用一根绳子测量这样的距离，但是，如果他们这样做，他们肯定马上就会发现，当把绳子向靠近眼睛的地方移动时，所要测量的距离的长度变短了。最终，某个史前的牛顿会领悟到，天文距离不是线性距离而是角距离；角的概念是一项在几何学和天文学上都具有十分重要意义的发明。

仅仅进行测量还不够，还得把测量结果表述出来，而这种表述则意味着要选择一些计量单位。选择计量单位也不够，还得把它们维持下去。维持标准单位或许是构建科学系统最早的步骤之一，尽管这一步骤像所有其他古代的步骤一样，显然是无意识的。看起来几乎每一个民族都一致选择用成年人身体的某些部分来做计量单位［因而有了诸如 cubit（腕尺）[28]，foot（足，英尺），span（掌距）等］。我们最早的祖先像我们一样自然而然地认识到需要许多计量单位，较短的

---

〔28〕这个词的拉丁语是 *cubitum*，它既是指肘，也是指从肘到中指指尖的距离。

距离需要较小的计量单位,较长的距离需要较大的计量单位,等等,但是他们并没有试图在这些单位之间建立固定的联系。我们不应当责怪他们,而应该谦虚地想到,在我们这个时代,仍有一些高度文明的人没有理解这种必要性。

五、史前天文学

我们已经谈到星辰。任何一个有反思能力并且夜复一夜地观察这些星体的人,都不可能不向自己提出若干问题,这些问题都是原始科学的问题。古代人,尤其是那些因气候炎热使得他们要在室外过夜的人,不可能注意不到一年当中日出和日落的位置的变化,月亮相位的变化,月亮在众星之中以不同的中天高度但以大致相同的速度有规则地向左运动,〔29〕某些星座随着季节的变化而出现和消失,晨星和昏星〔30〕以及其他行星更复杂的运动。他们以多种方式意识到时间的行进,因为他们必然能认识到昼与夜、月亮的相位、气象时令以及太阳年等周而复始的周期。他们为自己制定了日历,在其中,他们基于过去的经验对那些事件做了预见,这些日历有的以气象事件为基础,有的以月亮周期为基础,有的以太阳周期为基础,或者以许多这样的事件的组合为基础。日历来源于观察,它们也许会随着这些观察的重复和改进而逐渐得到改善。

---

〔29〕从北半球看。

〔30〕亦即启明星,*Heōsphoros* 或 *Phōsphoros*,以及长庚星,*Hesperos*;人们也许很早就识别出这两颗星,但我们无法说出究竟有多早。这两颗星实际上是同一颗行星金星,*Aphroditēs astēr*。在低纬度地区(已经拥有比较高级的文明的亚热带地区的国家),有可能观察到另外一对晨星和昏星,即晨星阿波罗(*Apollōn*)和昏星墨耳枯里乌斯[*Mercurius*,是罗马神话中的神,相当于希腊神话中的赫耳墨斯(*Hermēs*)。——译者],它们实际上是同一颗行星水星。即使在纬度达50°的地区,也不可能看不到水星。

我们没有必要继续这种枚举了。毫无疑问，至少有为数不多的一些人，由于得益于比较有利的气候环境或地理位置，或者得益于较高的智慧，因而具有特别的优势，他们已经在文字发明以前积累了大量知识。在世界的某些部分，史前 016
的知识数量如此之大、种类如此之多，以至于重构这些知识（如果可能的话），那么，有关它们的完整的目录大概就要占相当的篇幅。

六、纯科学

有些读者也许会提出异议，认为古代的任何知识都是纯粹实践的和经验的知识，它们太原始、太粗糙，因而没有资格享有科学这一名称。为什么我们不应该把它们称作科学呢？的确，它们是非常粗糙的、很不完善的知识，尽管如此，它们仍是可以改进的。我们的科学无疑更为精深、更为丰富，但同样的一般性描述也适用于我们的科学——它是很不完善的，但仍是可以改进的。也许有人会说，古代没有纯科学。为什么又说没有呢？科学必须达到怎样的纯度才能称之为纯科学呢？如果说纯科学是公正的学问，获取知识的目的是为了知识自身而不是想着直接利用，那么我深信，古代的天文学家是或者可能是像我们时代的天文学家一样的纯科学家。有可能，占星术幻想已经得到了发展，但同样可能的是，还没有发展出这样的幻想，而这就意味着那些天文学家尚未达到某种玩弄诡辩的程度。他们观察一些行星的奇怪的活动的主要理由，可能仅仅是好奇。

好奇心，这种人类最奥秘的特性之一，的确比人类本身还要古老。它也许是古代科学知识的主要起因，就像它在今天仍是科学知识的主要起因一样。需要被称为发明和技术之母,而好奇心则是科学之母。(相对于原始技师和萨满教巫师而言的)原始科学家的动机,也许与我们当代的那些科学家并无天壤之别。当然,它们因人、因时而有很多变化,但在那时像与现在一样,它们都包括科学家整体的毫无私利、不计后果的好奇和冒险精神,也包括个人的野心、虚荣和贪婪。

如果科学研究从其发端时起,没有得到一定的无私精神和冒险精神以及被其敌人后来称为轻率和不敬神的精神的启示和激励,科学的进步会比它实际的发展慢得多。某些原始人所获得的知识量,可以从人类学记录中,或者从最古老之文明的可观察的知识量中推论出来。当人类在历史舞台上出现时,我们发现,他们当中已经有许多艺术的大师和许多工艺的专家,他们有丰富的知识,而且足智多谋。

那时与现在一样,真正的科学家甚至真正的艺术家,可能看起来是有点奇怪和敏感的。很有可能,他的那些更注重实际的同胞们已经拿他的心不在焉开玩笑了。当然,他并非比他们更加心神不属,只不过他们把心思放在了不同的兴趣上。在他自己反思的事物上,他全神贯注;他的动机不那么实际,他的生活似乎比较神秘。有时候,他也可能希望得到赞扬和承认,或者,他可能已经发现,这种赞扬是无足轻重的,最好还是不要期望这种赞扬。如果一个原始的发明家是个自私的和嫉妒心重的人,他会把他的新思想,例如关于更合用的镰刀或更锋利的斧头的思想,或者关于制造这二者的更好的材料的思想,隐藏在他的心中或他的家庭中。在几乎每一个个案中,科学家或发明家都宁愿保持缄默。科学的增长总是与心理的偶然事件和社会的偶然事件相关联的。

原始发明的发展不仅有时是秘密的和隐蔽的，它也必然是与它趋向于推翻的固定不变的习惯和传统不相容的。每一项发明，无论有可能证明它多么有用（在它得到应用前它 017
是无用的），都会令人不安，而且它越富有创造力就越会令人不安。在史前时代像在现代一样，存在着一些既得利益，尽管不可能用完全一样的方式来描述它们，而且它们也许表现得不那么露骨。那时与现在一样，存在着一种很强的阻碍进步的惰性，这是一种习惯和自满的惰性，它不信任而且蔑视任何新颖和外来的东西。不过，这种惰性也不单纯是一种妨碍，它像调速轮和制动装置一样，对于使人类能够平稳和有理有据地步入未知的领域来说是必不可少的。人类对新的工具和新奇的思想的抵制是有益的，因为在新生事物被接受之前应当对其进行彻底的检验。每一种被接受的工具都是经历漫长的试错过程的结果，是发明家、创新者和改革者与保守势力经久斗争的结果。后者人数众多，而前者则更富有热情和进取之心。

七、传播和趋同

有些人类学家（“传播论者”）似乎认为，每一种发明只出现在一个地方，如果它有价值，就足以传播到其他地区。以这种方式进行论证的格拉夫顿·埃利奥特·史密斯爵士（Sir Grafton Elliot Smith，1871 年—1937 年）和威廉·詹姆斯·佩里（William James Perry），大概想让我们把埃及当作文明的摇篮。如此大胆的概括是难以证明的，而科学史却很容易将其否证。同时发现，亦即不同地区的不同人几乎在同时做出的相同或相似的发现，在现代是屡见不鲜的。对于这些同时发现的环境，人们已经进行了研究。对这些同时发现的一般解释是,相同的问题或技术手段是它们共同的祖先;发明者们试图解决同样的问题,从同样的来源中获取信息,从相似的需要中得到灵感;他们这些成就的同时性(或准同时性)可以用他们具有同时性需要来说明。正如我们所说的那样:“思想无处不在”。此外,每个问题一旦解决,就会导致新的问题;每个发现都包含着逻辑顺序上相继的其他发现。为什么在史前时代情况就不会是这样呢?在这方面,遥远的过去与当今的唯一差别是,每一发明在古代都比在现代慢,同时性要以世纪为单位来计算,而不是像现在以年或月为单位来计算。

给人留下最深刻印象的(与模仿相对的)趋同的例子,就是在世界上相距遥远的地区独立发明了十进制计算体系,这种体系被一些民族几乎一致(而且是无意识地)接受了,正是这些民族的文化变成了占据优势地位的文化。这是科学萌芽时期的奇迹之一。到目前为止,上面所给出的解剖式说明足以令人信服,但远没有达到完备的程度。为什么人们以 10 为单元,而不是以 5 或 20 为单元?

趋同进化论或(人类学家所称的)趋同论,并没有否认不同民族之间频繁出现的借用和模仿;这种理论主张,不同文化之间的相似性,并不必然是模仿的结果,而可能是并且往往应当归因于独立的发明。即使一个民族从另一个民族那里借鉴了某种文化特质,借用了某种工具、某个词语或者某种思想,这种模仿也往往是主动的而不是被动的。的确,这样的工具或思想对于新民来说必须具有可接受性,即使不是直接可接受的,它至少应具有某种可接受的形态;当然,即便具有可接受性,还得有人接受它,这一过程可能会包括在接受原创发明时所需要的那种长期的和痛苦的斗争。文化特质在新民彻底理解(或误解)、喜欢和同化它之前,并不真 018 正是该民族的一种特质。它的引入绝不是一个简单的添加过程,而是一种生物摄取和再创造的过程。为了用金属工具和金属武器代替石制工具和石制武器,人们必须抛弃旧的观念,并且,用一种现代的行话来说,必须具有金属意识。这并不是那种在一天之内或一年之内,甚至也许也不是在一个世纪之内就会发生的事。

纵使人类都是从单一的某个地方起源的,从人类出现到文化的发端,也已经过去了无数个千年期,以至于当人类受到命运和环境这样或那样的驱使时,他们有不计其数的机会走向四面八方。他们必须解决的问题,尽管因气候和地理条件的关系而有所差异,但本质上是相同的。如果是这样,他们无意中发现相同或相似的解决办法奇怪吗?他们本质上不是同一种人吗?有时候他们可能在没有别人帮助的情况下找到某种解决办法;有时候他们听到或看到其他人的解决办法,他们会接受这些办法,或者会把它们剽窃过来或把它们加以改造。可以对借用做出多种不同方式的解释:从全盘照搬到脱胎换骨,或者从毫无创造的模仿到只采纳一点点暗示,等等,其中的差异相当大。

人类的每一处定居地都有一些天才,也有一些蠢材,而大多数人都是"普通的"人。不同定居地的平均水平也有一些差别,这不仅有遗传方面的原因,而且还有气候和地理条件(包括是否能获得一定量的植物和动物)方面的原因,有些地区的条件比其他地区优越。从一开始,男人和女人就有很大差别,而且人们的机遇也有很大差别。定居在湖边或海边的人,与和他们相距遥远的在山洞或沙漠绿洲中找到庇护之地的同胞们,有着不同的机遇。大自然的每一份礼物都是为满足不同需要而创造的。随着时间推进,其中的某些需要消失了,这说明了为什么会有"失传的技艺"。原始人可以做许多我们不能做的事,他们会设法在危险中生存,而我们却无法面对稍微多一点的危险。

正如有些人超过了其他人那样,有些社会超过了其他社会,并且能做其他人想都没有想过的事情,从而有助于人类向更高的水平发展。而另一个社会在另一个时间和另一个地点,则可能使人类迈出下一步。这样,它就开创了一个时代,以往的情况一直如此。研究人类进化的学者不可能没有这样的感觉,即人类是在轮流工作的。没有任何绝对意义上的优越的"种族"或社会,只不过,在每一个时代对每一项工作而言,有些人或有些民族可能比所有其他人或其他民族都具有优势。

科学的萌芽并没有在每一个地方以同样的艳丽和同样的希望破土而出。有一些民族是早熟的,就像有些孩子早熟一样,他们起步很早,但走得并不很远。在以下诸章中我们将考虑这样一些古代民族,他们的文化萌芽只不过是基督纪元前3000年和前2000年最伟大的成就的序曲。[31]

---

〔31〕这里没有进行这样的尝试,即讨论科学与巫术,也许还应该加上宗教和艺术的混合起源,因为要对所涉及的事实加以说明,需要的篇幅太多了。在已故的布罗尼斯拉夫·马林诺夫斯基(Bronislaw Malinowski)的《巫术、科学与宗教》("Magic,Science and Religion")中,读者可以找到有关那些未论及问题的出色说明,以及相关的参考书目,该文见于李约瑟(Joseph Needham)主编的《科学、宗教与现实》(*Science,Religion and Reality*,New York,1928),第19页—第84页[《伊希斯》*36*,50(1946)]。也可参见M.F.阿什利·蒙塔古(M.F. Ashley Montagu):《布罗尼斯拉夫·马林诺夫斯基,1884年—1942年》("Bronislaw Malinowski,1884-1942"),载于《伊希斯》*34*,146-150(1942)。

第二章

埃　及

在亚热带北部地区的一些大河流域，一些杰出的文化模式会合在一起。显然，某种十分复杂的文化只能在这样的地区发展，在这里，应当有足够数量的人能够相对和睦和愉快地聚集在一起，共同完成许多工作，共享由此得来的成果，而且他们能够相互激励。上述那些大河包括尼罗河、幼发拉底河和底格里斯河、印度河和恒河、黄河和长江，也许还有湄南河和湄公河。[1] 所有这些河都相当长(最短的是湄南河，其长度大约为 750 英里，较长的是尼罗河和长江，其长度分别为 3473 英里和 3200 英里)，它们流经并灌溉着广大地区。这种一致并非巧合。这些河流不仅可以把水而且可以把人、食物和思想运送到海边，它们必然非常浩大，可以在下游地区集中足够的人力物力并形成竞争环境。任何一种文化，即使是最不发达的文化，也是非常复杂的，以至于它无法由小的群体创造出来，只能由相对较大的群体——数千人或者数百万人来建立。若想认识这类必须完成的任务庞大的工作量，只须考虑其中的一个要素——语言就够了，语言的成熟

[1] 最后提及的这两条河的下游具有明显的热带特点，恒河湾也是如此。

暗示着，它要通过意想不到的错综复杂的因素，经历一种数不胜数、难以名状和毫无意识的类似发酵式过程才能完成。

鉴于我们主要关注我们自己的文化的起源，我们将在本章和下一章将只考虑两种近东的古代文明，因为这两种文明对地中海地区影响最深。的确，这两种文明虽然并不完全属于地中海地区，但与这个地区相距最近。在这一点上，最明显的就是美索不达米亚；幼发拉底河上游非常靠近地中海，然而这条河和底格里斯河的出口都在波斯湾。尼罗河是以上提及的河流中唯一向北流的河，它把河水倾注到地中海，但是，古老的埃及文化却不是在靠近海边而是在远离海边的地区发展起来的，或者说，埃及人的海不是地中海，而是尼罗河自身。埃及就像“沙漠中一条长河的河畔乐土”。[2]

尼罗河的周期性泛滥使得这个狭窄的流域土地肥沃，并且有助于大量作物的生长。洪水的泛滥使干燥的不适于作物生长的气候得到了缓解，埃及得到了比地中海地区其他国家都多的恩惠。当然，要说明埃及文化从什么时候开始是不可能的，也不可能确定它是否早于美索不达米亚文化和中国
020 文化。这些有关领先的问题与我们在这里将要讨论的论题并不是非常相关的。的确，我们不会去描述史前埃及所具备的那些条件[3]；也许完全可以说，埃及的史前文化是后石器时代的文化，而古埃及人已经发展了许多农业技术：他们种植了大麦、斯佩耳特小麦（小麦的一种）[4]和亚麻，他们编织

〔2〕《奥希里斯》*2*，410（1936）。

〔3〕埃及没有冰河时期，因此，它的史前发展没有中断。这使得埃及比其他国家具有了一种惊人的巨大优势。

〔4〕《伊希斯》*37*，96（1947）。

了亚麻布,并且制定了年历。当历史的帷幕在第一王朝拉开时,我们所能证明的文化成就绝不仅仅是一个开端,它们已经达到了一个高峰。这些成就,若没有历经成千上万年的准备,大概是不可能存在的。

埃及最古老的历史时期被称作古王国(the Old Kingdom)*时代,由前后相继的六个王朝(从第一王朝到第六王朝)组成,从大约公元前3400年持续到大约公元前2475年,或者说,持续了将近1000年。〔5〕这个时期的前半段鲜为人知,当我们谈到古王国时代时,我们主要考虑的是后半段——金字塔时代(亦即第三王朝到第六王朝时期,从大约公元前2980年至大约公元前2475年,共500余年)。金字塔时代由于大量碑文和少量其他作品,当然,首先是由于那些巨大的墓穴而永世流芳。

一、文字的发明

古代埃及人最伟大的成就,就是文字的发明。他们是不是第一个发明文字的民族,抑或苏美尔人或中国人先于他们而发明了文字?这仍是一个未决的问题。但无论如何,他们是独立地发明了文字的。必须记住,这样的发明无论出现在哪里,我们都难以非常轻而易举地给它划定一个时间范围,

---

* 萨顿对埃及古王国、中王国和新王国这三个时代的划分有别于现在的学者,尤其是对古王国时代的划分,差异较大。可参见 http://en.wikipedia.org/wiki/Old_Kingdom_of_Egypt。——译者

〔5〕我自始至终使用的都是这种“较短的”年表,按照这种年表,第一王朝的国王美尼斯(Menes)的统治时期从大约公元前3400年开始。其他年代学家可能会把这个时间定得更早一些,其中最极端的是商博良-菲雅克(Champollion-Figeac),他把这个时间定在公元前5867年!有关这种“较短的”年表的解释和证明,请参见詹姆斯·亨利·布雷斯特德(James Henry Breasted):《埃及古文献》(*Ancient Records of Egypt*, Chicago, 1906),第1卷,第25页—第48页。人们总会提到这个王朝,我也是如此。

因为它不是一蹴而就的,也不是在某个确定的时间内完成的。就埃及而论,它起始于史前时期,而在那个时代结束以前,这一发明可能已经达到了一个适度的完满阶段。留传至今的最早文字是古王国时代的。

我们可以假设,埃及人一开始使用的是图画文字(图像)而不是单词来描述事物或思想。随着岁月的推移,这些图像可能逐渐成为惯例,并且逐渐被简化和标准化了,最终,它们和口语词汇结合在一起。之后,每一个图像不再单纯代表一种思想,而是代表一个埃及语中的词。再后来,原来表达的思想可能被遗忘,而每个图形只保留了某个语音的价值。书吏们掌握了相当数量可自行支配的这类音素,他们也许会使用而且也的确使用了它们,用它们书写含有与这些音素有相同发音的词,尤其是一些专有名称和抽象名词,这些词不太容易用象形文字来表示。埃及人进而又向前迈了一步:在长期使用的过程中,一些符号被用来只表示这些音素开始的辅音。在古王国时代,他们由此得到一个有 24 个字母的符号组,这些符号以后没有再增加(参见图 3)。

那么,我们是否可以说埃及人发明了字母表?否,虽然他们发明了字母符号,但他们并没有领会这些符号的全部意
021 义,因为尽管他们成功地从其语言中抽象出这 24 个“字母”,但他们在使用它们的同时,仍在继续使用所有其他复杂的符号——象形文字(hieroglyphics)[6]。这种眼看就要到达目的地而突然止步不前的情况,似乎很奇怪,但在科学史上,这却是一种惯例而非例外。很少有伟大的发明家使伟大

[6] 这个词来源于 hieros(神圣的)和 glyphein(雕刻)。

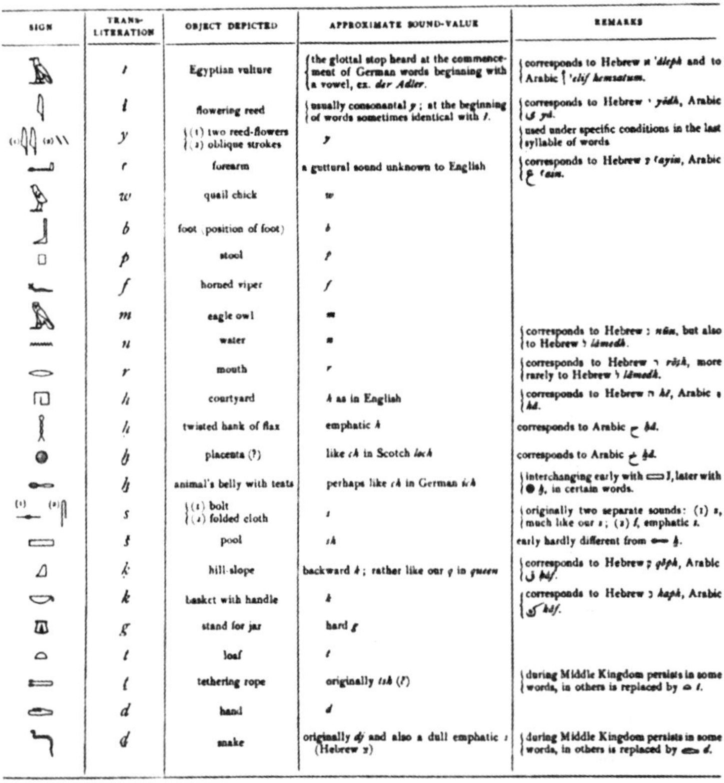

SIGN	TRANSLITERATION	OBJECT DEPICTED	APPROXIMATE SOUND-VALUE	REMARKS
	ꜣ	Egyptian vulture	the glottal stop heard at the commencement of German words beginning with a vowel, ex. *der Adler*.	corresponds to Hebrew א *'āleph* and to Arabic أ *'elif hemzatum*.
	i͗	flowering reed	usually consonantal *y*; at the beginning of words sometimes identical with ꜣ.	corresponds to Hebrew י *yōdh*, Arabic ي *yā*.
(1) (2)	y	(1) two reed-flowers (2) oblique strokes	*y*	used under specific conditions in the last syllable of words
	ꜥ	forearm	a guttural sound unknown to English	corresponds to Hebrew ע *'ayin*, Arabic ع *'ain*.
	w	quail chick	*w*	
	b	foot (position of foot)	*b*	
	p	stool	*p*	
	f	horned viper	*f*	
	m	eagle owl	*m*	
	n	water	*n*	corresponds to Hebrew נ *nūn*, but also to Hebrew ל *lāmedh*.
	r	mouth	*r*	corresponds to Hebrew ר *rēsh*, more rarely to Hebrew ל *lāmedh*.
	h	courtyard	*h* as in English	corresponds to Hebrew ה *hē*, Arabic ه *hā*.
	ḥ	twisted hank of flax	emphatic *h*	corresponds to Arabic ح *ḥā*.
	ḫ	placenta (?)	like *ch* in Scotch *loch*	corresponds to Arabic خ *ḫā*.
	ẖ	animal's belly with teats	perhaps like *ch* in German *ich*	interchanging early with (sign) š, later with (sign) ḫ, in certain words.
(1) (2)	s	(1) bolt (2) folded cloth	*s*	originally two separate sounds: (1) *z*, much like our *z*; (2) *ś*, emphatic *s*.
	š	pool	*sh*	early hardly different from (sign) ẖ.
	ḳ	hill-slope	backward *k*; rather like our *q* in *queen*	corresponds to Hebrew ק *qōph*, Arabic ق *ḳāf*.
	k	basket with handle	*k*	corresponds to Hebrew כ *kaph*, Arabic ك *kāf*.
	g	stand for jar	hard *g*	
	t	loaf	*t*	
	ṯ	tethering rope	originally *tsh* (*č*)	during Middle Kingdom persists in some words, in others is replaced by (sign) *t*.
	d	hand	*d*	
	ḏ	snake	originally *dj* and also a dull emphatic *s* (Hebrew צ)	during Middle Kingdom persists in some words, in others is replaced by (sign) *d*.

图 3 埃及字母表[承蒙艾伦 · H. 加德纳(Alan H. Gardiner)应允,复制于他的《古埃及语语法》(*Egyptian Grammar*, Oxford: Clarendon Press, 1927),第 27 页]

的发明得以完备。其他一些人,往往是一些小人物并且是更注重实际和改革的人,则需要认识发明的全部价值,而且要尽一切可能利用它。播种的是像法拉第(Faraday)和麦克斯韦(Maxwell)那样的人,而收获果实的却是像爱迪生(Edison)和马可尼(Marconi)这样的人。埃及人对使用他们的象形文字已经习以为常了,他们不会舍弃它们;他们带着这些象形文字以及他们发明出来但没有适当利用的字母符

号，又走了数千年。[7] 腓尼基人使这一发明达到了一个更
022 高的完善阶段，他们创制了第一个闪米特字母表（纯辅音的）；而使这一发明最终完成的是希腊人，他们增加了一些元音。整个发展过程至少持续了2000年到3000年。

最终，埃及人怎样把他们语言中的一个词写出来呢？大部分象形文字包含两种符号，即“音”符和“义”符。前者表示发音，后者表示思想，每个词所属的类别都是按照意思划分的。音符可能只是一个字母（辅音）符号，或者，它们可能代表辅音的组合，如*mr*、*tm*、*nfr*等等。两类符号的组合就构成了一个词的“身份”，这使得人们可以很容易地在数千其他词中识别并记住它。埃及文字是内部折中处理的产物，它很烦琐而且常常很累赘，不过，讲英语的人不应对它过于苛刻，因为他们自己由于类似的折中而对字母的曲解也同样是令人震惊的。他们继承了一种非凡的方法，但却未能始终如一并以毫无歧义的方式使用它去拼写他们的语言。

任何阅读我这段关于象形文字的简短描述的中国人或汉学家都会对自己说，这样的描述也非常适用于汉字。中国人和埃及人在世界的两端独立地工作，创造了两种巨大的文字符号集。把那些巨大的试验的结果加以比较是非常有趣的。他们像所有人都会做的那样，从图画文字开始；而且，古代中国和古代埃及关于同一对象如太阳、月亮、山、水、雨、

---

〔7〕应当记住，如果认识象形文字或其他便利的符号，那么阅读起来比阅读字母文字更容易，因而，这类符号被引入每一种语言尤其是科学语言之中。可以想一想用来表达天文学、化学和数学含义的那些符号，或者更常用的符号，如表示美元的 $，或表示“和”的 &。所有这些符号的缺点是，除非人们熟悉它们，否则根本无法理解它们，而人们却能够读诸如“Venus（金星）”、“ascending node（升交点）”或“antimony（锑）”这些词，如果需要，还可以查查词典。

人、鸟等的图画文字，往往是类似的。随着这两种文字符号的标准化和简化，文字符号变得越来越多，这时，这两个民族都得出了相同的普遍性结论——每个字都应当包含一个表示语音的要素（表音符号）和表示意义的要素（表意符号）。在这方面，中国人是非常始终如一的：他们的大约80%的字都是由两部分组成的，一部分提示发音，另一部分（214个“形”之一）提示意义。一般而言，人们不会注意形符的发音和声符的意义。

到此为止，中国人和埃及人的成就是非常相似的，但是，他们之间有着根本性的区别——考虑到这两个民族有很大的差异，在数千年中要顺应截然不同的物理和心理环境，我们还会有什么别的期望呢？在埃及的文字中，元音被省略了，而在口语中，为了服从语法变化或表示不同的含义，它们又会经常变化。在中文中正相反，元音是基础，它们具有语义价值而且是固定不变的。对汉字意义的研究是不能与对它们的发音的研究相分离的。人们可以看到字母符号最终是怎样从埃及人的书写习惯中产生的，但是这些符号不可能从汉字中产生。[8] 汉字往往是以某一个独体字为中心的，有些简单一些，有些复杂一些，但它们所占的空间与任何其他字所占的空间是相同的；而埃及文更像有任意音节的词，它所占的空间可能多一些也可能少一些。

给早期研究中国和埃及的学者留下更深刻印象的是这两种文字的相似性，而不是它们之间的差异。他们更多地出

[8] 相关的进一步讨论和例证，请参见沃恩·肯（Won Kenn）［黄涓生（Huang Chüan-shêng）］：《象形文字和汉字的起源与演化》（*Origine et évolution de l' écriture hiéroglyphique et de l' écriture chinoisè*, Lyons: Bosc Frères and Riou, 1939）。

于狂热而不是出于了解,凭借他们的感觉,急切而匆忙地得出一些结论。1759年,法国汉学家德经*写了一个研究报告,他在报告中声称,汉字源于埃及人,而中国原来是埃及的一个殖民地![9] 由此引发了一场争论,但我们没有时间来分析这场争论。而一个世纪以前,塞缪尔·伯奇(Samuel Birch,1813年—1885年)仍旧从这种中国观出发讨论有关象形文字的研究。[10] 无论如何,伯奇不是一个业余爱好者,而是一个有着惊人热情的人,他是第一部按字母顺序排列的埃及语词典(1867年)的作者。

与此同时,埃及文偏重辅音的特性引起了另一场论战。的确,在每一种闪米特语言(Semitic language)中,字母表只限于辅音是一个常见的特点。难道我们不应该把埃及语看作闪米特语族的一个成员吗?这一争论远比有关汉语-埃及语的争论更为激烈。汉语-埃及语的相似性是因为,中国人和埃及人所致力的工作是相同的,而且他们的本性实质上也是一致的。埃及语-闪米特语的相似性则是由于一定的接触和借用,这一点是不可否认的,讨论也是围绕着借用量,而不是围绕借用是不是一种事实。许多著名的埃及学家得出结论说,埃及语和闪米特诸语言是密切相关的,其中的一位意大利人西梅奥内·莱维(Simeone Levi)出版了一部科普特语-希伯来语词典,在这部词典中他把他(或认为是他)所发

---

* 德经,即约瑟夫·德·吉涅斯(Joseph de Guignes,1721年—1800年),以《匈奴突厥起源论》《北狄通史》等著作闻名于世。——译者

〔9〕德经:《中国人为埃及殖民说》(*Mémoire dans lequel on prouve que les Chinois sont une colonie égyptienne*, Paris, 1759; 59 p., 1 pl.)。

〔10〕参见E. A. 沃利斯·巴奇爵士(Sir E. A. Wallis Budge):《埃及语词典》(*Egyptian Dictionary*, London, 1920),第xiv页。

现的埃及语和希伯来语近似的地方汇集在一起。[11] 它们不仅在单词和构词方面有相近之处,而且在代词和数词的构造方面也是类似的。然而,埃及语与闪米特语族之间的差异,远比这个语族的不同成员之间的差异大得多。

考虑一下埃及语的数词。埃及语表示1、2、3、4、5、10的词属于非洲语言,而表示6、7、8、9的词则是闪米特语。这意味着什么呢?这意味着它原来的语系是非洲语言(含语),因为毫无疑问,在任何一种语言中,表示1、2、3、4、5的词都属于需要得最早也创造得最早的词之列;这还意味着(参见前一章)古代埃及人的数基是5。通过后来与南部和东部的闪族人的接触,埃及人把闪米特语的一些成分以及10这个数基引入他们的语言之中了。当埃及人变得更加强大时(在第十八王朝到第二十王朝期间,亦即从公元前16世纪末到公元前12世纪,埃及统治着一个世界帝国),他们影响了近东的闪族人。在《希伯来圣经》(Hebrew Bible)的形式和内容中可以发现许多埃及人影响的踪迹。[12] 那些相互影响对人类史学家来说事关重大。他们指出,埃及终归还是地中海世界固有的一部分。尽管埃及人的智慧大部分是通过闪族人的渠道留传给我们的,但埃及人的方法和技艺也通过克里 024

〔11〕 西梅奥内·莱维:《科普特语-希伯来语象形文字词典》(*Vocabolario geroglifico-copto-ebraico*,10 parts in 3 vols.;Turin,1887-1894)。

〔12〕 正如某些学者夸大了埃及语中的闪米特语成分一样,另一些学者夸大了《旧约全书》中的埃及语成分,例如,亚伯拉罕·沙洛姆·亚胡达(Abraham Shalom Yahuda)在《与埃及相关的〈摩西五经〉的语言》(*The Language of the Pentateuch in its Relation to Egypt*,London:Oxford University Press,1933)中就是这样。

特岛和其他岛屿留传到我们这里。[13]

二、莎草纸的发明

另一项发明亦即一种适于书写的材料的发明，使得文字的发明具有了充分的社会价值，这种材料既容易得到，又不太昂贵。显然，如果文字只能刻在石头上（很明显，在希腊这种情况持续了数个世纪），它的范围就只能局限于记录被认为非常重要的事情。文学作品太长，难以凿刻在石头或金属上；为了采用非口述的形式保存这些文学作品，就需要一种更便宜的材料。

古代埃及人发明了莎草纸（papyrus），从而以最出色的方法解决了这个重要的问题。莎草纸是一种非常好的书写材料，它是由一种很高的莎草（即 *Cyperus papyrus*，纸莎草）之草茎的木髓制成的，这种植物那时盛产于尼罗河三角洲的沼泽地中。[14] 人们把那些木髓沿着纵向切成条，再把这些木髓条以十字交叉的方式叠成两层或三层，把它们浸泡、压紧并把它们磨光。莎草纸的成本不会很高，因为沼泽中的"芦苇"一眼望不到边，收集起来作原料之用富富有余，而且莎草纸的制造过程又极为简单。

每一项发明都需要一些补充的发明。有某种很方便的

---

〔13〕 J. D. S. 彭德尔伯里（J. D. S. Pendlebury）：《埃及史——爱琴海地区的埃及物品目录》（*Aegyptiaca. A Catalogue of Egyptian Objects in the Aegean Area*, Cambridge: The University Press, 1930）［《伊希斯》*18*, 379（1932-1933）］。

〔14〕 现在，这种植物在那些沼泽地中已不见踪影，但在苏丹依然生长茂盛。这种植物在尼罗河三角洲的消失会不会是由于古代和中世纪的过度使用呢？老普林尼（Pliny）提供了许多有关莎草纸的信息［《博物志》（*Natural History*），第 13 卷，21-27］，按照他的观点，在提比略（Tiberius，皇帝，公元 14 年—37 年在位）统治时期，这种植物的资源已经匮乏了，元老院的议员们不得不对它的分配加以控制。这样看来，在我们的时代，纸的限量供应也不是什么新奇的事！

可以在上面书写的材料还不够，还必须有用来书写的工具。埃及人使用了各种颜料（或墨水），他们用细的灯芯草（*Juncus maritimus*）[15]制成的精美的毛笔把颜料（或墨水）写在莎草纸上，而灯芯草像茅草一样，可以在同一片沼泽地上找到。

在许多语言中都有这样两个常用的词，即纸（paper）和圣经（bible），这两个词使具有非同寻常的重要意义的莎草纸的发明千古流芳。但是，人们对第一个词的理解有些误解，因为我们的纸是用纸浆（pulp）制造出来的，而这是中国人的发明，它与埃及人的发明有着本质的区别。希腊人把莎草纸称作 *byblos*，把莎草纸条称作 *byblion* 或 *biblion*。后来他们又用这个词来指称一整本书[请比较一下拉丁语中 *liber*（书）这个词的类似演化]。*Byblos* 这个词本身有可能来源于贝鲁特北部的一个繁忙的市场或港口[Byblos（比布鲁斯）* = Jubayl（朱拜勒）]的名字，而国际莎草纸贸易大部分控制在腓尼基人手中。的确，物品往往是以它们著名的输入地而不是以其原产地命名的，那些原产地反而可能而且常常是默默无闻的（如印度墨水、阿拉伯数字等等）。

与埃及人在某一时期或另一时期所用的其他书写介质（如骨头、泥板、象牙、皮革和亚麻布等）相比，莎草纸的优越性是清晰可见的；但是，在我们看来也许最为重要的一个方面，却可能并非一望而知的。写在一块块骨头、皮革或其他

---

〔15〕芦苇的一种，直到很晚（在希腊-罗马时代）才开始使用；现在仍有一些土著人在使用它（卡拉姆芦笔）。

* 比布鲁斯是贝鲁特古代海港，现称朱拜勒，古时莎草纸都是通过这里运往希腊爱琴海的。——译者

材料上的记事，必然只能留下一些 *disjecta membra*（片段），要想把它们集中起来保存数百年几乎是没有希望的。莎草纸的天才发明者们，在生产出单张的纸后发现，许多张纸，事实
025 上几乎任意数量的纸，都可以粘在一起，每一张纸的边缘与前一张纸相连，这样就可以把纸卷成卷[*volumen*，因而我们有了卷（volume）这个词]，从而可以容纳任何长度的文本，并且按照一个文本应有的顺序把它完整地保留下来。一卷纸的宽度从 3 英寸到 18.5 英寸不等；长度自然是依所要写的文本而定；最长的莎草纸是哈里斯纸草书第 1 卷[大英博物馆（British Museum）编号 9999]，长 133 英尺，宽 16.5 英寸。幸亏有了卷纸的发明，许多古代的文本才能完整地留传给我们。

莎草纸的制造者们为古代西方世界提供了一种极为出色的、富有吸引力的而且便宜[16]的媒介，使西方的主要文化成就得以传播。我们现在所拥有的书卷大部分是在古墓中发现的。莎草纸的保存，在绝大多数气候条件下是不可能的，在许多条件下是困难重重的，但在埃及，干燥的天气却为它的保存提供了保证。一项伟大发明与某种非同一般气候的这种奇迹般的相合，就这样使很大一部分古代文献得到了

---

〔16〕相对便宜。莎草纸从来没有像手工制浆纸那么便宜和多产，更遑论今天的纸了。今天的纸非常便宜，以致人们不断把它浪费在一些既无益处也无价值的目的上。莎草纸始终是一种比较奢侈的材料。我们对它早期的生产几乎一无所知，有关其后期的生产，请参见纳夫塔里·刘易斯（Naphtali Lewis）：《希腊-罗马时期的埃及莎草纸工业》（*L'industrie du papyrus dans l'Egypte greco-romaine*, 200pp.；Paris：Rodstein，1934）[《伊希斯》*35*，245（1944）]。

保护。没有大自然的帮助,人类的努力也许就付诸东流了。[17] 虽然我们这里主要关注的是古代埃及,它所遗留下来的文献几乎无一例外都是用莎草纸保留下来的,不过也许应该提一下,同样是这种材料也保留下了大量其他文献,如《圣经》文献、希腊文献和罗马文献。如果没有莎草纸,可供罗马人任意使用的累积的知识可能就会大大减少,思想史的进程也会迥然不同。

当然,其他书写用的材料也可能已经被发明出来,但是那些被证明有类似价值[18]的材料,例如羊皮纸和制浆纸,直到很久以后才出现。如果把羊皮纸的发明与佩加马图书馆(the Library of Pergamon)联系在一起的故事是对的,那么它的发明时间只能是公元前 2 世纪以后了。制浆纸是在公元后 2 世纪初叶在中国发明的。* 因此无论是羊皮纸还是制浆纸的确都是在埃及的法老时代以后出现的,我们也许可以说,甚至这两种最古老的材料的发明,也比莎草纸晚了 27 个世纪!也就是说,在那段漫长的时光中,对于文化传播而言,莎草纸不仅是除泥板以外最好的材料,而且是唯一适合的材料。

---

〔17〕这方面一个很好的例子就是,在锡兰(现已更名为斯里兰卡——译者)和印度,人们把棕榈叶当作书写材料。他们使用生长在锡兰和马拉巴海岸(Malabar)的贝叶棕(*Corypha umbraculifera*)的树叶,并且生产出一种窄条的被称作贝叶纸(olla)的草纸。可惜的是,与适合于保存莎草纸文献的埃及的气候不同,印度的气候不适于保存贝叶草纸文献。

〔18〕在美索不达米亚使用的泥板,从保存单独的短文来看是很好的,但它们不能导致任何可以与卷纸相媲美的发明,这样,长的文献的保存就受到了威胁。

* 中国考古学家于 1986 年在甘肃天水放马滩发掘出西汉文景时期(公元前 179—前 141 年)的纸质地图残片,可见那时的纸已经可供写绘之用。学者们推测,造纸技术在西汉初年已基本成熟。——译者

总之,莎草纸的确是很好的东西,以至于尽管大约公元800年中国纸就已经在埃及闻名,并且一个世纪以后就在这里制造了,但莎草纸的使用一直持续到11世纪。〔19〕羊皮纸(或精制犊皮纸)是非常好的材料,但非常昂贵,这样就妨碍了它在日常生活中的使用。

在书写仅仅是为了满足碑铭的需要的时候,书写是非常
026 缓慢的。碑铭,尤其是在像花岗岩这样非常硬的石头上,雕刻起来极为困难。不过,这类困难算不上什么严重的障碍,因为即使是最长的碑文,相对来说也是比较短的。而且,从艺术的角度看,困难可能会使人因祸得福。艺术家会因此鼓起勇气,尽心尽力而且常常会超越自我。有些保留在硬石头上的轮廓清晰的象形文字碑铭,无论是镌刻上的还是简单地画上的,已成为埃及艺术宝库中的珍品。不过,当抄写员开始在莎草纸上书写文字时,书写的速度必然可以快很多,象形文字就变得很麻烦了。这样,(大约在公元前1900年)逐渐发展出了一种新的、更容易书写的文字,这是一种草书或连写字体,被称作僧侣(hieratic)书写体。又过了多年以后(大约在公元前400年),随着书写的普及,人们觉得,甚至僧侣书写体写起来也太慢了,因而它又被一种被称作古埃及通俗文字(enchorial)或古埃及通俗字体(demotic)的速记式

〔19〕直到1022年,教皇诏书仍用莎草纸发表。参见《根据教皇庇护十一世的指令和梵蒂冈教会图书馆主管们的建议和努力而照相复制的罗马大祭司的莎草纸文书(它们现保存在西班牙、意大利、德国的国家档案馆中)》(*Pontificum Romanorum Diplomata papyracea quae supersunt in tabulariis Hispaniae, Italiae, Germaniae, phototypice expressa jussu Pii PP. XI consilio et opera procuratorum Bibliothecae Apostolicae Vaticanae*, 18 pp., 15 facsimiles on 43 pls.; Rome, 1929)。

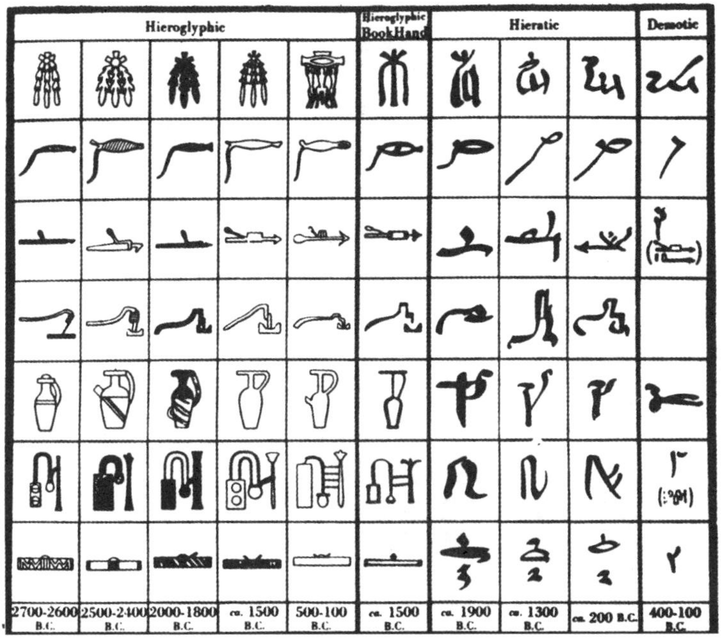
Hieroglyphic
Hieroglyphic BookHand
Hieratic
Demotic
2700-2600 B.C.
2500-2400 B.C.
2000-1800 B.C.
ca. 1500 B.C.
500-100 B.C.
ca. 1500 B.C.
ca. 1900 B.C.
ca. 1300 B.C.
ca. 200 B.C.
400-100 B.C.

图4　从象形文字到古埃及通俗字体的演变过程[承蒙乔治·施泰因多夫(George Steindorff)和基斯·C. 西尔(Keith C. Seele)应允,复制于他们的《埃及统治东方之时》(*When Egypt Ruled the East*, Chicago: University of Chicago Press, 1942),第123页]

的字体取代了(参见图4)。[20] 当然,每一种文字都经历过某种类似的演化,但与任何其他文字相比,埃及文的这一演化进程是最长久的,因为那些象形文字是有史以来人类所发明的最为复杂精美的符号。唯一能与埃及文相提并论的是汉字,但相对于埃及文而言,汉字比较简单也没有那么精美。随着时间的推移,中国书法也达到了它所特有的相当美的程度,但与象形文字给人的美感相比,中国书法始终太抽象了。

[20] *Hieraticos*,其意为僧侣的(因为抄写员一般都是神职人员);*enchōrios*,其意为乡村的;*dēmoticos*,其意为通俗的。

027

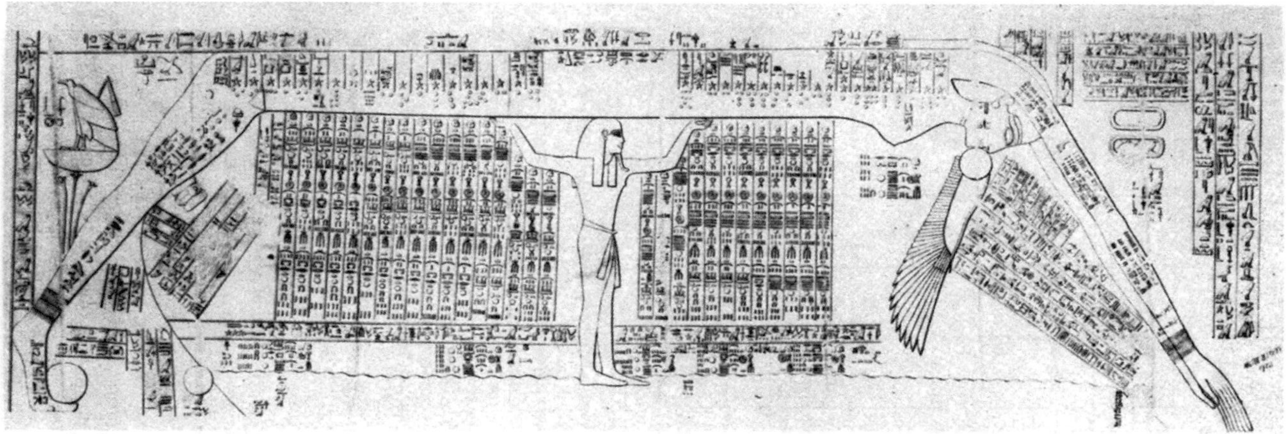

图 5 努特(Nut)和舒(Shu)。这是在阿拜多斯(Abydos)的塞提一世(Seti I,公元前 1313 年—前 1292 年在位,第十九王朝)的衣冠冢中发现的一幅巨图,图中空气之神舒托着苍天女神努特。努特赋予了太阳和星辰每天的生命。在她的身体上写有旬星的名称,在她身体下面以及手臂和腿上,列有日子和月份一览表,上面标出了在某一个清晨、午夜或黄昏升起的对应的星座 [引自 H. 法兰克福 (H.Francfort):《塞提一世在阿拜多斯的衣冠冢》(*The Cenotaph of Seti I at Abydos*,2 vols.;London:Egypt Exploration Society,Memoir 39,1933),第 1 卷,第 27 页、第 72 页—第 75 页;第 2 卷,插图 81]

在底比斯(Thebes)的拉美西斯四世(Ramses IV,公元前 1167 年—前 1161 年在位,第二十王朝)的墓中,也可以看到类似的比喻。相关的图和评注,请参见海因里希·布鲁格施 (Heinrich Brugsch):《古埃及墓碑上有关天文学和占星术的碑文》(*Astronomische und astrologische Inschriften altaegyptischer Denkmaeler*, Leipzig,1883),第 174 页。

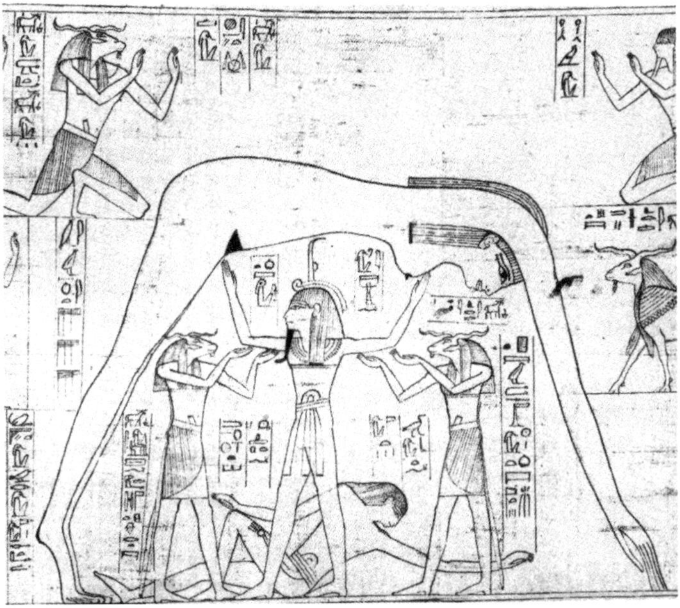

图6　努特和舒。图中所描绘的苍天女神努特环绕着天空，她用手和脚支撑着自己。大地之神盖布在地上伸展开身体。空气之神舒用双手托起努特后站在中央。大英博物馆格林菲尔德纸草书第87张，该纸草书是《度亡经》(*Book of the Dead*)底比斯修订版中最长的(在被裁成96个部分以前，卷长接近123英尺，宽1英尺6.5英寸)[承蒙E. A. 沃利斯·巴奇恩准，复制于他的《格林菲尔德纸草书——大约公元前970年底比斯的阿蒙-拉女祭司内希坦内布塔舒公主的葬礼纸草书》(*The Greenfield Papyrus. The Funerary Papyrus of Princess Nesitanebtashu, Priestess of Amen-Ra at Thebes c. 970*B. C., British Museum, 1912)，插图106]

三、天文学

埃及人对星辰的了解可以追溯到最古老的史前时期。这并不奇怪，由于他们的大气层中云淡雾薄，夜幕降临时，气爽怡人，因而会吸引人们去注视天空中循环往复的运动。他们会不由自主地注意到，天空中星体的分布是不均匀的，它们形成了一些具有可识别形状的星群(或星座)。按照他们古代的一个神话幻想来看,整个天空被一个女神(努特)的身体环绕着,她用手和脚支撑着自己(参见图 5 和图 6)。这种宏大的构想,使得他们形成了用自己的眼睛眺望整个星空的习惯,并且使他们能够识别相对于我们的星座来说规模巨大的星座。它们当中最长的奈克特(Nekht)人星座通过子午线要耗费将近 6 个小时。为了参照起来更容易,他们把沿着赤道的一个广阔的区域分为 36 个部分,每个部分都包含着一些最明显的星和星座(或星座的一些部分),它们的升起,
029 可以在每一个前后相继的 10 天周期中或在每一旬(*hē decas*)中观察到;每一个这样的星群称作一组旬星(*ho decanos*)。我们有一些古代的旬星表,它们列出了每一组旬星的星群特性。[21]

埃及生活中的头等大事就是每年尼罗河的泛滥,它决定着农夫的福祉(或者,如果水量不足,决定着他的不幸)。河水的泛滥是或者基本上是(因为它的周期并不是十分规则的)与天空中最明亮的星——天狼星(Sothis)的偕日升周期相吻合的。[22]

埃及人最初试图根据月亮来说明时间的推移,幸运的是,在被宗教仪式束缚在这种方法上以前,他们发现它具有

---

〔21〕 亚历山大·波戈(Alexander Pogo):《艾斯尤特的三部未出版的历法》("Three Unpublished Calendars from Asyūt"),载于《奥希里斯》*1*,500–509(1936);附有 10 幅另纸印插图,3 幅普通插图,一张表格。

〔22〕 Sothis=Sirius=*cyōn*=Dog Star(天狼星)。"三伏天"或"酷暑天"指从天狼星的偕日升周期开始时(亦即第一次可以观察到天狼星在黎明时升起的那一天)的天气炎热时期。偕日升日期随着纬度而变更,并且在时间进程中缓慢地改变。对于孟菲斯(Memphis)来说,罗马时代的偕日升日期是儒略历的 7 月 19 日,现在是儒略历的 7 月 21 日(即格里历的 8 月 3 日)。我并不十分清楚怎样才能观察到偕日升,因为这意味着要能够在一颗星与太阳的距角小于例如 1° 时把它辨认出来。

不确定性,因而可以轻而易举地抛弃它,转而支持某种太阳历。他们的每一年最初分为 12 个月,每月有 3 旬(与 36 组旬星相对应),不过,没过多久,他们又增加了 5 天的假期(*hai epagomenai sc. hēmerai*)。民历年或自然年从透特月(Thot)的第一天开始;天狼星年或天文年从天狼星的偕日升开始。年复一年对偕日升的持续观察必然会使他们的天文学家产生相当大的困惑。的确,他们的历年每年有 365 日,而天狼星偕日升的循环周期略微长一些,即需要大约 365.25 日。每 4 年(*tetraetēris*)之后,就会有 1 天的误差;这样,天狼星就不会在民历新年的第 1 天再次出现,而是会延后一天出现;40 年之后就会有 10 天的误差。似乎很容易得出结论,而且古代人也的确得出了这样的结论:经过 1460 年后,这个天狼星周期就会完成一个循环(因为 $365\times4=1460$)。

然而,卡尔·肖赫(Carl Schoch)[23]业已证明,天狼星周期的时间长度是 1456 年而不是 1460 年;他把太阳的长期加速度、天狼星高自行以及光弧可见范围的修正值考虑进去了。以下这张表以肖赫的讨论为基础,它表明,在埃及历史上,4 个天狼星的周期均始于民历新年透特月的第一天,而与之相对应的儒略历的日子,却从 7 月 16 日变成了 7 月 19 日;下表的最后一栏显示,在这 4 个四年期之中,天狼星的偕日升按儒略历计算均开始于 7 月,而开始的日子恰好是与透特月的第一天相对应的日子。

---

〔23〕卡尔·肖赫:《天狼星周期的长度是 1456 年》("Die Länge der Sothisperiode beträgt 1456 Jahre"),载于《天文学论文·天文学报道增刊》[*Astron. Abhandl.*, *Ergänzungshefte Astron. Nachr. 8*, no. 2, B9–B10(1930)]。

天狼星周期及其起始日期

天狼星周期	周期的第一个四年期	与民历新年透特月第一天相对应的(推论的)儒略历的日子	天狼星偕日升起始日
1	公元前 4229 年—前 4226 年	7 月 16 日	7 月 16 日
2	公元前 2773 年—前 2770 年	7 月 17 日	7 月 17 日
3	公元前 1317 年—前 1314 年	7 月 18 日	7 月 18 日
4	公元 140 年—143 年	7 月 19 日	7 月 19 日

儒略 · 凯撒(Julius Caesar)在埃及的希腊人索西琴尼(Sōsigenēs)的专业帮助下,于公元前 45 年把 365.25 日构成的天狼星(或儒略)年引入罗马。在埃及实际观察到的新的天狼星周期(即上表的第四个周期)的开始,亦即透特月的
030 第一天与天狼星偕日升相合的时间,是公元 140 年—143 年。布雷斯特德从那个日期向后推算,并且错误地假设天狼星周期等于 1460 年而且是常数,他推定他所说的历史上"已确定的最古老的年代"——天狼纪元是在公元前 4241 年。[24] 把肖赫的修正考虑进去,我们就可以得出这样的结论:"已确定的最古的年代"不是公元前 4241 年,而是在公元前 4229 年—前 4226 年。无论如何,我们应该记住,这个日期是向后推论的结果,不要把它看得过于重要。

---

〔24〕 布雷斯特德:《埃及古文献》,第 1 卷,第 30 页。

古代埃及人的天文学能力不仅通过他们的日历、星至中天表和星升表得到了证明，而且通过他们的一些仪器得到了证明，例如，他们用一个灵巧的日晷(sundial)或者把一个铅垂线和一根分叉的树枝结合在一起，就能够确定一颗星的地平经度。开罗和柏林的博物馆都收藏了这类仪器的样品，在许多埃及学和天文学的收藏品中，也可以发现一些这类仪器精致的复制品。[25]

四、建筑学与工程学[26]

金字塔已经名扬天下，用不着对它们做更多的描述了。不过，一般的读者只会想到吉萨(Gīza)的三座金字塔，它们是最大的，但绝不是绝无仅有的，也不是最古老的。最古老的金字塔是为第三王朝(公元前13世纪)的左塞王(King Zoser)建造的所谓塞加拉阶梯式金字塔(al-haram al-mudarraj，它在开罗以南，旧都城孟菲斯附近)；它大约200英尺高。吉萨的三座金字塔中最大的大金字塔是在一个世

---

〔25〕路德维希·博尔夏特(Ludwig Borchardt)在《古代埃及的时间测量》(*Altägyptische Zeitmessung*，folio，70 pp.，18 pls.，25 figs.；Berlin，1920)[《伊希斯》4，612(1921-1922)]中对它们进行了详尽的论述。

〔26〕参见亨利·霍尼丘奇·戈林奇(Henry Honeychurch Gorringe)：《埃及的方尖碑》(*Egyptian Obelisks*，folio，197 pp.，51 pls.；New York，1882)；爱德华·贝尔(Edward Bell)：《古代埃及的建筑学》(*The Architecture of Ancient Egypt*，280 pp.，1 map；London，1915)；雷金纳德·恩格尔巴赫(Reginald Engelbach)：《从对阿斯旺未完成的方尖碑的研究看方尖碑问题》(*The Problem of the Obelisks. From a Study of the Unfinished Obelisk at Aswān*，134 pp.，44 figs.；London，1923)，该书从技术细节方面讲非常有价值，但对历史问题的论述较差；萨默斯·克拉克(Somers Clarke)和R.恩格尔巴赫：《古代埃及的石质建筑·建筑工艺》(*Ancient Egyptian Masonry. The Building Craft*，258 pp.，269 ills.；London，1930)；艾尔弗雷德·卢卡斯(Alfred Lucas)：《古代埃及的材料与工业》(*Ancient Egyptian Materials and Industries*，460 pp.，rev. ed.，London，1934)；弗林德斯·皮特里(Flinders Petrie)：《埃及人的智慧》(*Wisdom of the Egyptians*，162 pp.，128 figs.；London：Quaritch，1940)[《伊希斯》*34*，261(1942-1943)]。

纪以后为第四王朝的胡夫(Khufu 或 Cheops)建造的。这是古代最宏大的建筑,而且也是人类所建造的最大的建筑之一。它的每边长大约 775 英尺,当它完整无损时,这座墓高 480 英尺。金字塔是为了给皇家墓穴提供遮蔽和保护而建造的,它们是一些石灰石的建筑,除了葬礼室和通向它的曲折的通道外,都是用石头建造的。

在 49 个世纪以前建造如此巨大的建筑往往会引起一系列技术难题,其中许多尚未解决。胡夫的建筑师们是怎样设计这样一座巨型建筑的,而他的臣民们又是怎样建造它的?这些仍然令人难以想象。他们的机械设备,无论与没有文化的野蛮人相比多么先进,相对于我们的设备而言,其水平仍然相差甚远。这些伟大的金字塔如此令人称奇,以至于一些试图窥探它们秘密的学者变成了轻度精神错乱的病人,而且这些学者认为,古代的建筑者们具有一些神秘的超自然的意向以及某种秘传的知识,有了这些也许使得他们肯定具备的机械和工程能力更加不可思议了。然而,金字塔建成了,它们耸立在沙漠之中,是古代建筑最大规模的实例,也是它们
031 的建造者在今天最好的见证,而且,它们或许会比现代人非常为之自豪的建筑更为持久。

有些人看不起这些金字塔建造者的成就,他们说:“埃及人动用了成千上万人工作了很长时间。他们用无限量的人力代替了机械力。”的确,他们动用了数量巨大的人员,但这并不能解开那些重要的建筑和技术之谜,反而带来了一个新的几乎同样难解的谜——人力之谜。管理 30,000 人实施同一项工程,并且让他们在一起工作,这说起来很容易,但实际上是怎么做的呢?在一个有限的场地为一项工程所能有效

地聚集的人数是有限的，但是，假设在同一时间和同一地点能聚集的人的数量非常大，例如，能达到数万人，那么指导他们的工作就需要相当多的技巧和深谋远虑，而要满足他们的食欲和其他要求，还需要管理经验和非常复杂的给养技术。无论完成一项工程需要的动力是来自发电机还是来自人力大军，规划和完成这项工程都意味着要有知识、才智和适应能力。

在这里对埃及建筑学中的所有问题都加以评论是不可能的，因为这些问题数量极大。我们不妨来考虑一个特殊的例子，即花岗岩方尖碑的建造。[27] 要看金字塔就必须去埃及，但是方尖碑在许多欧洲国家都能看到，甚至在纽约也能看到。方尖碑是怎样建造的？所有花岗岩方尖碑的石料都出自尼罗河第一大瀑布正下方的阿斯旺。[28] 今天可以对那些开采这些石料的采石场（mahājir）进行考察，而且这些采石场对游客的确有很大的吸引力，尤其是因为人们可以在原来的位置上（*in situ*）看到一个巨型的方尖碑，它因碑体上出现裂纹而被抛弃了。如果能够把它拉起并竖立起来，这个方尖碑也许就是最大的，因为它高达 137 英尺，重达 1168 吨。这个被抛弃的方尖碑使人们可以想象，古代的工程师们是怎样动手开采花岗岩层的上层石料，怎样开始对石料进行分割，并且最终把它与它的母体完全分开。雷金纳德·恩格尔

---

〔27〕为了思考方尖碑，我们不得不来一次大跳跃，从所谓古王国时代转向新王国（the New Kingdom）时代。那些伟大的金字塔始建于第四王朝（公元前 2900 年至公元前 2750 年），方尖碑时代在第十八王朝和第十九王朝（公元前 1580 年至公元前 1205 年）；这两个时代的起始和结束的平均时间间隔长达 14 个世纪！

〔28〕亦即地中海以南 7°27′［达米埃塔河口（Damietta mouth）］。阿斯旺大约在北回归线以北半度。阿斯旺（Aswān）即希腊人所说的赛伊尼（Syene）。

巴赫凭借他所具有的在阿斯旺以及其他地区所能找到的所有证据的优势，向我们解释了这些问题，并向我们说明了人们怎样用雪橇把加工好的方尖碑运到尼罗河，把它装上船，船到岸后再把它卸下船，把它运到它的矗立地，最后把它竖立起来。尽管恩格尔巴赫有机械和考古学方面的经验，但他并不能把一切都解释清楚。例如，埃及人使用的是什么类型的工具来切割如此坚硬的石头？也许，他们使用粒玄岩石球（在原来的位置上发现了许多这样的石球）把它砸出来，而不是去切割它，但如果这样，他们又需要其他工具——也许是金属工具，那是什么工具呢？复杂的长篇象形文字碑铭是怎样刻在坚硬的方尖碑上的呢？[29]

埃及建筑师的精明强干得到了有某种凸肚状（*entasis*）的巴黎方尖碑的印证。[30] 最终把一个方尖碑竖立起来，是
032 一项非常棘手的工作，要完成这一工作，建筑师不仅要拿他的名誉去冒险，而且还可能要拿他的生命去冒险。如果方尖碑不是非常缓慢地放下，[31]它就会断裂，多年的劳动就白费了；或者，如果没有准确地对准它的基座，就会出现无法挽回

---

〔29〕克拉克和恩格尔巴赫在《古代埃及的石质建筑 · 建筑工艺》中对埃及人的一些工具进行了论述，请参见该书第 224 页，以及 3 幅另纸印插图。

〔30〕希腊人用 *entasis* 这个名词来指一个圆柱中央的隆起，它对消除某种凹状错觉来说是必不可少的[维特鲁威(Vitruvius)：《建筑十书》(*De architectura*)，第 3 卷，第 3 章，13]。在巴黎方尖碑的正面，建筑师有意留下一个凸面。这个方尖碑出产于第十九王朝（公元前 1350 年—前 1205 年）。

〔31〕似乎可以肯定，人们并不是把一个方尖碑从它躺在地上的位置一下子竖起来，使之达到某个与它垂直的位置的，这是行不通的。人们是沿着一个长长的斜堤把方尖碑拉起，一直拉到某个高于其平衡点或重心的高度；然后，小心翼翼地把它下面的土挖去，直到倚着这个堤坡，把它安放在一个基座上，使它的一端进入基座槽为止。人们再从这个位置上把方尖碑竖起。相关的详细情况，请参见恩格尔巴赫：《从对阿斯旺未完成的方尖碑的研究看方尖碑问题》，第 66 页—第 84 页。

的损失，建筑成果就会毁于一旦。[32] 这项工作是非常复杂的，而且隐藏着如此之多的困难，以至于人们禁不住会怀疑，埃及人是否用比例模型做过实验以确定方尖碑的重量和平衡点，是否演习过竖碑的过程，以避免致命的挫折。[33] 无论如何，埃及建筑师和他们的皇家主人充分认识到他们的成就，而且自豪地把它们记录下来。我们所知道的方尖碑的建筑师有 6 位，因为作为对他们的奖励，他们的墓都建在底比斯公墓，而且寺院里有他们的塑像。墓碑和塑像上的铭文都与方尖碑的建造有关。可惜的是，铭文没有解释这个过程是怎么进行的。也许，这样的解释需要很多篇幅，而且它除了对其他建筑师外没有什么价值，而他们也未必非有它不可（或者说，他们需要的是技术细节而不是概括）。同样，当我们在一座桥上刻上铭文时，我们也不会以哪怕是最简洁的方式说明这座桥是怎么建造的。

我来简述一下其中的两位建筑师。第一位是森姆特，他是哈特谢普苏特女王（公元前 1495 年—前 1475 年在位）的首席建筑师、女王的方尖碑的建造者和德尔巴哈里（Deir al- 034
Baḥari）大神庙的建造者。在他的塑像中人们可以看到，他抱着女王的长女内弗卢莱，他是她的私人教师（参见图 7）。第二位是贝克内康苏（Beknekhonsu），他生活在一个世纪以后，他是巴黎方尖碑的创作者，而且可能是收分法的发明者。他的塑像上有一段很长的自传体铭文，该塑像现收藏于慕尼

[32] 哈特谢普苏特女王（公元前 1495 年—前 1475 年在位）在凯尔耐克的方尖碑就是斜竖在它的基座上，不过，这个差错很小，没有导致令人不愉快的结果。

[33] 现代建筑师，从丰塔纳（Fontana）开始，确实在使用比例模型。

图7 哈特谢普苏特(Hatshepsut)女王(公元前1495年—前1475年在位)的建筑师森姆特(Senmut)的塑像[开罗博物馆(Cairo Museum)收藏],他怀里抱着女王的长女内弗卢莱(Nefrure),是他把这孩子培养成人的。塑像高60厘米。关于森姆特,请参见J. H. 布雷斯特德:《埃及古文献》(Chicago: University of Chicago Press,1906),第2卷,第345节—第368节

黑的古代雕塑展览馆(Glyptothek)。[34]

许多方尖碑都从埃及被运往罗马、[35]君士坦丁堡,以后又被运往巴黎、伦敦和其他城市,甚至横跨大西洋,被运往纽约。罗马人是处理工程困难的行家,他们成了方尖碑出埃及的领导者。现在,人们在任何地方所能看到的最大的方尖碑,就是耸立在拉特兰圣约翰大教堂(S. Giovanni in Laterano)前的那一座。该方尖碑是为凯尔奈克神庙(the temple of Karnak)建造的,从图特摩斯三世(Thutmosis Ⅲ)时

〔34〕那段感人的铭文的译文,可以在布雷斯特德的《埃及古文献》第3卷第561页—第568页读到。

〔35〕罗马的公共广场有12座方尖碑。

期开始施工，到图特摩斯四世(Thutmosis Ⅳ，公元前1420年—前1411年在位)时期建成。公元330年，君士坦丁大帝(Constantine the Great)下令把它运往亚历山大城(Alexandria)，他想用它来装饰君士坦丁堡，但是，他的儿子君士坦提乌斯二世(Constantius Ⅱ)于公元357年却把它运到了罗马的大竞技场(Circus Maximus)。1587年，有人在那里发现了它，它已断成三截。第二年，多梅尼科·丰塔纳在它现在的位置上把它竖立起来。正是这个丰塔纳，因竖起了另一座方尖碑，即比这座碑小但没有断开的梵蒂冈方尖碑而名声大震。那座碑是埃及人未完成的一件作品，因为它没有象形文字铭文（所以我们不知道它的古代史）。卡利古拉(Caligula)皇帝（公元37年—41年在位）下令把它从赫利奥波利斯(Heliopolis)运走，并把它竖立在竞技场，即后来所称的尼禄竞技场(Circus of Nero)。教皇西克斯图斯五世(Sixtus Ⅴ)下令把它运到圣彼得罗广场(Piazza di San Pietro)重建，这项工作于1586年在丰塔纳的指挥下完成(参见图8)。这件事引起了相当多的关注，丰塔纳本人在一部出色的著作中对它进行了详细的讨论。[36]

巴黎方尖碑取自卢克索(Luxor)，1836年被航海工程师J. B. A. 勒巴(J. B. A. Lebas)运到它现在的位置。纽约和伦敦的方尖碑原来都耸立在赫利奥波利斯，它们都是图特摩斯

---

〔36〕多梅尼科·丰塔纳(1543年—1607年)：《梵蒂冈方尖碑的运送》(*Della trasportatione dell' obelisco vaticano*，Rome，1590)。丰塔纳是教皇西克斯图斯五世(1585年—1590年在位)在创建“西克斯图斯的罗马”(Sixtine Rome)时的总建筑师和主要合作者。参见G. 萨顿：《阿格里帕、丰塔纳和皮加费塔——1586年梵蒂冈方尖碑的建立》，载于《国际科学史档案》*28*，827－854(1949)，附有14幅插图。

033

图 8　1586 年梵蒂冈的一座埃及方尖碑被多梅尼科 · 丰塔纳(Domenico Fontana)在罗马重新竖立起来[引自 G. 萨顿:《阿格里帕、丰塔纳和皮加费塔——1586 年梵蒂冈方尖碑的建立》("Agrippa, Fontana and Pigafetta. The Erection of the Vatican Obelisk 1586"),载于《国际科学史档案》*28*, 827-854(Paris, 1949),附有 14 幅插图]

三世(公元前 1501 年—前 1448 年在位)* 建立的。大约在公元前 22 年,它们都被罗马人运到了亚历山大城。阿卜杜勒·拉蒂夫('Abd al-Latīf,活动时期在 13 世纪上半叶)在 13 世纪初叶写道,他看到这两座方尖碑都矗立在那里;大约 16 世纪中叶,皮埃尔·贝隆(Pierre Belon,1517 年—1564 年)** 在亚历山大城观光时,只看到一座方尖碑矗立着。那时,另一座已经倾斜了;万幸的是,在它周围历经数个世纪积累起来的沙堆,阻止了它完全倒下,因而它得以完整地保存下来。1878 年,这座方尖碑被竖立在伦敦泰晤士河河堤上;而那座站立的方尖碑则被拉倒,并于 1881 年被重新竖立在纽约的中央公园。负责把这座碑运往美国并竖立在纽约的工程师,是出生于巴巴多斯(Barbados)的美国海军少校亨利·霍尼丘奇·戈林奇(1841 年—1885 年),他发表了一份非常精彩的关于这一成就的报告,并提供了有关所有其他方尖碑的信息。这份报告现在仍是有关这一主题的权威著作。

我们业已提到,被抛弃的阿斯旺方尖碑可能重达 1168 吨。上面提到的方尖碑(以尺寸大小为序)——拉特兰方尖碑、梵蒂冈方尖碑、巴黎方尖碑、纽约方尖碑和伦敦方尖碑的

---

* 原文如此,现在一般认为,图特摩斯三世的在位时间大约是公元前 1479 年—前 1425 年,他是埃及第十八王朝的第六位法老,统治埃及近 54 年。由于他年幼即位,因此,他在位的前 22 年是与其继母共同执政。图特摩斯三世是一位军事天才,在其继母去世后,通过东征西讨,他创立了最庞大的埃及帝国(参见 http://en. wikipedia. org/wiki/Thutmose_III)。——译者

** 皮埃尔·贝隆是法国文艺复兴时期的探险家、博物学家、作家和外交家,现代胚胎学和比较解剖学的开创者;主要著作有《稀有海洋鱼类自然史》(1551)、《若干真品和纪念物观感》(1553)、《鸟类自然史》(1555)等。——译者

035 重量分别是455吨、331吨、227吨、193吨和187吨。[37] 古代埃及人有能力搬运比我们西方人所熟悉的那些方尖碑大得多的方尖碑；阿斯旺方尖碑的重量几乎相当于伦敦方尖碑重量的6倍。丰塔纳于1586年、戈林奇于1881年指导竖起那些方尖碑，都曾一度成为轰动一时的街谈巷议的话题，但是，他们的埃及先驱们早在数千年以前就已经做过这类工作了，他们不过是在重复埃及人的部分工作而已。

现代的工程师们可以随意使用具有不可思议的力量的机械工具（这些工具是数个世纪积累起来的成就的结果），这样，对他们的夸大的说明，[38]就成了对古代埃及的工程师们的天才的最好证明，因为那些埃及工程师们没有这些工具也能做成类似的事。从这个观点来看，现代埃及人也许不应该遗憾有这么多的方尖碑从他们祖国被运走了。每一座流落异乡的方尖碑，几乎都是一座古代埃及辉煌成就的不朽纪念碑。

---

〔37〕 这些重量数据引自恩格尔巴赫：《从对阿斯旺未完成的方尖碑的研究看方尖碑问题》，第30页。恩格尔巴赫所说的吨是英吨（=常衡2240磅），按照美吨（=常衡2000磅）计算，上述6座方尖碑的重量分别是1308吨、510吨、371吨、254吨、216吨和209吨。

〔38〕 除了已经提到的以外，也许还应该加上A. 里夏尔·德·蒙费朗（A. Richard de Montferrand）：《沙皇亚历山大永久纪念碑之计划和细节的备忘录》（*Plans et détails du monument consacré à la mémoire de l' empereur Alexandre*, elephant folio; Paris, 1836）；该书的副本收藏在哈佛图书馆。列宁格勒圆柱由一整块花岗岩雕成，直径12英尺，长84英尺，整个纪念碑高154英尺。俄国人的工作完全可以与埃及人的工作相媲美，因为俄国人从在芬兰开采花岗岩石料开始，做了全部的工作。蒙费朗的本意是要建造一座方尖碑，但是沙皇亚历山大却喜欢圆柱。

五、数学[39]

埃及的建筑和工程活动包含了大量算术和几何学知识。从一开始,人们就不可避免地需要一些记录复杂账目的简单方法。这类需要在古代就得到了满足。在牛津的阿什莫尔博物馆(Ashmolean Museum)中有一根皇家权杖,可以追溯到第一王朝(早于公元前 3400 年)以前的纳尔迈王(King Nar-Mer)时期;它记录着拥有 120,000 名俘虏、400,000 头牛和 1,422,000 只山羊。[40] 这些都是大数字;它们在某种程度上是按罗马方式书写的,为了表示每一个十进制数的倍增(一直到 100 万),常常必须重复使用某些符号。[41] 一般来说,单位最大的数字排在第一位,然后按照单位的大小依次排列,但这并非绝对必要;也可以把它们按照任何看起来顺眼的次序进行组合。后来,人们又使用了一种简化的方法,

---

[39] T. 埃里克·皮特(T. Eric Peet):《赖因德数学纸草书》(*The Rhind Mathematical Papyrus*, folio, 136 pp., 24 pls.; Liverpool University Press, 1923)[《伊希斯》*6*, 553-557(1924-1925)];阿诺德·巴法姆·蔡斯(Arnold Buffum Chace)、勒德洛·布尔(Ludlow Bull)、亨利·帕克·曼宁(Henry Parker Manning)和雷蒙德·克莱尔·阿奇博尔德(Raymond Clare Archibald):《赖因德数学纸草书》(*The Rhind Mathematical Papyrus*, 2 vols.; Oberlin, Ohio, 1927-1929)[《伊希斯》*14*, 251-253(1930)];W. W. 施特鲁韦(W. W. Struve):《莫斯科国家艺术博物馆中的数学纸草书》(*Mathematischer Papyrus des Staatlichen Museums der Schönen Künste in Moskau*, 210 pp., 10 pls.; Berlin, 1930)[《伊希斯》*16*, 148-155(1931)];奥托·诺伊格鲍尔(Otto Neugebauer):《古代数学史讲义第 1 卷:希腊以前的数学》(*Vorlesungen über Geschichte der antiken mathematischen Wissenschaften. 1. Band, Vorgriechische Mathematik*, Berlin: Springer, 1934)[《伊希斯》*24*, 151-153(1935-1936)]。

[40] 詹姆斯·爱德华·奎贝尔(James Edward Quibell):《希拉孔波利斯》(*Hierakonpolis*, London, 1900),第 9 页,另页纸插图 26B。

[41] 正如罗马人会把 2304 写成 MMCCCIIII 那样。

从而可以用 100,000×101 来代替 10,100,000。[42]

至于几何学，显然，即使对于建造其表面像金字塔那样简单的纪念碑而言，人们也非常需要它。谈起这些金字塔，我们就要回溯到公元前 13 世纪。金字塔的建造者们，在把石灰岩砖放到它们特定的位置之前，必须对它们进行精确的切割。最大的砖块按照一种复杂的安排，放置在皇家墓穴之
036 上，目的是转移来自顶部的压力；在大金字塔的墓穴上有 56 根这样的顶梁，它们的平均重量为 54 吨。建造那座金字塔（即建于第四王朝的胡夫金字塔）时所达到的精确程度简直令人难以置信。按照弗林德斯·皮特里的观点：

> 长度为 755 英尺的侧边的平均误差是 1/4000，这相当于铜测量杆的温度有 15℃ 的差值时产生的误差的总量。矩形误差是 1′12″。不同侧边的平均水平误差是 5 英寸，或者 12″。较短的长度为 50 英尺的侧边的误差仅为 0.02 英寸。
>
> 第十二王朝塞努塞特二世（Senusert Ⅱ）的三个花岗岩石棺的精确度，从直线看在某些部分的平均误差为 0.004 英寸，在其他部分为 0.007 英寸。侧面的平面曲率，有一面仅为 0.005 英寸，另一面仅为 0.002 英寸。按偶数掌尺计算，不同维度比的平均误差是 0.028 英寸。与其说这是泥瓦匠所做的工作，莫如说这是光学仪器制造者所做的工作。[43]

切割出一些预计彼此严丝合缝的石头，意味着要有某种立体几何学的知识（我们不久将会看到，埃及人已经在这个

---

〔42〕艾伦·H. 加德纳在《古埃及语语法》（Oxford，1927）第 191 页，给出了两个例子，一个是中王国（the Middle Kingdom，公元前 2160 年—前 1788 年）时代的，另一个是拉美西斯三世（Ramses Ⅲ，公元前 1198 年—前 1167 年在位）时代的。

〔43〕皮特里：《埃及人的智慧》，第 89 页。

领域走得相当远了）。有人也许会说这涉及某种画法几何学和立体几何学的知识。用一般的方法不足以解决这类问题，因为必须向石头切割者非常清楚地说明，应当怎样切割出石灰岩砖块。然而，当时的那种知识仍然是经验性的，而且可能是未得到系统阐述的。[44]

尽管我们可以肯定，金字塔的建造者们已经拥有相当多的数学知识，没有这样的知识，他们工作中所需要的应用科学部分是无法完成的，但是我们既没有古王国时代的数学文本，也没有任何第十二王朝（公元前 2000—前 1788 年）以前的这类著作。留传给我们的两个最重要的数学文本，都是略晚一些时候的版本，不过很有可能，可以把它们追溯到上述朝代。

阿奇博尔德[45]已经列出大约 36 种有关埃及数学的原始文献；它们分别是用埃及语、科普特语和希腊语写的，年代从大约公元前 3500 年到大约公元 1000 年（45 个世纪）；公元前 1000 年以前的文献总共只有 16 种，其中有 2 种篇幅非常大也非常完整，相比之下，其他文献都黯然失色。

我们来更仔细地考察一下这两个文献。它们都是数学问题集——也许，我们可以把它们称作专题论文，它们是现存的最古老的数学专题论文。这些文献都是莎草纸卷，分别（按照以前的拥有者的名字）称作戈列尼谢夫纸草书

---

〔44〕 玛塞勒·博（Marcelle Baud）：《新王国时代底比斯大公墓草图》（*Les dessins ébauchés de la nécropole thébaine au temps du Nouvel Empire*, folio, 272 pp., 33 pls.; Cairo: Institut français d'Archéologie Orientale, 1935）[《伊希斯》*33*, 71-73(1941-1942)]。

〔45〕 蔡斯、布尔、曼宁和阿奇博尔德：《赖因德数学纸草书》，第 2 卷，第 192 页—第 193 页。

(Golenishchev papyrus,现保存在莫斯科)和赖因德纸草书(Rhind papyrus,现保存在伦敦)。[46] 戈列尼谢夫纸草书更为古老,可追溯到第十三王朝(始于公元前1788年),但是,它所反映的是前一王朝的方法;赖因德纸草书可追溯到喜克索人时代(大约公元前17世纪),据称它是第十二王朝某个更古老的文件的抄本。这两部令人尊敬的专论,尽管时间早晚有所不同,但可以说代表了同一个时代即第十二王朝(公元前2000年—前1788年)的水平,或者粗略地说,代表了公
037 元前19世纪的水平。从公元前20世纪到公元前17世纪这段时期(4个世纪),标志着埃及科学的鼎盛时期,紧随其后的那个时期,大约从公元前16世纪到公元前12世纪,标志着它在政治方面达到了顶峰,埃及在那时成为一个世界帝国的首领。请注意,知识的高峰先于政治的高峰出现,而不是像我们所以为的那样,与政治高峰一起出现,或者在它之后出现。

十分奇怪的是,这两部非同寻常的纸草书长度相同(均为544厘米),但赖因德纸草书的宽度是整幅的宽度(33厘米),而戈列尼谢夫纸草书的宽度是较窄的袖珍式的,仅为整幅的四分之一(8厘米)。尽管表面上看戈列尼谢夫纸草书的年代更早一些,但为了方便我们还是首先说说赖因德纸草书。

在金字塔时代建造的巨大建筑,使文书的活动成为必不

---

[46] 赖因德纸草书实际上是由两个莎草纸卷(大英博物馆,编号10057和10058)构成的,不过,在纽约的纽约史学学会(the New York Historical Society)发现了一个与这两部纸草书有关的残篇。大英博物馆的这两个莎草纸卷和纽约的这一残篇构成了单独的一卷纸草书或者单独的一个专题论文。

可少的了，因为他们可以记录各种方法和秘诀，记录问题、说明和表格以及相当于我们的设计图之类的东西，从而把传统保留下来并把它们发扬光大。我们必须假设，这些传统一直保持到埃及的辉煌结束之日，而且它们日益得到了丰富。举例来说，在第十八王朝和第十九王朝期间竖起了如此之多的方尖碑，这暗示着，许多实验结果和经过试错逐渐得以发展的方法，被每一个建筑师传给了他的徒弟，而且从一个朝廷传到了另一个朝廷。神职人员是唯一能够接受教育的人，或者无论如何，他们是能够受到最好的教育的人，他们很有可能是这些科学传统的保护者，或者说，他们有助于保护这些传统。赖因德纸草书实际上是一个负责的书记员抄写的，他在引言部分提到了自己。

这些是探索自然的法则，以及认识所有存在物、［每一个］秘密……和每一种奇迹的法则。请注意，本卷抄录于第33年洪汛期的第4个月……［正值上埃及］和下埃及［法老王］充满活力的奥塞尔（Aauserrēʿ）［陛下统御的］时代，它看起来像一部创作于上埃及和下埃及法老王奈马拉（Nemarēʿ）陛下时代的古代著作。抄写这个副本的是书记员阿赫姆斯（Ahmōse）。[47]

这段陈述表明，阿赫姆斯认识到他的使命所具有的重大意义。他实际上是在写一篇专题论文，亦即对他那个领域可利用的知识的系统说明。毫无疑问，他的论文绝不像现代人写得那么系统，但就它确实包含的诸多方法而言，它给人留下了非常难忘的印象。想一想吧，这个叫阿赫姆斯的人生活

〔47〕皮特：《赖因德数学纸草书》，第33页。

在基督时代以前，从他那个时代到基督时代相隔了多个世纪，这几乎相当于从基督时代到今天我们的时代的时间，他正着手阐释一些他的同时代人所遇到的重要的算术和几何学问题。

赖因德纸草书有两种出色的英译本，一个是皮特译本，另一个是蔡斯译本，在几乎每一个图书阅览室中，都可以找到其中的一个译本或者这两个译本。蔡斯译本比皮特译本晚 6 年出版，它传播的信息更多，因为它能够使人们逐渐地从原始的象形文字过渡到意译的英文译本。

在描述赖因德纸草书的内容以前，有必要说明一下埃及分数的思想。出于某种奇怪的理由，他们只接受那些具有 $1/n$（第 n 个部分）形式的分数；他们用“第 125 部分”来指 1/125。他们也使用两个“余”分数 2/3 和 3/4（分别表示“第三部分”或“第四部分”被取走后的余数）。这第二种表达方式——“其中的三部分”很少用，而第一种表达方式——“其
038 中的两部分”（指三分之二）十分常用。分数 2/3 用一个单独的符号来表示，这个符号在数学文献中经常出现。

赖因德纸草书的开始，是一张分数分解表，所分解的分数都具有 $2/(2n+1)$ 的形式，在这里，n 代表从 2 到 50 的每一个整数，这些分数被分解为分子为 1 的几个分数之和：

$$2/5 = 1/3 + 1/15,$$

$$2/7 = 1/4 + 1/28,$$

$$2/9 = 1/6 + 1/18,$$

……

$$2/99 = 1/66 + 1/198,$$

$$2/101 = 1/101 + 1/202 + 1/303 + 1/606。$$

出现在这卷书开始部分的这张表,很典型地体现了它的半理论、半实践的性质。这位书记员或他不知名的前辈,已经从经验上升到一定的抽象程度,并且发现把这张表放在前面是有益的。

随后的40个算术问题(参见图9中的问题4)涉及1,2,…,9被10除的问题,分数的乘法,求全问题(例如,使某个数与2/3 1/30*相加,其和等于1,求这个数;正确的答案是:1/5 1/10),求量问题(某一量及其1/7相加等于19,这个量是多少?答案是16 1/2 1/8),分数的除法问题,测量单位赫克特(hekat)**的划分,按等差级数分配面包(参见下面给出的例子)。这些问题会导致含有未知量的一次方程。当然,在这部纸草书中并没有方程,但是我们注意到那些表示加法和减法的符号,甚至还有一个代表未知量的符号。柏林博物馆(Berlin Museum)的(第十二王朝的)卡汉(Kahun)纸草书(编号6619)中的一个问题,导致了两个方程,其中一个是含有两个未知数的二次方程。[48] 用现代的记法来表示就是:

$$x^2+y^2=100,$$

$$y=\frac{3}{4}x。$$

所给出的正确的答案是:$x=8$,$y=6$。因此,$8^2+6^2=100$,或者$4^2+3^2=5^2$,我们可以看出,这些数包含在毕达哥拉斯定理

* 即2/3 + 1/30,下同。——译者

** 赫克特是古代埃及测量体积的单位,相当于4.8升。——译者

[48] 莫里茨·康托尔(Moritz Cantor):《数学史讲义》(*Vorlesungen zur Geschichte der Mathematik*, Leipzig),第3版(1907),第1卷,第95页。

039

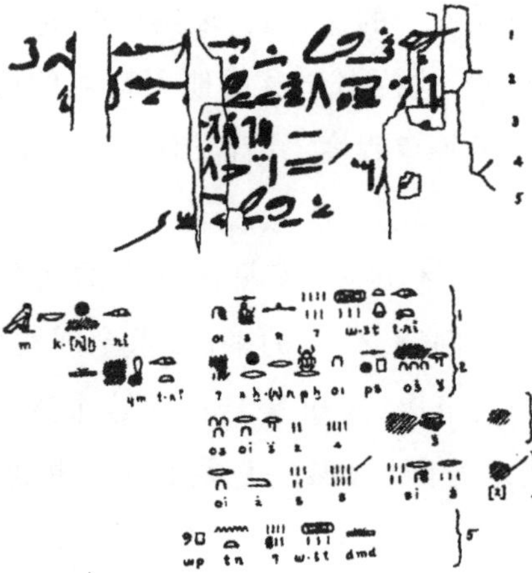

图 9 赖因德纸草书,问题 4(部分收藏在大英博物馆,部分收藏在纽约史学学会)。上半部分是原来僧侣书写体的复制本,下半部分是象形文字的抄录,以及用我们自己的字母的逐字翻译。该文意译如下:

把 7 个面包分给 10 个人

每个人所得为 2/3 1/30

证:2/3 1/30 被 10 乘,结果为 7。

解法如下:1　2/3 1/30

2　1 1/3 1/15

4　2 2/3 1/10 1/30

8　5 1/2 1/10

总计为 7 个面包,正确。

[承蒙惠允,复制于 A. B. 蔡斯:《赖因德数学纸草书》(Oberlin, 1927–1929),第 1 卷,第 61 页;第 2 卷,第 36 页]

之中,对此,我们过一会儿将回过头来讨论。

以下是蔡斯所译的第 40 个算术问题:[49]

---

[49] 蔡斯、布尔、曼宁和阿奇博尔德:《赖因德数学纸草书》,第 2 卷,第 84 页。

问题 40

把 100 个面包分给 5 个人，使各人所得的份数成等差级数，且其中最大的三份之和的 1/7 等于最小的两份之和，各份的差是多少？

解法如下：使各份相差 $5\frac{1}{2}$。这样，5 个人所得到的份数分别是

$$23 \quad 17\frac{1}{2} \quad 12 \quad 6\frac{1}{2} \quad 1$$，其和为 60。

若使和达到 100，必须把 60 与某数相乘，这样，也需要把各项与该数相乘，以便使它们成为真级数。

1	60
$\frac{2}{3}$	40

分数的和为 $1\frac{2}{3}$，乘以 60 正好等于 100。

把各项与 $1\frac{2}{3}$ 相乘

	23	相乘后的结果是	$38\frac{1}{3}$
	$17\frac{1}{2}$	………………	$29\frac{1}{6}$
	12	………………	20
	$6\frac{1}{2}$	………………	$10\frac{2}{3}\frac{1}{6}$
	1	………………	$1\frac{2}{3}$
和为	60	………………	100。

问题41到问题60讨论的是面积和体积的确定,问题61到问题84讨论的是五花八门的问题。三角形的面积可以通过用其底边乘侧边的一半求得,但这只有在直角三角形的情况下才成立。按照纸草书,一个直径为 d,高为 h 的圆柱粮仓的体积等于 $(d-\frac{1}{9}d)^2h$。这里,圆的面积的计算达到了惊人的近似值——$0.7902d^2$(现在的近似值是 $0.7854d^2$),这相当于用3.16作 π 的近似值(现在 π 的近似值常取3.14)。

如果不把柏林纸草书暗示的间接形式的毕达哥拉斯定理包括在内,那么没有理由认为埃及人知道这一定理。他们也许以多种方式获得了有关这一定理的经验知识,但他们对这个问题是非常不确定的。无法有效地证明这样的事实,即获得这样的知识是比较容易的,而且他们克服了巨大的困难。科学史有一句口头禅,鉴于困难不断增加,无论是一个民族还是所有民族一起动手,问题总也解决不完。

阿布德拉的德谟克利特(Democritos of Abdera,活动时期在公元前5世纪)有关聪明的拉绳定界先师(*harpedonaptai*)亦即埃及的司绳员(rope stretchers)或拉绳员(rope fasteners)的典故,被人们误解了。按照德谟克利特的观点,[50]在他那个时代,没有人在用直线作图和证明图形的性质方面能超过他,甚至连埃及的司绳员也不能。有人未作进一步的证明就假定,通过用绳结把绳子分成3:4:5的比例的方法,埃及的司绳员能够画出直角。然而,司绳员的作用更有可能是在

---

〔50〕引自约翰·波特(John Potter)主编:《亚历山大的克雷芒的杂记》(*Miscellanies* [*Strōmateis*] *of Clement of Alexandria*, Oxford, 1715),第1卷,第357页。克雷芒是在德谟克利特逝世大约590年后去世的。

天文学方面，而不是在数学方面。“拉绳”是建造庙宇的原始仪式之一。为了使庙宇正对着东方，就必须沿着子午线的方向把绳子拉直。[51] 那些司绳员也许能够画出与子午线垂直的线，并且也许是用一根被分成具有 3、4、5 个单位的线段的绳子做到这一点的，这些并非没有可能，但这只是推测，就像所有把毕达哥拉斯的发现归功于印度人或中国人的理论一样。

在戈列尼谢夫纸草书中只有 25 个问题，但是其中有一个问题令人吃惊。[52] 它似乎会证明埃及人知道如何确定正 040
四棱台的体积，而且他们的解法与我们的方法本质上相同，用公式来表述就是：

$$V=(h/3)(a^2+ab+b^2),$$

在这里，h 是正四棱台的高，a 和 b 分别是它的底边和顶边。

这个解可以称为埃及几何学的杰作。这是埃及人的早熟和他们的天才达到极限的一个典型，他们的这一发现，即使不是出现得更早的话，至少可能也是在公元前 19 世纪出现的。尽管他们又继续奋斗了 3000 多年，他们再也没取得比这更好的发现。

六、技术[53]

从其文化内涵的观点看，埃及人最重要的技术成就，就是前面已经探讨过的莎草纸的制造。我们再简略地谈一下另外两个新的开端——玻璃的制造和织布，它们都创造了无

---

〔51〕 皮特：《赖因德数学纸草书》，第 32 页。

〔52〕 施特鲁韦：《莫斯科国家装饰艺术博物馆中的数学纸草书》，第 134 页—第 145 页，问题 14。

〔53〕 参见卢卡斯：《古代埃及的材料与工业》。

限的可能性。

要想说明人们最早有意识地制造玻璃的时间是不可能的(前王朝时期的样品不多),只能说,在第十八王朝之初(大约公元前1580年),玻璃的生产已经有了很大规模,而且在这个王朝中期(大约公元前1465年),生产技术已经非常出色,达到了相当高的水平。[54] 玻璃是把硅石(沙)与碱熔合在一起而生成的;在埃及所发现的碱的实例绝大多数都是苏打,其中所含的碳酸钾只占很小的比例。这说明他们的碱主要来自泡碱(一种天然的碳酸钠),而不是来自对植物灰烬的过滤。玻璃厂的遗址在泡碱旱谷(Wādī Natrūn)[55]被发掘。埃及人制造了多种釉料,尤其是涂在陶制容器上的釉料,而且,他们制造了多种颜色的玻璃——有紫色、黑色、蓝色、绿色、红色、白色和黄色。这意味着他们业已发现,使一些金属或金属氧化物与某些碱性原料(石英沙和泡碱)相结合,就能产生所期望的效果。把这种经验知识冠以化学之名,或者例如说,他们知道钴,因为在古代的(甚至早在第十八王朝的)玻璃中就发现了钴,这样的说法可能很容易将人误导。不过,钴的出现仍然很有意义,因为钴化合物并不产自埃及,它们必然是从其他地区(如波斯或高加索)进口的。这暗示着,埃及的玻璃工人已经具有了丰富的经验,足以到国外寻找各种各样的配料,以便获得新的颜色,就钴化合物而言,就是要用它们产生深绿的颜色。

---

〔54〕卢卡斯:《古代埃及的材料与工业》,第116页。

〔55〕泡碱旱谷位于亚历山大和开罗之间的利比亚沙漠,因该地含有极为丰富的泡碱(natrūn)而得此名。这种丰富的盐和苏打的资源,直到今天仍在为人们所开发利用。

他们用玻璃制造出珠子、马赛克和花瓶。花瓶是以砂质黏土镶心塑造出来的。吹玻璃的工艺是直到很晚,即到了罗马时代以后才有人通晓的。

在史前时代,就已经有了一些纺织品的生产。埃及人的纺线和织布的方法,可以通过第十一王朝(公元前2160年—前2000年)的一个模型[56]和第十二王朝或更晚些时候的壁画来了解。在一些皇家墓穴中发现的某种亚麻布织得非常好,凭借肉眼人们很难把它与绸缎区别开,而且它是半透明的。即使我们没有这种(古王国时代的!)亚麻布的实际样品,我们也可以从一些古代绘画作品中推测出它的存在,在这些作品中,透过一个妇女正在织的布可以看到她的身体。绘画者把他所看到的情况原原本本地再现了出来。[57]

七、冶金和采矿

硬金属对于技术用途的价值是人类十分重要的发现之一。这一发现是在许多地区被人们独立地完成的。无论在哪里找出这样的发现,都会引起一场工业革命,或者为这样的革命做准备。我们把金属时代看作石器时代的后续,古代

---

〔56〕墓穴中有一些陪葬用的各种实物的小模型,它们代表了许多种活动。这个说明妇女从事纺线和织布活动的特别模型,是在底比斯发现的,现收藏在开罗博物馆(Cairo Museum)。

〔57〕我想举一个例子,当然还有许多其他例子,但笔者对这个例子非常熟悉,这就是拉美西斯二世(Ramses Ⅱ,公元前1292年—前1225年在位)[原文如此,按照《不列颠百科全书》网络英文版(http://global.britannica.com/EBchecked/topic/490824/Ramses-II)的说法,他的在位时间是公元前1279年—前1213年。——译者]的王后奈费尔提蒂(Nefertete)的墓中有一幅壁画,众王之母伊希斯(Isis)正引导她走向她的坟墓。在尼娜·德加里斯·戴维斯(Nina de Garis Davies)的《古埃及绘画复制临摹选》(*Ancient Egyptian Paintings Selected, Copied and Described*, 2 vols., 91 pls.; Chicago: University of Chicago Press)中有一幅非常完美的复制图。

埃及给我们留下的印象是,那里有一种成功的石器文化,因为在那里,金属工具已经消失了,而石碑却仍然在俯视尼罗河流域。事实上,也许正是金属凿子使雕琢那些石碑成为可能,或者至少使它们的数量增加了。金属工具不仅更新了石匠的工艺,并且也更新了许多其他工艺;而金属武器则完全改变了政治平衡。

最早使用的金属是怎样被发现的?这不仅是一个有关埃及的问题,而且也是一个普遍的史前史问题。这种发现也许是偶然的,而且可能是以多种方式而非一种方式出现的。西奈半岛有丰富的铜矿石;某个当地的或埃及的游客在用这种矿石的石块储存营火时,也许有些矿石块得到了熔炼,这样,在第二天早晨,他可能会在余烬中发现少许亮闪闪的铜。我们所知道的最古老时期[拜达里时代(Badarian age)]的埃及妇女把孔雀石用来作为眼睛的化妆品。孔雀石是一种铜矿石(绿色的碱式碳酸铜),如果一块孔雀石掉到炭火中,它有可能得到熔炼,因而也许会出现一颗铜珠。如果第一种情况中的男人或第二种情况中的女人非常聪明,完全可以从某种有因果关系的经验或不相关的经验中认识任何事物(这样的人很少,但在每个时代都有这样的人),他或她就会重复并且改变那个实验,从而获得更多的铜,还能学会把铜锤打或浇铸成所期望的形状,制造某种新的工具,使用这种工具……情况总是这样,需要考虑的并不只是一个发现,而是一个发现链,这个发现链如此之长,以至于单独的一个人甚至单独的一个民族无法独自把它铸造出来;每一个发现的后面都会有新的发现,随后又会出现更多的发现。到了建造金字塔的年代,铜器时代已经进入相当先进的时期了。

矿石的成分很少只局限于一种金属。因而，古代的冶金者必然获得的是不纯的金属，亦即他们获得的是某种主要的金属如铜与其他金属的混合物。他们也许会注意到某种合金具有较高的价值，而且在较晚的某个阶段，他们会通过把不同的矿石混在一起，来制造类似的合金。换句话说，他们可能业已注意到，当把不同的矿石放在一起熔炼时，就会得到一种更好的金属。再晚些时候，或者说，过了很久之后，他们也许已经通过这样的方法，即按照固定的比例把金属混 042
合，制造出了特定的合金。这一段落概述了数千年的冶金经验。

古代最著名的合金是青铜（即铜与锡的合金）；也许，在第十八王朝（公元前 1580 年—前 1350 年）以前，青铜是在无意之中生产出来的。在比那个王朝更古老的时期的铜的样品中，含有不同量的锡、砷、锰或铋。青铜的发明，亦即有意识地把铜与一定量（古代是 2% 到 16%，现在是 9% 或 10%）的锡相混合，是非常重要的一步，其重要性不亚于铜的发现本身。它标志着一个新时代的开始。青铜比铜更坚韧，硬度也更大，在受到锤打时尤为显著；[58]它的熔点比铜的熔点低，而且更容易以不同方式浇铸；熔化的青铜不会像熔化的铜那样收缩，而且也不容易吸收气体。在第十八王朝和以后的时期中，人们大量使用青铜。

埃及人是从哪里得到锡的呢？或许，在古王国时代结束

---

〔58〕只有在锡的比例较小，例如占 4% 时，情况才是这样；如果比例再大一点，例如达到 5%，在受到锤打时，除非在这一过程中经常退火，否则这种合金就会变得很脆。参见卢卡斯：《古代埃及的材料与工业》，第 174 页。引述这一论点是为了说明冶金问题是极为复杂的。在古代，大概有一些伟大的冶金高手，同时也有一些水平略逊一筹的技工，他们一定曾经为一些神秘的失败而困惑不解。

以前,锡就已经进口到埃及。[59] 锡从一些岛屿、比布鲁斯(Byblos)甚至可能从中欧运到埃及。最明显的来源是比布鲁斯,在该城附近,既可以获得铜矿石也可以获得锡矿石。因此很有可能,这些矿石的混合物很早就在这座城市出现了,一开始是偶然的,后来日益成为人们有意识的活动。

在使用了接近地表的矿石后,如果这些矿石被证明非常有价值,如果那里对它们还有需求,当地人必然要学会挖采这些矿石,而且会越挖越深。在古王国时代,西奈的矿山就已经被开采了;在第十二王朝时期的塞索斯特里斯一世(Sesostris Ⅰ,公元前 1980 年—前 1935 年在位)* 时代,它们的开采得到了赏识,在阿门内姆哈特三世(Amenemḥēt Ⅲ,公元前 1849 年—前 1801 年在位)** 时代它们的开采有了很大发展;阿门内姆哈特三世命人挖了水井和蓄水池,为工人修建了临时工房,为监工建造了住宅,而且还修筑了防御工事以抵御贝都因人(Beduin)。在(西奈的)塞拉比特哈迪姆(Sarābīt al-Khādim),他命人在岩石上凿出了一个大型的蓄水池;矿山的管理井井有条。那个将近 38 个世纪以前的采

---

[59] 在埃及,除了制造青铜外,锡还有其他用途;从另一方面讲,也许在人们认识到锡或锡矿石有如此作用以前,就已经制造出青铜。关于古代埃及使用锡的情况,请参见 W. 马克斯·米勒:《埃及学研究——1904 年一次旅行的成果》(Washington,1906),第 1 卷,第 5 页—第 8 页,另页纸插图 1;G. A. 温赖特(G. A. Wainwright):《爱琴海地区的古锡》("Early Tin in the Aegean"),载于《古代》(*Antiquity*)*18*,57-64,100-102(1944);当然,还可参见卢卡斯:《古代埃及的材料与工业》。

* 原文如此,按照《不列颠百科全书》网络英文版(http://global. britannica. com/EBchecked/topic/536072/Sesostris-I)的说法,塞索斯特里斯一世在位的时间是公元前 1908 年—前 1875 年。——译者

** 原文如此,按照《不列颠百科全书》网络英文版(http://global. britannica. com/EBchecked/topic/19155/Amenemhet-III)的说法,阿门内姆哈特三世在位的时间是公元前 1818 年—前 1770 年。——译者

矿场的遗址,今天仍然可以看到。[60]

埃及人偶尔也会使用陨铁(meteoric iron),但他们使用的主要金属是铜和青铜。铁的冶炼远比铜的冶炼困难;炼铁始于西亚,并且在那里得到了发展,直到很晚[瑙克拉提斯(Naucratis)时代,公元前6世纪]才传入埃及。也许,亚洲的铁匠在那个时代以前到过埃及,这大概可以解释从公元前1200年开始和以后出现的少量的铁制工具,这些工具或多或少经过了渗碳和退火等工艺过程。

为了增加他们的冶炼炉的温度,埃及人早在第五王朝就使用了吹火筒,在第十八王朝和以后又使用了手拉风箱。 043

八、医学[61]

没有必要强调埃及医学的古老。在每一种文化中,医学的发展都是非常早的,因为对它的需要十分普遍也十分迫切,因而它的发展在任何时候都不会被忽略。我们也许可以肯定,在最古老的史前时代,亦即早于基督纪元数千年,埃及就有了某种医学活动。举例来说,把孔雀石用来作为眼睛的化妆品和一种眼药膏,可以追溯到拜达里时代;为了类似的目的而使用方铅矿,虽然仍是在前王朝时期,但却是很久以后才开始的。割礼是一种远古时代的仪式;从(早在大约公元前4000年的)史前墓穴中挖掘出的遗体,就显示了这种仪式的痕迹。在第六王朝(大约公元前2625年—前2475年)

---

〔60〕布雷斯特德:《埃及史》(*History of Egypt*,New York,1909),第190页,插图85。

〔61〕参见J. H. 布雷斯特德:《埃德温·史密斯外科纸草书》(*The Edwin Smith Surgical Papyrus*,2 vols.,Chicago,1930)[《伊希斯》*15*,355-367(1931)];B. 埃贝尔(B. Ebbell):《埃伯斯纸草书》(*The Papyrus Ebers*,136 p.;Copenhagen:Levin and Munksgaard,1937)[《伊希斯》*28*,126-131(1938)]。

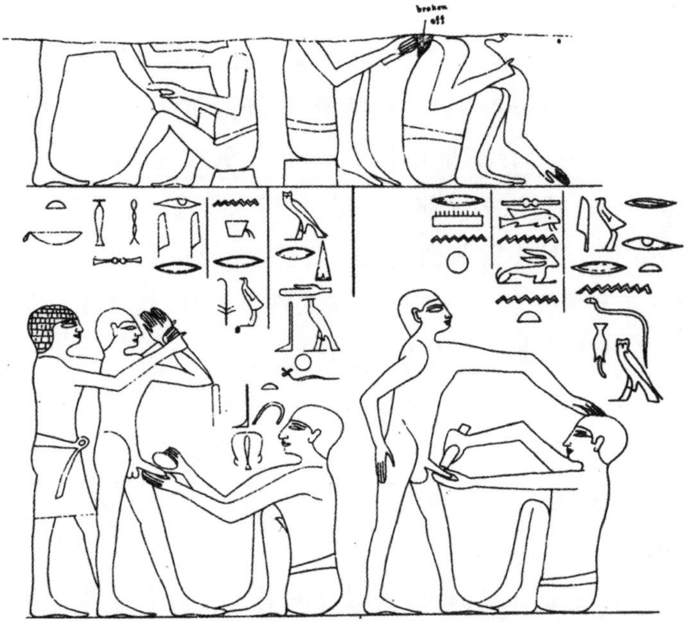

图 10　最早的表现外科手术的绘画:用石刀割除包皮。塞加拉墓地,始于第六王朝初期(大约公元前 27 世纪末)[素描引自 W. 马克斯 · 米勒:《埃及学研究——1904 年一次旅行的成果》(Washington,1906),第 1 卷,另页纸插图 106。承蒙华盛顿卡内基研究所恩准复制]

的一座墓穴的墙上刻的一幅画,非常清晰地再现了这一手术过程(参见图 10)。

044 最早有姓名记录的医生是伊姆荷太普(Imhotep),[62]他是公元前 30 世纪第三王朝的奠基者左塞王的宰相。伊姆荷太普是位博学之士,他既是天文学家、医生,又是建筑师(他

[62] 贾米森 · B. 赫里(Jamieson B. Hurry):《伊姆荷太普——左塞王的宰相和医生以及后来埃及的医神》(*Imhotep, the Vizier and Physician of King Zoser and Afterward the Egyptian God of Medicine*, ed. 2, 228 pp., 26 figs.; London, 1928)[《伊希斯》*13*, 373-375(1930)]。

很可能是第一座金字塔即塞加拉的阶梯式金字塔的建造者)。后来他被人当作英雄和无过失的医生来崇拜,再后来,他又被当作医神,是阿斯克勒皮俄斯(Asclepios)* 的原型[就像博学的透特神是赫耳墨斯(Hermes)** 和墨丘利(Mercury)*** 的原型一样]。我们对伊姆荷太普的医学知识知之甚少,但他被神化是值得注意的,我们可以根据埃及人的评价,把他当作医学上的第一位伟人。说希波克拉底(Hippocrates)是医学之父的那些人应当记住,希波克拉底出现在伊姆荷太普时代之后,而且他距那个时代的时间,大致相当于从伊姆荷太普到我们这个时代的时间的一半。这将改变那些人对古代科学的看法。

在金字塔时代不仅有许多医生,而且他们非常专业化。在第四王朝(公元前 2900 年—前 2750 年)的一个墓穴中发现的一块下颌骨,是对一个古代牙医的技术的完美说明:在这块下颌骨上,牙槽突处被穿了一个孔,以便排出第一个臼齿下的脓液。从第六王朝(公元前 2625 年—前 2475 年)一位法老的主治医师艾里(Iry)的墓碑上我们获悉,他还是"宫廷眼医"和"宫廷肠胃医",而且享有"了解体液的人"和"肛门卫士"等称号。[63]

留传给我们的医学纸草书至少有 7 部,都是相对来说较

---

* 阿斯克勒皮俄斯,希腊神话中的医神。——译者

** 赫耳墨斯,在早期的希腊神话中为神使和宙斯的传令使,在后来的后希腊神话中成为畜牧业和牧童的保护神。——译者

*** 墨丘利,罗马神话中众神的信使。——译者

[63] 赫尔曼 · 容克(Hermann Junker):《宫廷御医艾里的墓碑》("Die Stele des Hofarztes Irj"),载于《古埃及语杂志》(*Z. aegyptische Sprache*)*63*,53-70(1927)[《伊希斯》*15*,359(1931)]。

晚时期的。它们的写作年代从第十二王朝到第二十王朝(公元前 2000 年—前 1090 年),但它们中的绝大多数都自称反映的是更古老的知识,这些知识可以追溯到古王国开始至第四王朝时期。其中两部最早的纸草书卡汉纸草书和加德纳残篇(Gardiner fragments,大约公元前 2000 年),讨论了妇女、儿童和牛的疾病。而两部最重要的纸草书,即所谓史密斯纸草书和埃伯斯纸草书,出自公元前 17 世纪和公元前 16 世纪。史密斯纸草书与赖因德数学纸草书属于同一时代。大致而言,我们可以说,留传给我们的那些出色的数学论文和医学论文都属于大致相同的时期,即中王国时代结束和新王国时代开始,这一时期恰好在帝国时代亦即埃及称霸世界之前。

我们更仔细地考虑一下这两部出色的纸草书——史密斯纸草书和埃伯斯纸草书,它们的篇幅都比任何其他纸草书更长。从笔者所提供的图表来看[64],我所列出的这 7 部医学纸草书一共有 3746 行;其中史密斯纸草书有 469 行,埃伯斯纸草书有 2289 行,它们总计有 2758 行,这几乎相当于这 7 部医学纸草书总行数的 74%。鉴于所有手稿最终都可以追溯到古王国时代类似的来源,我们可以放心地假设,对史密斯纸草书和埃伯斯纸草书的研究,将会给我们提供有关古代埃及医学的可靠知识。

我们将从年代稍晚的埃伯斯纸草书入手,因为它的篇幅显然最大(几乎相当于史密斯纸草书的 5 倍),而且它直到最近以前是最著名的。总之,年代上的差异很小,大约一个

〔64〕参见 G. 萨顿的论文,载于《伊希斯》*15*,357(1931)。

世纪，而且考虑到这两个文本都代表了较为古老的传统，这点差异可以忽略不计。我们可以肯定埃伯斯纸草书的写作略晚于史密斯纸草书，但由此得出结论说，前者的内容在年代上晚于后者的内容是不明智的。 045

埃伯斯纸草书长 20.23 米，宽 30 厘米；原文分为 108 栏，每栏有 20 至 22 行。它包含了 877 个处方，这些处方涉及许多疾病或症状。其中只在 12 例情况下，处方建议使用咒语，在其他情况下，尽管我们对那里所说的疾病和疗法大多难以理解，但看起来治疗方法并不是非理性的。纸草书的内容是按照以下顺序排列的：

> 医生治疗前的描述，以增加治疗的功效。内脏疾病。眼病。皮肤病（以及一个有关各种杂事的附录）。手足疾病。杂症（尤其是头部疾病，例如，舌头、牙齿、鼻子和耳朵等的疾病，以及整容术）。妇科疾病（以及有关主持家务的问题）。有关解剖学、生理学和病理学方面的知识，以及对一些词语的解释。外科疾病。[65]

这个顺序可能会引起许多异议，但是作者的意图是十分清楚的。他想尽可能地把一个医生大概需要的知识排列在一起；他写了一部医学专论，这是写得最早的医学著作之一（36 个世纪以前！）。

相比之下，史密斯纸草书短多了。它宽 33 厘米，长大约 5 米，而它的开篇部分已经遗失，现在只有 4.7 米。它是一个更老的文本的抄本，可以追溯到金字塔时代，也许比那个时代更古老，比如说是公元前 30 世纪。经过了数代的留传

---

〔65〕引自埃贝尔的著作，第 27 页。

之后，人们发现它的用语已经过时了。

接近古王国时代结束时，大约公元前26世纪，一位博学的医生有了这样的想法：通过给它加注（总计69个注释），解释一些陈旧的术语，同时讨论一些有疑问的问题，使其恢复活力。（注意：埃伯斯纸草书也有一些注释，总计26个，但这些注释写得非常糟糕）这些注释构成了这部纸草书最有价值的部分。[66]

我们现在所拥有的这个文本，由两个截然不同的部分组成——前面是17栏（共计377行），后面是4.5栏（共计92行）。后面的部分只包含一些处方和我们不一定会留意的咒语。它的主要部分是外科治疗，其中充满了一种远远超越了埃伯斯纸草书的科学精神。

毫无疑问，与内科学相比，外科学领域受非理性思想污染的可能性要小得多，因为在古代医生所论述的大多数外科病例中，受伤的原因非常明显，根本不用附加一些神秘的前提。与此形成对照的是，内科疾病总是难以捉摸，因而有可能在患者头脑中甚至在医生头脑中产生一些迷信思想。史密斯纸草书不是由处方而是由明确的病例构成的。按照计划，它要依身体各部分的次序，从头到脚论述不同病症，但遗憾的是，在过了肩膀下面一点后它就停住了，也许是抄写员被打断了，或者是手稿的结尾部分丢失了，这些我们不得而知。那种顺序——从头到脚（*eis podas ec cephalēs*，*a capite ad calces*）在整个中世纪仍然是标准的顺序，但是作为最早的近似结果，它太自然了，因此，我们不应当假设它是由埃及人的

〔66〕《伊希斯》*15*，359（1931）。

实例确定的。

这部纸草书论述了 48 个病例,就留传到现在的这部纸草书而言,这些病例可以分为以下几类: 046

讨论从头部和颅骨开始,进而向下依次从鼻子、面部和耳朵,论述到脖子、锁骨、肱骨、胸腔、肩部和脊柱,原文到这里中断,留下的是不完整的文献。虽然表面上看不出原文有什么分类的表示,但这部专论的内容是很仔细地按照病例分组来处理的,每一组都涉及一定的领域。

以下是这些分组:

A. 头部(27 个病例,第一个病例不完整):

颅骨,在软组织和大脑之上,病历 1—10。

鼻子,病历 11—14。

上颌骨区,病历 15—17。

颞颥区,病历 18—22。

耳朵、下颌骨区、嘴唇和下巴,病历 23—27。

B. 喉咙和脖子(颈椎骨),病历 28—33。

C. 锁骨,病历 34—35。

D. 肱骨,病历 36—38。

E. 胸骨,在软组织和真肋之上,病历 39—46。

F. 肩部,病历 47。

G. 脊柱,病历 48。[67]

第 48 个病例是不完整的,这证实了我们的猜测,即这一专论的其余部分遗失了。每个病例都是很有条理地按照以下方式进行讨论的:

---

〔67〕布雷斯特德:《埃德温·史密斯外科纸草书》,第 1 卷,第 33 页。

1. 标题。

2. 检查。

3. 诊断。

4. 治疗(致命的被认为是无法治愈的情况除外)。

5. 注释(一个有关病例讨论中可能出现的晦涩术语的小词典)。[68]

病例4的标题是:“有关头部裂伤、伤及骨头、颅骨开裂的说明”;病例6的标题是:“有关头部裂伤、伤及骨头、颅骨破损、颅脑敞开的说明”。

检查部分的论述都很有规则地以这样的方式开始:“如果你检查一个人,他有……”论述所采取的方式是,一个老师教一个学生应该如此这般去做。明确规定或隐含的观察方法是,通过患者的回答了解情况,采用眼观、鼻嗅和触摸的观察方式,让患者在外科医生指导下活动身体的某些部位。很奇怪的是,在11项外科手术中,有8项被划入检查部分而不是治疗部分。这也许暗示,这些外科工作被认为是医疗过程的一种准备步骤,而且是独立于它的。

诊断部分开始时总会说:“你应当说关于他(患者)……”而且会以以下三种陈述之中的一种作为结束:

1. 这种病我会治好。

2. 这种病我将努力医治。

3. 这种病治不好。

有三个诊断只包含最后这种毫无希望的结论,除此之外,没有任何其他内容。而在我们这部专论的49个诊断中,

〔68〕布雷斯特德:《埃德温·史密斯外科纸草书》,第1卷,第36页。

在这三个诊断之前，先出现的都是他的诊视意见。但在这49个诊断的36个中，所写的其他诊视意见只不过是重复病例的标题或者在检查时已经得出的意见；在剩下的13个诊断中，则增加了一个或更多的以检查所确定的事实为基础的推论。这些是幸存下来的最早的观察和推论的实例，也是人类思想史上已知的有关归纳过程最古老的证据。[69]

与这三种判断的系统运用并列存在的是，一系列类似的临时性语句的使用，这些语句的使用虽然不是很规则，但它们与患者的状况有更直接的关系，而且它们被置于论述的结尾，例如： 047

A.“直到他康复”。

B.“直到他伤口愈合”。

C.“直到你认为他已经到了某个关键时刻”。[70]

那些古代医学文献的实事求是和严肃认真给人留下了极为深刻的印象。撰写它们的那个医生不仅经验丰富，而且富有智慧，他的总的观点有时隐约预示了希波克拉底著作中的观点。例如，他建议采取一种期待的态度，相信大自然的治愈能力，又如，他建议等待，“直到你认为他（患者）已经到了某个关键时刻”；这使我们想起了希波克拉底有关危象的观念。

没有理由认为，古代埃及人已经通过有意识的解剖活动研究过解剖学，但是，他们利用了一些他们所看到的偶然实验，并且积累了许多知识。当然，把人和动物的尸体做成木

〔69〕布雷斯特德：《埃德温·史密斯外科纸草书》，第1卷，第7页。
〔70〕同上书，第47页。

乃伊的活动在远古时代就开始了,这一实践也许教会了埃及人许多东西,但我仍然对他们是否研究过解剖学感到相当大的怀疑;尸体防腐者过于关注他们自己高难度的技术了,以至于根本不会关心与他们无关的解剖细节。很有可能,制作木乃伊的实践,在后来,在过了很久之后的托勒密时代,使希腊科学家进行系统的解剖更为容易了,但这是另一回事。就古代埃及而言,没有证据证明,木乃伊的制作对解剖学知识有什么影响。

史密斯纸草书中所记录的著作的作者,思考过解剖学和生理学问题。他意识到了脉搏的重要性,以及脉搏与心脏的联系。他对心脏系统已有某种模糊的概念,当然,他对血液循环观念还一无所知,在哈维以前,没有人对血液循环有清晰的认识。由于该作者无法区分血管、腱和神经,因而使他关于血管系统的知识难以理解,以致到了令人绝望的地步。不过,我们还是来考虑一下这些关于大脑的令人惊异的见解吧(参见图11)。

如果你检查一个人,他头有裂伤,伤及骨头,颅骨破损,颅脑敞开,你应当触摸他的伤处。你会发现他的颅骨的破损处像熔化的铜中所形成的那些波纹,而且,那里有某种东西在你的手指下跳动和颤动,类似于婴儿的头顶长成一个整体以前脆弱之处的情形——如果那时碰巧,直到他(患者)的颅脑裂开时你的手指下没有跳动和颤动,你会看到血从他的两个鼻孔中流出,他会因脖子僵硬而痛苦。[71]

---

[71] 布雷斯特德:《埃德温·史密斯外科纸草书》,第1卷,第165页,病例6。

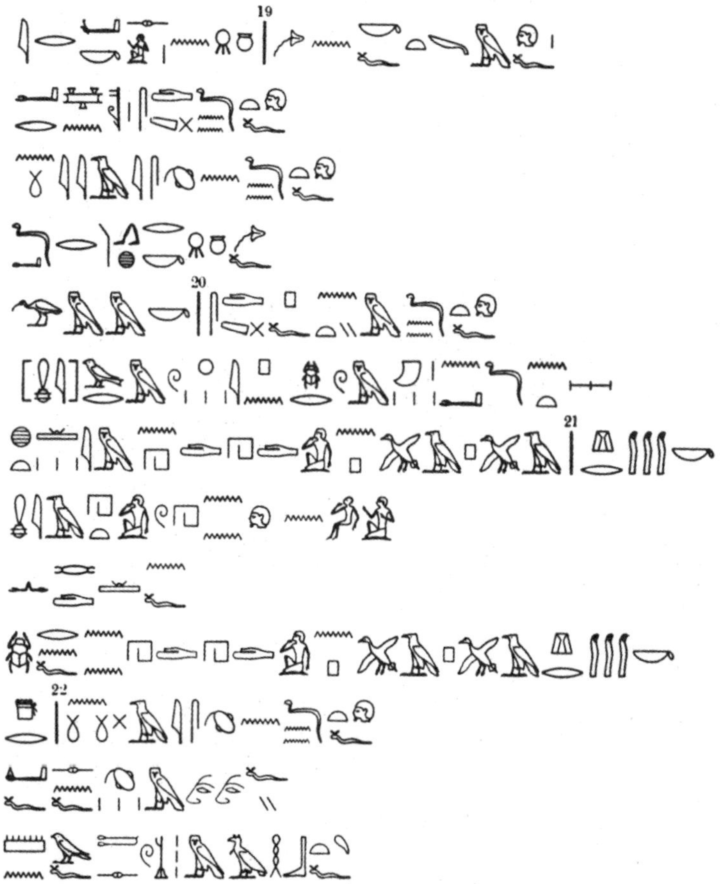

图 11　史密斯纸草书，文本表述的是病例 6。这不是原来的僧侣书写体文本，而是象形文字抄本，承蒙惠允，复制于詹姆斯・亨利・布雷斯特德的《埃德温・史密斯外科纸草书》(Chicago: University of Chicago Press, 1930)［《伊希斯》*15*, 355–367(1931)］。关于原来的僧侣书写体文本，请参见同书，第 2 卷，另页纸插图 Ⅱ

他观察了脑膜、脑脊髓液和脑回(被比喻成上述引语中有波纹的金属熔渣表面)。此外,他已经认识到大脑是身体的控制中枢,大脑的特定部位有特定的控制功能。读者若想了解更多的细节,我想推荐布雷斯特德的名著和我有关它的长篇评论。[72]

最后我要说的是,史密斯纸草书以及在较小的程度上的埃伯斯纸草书使我们了解了埃及人非常令人称道的医学、解
048 剖学和生理学思想,以及同样令人称道的他们至少比希波克拉底早2000年就获得的科学观点。

九、埃及"科学"

前面关于埃及工程学、数学和医学的说明比较简洁,但我确信,它们足以充分回答读者必然会提出的一个疑问(对此我有强烈的意识,因为我有做教师的经验)。这个问题就是:我们是否可以说埃及有"科学",抑或埃及的一切仅仅是经验性的东西和民间传说?

科学是什么?难道我们不可以说,无论在哪里,只要我
049 们看到解决问题的尝试正按照事先预定的顺序或计划系统地进行,我们就是在见证一个科学的过程,就是在见证科学的发展?毫无疑问,与我们的方法相比,古代的方法显得比较幼稚和缺乏说服力,但是,公元5000年的科学家是否会像我们一样青睐自己的方法?凡事总要有个开端,当然,迈出这第一步的不仅有埃及人,只不过,他们在这条路上走得非常远,而我们仍在沿着这条路前进。例如,难道赖因德纸草书的分解表没有体现出一种深思熟虑且具有普遍性和预知

[72] 参见G.萨顿的论文,载于《伊希斯》*15*,366(1931),病例31。

意义的解决问题的尝试吗？这些分解表是我们今天为之骄傲的所有数学用表(它们的名称不胜枚举)的祖先。很有可能,负责庞大建筑所需的报表和测量的书记员编辑过其他用表。这些文献没有留传至今也不奇怪,因为它们不会被放在墓穴里永久保存,而会被在世的男人或女人使用,以致最后磨损得不复存在了。再如,史密斯纸草书中对病例的分类、在讨论每个病例时所使用的方法——难道不属于医学吗？

有些读者在内心深处存有偏见,认为科学是希腊的发明(多少个世纪以来,学者们不也是在重申这一点吗),他们会坚持说:“那也许是科学,但不是纯科学。”为什么不是呢？布雷斯特德关于史密斯纸草书的研究令人钦佩,他在其研究的结尾处得出结论说:

> 的确,这两个人,即作为专论的原始作者的外科医生,以及他的后继者、那个撰写了构成古代评论的那些注释的人,都生活在公元前第三个千年期的前半段时期,他们是已知最早的自然科学家。在人类发展的漫长历程中,他们是我们所能够了解到的最早面对数量巨大的可观察现象的人,他们有时是出于对救治患者的兴趣,有时是出于纯粹的对科学真理的兴趣,对这些现象进行了收集整理,并把它们作为他们从观察事实中得出的归纳结论进行了阐述。[73]

我可以肯定,并非只有埃及人达到了撰写数学和医学论文的阶段,而有些或许生活在比他们早数千年的更单纯的人已经是纯科学家了,亦即有这样一些人,由于受到一种强烈的好奇心的驱使,他们的实践结果和他们研究的直接成果,

---

〔73〕布雷斯特德:《埃德温·史密斯外科纸草书》,第1卷,第12页。

对他们来说已经变为次要的了。对于阿赫姆斯和史密斯纸草书的不知其名的作者,我可以肯定,没有哪个科学家今天读过他们的书而不激动,因为这些科学家在这些书中必然会辨认出某些他们自己的思想特点。

如果无私利是纯科学的一个标准,我们可以说,科学从来就不是完全纯或完全不纯的。埃及人的生活环境,以及不可阻挡的他们进行尝试的倾向,驱使他们去解决许多技术性问题;对那些问题的探讨培养了人们的科学兴趣,而这种兴趣超出了直接解决某个特定情况的范围。埃及科学的发展就是一般科学发展的预示。

毋庸置疑,公元前第二千纪的中期以前是埃及科学精神的全盛期,但是它的发展受到了阻碍,并且逐渐消亡了,这实在可惜！它走下坡路并且衰落的原因是什么？对于中国、希腊、罗马和伊斯兰世界,人们也提出过类似的问题,但从未得
050 到圆满的答复。最初是埃及科学的发展,后来是它的生活,都在政治蒙昧加宗教蒙昧的阻碍下停顿了。埃及人的科学和智慧枯萎了,而他们的成就最终被其他民族继承下来。这种情况在过去甚至在我们所经历的时代屡屡发生;它在未来还可能发生,但是,蒙昧主义,无论怎么系统化,永远也不可能成为普遍的和永久的东西。

十、艺术与文学

尽管我们主要关注的是科学,但也有必要简略地论述一下埃及的艺术和文学,因为一般的读者对它们可能不像对后来诸时代的艺术和文学那样熟悉。如果他住得离大型的博物馆很近,他也许对埃及的艺术略知一二,但即使如此,偏见也会妨碍他对埃及文学艺术的恰当理解。我曾听到一些受

过教育的人评论说,埃及艺术中的一切都是墨守成规和呆板的,人物的画像都是受正面律(the law of frontality)制约的等等。事实是,在埃及的艺术中,甚至在古王国时代的艺术中,有许多作品是非常有生气和感染力的,而且这种艺术绝非一成不变的,相反,它在其长期存在的过程中有了相当大的发展变化。此外,这种艺术是极为复杂的,因为它包括了像金字塔、狮身人面像、门农巨像和神庙等巨型遗迹及被仪式和象征手法变得生硬呆板的传统的法老王塑像,另外还有许多其他塑像,甚至包括法老王和王后的塑像——这些塑像很有个性,表现出了多种特色、多种情绪和多种风度。仅举一些最通俗的例子,如考虑一下波士顿博物馆的安凯夫(Ankhhaef)亲王的半身像(第四王朝)、开罗博物馆的地方长官像(第五王朝)、卢浮宫博物馆的"蹲着的抄写员"(Le scribe accroupi)像(第五王朝)、柏林博物馆的奈费尔提蒂王后头像(第十二王朝)[74]。我们应该说,埃及人创作了一些古代最有个性和最感人的人像作品。仅仅描述这些问题没有什么价值,还是以一种开放的心态,拿起一本埃及艺术画册从容不迫地去研究它吧。

艺术是无法与文学分开的,因为在埃及(正如在基督教的中世纪一样),艺术就是文盲的文学。当然,大多数人都是文盲,各种形式的手稿都受到禁止,只有千分之几的人能够完全阅读它们。在埃及的墓穴中,我们发现了大量活人使用的物品的收藏品(它们是那些物品的小型复制品,放在墓

[74] 她是埃赫纳顿(Ikhnaton,公元前 1375 年—前 1358 年在位)的妻子,她的肖像有许多。

图 12　第十七王朝(大约公元前 17 世纪或公元前 16 世纪)的蓝色彩釉陶制河马,这个作品说明埃及人并不受正面律的制约;而且这种自由创作对埃及人来说绝不是例外的情况(承蒙大英博物馆恩准使用此图)

中以备来世再用;参见图 12);此外,浅浮雕和绘画作品描述了他们的大部分职业。这些描绘远比文字说明更有效。通过这些作品,我们可以看到金字塔时代的 *fallāhīn*(农夫)在耕作、播种、收割、打谷、织布;可以看到木匠、制陶工人、面包师、铁匠、驾车人、船夫和水手、抄写员;还可以看到耍把戏者和杂技艺人、摔跤选手、舞女和音乐家以及去市场的妇女;我们可以目睹在纸莎草沼泽地(参见图 13)或沙漠中的狩猎情景;我们不仅可以了解人,还可以了解与他们相伴的
051 动物,如母牛和牛犊、驴、公羊、狗、猫、马,[75]还有兔子、鹅和鸭子、猫头鹰和鹤、老鼠、瞪羚、羚羊、野山羊、獴、豹、鳄鱼、河马、长颈鹿、大象;我们可以参观菜园和田野、名人别墅及

〔75〕只是到了新王国时代(始于公元前 1580 年)马才出现,它们是从亚洲引入的。至于骆驼,它们现在无处不在,但在希腊-罗马时代以前,它们很稀少而且没有被普遍使用。参见约瑟夫·P. 弗里(Joseph P. Free):《亚伯拉罕的骆驼》("Abraham's Camels"),载于《近东研究杂志》(*J. Near Eastern Studies*)3,187-193(1944)[《伊希斯》*36*,40(1946)]。

图 13　尼罗河沿岸的纸莎草沼泽图。图中的花和竖线代表纸莎草丛。图中可以看到站在芦苇船上的人、河马、鸟、鱼和獴（中间偏右侧）等。这是迈勒鲁卡（Mereruka）的石室墓中许多关于在沼泽地捕鱼和狩猎的浅浮雕之一。［引自萨卡拉探险队野外指挥普伦蒂斯·迪尤尔（Prentice Duell）：《迈勒鲁卡的石室墓》（*The Mastaba of Mereruka*, 2 vols., folio; Chicago: Oriental Institute, University of Chicago Press, 1938），另页纸插图 19；承蒙东方研究所惠允复制；也可参见另页纸插图，图 9—图 13，图 15—图 21，它们展现了在沼泽地中捕鱼和狩猎的其他场面。］这个石室墓是古王国时代第六王朝（公元前 2625 年—前 2475 年）的遗迹

其附属物；我们可以观看战车和船只。无论在哪里，都有对美的巨大热爱，通过留传至今的丰富的模型、浮雕、绘画和素描以及无数对客体的详细描绘，这种对美的爱会传至永远。简而言之，我们可以毫无困难地想象古埃及人生活变化无穷的方方面面，相对于某些距我们的时代更近的时期，我们对古代埃及更为了解。我们对金字塔时代的埃及人，当然比对荷马时代的希腊人更为熟悉；对于后者，不错，我们有《伊利

亚特》和《奥德赛》(*Odyssey*),但我们缺乏能够使我们再现2000 多年以前生活的大量例证。

埃及的文学,无论从数量上还是从质量上看,都不能与它的艺术同日而语,但它是原创的[76]、意味丰富的和感人的。我们对它的了解很不完整,因为从一开始,有关它的文字文献就只有一部分保留了下来,而大多数文献都失传了。只有那些埋在墓里的文献有机会留传下来。除了所谓金字塔文(Pyramid Texts)以外,古王国时代几乎没有别的文献留传给我们,而金字塔文基本上都是不可思议的咒文。不过,我们收集到一批第六王朝以后的各式各样有思想的文学力作。在第十二王朝(公元前 2000 年—前 1788 年)时期,有一位"作者"抱怨讲述任何新事物的困难!我们可以看到一本以会使人误解的"度亡经"[77]为书名的怪异文集,该书包含有关地狱(Am Duat)的情况、礼仪、连祷文、感人的赞美
052 诗、皇家和私人信件、历史记录、法规和条约、像西努希(Sinuhe)传说[78]那样动人的故事,以及其他早于《天方夜谭》(*The Arabian Nights*)的故事、教导年轻王子的格言集[中世纪的《原则指南》(*Regimina Principum*)的原型]、哀歌,还有会使人想到与《旧约全书》的类似部分相比较的智慧书。

---

〔76〕埃及文学也并不一定都是原创的,因为埃及在古代就受到了外来的影响;不过,它仍然保留了其独特(*sui generis*)性。

〔77〕大部分纸草书是新王国时代或更晚的作品,但是,《度亡经》的许多章节是在中王国时代完成的,有些甚至是在古王国时代完成的;所谓金字塔文可以追溯到第四王朝甚至第一王朝。艺术和文字之父、正义化身以及"记录天使"透特神,被认为是其作者。

〔78〕艾伦·H. 加德纳特别喜欢!参见他的文章,见于 S. R. K. 格兰维尔(S. R. K. Glanville)主编:《埃及遗产》(*The Legacy of Egypt*, Oxford: Clarendon Press, 1942),第 74 页—第 75 页。

那种文学常常是夸张的，而且老生常谈的比喻会给人一种千篇一律的印象；但另一方面，它的率直、形象和幽默又使它很生动。在尝试对它进行判断时，我们不应忘记，由于我们对这种语言和讲这种语言的人的知识不充分，我们有可能误解它，或者至少不能全面地评价它；我们还应记住，事实上它跨越了很长一个时期，有2000余年，它的发展绝对比作为一个整体的希腊文学和希伯来文学都早。[79]

十一、道德意识的萌芽[80]

053

我并不试图解释埃及人非常复杂的宗教，因为这样做所说明的是他们的神话想象，而不是他们的科学能力。然而，科学的成长要以道德理想和社会理想的充分发展为必要条件。我们可以问一下自己：为什么科学那么早就在埃及这块土地上发展起来了？答案包含许多因素，其中有些超出了我们的知识范围；在这里，简略地讨论一下政治和宗教方面的因素就足够了。

没有一种文化是在一天或一个世纪中就建立起来的。

---

〔79〕若想了解埃及艺术的总取向，最好的办法就是参照一本相关的图集，这样的图集有许多。有关埃及的文学，请参见：阿道夫·埃尔曼（Adolf Erman）：《古代埃及人的文学》（*The Literature of the Ancient Egyptians*），由艾尔沃德·M. 布莱克曼（Aylward M. Blackman）译成英文（336 p.；London，1927），德文原著于1923年在莱比锡出版；马克斯·皮珀尔（Max Pieper）：《埃及的文学》（*Die ägyptische Literatur*，Potsdam，1928）；T. 埃里克·皮特：《埃及、巴勒斯坦和美索不达米亚文学比较研究》（*Comparative Study of the Literatures of Egypt*，*Palestine and Mesopotamia*，142 p.；London：Oxford University Press，1931）［《伊希斯》*21*，305-316（1934）］；约瑟芬·迈耶（Josephine Mayer）和汤姆·普里多（Tom Prideaux）：《永生——埃及人所说的埃及人》（*Never to Die. The Egyptians in Their Own Words*，New York：Viking，1938），通俗读物。

艾伦·H. 加德纳在他的《古埃及语语法》（Oxford，1927）第17页—第24页，以及格兰维尔主编的《埃及遗产》第53页—第79页，都进行了简洁的概述。

〔80〕参见J. H. 布雷斯特德：《道德意识的萌芽》（*The Dawn of Conscience*，450 p.，19 fig.，New York：Scribner，1933）［《伊希斯》*21*，305-316（1934）］。

文化的精雕细琢过程意味着需要坚持不懈地进行长期的趋同努力,而要做到这一点,没有足够程度的政治方面的集中和稳定简直是不可能的。在尼罗河流域,这些条件很早就具备了,它们有助于说明所谓埃及奇迹。

在埃及,早在史前时期(大约公元前 4000 年或更早)就已经达到了某种政治统一,但它并非遍及整个埃及。当时有两个王国,即下埃及王国(尼罗河三角洲地区),以及上埃及王国—— 一个从孟菲斯(开罗)延伸到第一大瀑布(阿斯旺,即古代的赛伊尼,北纬 24°5′)的狭长地带。王朝时期始于法老王美尼斯统一两个王国,他带上了双重王冠,自称是"上埃及和下埃及的国王"或"两块土地的统治者"。这种统一并没有一直持续下去,而只是在最初的六个王朝(古王国)期间持续,或者说,从大约公元前 3400 年到公元前 2475 年,亦即持续了将近 1000 年,这段时间足以使道德思想和道德习惯成形。为了那些坚持认为古代埃及是毫无变化、始终如一的读者,我们来回忆一下三个稳定时期:

古王国时代	第一至第六王朝	公元前 3400 年—前 2475 年
中王国时代	第十一至第十二王朝	公元前 2160 年—前 1788 年
新王国时代	第十八至第二十王朝	公元前 1580 年—前 1090 年

这些时期分别持续了 925 年、372 年和 490 年,它们被两个混乱或者至少是不稳定的时期所打断,其中一个混乱时期持续了 315 年,另一个持续了 208 年。对埃及人来说,幸运的是,稳定的时期尤其是第一个而且是奠定基础的稳定期足够长,使得他们可以建立各种制度,并且能够使传统扎下根。为了评价那些时期的长度,我们不妨借用美国史中的一些术语来表述。如果我们把从 1775 年的大革命到 1950 年

(共计 175 年)作为一个单位,那么,古王国、中王国和新王国持续的时间就分别是 5.3 个单位、2 个单位和 3 个单位,古代埃及的 26 个王朝(从公元前 3400 年至公元前 525 年 = 2875 年)共持续了 16.4 个单位。稳定时期的长度,足以使整个埃及文化达到一定程度的统一;而各种剧变和中断,政治齿轮和宗教倾向的变化,防止了文化的过分单调。最简单的衡量演化的方法就是,按照它们的编年史顺序,考察一下诸多系列的艺术著作;如果你对它们相当敏锐,那么,你立即 054
就能对埃及人天赋发展的起伏涨落有直观的了解。

在古王国时代,埃及人已经在讨论对与错的问题了,所谓孟菲斯剧(Memphite drama)就是证明,关于它,我们只是通过后来的一个埃塞俄比亚的抄本(第二十五王朝,公元前 712 年—前 663 年)才有所了解,而它的内容是非常古老的。《普塔霍特普箴言》(The Proverbs of Ptathotep)可以追溯到第五王朝,它是道德发展过程的证据,也许,可以把这一过程称为人类道德意识的诞生和成长。举例来看:[81]

不要因为你的知识而傲慢自大,不要因为你是一个博学之子就自吹自擂。要像请教有识之士那样向无知之人请教,因为艺术是不可能达到极限的,没有一个艺术家的优秀是完美无缺的。出色的推理能力比珍贵的软玉还要难找,但在磨石对面的女奴那里却可以发现。

这是某种与艺术和科学甚至与宗教不尽相同的东西,缺失这类东西可能会使任何持续的文化无法再继续下去。同时,埃及的宗教正在分别向天堂和地狱这两个主要方向发

〔81〕皮特:《埃及、巴勒斯坦和美索不达米亚文学比较研究》,第 101 页。

展——一方面是太阳崇拜以及死者的天上王国的观念；另一方面是植物、动物和人不可思议的繁殖所暗示的虚构的奥希里斯(Osiris)*循环以及地下秘密的观念。我们可以(很困难地)领悟金字塔文和棺文(Coffin Texts)中的那些寓言，而在棺文中我们发现，偶尔会有一些预示人类兄弟情谊思想的言论。太阳神瑞(Re)说：

我创造了四风，每个人在他一生中都可以像他的兄弟一样在风中呼吸。

我创造了大片的水，乞丐可以像王侯一样享用它们。

我使得每个人都喜欢他的兄弟，我禁止他们作恶，(但是)他们的内心并不按我所说的去做。[82]

毫无疑问，那些久远的文本，如棺文和《度亡经》等，充满了不可思议和非理性的东西，但是，它们所包含的道德的种子又为它们提供了辩护和补偿。道德的萌芽像科学的萌芽一样重要。《度亡经》说明了某种道德判断的思想，而它的那些插图又使它具有了一种非常具体的形式。我们可以在奥希里斯神庙中看到人心的实际重量(参见图14)。[83]

在第十八王朝末，道德和宗教的发展达到一个顶峰。这个王朝是埃及的强国时代，它统治了西方世界。政治帝国主义意味着某种宗教帝国主义。只能有一个法老王，只能有一个神。那个王朝的最后一位法老王阿孟霍特普四世(Amenhotep Ⅳ，大约公元前1375年—前1350年在位**)，试

---

* 奥希里斯是埃及的主神之一，他是统治已故之人的冥府之神，掌管死而复生以及尼罗河泛滥等事务。——译者

〔82〕布雷斯特德：《道德意识的萌芽》，第221页。

〔83〕附带说一句，这也说明了古代埃及人已经熟悉了某种相对精致的秤的使用。

** 原文如此，与前文(本章注释74)略有差异。——译者

图 14　安哈伊夫人纸草书(Papyrus of the lady Anhai,大英博物馆,纸草书 10472 号),《度亡经》,第 125 章[承蒙惠允,复制于 E. A. 沃利斯 · 巴奇:《度亡经——汉尼弗尔纸草书、安哈伊夫人纸草书、克拉舍尔纸草书和内特切梅特纸草书摹本》(*The Book of the Dead. Facsimiles of the Papyri of Hunefer, Anhai, Kerasher and Netchemet*, folio; London, 1899),安哈伊夫人纸草书,另页纸插图 14]

安哈伊夫人是第二十或第二十一王朝(大约公元前 1200 年—前 945 年)时代底比斯太阳神学院(the college of Amon-Rē)的女祭司。画面所呈现的是用天平对人的良心的称量(*psychostasia*)。左上方是坐在桌子旁的诸神,桌上摆满了供品。在他们下方,称量正在进行。豺头人身的安努比斯(Anubis)正在用小型的真理之神玛亚特(Maat)称量安哈伊的心(天平右侧);安努比斯知道,当天平上的指针与一条垂线平行,或者与支撑着天平的垂直的架子平行时,重量就相等了。最左侧是玛亚特,在她下方是鹮头人身的知识和正义之神透特,他正在记录称量的结果。右边个子较高的是隼头人身的何露斯(Horus),他正领着安哈伊走进奥希里斯的接见室(不包含在此图中)。最右侧是女神玛亚特,女神阿门提特(Amentet)正在拥抱她。

图建立一种新的一神论宗教,作为他的转变的一个象征,他把自己的名字改为埃赫纳顿*。赞美诗说明了他的热情,其中最著名的一句是:“埃赫纳顿王和奈费尔提蒂王后对圆盘[日盘,名为阿吞(Aton)的一个神的象征]的崇拜。”[84]按照
055 布雷斯特德的观点,那篇赞美诗是世界文学史上最早的真正的一神论的赞美诗。它的某些部分使人们想到了《诗篇》(Psalms)第104篇的相似部分。

为了使其对祖先的宗教的改革神圣化,埃赫纳顿把他的国都从充斥着神职人员的底比斯迁到一个新的地方:阿马纳(Tell al-ʿAmārna)。[85] 在那个地方的废墟中,已经发现了许多文学艺术珍品,以及他与西亚诸国王的部分政治通信,这些信用楔形文字写在泥板上(关于此事,容后言及)。

埃赫纳顿是一个强有力的国君,但没有一个统治者能够独自进行统治,他的帝国越大,他就越需要更多的助手。时间一长,那些助手必然会限制也许会控制他的权力。埃及帝国(与几乎其他每一个帝国都一样)依赖三大支柱:法老王、僧侣和军队。埃赫纳顿的大胆改革是一种不成熟的宗教改革,它的出现比欧洲的宗教改革早了29个世纪。此外,这个帝国已经过了颠峰时期,而且正开始走下坡路,逐渐摆脱法
056 老的控制。对阿吞的一神论崇拜受到祭司们的抵制。在埃赫纳顿去世后,祭司们复兴了古老的神话,恢复了自己的权

---

* 这个名字(Ikhnaton)有对太阳神阿吞(Aton)表示尊敬的意思,因为他认为太阳是神,而且是唯一的神。——译者

[84] 关于该诗的译文,可参阅皮特:《埃及、巴勒斯坦和美索不达米亚文学比较研究》,第78页—第81页,或者布雷斯特德:《道德意识的萌芽》,第281页—第286页。

[85] 离迈莱维(Mallawi)不远,大约在孟菲斯与底比斯(开罗与卢克索)两地中间。

力,阻止进行新的冒险。宗教和科学都变得僵化了,进一步的发展,即使不是不可能,也是愈来愈困难了。埃赫纳顿的第二个继任者——他的继子图特安哈门(Tutankhamon)放弃了阿马纳,把国都重新搬回底比斯,这时,他的失败已成定局。[86]

埃赫纳顿的愚蠢或天才被否定了,人类历史上的一章结束了或似乎结束了。尽管祭司们拥有巨大的权力,并且以神秘主义的方式统治人民,但他们无法根除一神论理想。思想从来都不可能完全被根除,它们必然会一次又一次地发出新芽。在埃赫纳顿去世三个半世纪以后,他的真知灼见又在《阿门内莫普智训》(Wisdom of Amenemope 或 Amenophis)中[87]重现了,后来又再现于《所罗门箴言》(Proverbs of Solomon)之中。

在埃及的成就中,尤其是在公元前第三千纪和第二千纪中,对于艺术的辉煌、数学和医学的发端、他们技术的多样化和完善以及道德意识的萌芽,人们不知道最应该称赞的是什么。我们应当牢记的是,我们最关心的主题即科学成就,不

---

〔86〕当图特安哈门在底比斯未受破坏的陵墓于 1922 年被卡那封伯爵(Earl of Carnarvon)和霍华德·卡特(Howard Carter)发现时,他变成了最知名的埃及法老。墓中出土的非凡的珍贵文物(现收藏在开罗博物馆)引起了巨大的轰动。参见霍华德·卡特:《图特安哈门陵》(*The Tomb of Tutankhamon*, 3 vols., ill.; London, 1923–1933)。

〔87〕纸草书,编号 B. M. 10474。参见 E. A. 沃利斯·巴奇:《大英博物馆埃及僧侣体纸草书摹本》(*Facsimiles of Egyptian Hieratic Papyri in the British Museum*, second series, pls. I-XIV; London, 1923);象形文字和英文对照版《卡内克特之子阿门内莫普的学说》(*The Teaching of Amen-em-apt, Son of Kanekht*, London, 1924)。更好的英译本为 F. Ll. 格里菲思(F. Ll. Griffith)所译,载于《埃及考古学杂志》(*J. Egyptian Archaeology*) *12*, 191–231(1926);有关与《箴言》的详细比较,请参见 D. C. 辛普森(D. C. Simpson)的论述,同上刊,第 232 页—第 239 页。

可避免是最不发达的,而艺术成就甚至宗教成就相对于后来诸成就的巅峰而言,可能都达到了高峰。埃赫纳顿可能像我们一样接近单一的神,古王国时代的艺术家可能像任何时代的艺术家一样接近美。但另一方面,埃及的数学家和医生几乎还站在我们现在仍然向上攀登的梯子的底部。他们的位置必然是很低的,而如果我们的位置相对高一点的话,在一定程度上,我们要把这归功于他们的努力。他们是我们最早的引路人和最早的导师。

第三章
美索不达米亚

一、地理背景和历史背景

美索不达米亚与埃及有许多相似之处，在这里，我们仅指出其中的少数相似点，因为这样将有助于读者更清楚地理解这两种文化。首先，埃及历史的背景是相对简单的，即在三角洲和狭长的尼罗河流域。不过，这种简单性不应夸大。

埃及有一条河，而美索不达米亚有两条河，不过，这两个地方都与两个海相邻。在埃及，北邻地中海，东邻红海，这两个海在她的历史中都起到了巨大的作用。而在美索不达米亚，东南面是波斯湾，西面与地中海相邻。美索不达米亚的绝大部分历史事件都发生在两河流域以及绵延于它们之间的平原[1]，亦即在《圣经》(the Bible)中经常提到的示拿地(the plain of Shinar)；要想理解那一系列事件，还必须把底格

[1] 正是由于这个原因，本章以一个纯粹地理学的名称"美索不达米亚"作为标题，而没有使用诸如"巴比伦和亚述"这样的术语，因为这样的术语只用在一定时期是正确的。无论如何，巴比伦王国(Babylonia)这个词常常在某种更为一般的没有年代学限制的意义上被使用。因此，当有人说"巴比伦数学"时，既可以指苏美尔数学，也可以指 *stricto sensu*(严格意义上的)巴比伦数学。只要很谨慎，这样说并没有什么错。没有一个术语是完全令人满意的，或者能被经久不衰地使用，因为无论是地理名词还是历史名词，其适用的范围都会随着时间而变化。

图15　古代近东和远东的草图。布雷斯特德所说的新月沃土，是紧挨着腓尼基（黎巴嫩和叙利亚）的地中海沿岸的地带，它把流经整个美索不达米亚（两河流域之间的地区）的幼发拉底河的中游与波斯湾连在一起。它向安纳托利亚高原南部延伸，并环绕着叙利亚沙漠。它的整体形状像新月，这个地域的所有土地都非常肥沃。重要的是，新月沃土把阿拉伯海与地中海连在一起，并且把美索不达米亚（波斯、印度等）一方面与埃及连在一起，另一方面又与腓尼基地区和爱琴海地区连在一起［本图为欧文·雷兹（Erwin Raisz）绘制］

里斯河东面的多山地区以及沿着地中海东海岸延伸的地区考虑进去。一块半圆形的富饶的土地把美索不达米亚相邻的两个海连接起来，布雷斯特德非常恰当地把这里称为“新月沃土”（Fertile Crescent）。正如地图（参见图15）所显示的那样，使地中海与波斯湾连接起来的新月地区，面对并且环绕叙利亚沙漠，也许可以把这里比作另一个海，尽管这是一片干枯的海。人们不会在沙漠中定居，却可能穿越这里奔向不同的地方。

要对古代美索不达米亚的历史进行完整的描述，就需要把整个新月地区作为一个地理背景，不过，对于描述最古老的时期而言，考虑与波斯湾接壤的地区以及幼发拉底河和底格里斯河（主要是前者）的下游就足够了。在那时，波斯湾比现在略长一些，两条河分别流入波斯湾；从那时以后，由于下沉，波斯湾逐渐变短了。美索不达米亚与埃及这两个地区的主要区别就在于，埃及只有一条河，而美索不达米亚有两条河。这两条河的河道是非常反复无常的，它们环抱着美索不达米亚平原，但是幼发拉底河面对着叙利亚沙漠，而底格 058
里斯河流域的东部主要是波斯山区；这两条河均发源于卡帕多西亚（Cappadocia）高原和亚美尼亚（Armenia）高原。

除了河流不对称外，美索不达米亚与埃及之间有着一种奇妙的对称。这两个地区都在相同的两个海之间绵延，一个是地中海，一个是阿拉伯海。这两个地区被叙利亚沙漠分开，或许我们应该说，居间的沙漠和两个海把它们连在了一起。

关于美索不达米亚文明的最早记录，来自紧邻波斯湾海 059
角、两河流域之间的苏美尔地区，这一文明不仅涉及那些在平原地区定居的人，必然还涉及其他人。无论谁永远也无法肯定一个文明是如何在哪里起源的，因为我们所能获得的最早的文献并没有呈现其起源，它们所呈现的是某个后来的或许可能是某个略晚一些的阶段。美索不达米亚文明是否起源于苏美尔(Sumer)?抑或它是从两河上游的高原或者它们的东面传播到这里来的?

当一种新的文化在像美索不达米亚这样的地理背景下发展时,我们必定完全可以料想,在城镇定居的那种文化的传承者与穿越沙漠并沿着耕地边缘迁徙的游牧民族和那些山民之间,存在着某种三角冲突,居住在山区的人们比居住在平原的人们更习惯艰苦的生活,但他们从来就没有停止过对平原人的安逸生活和他们的财产的觊觎。我们对苏美尔人与其他两个群体之间的关系只能有部分的了解。在某些最早的文本中,他们以轻蔑的口吻谈到了那些游牧民族:"那些人不知道房子也不知道种小麦。"〔2〕显然,那些早期的苏美尔人没有把自己看作文化新贵,而认为他们自己已经是某种非常久远以至于难以理解的古代文化的回忆者了。在公元前3000年以前很久,他们就已经在靠近波斯湾和幼发拉底河下游沿岸的低地中,开垦了那里的沼泽地。他们已经学会了把土地中的水排干,并且同时利用沟渠浇灌土地。如今从飞机上俯视,仍然可以看到这方面的遗迹。他们(像埃及人一样)种植了大麦和斯佩耳特小麦,并且驯养了牛、山羊和绵羊,他们用牛或驴拉着有轮的战车。他们找不到可利用的石头,因而,他们用在太阳下晒干的泥砖(土砖)修建房屋。

〔2〕爱德华·奇勒(Edward Chiera,1885年—1933年):《他们在泥板上书写》(*They Wrote on Clay*),乔治·G.卡梅伦(George G. Cameron)主编(Chicago:University of Chicago Press,1938),第51页。这里的例子是文化迟滞的一个很好的事例,而文化迟滞可能在任何其他地方也能发现。公元前3000年的苏美尔人说游牧民族是落后于那个时代的人,但在今天,在50个世纪以后,仍然有类似的游牧民族(贝都因阿拉伯人)在那附近生活!

苏美尔人与生活在两河上游之间的闪族人[3]有很大差别。无论如何，他们的语言既不是闪米特语，也不是雅利安语。很有可能，他们起源于底格里斯河东部的埃兰(Elamite)高地。可以从这一事实推断他们起源于高原地区，即他们用同一个词指山和故乡，也可以从一些类似的事实来推断，这些事实同样富有启示，但不足为信。我们不必关注苏美尔人的起源以及他们定居在苏美尔以前的文化。当我们听说他们时，我们就发现，他们已经处在某种繁荣的铜器时代的发展模式中了，正如我们不久将要看到的那样，他们在许多方面的先进程度都是令人惊异的。

他们知道，他们的文化非常古老，而且像其他民族(例如中国人和日本人)一样，他们通过构造悠久神话的历史使他们的信仰合理化(即使不是在更早，他们至少早在公元前2000年就已经完成了这一工作)。他们的一个宗教传说与洪水有关，这可能是波斯湾地区的一次真实的洪水或风暴大潮，而且可能与《圣经》中所说的大洪水是一回事。他们假设，曾有过许多上古时代的国王，每一位国王的统治都延续了数千年。我们更有理由相信那些在洪水以后统治那里的 060
王朝，而且考古发现也证明了那些前后相继的王朝确实存在。查尔斯·伦纳德·伍莱(Charles Leonard Woolley)爵士对吾珥(Ur)亦即《圣经》所说的“迦勒底的吾珥”*的发掘，

[3] 最好不考虑种族因素，因为我们无法获得有关古代东方的种族方面的知识。有一点是清楚的——倘若不是更早以前，那么至少在公元前2000年左右，那些种族已经经历了相当大的融合。人们可能总会对根据语言来推断种族感到犹豫。人，尤其是孩子，很容易学会一门新的语言，但他们不可能改变他们的染色体。对于下文所提到的闪族人，读者应当始终理解为说闪米特语的人——仅此而已。

* 参见《创世记》(Genesis)，第11章第28节。——译者

引起了世界的注意,这里是亚伯拉罕(Abraham)的出生地。吾珥第一王朝(the first dynasty of Ur)已被证明是真实存在的。苏美尔人的城市不仅在吾珥,而且也在基什(Kish)、乌鲁克(Erech)、尼普尔(Nippur)、拉尔萨(Larsa)、埃利都(Eridu)、拉加什(Lagash)、乌玛(Umma)、泰洛(Tello)以及其他地方发展起来了。我们关于这些城市的知识不是传说或想象的,而是以科学的发掘为基础的。对于那些城市的每一处,我们现在都了解得相当详细。考古发现与从苏美尔人的文本或以后的文本中收集来的信息是一致的。

与此同时,闪族人也在两河流域上游之间的一个叫作阿卡德(Accad)的地区发展了他们自己的文化。在他们的国王萨尔贡(Sargon,公元前 2637 年—前 2582 年在位)的领导下,阿卡德人征服了苏美尔人并建立了统一的苏美尔和阿卡德王国。苏美尔文化远远超过了阿卡德文化,而且在数千年中一直居于主导地位,苏美尔人征服了他们的征服者。[4]

萨尔贡的追随者们缺乏他的那种能力,南部地区很快又脱离北部地区重新获得了独立,不过,苏美尔和阿卡德仍然保持着统一。在阿卡德王朝之后又相继出现了许多王朝,那些称他们自己是"苏美尔和阿卡德国王"的君王都是由这两个民族推举出的。

---

〔4〕就像在 25 个世纪以后希腊人征服了他们的征服者一样。请记住贺拉斯以下的这句话[《书札》(*Episolae*),第 2 卷,1,156]:Graecia capta ferum victorem cepit et artes;intulit agresti Latio...(被俘的希腊把她的凶残的俘获者俘虏,并且把技艺带进了蒙昧的拉丁姆……)

当阿穆尔鲁(Amurru)〔5〕王朝的第六代国王汉谟拉比(Hammurabi,公元前1728年—前1686年在位)成为美索不达米亚的最高统治者后,又出现了一个新的鼎盛时期。他的首都是巴比伦,他使这里获得了如此之多的荣耀,以至于整个这一地区后来都被称作巴比伦尼亚,而苏美尔这个名称几乎被遗忘了。当人们提到巴比伦文化时,人们首先想到的就是汉谟拉比时代,这是它的黄金时代。此外,我们对这位杰出的统治者也相当了解,这不仅仅是由于他的法典,而且也是由于其他碑文和他的书信。他自己有55封信留传给我们。〔6〕巴比伦人使用阿卡德语(Accadian)或巴比伦语,这是闪米特语的一种,但他们并没有忘记苏美尔语。的确,苏美尔语对他们来说是一种神圣的语言,受过教育的人必须懂这种语言,就像我们必须通晓希腊语或拉丁语一样(或者懂得更多种语言,唉!我们已经没有那种义务感了)。

汉谟拉比建立的巴比伦的和平并未持续很长时间,因为平原人与那些山区人之间的战斗持续不断。贩马至此地的东方人推翻了他的政权。随后而来的是一个混乱和停滞的时期,这个时期一直持续到公元前7世纪亚述帝国强盛时为止。亚述这个名称取代了巴比伦尼亚这个名称。由于亚述

---

〔5〕即《旧约全书》(Old Testament)中所说的亚摩利人(Amorites),叙利亚北部的闪族人的一支。他们的干预把地中海沿岸引入了美索不达米亚的历史。对汉谟拉比年代的确定是非常有争议的,在詹姆斯·B. 普里查德(James B. Pritchard)主编的《古代近东文献》(*Ancient Near Eastern Texts*, Princeton: Princeton University Press, 1950)第163页[《伊希斯》*42*, 75(1951)]中,西奥菲尔·J. 米克(Theophile J. Meek)提供了一种在正文中所提及的年代的说法。

〔6〕伦纳德·威廉·金(Leonard William King):《大约公元前2200年巴比伦国王汉谟拉比的书信和碑文》(*The Letters and Inscriptions of Khammurabi, King of Babylon, About B. C. 2200*, 3 vols.; London, 1898-1900),英译本分为3卷。

的文献首先得到了研究这一偶然的情况，那些致力于美索不达米亚古代文化研究的学者至今仍被称为“亚述学家”，尽
061 管事实上，他们中的许多人把自己限定在研究前亚述时代，而且居主导地位的文化仍然是苏美尔文化。

毫无疑问，原来的苏美尔文化已经在许多方面被巴比伦人和后来的亚述入侵者修改了。不仅如此，如果不是在更早以前的话，那么，至少在公元前第二千纪，埃及人的影响已经穿过新月沃土的西部蔓延到美索不达米亚。这种文化的入侵在埃及人统治近东时期（公元前 16 世纪—前 12 世纪）尤为强劲。长期以来，对我们现代的旁观者而言，埃及文化模式比美索不达米亚文化模式更为显而易见也更为熟悉，以至于在很长的一段时间内我们只考虑或者主要考虑古代埃及。人们绝不可能看不到埃及那些巨大的石制纪念碑，但美索不达米亚的那些土砖城却一个接一个几乎完全消失了（来于尘土归于尘土），留下的是那些地下的废墟，对于它们，没有艰难的研究根本无法解释。除此之外，埃及考古学的起步比美索不达米亚考古学早了半个世纪。

阿马纳泥板（Tell al-ʿAmārna tablets）发现于尼罗河流域，是一些刻着巴比伦语的楔形文字泥板，它们详细地揭示了大约在公元前第二千纪中期埃及人与西亚的其他民族之间所建立起来的关系。它们证明，巴比伦语在那时已经成为一种国际外交语言。这不是由于势力造成的——因为那时的埃及人比巴比伦人更为强大，而是由于传统导致的（这很像法语——法国霸权不复存在之后很久，法语依然是外交语言）。

美索不达米亚的诸国王也陷入了处理与其西北部邻居

的关系和与他们进行斗争的诸多事务之中，这些邻居就是居住在安纳托利亚和亚美尼亚山区的胡里人（Hurrian），他们从范湖（Lake Van）地区向西迁徙，最终与赫梯人（Hittites）一起成为米坦尼（Mitanni）诸王的臣民。胡里人侵占了赫梯人的领土甚至赫梯人的首都波格斯凯（Boghāzköy，在安卡拉以东 90 英里），他们沿着叙利亚海岸继续向南挺进，一直抵达死海以南的埃多姆（Edom）* 的土地。在沙姆拉角（Rās Shamrā）、耶路撒冷（Jerusalem）和更南边的地方，都发现了他们居住过的痕迹。他们可能与在公元前 1788 年—前 1580 年期间入侵埃及的神秘的喜克索斯人（Hycsos）发生了纠纷。米坦尼诸王都有印度-伊朗血统，而且都对因陀罗（Indra）、密特拉（Mithra）** 以及诸如此类的神推崇备至。就我们从赫梯人的语言所能做出的判断而言，赫梯人也与印度-伊朗有着某些联系。胡里人的主要成就是，他们可能从印度引进了马拉战车。

我们不得不快速地讲述的这段历史是一段令人好奇的历史，因为它使我们想起了美索不达米亚人、埃及人、叙利亚人以及许多其他西亚民族与伊朗和印度等民族之间的所有文化联系。考虑到早期苏美尔人和印度人在波斯湾的领先地位，很有可能，他们在古代就有联系。对印度河流域（摩亨约-达罗，哈拉帕）的史前文明的进一步研究以及对他们的文字的解读可能会证明这种主张，而现在，这种主张的依

---

* 旧译以东，位于死海与亚喀巴湾之间。——译者

** 因陀罗是印度神话中的天帝、众神之首，密特拉是印度-伊朗神话中的光明之神。——译者

据仅仅是,苏美尔人的记号与印度人的记号之间具有相似性。[7]

062 尽管有那些外部的影响,其中埃及的影响是最大的,但在相当长的一段时期内,大约有3000年,美索不达米亚的文化仍然保持了它的高度独创性。请允许我再重申一下,苏美尔人的先辈在这种文明上留下了如此之深的印记,因而归根结底,它依然还是苏美尔文明,就像我们的文明归根结底是希腊-拉丁文明,或日本文明归根结底是中国文明一样。

若想阅读一些综合性的参考资料,请参见伦纳德·威廉·金:《从史前时代到巴比伦君主国建立的苏美尔和阿卡德史》(*History of Sumer and Akkad From Prehistoric Times to the Foundation of the Babylonian Monarchy*, 404 pp., 34 pls., 69 figs., 12 maps; London, 1910);《从君主国的建立到波斯对外征服的巴比伦史》(*History of Babylon From the Foundation of the Monarchy to the Persian Conquest*, 364 pp., 32 pls., 72 figs., 18 maps; London, 1915);布鲁诺·迈斯纳(Bruno Meissner):《巴比伦人与亚述人》(*Babylonien und Assyrien*, 2 vols.; Heidelberg, 1920 - 1925)[《伊希斯》*8*, 195 - 198 (1926)];乔治·孔特诺(Georges Contenau):《东方考古学手册》(*Manuel d' archéologie orientale*, 3 vols., Paris, 1927-1931)[《伊希斯》*20*, 474-478(1933-1934)]。

---

[7] G. 萨顿:《一把公元前第三千纪的印度十进制直尺》("A Hindu Decimal Ruler of the Third Millennium"),载于《伊希斯》*25*, 323 - 326 (1936); *26*, 304 - 305 (1936)。

二、文字的发明

我们已经观察到在美索不达米亚使用的两种本质上不同的语言——苏美尔语和后来的阿卡德语。苏美尔语既不属于闪米特语也不属于雅利安语，而是一种粘着型语言，这可能会使人将它与蒙古语、日语或汉语[8]相比较，但它又与它们以及任何亚洲语言都不同。与之形成对照的是，阿卡德语毋庸置疑是一种闪米特语，它与希伯来语非常接近——它们如此接近，以至于阿卡德语的读物的确能帮助我们更清楚地理解《圣经》的词语。现已知道，有一些不同的方言被称为巴比伦语、亚述语、迦勒底语，不过，这是语言学家的事。我们主要关心的是这个事实，即在美索不达米亚和埃及，存在着两种语言的冲突，其中一种是闪米特语。这种比较像与埃及的每一种比较一样，都是有限的。在这两个地区，语言的情况是截然不同的。在埃及，通过同化，这种冲突很快结束了，最早的记录已经揭示了单一语言的存在，它由部分含语和部分闪米特语组成。在美索不达米亚，苏美尔语一直到公元前第三千纪结束都是通用语言，随后，它逐渐被各种东闪米特语亦即关系密切的阿卡德语、巴比伦语、亚述语和迦勒底语取代了。苏美尔语完全没有闪米特语的特征，但是，闪米特方言保留了许多苏美尔语的要素。

所有那些语言都是用一种特殊的文字书写的，这种文字被称为楔形文字（cuneiform），因为它是由楔形（wedge-shaped，*cuneus* = wedge）符号组成的。这种文字是苏美尔人

〔8〕C. J. 鲍尔（C. J. Ball）在《汉语与苏美尔语》（*Chinese and Sumerian*，quarto，192 pp.；London，1913）中耐心地探讨了苏美尔语与汉语的这种可能的关系。还有其他各种把苏美尔与中国古代风俗文化联系在一起的探讨，都难以令人信服。

发明的。它的发明是否独立于埃及文的发明?在试图回答这个问题之前应当澄清,一种发明的传播可以用两种大相径庭的方式来理解,即根据人们是从一般的意义上考虑发明还是从技术方面来考虑它。在这一事例中,有一种普遍的观念认为,口头语言完全可以通过书写符号得以再现、标准化和永久保存。这种观念已经独立地出现在许多民族之中。在其出现的最早时期,这种观念既是非常自然的又是非常简单的。象形符号可能很容易被用来作为对思想和事实的提示。美洲印第安人、印度人、中国人、苏美尔人、埃及人以及其他民族都使用了这样的象形符号,我们仍然在使用一些象形符
063 号,我们的药瓶上的头颅和骨头不需要什么解释。然而,悟性高的民族很快或者不久便认识到,这种方法往往很模糊,而且它的范围是非常有限的。它不可能用图形描述抽象的事物、情感或者专有名称(例如个人的名字或地名)。至于从技术方面实现这种观念,埃及人的方法和苏美尔人的方法有着很大的差异,以至于我们可以肯定,他们中的任何一个民族都没有对另一个民族有过影响。

苏美尔人(或者他们的某些未知的祖先)并非从楔形符号开始他们的尝试的。像中国人和埃及人一样,他们一开始也是使用一些象形文字,其中的一些保留了下来(参见图16)。后来,他们使用了从早期的图画演变而成的所谓线形文字(line character)。当书写仍然保持着某种特殊的表现形式,文字也许要刻在例如坚硬的岩石表面时,这种情况是很自然的。当书写变得更为普遍也更为经常时,寻找适当的书写材料的问题不可避免地出现了。我们也许还记得,埃及人找到了一种令人钦佩的材料——莎草纸。苏美尔人利用下

含义
图形文字公元前4500年
古楔形文字公元前1500年
亚述文公元前700年
晚期巴比伦文公元前500年
1. 太阳
2. 神，天
3. 山
4. 人
5. 牛
6. 鱼
7. 心
8. 手
9. 手和臂
10. 脚
11. 谷物
12. 木片
13. 网
14. 围栏

图16　楔形文字的发展。［引自伦纳德·威廉·金：《亚述的语言》（*The Assyrian Language*, London, 1901），第4页。］请注意，从右边看这些字符时，这些符号看起来与所指事物更为相似（例如，第3项）

美索不达米亚（Lower Mesopotamia）无穷无尽的泥土，发明出用来书写的泥板。他们发现，在新制作的软泥板上可以用一根芦苇很快地写出一长串记号，当泥板变干时，这些记号就可以固定下来，而且清晰可见，能够无限期地保存，也可以通过烘焙泥板把这个过程加以改进。不过，使用泥板的抄写员无论如何不像他的埃及同行那样自由，后者在平滑的莎草纸上书写，像个画匠或制图员；而前者只能写两三种记号或楔 064
形符号。楔形文字是把泥板作为书写材料这种选择的不可避免的结果。

苏美尔人的楔形文字是以大约350个音节符号为基础的，它从未像埃及文那样达到真正的字母文字阶段，甚至没有达到有限的字母文字阶段。苏美尔人的闪族后继者使用了同样的楔形文字，使它适应他们自己的语言，他们有时保留了一些苏美尔的词作为意符。楔形文字的演化可以在两个方面与中文和埃及文的演化相比较。第一，同样的需要导致了(提示发音的)语音辅助成分的增加，以及从不发音的义符(提示意义的"形"符)的增加。第二，随着书写速度的加快，这些文字必然要简化。各种形式的草书体或速记体使楔形文字的外观发生了深刻的变化。[9]

对于没有专门知识的人来说，楔形文字似乎是非常笨拙和非常难阅读的，然而，它必定还有它自己的优点，因为尽管经历了许多政治上的兴衰变迁，它仍然是美索不达米亚的标准文字，而且几乎一直沿用到基督时代，也就是说，使用的时间长达3000多年。不同的民族使用它，用它来表达一方面是苏美尔语，另一方面是东闪米特方言这样一些毫不相关的语言。它的使用也不仅仅限于美索不达米亚诸民族，它还传播到底格里斯河东部地区以及两河的北部和西部地区。

我们来举一些例子。最大的阿马纳泥板是米坦尼的国王图什拉塔(Tushratta)写给阿孟霍特普三世(Amenhotep Ⅲ，公元前1411年—前1375年在位)的一封信，这封信不是用巴比伦语而是用胡里语写的。附带说一句，这是到目前为止我们所知的最长的胡里语文本。在波格斯凯和其他安纳托利亚遗址发现了数以千计的楔形文字泥板。这些泥板中

〔9〕请比较一下我们的印刷体与各种形式的手写体、缩写和速记之间的差异。

最古老的是用阿卡德语(或巴比伦语)写成的,但是较晚(例如,公元前1400年)的一些泥板则是那些安纳托利亚人用他们自己的语言亦即赫梯语写成的。在波格斯凯已经有了一些音节表或词典,它们把相同的赫梯语、苏美尔语和阿卡德语中的词分栏并列在一起。有些泥板(相对较少)含有胡里语文本,但大部分都是赫梯语的。人们公认,赫梯人的影响远至埃及,他们的一个国王与拉美西斯二世(公元前1292年—前1225年在位)签订的一个条约就是一个见证。条约的两块泥板都留传到我们这个时代,一块是该条约的原始的巴比伦文本,另一块是它的象形文字译文。迄今为止所发现的最令人感兴趣的赫梯语文本,是一个公元前14世纪关于驯马的专论,我们不久将回到这个问题上。[10]

楔形文字突出的优点是它非常适合在泥土中书写;因此,在什么地方使用泥板,在那里就会使用楔形文字。在安纳托利亚是这种情况,在底格里斯河下游东部的埃兰也是如此,在这里,从非常古老的时代起,楔形文字就是标准的文字。传统的惯性使楔形文字的使用保持下来,甚至保持在一些相对来说比较例外的情况中,亦即文字是写在其他材料上 065
而不是泥板上,例如纪念碑的石刻铭文和写在标准秤锤上的

〔10〕赫梯语与印欧语系诸语言有着密切的关系,这一点从它们有着一个共同的源头可以推断出。与之相反,胡里语在起源上与那些语言没有任何联系,与埃及语或苏美尔语也没有什么关联。参见埃德加·H. 斯特蒂文特(Edgar H. Sturtevant):《赫梯语比较语法》(*Comparative Grammar of the Hittite Language*, Philadelphia: Linguistic Society of America, University of Pennsylvania, 1933);E. A. 斯派泽(E. A. Speiser):《胡里语入门》(*Introduction to Hurrian*, New Haven: American Schools of Oriental Research, 1941)。阿尔布雷克特·戈策(Albrecht Goetze)为詹姆斯·B. 普里查德主编的《古代近东文献》翻译了许多赫梯文献的范本,见该书(Princeton: Princeton University Press, 1950)第503页[《伊希斯》*42*, 75(1951)]。

文字。幸亏有阿契美尼德铭文,楔形文字之谜才得以破解,阿契美尼德铭文是用三列代表不同的语言的文字写成的,它们分别是古波斯语、巴比伦语和埃兰语,但使用的都是单一的楔形文字。[11]

回到更早的时代,可以推断,在公元前15世纪以前,巴比伦语已经成为外交语言,而楔形文字也成了外交文字。这种语言很普及,而这种文字更是如此。它不仅被用来誊写当时的巴比伦语,而且还用来誊写古苏美尔语和外国许多民族的方言,如埃兰语、赫梯语、胡里语、腓尼基语以及其他语言。象形文字泥板所载的文本使用的是分散在西亚的那些语言中的某一种或另一种语言。

任何一个人,如果他记得世界的那个部分是我们自己的文明某些最宝贵的特性的发源地,是我们的摇篮,那么,当他观察到,在那里,远在公元前1000年(实际上比这还要早很久)就已经有了大量的种族通婚、多种语言都使用统一的文字,这时他不可能不深深地为之所感动。

三、档案馆和学校·语言学的诞生

石头上或除泥板以外的其他材料上的楔形文字铭文相对比较少;大量楔形文字文本都保留在泥板上。我们业已指出,泥板这种书写材料的普及决定了楔形文字的普及。泥板本身值得我们进行更为细致的思考。泥土是非常丰富和廉

---

[11] 在那些多种语言的铭文中,篇幅最大、最著名的是贝希斯顿(Behistūn)[或比苏顿(Bīsutūn),在从巴格达到哈马丹(Hamadān)的路上临近克尔曼沙阿城(Kirmānshāh)]的铭文,在该铭文中,大流士一世(Darius the Great)叙述了他在公元前516年取得的诸场胜利。正是这一铭文在1847年为亨利·罗林森(Henry Rawlinson)爵士提供了译解巴比伦语的钥匙,并且导致了作为一门科学的"亚述学"的创立(1857)。

价的,把它们制成泥板也是极为简单的,比制造莎草纸简单多了。另外,即使未经烘焙,泥板实际上也是不易被毁灭的。把一些文件放在泥封套中就可以确保它们不会受到损坏,泥土在变干的过程中会有相当程度的收缩,因而,除非把封套弄破,否则无法把文件从中取出;人们也不可能把一个新封套套在一块已经收缩的泥板上。[12] 请注意,莎草纸的耐久性与其说是由于这种材料本身,莫如说是由于埃及干燥的气候。如果莎草纸用于美索不达米亚,那么,可能不会有什么莎草纸的文件保留下来。人们用大量泥板保存各种文件,有些是公共文件,有些是私人文件。在我们的博物馆中,可以看到数以千计的大约公元前 1500 年以前的这类文件,而以后保留下来的这类文件的数量如此之大,以至于要把它们都翻译出来需要花费很长时间。

泥板本身并不像莎草纸那样适合用于书法,而且楔形文字从来也没有像象形文字的书写那样成为艺术的一个明确的分支。更糟糕的是,泥土干的速度太快,因而必须一次把全部泥板写完。[13] 大部分泥板都是相对比较小的。较长的文本,例如年表,也许会写在(圆柱或以六边形、七边形或八边形为底的棱柱等)中空的泥多面体的外表面,但习惯的方法是把它们写在多块泥板上。

埃及人和苏美尔人都发明了文字,而且他们都改进了他 066
们的发明,并在很大范围内使之得以利用。埃及人由于幸运

---

〔12〕 有关更进一步的讨论,请参见爱德华·奇勒那部优秀的半通俗著作:《他们在泥板上书写》,第 6 章。

〔13〕 除非抄写员像雕塑家在未完成的泥塑模型上所做的那样,用一些湿毛巾盖在写了一半的泥板上。

地有一种非常便利的材料,因而又做出了另一项发明,即书卷或书,多亏有了这一发明,一个文本无论多长,都可以完整地保存下来。苏美尔人没有这么幸运。他们只把少数长篇文本写在巨大的泥多面体或岩石上(例如《汉谟拉比法典》),但是显然,即使在那些情况下,他们也没有提供相当于一本书的东西。在大部分情况中,长篇文本都是写在多块单独的泥板上,需要多少就用多少泥板。为了确保它们有适当的连续,抄写员都会在每块泥板的底部写上"y 系列第 x 块泥板",并且加上下一块泥板的第一行,即使这样,仍不足以保证文本的完整性。莎草纸书卷一般都是完整地被发现的,[14]而留传给我们的构成同一篇文本的泥板,几乎都是不按其顺序排列的。这些泥板的顺序已被弄混,并且被一而再、再而三地弄混,有些已经遗失,或者与其他泥板相隔很远;[15]对这些文本的重新组合,就像是解决一个极为复杂的拼图游戏。

苏美尔人未能发明书籍,这可能导致他们在创建档案馆和图书馆方面有了更快的发展。我们应当假定,莎草纸书卷收藏在埃及的神庙和宫殿中,而使泥板保持井然有序比收藏完整的书籍更为紧迫;因此,极有可能,档案馆和图书馆很早

---

〔14〕有时候,开头或结尾甚至中间部分不见了;但无论如何,书卷可以把原始著作较长的连续篇幅保留下来。

〔15〕它们最初被分开是因为储存它们的地方被烧了或者像土砖房那样坍塌了,再次被分开是由于重建、偷盗式发掘或科学的发掘、出售以及诸如此类的原因。我们博物馆中的许多泥板都是从商人那里买来的,而这些商人则是从一些隐瞒了其供货来源的阿拉伯发掘者那里购得的。因而,某篇文本的一些泥板可能收藏在俄国的博物馆中,而同一文本的其他泥板可能被美国收藏,甚至有些私人泥板被打破了,碎片分散开了。爱德华·奇勒研究的一个医学文本,就是以一块被打破的泥板为基础的,它的一部分在费城,其余部分在君士坦丁堡!参见奇勒:《他们在泥板上书写》,第 117 页。

就在美索不达米亚出现了。简而言之(太简洁了),我们可以说埃及人发明了书籍,而苏美尔人发明了档案室!

美国考古学家们在尼普尔发掘了一个巨大的“图书馆”,在那里发现了数千块泥板,现在它们分别被君士坦丁堡和费城的博物馆收藏。其中大部分泥板都是未经烘焙的,因此保存得不像经过烘焙的泥板那样好,译解起来也更为困难,但是最终,它们还是向我们展示了大量文学和科学文本,由于它们非常古老,因而具有无与伦比的价值。尼普尔是苏美尔最著名的宗教中心之一,它的那座用来供奉大神恩利尔(Enlil)[16]的寺庙是古代传说的温室。这个图书馆中的泥板似乎一般都放在泥制的大约18英寸宽的架子上。与这个寺庙有联系的不仅有图书馆或档案馆,而且还有一个学校,[17]而且在它的废墟中已经发现了许多教师准备的典型的课本和学生写的练习。这使我们能够理解楔形文字和苏美尔人 067
的那些惯用语是怎样传授给年轻人的。汉谟拉比时代的一所校舍已经被发掘出来了,据说,这是现存最早的校舍。如果我们从某种专门的意义上来理解“校舍”,即明确地指用于教学的房屋,那么,那种说法可能是正确的,但是我们可以肯定,在汉谟拉比时代以前(在埃及以及苏美尔)就已经有学校了,尽管即使在那里进行发掘,可能也找不到什么可以

---

〔16〕恩利尔原为天地之神,后来变成了苏美尔人的至高神。在巴比伦统治时期,他变成了马尔杜克(Marduk)或贝勒(Bel)。贝勒是恩利尔的闪米特语名称。神是随着民族而变化的。不妨比较一下,宙斯(Zeus)和阿芙罗狄忒(Aphrodite)分别转变成了朱庇特(Jupiter)和维纳斯(Venus)。

〔17〕这是很自然的。一个寺庙为了其仪式、传统和日常事物需要司祭和文书,而司祭和文书必须经过培训。合乎情理的培训地就是寺庙本身或者在离它很近的地方,那些在职的人就是他们的继任者最好的老师。同样的环境在任何地方都导致了相似的结果,例如埃及和佛教寺庙的学校、中世纪的教堂学校等等。

证明它们的存在。任何房屋都可以用来做校舍，而且，甚至可以在户外给孩子们上课。上课所需要的就是，几块用来说明需要抄写和记忆的符号、字词或惯用语句的泥板，一块新的泥板，以及一捆芦苇。

学校和图书馆的兴起暗示着文字的发明除了保存记录以外，还有一个更深层的目的，普通的抄写员注意不到这个目的，但它肯定引起了早期的“语言学家”的关注。这个目的就是使语言本身得以保存、改进和标准化。只要语言处于没有记录的阶段，它必定变动得相当快，也许是非常快。文字有助于使它稳定下来。人们必然认为，文字的发明是一个十分漫长的过程。基本思想是非常简单的，但是，无论试图使这一思想变为现实的早期“语言学家”有多么高的智慧，他们都不可能一下子就想出所有困难，也不可能一下子就想出克服它们的方法。把一种语言变为文字的过程引出了一些语言学问题，而且可能唤醒了少数天才心中的某种语言学意识。那些早期的语法学家们可能也是早期的教师（因为讲授一门学科的人往往都是最精通这门学科的人），他们编写了分类词汇表，这些是我们的词典的原型。在乌鲁克［瓦尔卡（Warka）］的苏美尔遗址已经发现了这类词汇表，它们是公元前3000年以前的产物。闪族入侵者编纂了更详尽的词汇表，其中既包含苏美尔语词汇，也包含它们的阿卡德语的同义词，而且还对那些语言的词法和句法进行了研究。我们已经提到了赫梯语的词汇表，它们在一个邻近的地区延续了同样的倾向。事实上，阿卡德、巴比伦和赫梯的语法学家们同时使用两种或更多种语言，而这些语言的结构是完全不同的，这必然使得他们的语言敏感力得以加强。[18]

尽管有许多相反的陈述，但我们必须说，语言学并非最近出现的一门科学，相反，它是最早的科学之一。若非如此怎么可能呢？没有一种具有足够精确性的语言工具，任何种类的科学著作都不可能出版。普通人创造了语言，而几乎从一开始就需要语言学家，以便使语言标准化、使它完善、使它逐渐增加其精确性。有可能，逐渐向高度文明发展的民族与未能有此发展的民族之间的一个差异就在于这一事实，前者很久以来不满足使用一种传统的和自发的语言，他们渴望对该语言加以分析，并且渴望周密地和准确地使用它。语言学意识是科学求知欲的一部分，而且是必不可少的一部分；相对于其他民族而言，这种求知欲和语言学意识在一些民族中有更高的发展，而这些民族就是我们的精神祖先。

四、巴比伦科学 *068*

对物质工具（泥板）和精神工具（语言学）有了一些了解后，我们来看看人们是怎样把它们应用于理解世界和丰富知识的。把所有因素都考虑进去，我认为，指称那种知识体系的最恰当的措辞是"巴比伦科学"，因为我们的大量信息都来自巴比伦泥板。这些泥板反映了阿卡德（巴比伦）的抄写员们说明和转述的苏美尔人的知识。我们也许可以把那种知识称为美索不达米亚科学，或者谈论所谓苏美尔和阿卡德科学，但这样的说法可能比较累赘，而且从总体上讲，不像称作"巴比伦科学"那样激动人心。有一个根本性的观点应该

[18] 埃及人没有这方面的优势，但他们自己的语言在古王国时代末期（也就是说，大约在公元前26世纪）有了充分的发展，以至于也需要一些语言学方面的注释，我们在史密斯外科纸草书中的确发现了这类注释；参见《伊希斯》*15*，359（1931）。

永远牢记，这就是，苏美尔人开创了那种科学并使它具有了一定的特色。

有关科学的泥板一般都是没有日期的，而且也无法断定其日期，除非科学发掘者在某个确定的地点发现了它们，从而知道它们的确切出处。不幸的是，学者们所得到的许多泥板是通过偷盗式发掘获得的。就一些有关天文学的泥板而言，对原始文本（而不一定是泥板）的日期的确定，有时可能是根据其内在的证据决定的。至于数学，只有少量某个苏美尔原文的残篇；其中的大部分问题都属于古巴比伦时代，[19]其余属于塞琉西（Seleucid）时代（亦即公元前最后3个世纪）。

在处理无疑是希腊化以前的古巴比伦文本以及希腊化以后的塞琉西文本的相同章节甚至相同段落时，粗心的学者[20]导致了许多错误的理解。我们再重申一遍，整个希腊科学（与之相对的是希腊化的罗马科学）是在这样一个时期发展的，这个时期不仅晚于美索不达米亚人（和埃及人）的那些活动，而且是它们的必然结果。如果我们不从时间而从空间方面考虑，我们也许会把希腊科学想象为被东方之海环绕着的一个小岛。我们将使读者避免那种严重的误解的干扰，因为塞琉西泥板属于希腊化时代，所以，不仅本章甚至本卷都不会对它们加以讨论。除了偶尔简略提到的较晚的泥板以外，本章所考察的所有文献都表明，古代苏美尔-巴比伦文化比希腊科学的发端古老得多。

---

〔19〕也就是说，最古老的问题是略早于汉谟拉比时代的，大部分的年代大概是在公元前第二千纪还剩下三分之二的时候。

〔20〕这里所指的不是亚述学家而是科学史家和文化史家。

五、数学[21]

到目前为止已经译解的有关数学的泥板的数量并不是非常多——大约 60 块，此外还有大约 200 个整除表。除此之外，那些泥板中的大多数（大约三分之二）的年代是非常晚的（属于塞琉西时代）。因此，我们只有不足 100 块呈现古代巴比伦数学的泥板。由于几乎所有这些泥板都是通过偷盗式发掘留传到我们手中的，因而，除了使用某种非常间接的和不完善的方法以外，对它们的具体年代是无法确定的。另外，我们也没有可以与赖因德纸草书相提并论的论文或课本。这种情况可能是由于这个已经解释过的事实，以泥 069
板作为发表媒介，阻碍了人们写作长篇的文字，而纸草书卷却鼓励人们撰写长篇大作。或者，也许有人写出了课本，[22]但它们却没有留传到现在。不仅构成一个系列的泥板被分散了，即便是单一的泥板有时候也破碎而成了残片。因此，巴比伦数学的研究者们远不像他们那些研究埃及数学的同行们那样幸运。

起初，苏美尔人的命数法是十进制和六十进制观念的一

〔21〕参见 R. C. 阿奇博尔德：《埃及和巴比伦数学文献目录》（*Bibliography of Egyptian and Babylonian Mathematics*, 2 parts; Oberlin, Ohio, 1927–1929）［《伊希斯》*14*, 251–255（1930）］；奥托·诺伊格鲍尔：《古代科学史讲义》（*Vorlesungen über Geschichte der antiken Wissenschaften*, vol. 1; Berlin, 1934）［《伊希斯》*24*, 151–153（1935）］，《楔形文字数学文本》（*Mathematische Keilschrift-Texte*, 3 vols.; Berlin, 1935–1937）［《伊希斯》*26*, 63–81（1936）; *28*, 490–491（1938）］；弗朗索瓦·蒂罗-丹然（François Thureau-Dangin）：《巴比伦数学文本》（*Textes mathématiques babyloniens*, Leiden: E. J. Brill, 1938）［《伊希斯》*31*, 405–425（1939–1940）］。

〔22〕这些是许普西克勒斯（Hypsiclēs，活动时期在公元前 2 世纪上半叶）和杰米诺斯（Geminos，活动时期在公元前 1 世纪上半叶）的陈述，转引自诺伊格鲍尔：《楔形文字数学文本》，第 3 卷，第 76 页，这些陈述所指的可能是较晚的希腊化以后的教科书。我们正在考虑的是希腊化以前的巴比伦课本，没有证据证明有这样的课本存在。

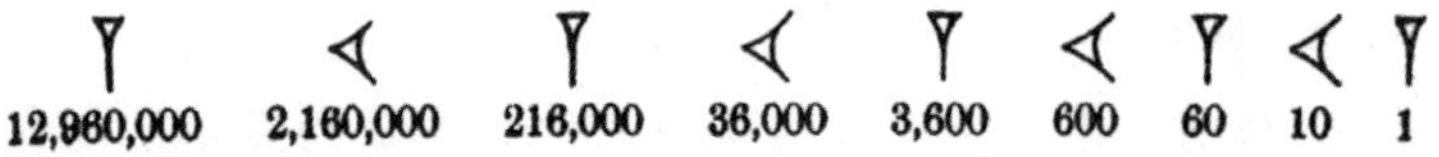

图 17　苏美尔人的数字［引自赫尔曼·沃尔拉特·希尔普雷希特（Hermann Vollrat Hilprecht）:《宾夕法尼亚大学巴比伦探险队·系列 A:楔形文字文本》（*The Babylonian Expedition of the University of Pennsylvania. Series A*, *Cuneiform Texts*, Philadelphia, 1906），第 20 卷，第一部分，第 26 页］

个奇怪的混合体。他们最早的数学家似乎开始时使用的是十进制数基，但很快就认识到六十进制数基或许更好。[23]这种思想的变化本身值得注意，它肯定是经过深思熟虑的。这种体系并非一种纯粹的六十进制，通过交替使用因数 10 和 6 可以获得一些连续的序列，从而有：1、10、60、600、3600、36,000 等等（参见图 17）。楔形文字限制了数字符号的多样性，它们只有两个单独的表示数字的基本符号：▽表示 1，∢表示 10，不过，第一个符号不仅可以用来表示 1，而且也可以用来表示 60 和 60 的任何幂；第二个符号不仅可以用来表示 10，也可以用来表示 10 与 60 的任何幂的乘积。这样我们就可以把它们写作 $\triangledown = 60^n$，∢ $= 10 \times 60^n$，在这里 n 可以是任何一个正整数或负整数，或者是零。因此，这个记数体系主要是六十进制，因为表示 10 的符号是从属性的，而且也没有表示 100、1000、…… 等等的符号。100 会被写作

[23] 引人注目的是，在中国和美索不达米亚同时存在着六十进制［参见本书第 11 页—第 13 页（此处及以下谈及的“本书或本卷第××页”，均指原书页码，亦即中译本边码。——译者）］。很难以此为基础得出结论，说这两种文化中的一种受另一种影响，因为这个基础过于脆弱了；但对我来说，这仍然比说它们的语言相近更有说服力。对于达成一致来说，60 是一个非常大的数。无论是把它作为数基还是周期来使用，都意味着要有某种高度的思辨。

1,40;1000 会被写作 16,40。[24]

一个数的绝对值只能根据前后关系来确定。苏美尔人已经发明了位置原则，因此，在一个给定的数中，知道了某一个位置的绝对值后，就可以推出其他位置的数的绝对值。然而，直到很晚的（塞琉西）时代，他们都没有在数字中间使用零，一个序列缺失的部分用空格来表示，但这种方法既不清楚也不确定。这些模糊的方面极大地增加了译解数学泥板的难度。

一个诸如 *abcdef* 这样的（没有空格的）数，可以解释为是 $a(60)^{n}+b(60)^{n-1}+c(60)^{n-2}+d(60)^{n-3}+e(60)^{n-4}+f(60)^{n-5}$，这里的 n 可以是零，或者具有任何正整数值或负整数值的数。一般来说，在讨论问题或运算序列时，我们将抑制或减少这种模糊性。以 60 为底数的规模较大的数字，也有助于 070 减少读者的选择，因为，例如 7 腕尺的长度与 420 腕尺或 25,200 腕尺的长度之间的差非常巨大，所以这个或那个数字所表达的含义是非常明确的。

尽管不甚完善，苏美尔人的体系仍然意味着，它达到了一定程度的算术抽象，而且其程度是令人惊异的。我们不可能推想他们的发现的起源。那些根据长期的经验发明这样一种体系的人是计算天才，抑或是这种体系激励了他们在进行日益复杂的计算和代数实验方面的不懈努力？也许，像科学发展中常常会看到的那样，两方面的作用都存在：新的抽

[24] 为了方便印刷工人和读者，在我们关于巴比伦（六十进制）数系的例子中，我们将把每一个六十进制的幂与前面的数字用逗号隔开，负幂与正幂之间用分号隔开；我们也将使用零，尽管巴比伦人并没有使用零。这样，11,7,42;0,6 指 $(60^{2}\times 11)+(60\times 7)+42+(60^{-2}\times 6)=40,062.00166$。

象启发了新的实验,反之亦然。

最古老的苏美尔泥板包含各种数表:乘法表、平方表和立方表,它们反过来又提供了平方根表、立方根表和倒数表。如果连续地读其中的一个表,那就不会给模棱两可留下什么余地。例如:

1 的平方是 1,

2 的平方是 4,

3 的平方是 9,

…………

8 的平方是 1,4(亦即 60+4),

60 的平方是 60(亦即 60^2)。

这很容易做到。但是,当计算者们查找这个表中的某一项时情况又会怎样呢?他们所需要做的就是必须十分谨慎,而且不能在考虑某一项时不考虑与它相邻的项。他们也许会读到"59 的平方是 58,1",这只能是指 60×58+1,因为 59 的平方肯定是一个比 60 的平方小一点的数。而"59 的立方是 57,2,59"也只能是指 60^2×57+60×2+59。

倒数表有许多,范围也很大,它们非常令人感兴趣。苏美尔人发现了这样的用法,即按构造整数那样的模式来构造分数,这样,凭借早熟的天才之举,他们就可以应付大部分分数问题了。按照他们的理解,六十进制分数只不过是六十进制中的一种整数,并且与那些整数在本质上没有什么区别(正如十进制分数也就是十进制的整数的一种那样,尽管生活在现在的一些受过教育并且有才智的人仍然无法理解这一点)。然而,六十进制分数并不能应付所有分数问题。对于诸如 1/2、2/3、3/5,还不用说更复杂的分数,应该怎样处理呢？现实生活的环境不可避免地会引入非六十进制分数。遇到它们该怎么办呢？也许有人会把它们还原成六十进制分数，但这样做并不总是可行的。苏美尔人给我们提供的他们具有算术创造能力的另一个证明是，他们用倒数代替了对分数的考虑，或者换句话说，倒数使得他们能够用某种乘法运算代替每一个除法运算。例如，60 的三分之一是 20，而他们就说 3 的倒数是 20；被 3 除（亦即取其三分之一）可以用与 20 的相乘来代替。60 这个基数有特别多的因数（2、3、4、5、6、10、12、15、20、30），使得它本身非常适合于倒数计算，以至于有人正是因为它具有如此之多的因数禁不住会再次怀疑，苏美尔人是否没有使用过这个基数。他们已经非常习惯使用倒数了，正是由于这样，他们有时候甚至把他们的计算毫无必要地复杂化了。对于 6 腕尺的三分之一，他们会说 $6\times20=120=2$ 腕尺。或者为了求 12 的平方，他们会取 12 071
的倒数，亦即 5；求出 5 的平方 25，然后再取 25 的倒数，即 2，24；最终得出的结果是正确的，但也许可以用更简单的方法获得。这是一种众所周知的数学怪癖；它的存在又给我们增加了一个苏美尔人是真正的数学家的证明；他们的抽象使他们陶醉，以至于他们有时候把一些更简单的方法忘记了。

刚才所举的例子[25]所涉及的是很小的一些数字，而苏美尔人把他们的倒数表扩展到非常大的数字，一直到 60^{19}。

在 60 的不同幂中，有一个数字非常频繁地出现在古代数表中，这个数字就是 $60^4=12,960,000$。这个数字是柏拉

〔25〕这是在古老的巴比伦泥板中发现的一个真实的例子；参见蒂罗-丹然：《巴比伦数学文本》，第 18 页。

图的几何数(geometric number)[26],12,960,000天=36,000年(一年360天),亦即大柏拉图年(great Platonic year,这是巴比伦周期持续的时间)。一个寿命为100年的人[27]的一生包含36,000天,其天的数量正好等于"大年"的年数。由此看来,"几何数"显然起源于巴比伦,[28]它是指一个度量或制约地球和地球上的生命的数字。

苏美尔人不仅使用了某种位置符号(尽管没有零),而且把它扩展为基数的因数和倍数,不过,他们的数系是与计重单位和计量单位的细分密切相关的。也就是说,他们在公元前2000年以前已经发明了一种完善的六十进制体系;要想评价他们的天才,只要回想一下这一点就足够了:只是到了1585年才有人[佛兰德人西蒙·斯蒂文(Simon Stevin)]想到把同样的思想扩展到十进制体系[29],并且只是在法国大革命期间才开始实施,但是直到今天仍未完成。与我们当代那些在十进制世界中坚持捍卫英式计量制的人相比,古代苏美尔人更显得前后一致。了解了这一点之后,把现代人看作真正文明的,而把古代苏美尔人看作原始的,就变得有点

---

〔26〕参见《国家篇》(*Republic*),Ⅷ,546 B-D。

〔27〕同上书,X,615B。

〔28〕有关这个主题的进一步讨论,请参见赫尔曼·沃尔拉特·希尔普雷希特:《尼普尔神庙图书馆中有关数学、度量衡学和年代学的泥板》(*Mathematical, Metrological and Chronological Tablets From the Temple Library at Nippur*, Philadelphia,1906),第29页—第34页;托马斯·利特尔·希思爵士:《希腊数学史》(*History of Greek Mathematics*, Oxford,1921),第1卷,第305页—第308页[《伊希斯》*4*,532(1922)]。

〔29〕G.萨顿:《布鲁日的西蒙·斯蒂文(1548年—1620年)》("Simon Stevin of Bruges,1548-1620"),《伊希斯》*21*,241-303(1934);《对十进制分数和计量单位的最初解释(1585年)》("The First Explanation of Decimal Fractions and Measures,1585"),《伊希斯》*23*,153-244(1935)。

困难了。

怎样才能说明六十进制的数基和苏美尔人的早熟呢?有一种对此问题的解释是完全说得通的,这种解释认为,苏美尔人的计量制与苏美尔人的数系之所以如此和谐,原因就在于它们是共同发展起来的。很难相信苏美尔人会出于纯粹的数学理由而选择60这个数基。人们多半会这样假设:他们的计量实践启发他们选择了这个数基。的确,当人们对物进行度量时,他们不可避免地会遇到度量结果与选定标准不完全吻合的情况。无论人们愿意与否,都会出现分数,因而这就会使人们把一个与尽可能多的分数相适应的单位作为(长度、重量和数量的)标准。罗马体系就说明了分数与计量制之间的自然关系;阿斯或镑被分为12盎司意味着罗马人经常使用分数。这种体系是很简洁的,唯一的麻烦是,阿斯在十进制记数法中引入了十二进制。苏美尔人的天赋使他们防止了这种根本性失误的出现,他们在使用六十进制的整数系的同时,使用六十进制分数和六十进制的计量制。

随着时间的推移,六十进制数基很奇怪地得到了另一种 072
以6为倍数的单位的补充。苏美尔人最初(像最早的埃及人一样)认为一年有360天。[30] 他们开始时把每天分为6更*

〔30〕我们必须记住,从60过渡到360这个过程对于苏美尔人来说并非一个不自然的过程。至少最初似乎是,他们分两步从一个六十进制序列进入另一个序列,亦即他们并不是与60相乘,而是先与10相乘,然后再与6相乘。(参见上文)

* 原文为watches,考虑到作者的解释(参见注31),把该词译作"更",兼有轮流更替之意,而不完全是指旧时划分夜间的时间单位。——译者

(3 日更,3 夜更,它们的长度变化是自然的),[31]但他们很快就认识到,时间长度的不相等对天文学研究来说是不切实际的,因而他们又把一整天(白天和夜晚,*nychthēmeron*)分为相等的 12 小时,每小时分为 30 格(*gesh*)。[32] 也就是说,他们的天文日被分为 360 个相等的部分。因而,一年有 360 日,而一日有 360 格;360 个等分的部分后来又被应用到纬线,再后来(在阿契美尼德时代,大约公元前 558 年—前 330 年)又被应用于黄道(黄道带、十二宫图)。[33] 今天,我们把圆分为 360 度,又以 60 为基数对度进行了再划分,这些都与基督以前活跃了 2000 多年的苏美尔数学家有关。[34]

读者已经注意到,巴比伦数学有三种会合在一起的来源——算术、计量学和占星术。我们不久将回过头来讨论最后提到的那个领域。计量学是商业之女;购买和售卖意味着要有单位价格,以及要进行度量和衡量。许许多多数不清的泥板其实就是商业文件,它们的数学结构有时是非常有启示

---

[31] 这种对每日不均等划分的做法在古代几乎是普遍的,而且在欧洲的某些部分,这种划分一直持续到 18 世纪。埃及人把白天和夜晚各分为 12 个小时,希腊人和罗马人也是这样;像"更"一样,这些小时的长度也是变化的。关于更,我们在《圣经》中找到了它们,即在《出埃及记》第 14 章第 14 节中的 *ashmūrāh*,以及《马太福音》(Matthew)第 14 章第 25 节中的 *phylacē*。犹太人把夜分为三更,罗马人分为四更,在每一更结束时卫兵就会换岗。

[32] 因此,每一格相当于我们现在时间的 4 分钟。

[33] 涉及把黄道均分为 360 度的最早的希腊著作,是一部被认为是许普西克勒斯(活动时期在公元前 2 世纪上半叶)所撰的著作。

[34] 参见弗朗索瓦·蒂罗-丹然:《六十进制史概述》("Sketch of a History of the Sexagesimal System"),载于《奥希里斯》7,95-141(1939);所罗门·甘兹(Solomon Gandz):《埃及数学和巴比伦数学》("Egyptian and Babylonian Mathematics"),见于 M. F. 阿什利·蒙塔古主编:《纪念乔治·萨顿六十华诞暨科学和知识史研究文集》(*Studies and Essays in the History of Science and Learning Offered in Homage to George Sarton on the Occasion of His Sixtieth Birthday*, New York: Schuman, 1944),第 449 页—第 462 页[《伊希斯》*38*, 127(1947)]。

意义的。在大约公元前 2000 年的一块卢浮泥板（Louvre tablet，AO 6770）中，有一个问题[35]是这样：如果复利以 20% 计算，那么本金增加一倍需要花多长时间。我们可以把这个问题写作，在方程$(1+0;12)^x=2$中求 x。苏美尔计算者非常准确地算出了正确的结果：3;48（$3\frac{4}{5}$年）！如果他能这样成功地解一个指数方程，那么，当我们听说他能解其他一些方程时，我们将不会感到惊讶。当然，他确实可以解线性方程、含有许多未知量的一次方程组以及二次方程和三次方程。对于二次方程，他似乎已经知道了某种公式，它与我们自己的公式相当。诺伊格鲍尔已经指出，甚至某些三次方程也被还原为某种常规形式，有一个表[36]为此目的给出了 n^2+n^3 的值。也许可以稍微再进一步。根据我们所得到的这些例子，我们只能推断，苏美尔计算者有能力解一些三次方程。但是，即使他一般只解二次方程以及含有两个未知量的二次方程组，我们仍然有充足的理由对他表示钦佩。尽管事实上他并没有列出任何方程，也没有任何种类的符号体系[37]（不仅仅是表示未知量的一个符号），他的代数天才依然体现在，他能做与我们所熟悉的许多过程等价的事，例如还原同类项，通过代换消除一个未知量，引入一个辅助未知量。另外，尽管完全没有代数符号，他却意识到我们用$(a+b)^2=a^2+2ab+b^2$来表示的这种恒等式，而且他有一种代数方法，可以 078

[35] 引自阿奇博尔德对诺伊格鲍尔的著作的分析，见《伊希斯》*26*，71（1936）；*28*，491（1938），在那里可以找到更多详细资料和对原始泥板的论述。

[36] 柏林 VAT 8492。

[37] 请记住，符号代数的发展是 3000 年以后的事，在 16 世纪以前几乎没有开始！

求解某个数的平方根的逐次近似值。[38] 这些成就几乎是不可思议的,我所能提供的唯一的(非常不完善的)解释就是,他的抽象计算和那些数表使他的头脑具有某种代数特点并提供了促进代数思考的动力。

最后,很明显,苏美尔人并不畏惧对负数的处理。[39] 这可能看起来是个小问题,但是,负量的概念在比萨的莱奥纳尔多(Leonardo of Pisa,活动时期在13世纪上半叶)时代以前,还没有渗透到西方人的心中,而它的适当发展需要更多世纪。

没有必要再继续这种列举了,苏美尔人4000年以前的代数成就不仅仅会使今天的年轻数学家感到惊异。一般的语言学家完全无法理解苏美尔数学,但他仍然会沾沾自喜地重申,在希腊人以前不存在真正的数学!我们十分清楚,古代苏美尔人在代数方面像希腊人在几何学方面一样非常有天赋。

公元前2200年—前2000年时期的巴比伦人知道如何测量矩形以及直角三角形和等腰三角形的面积。他们具有某种毕达哥拉斯定理的知识,[40] 而且他们认识到在一个半圆形中,圆周角是直角;他们可以测量一个长方体、圆柱、圆台或正四棱台的体积。他们对最后提到的那个问题(正四棱

---

[38] 它在本质上与阿基米德-海伦公式是相同的。如果 a 是 A 的一个近似的平方根,并且 $A-a^2=b$,那么,更近似的值就是 $a_1=a\pm\frac{b}{2a}$,$a_2=a_1\pm\frac{b_1}{2a_1}$……

[39] 参见R. C. 阿奇博尔德的论文,载于《伊希斯》*26*,76(1936);另可参见蒂罗-丹然:《巴比伦数学文本》,第xxxiv页。

[40] 阿奇博尔德对此很肯定,并且列举了一些旨在证明这一点的例子,参见《伊希斯》*26*,79(1936)。

台的体积)的解答,与埃及人的解答略有差别。也许可以把它用以下公式来表达:

$$V=h\left[\left(\frac{a+b}{2}\right)^2+\frac{1}{3}\left(\frac{a-b}{2}\right)^2\right]。$$

在前面(本书第40页)给出的埃及人的解答更为简单,但这两种解答是等同的。注意到这一点是很有意思的,即希腊化时期的数学家亚历山大的海伦(Heron of Alexandria)几乎是在2000年以后才探讨同样的问题,他的解答与巴比伦人的解答是类似的。[41]

对于圆的测量,巴比伦数学家的确比与他们同时代的埃及人落后。把这二者的方法加以比较的最好方式,就是看看按照他们各自的方法所计算出的圆周率(π)的值。按照埃 074
及人的方法,相当于取 $\pi=3.16$(实际值应当是3.14),而按

〔41〕 海伦:《海伦著作集》(*Heronis Opera*, Leipzig, 1914),第5卷,第30页—第35页。海伦的生卒年月不详;在我的《科学史导论》中,我尝试性地把他的活动时期定在公元前1世纪上半叶。现在我们有了更进一步的了解,他的活动时期在公元62年和150年之间。参见《伊希斯》*30*, 140(1939);*32*, 263-266(1947-1949);*39*, 243(1948)。

照巴比伦人的方法,相当于取 $\pi=3$。[42]

巴比伦人的成就是怎样影响其他民族的呢?他们的代数天才在很大程度上被遗忘了,但它又在阿基米德(Archimedes,活动时期在公元前3世纪下半叶)和海伦(活动时期在1世纪下半叶)身上再现了,而且更完美地体现在丢番图(Diophantos,活动时期在3世纪下半叶)身上,然后,它又再次消失了多个世纪,直到讲阿拉伯语的民族把它复兴为止(代数学这个名称是阿拉伯人首创的)。除了很少的一些人外,西方并不重视阿拉伯人的发明,一直到16世纪和17世纪,符号的使用都很少而且是反复无常的。代数的历史非常令人费解,因为它的大部分发展都是隐蔽的和秘密的。只有到了其符号阶段开始之时,它的发展才可能变得稳

---

[42] 《旧约全书》中列举的一些例子[《列王纪上》(1 Kings),第7章第23节;《历代志下》(2 Chronicles),第4章第2节],与精确度较差的那个近似值($\pi=3$)相当。

在撰写了以上部分后,我研究了 E. M. 布鲁因斯(E. M. Bruins)的论文《苏塞考察队的几篇数学文献》["Quelques textes mathématiques de la mission de Suse",载于《荷兰皇家科学院学报》(*Proc. Roy. Dutch Acad. Sci.*) *53*, 1025–1033(1950)]以及他的《巴比伦数学概览》["Aperçu sur les mathématiques babyloniennes",载于《科学史评论》(*Revue d'histoire des sciences*) *3*, 301–314(1950)]。他研究了一些由 R. 德·梅克内姆(R. de Mecquenem)于1936年在苏塞(Suse)发现的非常早的巴比伦泥板。这些泥板表明,早期的巴比伦数学家研究了五边、六边和七边等正多边形,而且他们发现了我们称为 π 的近似值,这个值比《圣经》中的 $\pi=3$ 更精确;他们发现了像海伦的 $3\frac{1}{8}$ 那样的逐次近似值。正如我们刚才看到的那样,这并非古代巴比伦人与希腊化时代之间的唯一联系。早期巴比伦的思想大潮,又在海伦、丢番图(活动时期在3世纪下半叶)以及后来的阿拉伯代数中涌现,所罗门·甘兹已对这种思想潮流进行了研究,参见他的《二次方程在巴比伦代数、希腊代数以及早期阿拉伯代数中的起源和发展》("The Origin and Development of the Quadratic Equations in Babylonian, Greek and Early Arabic Algebra"),载于《奥希里斯》*3*, 405–557(1937),《巴比伦数学中的不定分析》("Indeterminate Analysis in Babylonian Mathematics"),载于《奥希里斯》*8*, 12–40(1948)。

定而迅速。最终的进步很容易理解，不过，那些在前符号阶段的黑暗中摸索的数学家的成就是令人震惊的。

苏美尔人和他们的巴比伦后继者留下了三份遗产，它们的重要性怎么说都不过分。

（1）命数法中的位置概念。这一概念是不完善的，因为它（直到塞琉西时代）没有零，而且所提供的数的绝对值常常是不确定的。这种概念后来失传了，直到印度–阿拉伯数字开始使用，它才随之非常缓慢地复兴起来。

（2）数的范围扩大到单位因数和倍数。这项成就也失传了，直到1585年它才按照十进制数得以复兴。

（3）数和度量衡使用同样的数基。这项成就也失传了，直到1795年公制创立时才得以复兴。

这三项礼物十分重大，以至于后代人若不是相隔数千年就无法对其做出评价。非常奇怪的是，另一项并不太珍贵的礼物——六十进制的观念却很快被人们认可了，而且对它的认可使得对十进制的接受和发展延误了数个世纪。在今天，这种观念仍对我们有影响。当然，这并不是巴比伦人的错。传统往往是多变的和有缺陷的。

六、天文学

尽管事实上古代巴比伦人的天文学成就远不如他们的数学成就，但人们更多称赞的是他们的天文学成就而不是其数学成就。这种错误的评价是由于两种情况造成的。第一，把古代的巴比伦天文学与后来的迦勒底天文学或塞琉西天文学（其主要发现是由迦勒底人完成的）混淆了；第二，古代巴比伦人的数学天才只是到了不久之前才被诺伊格鲍尔和蒂罗-丹然揭示出来。[43]

无论如何，巴比伦人奠定了数学基础，没有这个基础，就不可能有科学的天文学，而且他们开始了长期的系列的观测，没有这些观测，后来的概括也是不可能的。他们发明了天文观测技术。在早期的亚述王图库尔蒂-尼努尔塔一世(Tukulti-Ninurta Ⅰ，公元前1260年—前1232年在位)时代，为了重建亚述宫(Ashur palace)人们使用了一种运输工具。[44] 那时他们已经熟悉了一种形式简单的日晷[日圭(gnomon)]和一种漏壶。[45]

此外，苏美尔人还发明了为了宗教的目的而建造的砖塔[即神塔(ziggurat)，参见图18]。最早的塔是在尼普尔时代为崇拜大神恩利尔而建造的。由于那时还不能建造像中世纪的钟楼那样又细又高的塔，塔的形状是一个连续的建筑，上层建筑的规模依次递减(有点像我们最大的摩天楼)，周围有很宽大的螺旋状楼梯或斜坡，使得祭司和信徒们可以达
076 到最高层。它给人的一般印象是像一座金字塔，但是，这个

---

[43] 巴比伦天文学研究的先驱是耶稣会神父弗朗茨·克萨韦尔·库格勒(Franz Xaver Kugler)，参见他的《巴别塔中的天文学和占星活动——亚述学、天文学和拜星教研究》(*Sternkunde und Sterndienst in Babel. Assyriologische, astronomische und astralmythologische Untersuchungen*, 6 parts; Münster in Westfalen, 1907-1935)[《伊希斯》*25*, 473-476(1936)]。对于这个问题，奥托·诺伊格鲍尔的研究是最出色的，请参见他的论文《古代天文学史研究——问题与方法》("The History of Ancient Astronomy. Problems and Methods")，载于《近东研究杂志》*4*, 1-38(1945)，该文附有丰富的参考书目。请注意，库格勒和诺伊格鲍尔把他们的很大精力用来解释后期的迦勒底或塞琉西天文学，而在本卷中，这些是与我们无关的。

[44] 艾伯特·坦恩·艾克·奥姆斯特德(Albert Ten Eyck Olmstead)：《巴比伦的天文学》("Babylonian Astronomy")，载于《美国闪米特语杂志》(*Am. J. Semitic Languages*) *55*, 113-129(1938)，见第117页。

[45] 关于漏壶，请参见诺伊格鲍尔：《楔形文字数学文本》，第1卷，第173页。

图 18　想象的对吾珥砖塔的复原[引自伦纳德·伍莱爵士:《吾珥发掘》(*Ur Excavations*, Oxford: Clarendon Press, 1939)。承蒙宾夕法尼亚大学博物馆(the Museum of the University of Pennsylvania)惠允使用此图]

建筑在各个方面都与埃及金字塔迥然不同。现存的砖塔废墟[46]以及有关巴别塔的传说[《创世记》(Genesis)第 11 章第 1 节—第 9 节]使这项发明名垂千古。当这座塔傲然屹立在美索不达米亚平原时,在它的顶端进行献祭仪式的祭司,只要他愿意做,他就可以毫无妨碍地观测整个天空。他们中的有些人这样做了,并且积累了非常有价值的观测资料,但是,主要的天文学研究是在很晚以后才开始的。

占星术的发展像严格意义上的天文学的发展一样缓慢,

---

[46] 砖塔的最好的例子是吾珥的一座苏美尔砖塔,它的发掘开始于 1854 年,结束于 1933 年。相关的全面描述,请参见伦纳德·伍莱爵士:《吾珥发掘》,第 5 卷,《砖塔及其周围环境》(*The Ziggurat and Its Surroundings*, folio, 164 pp., 89 pls.; Oxford: Clarendon Press, 1939)。本书图 18 砖塔的复原图就是获准引自这部著作。

早期巴比伦人所偏爱的占卜方法不是根据对星辰的观察结果进行推断,而是根据动物肝脏的一些特性以及其他一些地上征兆的迹象进行推断。对罗马和中世纪社会有很深影响的复杂的占星术,在很大程度上是迦勒底人的(亦即一种比较晚的)创造。

像苏美尔文明那样的复杂的文明,必然已经建立了历法规则。我们已经谈到,巴比伦年每年有 360 天,每一整天又分为 360 个相等的部分,这是一种非常简洁的数学构想。然而,他们的日历最初是以月球的活动为基础的。他们认为每月有 29 天或 30 天,一个月与另一个月按照一定的规则交替。[47] 对于太阳年来说,12 个太阴月的平均长度(354 天)太短了,而 13 个太阴月的平均长度(384 天)又太长了。为了使太阴周期与太阳周期相协调,巴比伦人把一年定为 12 个月,但必要时要设置闰年,亦即增加 1 个月。这种做法肯定很早就已经实施了,因为在吾珥第三王朝(the third dynasty of Ur,公元前 2294 年—前 2187 年)期间,人们已经认识到,在一个 8 年的周期中要增加一个月。[48] 在汉谟拉比写给他的所有官员的一封信中,他下令增加这样的一个月。这种巴比伦历是犹太历的典范,也是希腊历和引入儒略历(公元前 45 年)以前的罗马历的典范。不仅如此,它对我

---

[47] 严格按照 29 天一个月和 30 天一个月循环,似乎导致了这种推测性的日历与对新月第一天的观察结果之间的差异,因而有时必须打破这种循环。

[48] 在希腊日历中,八年周期(*octaetēris*)的引入应归功于克莱奥斯特拉托斯(Cleostratos,活动时期在公元前 6 世纪)以及欧多克索(Eudoxos,活动时期在公元前 4 世纪上半叶)。

们今天的教会历仍然有影响。[49]

不过，有一项常常会归功于巴比伦人的首创无疑是比较晚近的，我所指的是星期的发明。当然，有必要对太阴月再细分，根据月相把它分为更短的周期。巴比伦人赋予每月的第 7 日、第 14 日、第 21 日和第 28 日特别的重要性。例如，在那些天做某些事对国王来说是一种禁忌。因此，他们把月再分为 7 天一个周期，但是，巴比伦的那些星期不像我们的星期那样可以跨月延续，他们每个月的第一天也就是该月第一个星期的第一天。我们现在使用的是 7 日一循环的连续的星期，而且星期中的每一天都是用星辰的名称命名的（很奇怪地被天主教会用西欧语言保存下来了），这种发明直到基督诞生前几个世纪才完成；它是把犹太人的安息日和创世 077
故事（《出埃及记》第 20 章第 11 节）与埃及人的小时和迦勒底人的占星术结合在一起的产物。这是一个非常复杂而有趣的民俗问题，而不是科学问题，我们将在下一卷讨论。[50]

这就是巴比伦精神的典型特点：巴比伦人不考虑相等的连续的星期，因为这对天文学来说是多余的；但是，他们引入了相等的小时的根本性观念，因为没有小时，天文计算是不

---

〔49〕 *Epactai*（*hēmerai*）或闰余是表示太阳年比 12 个太阴月多出的天数（365 日 −354 日 =11 日）。某个特定年的闰余是该年开始时的月龄，它会逐年增加到大约 11 天。

〔50〕 不过，我马上要证明我提及“埃及人的小时”是合理的。星期中日子的顺序与行星的自然顺序是不同的，对于这个事实，只能以不同的行星对每日中的每个小时有决定性影响为基础来解释。每一日是根据对该日第一个小时有决定性影响的行星命名的。这个解释暗示着每个星期 168 小时一次的循环，也就是说按照埃及人的方法把每天分为 24 个小时，而不是按照巴比伦人的方法分为 12 个小时。有关更详细的论述，请参见弗朗西斯・亨利・科尔森（Francis Henry Colson）：《星期——论七日周期的起源和发展》（*The Week, An Essay on the Origin and Development of the Seven-day Cycle*，134 pp.；Cambridge，1926）。

可能的。我们自己的小时相等概念来源于巴比伦的一整天的观念，而小时数量概念来源于埃及历。

巴比伦人对金星的观测是最不同寻常的。在留传给我们的金星表中，有些是在阿米扎杜加（Ammiṣaduga，阿穆尔鲁王朝的第十代国王，汉谟拉比是其第六代国王）统治时编制的，它们是许多学者之天才的结晶。[51] 阿米扎杜加时代（大约公元前1921年—前1901年）的巴比伦天文学家注意到金星在日落和日出的第一次和最后一次出现，以及它消失的时间长度，并对每一种情况做出适当的预见。例如（参见图19）：

如果金星于5月21日在东方消失，它会持续两个月11天不在天空中出现，8月2日将会在西方看见金星，届时地上会下雨，凄凉的景象将会出现。[第7年]

如果金星于4月25日在西方消失，它会持续7天不在天空中出现，5月2日将会在东方看见金星，届时地上会下雨，凄凉的景象将会出现。[第8年]

如果金星于12月25日在东方消失……[第8年+第9年]

---

〔51〕在斯蒂芬·兰登（Stephen Langdon）和约翰·奈特·福瑟林汉姆（John Knight Fotheringham）的《阿米扎杜加金星泥板——根据第一王朝金星观测资料对巴比伦年代学的解释（附卡尔·肖赫计算表）》（*The Venus Tablets of Ammizaduga. A Solution of Babylonian Chronology by Means of the Venus Observations of the First Dynasty. With Tables for Computation by Carl Schoch*，126 pp.，folio；Oxford，1928）中，可以找到对这些泥板的最近的也是最完整的翻译和论述。下面那些例子均引自该书（第7页）。

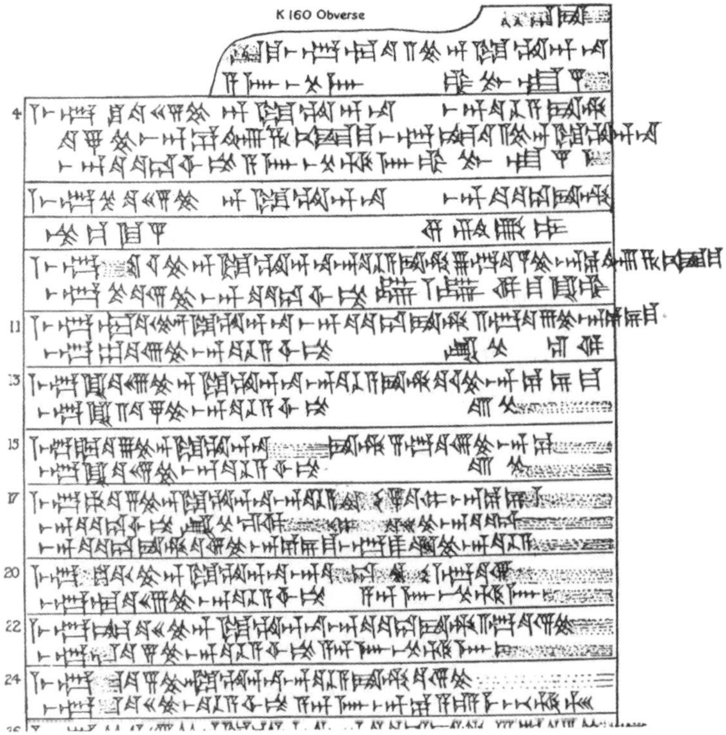

图 19　阿米扎杜加金星泥板之一(大英博物馆,编号 K 160;正面上半部分)。[引自斯蒂芬·兰登和约翰·奈特·福瑟林汉姆:《阿米扎杜加金星泥板》(London: Oxford University Press,1928)。] 译文见正文

在那些表中,金星消失的那些月是按每月 30 天计算的。巴比伦天文学家认识到金星的会合周期(584 天),而且也知道金星每 8 年间会在(从地球上看去)相同的位置出现 5 次。[52]

早期巴比伦人还进行了许多其他天文学观测。他们知道月球和行星不会运动到远离太阳轨迹(黄道)的黄纬上,而且他们观测到行星和恒星在那个狭窄的区域(黄道带)中的相对位置;他们所估算的水星的会合周期只有 5 天误差。[53] 然而,他们的主要贡献具有更普遍的意义。他们是科学天文学的真正的奠基者;后来的迦勒底天文学家和希腊天文学家之所以能够获得令人钦佩的观测结果,正是因为有
078 了巴比伦人的基础。很有可能,他们也影响了其他东方民族——伊朗人、印度人和中国人,不过,这些在很大程度上还是有待探讨的问题,对于它们,仍未有令人信服的答案,因而

---

〔52〕金星的会合周期精确地说是 583.921 天。因此,从上合到下合的平均间隔是 292 天,这样,在每一年中,通常会有一次上合和一次下合。8 个儒略年 =2922 天,5 个金星会合周期 =2919.6 天,或者说,比 8 个儒略年少 2.4 天;8 个巴比伦阴阳年含有 3 个闰月 =2923.5 天,也就是说,比 5 个金星会合周期多 4 天。参见兰登和福瑟林汉姆:《阿米扎杜加金星泥板》,第 105 页。

〔53〕按照恩斯特·F. 魏德纳(Ernst F. Weidner)的观点,他们所确定的周期是 111 天,而不是 115.87 天,参见魏德纳:《巴比伦天文学的古老和意义》(*Alter und Bedeutung der babylonischen Astronomie*, Leipzig, 1914),第 13 页。

不宜在这里讨论。[54]

七、技术

从我们所知道的苏美尔文化的开端起，它就具有铜器时代的典型特征。随着时间的推移，纯铜被更硬的铜与铅和锑[55]的合金以及与锡的合金，亦即被各种青铜取代了。在汉谟拉比时代铁仍然比较稀有，而且直到1000年以后才变得比较常用。亚述王萨尔贡二世（Sargon Ⅱ，公元前721年*—前705年在位）在豪尔萨巴德（Khorsabad）他的住所储藏了成堆的熟铁（在那里发掘出了大约160,000公斤的优质铁！）——但我们切不可做出随意的预测。苏美尔金匠们以令人惊异的精湛技艺对金、银、青金石、象牙等进行了加工。[56] 079

美索不达米亚平原只有在适当灌溉的情况下才是富饶的。苏美尔人最伟大的技术成就，就是开凿了运河网，它既可用来灌溉土地，又可用来在这个地区的不同部分之间进行交通和运输。随着政治整合的逐渐改进，运河所承担的任务

---

〔54〕卡尔·贝措尔德（Carl Bezold）：《司马迁与巴比伦占星术》（*Sze-ma Ts'ien und die Babylonische Astrologie*, Hirth's Festschrift; Berlin, 1920），第42页—第49页。说到司马迁（活动时期在公元前2世纪下半叶），贝措尔德推断，中国人大概在公元前523年以前就开始熟悉巴比伦的占星术了。参见迈斯纳：《巴比伦人与亚述人》，第2卷，第398页；利奥波德·德·索叙尔（Léopold de Saussure）：《中国天文学的起源》（*Les origines de l'astronomie chinoise*, 594 p.; Paris, 1930）[《伊希斯》*17*, 267-271（1932）；*27*, 291-293（1937）]；翁格纳德（Ungnad）：《中国与巴比伦》（"China und Babylonien"），见《亚述学专业词典》（*Reallexikon der Assyriologie*），第2卷，第91页—第93页（1938）。

〔55〕苏美尔妇女大概像她们的埃及姐妹一样早就熟悉了辉锑矿（Sb_2S_3），她们把它用来作为眼的化妆品和洗眼剂。从三硫化合物中提取纯锑并不是很难的。

* 原文如此，与第六章略有出入。——译者

〔56〕参见C. 伦纳德·伍莱在《苏美尔艺术的发展》（*The Development of Sumerian Art*, New York: Scribner, 1935）中再现的一些例子。

的范围也增加了。政府肩负起实施它们的重任。早期的拉加什的统治者既为他们的灌溉工程而骄傲,也为他们的对外征服而骄傲。现在从空中还可以看到那些古代运河的痕迹,但往往很难或者不可能把它们与反复无常的幼发拉底河改变河道时留下的那些沟渠区分开。因此,尽管考古学家们都承认运河所承担的那些任务是巨大的,但是他们对于地图上运河的具体细节存在着分歧。从汉谟拉比给地方长官的许多封信中,有关它们的文献证据被发现了。的确,只挖运河是不够的,还必须使它们保持良好的维护状态,并且定期对它们进行清理。从运河河床中挖出的淤泥在岸上堆积起来,而且每年都会增高;当堤岸增长得太高时,开凿一条新运河就变得比较简单了。旅行者在下美索不达米亚常常会遇到这些堤岸的遗迹。在许多情况下,人们不得不使水从运河上升到地势较高的地方。要做到这一点,就要使用埃及人现在仍在使用的桔槔*或某种其他的发明物。对于这种以及其他农业工具例如犁的讨论还有对船和战车的讨论可能会占用很多篇幅,因为每一种工具的历史总是很容易扩展为单独的一章。

苏美尔人与他们的闪族合作者和后继者都是伟大的实业家。即使不理解灌溉的必要性,至少,在全国范围内组织这项工作也需要实业头脑。这个地区的主要物产是农产品——如谷物、海枣等植物,以及成群的家畜,这些家畜可以提供肉、皮革和毛。有很多泥板都是交易双方及时盖了章的

---

* 提水用的工具,通常是在一根竿的一端挂水桶,另一端挂石头等重物,以一个支架或一棵树等作为竿的支点,拉下挂重物的一端就可以把水提到高处,而且很省力。——译者

契约、付费清单、存货清单以及账目,这些泥板数量巨大,它们说明了贸易方法,《汉谟拉比法典》中的许多特殊规则也为这些方法提供了说明,关于这一点,我们稍后再回来讨论。尽管他们的商业活动已经很复杂,但无论是苏美尔人还是他们的后继者都未能在使用货币方面有所发明,他们没有想到这一点。他们用成块的贵重金属去交换其他日用品;最早的硬币直到公元前 7 世纪才在亚述或吕底亚(Lydia)制造出来,而西亚的希腊城邦很快就认识到这项发明的价值,并且使之发扬光大。[57] 说希腊人发展了这项发明是因为他们的商业需要,或者是暗示这种需要以前不存在,这样的说法是不正确的,因为巴比伦的贸易是大量的和综合性的,足以证明这种创新是合理的。苏美尔人和巴比伦人没有想到这样的创新,仅此而已。一想到这一点就会觉得非常有趣:在他们中间竟会有所谓放债者,这些人以很高的利率把"钱"(更确切地说,是金属块或其他物品)借给别人,然而,那里并不存在 *stricto sensu*(严格意义上的)货币。需要并不总是创造发明的必要条件,而且也绝不是其充分条件。 080

不过,从另一方面讲,前面已经提到,苏美尔人巧妙地解决了计重单位和计量单位的问题。在这个领域他们超过了所有其他古代民族,而且在某些方面,直到现代以前,他们自

[57] 即使不是在更早的话,至少在巴比伦时代,有些金属块上已经有了某种官方的标志以表明它们的重量,这就避免了每次交易重复称重量的要求。这些有标记的金属块是向严格意义上的货币制度的过渡;参见迈斯纳:《巴比伦人与亚述人》,第 1 卷,第 356 页。有人谈到,在亚述王辛那赫里布(Sennacherib,公元前 705 年—前 681 年在位)时代,有一种被称作"伊什塔尔头"的半锡克尔硬币;参见奥姆斯特德:《亚述史》(*History of Assyria*, New York, 1923),第 321 页。这又使我们回想起吕底亚人的发明时代。

已并没有被别人超越。在整个人类的智慧史中,这是最令人惊异的领先现象之一。

人们已经发现了许多现存的秤砣,其中有些虽然可以确定其年代,但最早的秤砣并不像有人也许根据楔形文字文献预料得那样早。有些秤砣表现为狮子和鸭子的造型。最早的鸭秤砣是献给纳布-沙姆-利布尔(Nabū-shum-lībur,公元前1047年—前1039年在位)和埃里巴-马尔杜克(Erība-Marduk,公元前802年—前763年)的;最早的狮秤砣是一些公元前11世纪的亚述秤砣。尽管秤砣的使用意味着秤的存在,但没有任何美索不达米亚的秤或者对秤的说明留传给我们。[58]

我们可以料想,早期的美索不达米亚人会从事各种在更为发达的时代被称为"化学工业"的产业,情况的确如此,只不过他们没有化学意识。那些产业中最重要的大概就是陶器、釉料和玻璃的制造;在这之后,人们也许还会加上金属涂料、颜料或染料的制造、药品和麻醉剂、肥皂和化妆品、香水和熏香、啤酒以及其他发酵式饮料。这些行业,至少其中的一部分,一旦有足够的稳定性使它们成为可能,就会自然而然地在任何地区发展。这种发展可能是自然的和没有文字描述的。从事这些行业的工匠们几乎没有机会成为学者,而

[58] 表示"称"的阿卡德动词是 shaqālu,这个词似乎可以追溯到原始闪米特语,因为在所有闪米特语中都可以发现这个词(阿拉伯语中的 thaqala,希伯来语中的 sheqel);从这个词中衍生出"shekel"(锡克尔),除非动词来源于名词。由于需要用金、银或青铜支付,必须称出这些金属的重量,因而在亚述语和阿拉米语中,这个词也意味着"支付"。在亚述语和苏美尔语中有一些表示秤的词;这些词像希伯来语中的词一样是以复数出现的,指两个秤盘。[感谢我哈佛大学的同事罗伯特·H. 法伊弗(Robert H. Pfeiffer)于1944年9月26日热心地给我提供了这一信息。] 在《约伯记》(Job)第31章第6节出现了埃及人关于公道的天平的思想。

且也没有时间写作。即使他们能够而且有多余的时间展示他们成功的窍门和公布他们的秘诀，他们也没有理由这样做。

不过，有一份非凡的化学文本留传下来，其年代可以追溯到海陆第一王朝（the first dynasty of the Sea-Land）的第六代国王古尔基沙尔（Gulkishar）的统治时期（公元前 1690 年—前 1636 年）。那份公元前 17 世纪出自下美索不达米亚的文献，是一块用楔形文字写成的小泥板，现保存在大英博物馆（参见图 20）。[59] 它是已知最早的关于制釉的实际配方，不仅如此，已知的第二个配方是在 1000 年以后才出现的。它描述了如何用铜和铅为陶制器皿制釉，以及用掺了铜绿的泥土制造绿色的物品。显然，作者既渴望公布他的发明也渴望保护他自己的利益，既自豪又猜忌，他为此而纠结。他通过用密语来描述他的成果解决了这个两难的问题。在这段文字中，他的表现与 1000 多年以后他的亚述后继者们截然不同，但却像中世纪（或者更晚些时候）的炼金术士的先驱，这些炼金术士用他们所能想到的最晦涩的隐语来掩饰 081

[59] 这是一块经过烘焙的泥板，$3\frac{1}{4}\times 2\frac{1}{16}$英寸，两面书写，大英博物馆编号 120960。西里尔·约翰·加德（Cyril John Gadd）和雷金纳德·坎贝尔·汤普森（Reginald Campbell Thompson）把它编辑并翻译为《中期巴比伦化学文本》（"A Middle-Babylonian Chemical Text"），载于《伊拉克》（*Iraq*）*3*，87–96（1936），有一另页印插图［《伊希斯》*26*，538（1936）］。关于巴比伦化学，也可参见 R. 坎贝尔·汤普森：《亚述化学和地质学词典》（*A Dictionary of Assyrian Chemistry and Geology*，Oxford：Clarendon Press，1936），第 xxiii 页和第 197 页［《伊希斯》*26*，477–480（1936）］，《公元前 7 世纪亚述化学述评》（"Survey of the Chemistry of Assyria in the VIIth Century B. C."），载于《炼金术与化学史学会杂志》（*Ambix*）2，3–16（1938）；恩斯特·达姆施泰特（Ernst Darmstaedter）：《化学》（"Chemie"），见《亚述学专业词典》第 2 卷（1938），第 88 页—第 91 页。汤普森和达姆施泰特主要论述了亚述（公元前 7 世纪）的化学，很少论及更早的巴比伦人的成就。

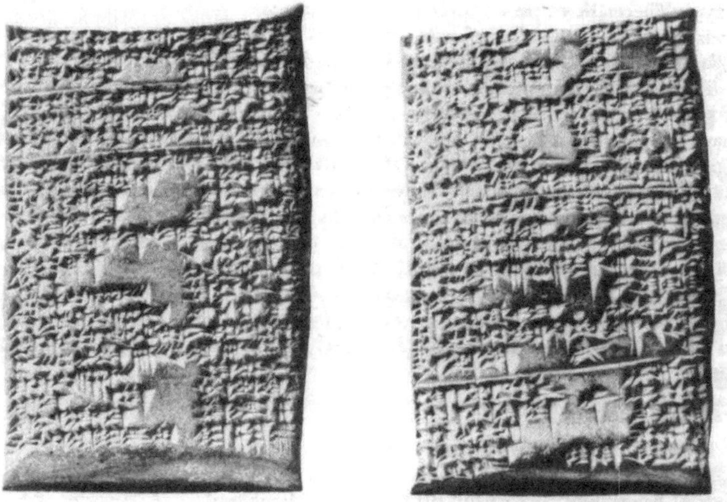

图 20 公元前 17 世纪说明制釉的巴比伦文本(大英博物馆泥板,编号 120960,正反两面)[承蒙大英博物馆信托基金会(the Trustees of the British Museum)和《伊拉克》1936 年第 3 期惠允复制图 4]

他们的思想或他们所需要的思想。由于那个文本是独一无二的,我们把加德和汤普森的译文抄录了下来。我们全文引用它,但没有引用那些很长的注解,这些注解对于全面评价它是不可或缺的,但也许不会引起我们的读者的兴趣。

对 1 米纳(mina)祖克(*zukû*)玻璃,(你应加)10 锡克尔铅,15 锡克尔铜,半(锡克尔)量的硝石,半(锡克尔)量的石灰:你应(把它)置于窑中,(且)将取出"铅之铜"。

对 1 米纳祖克玻璃,(你应加)1/6(米纳 = 10 锡克尔)铅,14(锡克尔)铜,2 锡克尔石灰,1 锡克尔硝石。你应(把它)置于窑中,(且)将取出"阿卡德铜"。

(你应将)绿泥(??)及(?)置于醋和铜之中,你应维持此状态。在维持此状态后的第三日将会有一种"粉"沉淀,你应(将它)取出。你应继续(使它)不断流出,它将变干,你就会成功。如果它有(像)大理石那样的纹彩,不必烦恼,你应取等量的"阿卡德"(铜)和铅(之铜),与它一起捣碎。在你使它熔化后,在1米纳熔化物中倒入1锡克尔半祖克玻璃,$7\frac{1}{2}$谷硝石,$7\frac{1}{2}$谷铜,$7\frac{1}{2}$谷铅,你应把它们一起捣碎、使之熔化并保持(熔化状态)(达)一(天?),你应把它取出并且(使它)冷却……

[未翻译]

你应倒出,并把它放入一个石棺中(?)。

[未翻译]

你应把它浸泡后拿出,而且烘焙(?)它(?),(并且)使(它)冷却。你应观察(它),如果釉有(像)大理石那样的纹彩,不必烦恼:你应再次把它放(?)回到窑中并且 082
取出……(?)

如果你取出……(?)你应再次把它放(?)回到窑中并且取出……(?):"铜泥"将变成"铜胶"。在1米钠2锡克尔祖克玻璃中(放)15谷铜,15谷铅之铜,15谷硝石;你不要把石灰放在附近。先观察一下(然后)你应(把它)倒入老皮制作的酒器,并使(它)保留在其中。

所有权归乌祖尔-安-马尔杜克(Uššur-an-Marduk)之子、祭司、巴比伦人利伯里特(?)-马尔杜克[Liballiṭ(?)-Marduk]。古尔基沙尔王在位时代,10月24日。

八、地理学

留传至今的地理学文献卷帙浩繁,其中大多数涉及我们今天所谓"历史地理学"。它们可能像萨尔贡的征服表中那样是对一些地区的列举,或者是供抄写员使用的(苏美尔语或阿卡德语的)地理学词汇表,也可能是旅行日志,或者是行政文件,例如与拉加什的寺庙进行交易的那些地方的一览表。一旦一个统治者控制了一个有足够规模的国家,他就需要各种地理工具来为他的官员提供工作指导。

另一种地理知识是从宇宙志中涌现出来的。巴比伦人(我们不妨说,他们中的很少一些人)渴望知道,相对于其他国家或者相对于整个大地,甚至相对于宇宙亦即天地而言,他们的国土在哪里。少数泥板对这些知识需求提供了答复。巴比伦人相信,大地像一个倾覆的圆柳条船[60]漂浮在海面上。大地共有 7 层,整个大地分为 4 大块,在一个早期的文件中,这 4 个部分是按照 4 个最近的地区命名的,南方叫埃兰,北方叫阿卡德,东方叫苏巴尔图(Subartu,亦即后来的亚述),西方叫阿穆尔鲁(叙利亚)。随着时间的推移,战争时期与和平时期的事物使巴比伦人了解了更多不同的地区,尤其是阿拉伯半岛(Arabia)和埃及。在他们心中,大地是天空的复制品或翻版。他们的神居住在一座山的山顶,他们都是过世的某个地府[类似于埃及的冥府(*Tuat*)、希伯来的阴间(*Sheol*)和希腊的地狱(*Hadēs*)]中的幽灵。

让我们从幻想回到现实,对他们的地理学才华的最好的证明,就是各种地图。我们复制了两幅。第一幅(参见图 21)是苏美尔的尼普尔市的地图,这幅图非常可靠,以至于可以帮助考古学家进行他们的发掘。另一幅(参见图 22)是

[60] gufa(圆柳条船)是一种用柳条制成的圆形船,很早就在美索不达米亚使用,而且一直使用到现在。这个词在阿拉伯语方言中是以 quffa 这个词的形式出现的。

图 21　写有尼普尔计划的一块苏美尔泥板的残片。宾夕法尼亚大学巴比伦探险队[引自 H. V. 希尔普雷希特:《19 世纪圣地探险》(*Explorations in Bible Lands During the Nineteenth Century*, Philadelphia, 1903),第 518 页]

附有描述性注释的世界地图。地图把巴比伦帝国、亚述以及邻近地区描绘为一个被波斯湾环绕的圆形的平原。靠近这块平原的中心,标着巴比伦城(每个民族都认为自己的首都是世界的中心或中央),在它的一侧是亚述的地域。其他城市的位置用一些小圆圈表示。圆形地区上和圆形地区以外的三角形区域表示外国。无疑,这张地图是很模糊的,但不像某些阿拉伯人的地图或基督徒的 *mappae mundi*(世界地图)那么模糊。

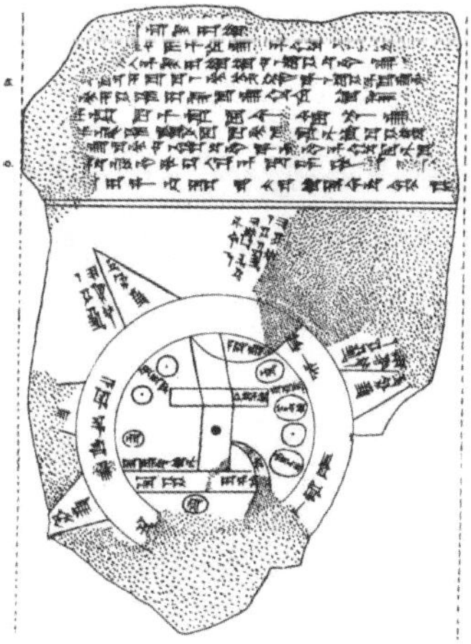

图 22　正文中所说明的巴比伦的世界地图[引自《巴比伦泥板的楔形文字文本》(*Cuneiform Texts From Babylonian Tablets*),第 XXII 部分(London, 1906),图 48。承蒙大英博物馆信托基金会应允复制]

九、博物学

有各种文献可以证明,巴比伦人熟悉的植物和动物相对来说数量比较大。沙伊勒(V. Scheil)神父研究了拉尔萨王朝(the dynasty of Larsa)最后一位君主萨姆苏伊卢纳(Samsuiluna,公元前1912年—前1901年在位)时代的泥
083 板,因而能在他所写的一篇论文中列举出拉尔萨市场上所出售的鱼。这里出售的鱼有大约30种,其中12种是按段卖的,其他的是按篮卖的。他所提供的第一类的价格难以比较,它们相对于后一类的价格可以分为6组:最便宜的价格相当于最昂贵的价格的十分之一。生活在公元前20世纪末的拉尔萨王朝的人们了解他们的鱼![61] 词汇表提供了可能令博物学家感兴趣的名称的主要来源。例如,某些泥板列举了数百种动物。它们的名称用楔形文字写成两栏,第一栏是苏美尔语名词,另一栏是阿卡德语的同义词。[62] 类似的泥板列举了各种植物,一些有关医学的泥板提到了其他许多植物。已经区分出的植物有250种,但是,能较为肯定地确定其身份的植物相对来说比较少。也就是说,亚述学家知道一些苏美尔语的名词及其阿卡德语的对应词肯定是表示某种植物,但他们无法确定所指的是哪种植物。有些我们现在使用的名词来源于苏美尔语名词,但即使这样,也不能必然推论说,苏美尔人、阿卡德人和我们自己用同一个词所指的是

---

〔61〕 V. 沙伊勒:《拉尔塞的毒药市场》(“Sur le marché aux poissons de Larsa”),载于《亚述学评论》(*Rev. d' Assyriologie*) *15*,183-194(1918)。

〔62〕 本诺·兰茨贝格尔(Benno Landsberger)和英戈·克伦比格尔(Ingo Krumbiegel):《百科系列第14号泥板上的古代美索不达米亚动物志》(*Die Fauna des alten Mesopotamien nach der 14. Tafel der Serie Har-ra = hubullu*,158 pp.;Leipzig: Hirzel,1934)。

同一种植物。这里有几个名词(圆括号中所引的是楔形文字原词):cassia(kasū,山扁豆),chicory(kukru,菊苣),cumin(kamūnu,枯茗),crocus(kurkānu,番红花),hyssop(zūpu,海索草),myrrh(murru,没药树),nard(lardu,甘松)。[63]

其中有些列表证明了某种天然的分类。例如,动物被分成鱼(以及其他生活在水中的动物)类、节肢类动物、蛇类、禽类以及四足动物。这些较大的类有时还会再分为更小的类,如一类是狗、鬣狗(?)和狮子,另一类是驴、马以及骆驼。植物被分为树、野菜、香料和药材、谷类等等。有些植物结出的果实看起来有些相似,如无花果、苹果和石榴等,这些树被列在一起。

很有可能,早期的巴比伦人已经认识到枣椰树的性别,
亚述人公元前 9 世纪的古迹似乎已经证实他们具有这样的 084
知识,但是,这种知识大概更为古老。[64] 也许可以把导致这一发现的事件再现如下。枣椰树需要吸收大量的水,正如阿拉伯人所形容的那样,为了茁壮生长,枣椰树必须把它们的头伸向火中,把它们的脚伸向水中。当水的供应有限时,必然会使枣椰树的数量受到限制。有些农夫可能想出了一个聪明的主意,即拔掉所有“不生育的”枣椰树(亦即雄树),

---

〔63〕 转引自 E. A. 斯派泽:《古代近东思想和社会发展的某些根源》(*Some Sources of Intellectual and Social Process in the Ancient Near East*)[“文化史研究丛书”(Studies in the History of Culture); Menasha, Wisconsin: American Council of Learned Societies,1942],第 51 页—第 62 页,尤见第 55 页。另可参见雷金纳德·坎贝尔·汤普森:《亚述草药》(*The Assyrian Herbal*,322 p.,London,1924)[《伊希斯》*8*,506-508(1926)]。汤普森拒绝把上述所引的某些词视作等同的。

〔64〕 G. 萨顿:《公元前 885 年—前 860 年亚述纳西拔时代的枣椰树人工授粉》(“Artificial Fertilization of Date-palms in the Time of Ashur-nasir-pal, B. C. 885-860”),载于《伊希斯》*21*,8-13,另页纸插图 4(1934);*23*,245-250,251-252(1935);*26*,95-98(1936)。

但是,如果他做得十分彻底,他会受到痛苦的打击,因为这样一粒枣也收获不到。毕竟,“不生育的”树还是必不可少的;没有它们,其他树就不能结出任何果实。后来人们发现,为了确保结出果实,明智的做法是,爬上“不生育的”树,采下它们的花,并把它们放在“能生育的”树的花附近——事实上,是把它们系在后者之上。这个非常费力的过程不仅在美索不达米亚可以看到,而且在任何种植枣椰树的地方都可以看到。这是一项非常古老的发现,在一个像美索不达米亚那样高度发展的地区,我们可以设想,这一发现可以追溯到最古老的时代。我们所概述的这一系列实验,也许经历了许多世纪甚或数千年,不过,若不是在苏美尔时代的话,那么,至少到了巴比伦时代,这类实验已经完成了。当然,这并不意味着人们对枣椰树的性别就是这样理解的,尽管睿智的人没有理由不聚在一起把(我们所谓)雄花和雌花与成群的动物或人放在一起加以比较。人们把一些表示性的词用来描述植物,这一做法使这种假设受到了鼓舞(尽管没有使其得到证明)。亚述人把雄性这个词用于柏树和曼德拉草,把雄性和雌性这些词用于液态琥珀。[65] 极有可能是这样,巴比伦
085 人并不讲枣椰树的性别,除非也许是为了某种诗意的比喻,但是,他们充分认识到,有必要把不结果的树上的花与结果的树上的花放在一起,以便确保后者结出果实。这是一个应用领先于理论的显著的例子,在这个事例中,若非在更早的话,应用在公元前2000年就已经完善了,而理论的形成却是

〔65〕 汤普森:《亚述草药》。当然,也可能是因为比喻而把与性有关的词用于植物,例如希腊语中的 *orchis* 和英语中的 orchis(睾丸,红门兰),或阿拉伯语中的 khiṣyun 或 khiṣyatun。

在公元 1694 年！

人们常常会提到两个国王，即汉谟拉比和阿米扎杜加，他们分别是巴比伦第一王朝［或亚摩利王朝（the Amorite dynasty）］的第六位和第十位君主。我们经常会想到像巴比伦的黄金时代那样的时期，然而，尽管它持续了 3 个世纪，那只不过是个开始。后继的是海陆第一王朝，它持续了 368 年，随后是喀舒王朝（Kashshū dynasty）或喀西特王朝（Kassite dynasty），这个王朝持续了近 6 个世纪（公元前 1746 年—前 1171 年），并且在巴比伦重建了其首都。这个王朝大概源于北方，并且与上美索不达米亚的米坦尼诸王有联系。米坦尼流行的种姓制度显然起源于印度-伊朗，而且在米坦尼已经开始使用马了。

的确，汉谟拉比对某些类型的马已经有所了解，但是早期巴比伦人业已知道的"山区的驴"，在他那个时代仍是非常罕见的。在喀西特王朝时期，马被大量引入，甚至还被出口到埃及。确实，我们从阿马纳的书信中了解到，一位喀西特王朝的国王曾经送给法老一个青金石礼物、5 对同轭马和 5 辆木制战车。巴比伦的工匠们需要黄金，而巴比伦最有价值的用来换取努比亚黄金的出口物，就是青金石和马。

在波格斯凯的皇家档案中所发现的最令人惊异的赫梯文献，是一个名叫基库里什（Kikkulish）或基库里（Kikkuli）的人写于大约公元前 1360 年的关于训练马的专题著作。该著作是用楔形文字写的，但使用的语言却是赫梯语，由于它使用了许多印度语词汇，因而使其在语言学方面的重要性增加了。[66] 这一原文极为不同寻常，因此，对它做些简略的分析并没有什么不妥。

训练的过程长达6个月，对训练每日甚至几乎每小时都要有记述。最好的马是从试跑中选拔出来的。然后要给它们裹上毯子，让它们快跑、出汗，以便减去它们身体中多余的重量。训练让它们走和跑越来越远的距离，或者慢步行走，或者疾驰奔跑。要特别谨慎地在规定的时间按照定量给它们喂水、喂食。剁碎的稻草会与饲料混合在一起，大概是为了使马更好地咀嚼。想象一下一部于公元前14世纪完成的有关这些实践活动的专题著作，而且不要忘记，最早的希腊马医直到17个世纪以后才出现！[67] 这本赫梯语著作不可能是在更早的时候在安纳托利亚完成的，因为那样的话，该著作的完成时间几乎就相当于西亚开始养马的时间了；但我们仍然可以肯定，该书体现了一种非常古老的印欧语系人的传统。它注定要与赫梯语和米坦尼王国一起湮没；米坦尼王
086 国是在公元前13世纪上半叶消失的。无论如何，赫梯人训练马的方法大概先是被亚述人仿效，后来又被米底人（Mede）和波斯人仿效，从而传到了西方世界。

---

〔66〕 贝德里奇·赫罗兹尼（Bedřich Hrozný）：《古代印-欧人根据公元前14世纪米坦尼-赫梯文献对马的训练》（"L'entraînement des chevaux chez les anciens Indo-Européens d'après un texte mîtannien-hittite provenant du 14e siècle av. J. C."），载于《东方档案》（*Archiv Orientální*）*3*，431－461（Prague，1931）[《伊希斯》*25*，256（1936）]。文中包含了对5块泥板中的第一块的法语翻译；第437页—第438页对训练进行了概述。公元前1360年这个年代是赫罗兹尼暂定的；参见第433页。

〔67〕 阿普西托斯（Apsyrtos，活动时期在4世纪上半叶），希罗克洛斯（Hieroclēs，活动时期在4世纪下半叶）。

十、《汉谟拉比法典》

在1901年—1902年期间，派往波斯的法国考古队在雅克·德·摩根（Jacques de Morgan）的领导下，在苏萨（Susa）的卫城发现了最令人难忘的古代不朽成就之一。这是一块黑色闪长岩石碑，它比较规则，而且磨得非常光，碑体高 087 2.45米，现保存在卢浮宫博物馆（the Louvre Museum）。[68]在它正面的上端，是一幅浅浮雕作品，描绘了太阳神（沙玛什）把一部法典交给汉谟拉比王（参见图23）。这部法典本身被刻在这幅浅浮雕的下面以及石碑的背面。这座碑原来竖立在（巴比伦的）西巴尔（Sippar），但是后来，一个埃兰族征服者，也许是舒特拉克-纳昆特（Shutruk-Nakhunte，大约公元前1200年—前1100年），把它作为战利品移走了，而且他把它重新竖立在他自己的首都。该法典有一部分被磨去了，也许是为了给一段颂扬这位征服者的碑文腾出空间，不过，现已能够再现大多数缺失的部分了，因为存在着一些法典的泥板副本，而且副本也可能刻在其他石头上了。[69]

---

〔68〕由于它的巨大重要性，因而人们制作了它的许多模型，这种模制工艺品在一流的考古博物馆都可以看到。其中的一个模制工艺品可以在哈佛大学闪米特博物馆（the Semitic Museum of Harvard University）看到。

〔69〕该文献由沙伊勒神父第一次发表在《波斯考古队备忘录》（*Mémoires de la Délégation en Perse*，Paris，1902）第4卷。关于它已经有大量的专门文献。最好的英译本是西奥菲尔·J.米克翻译的，该译本被编入普里查德：《古代近东文献》，第163页—第180页。承蒙普林斯顿大学出版社（Princeton University Press）恩准，本章所引用的内容均出自该译文。也可参见爱德华·屈克（Edouard Cuq）：《巴比伦的权力以及亚述和赫梯法律研究》（*Etudes sur le droit babylonien，les lois assyriennes et les lois hittites*，530 pp.；Paris，1929）［《伊希斯》*15*，268（1931）］。每一本古代巴比伦史以及每一本古代法律史都必然会用相当的篇幅来论述这一法典。

图 23 《汉谟拉比法典》。该法典写在一块 245 厘米高的闪长岩石碑的两面。我们只复制了它的上端即一幅浅浮雕作品，该作品显示，正义之神、太阳神沙玛什(Shamash)正在命令汉谟拉比誊写他的法典，否则，就要把他的法典交给太阳神(现收藏在卢浮宫)

这是留传到现在的最早的法典，而且相当完整，但它远非原始的法典。这意味着法律思想业已经历了一段长时期的演变。[70] 这一法典是对人类在法律方面的天才的极好例证，这方面的天才对于建立任何文明都是不可缺少的，因而科学史家，无论他试图把自己的领域限制在什么范围内，都必须对它有所关注。

亚述学家在确定汉谟拉比的时代方面尚未达成一致，而这个时期年代的确定对于巴比伦年代的确定是非常关键的。最初有人认为，这个时代是在公元前 2000 年以前，甚至可以上溯到公元前 2225 年；迈斯纳确定的年代是在公元前 1955 年（汉谟拉比的统治时期从公元前 1955 年到前 1913 年）。现在人们倾向于减少那个数字，但是，无论汉谟拉比的统治是在公元前 20 世纪还是在公元前 18 世纪末，[71] 他的法典仍然是远古时代的一座非凡的纪念碑。

这部真正的法典有 282 条条款。它以一段祈祷文开始，国王在这段话中说明了他的高尚以及他的良好目的。他把现有的法律编成法典，以便“让正义发扬于世，铲除邪祟和罪恶，杜绝以强凌弱，让正义光耀黔首（之众），普照大地”。在陈述了他的所有美德和荣耀并且列举了他的军队及其和平的成就之后，他总结说：“当马尔杜克命我引民行善、安邦

---

〔70〕 用苏美尔语写的《利皮特－伊什塔尔法典》（the Lipit-Ishtar code）当然比用阿卡德语写的《汉谟拉比法典》更为古老，也许比它早两个世纪。参见弗朗西斯 · R. 斯蒂尔（Francis R. Steele）：《利皮特－伊什塔尔法典》（*The Code of Lipit-Ishtar*, 28 p., 6 fig.; Philadelphia: University of Pennsylvania Press, 1948）[《伊希斯》*41*, 374 (1950)]。最容易找到的有关这些早期法典的研究，见于普里查德：《古代近东文献》，第 159 页—第 223 页。

〔71〕 按照最近的计算，汉谟拉比在位 43 年，从公元前 1728 年至公元前 1686 年；参见普里查德主编：《古代近东文献》，第 163 页。

治国之时,我以本国之语言确立法律与正义,以之增进万民福祉。”在法典的最后,一段结语重申了类似的思想:“我,汉谟拉比,完美之王,未尝漠视黔首之众……”并且对可能会根本不计后果地改变或破坏他的法律的人说了一大堆咒语。很明显,这位伟大的国王并非不喜欢锋芒毕露;同样明显的
088 是,他并不认为他自己是一个创新者,而认为自己是古老传统的捍卫者或者实践者。

那些法律大致可以分为 6 组:分别涉及动产、地产、商业、家庭、伤害以及工作。巴比伦人中有一些是富豪和实业家;他们的社会也许是神权政治型社会,而他们的心灵充满了不可思议的想象,但是,当物质利益处在危急关头时,他们会以一种非常实际的和冷酷的方式看待事物。这部法典从整体上讲是十分理性的。在这里,我们难以讨论它的细节,快速地概括一下它的某些内容就足够了。该法典论及盗窃罪,根据它所发生的地点——是在寺庙、宫殿还是在私人住宅中,对它的惩罚也有所不同;该法典还论及对未成年人和奴隶的诱拐、武力抢劫、纵火;论及租赁地产、无主地产、对农田和果菜园的赔偿金;论及侵权行为和商业纠纷、债务和抵押金,有关客栈的规定;论及婚姻、通奸、遗弃、离婚,寡妇的权利,与情妇的关系以及与奴隶的女儿的关系,儿童的权利以及收养。法典的最后部分论述了职业责任与犯罪。

尽管该法典是用阿卡德语写的,但它的部分内容来自苏美尔的习惯法,它有时中止了这种习惯法,有时又继续沿用。可以鉴别出它们之间的差异,因为泥板形式的苏美尔法律也留传到现在,它们保存在费城。从另一方面看,巴比伦法典在一定程度上被赫梯人(公元前 14 世纪或 13 世纪)、亚述

人(公元前9世纪以前)以及希伯来人模仿和沿用了。把这些东方法典加以比较会给人相当的启示,因为这种比较能够说明所涉及的民族心理,不过,这可能需要很多篇幅,而且不是我们当前的任务。

显而易见,我们因罗马人的法律成就而归于他们的那些品质,已经体现在比他们早2000多年的巴比伦人的身上了。尤其是,巴比伦人已经想象了一系列虚构的情况,没有这些虚构,法律就无法适当地制定出来。但在另一方面,必须承认巴比伦法典(以及古代东方的其他法典)的许多部分是冷酷和残忍的,特别是同态复仇法(*lex talionis*,亦即"以眼还眼,以牙还牙,以手还手,以脚还脚",《出埃及记》第21章第24节),这是在对伤害进行弥补时的一般性指导原则。由于以下这个事实而导致了某些矛盾:汉谟拉比是在为一个民族立法,这个民族表面上是统一的,但却极为复杂;他不得不把一些互不相同的传统结合在一起并且将它们彼此调和。要考虑得面面俱到,甚至要考虑有关严厉惩罚的原始愿望,以及伤害的严重性会因受害人的社会等级而有所不同这样的观念——如此看来,这位国王(或者他的法律顾问)做得相当不错了。《汉谟拉比法典》是人类历史上的一座杰出的里程碑。

十一、医学[72]

对巴比伦医学的研究比对埃及医学的研究困难许多,得出的结果更缺少确定性。在谈到埃及的情况时,我们有一系

---

〔72〕参见乔治·孔特诺:《亚述和巴比伦的医学》(*La médecine en Assyrie et Babylonie*, 228 pp., ill.; Paris: Maloine, 1938)[《伊希斯》*31*, 99–101(1939–1940)]以及参考书目,第51页—第52页,第207页—第227页。

列长篇的纸草书,可以确定它们是在几个世纪中完成的,而且我们对其中两部最长的纸草书即史密斯纸草书和埃伯斯纸草书进行了分析,这足以使人们了解一些基本要素。而在
089 谈到巴比伦的情况时,我们不得不在很大程度上依赖一些年代比较晚的文件,主要是在亚述巴尼拔(Ashur-bāni-pal)的图书馆发现的那些文件(现保存在大英博物馆)。这位亚述国王的统治时期是在公元前 7 世纪(公元前 688 年—前 626 年在位*),但毫无疑问,他的阿卡德抄写员所汇编的医学知识很大程度上来源于巴比伦甚至苏美尔,因而,它的基本要素可以追溯到公元前第三千纪。〔73〕这并没有使他们的知识比埃及人的知识更古老,因为埃及人的知识也可以追溯到比那些留传给我们的纸草书古老得多的时代。

我们可以假设,无论是在巴比伦还是在埃及,留传给我们的大量医学知识都可以追溯到公元前第三千纪,但有很大差异的是,在埃及,那些实际文本大约是于公元前 17 世纪和 16 世纪撰写的,而在亚述,那则是 1000 年以后的事了。

---

* 原文如此,与后面的第六章和第七章有较大出入。按照《简明不列颠百科全书》中文版第 798 页的说法,亚述巴尼拔在位的时间为公元前 668 年至公元前 627 年。——译者

〔73〕勒内·拉巴(René Labat)已经整理了一部阿卡德人关于医学诊断和医学预后的专论:《阿卡德人论医学诊断和医学预后》(*Traité akkadien de diagnostics et pronostics médicaux*, 297 pp., album of 68 pl.; Collection de travaux de l'Académie internationale d'histoire des sciences, no. 7, Paris, 1951)。我的权利和殊荣就是考察它的原稿(1951 年 6 月)。原稿是不完整的,它保存在 40 块泥板上,这些泥板可以追溯到不同的年代,最早的是马尔杜克-阿帕尔-伊丁纳(Marduk-apal-iddin,公元前 722 年—前 711 年在位)国王时代,最晚的是阿尔塔薛西斯王(Artaxerxes)十一年(公元前 453 年),不过,所有这些泥板都表现出更古老的巴比伦传统。这一专著分为 5 个部分:1. 驱魔人去患者家中时;2. 当你接近患者时;3. 如果在某一天生病……4. 当你拉住患者的手时;5. 当女人怀孕时,她的额头是黄色的。

绝大多数亚述文件都来源于苏美尔，这一点十分明显。它们实际上是用苏美尔语甚至是古苏美尔语写的，并且最大限度地使用了象形符号。[74] 公元前7世纪的亚述内科医生使用了苏美尔语的处方，就像17世纪的法国内科医生使用拉丁语的处方一样，而且都是出于同样的原因——传统。苏美尔语（或拉丁语）是一种高贵的语言，而且它有一个有利的方面，就是只有精英人士才能看懂，下等人无法理解，他们也因此更佩服医生[*omne ignotum pro magnifico*（把未知者当作非凡）]；医生们意识到由于他们行话的令人费解而自然产生的这种威望，因此继续使用它（有些人直到今天还在玩儿这种游戏）。这些医学泥板不仅是用苏美尔语写的，而且它们一般都非常简短，只有陈述而没有说明。这暗示着医学教育在很大程度上是口授的；医生的知识通过师传徒或者父传子的形式传播。这些泥板与其说是为了学习，莫如说像考试作弊用的夹带一样，是为了简述要旨和记忆。

此外，那些重要的纸草书给我们提供了可与我们自己的教科书相媲美的大量事实，而那些泥板却是一些 *disjecta membra*（零散的片段）。这种情况有少数例外，其中最著名的就是所谓"君士坦丁堡泥板"，尽管它很短，但比绝大多数泥板更接近一篇完整的医学文本。[75] 它论及了蝎刺引起的疾病以及治疗它们的方法—— 一种纯粹的外部治疗法，治疗的过程是把药物与咒语结合在一起。

---

〔74〕也就是说，使用的象形符号比语音符号多。孔特诺在《亚述和巴比伦的医学》第178页举出了一些例子。

〔75〕法文译本见于孔特诺：《亚述和巴比伦的医学》，第190页—第193页。那里有这个家族的不同文本。

给人印象最深刻的关于巴比伦医学的文件，就是在前一节描述过的《汉谟拉比法典》。这部法典只论及外科医生，对真正的内科医生没有正式论及。这可能是因为，内科医生
090 使用苏美尔语的处方，因而是受人尊敬的人，无须服从普通的法律；而外科医生像是工匠一类的人，如果做得出色，他也会获得优厚的报酬，但如果他有闪失，他就会受到惩罚。法典的不同条款对此做了说明。在这里引用这些条款是值得的，这不仅因为它们是现有最早的医学法，而且也是因为，对于一般的巴比伦文化，它们可以为人提供富有启迪意义的说明。

第 215 条：倘若一医生以青铜手术刀为一贵族实施一大手术且挽救了该贵族之性命，或用青铜手术刀割开一贵族之目窠且医治好该贵族之眼疾，彼将获银 10 锡克尔。

第 216 条：倘若患者为一平民，彼将获银 5 锡克尔。

第 217 条：倘若患者为一贵族之奴隶，奴隶之主人将付医生银 2 锡克尔。

第 218 条：倘若一医生以青铜手术刀为一贵族实施一大手术且导致该贵族丧生，或者割开一贵族之目窠且导致该贵族之眼残疾，须断其一手。

第 219 条：倘若一医生以青铜手术刀为一平民之奴隶实施一大手术且导致（其）丧生，彼须以一健康之奴为该奴作赔偿。

第 220 条，倘若彼以青铜手术刀割开该奴隶之目窠且导致该奴隶之眼残疾，彼须以该奴身价一半之银作赔偿。

第 221 条：倘若一医生把一贵族断骨接合，或治愈其扭筋，患者须付医生银 5 锡克尔。

第 222 条：倘若患者为一平民，彼须付银 3 锡克尔。

第 223 条：倘若患者为一贵族之奴隶，奴隶之主人须付医生银 2 锡克尔。

以下两个条款涉及兽医学：

第 224 条：倘若一兽医外科医生为一头牛或一头驴实施一大手术并且挽救了（其）性命，牛或驴之主人须付医生银六分之一（锡克尔）以作酬金。

第 225 条：倘若彼为一头牛或一头驴实施一大手术且导致（其）丧生，彼须付主人该头牛或驴价值之四分之一银以作赔偿。

巴比伦医学中充满了咒语和诅咒。这部法典本身的结尾就是对正义之王过分的赞美，对他的臣民遵守他赋予他们的这部完美法典的恳求，以及对那些非常邪恶和愚蠢地违背这一法典的人的可怕咒语。其中有些诅咒是医学方面的。

愿在埃库尔神庙（Ekur）赐福于我的安努（Anum）的女儿尼恩卡拉克（Ninkarrak），使彼肢体突发重病、恶疾与危险的痈疽，其患无法治愈，医生不知其病源，绷带不能缓解其痛楚，有如致命之创伤无法祛除，直至夺其性命！使彼为其元气式微而悲痛！

把巴比伦医学称之为神权医学大概不会严重失实。诸神是一切善和一切恶的创造者。各种疾病是他们神秘莫测的不愉快的标志。药物可以用来缓解病情，但是，唯一可靠的治疗疾病的方法就是安抚导致疾病的那个神。因此，医生就是一种祭司。他似乎从真正的祭司中分离出来了，但他们——祭司医生和医生祭司可能一起工作，以便使患者恢复健康。有些神尤其与康复有关，因而相对于其他神，人们要更经常地求助这些神。疾病、不道德和罪孽在患者和医生的心灵中被混在一起。巴比伦医学在某些方面可以与基督教科学相比。疾病可能是由神引起的,但它也可能是由魔鬼引
091 起的,或者是由其他人的"邪恶之眼"[76]或(对其他人)的"动物磁力"引起的。归因于魔鬼或女巫的力量可能看起来是无法与神的力量相提并论的,但是,那些非常接近迷信的宗教信仰必然是矛盾的——不过,我们这里的任务不是解决这些矛盾。

承认疾病是由神或魔鬼引起的,我们就不能期待对其诊断或预后以生理学为基础。更合乎逻辑的是把它们建立在占卜的基础之上,在这方面巴比伦人是非常始终如一的——不仅他们是这样,他们最遥远的苏美尔祖先也是如此。占卜原理(亦即从各种观察结果中推断神的意图的方法)的发现,被认为是上古时代的一个国王埃米杜兰基(Emmeduranki)的功劳。公元前28世纪,拉加什国王乌鲁卡吉那(Urukagina)不得不惩治了一些获取不义之财的占卜者。这说明,在如此之早的时期,已经有了占卜。[77]

占卜的方法有许多种,因为自然的每一个方面、每一个意外的事情都可以做出预言性的解释。我们刚才提到的占卜者是用油进行占卜的。当把油倒在水面时,根据假定,它

---

[76] 这种迷信是普遍的和古老的。希腊语中的 *bascania* = 拉丁语中的 *fascinum*[符咒,因而有了 fascination(蛊惑)],*maldocchio*(恶毒力),*iettatura*(晦气),等等;希伯来语中的 *qinah* 意为嫉妒。参见 F. T. 埃尔沃西(Elworthy):《宗教与论理学百科全书》(*Encyclopedia of Religion and Ethics*),第5卷(1912),第608页—第615页。

[77] 伦纳德·W. 金:《从史前时代到巴比伦君主国建立的苏美尔和阿卡德史》(London,1910),第183页。

伸展开时的形状预示着将要发生的事物的状态。有的占卜者也许会观察鸟的飞行，或者对梦进行解释。他会敏锐地注意鸟的情况，尤其是那些异常的或怪异的情况。对梦和怪物（如有两头六腿的牛等等）的普遍好奇，就是这种古老兴趣的一个见证，而现代关于梦的小册子则使那些远古的方法与世长存。[78] 巴比伦的占卜者也观察星辰，但是，通过罗马人留传至今的占星术，正如通常所说的"占星者"（Chaldean）这个词所暗示的那样，则是相对较晚的一个创造。* 巴比伦人占卜时所偏爱的方法，亦即最令科学史家感兴趣的方法是对肝脏的考察，即剖肝占卜术（hepatoscopy），我们不久会回过头来讨论这个问题。

占卜方法主导着巴比伦人的生活；我们可以假定，占卜方法是巴比伦人（更确切地说是苏美尔人）发明的，但是，一般的占卜观念并非他们独有的。我们在古代世界各地都可以发现这种观念。就希腊-罗马世界而言，读者也许可以参照奥古斯特·布谢-勒克莱尔（Auguste Bouché-Leclercq，1842年—1923年）的不朽著作《古代占卜史》（*Histoire de la divination dans l' antiquité*，4 vols.，Paris，1879-1882），或者

---

〔78〕艾伦·H.加德纳编辑的第十二王朝的埃及卜梦书：《A.切斯特·贝蒂图书馆——关于一僧侣纸草书以及神话故事、情歌和其他各种文本的记述》（*The Library of A. Chester Beatty. Description of a Hieratic Papyrus With a Mythological Story, Love-Songs and Other Miscellaneous Texts*, folio, 45 pp., 61 pls.; London, 1931）[《伊希斯》25, 476-478(1936)]。有关对怪物的持续兴趣，请注意一下塞巴斯蒂安·布兰特（Sebastian Brant，1458年—1521年，德国讽刺诗人。——译者）的那条船[应该是指布兰特的代表作《愚人船》（Basel，1496）中那条载有100多个愚人的船。——译者]的侧舷[《奥希里斯》5, 119, 171(1938)]或者我们的马戏团的穿插表演。

* 在英语中，"Chaldean"这个词还有"迦勒底人"和"迦勒底文化的"等含义。按照萨顿前文的观点，迦勒底文明晚于巴比伦文明。——译者

干脆读一读西塞罗（Cicero）的《论占卜》（*De divinatione*）。[79] 在当今的时代，这种精神依然在社会的底层非常活跃。[80] 如果接受占卜的前提，那么，其方法就不会因民族不同而有什么本质的差异。不过，例如，把巴比伦人所说的预兆与中国人所说的预兆加以比较，即使它们在细节上一致，也不能必然证明后者借鉴了前者。[81]

在考虑 *extispicium*（内脏占卜）尤其是剖肝占卜术之前，
092 我们先要自问一下：巴比伦人对解剖学有多少了解？我们的印象是，他们的知识是原始的，甚至比埃及人的知识还要原始。这种知识来源于对动物的宰杀，宰杀动物是为了用其肉抚慰诸神或者让人食用，而谈到关于人类的解剖学，他们的知识则是来源于战争以及和平时期的意外事件。在词汇表中所列举的名称，只是对具体知识的明确表示，那些名词的清单也不太长。[82] 从罗马人的观点看，与预言最相关的器官（*exta*）有 6 个，即脾、胃、肾、心脏、肺和（尤其是）肝。把肝看得特别重要也许是出于非解剖学传统，但也未必如此；更有可能是出于某种纯粹解剖学的解释。出于同样明显的理由，罗马人像巴比伦人一样对肝留下了极为深刻的印象。当人失血时他会昏过去，如果流血不能止住，他很快就会丧失性命。因此，人们很容易把血看作生命之液。当尸体被切开时，肝脏是最显著的器官；它也是最主要的血液器官，可以发

[79] 在阿瑟·斯坦利·皮斯（Arthur Stanley Pease）的版本（656 pp.；Urbana，1920－1923）中有详细的论述。

[80] 我所指的是思想的底层，它超越了人们的各种等级和地位的界限。

[81] 迈斯纳对此有许多暗示，参见《巴比伦人与亚述人》，第 2 卷，第 244 页。

[82] 孔特诺：《亚述和巴比伦的医学》，第 65 页—第 67 页。

现,人体血液的六分之一在肝脏之中。因而,人们也就自然而然地把它当作生命的基本脏器。巴比伦人也认识到了心脏的重要性,而且他们逐渐产生了这样一种观点,即认为心脏是智慧的中心,而肝脏是情感和生命本身的中心。此外,从肝脏的形状看,它上面的裂纹把它分为 5 个肝叶,这就为占卜差异提供了很大机会。巴比伦人对肝脏观察时,或者更确切地说,为了占卜对肝脏询问时,一般所用的是绵羊或山羊的肝脏。他们给肝的不同部位起了特别的名称,但是,如果假设亚述学家对每一个名称的确切含义都十分肯定,那么,对于那些剖肝占卜幻想的细节的讨论也就没有什么意义了。他们的内脏占卜僧人(haruspices)或内脏占卜师(extispices)可能已经对肝脏的特性非常熟悉了,但是,即便如此,也没有在他们当中产生解剖学家。

大量文本(其中有大约 640 种已经于 1938 年出版),以及更值得注意的许多陶土模型,展现了巴比伦的剖肝占卜术。有两个模型收藏在大英博物馆,其中一个特别清楚,而且上面覆盖了铭文(参见图 24)。另一个模型[83]是在波格斯凯发现的,上面有赫梯文和阿卡德文的铭文(参见图 25)。最后,在皮亚琴察(Piacenza)的伊特鲁里亚人(Etruscan)遗址发现了一个(长 126 毫米的)青铜模型(参见图 26)。很有可能,神秘的伊特鲁里亚人从西亚带回了巴比伦的剖肝占卜术,后来又把它传授给罗马人。这三个肝脏模型是科学传

[83] 我(1948 年 5 月)在卢浮宫看到大约 15 个于 1936 年在哈里里山丘(Tell-Hariri)的马里(Māri)出土的这种物品。它们的年代可追溯到公元前第二千纪开始之时。参见 G. 孔特诺:《东方考古学手册》(*Manuel d' archeologie orientale*, Paris: Picard, 1947)[《伊希斯》*40*, 153(1949)],第 1906 页—第 1911 页。

图 24　巴比伦泥制肝脏模型，现收藏在大英博物馆（编号 Bu. 89-4-26. 238）［引自《巴比伦泥板的楔形文字文本》，第六部分（London，1898），图 1。关于西奥菲勒斯 · 戈德里奇 · 平奇斯（Theophilus Goldridge Pinches）对铭文的译解，请参见该书，另页纸插图 2-3］

播到极为遥远的地区的恰当象征。可惜的是，它们所象征的这门科学尚处在一个非常低的知识水平，不过，这个事实无疑使它们更容易传播。人们认为迷信是有用的，它们不仅有用，而且非常有用，它们比纯粹的知识更为灵活，无论在什么时候，能够欣赏纯粹知识的人寥寥无几。

093

图 25　赫梯泥制肝脏模型，现收藏在大英博物馆（编号 VAT 8320）［参见阿尔弗雷德 · 布瓦西耶（Alfred Boissier）：《巴比伦人与赫梯人的占卜》（*Mantique babylonienne et mantique hittite*，82pp.，5 pls.；Paris：Geuthner，1935）］

图 26 伊特鲁里亚的青铜肝脏模型。它所表现的是绵羊的肝脏,最大长度为 126 毫米。它是于 1877 年在塞蒂纳(Settina)附近的田地中被发现的,现保存在皮亚琴察市立博物馆(Civico Museo of Piacenza)[复制于 G. 克特(G. Körte):《皮亚琴察的青铜肝脏》("Die Bronzeleber von Piacenza"),载于《德国考古研究所通报(罗马卷)》(*Mitt. kgl. deut. arch. Inst.*, *Rom*) *20*, 348(1906),另页纸插图 xii]

巴比伦人并没有把他们的注意力仅仅限于肝脏,他们也考察了这个器官周围的内脏,主要是大肠和小肠。[84]

巴比伦医生的主要目的是为了抚慰或避开诸神,并且把魔鬼从患者的身体中赶走。这些都是通过祈祷(祈愿、诅咒、祈免)以及献祭和巫术仪式等来完成的。当占卜揭示了小病的本质时,就要服用一些神奇的药物或抗魔药物,要不然也许就要佩带护身符和辟邪物来把病症转移。然而,如果拒绝所有这类医学文献,可以说代表更为理性的倾向的东西也就所剩无几了。亚述学家[主要是后来的 R. 坎贝尔 · 汤

[84] 关于剖肝占卜术,除了布谢-勒克莱尔的著作以及有关肝脏模型的说明中提到的那些著作之外,还可参见阿尔弗雷德 · 布瓦西耶:《巴比伦人与赫梯人的占卜》(82 pp., 5 pls.; Paris: Geuthner, 1935)。最近,阿尔布雷克特 · 戈策编辑了大约 57 块有关剖肝占卜术的泥板,见《古代巴比伦占卜文本》,"耶鲁东方丛书 · 古巴比伦占卜文本",第 10 辑(*Old Babylonian Omen Texts*, Yale Oriental Series, Babylonian Texts, 10; New Haven: Yale University Press, 1947)。这些泥板自 1913 年以来保存在耶鲁大学(Yale University),它们的年代尚未确定,但毋庸置疑,它们是非常古老的——有些是汉谟拉比时代以前的。戈策还附加了一份以前出版的同类作品中的其他遗迹的清单。

普森(1876年—1941年)]已经能够辨认出有关许多疾病如头病(包括精神病和秃头!)、眼病、耳病、呼吸器官和消化器官的疾病、肌肉疾病,以及对肛门疾病的记述,例如关于痔疮的描述。他们已经译解了有关怀孕和生育的泥板,译解了讨
094 论生殖器疾病的泥板或描述治疗的泥板——这些治疗包括,把药物放在患病的部位,或者放进口中或肛门中。有一些草药和药品已经得到了尝试性的确认。在"科学的"处方后面一般会写有一个咒语,不过,至少那些高等医师在这样做时纯粹是为了尊重传统或者使患者满意。它虽无害,但也不能增加药效。鉴于绝大部分文本都是公元前7世纪的修订本,因而很难说,那些更为科学的处方有多少是古方,有多少是新方。新的东西也许披上了苏美尔文化外衣的伪装,从而使它看起来不那么新颖、不那么令人不安,而且更可被人接受。

巴比伦人不仅患过个人性的疾病,而且毋庸置疑,他们也患过同时会影响许多人的流行病。在那时像现在一样,发烧在伊拉克低地地区是一种常见病,有些发烧症会从一个人传染给另一个人,就像森林火灾中火会从一棵树传给邻近的另一棵树一样。有些文本谈到了"神的毁灭活动",可能就是指流行病。[85] 巴比伦人是否认识到了传染病的存在?他们模糊的头脑大概对一种疾病不可思议地从人传给动物(一种有关大范围流行的原始观念)并不陌生,但是,他们是否意识到了身体传染的可能性呢?我恐怕不会像若干年以前那样[86],在间接地提到他们对麻风病的可遗传性的理解或

〔85〕孔特诺:《亚述和巴比伦的医学》,第40页。

〔86〕见发表在《伊希斯》*15*,356(1931)上的一篇评论。

直觉时那么肯定。他们所熟悉的那种传染病是否真的是麻风病？[87] 那种病与《旧约全书》中所提到的病是不是同一种病？那是否就是希伯来麻风病？

除了用辟邪物来预防外，他们是否发明了我们在《圣经》的描述中所看到的那种办法，即为了预防而把患者及其物品隔离起来？以肯定的方式回答那些问题是很诱人的，但是，不可能用不明确的文本来证实这样的回答。

十二、人文科学

讨论两河地区文化的起源是否早于尼罗河流域的文化是不可能的，因为我们必须知道"文化的起源"意味着什么。 095
文化起源于何时？这道彩虹始于何处？我们所能确定的是，苏美尔文化是从大约公元前 3500 年至公元前 2000 年在近东占主导地位的文化；"埃及帝国"只是在公元前 16 世纪末才达到鼎盛时期。

同样可以确定的是，早于埃及"文学"的美索不达米亚的"文学"，的确是留传给我们的记载中最早的。按照塞缪尔·诺厄·克雷默(Samuel Noah Kramer)的观点：

> 我们完全有理由这样说，尽管事实上我们可以得到的全部苏美尔文学泥板实际始于大约公元前 2000 年，苏美尔人的大部分书面文学作品是在公元前第三千纪的下半叶创作和发展起来的。到目前为止业已发掘出的这些较早时期的文学资料非常稀少，这一事实在很大程度上是一个考古上的偶然问题。例如，倘若没有尼普尔探险队，我们也许只有非

[87] 埃贝林(Ebeling)：《麻风病》("Aussatz")，见《亚述学专业词典》第 1 卷(1932)，第 321 页。

常少的后苏美尔时代早期的苏美尔文学资料。

现在我们来把这个时期与我们现在已知的各种古代文学比较一下。以埃及为例,在埃及,人们也许可以期望,一部古人所写的文学作品是与它高度的文化的发展相对应的。的确,从金字塔的铭文来判断,埃及人在公元前第三千纪完全有可能拥有非常发达的书面文学。但不幸的是,人们的大部分作品必须写在莎草纸上,而莎草纸是一种很容易腐烂的材料,因此,指望总会重新获得足够的文字文学作品,从而为那个古老时期的埃及文学提供非常适当的样品,几乎是没有希望的。那时也有迄今为止不为人了解的古代迦南(Canaanite)文学,过去10年期间,法国人在叙利亚北部的沙姆拉角进行的发掘中,已经发现了有关古代迦南文学的泥板。这些泥板在数量上相对较少,它们显示,迦南人也曾一度有过非常发达的文学。这些泥板始于大约公元前1400年,也就是说,它们的雕刻比苏美尔文学泥板晚了500余年。至于像《创世史诗》("Epic of Creation")和《吉尔伽美什史诗》("Epic of Gilgamesh")等作品所例证的闪族巴比伦文学,它不仅比苏美尔文学晚很多世纪,而且还包含许多直接从苏美尔文学中借用的因素。

好了,我们回过来看看这样一些古代文学作品,它们对我们的文明中更具精神色彩的方面产生过最深远的影响。其中有:《圣经》,它包含希伯来人的文学创作;《伊利亚特》和《奥德赛》,它们充满了古希腊人的史诗传说和神话传说;《梨俱吠陀》(Rig-veda),它包含古代印度的文学作品;以及《波斯古经》(Avesta),它包含古代伊朗的文学作品。在所有这些文学作品集中,没有一部是在公元前第一千纪的上半叶之前以它们现在的形式写成的。因此，始于大约公元前2000年、刻在泥板上的苏美尔文学，领先于这些文学作品1000多年。此外，还有一个重大的差异。无论是《圣经》《伊利亚特》《奥德赛》《梨俱吠陀》还是《波斯古经》，当我们得到它们时，它们的原文已经被有不同动机和多种观点的编纂者和编写者修改、编纂和编写过了。苏美尔文学则不是这样，它们留传至今，仍是4000多年前古代的抄写员实际雕刻的那样，它没有被后来的编辑者和评注者修改过。[88]

上文所提到的尼普尔探险队是1889年至1900年由宾夕法尼亚大学领导的探险队。美国考古学家在成功的发掘中获得了数量巨大的泥板，其中大约50,000块泥板现在保存在费城那所大学的博物馆。[89] 用苏美尔文写的泥板大约有3000块（其中三分之二保存在费城），其年代大约始于公元前2000年，但它们所描述的是时代更早的情况。那些泥板还没有被完全译解出来，因为苏美尔语与我们所知道的任何一种语言都没有关系，所以，它对语言学家之努力的阻碍，可能比例如阿卡德语和埃及语阻碍的时间更长。不过，已经有足够数量的泥板得到解读或说明，它们可以证明克雷默引以为自豪的结论是合理的。这些泥板的主要内容是神话，还有对神的赞美诗、哀歌、谚语和箴言以及宇宙论。 096

〔88〕塞缪尔·N.克雷默：《苏美尔神话——公元前第三千纪的精神和文学成就研究》（*Sumerian Mythology. A Study of Spiritual and Literary Achievement in the Third Millennium B.C.*, Philadelphia: American Philosophical Society, 1944），第19页［《伊希斯》*35*, 248（1944）］。

〔89〕除了这些泥板之外，其余的送给了君士坦丁堡博物馆。有关的简略说明，请参见E.A.沃利斯·巴奇爵士：《亚述学的兴起和进展》（*Rise and Progress of Assyriology*, London, 1925），第247页—第250页。

早期的苏美尔人并不认为他们自己是一步登天的民族，而认为他们是一种光荣传统的后继者。他们创作了有关人类黄金时代的传说。

在那些时光，没有蛇、蝎，没有鬣狗，
没有狮子、野狗，也没有恶狼，
既无畏惧，也无恐怖，
没有对手与人类较量。
在那些岁月，舒布尔(Shubur，东方)之土充满正义的法令，
和谐的苏美尔(南方)，"王侯政令"遍及全国，
乌里(Uri，北方)为应有尽有之地，
马尔图(Martu，西方)大地乃安全的寓所。
普天之下，万民和睦，
异口同声，共赞恩利尔。[90]

在那块泥板所描绘的那些时光的很久很久以前，那时，世界一片和平的景象，没有出现"语言变乱"*，所有人都很快活并且颂扬神恩。这种人类社会在开始时完美、后来堕落的奇怪观点(与"进步"的观点正相反)是非常流行的。古代作家几乎无一例外，基本上都持有这种观点，不仅如此，这种

---

[90] 引自费城所收藏的一块尼普尔泥板(编号 29. 16. 422)。参见克雷默:《苏美尔神话》卷首插图以及第 107 页。

* 据《旧约全书·创世记》第 11 章第 1 节—第 9 节记载，挪亚的子孙迁徙到示拿平原，在那里定居下来。当时人类讲的是同一种语言。他们计划要建一座城和一座通往天堂的塔，以便把人们都聚集在一起并展示人类的力量。上帝发觉后担心，人类这样齐心协力以后便无所不能。因而，他变乱了天下人的语言，使得他们无法沟通，工程无法进行下去了，人们也就各奔东西，分散到世界各地。在希伯来语中 *babel*(音译为"巴别")之意为"变乱"，故后人称那座塔为巴别塔。——译者

观点一直到17世纪甚至以后,依然在一定程度上盛行不衰。[91] 在现代以前,进步的观点没有多少机会为自己辩护,而且在19世纪以前,这种观点一直没有取得过成功,[92]甚至直至今日,仍有些人不能接受这种观点。因为世界中的邪恶力量如此残忍和明目张胆,以至于把善遮挡住了,使他们看不到善的踪影。

尽管留传给我们的苏美尔资料的实际形成年代并不比公元前2000年早多少,但内在的证据能使我们把它们追溯到比那时早许多世纪以前。在阿卡德王朝的第一代国王萨尔贡(公元前2637年—前2582年在位,或公元前2450年—前2350年?)统治时代,出现了一次文学复兴。到了汉谟拉比时代,这个创作时期已经过去,但它留下的遗产如此伟大,以至于人们把苏美尔语当作一种经典语言亦即宗教和人文学的语言接受下来。巴比伦的抄写员以及他们的后继者们尽其所能来保护和解释苏美尔的杰作。我们已经注意到,在埃及存在着一种类似但有显著差异的情况——埃及文字发生了变化,但无论语言怎样演化,它基本上仍是同一种语言,而巴比伦人使用了一种与苏美尔语有天壤之别的语言。

一块在巴黎、另一块在费城的尼普尔泥板[93],十分有力

---

[91] 最惊人的例子就是布鲁日的西蒙·斯蒂文1605年的观点;参见《伊希斯》*21*, 259(1934)。

[92] 约翰·巴格内尔·伯里(John Bagnell Bury):《进步的观念》(*The Idea of Progress*, London, 1920)[《伊希斯》*4*, 373-375(1921-1922)]。

[93] 它们非常相近,甚至有可能是同一个抄写员抄写的。参见塞缪尔·N.克雷默:《最古老的文学目录——大约公元前2000年编写的苏美尔文学作品一览表》(*The Oldest Literary Catalogue. A Sumerian List of Literary Compositions Compiled About 2000 B.C.*, Bull. American Schools of Oriental Research, No. 88, 1942),第10页—第19页;也可以参见《苏美尔神话》,第14页,另页纸插图2。

地证明了苏美尔人的人文主义以及他们的文学意识。这两块泥板上有一些作品清单或者藏书目录,这些都是他们最古老的文学文献。费城泥板列述了62个标题,卢浮宫泥板列述了68个标题。其中有43个标题是这两块泥板共有的,因此,这两块泥板一共给我们提供了87部文学作品的标题,迄今为止,已有28部得到确认。

097

必须承认,早期的苏美尔泥板对文学史家和宗教史家比对科学史家具有更重大的意义。不过,我们在它们当中发现了许多短文,这些短文与在前一章"道德意识的萌芽"那一节所讨论的(较晚的)埃及的文献具有同样的意义。像在埃及一样,在美索不达米亚,人类的道德意识不仅显著地苏醒了,而且这种意识在世界得到了传播。

由于苏美尔人并没有想象他们的诸神是完美的,因而他们可以避免有关邪恶的问题,不过,他们试图找出人类在宇宙中的位置——某个比诸神低但比动物高的地方。文明是如何开始的?他们的许多神话旨在说明文化的发展,说明他们所观察到的他们自身之中事物的状况或者未来事物的状况,说明他们自己的梦想与希望。其中根本没有什么非常深奥的东西,但时不时会有一句格言揭示人类内心的忧虑和虔诚,这一幕布的揭开非常富有感染力。

已经有人付出努力来译解早期泥板上的乐谱,有人认为,其中的一块泥板表现的是,为有关造人的苏美尔圣歌所配的竖琴曲。[94] 这种说法也许有些牵强，但是可以肯定，苏美尔人和他们的后继者喜欢音乐，并且熟悉大量乐器，例如鼓、手摇铃和铃铛、长笛、号角和短号、竖琴和古琵琶等。

由于楔形文字非常难认，只有很少的人（祭司和抄写员）能够书写它们。绝大多数人既不会写也不会读，但仍有许多手写的信件在他们之间传递。公共的和私人的文书负责任何必须做的代写（和代读）的工作，甚至像一个人口授一封信给他的秘书然后签名那样，苏美尔的官员、地主或者商人也向他的公共的或私人的抄写员口述，或者在许多情况下，他让抄写员以适当的形式拟写文书，然后他在新泥板上盖上他总是随身携带的图章（一种圆柱形图章）。由于每一个富有的人都需要一枚私人图章，对这种图章的需求量非常大，因而才会有许多图章留传给我们。当每一枚图章在泥板上滚动时，就会留下一幅多少有些复杂的图案。幸亏有了上千枚这样的圆柱形图章，人们才能研究从大约公元前 3000 年到基督诞生前几个世纪的苏美尔艺术、巴比伦艺术和亚述艺术的演化。在石头上（其中最好的是在诸如青金石、蛇纹石、碧玉、玛瑙等硬石材上）刻制这些图章，需要非常娴熟的技巧，技术难度对工匠们产生了激励作用。其中有些图章，尤其是早期的例如萨尔贡时代的图章，是一些有相当价值的艺术品。可以从纯艺术的角度来研究它们，或者可以把它们当作说明巴比伦生活的诸多方面的文献。例如，其中有一些

---

[94] 弗朗西斯·W. 加尔平（Francis W. Galpin,）:《苏美尔人的音乐》（*Music of the Sumerians*, quarto, 126pp. , 12 pls. ; Cambridge: Cambridge University Press, 1937）［《伊希斯》*29*, 241（1938）］。

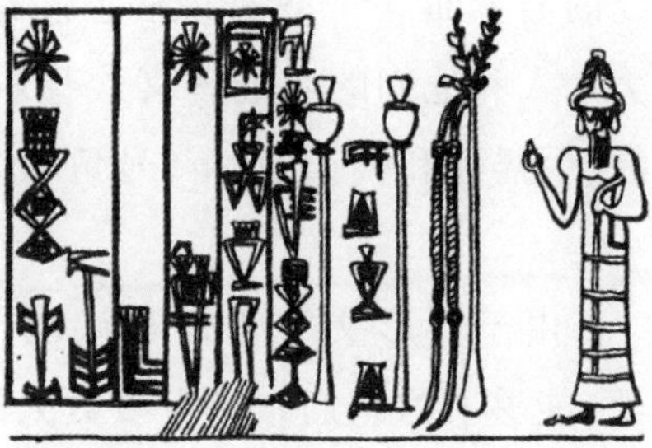

图 27 医生乌尔-卢加尔-埃蒂纳(Ur-lugal-edina)的图章(卢浮宫收藏)[承蒙卡内基研究院恩准,根据威廉·海斯·沃德(William Hayes Ward)的《西亚的图章柱面》(*Seal Cylinders of Western Asia*, Washington,1910)中的素描复制,见该书第 255 页,插图 772]

显然是医生的图章,可以从这些图章上读到他们的名字。卢
098 浮宫收藏的一枚这样的图章,属于一位名叫乌尔-卢加尔-埃蒂纳的医生;这是一枚不同寻常的大图章(高 60 毫米,直径 33 毫米),图章上刻有古老风格的铭文,[95]其年代大概在公元前第三千纪的中叶(参见图 27)。

这个地区绝大部分的古代建筑已经消失殆尽,但一些雕刻保存下来,它们可能在世界各地的大博物馆中受到人们的称赞。我们只谈一下一些最古老的遗物,想一想献给拉加什国王埃纳纳吐姆(Enannatum)的秃鹰石碑(Stela of Vultures,现收藏在卢浮宫)的断片、萨尔贡的曾孙纳拉姆辛的石碑(Stela of Naram-Sin,现收藏在卢浮宫)以及许多古地亚(Gudea)的雕像。[96] 苏美尔工匠的创造也同样是引人入胜的,其中许多是令人惊异的。想一想拉加什国王恩特美纳

---

〔95〕 参见威廉·海斯·沃德(1835 年—1916 年):《西亚的图章柱面》(quarto, 460pp. ,1315 figs. ;Washington,1910)[《伊希斯》*3*,356(1920-1921)],第 255 页。孔特诺:《亚述和巴比伦的医学》,第 41 页,对两枚医学图章的说明。

〔96〕 在每一部优秀的古代艺术史著作中,都可以看到这些以及其他许多遗物的照片。参见查尔斯·伦纳德·伍莱:《苏美尔艺术的发展》;西蒙·哈考特-史密斯(Simon Harcourt-Smith):《巴比伦的艺术》(*Babylonian Art*, 76 pls. ; London, 1928)。

(Entemena)的银制花瓶(现收藏在卢浮宫),它的表面镶嵌着一只展翅的雄鹰,它是所有留传下来的装饰美国纹章的纹章鹰的原型;再想一想"灌丛捕羊图"、金牛头和青金石牛头(费城收藏),麦斯-卡拉姆-达格(Mes-kalam-dug)*的金头盔(巴格达收藏),从皇家墓地出土的吾珥第一王朝的那些金花瓶。我不知道最应该赞美什么,是早期苏美尔人的抽象的数学观念、他们的六十进制,还是那些外形严谨的花瓶?如果那些花瓶是属于希腊人的,人们也许会为它们的纯正风格和脱俗的雅致而欣喜若狂,但它们是苏美尔金匠创造的,他们在伯里克利时代(the Periclean age)以前活跃了将近3000年。

我们尝试着勾勒出美索不达米亚文化的主要方面,这一文化在如此之长的时期在不同的苏美尔人、巴比伦人、亚述人、迦勒底人的统治时代延续,以至于难以确切地说明它对其他民族的影响。无论如何,非亚述学家所写出的说明充满了不确定性。我们必须想到,这种文化作为精神能量的中心领先了3000年或4000年,并且在整个这一时期一直向它的周围释放这种能量的辐射波。那些辐射波到达了叙利亚、埃及、东地中海诸岛也许还有其沿岸的大陆、安纳托利亚、亚美尼亚、波斯,可能还抵达了印度和中国。了解每一次辐射波从什么时候开始是非常重要的。

在我的说明中,我进行了艰苦的尝试,但只说明了公元前1000年以前的成就,而绝大部分成就是在公元前2000年

---

* 意为金色大地的英雄,吾珥的早期统治者之一。——译者

以前,有些甚至是在公元前3000年以前完成的,所有这些成就,即使是最晚的成就,都远远早于荷马时代。

099 那些巴比伦精神能量的辐射波在其他土地上引起了什么现象或反应?在《旧约全书》中有许多踪迹——巴别塔、大洪水、许多历史记录和箴言,也许,还有某些诗歌。在其他文化中甚至在今天我们自己的文化中还可以发现其他踪迹——六十进制分数,对小时、角度和分钟的六十进制划分,把一整天划分为相同的若干小时,关于具有无限多的倍数和因数的完整数系的观念,测量体系,书写数字时的位置概念,天文数据表。我们认为,代数、制图学和化学起源于美索不达米亚人。马的训练和使用技术通过印度(?)和卡帕多西亚从美索不达米亚传给我们。《利未记》(Leviticus)中提出的清洁和预防的概念或许也起源于巴比伦。这些仓促的列举足以说明,我们从我们的苏美尔祖先和巴比伦祖先那里所获得的恩惠是多么巨大。

第四章
黑暗的间歇

由于我们的目的不是撰写一部考古学指南，而只是概述一下古代科学知识的发展，没有必要像对埃及文化和美索不达米亚文化那样，用同样的篇幅讨论其他早期文化，尤其是我们对可归功于其他民族（印度人、伊朗人、塞西亚人、中国人等）在古代、在希腊化以前的时代的科学成就实际上所知寥寥，因而就更没有必要这样做。有可能，我们的无知以后将会减少，但也不一定，至少就近东的情况而言是如此。公元前1000年以前和以后的若干世纪，见证了在世界的那个地区由于铁的引入、复杂的移民和大范围的动乱而导致的大规模的剧变。然而，我们必须尝试着阐明爱琴海地区的环境，因为这里是希腊文化的摇篮。

一、爱琴海地区[1]

爱琴海文化活跃于爱琴海及其岛屿，以及它的南部和东部的边远地区克里特岛（Crete）和塞浦路斯岛（Cyprus），希腊半岛和与之邻近的爱奥尼亚诸岛，安纳托利亚西北部的一小部分地区，即特洛阿斯（Troas）。从这些地方，这一文化不可避免地传播到其他地中海沿岸地区，但是，我们只须考虑上面明确地指出的它的发源地。这种文化的地理学基础是任何一篇有关希腊文化研究的导论性著作都要概括介绍的。也许可以把爱琴海比作一个大湖，诸多岛屿镶嵌于其中。希腊大陆的各个部分离海都不遥远，至少乌鸦都可以飞过，就此而言，它本身就是一块海上的陆地。这里的气候属于东地中海气候，特点是夏季炎热干燥，冬季温暖多雨，或者我们不妨说，无论那里雨量如何，一般都是在冬季和初春时节下雨。[2] 居住在这样一种环境中的人类，往往会成为具有两

---

〔1〕除了海因里希·谢里曼（Heinrich Schliemann，1822 年—1890 年）和阿瑟·伊文思（Arthur Evans，1851 年—1941 年）爵士等先驱的著作以外，还可参考他们的传记：埃米尔·路德维希（Emil Ludwig）：《特洛伊的谢里曼——一个淘金者的故事》（*Schliemann of Troy. The Story of a Goldseeker*，336 pp.，ill.；London：Putnam，1931），琼·伊文思（Joan Evans）：《时光与机遇——阿瑟·伊文思及其先辈的故事》（*Time and Chance. The Story of Arthur Evans and His Forebears*，422 pp.，16 ills.；London：Longmans，1943）［《伊希斯》*35*，239（1944）］。也可参见哈里·雷金纳德·霍尔（Harry Reginald Hall，1873 年—1930 年）：《爱琴海考古学：史前希腊考古学入门》（*Aegean Archaeology：An Introduction to the Archaeology of Prehistoric Greece*，xxii+270 pp.，33 pls.，112 figs.，1 map；London. 1915）；古斯塔夫·格洛茨（Gustav Glotz）：《爱琴海文明》（*The Aegean Civilization*，xvi+422 pp.，87 ills.，3 maps，4 pls.；London，1925）；皮埃尔·瓦尔茨（Pierre Waltz）：《希腊人以前的爱琴海地区》（*Le monde égéen avant les Grecs*，Collection Armand Colin no. 172；206 p.；Paris，1934），这是一部关于这个主题的大众化的但很适当的入门读物。

〔2〕有关地中海的地理和气候更详细的说明，请参见 G. 萨顿：《地中海世界的统一性与多样性》（"The Unity and Diversity of the Mediterranean World"），载于《奥希里斯》*2*，406-463（1936）。

栖特点的[3]人。

这里的主要作物是小麦、大麦、葡萄、无花果以及橄榄。 101
农作物的产量从来就不高,如果雨量不适,就可能颗粒无收。那时的食物短缺迫使人们背井离乡,移居他地。对他们来说,走海路常常比走陆路更方便,因为肥沃的平原既少又小,而海岸都是群山环抱。天气晴朗时,天空万里无云,一片湛蓝,其明亮程度和能见度几乎是那些北部未开化的人难以想象的。

爱琴海人享有各种可被援引来说明希腊奇迹的地理地貌。这证明,物理环境并不足以对天才做出解释。或许,爱琴海阶段对于使希腊天才达到其辉煌的成熟时期是必不可少的?

早期居住在爱琴海地区的是哪个民族呢?人类学家对此众说纷纭。无论他们是哪个民族,也不管有多少移民,他们不可能完全消失。那些入侵者们从来都不希望完全消灭而是要同化被征服的民族。在希腊人的细胞中一定保留了较大比例的爱琴海人的染色体。

爱琴海地区曾经是(而且依然是)亚洲与欧洲之间的桥梁,也是欧洲与非洲之间的桥梁——不是只有单一的一座桥梁,而是有一百座。亚里士多德评论说[4],希腊民族介于欧洲各族与亚洲各族之间,兼具了二者的特性。这一评论也同样适用于爱琴海的先辈们。无论爱琴海的先辈们是不是希

---

〔3〕斯特拉波(Strabon,活动时期在公元前1世纪下半叶)在他的《地理学》(*Geography*,第1卷,1,16)的惊人的绪论中使用了这个词:"对于有关这块土地的自然状态的知识以及动物和植物物种方面的知识,我们还必须加上所有属于海洋的知识;因为从某种意义上说,我们是具有两栖特点的人,既属于大海,也属于陆地(*amphibioi gar tropon tina esmen cai u mallon chersaioi ē thalattioi*)。"(Loeb Classical Library, vol. ,1, p. 28)

〔4〕《政治学》(*Politica*),1327 b。

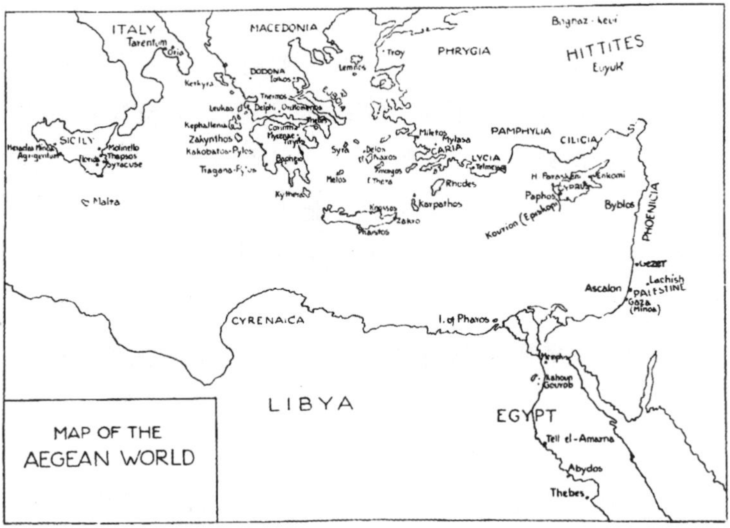

图 28　爱琴海地区地图[承蒙古斯塔夫·格洛茨应允，复制于《爱琴海文明》(London: Kegan Paul, 1925)，地图 3]

腊人的祖先，他们都是希腊人的前辈和先驱。

二、爱琴海文化

我们在前一章中曾经谈到，美索不达米亚考古学研究一开始(而且现在一般仍然)被称为"亚述学"，这是由于一种偶然的情况，即对古亚述文化的研究先于对古巴比伦文化和古苏美尔文化的研究。类似的偶然情况也出现在对爱琴海文化的研究中。我们关于它的最初知识应归功于海因里希·谢里曼在迈锡尼(Mycenae)的发掘(1876 年)，[5]它最初

[5] 1876 年以前已经在不同地区[如锡拉(Thera)、罗得岛(Rhodes)甚至底比斯(Thebes)]发现了爱琴海文明的遗迹，但还没有这样的认识。甚至在古代，人们就已经熟知了梯林斯(Tiryns)和迈锡尼的巨石城墙(cyclopean walls)，以及在后来的"阿特柔斯宝库"(Treasury of Atreus)和"狮门"(Lion Gate)的所在地，保萨尼阿斯(Pausanias，活动时期在 2 世纪下半叶)对它们进行过描述，但是，谢里曼对迈锡尼墓穴的发掘引起了世界范围内的兴趣。人们从一种新的观点来看待曾经被认为理所当然的古代文化。

102

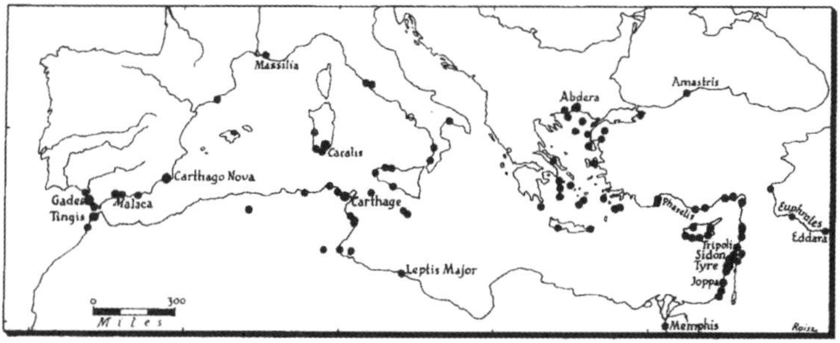

图 29　腓尼基人定居图或地中海周围地区代理处图。在严格意义上的腓尼基(地中海海岸最东端)以外的地区,那些代理处或者贸易货栈如果彼此分开的话,也只是由它们各自背后的很小一块腹地分开的。在殖民时代初期,希腊殖民地和大部分欧洲在亚洲的代理处的情况也是如此。关于某些腓尼基代理处的重要性甚至它们的实际存在已有相当多的讨论,而这幅地图的目的主要是说明它们的广泛分布

被称为迈锡尼文化,尽管事实上(那时可能尚未认识到)迈锡尼是后期文化的中心而非早期文化的中心。也是这位谢里曼在特洛阿斯的希沙利克(Hissarlik)进行了一些发掘,并由他本人于 1878 年、他的助手威廉·德普费尔德(Wilhelm Dörpfeld)于 1892 年在那里进行了持续的探索。1893 年阿瑟·伊文思在克里特岛开始了他自己的研究,并于 1899 年开始了更大范围的研究,其结果最终发表在他的不朽著作《米诺斯王宫》(*The Palace of Minos*)之中。[6] 现在人们明白了,克里特岛是爱琴海文化的真正摇篮,这种文化在这里发展的时间,比在爱琴海地区的任何其他部分都更长久也更为

〔6〕阿瑟·伊文思:《米诺斯王宫》(4 vols.; London: Macmillan, 1921－1935; index, 1936)。谢里曼于 1890 年去世,德普费尔德于半个世纪后的 1940 年去世,伊文思于 1941 年去世。这些日期的巨大差异在于,谢里曼终年 68 岁,而那两位与他同时代但比他年轻的人分别活到了 87 岁和 90 岁。

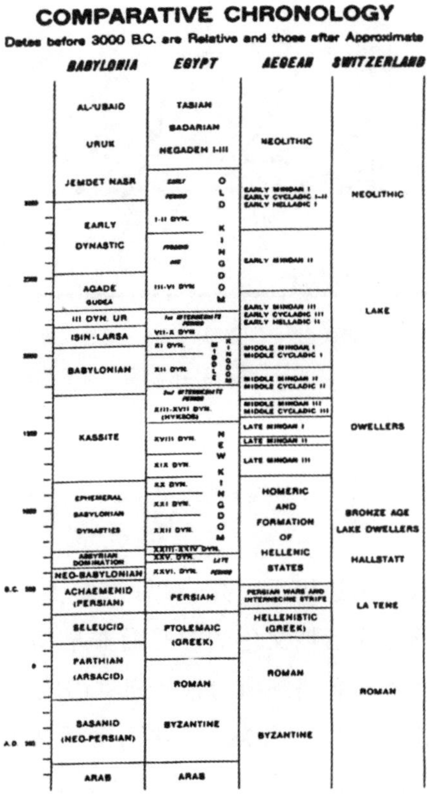

COMPARATIVE CHRONOLOGY
Dates before 3000 B.C. are Relative and those after Approximate
BABYLONIA
EGYPT
AEGEAN
SWITZERLAND
AL-UBAID
URUK
JEMDET NASR
EARLY DYNASTIC
AGADE
GUDEA
III DYN. UR
ISIN-LARSA
BABYLONIAN
KASSITE
EPHEMERAL BABYLONIAN DYNASTIES
NEO-BABYLONIAN
ACHAEMENID (PERSIAN)
SELEUCID
PARTHIAN (ARSACID)
SASANID (NEO-PERSIAN)
ARAB
TASIAN
BADARIAN
NEGADEH I-III
OLD KINGDOM
MIDDLE KINGDOM
NEW KINGDOM
PERSIAN
PTOLEMAIC (GREEK)
ROMAN
BYZANTINE
ARAB
NEOLITHIC
HOMERIC AND FORMATION OF HELLENIC STATES
HELLENISTIC (GREEK)
ROMAN
BYZANTINE
NEOLITHIC
LAKE
DWELLERS
BRONZE AGE LAKE DWELLERS
HALLSTATT
LA TENE
ROMAN

图30 芝加哥自然史博物馆(Chicago Museum of Natural History)近东考古学部主任理查德·A.马丁(Richard A. Martin)编制的比较年代表[《伊希斯》*34*,164–165(1942)]

连续。幸亏有伊文思和许多其他考古学家半个世纪以来的研究,尤其是对整个那一地区的诗歌和其他遗迹的分析,我们终于获得了一份大致的编年表,借助埃及编年表就可以使该表相当有条理,足以激发人们的信心(参见图30)。[7]

最初在克里特岛繁荣发展并且逐渐向整个这一地区(大
103 陆和海岛)传播的爱琴海文化是一种独特的(*sui generis*)文

〔7〕该表首次发表于《伊希斯》*34*,164(1942–1943)。

化，与(它时不时地从中获益的)埃及文化、与美索不达米亚文化截然不同。考虑到那个海岛地区的自然分布状况，爱琴海文化的存在，亦即它的统一，最初可能是令人惊讶的，不过，下述环境也可以说明这种存在，即克里特人已经获得海上强国的地位，[8]而且是地中海海域第一个获得如此实力的民族。修昔底德(Thucydides)指出：

> 根据传说，米诺斯是我们已知的所有人中最早拥有海军的人。他使自己成为现在被称作希腊海的绝大部分地区的主人，并且成为基克拉泽斯(Cyclades)群岛的统治者和群岛大部分地区的第一个殖民者，他赶走了卡里亚人(Carians)，并且把自己的孩子们确立为那里的统治者。自然，他也试图把海盗从这个海域清理出去，能把他们赶多远就赶多远，以期他的税收更为顺利。[9]

这个米诺斯是一个半神话的人物，但他仍是在大约公元 104
前1700年至公元前1400年这段时期克里特人统治的一个很好的象征。克里特人的制海权始于许多世纪(大约公元前2100年)以前，不过，"米诺斯"使它达到了顶峰。海上强国

〔8〕也许应该补充一句，没有一种文化在地域上是连续的。它只存在于有足够人口密度的中心地区，从这些地区，它多少有点缓慢地向周围地区渗透。那些中心地区很少是彼此相距很近的；它们一般相距较远，有时候非常遥远。两个中心地区也许会被富庶的土地或沙漠隔开，或者被一条河或大海隔开。那些差异是显著的，但不是根本性的。

〔9〕修昔底德：《伯罗奔尼撒战争史》(*History of the Peloponnesian War*)，第1卷，4("洛布古典丛书"，vol. 1，p. 9)。卡里亚人是一个古怪的民族，沉迷于海上劫掠，说一种与希腊语毫无联系的语言，有他们自己的一些风俗，如母系制度和一种特殊的丧葬方式等。修昔底德(同上书，第1卷，8)说："在这次战争中(公元前426年的)，当雅典人在提洛岛(Delos，基克拉泽斯群岛之一)上举行祓除祭奠时，以前死在岛上的所有人的坟墓都被迁走，在此过程中发现，从盔甲与他们埋一起这种风尚以及丧葬方式来看，死者有一半是卡里亚人，而这类方式仍在卡里亚人中使用。"

不仅意味着政治的统一，而且意味着文化的统一。

这种统一是相对的，就其空间和时间的分布而言，爱琴海文化远非统一的。一方面，克里特人的风俗总是与希腊大陆的那些风俗有明显的差异，每一个岛都有它自己所珍视的特色，而且它们都彼此有贸易往来。[10] 在时间的进程中，文化特性从未停止发展和变化。在埃及和美索不达米亚，人们对各个朝代存在的时期予以了认定，而在爱琴海地区，取而代之的方法是对陶器和其他文化要素的研究分析，这使得考古学家们可以区分三大时期，即米诺斯文化早期、中期和晚期，并且把这三个时期的每一个再分别细分为长度不等的三个阶段。例如，所谓晚期米诺斯文化第二阶段是克里特岛的黄金时代，它与埃及第十八王朝(公元前 1580 年—前 1350 年)的部分时期相对应。

这种文化有一种它自己的文字，或者更确切地说，它有不同的文字，这样就严重阻碍了各种译解的尝试，[11] 而且或许永远无法得以解读，除非能发现一种双语文本。这种文化创造出了专家一眼就能看出的艺术的丰碑。统治者们为自己修建了一些王宫，它们在总体结构和许多细节方面与埃及和巴比伦的王宫有所不同，王宫中有一些供聚会使用的大厅。人们发明了一些富有独创性的方法，以便把新鲜的水带

〔10〕 虽然基克拉泽斯群岛中只有最西部的米洛斯(Melos)岛出产黑曜石，但黑曜石产品在这个地区随处可见。陶器也是有一定产地的，但也同样遍布各地。

〔11〕 这令人非常着急，因为其中有些克里特符号与象形文字非常相像；在《伊希斯》*24*，377(1935-1936)中有一些例子。

入生活区，并把脏水和排泄物排走。[12] 像更早的凯尔奈克（Karnak）宫一样，在克诺索斯王宫中也有浴室。蜂窝状墓穴（beehive tomb）和克里特人的赤陶棺材是很有代表性的。爱琴海人没有遗留大型的雕塑作品，但留下了许多珍贵且造型迷人的小型作品——例如收藏在牛津的阿什莫尔博物馆中的彩陶蛇女神像，或者波士顿美术博物馆（Boston Museum of Fine Arts）中的象牙镶金蛇女神像（参见图 31），以及多伦多的皇家安大略博物馆（Royal Ontario Museum）中的象牙镶金雕像（参见图 32）。[13] 这样的作品，只要你看过一遍就不会忘记，它们也许是它们使之千古流芳的文化的最好象征。对于那些装饰墙壁的壁画和那些绘在陶器上的景色也可以做类似的评论。那些绘画用一种非常新颖的和令人惊异的现实主义手法，再现了章鱼、飞鱼、小公鸡、野鸭以及其他动物，还有各种植物。米诺斯王宫，如果我们能在它新建成的时候参观它的话，可能看起来非常华丽（至少起居室是如此）和十分现代。

在克里特岛的黄金时代亦即大约公元前 16 世纪以后，爱琴海文化被不知感恩的迈锡尼人继承了，他们使这种文化又持续了几个世纪（大约从公元前 1500 年至公元前 1200 年）；然后，这种灿烂的文化被北部的蒙昧民族[多里安人

---

〔12〕克诺索斯（Cnossos）王宫的排水管道并不是这类管道中的第一个。在比克诺索斯王宫早 1000 多年修建的阿布西尔（Abuşīr）金字塔（第五王朝 = 公元前 2750 年—前 2625 年）的神庙中，已发现了大约 1300 英尺的铜管道！

〔13〕参见 C. R. 沃森（C. R. Wason）：《克里特人的象牙镶金雕像》（"Cretan Statuette in Gold and Ivory"），载于《皇家安大略博物馆学报》（*Bull. Roy. Ontario Museum*, March, 1932），第 1 页—第 12 页；附 14 幅插图。

图 31 中期米诺斯文化时代的克里特蛇女神雕像(克诺索斯)。这是一座象牙镶金雕像[承蒙波士顿美术博物馆恩准使用此图]

图 32 克里特的象牙镶金雕像,与图 31 属于同一时期,大约是公元前 16 世纪。原像高度约为 26 厘米[承蒙多伦多皇家安大略博物馆惠允复制,更详细的描述,请参见该博物馆学报(March,1932)]

在剑桥的菲茨威廉博物馆(Fitzwilliam Museum)和克诺索斯博物馆(Museum of Cnossos)中,收藏着显示出具有同样精致和现代特点的类似塑像——最后一个彩陶塑像(复制于牛津阿什莫尔博物馆)。

(Dorian)的入侵]湮灭了。已经延续了 2000 多年的青铜时
105 代,现在残酷地被一种新的时代——铁器时代取代了。[14]标志着这两个时代之间的过渡的革命时期,就是本章标题所提到的“黑暗的间歇”。对这一时期,既不可能也没有必要确定其确切的年代学范围,因为它的出现和持续的时间是随着地域的不同而有所差异的,但我们也许可以说,在紧邻公

[14] 在(克里特东北的)莫利阿纳(Mouliana)的一个墓穴发现了爱琴海地区最早的铁剑,可以追溯到晚期米诺斯文化第三阶段末期,相当于第十九王朝(公元前 1350 年—前 1205 年)时期。格洛茨:《爱琴海文明》,第 389 页。

元前1000年之前和之后的数个世纪中，不同地区出现了不同程度的黑暗、骚乱和无秩序的现象。赫梯人大约在公元前第二千纪的中叶就已经发明了制铁业，从安纳托利亚赫梯人生活的地方，制铁业向南传到了叙利亚和埃及，向西传到了马其顿。野蛮的多里安入侵者之所以能够建立起他们对爱琴海诸民族的统治，大概是因为他们有铁制的武器和工具。[15]

多里安人的入侵以及它所引起的其他迁徙导致了无穷 106
的骚乱，在某些时候和某些地区，这种情况达到了令人绝望的混乱的极限，但我们不应对那些现象采取某种夸大的观点。修昔底德在他的史学著作的一开始就告诫我们，迁徙是经常有的，但通常规模较小。我们也许可以假定，那些迁徙总是不完全的和断断续续的，它们主要与那些更为好动的人群有关，这些人还没有真正地定居下来，或者他们与邻里不和，他们总是动辄就要搬家。当然，这些人把其他一部分宁愿在其居住地住下去的人赶出了家园，但他们永远也不可能把被侵略的土地上的所有人都赶走。因此，无论是自愿的和平静的迁徙，还是意想不到的和暴力引起的迁徙，它们所导致的文化的不连续现象，从来没有某种十足的人类学方面的不连续现象与之相伴。

我们对爱琴海文化的直接认识，主要应归功于大量的各种遗址和遗迹。埃及人、赫梯人和巴比伦人的记载，爱琴海

〔15〕铁器时代在中西欧地区开始的时间略晚一些。欧洲考古学中的所谓哈尔施塔特(Hallstatt period)时期(欧洲铁器时代早期)，从大约公元前1000年持续到大约公元前500年；它因奥地利萨尔茨卡默古特(Salzkammergut)地区的哈尔施塔特的主要遗址而得此名。这个时期的特点是，人们使用青铜和铁，有了农业、驯化动物和一些典型的人造物品。

地区的民俗遗风,荷马诗作中的回忆,以及诸如修昔底德和希罗多德(Herodotos,活动时期在公元前 5 世纪)、维吉尔(Virgil)和斯特拉波(他们的活动时期均在公元前 1 世纪下半叶)、普卢塔克(Plutarch,活动时期在 1 世纪下半叶)和保萨尼阿斯(活动时期在 2 世纪下半叶)这些后来的作家含糊的论及,都是对这种知识的证实。那些论及的模糊和鲜见,证明了爱琴海文明与希腊文明之间断裂的深度,尽管如此,希腊文明在很大程度上仍是爱琴海文明不知不觉的继承者。过去甚至遥远的过去,永远也不可能被完全湮没。

三、早期希腊和腓尼基殖民地·字母的发明

在希腊人扩张的同时,爱琴海人的扩张走到了尽头,当后者完全停止时,希腊殖民继而开始了。在大多数情况下,同样的人口只会有部分受到这种变迁的影响,但爱琴海文化模式逐渐被希腊文化模式取代了。这两种类型文化的融合在塞浦路斯(Cypros)达到了全盛,对这种融合的评价可以从这里着手,因为在这里,米诺斯文化持续的时间比在任何其他地方都更长。就所能推想的那些蒙昧的事件而论,考古学家一致认为,早期的向南迁徙一共有过三次大潮。第一次,来自西海岸的部落侵略了色萨利(Thessaly)并赶走了其他部落,被驱赶的部落迁徙到博奥蒂亚(Boeotia)。第二次,北部的民族多里安人侵占了伯罗奔尼撒半岛(Peloponnesos)的很大部分地区以及南到克里特岛、东到罗得岛的诸多岛屿。第三次,西北方的部落从伊庇鲁斯(Epiros)横渡爱奥尼亚海抵达阿普利亚(Apulia),而其他民族则征服了科林斯湾(the gulf of Corinth)沿岸的土地和伯罗奔尼撒半岛西北部的埃利

斯(Elis)。按照修昔底德的观点,[16]前两次移民潮分别发生在特洛伊失守以后大约60年和80年。这些迁徙潮又引发了其他迁徙潮,其中著名的有:多里安移民,这次移民是随着前面已经提到的多里安人的入侵而来的;伊奥利亚移民,这次移民导致了对特内多斯岛(Tenedos)、莱斯沃斯岛(Lesbos)和密细亚(Mysia,莱斯沃斯岛对面的大陆)的占领;爱奥尼亚移民,这次移民把伯罗奔尼撒半岛北部和阿提卡(Attica)的居民赶到了基克拉泽斯群岛、希俄斯、萨摩斯岛(Samos)以及部分与之相对的大陆[哈利卡纳苏斯(Halicarnassos)和尼多斯(Cnidos)]。

要想从时间和空间方面了解那些移民的细节几乎是不可能的,对于我们的目的而言,从整体上提及它们就足够了。
在这个黑暗时代(Dark Age),许多移民把其他人从古代爱琴 107
海地区的某个部分驱赶到另外一个部分,其中的有些人可能越过了那个地区早期的界线。希腊殖民与旧的爱琴海地区殖民不同,并以这样的方式继续着。

在大多数情况下,移民或殖民并没有开辟新的路径,而是更为勤勉地并且更多都是沿着他们通过传统所知的道路继续走下去。他们不是想钻进黑暗之中,他们的目的是要占领一些地方,关于这些地方,他们已经得到一些模糊但诱人的报告。例如,我们听到过在比提尼亚(Bithynia,黑海的西南角)和克里米亚(Crimea)的多里安殖民地;爱奥尼亚殖民地分布在爱奥尼亚海周围的所有地区。俄罗斯与地中海的

[16] 修昔底德:《伯罗奔尼撒战争史》,第1卷,12。

这种联系从任何意义上讲都不是什么新奇的事情。一方面在俄罗斯与高加索之间，另一方面在俄罗斯与埃及之间已经有了各种交往。[17] 这样的交往大概在米诺斯人*的保护下得以持续，当米诺斯世界分崩离析时，它的崩溃的影响必然波及俄罗斯。希腊人对爱琴海文化不停地破坏，同时也对南面的俄罗斯石器时代的特里波利耶(Tripolye)[18]文化造成了类似的不停破坏，并且最终用一种新的文化取代了爱琴海文化。事情并没有到此为止。人类的波动，就像物理学中的波一样，从未完全停止过；也就是说，如果时不时地给它们增加新的能量，它们就会永远持续下去，而这类振荡会从一种体制传向许多其他体制。铁器时代的狂潮横扫西徐亚(Scythia)，并且跨过这里一直奔向中国。[19]

在离开黑海海岸之前，最好应当记住，铁的使用大概从赫梯人开始，在公元前第二千纪的中叶，铁的使用由他们或者从他们那里传到了美索不达米亚和埃及。当铁传到爱琴海地区并引起了铁器时代的革命，而且当这种剧变的波浪扰乱了黑海海岸时，一个不同寻常的周期完成了。赫梯人的繁

---

〔17〕 玛格丽特·艾丽斯·默里(Margaret Alice Murray)：《埃及与俄国的联系》("Connexions Between Egypt and Russia")，载于《古代》*15*，384－386(Gloucester，1941)，附2幅另纸印插图。

* 米诺斯人(Minoan)即前面所提到的克里特人(Cretan)，均指米诺斯文明时生活在克里特岛的居民。鉴于作者在文中交替使用这两个词，为保持原作的风格，译文也相应地使用了两种对应的译法。——译者

〔18〕 特里波利耶是距第聂伯河(Dnieper River)中游的基辅约50英里的主要遗址的名称。

〔19〕 格雷戈里·博罗夫卡(Gregory Borovka)：《西徐亚艺术》(*Scythian Art*，112 pp.，74 pls.；London，1927)，这是一本精美的实例图集，配有出色的介绍和主要的西徐亚出版物的参考书目。

荣兴旺主要是在红河[20]的新月地带；铁器产品大概是沿这条河顺流而下运到黑海，又从这里跨过海峡运送到爱琴海地区。我们在前面已经谈到，赫梯人所讲的语言与古希腊语相差不很大，共同的源头把它们联系在一起。简而言之，亚洲的印-欧民族发现了炼铁术的价值，同宗的欧洲部落使这种发现有了进一步发展，并使其达到第一个高峰。

如果黑暗时代的希腊剧变是由铁的使用引起的（铁的使用是伴随铁器时代开始的产物），我们就必须为此给予赫梯人更多的赞誉。

现在我们回到地中海，当米诺斯人的海上强国寿终正寝时，正如有人可能预料到的那样，希腊人后裔并没有成为其
唯一的继承者。他们的遗产立即被一个有着完全不同血统 108
的民族夺去了，这个民族就是腓尼基人，他们是定居在叙利亚沿岸、巴勒斯坦北部的闪米特人的一支。[21]

那些腓尼基人所说的语言比闪米特语系的任何其他语言更接近希伯来语。在公元前 17 世纪或公元前 16 世纪入侵埃及的神秘的喜克索斯人（Hycsos），可能与腓尼基人（或阿拉伯人？）是同一族人，或者与他们有联系。[22] 无论如何，

---

〔20〕 小亚细亚最长的河，大约长 600 英里，参见《伊斯兰百科全书》（*Encyclopedia of Islam*，5 vols.；Leiden：Brill，1908－1938），第 2 卷，第 1054 页。我们所给出的这个名称是土耳其语 Qizil-Irmāq 的译名；希腊人把它称作哈利斯河（Halys）。

〔21〕 参见乔治·孔特诺：《腓尼基文明》（*La civilisation phénicienne*，396 pp.，137 ills.，Paris，1926）［《伊希斯》9，179（1927）］；雷蒙德·韦尔（Raymond Weill）：《从腓尼基和西亚到马其顿的对外征服》（*Phoenicia and Western Asia to the Macedonian Conquest*，208 pp.，London：Harrap，1940）。

〔22〕 曼内托（Manethon，活动时期在公元前 3 世纪上半叶）叙述了这个传说，见《残篇》42（Loeb Classical Library），第 85 页。

当法老雅赫摩斯一世（Aḥmose I，第十八王朝的第一代国王，公元前1580年—前1557年在位）入侵腓尼基人的国土时，腓尼基人的面纱被揭开了，人们对他们有了清楚的认识。从那时起，他们成了埃及人统治下的臣服者，但时间并不很长。在阿马纳楔形文字泥板中经常提到他们，他们的一些人试图摆脱埃及人的奴役，并且与赫梯人进行密谋，赫梯人不断发展的实力和明显的友善增加了他们自己争取解放的希望。在我们的老朋友阿孟霍特普四世或埃赫纳顿（公元前1375年—前1350年在位）的统治之后，埃及帝国垮了。拉美西斯二世（后来的第十九王朝的第四代国王，公元前1292年—前1225年在位）重新征服了腓尼基人，而且一直远征到贝鲁特（Beirūt），并且开始在该城正北面的凯勒卜河（Nahr al-Kalb）沿岸的岩石上雕刻一系列令人难忘的铭文。[23] 在（第二十王朝的）拉美西斯三世（公元前1198年—前1167年在位）的统治时期，腓尼基人利用新的外国入侵把他们自己从埃及人的统治下解放出来，他们的独立一直保持到亚述对外征服时期（大约公元前876年）。

由于腓尼基人把家安置在地中海东端沿岸，他们很早就培养出对航海的浓厚兴趣，这并不令人惊讶。看看地图吧！他们仿佛站在一个俯瞰整个地中海生活的阳台上。当天气晴朗时，他们可以看见塞浦路斯的丘陵。紧挨着他们左侧的

---

〔23〕参见弗朗茨·海因里希·魏斯巴赫（Franz Heinrich Weissbach）：《凯勒卜河三角洲的纪念碑与铭文》（*Die Denkmaeler und Inschriften an der Mündung des Nahr el-Kelb*, Wiss., Veröff. des deutsch-türkischen Denkmalschutz-Kommandos, Heft 6, 16 figs., 14 pls.; Berlin, 1922）；耶稣会的勒内·穆泰德（René Mouterde）：《凯勒卜河》（*Le Nahr el-Kelb*, Beyrouth: Imprimerie Catholique, 1932），这是一部小型的非常流行的指南性著作。

是埃及,它依然是著名的文化中心和最大的市场。不过,只要米诺斯的制海权依然保持着,腓尼基水手就会受到限制,或者如果他们过于冒险,他们就会被当作海盗。大约公元前12 世纪,当克里特人失去控制海域的实力时,腓尼基水手已经做好了继承克里特人的准备,而且他们的确继承了。他们迅速的接管和他们的效率就是对长期准备的充分证明。由于他们从埃及人的奴役下解放出来之际,就是克里特人的衰落之时,因而他们可以充分利用这个局面。他们不久便成为地中海贸易的主人,除了希腊人以外,没有别的竞争对手。希腊殖民地的贸易很可能是希腊水手掌握的,因此,腓尼基人不得不建立他们自己的殖民地或代理处(亦即贸易货栈)。腓尼基贸易的主要中心是提尔(Tyre)港,在《以西结书》(Ezekiel,第 27 章:第 13 节—第 25 节)中仍然可以看到反映他们荣耀的段落。提尔人(Tyrian)在塞浦路斯、罗得岛、萨索斯(Thasos)、基西拉岛(Cythera)、科孚岛(Corfu)、西西里岛(Sicily)、(在马耳他附近的)戈左岛(Gozo)、利比亚、潘泰莱里亚(Pantelleria)、突尼斯、撒丁岛(Sardinia)以及其他岛屿都有代理处。[24] 他们几乎在任何一个地方都与希腊人竞争,他们不仅在商业方面而且在海军的建设方面展开了竞赛。希腊人不喜欢他们,而且指责他们贪婪和不公正;这 109
些指责以及对他们起了鼓动作用的仇恨可能是相互的。在腓尼基人的这些前哨基地中,最著名的就是迦太基(Carthage),这是他们在非洲海岸最早的定居地,即使不是

[24] 说代理处比说殖民团更为恰当,因为腓尼基移住民与希腊移住民有本质的不同,希腊移住民是独立于祖国的分支(就像从一个蜂窝中出来的一些蜂群),而腓尼基移住民则更像受提尔的主要管理部门控制的分支机构的职员。

在更早的话，它至少在公元前9世纪就已经建立，并且成为渡海途中的一个战略要地。希腊人与腓尼基人之间的竞争始于公元前12世纪，它一直以这样或那样的形式成为古代史的一个主题。希腊人与波斯人之间的战争（公元前499年—前478年），在很大程度上是希腊海军与腓尼基海军之间的战争；罗马人与迦太基人（Carthaginian）之间的布匿战争（Punic wars，公元前264年—前146年）是最终的检验，它以西方强国的胜利宣告结束。[25]

我们回到腓尼基文明这个话题，腓尼基文明扩展到西班牙，甚至扩展到赫拉克勒斯界柱（Pillars of Hercules）[26]以外的那个地区的西海岸。按照斯特拉波[27]的观点，这种扩展在特洛伊战争（Trojan war）之后不久就开始了。提尔商人向地中海周围出口和发送了大量精选的商品——玻璃和陶器、用塞浦路斯铜制成的金属产品、他们的绣花纺织品。他们的主要特产，事实上，他们的垄断产品，似乎是用从骨螺[28]中提取的紫色染料染制的纺织品。他们销售的绝大部分商品是从埃及、阿拉伯半岛、美索不达米亚或者诸岛屿上获得的，

---

〔25〕迦太基于公元前146年的毁灭并没有使腓尼基文化在突尼斯消失，而且一种腓尼基方言继续在使用。圣奥古斯丁（St. Augustine，活动时期在5世纪上半叶）在他的布道中引用了古迦太基语的词语。

〔26〕赫拉克勒斯界柱或大力神之柱（Pillars of Heracles）或麦勒卡特之柱（Pillars of Melqart，麦勒卡特在腓尼基语中意为城邦之王，是主神的名字），亦即直布罗陀海峡。在那里，例如在海峡东面和西面的新迦太基（Carthagena）和韦尔瓦（Huelva），有一些早期腓尼基人的定居地。后来（公元前450年—前201年）杜罗河（Douro river）和埃布罗河（Ebro river）以南的西班牙半岛的大部分地区都属于新迦太基的势力范围。

〔27〕斯特拉波：《地理学》第1卷，3，2。

〔28〕环带骨螺（*Murex trunculus*）和染料骨螺（*Murex brandaris*）等海洋腹足动物在叙利亚海岸非常丰富。

但是，人们往往把一些发明（例如玻璃制品）的荣誉给予他们，而这些发明并不是他们做出的，他们只不过促进了这些发明的传播。腓尼基的工艺技术在很大程度上来源于埃及的原型。

的确，腓尼基人并不像后来的希腊人那样被证明是创造者，他们主要还是商人和国际经纪人。[29] 他们非常勤奋和聪明，（作为我们文明之摇篮的）地中海工艺技术的发展在很大程度上得益于他们的帮助。

他们为人类所做出的杰出贡献就是发明了字母——这项发明的重要性怎么评价都不过分；我们可以把它称为经纪业的杰作。正如我们在前几章说明过的那样，埃及人和苏美尔人分别发明了字母符号和音节符号，但是他们对这些符号的使用有着巨大的差异，而且他们的用法是排他的。克里特人、腓尼基人或许还有腓尼基人［在沙姆拉角和西奈（Sinai）］的某些邻居大概也独立地做出了这样的发明。克里特语的音节表仍无法解释，而且，除了比它晚很久的塞浦路斯语之外，它没有留下别的继承者。亚洲人的发明当然都 110
是公元前1000年以前完成的，甚至早在公元前1500年以前就已经完成了。腓尼基人的字母，即使不是最早的，也是唯

---

[29] 埃内斯特·勒南（Ernest Renan）写给 M. 贝特洛（M. Berthelot）的一封引人入胜的信使我认识到，我也许对腓尼基人有失公允。他们并不只是商人，而且还是制造者和许多产品的发明者。这封信的日期是1861年3月12日，写于苏尔（Sour =提尔）："非常奇怪的是，腓尼基文明的残留物几乎是所有工业遗迹的残留物。这些工业遗迹，在我们那里很容易损坏，但在腓尼基那里非常庞大和壮观。所有乡村都散布着这种用岩石建造的巨大工业的遗迹。压榨工场有一些由三层石块砌成的类似凯旋门那样的门；古老的工场以及它们的酿酒槽和石磨，在沙漠中完好无损。靠近提尔的所谓所罗门井则是某种非常了不起的令人难忘的工程。"《勒南与贝特洛书信集（1847年—1892年）》（*E. Renan et M. Berthelot*，*Correspondance*，*1847-1892*，Paris，1898），第254页。

一在公元前11世纪末出现的最成功的字母。经历了无数的变迁兴衰之后,它保留在今天所使用的大部分字母系统中。我们不妨更细致地思考一下。

腓尼基人的字母系统是辅音字母系统,其中的每一个符号都代表一个辅音或者一个长元音(它们也许具有辅音的价值,例如 *w* 和 *y*)。但这里没有表示短元音的符号,因此,表示 *b* 的符号可能会用来表示收尾的 *b*,或表示诸如 *ba*、*bi*、*bu*、*be*、*bo* 这样的音节。同样的字母系统仍在希伯来语和阿拉伯语中使用,这并没有给那些非常了解相应的词汇及其词形变化的人带来很大麻烦。随着时间的推移,希腊人模仿了腓尼基人的字母系统,[30]并且通过增加一些新的表示短元音的符号改进了它。

这种发明的本质是这样一种思想,即用尽可能少的记号清楚地表示每一个语音。发明了字母的腓尼基抄写员谙熟他自己的语言,并且试图把符号的数量降低到最少的程度。由于在他自己的头脑中元音化毫无含糊之处,因而他认为,把它表示出来是多余的;后来,希腊人纠正了他的这个错误。腓尼基人过于节省了,但是,在责备他们之前,我们应当暂时停一下。对他们来说很清楚的字母节约措施,其他的民族并不理解,甚至今天使用字母文字的民族也没有完全理解。早

〔30〕按照希罗多德《历史》(*History*,第5卷,第58节)的观点,字母表是由与卡德摩斯(Cadmos)随行的腓尼基人带到希腊的。提尔的卡德摩斯是腓尼基国王的儿子,是象征腓尼基人由来的神话人物之一。证明希腊字母表来源于闪米特人的充分证据是这一事实,即字母表的前三个字母具有闪米特语的名称(希腊语中的 alpha、bēta 和 gamma 在闪米特语中分别是 aleph、bēth 和 gīmel)。在所有古代字母表中(除了一个例外之外),字母的排列顺序与闪米特语字母的顺序是相同的。例外的是梵语[天城文书(Devanāgarī)]字母表,它的字母顺序是由语音因素决定的。

期的西方印刷工们最初并没有认识到,他们只须用一组 20 多个字母就可以印刷每一本拉丁语著作。当他们尝试着模仿连字和誊写者的缩写时,他们使用的不同字符超过了 150 个! 现代的阿拉伯印刷工必须使用的字符,仍比阿拉伯字母表所需的(28 个)多很多,因为许多字母在词首、词中或词尾时,或者在与其他一些字母一起使用时,必须写成不同的形式。

这个例子说明,虽然一个伟大的发明也许可以简化人们的工作并节省他们的体力,但在说服他们接受这一发明的过程中存在着巨大的障碍。把这段历史概括一下,我们见证了埃及人和苏美尔人尝试性的成果、克里特人和其他民族不成功的发明、腓尼基人在模仿其他闪米特字母时的过度简化、希腊人的完美解决,随后是对其他语言不恰当的顺应,以及在今天徒劳无益的烦琐做法。那些因腓尼基人的发明不完善而倾向于低估它的人,应该把我们自己的字母尤其是英语字母看作真正的怪物,并且应该谦逊一些。腓尼基字母不指明元音,但英语却常常显示不出非标准发音,这难道就更好吗? 字母节约措施就是把一种语言的书写降低到最少数量的符号组合的程度。英语字母非常少,事实上是太少了,就像腓尼基字母一样少,它的使用包含了大量不确定的情况, 111
这种情况也许比任何其他语言中的类似情况都严重得多。在这方面,没有什么可值得骄傲的。[31]

在结束对这个主题的讨论之前,也许应该加入一个最终

---

〔31〕 有关英语"正字法"更详细的评论,请参见 G. 萨顿:《查尔斯·巴特勒 1609 年的著作〈巾帼王朝〉》("The Feminine Monarchie of Charles Butler 1609"),载于《伊希斯》*34*,469-472,(1943),附 6 幅插图。

评论。设计一种单一的字母系统,使之在语音学上适用于每一种语言的抄录,应该是可能的。在 1925 年哥本哈根会议上有人提出一种这样的国际字母系统,经过少量的修改之后被国际语音学协会(International Phonetic Association)接受(最近的修改是在 1951 年)。[32] 可惜的是,它尚未获得普及,而且可能永远也无法普及。因为普及所涉及的困难非常之大,也许是无法克服的。一个稍微小一点但更容易实现的目标可能是,为每一种语言发明一种明确的字母系统。当讲英语的人们对他们自己的语言完成这样一种改革时,英语就将获得更多的被其他民族用来作为第二语言的机会。

这段偏离正题的论述可以用来证明腓尼基人的发明具有丰富的含义;这项发明如此简单但又如此深奥,以至于我们当代的大部分文明民族还没有理解其意义。[33]

我对那个惊人的发现的说明必然是过于简单的。克劳德·舍费尔(Claude Schaeffer)在沙姆拉角发现了一种乌伽里特语(Ugaritic)字母表,它可能比腓尼基语字母表更为古老。无论如何,这两种字母系统有着密切的联系,其字母顺

[32] 参见伦纳德·布卢姆菲尔德(Leonard Bloomfield):《语言》(*Language*, New York: Holt, 1933),第 86 页—第 89 页;路易斯·赫伯特·格雷(Louis Herbert Gray):《语言的基础》(*Foundations of Language*, New York: Macmillan, 1939)第 58 页。感谢我的同事乔舒亚·沃特莫(Joshua Whatmough)。

[33] 关于字母表已经出版了数不清的论文集,而且每年都有新的论文集面世。还有许多综述,提一下其中最近出版的两部著作就足够了。一部是汉斯·延森(Hans Jensen):《古代和现代的文字》(*Die Schrift in Vergangenheit und Gegenwart*, Hannover, 1925),大幅增补版(Glückstadt, 1935)[《伊希斯》*30*, 132 - 137, (1939)];另一部是戴维·迪林格(David Diringer):《字母表》(*The Alphabet*, 607 pp., ill.; London: Hutchinson, 1948)[《伊希斯》*40*, 87(1949)],这是意大利原版(867 pp.; Florence, 1937)的简编本。

序是一致的。这种顺序与我们自己的字母系统中的顺序一样,除了 z 在西塞罗时代挪到了最后以外,它在 3000 年中保持不变。

在研究字母书写技巧(或者一般而言的书写技巧)时,我们必须记住,尽管事实是已经发现了这种艺术,而且实际上有些很了不起的人在从事这项艺术,但大范围的文盲(illiteracy)[34]持续了很长一段时期。这是因为,记忆的传统令人非常满意,因而许多人,包括受过良好教育的人并不觉得需要书写。例如,这种传统在希腊文明的黄金时代一定非常强劲,否则,苏格拉底在《斐德罗篇》(*Phaidros*)[35]中对书写技巧的苛评就很难理解了。马克斯·米勒(Max Müller)[36]强调的另一个奇怪的事实是,在希腊作家那里,我们看不到任何对字母这一古代最非凡的发明表现出惊讶的表述。当然,所有古代的重大发现都被视作理所当然的,就像我们自己的孩子把我们自己时代的奇迹视作理所当然的一样。

希腊人与腓尼基人之间激烈的竞争并没有使他们彼此分离,以至于他们不能相互影响。我们刚才已经为后者对前 112
者的影响提供了重要证据;毫无疑问,希腊字母来源于腓尼

---

〔34〕 在这里,从 *stricto sensu*(严格意义上)讲,这个词应理解为没有读写能力,而文盲可能而且常常会与受教育程度,甚至与所受的文学和诗学的教育联系在一起。不过,许多伟大的诗人都是“文盲”。

〔35〕 柏拉图:《斐德罗篇》,274 c。

〔36〕 见《文字发明以前的文学》(“Literature Before Letters”,1899),重印于他的《最后的文集》(*Last Essays*,1901),第 1 卷,第 110 页—第 138 页,这是一部非常有意思的文集。

基字母。此外，许多腓尼基语（或者至少闪米特语）的词汇被移植到希腊语中，无论怎么说，这类词并非少有，例如 *chrysos*（金）、*cypros*（铜）、*chitōn*（人的衣着）、*othonē*（精纺亚麻布）、*baitylos*（陨石）、*byssos*（亚麻，亚麻布）、*gaylos*（一种船）、*mna*（米纳，重量或钱的总额）、*myrra*（没药树）、*nabla*（一种有 10 至 12 根弦的乐器），最重要的是——*byblos* 或 *biblos* [莎草纸，书；因此有了我们的 Bible（圣经）这个词]。[37]

四、东方影响的继续

在进行任何进一步的论述之前，最好还是再次提醒一下读者，不要以为东方的影响是在希腊人取得其成就之前出现的，在那以后就戛然而止了。许多埃及人、美索不达米亚人和腓尼基人的成就显然是在荷马以前获得的，但是我们应该永远记住，那些古代文化以这样或那样的形式一直持续到罗马对外征服时期，甚至在此之后依然幸存下来。除了前希腊时代的影响外，还有许多其他影响贯穿于希腊史的进程之中，或者毋宁说，在东方与西方之间存在着无休止的奉献和索取。

若想理解这种情形，你可以问一下自己如何回答以下问题："法国人是否影响过意大利人？""意大利人是否影响过英国人？"显然，回答既不是简单的也不是容易的。当两个文明的民族共同繁荣时，他们之间会有激烈的竞争。在某一时期，一个民族占有优势，而另一个民族是效仿者；在另一个

---

[37] 其中的有些词格洛茨在《爱琴海文明》第 386 页列举过了，在他的希腊语一览表中，那些词保留着历史上的克里特方言的形式。

时期这种情况又颠倒了过来，如此等等，不一而足。

每一股思想的大潮一旦涌现，就会以某种方式持续奔流，即使它几乎完全停止流淌了，它也会沉积下使人回想起往日的淤泥。在每一种语言中，都有这样一些词语，它们就像古代生活的化石。例如，在英语中，Isidore（伊西多尔）、Susannah（苏珊娜）、megrim（偏头疼）、ebony（黑檀）、gum（树胶）、adobe（土砖）等词就是古代埃及的见证。[38]

埃及人的思想、艺术和风俗不仅通过埃及人自己，而且通过与他们做生意或有任何往来的爱琴海人、腓尼基人和希腊人在黑暗时代中传播。确实，战争和大变革破坏了那些传统的许多纽带，但它们无法把这些纽带完全消灭，有足够的纽带保留下来，使得某种埃及人的模式或幻想能够在人们的心中延续。通过工匠、旅行者、说书人和人们的街谈巷议，埃及传统得以保持活力，而且时不时地有一些伟大的作家会重新传播它们，例如公元前 5 世纪的希罗多德，公元前 4 世纪的柏拉图、亚里士多德、塞奥弗拉斯特（Theophrastos）和涅亚尔科（Nearchos），公元前 2 世纪的尼多斯的阿加塔尔齐德斯（Agatharchides of Cnidos），公元前 1 世纪的凯撒、波西多纽（Posidonios）、狄奥多罗（Diodoros）、斯特拉波和维特鲁威，甚至还有我们自己的纪元*的不同的人，如《红海航海记》（*Periplos of the Red Sea*）的作者、迪奥斯科里季斯（Dioscorides）、约瑟夫斯（Josephos）、科卢梅拉（Columella）、塔西陀（Tacitus）、卢卡努斯（Lucanus），尤其重要的是公元 1

〔38〕《埃及编年史》（*Chronique d' Egypte*），第 11 卷（1936），第 406 页。

* 指基督纪元。——译者

世纪的普林尼以及3世纪的阿特纳奥斯(Athenaios)和索西穆斯(Zosimos)。

在埃及的土地上,希腊人与原住民的往来变得日益频繁,而且在第二十六(赛斯)王朝(公元前663年—前525
113 年)和波斯统治期间(公元前525年—前331年)变得越来越密切;[39]甚至在亚历山大开展对外征服之后,他们的交往变得更深入了。这一征服的结果是西方的东方化和东方的西方化,这些结果如此丰富多样,以至于我们无须强调它们。[40] 况且,它们所涉及的时代晚于本卷所论及的时代。我们在这里提到它们只是想说明在每一个时代东西方文化优势交替的连续性。这种交替从未停止,而且在今天仍在持续。但是它们在每一方的强度和节奏是随着时间的不同而有所变化的。

五、数学传统

在前几章中,当我们觉得引证方便时,我们已经列举了一些荷马时代以前的科学思想遗风的例子。在本节和以下几节中,对于所有这类例子,无论是否已经引证过,在大致按主题分类后,我们将尝试着把它们放在一起。其中有些例子

---

〔39〕 多米尼克·马莱(Dominique Mallet):《从公元前525年冈比西斯的对外征服到公元前331年亚历山大的对外征服时期的希腊人与埃及的关系》(*Les rapports des Grecs avec l'Egypte de la conquête de Cambyse 525 à celle d'Alexandre 331*, Mémoires de l'Institut français d'archéologie orientale, vol. 48, folio, xv + 209 pp.; Cairo, 1922)。

〔40〕 皮埃尔·茹盖(Pierre Jouguet):《马其顿帝国主义与东方的希腊化》(*L'impérialisme macédonien et l'hellénisation de l'Orient*, Paris, 1926)。茹盖令人钦佩地讲述了这段历史的一个方面,但还有另外一个方面,即西方的东方化,这一方面也许不像第一个方面那样有充分的文献证明,但从罗马史中可以读到这一点。参见萨顿:《地中海世界的统一性与多样性》,载于《奥希里斯》2,424–432(1936)。

的年代是相对比较晚的，不过，这无关紧要，因为如果古老的埃及思想在例如希腊化时代仍保留下来，那么，它们必然也会在整个这一间歇时期以某种不易被觉察的方式存在，无论这个时期有多长。对于有文字记载的思想，尤其是这样，这些思想也许会被遗忘，也就是说，记录它们的莎草纸或泥板可能遗失并且被埋葬了多个世纪，后来，它们又被重新发现并且获得了新的生命。然而，最古老的传统大体上都是口述传统，而口述传统如果不消亡根本就不会中断。

无论一种古代思想是否会永无休止地存在和传播，或者相反，它会消失一段时间抑或似乎要消失，并且时隔很长一段时期又突然出现，它的荣誉都必须归功于早期的发明者。许多这类思想都销声匿迹、湮没无闻了，但无论这个黑暗时代如何变化无常，它们都设法像有强韧外膜的孢子一样在那些不利的季节中生存下来，随后在荷马或赫西俄德（Hesiod）那里，或者在据说是爱奥尼亚哲学家的论述中或更晚的时期重新出现。

当一部希腊著作表述一种古老的埃及思想时，我们有必要假定，这种思想以正式或者非正式的方式，公开或秘密地传播到希腊人或其他人那里，或者他们重新创造了它。如果它没有得到表述，我们不能得出结论说它不存在或者没有得到传播。以无证据为理由的论证总是很无力的，而且往往是没有什么价值的。像泽唐（Zeuthen）[41]这样的人就使用了这种应当避免的论证，他评论说，在埃及的杰作中没有发现

---

〔41〕 H. G. 泽唐：《古代和中世纪数学史》（*Histoire des mathematiques dans l' antiquité et le moyen âge*，Paris，1902），第 5 页。

五边形或十边形,因而埃及的几何学不可能高度发展。很有可能埃及人不知道五边形的几何结构,而了解这种结构可能意味着某种相对较高的几何学素养。[42] 无论如何,他们在
114 工艺中不使用五边形这个事实并不能证明他们的无知,而他们使用它也不能证明他们了解它的几何结构。的确,即使没有任何几何学意识,把一个圆分成五个相等的部分也是很容易的。也许应该再补充一句,在迈锡尼艺术中出现的五边形装饰物,亦即一种起源于伊特鲁里亚人的正十二面体,在靠近帕多瓦(Padua)的洛法山(Monte Loffa)被发现了,而且不少于 26 件十二面体形式的产品和起源于凯尔特人(Celtic)的产品已经被重新发现了。[43] 简而言之,没有清晰的几何学知识,也能画出精美的几何装饰;而缺少这种设计只能证明缺少对它们的兴趣。最初的几何学家可能以一些类似于正三角形和正方形的木片自娱自乐,并且用它们搭立体角。这些立体角的组合,大概引导他们构造出了正多面体(十二面体除外)。由五个正三角形构成的立体角的底自然应当是一个正五边形。四个立体的五棱角放在一起就会构成一个正十二面体。

巴比伦有一些以五边形甚至七边形为基座的棱柱,但我们不能因为这个就认为,巴比伦的几何学家拥有关于这些基

---

〔42〕这可能意味着所谓黄金分割的知识,亦即按照中末比分割一条线[欧几里得(Eucleides):《几何原本》(*Elements*),第 2 卷,命题 2],[《伊希斯》*42*,47(1951)]。

〔43〕托马斯·希思爵士:《希腊数学史》(Oxford,1921),第 1 卷,第 160 页[《伊希斯》*4*,532-535(1922)]。

座的几何结构的知识。[44] 最早的关于正七边形的构造的专论大概是阿基米德(活动时期在公元前 3 世纪下半叶)的一篇文章,该文的原文已经遗失,但却保存在萨比特·伊本·库拉(Thābit ibn Qurra,活动时期在 9 世纪下半叶)的阿拉伯文版著作中。[45]

1. **埃及算术**。我们业已说明埃及人偏爱其分子为最小正整数的分数,并且倾向于用这样的分数来表示其他分数。那类更简单和他们所偏爱的分数,例如,1/72,被称为"第 72 部分"。希腊人对这些分数的表示法也是同样简单的,1/72 被写作 $o\beta'$ 或 $o\beta''$(就像我们写成 72′一样)。埃及人用单独的符号来表示 1/2 和 2/3,希腊人也是如此。这些不太可能是巧合。此外,我们可以在直至中世纪之初的希腊数学中发现埃及人的踪迹。

我承认,米哈伊尔·普塞洛斯(Michael Psellos,活动时期在 11 世纪下半叶)* 是一个后来的见证者,但按照他的观点,两位在同一时期(3 世纪下半叶)活跃于亚历山大的学者阿纳托里奥斯(Anatolios)和丢番图撰写过关于埃及计算方法的专论。两部较晚的数学纸草书,即 4 世纪的密歇根纸草书(Michigan papyrus)第 621 号和 6 世纪或 7 世纪的艾赫米姆纸草书(Akhmīm papyrus),以及在靠近艾斯尤特(Asyūt)

---

〔44〕耶鲁大学巴比伦收藏馆馆长费里斯·J. 斯蒂芬斯(Ferris J. Stephens)教授好心把这些(四个七边形和一个五边形)基座的素描赠送给我。它们是很不规则的,完全可以证明它们的设计是经验性的。

〔45〕卡尔·绍伊(Carl Schoy):《希腊-阿拉伯研究》("Graeco-Arabische Studien"),载于《伊希斯》*8*,35-40(1926)。

* 米哈伊尔·普塞洛斯(1017 年/1018 年—1078 年),拜占庭的作家、哲学家、神学家、政治家和史学家,其最重要的著作有《有关柏拉图论灵魂起源的学说的评注》(论文)和《编年记事》。——译者

的萨尔加旱谷(Wādī Sarga)发现的同一时期的科普特语陶片,都含有确凿无误的埃及人计算的例子。[46] 除此之外,托勒密(Ptolemy,活动时期在2世纪上半叶)[47]甚至其继承者普罗克洛(Proclos,活动时期在5世纪下半叶,当时最杰出的哲学家和教师、学园最后的主持人之一)[48]仍然按照埃及人的方式写分数。例如,普罗克洛把23/25写成1/2 1/3 1/15 1/50。

115 2. **米诺斯算术**。[49] 我们关于米诺斯数学的知识是非常有限的,因为米诺斯文尚未译解。不过有一点是很清楚的,即许多泥板包含着数字,业已发现,有可能对它们做出解释。[50] 它们表示数的方式与埃及的方式不同,但它们的计算方法无疑是埃及式的。这两个体系都是十进制的,不过,米诺斯的符号到千或万就停止了,而埃及的符号达到了百万的水平。米诺斯计算法最令人感兴趣的特点是一种百分数体系,许多泥板中提到的数字都经过整理以便使之组合成100。例如,在一块泥板上,上面记录的是两个数57+23总额

---

[46] 参见路易斯·C.卡宾斯基(Louis C. Karpinski):《密歇根数学纸草书第621号》("Michigan Mathematical Papyrus No. 621"),载于《伊希斯》5,20–25(1923),附1幅另页纸插图;《科学史导论》,第1卷,第354页。还可参见J.巴耶(J. Baillet):《艾赫米姆数学纸草书》(*Le papyrus mathematique d' Akhmīm*, Mémoires de la Mission archéologique française au Caire, vol. 9, 91 pp., 8 pls.; Paris, 1892);《科学史导论》,第1卷,第449页。W. E.克拉姆(W. E. Crum)和H. I.贝尔(H. I. Bell):《萨尔加旱谷》(*Wadi Sarga*, Coptica, vol. 3; Copenhagen, 1922),第3卷,第53页—第57页。

[47] 《天文学大成》(*Almagest*),第1卷,9。

[48] 普罗克洛于485年去世。学园于529年在查士丁尼(Justinian,东罗马帝国皇帝。——译者)的命令下关闭。

[49] 参见G.萨顿:《米诺斯数学》("Minoan Mathematics"),载于《伊希斯》*24*,371–381(1935–1936),附6幅插图,引自阿瑟·伊文思:《米诺斯王宫》。

[50] 这种情况就像玛雅考古学一样奇怪。我们无法解读玛雅语铭文,除非其中含有数字。玛雅人很早(大约在基督时代)就已经发明一种二十进制的数字体系。

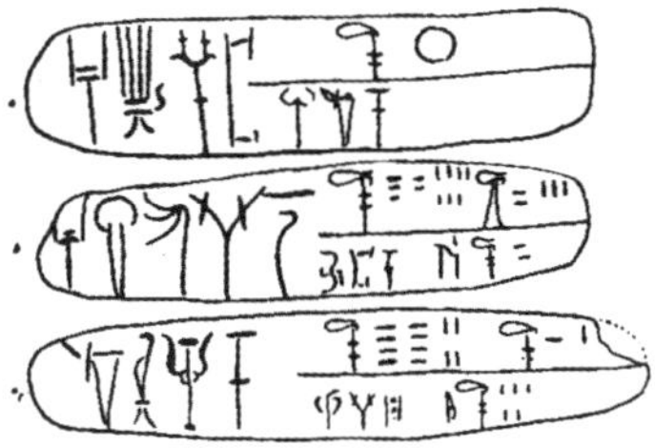

图 33　米诺斯算术：百分数泥板［引自阿瑟·伊文思：《米诺斯王宫》(London: Macmillan, 1921–1935)；参见《伊希斯》*24*, 375–381(1936)］

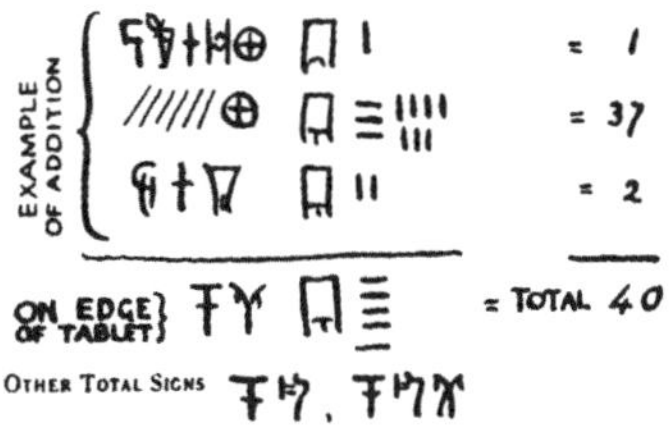

图 34　米诺斯算术：加法符号举例［引自阿瑟·伊文思：《米诺斯王宫》］

为 80；下面记录的是 20 以及表示“王权”的符号。这是否意味着皇家的份额是百分之二十？克里特人似乎已经发展出一种详尽的记录和计算体系，他们在这些问题上像我们一样具有商业头脑并且处事谨慎(参见图 33 和图 34)。

米诺斯文字的最终译解也许会给我们提供更多的有关他们的数学思想或科学思想的信息，不管这种思想是原创的还是来源于埃及人的，无论如何，埃及思想可以而且的确通过其他渠道传播到希腊。

3. **埃及几何学**。在一段经常被引用的话中，希罗多德说明了几何学的发明及其向希腊的传播：

此外(据他们说)，这个国王[51]把土地分给所有埃及人，使每人有一块相等的正方形的土地，他指定了一年所要交付的租金，以此作为他的税收来源。任何人在河边的土地如果

[51] 这个国王被命名为塞索斯特里斯，在第十二王朝(公元前 2000 年—前 1788 年)中有三个国王以这个名字命名。不过，希腊传说中的塞索斯特里斯是一个神话人物，不可能与任何一个已知的埃及国王是同一个人。以下那段引文引自艾尔弗雷德·丹尼斯·戈德利(Alfred Denis Godley)的译本(Loeb Classical Library)。

被淹没,都可以到塞索斯特里斯那里报告他的遭遇。于是这个国王便会派人去调查并且测量所减少的土地面积,这样,那个人就要按照土地减少后的面积缴纳指定的地租。我认为,希腊人从这里学到了测量土地的技术。至于太阳钟(sunclock)和日晷仪以及把一天等分为12个部分,则是从巴比伦而不是从埃及传到希腊的。[52]

116 当然,人们不仅在埃及发明了几何学,在其他地方也发明了几何学,因为对于任何一个文明的民族来说,显然很快就会需要它。埃及人的计算方法 *grosso modo*(大体上)看来好像是合理的;斯特拉波(活动时期在公元前1世纪下半叶)和普罗克洛都重申了它。苏格拉底在《斐德罗篇》中做出了较为广泛的断言:

我听说,那时候在埃及的瑙克拉提斯(Naucratis)有一位那个国家古代的神,他的灵鸟叫鹮,这个神自己的名字叫透特(Theuth)。[53] 正是他发明了数字、算术、几何学和天文学,他还发明了跳棋和骰子,最重要的是,他发明了文字。[54]

苏格拉底随后继续解释说,在那些发明中,最重要的是字母(*grammata*)亦即文字的发明。透特对埃及国王说:"哎,国王,这项发明将使埃及人变得更聪明而且能提高他们的记忆力,因为这是我所发现的增进记忆和智慧的灵丹妙药。"可是国王却不相信,并且担心文字会削弱而不是提高

---

〔52〕希罗多德:《历史》,第2卷,第109节。

〔53〕透特的名字现在一般拼写为Thoth。

〔54〕柏拉图:《斐德罗篇》,274 c。英译本由哈罗德·诺思·福勒(Harold North Fowler)翻译(Loeb Classical Library)。

记忆力，而且人们可能会阅读但不能理解。[55] 这是把学习和技能作为与智慧相对立的东西所做的最早的批评之一——对于每一个伟大的创新，这样的批评一次又一次被重复了。

在许多谈及爱奥尼亚哲学家的希腊残篇中，都包含着埃及人在数学和物理科学方面的发明。当我们一一论及这些哲学家时，我们将回过头来讨论这一点。早期的希腊作者一般认为，埃及是科学的摇篮，有求知欲望的希腊人都会设法访问这个国家，并且会花尽可能多的时间询问学者或者祭司。他们大概会失望，因为他们的希望太大了一点儿，而且祭司无法或者不愿意与异教徒和未开化的人交流太多的知识。然而，希腊访问者还是学到了一些东西，而且他们的欲望增强了并且变得集中了。那么，一个人从老师那里会获得什么呢？主要是启发和暗示，真正的知识必须靠每个人自己去获取。至于智慧，如果不是存在于他自身之中，它又会从哪里来呢？

一个较晚的证人、早期教父之一亚历山大的克雷芒（155年—220年）[56] 遗憾地叙述说，在谈到埃及数学时，阿布德

---

〔55〕透特说"*mnēmēs te gar cai sophias pharmacon hēyrethē*（因为记忆和智慧发现了药物）"，保守的国王回答说"*ucun mnēmēs all' hypomnēseōs pharmacon hēyres*（不是记忆而是启发发现了药物）"。

〔56〕参见《杂记》（*Strōmata*，第 1 部，第 15 章）；威廉·丁多夫（Wilhelm Dindorf）主编：《亚历山大的克雷芒著作集》（*Clementis Alexandrini Opera*，Oxford，1869），第 2 卷，第 57 页。第 15 章通篇讨论的是希腊哲学未开化的祖先，许多古代作者，主要是柏拉图，都被作为例证。在接下来的那一章中，克雷芒指出，未开化的民族不仅是哲学的发明者，而且是几乎每一项技艺的发明者。也可参见《杂记》第 5 部，第 7 章；第 6 部，第 4 章。英译本由威廉·威尔逊（William Wilson）翻译（2 vols.；Edinburgh，1867-1869）。

拉的德谟克利特(活动时期在公元前5世纪)的论述是最奇怪的。按照克雷芒的说法,德谟克利特断言:

我已经浏览了我这个时代任何人的大部分领域,研究了差异极大的部分。我已经观看了大部分天空和土地,我已经听说了众多博学之士的情况。在写作方面没有人超过我,在证明方面,甚至那些被称为拉绳定界先师(*harpedonaptai*)的埃及人也不如我,我曾与所有这些埃及人一起在流亡中生活了80年之久。

117 那些拉绳定界先师或司绳员是些什么人呢?他们是土地测量师还是建筑师?有人指出,[57]他们知道用一根绳子在地上画垂直线的技术,方法是把这根绳子打上4个结,使之按3∶4∶5的比例分开。情况可能是这样,但没有什么能证明它。[58] 更有可能的是,他们是一些土地测量师,肩负着为一些建筑物正确定向的责任,而对于这些建筑物,古代埃及人赋予了深奥的宗教意义。"拉绳"仪式(埃及人用语)就是用天文学方法来确定一个神庙的中轴线与子午线平行。[59] 一个祭司或教士通过一个分叉的枯树枝观看北极星;另一个人站在他前面拿着铅锤线移动,直到铅锤线与北极星看起来在同一方向时为止。[60] 然后,每个人在地上打一个桩,在两个桩之间拉开一条绳索来确定子午线。有可

〔57〕希思:《希腊数学史》,第1卷,第122页。

〔58〕不过,他们可能对 $3^2+4^2=5^2$ 这个命题以及一些类似的命题有一些了解。参见M.康托尔:《数学史讲义》(Leipzig,1907),第1卷,第95页,柏林博物馆卡汉纸草书第6619号。

〔59〕T.埃里克·皮特:《赖因德数学纸草书》,第32页。

〔60〕在一些非常早的实例中有实际使用的工具。参见路德维希·博尔夏特:《古代埃及的时间测量》(Berlin,1920)[《伊希斯》*4*,612(1921-1922)],第16页—第17页。

能,随后用上面所提到的被分成 3∶4∶5 的绳子或者其他方法,确定了东西方向上的垂直线。[61] 在建设一些大型建筑物或者实施其他建筑工程的过程中,也许常常需要司绳员的合作。在洪水泛滥之后,可能需要也可能不需要雇用这些司绳员来重新确定土地的边界。值得注意的是,我们在希腊文献中没有听说更多的关于他们的介绍。

4. **巴比伦数学**。讨论古埃及的数学遗产相对来说比较容易,因为古埃及的数学遗产就是那些,没有别的了。我们所知道的后期的文献,仅仅是对古代文献并非十全十美的重述。巴比伦的情况则极为不同,在公元前的两三个世纪中,在那里出现了大规模的数学和天文学的复兴。较晚时期的迦勒底的(*Chaldaioi*)数学家们并非不尊重古代的思想,相反,他们使之有了如此之大的发展,以至于他们无疑开创了一片新天地。影响诸如许普西克勒斯(活动时期在公元前 2 世纪上半叶)和杰米诺斯(活动时期在公元前 1 世纪上半叶)这些希腊作者的数学,肯定是迦勒底数学。的确,亚历山大的海伦(活动时期在 1 世纪下半叶)可能继承了更古老的几何学思想,但他的例子是个别的。

至于代数,巴比伦代数的有些部分可能传到了喜帕恰斯

[61] 例如,要画一条在 O 点与子午线相交的垂直线(图 35)。假设我们在子午线上量得 $OA = OB$,那么,取一条比 AB 长很多的绳子,通过在 C 点打一个结把它分成两个相等的部分。把绳子在 A 点和 B 点系牢。然后把结点 C 尽可能地向东拉,直线 OC 就是垂直线。对于埃及人来说,由于他们对对称的直觉理解,这一点是显而易见的。为了确认,向西重复这个过程,而 OC 和 OD 应在同一直线上。这种共线性很容易用 3 根木桩或铅锤线来验证。

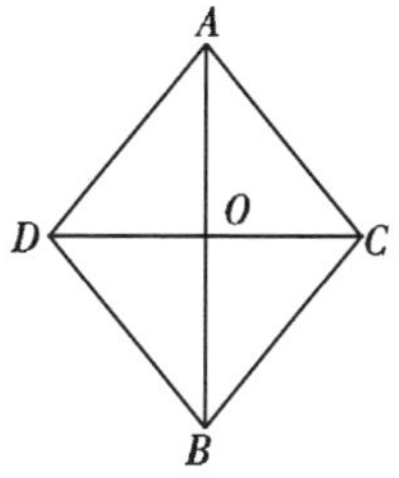

图 35

(Hipparchos,活动时期在公元前 2 世纪下半叶)[62],有些可能传到了亚历山大的海伦和丢番图(活动时期在 3 世纪下半
118 叶),但是阿基米德(活动时期在公元前 3 世纪下半叶)的发明大概是他自己独创的。[63] 当有人试图说明巴比伦思想可能已经传到了海伦和丢番图但却仍未引起其他希腊数学家注意时,他会强烈地体会到,对于我们来说,清晰的古代数学传统竟然如此之少,我们只能从这里或那里隐隐约约地看到一点。也许,必须反过来看才能发现奇迹;除了少数人之外,具有最高水平的古代数学从未引起其他人注意,而它的大部分保留至今,这难道不算是奇迹吗?

六十进制的思想可以追溯到上古时期,尽管希腊人是从迦勒底人那里获得这种思想的,我们仍然可以认为,希腊人的用法是相隔久远的苏美尔人之用法的继续。例如,托勒密把圆分为 360 度,[64]并且把小时分为 60 分钟。[65] 把赤道分为 360 度是一种非常古老的做法,可以与把每天分为 360 格相媲美。相反,把黄道分为 360 度则是从阿基米德时代才开始的。

希腊人从苏美尔人那里继承了六十进制,但是把它与十进制混合在一起,只在处理单位因数时使用六十进制,而在处理单位倍数时则使用十进制,这样他们使两种进制都受到了损害,并且开始了一种令人讨厌的混淆,时至今日,我们仍是这种混淆的受害者。他们放弃了位置原则,这一原则在

[62] 《伊希斯》*26*,81(1936)。

[63] 还可参见本书第 74 页。

[64] 托勒密:《天文学大成》,第 1 卷,9。

[65] 同上书,第 2 卷,12 中的列表。

1000 年以后又从印度重新引入。简而言之,他们对巴比伦算术的理解肯定是非常浅薄的,因为他们设法保持的是它最糟的部分,而忽略了它最好的部分。导致这种现象的原因必然是传统有缺陷而不是缺乏智慧,或者是由于我们应当记住的这个事实:智慧永远是相对的。希腊人以一种不同的方式运用他们的智慧,在他们遥远的苏美尔和巴比伦先辈们看来,有些简单的事物就像阳光一样清晰,但他们却没有看清楚这些事物。

六、天文学传统

希腊人继承了无数埃及人的思想,他们同时从巴比伦那里获得的激励更大也更持久。就我们所知,前荷马时代的天文学在很大程度上来源于埃及。赫西俄德(活动时期在公元前 8 世纪)在其著作《工作与时日》(*Works and Days*)的开篇概括了世界的五个时代的理论,我们来思考一下。按照他的观点,第一个时代是神圣的黄金时代,在随后的每一个时代,邪恶都在不断增加,直到他所处的那个时代,达到了登峰造极的地步,这位古代诗人悲叹道:"真希望我不是这第五个时代的人,真希望我在这之前就已经死去,或者在这以后才降生。现在真是铁器民族的时代,白天人们不停地劳作和悲伤,夜晚又在不停地堕落。诸神会把巨大的苦难降临在他们身上。"[66]这段话暗示着两个值得注意的问题。第一,为什么赫西俄德把他那个时代的人称为"铁器民族"?[67] 铁器时代在许多世纪以前就开始了,但是,在他的记忆中,铁器的引

---

〔66〕 赫西俄德:《工作与时日》(II. 174-178),参见"洛布古典丛书"中的休 · G. 伊夫林-怀特(Hugh G. Evelyn-White)的译本。

〔67〕 原文为 *Nyn gar dē genos esti sidēreon*。

入是一个新的和不祥的起点；他谈起铁器时代就像我们谈起我们自己的时代一样，我们把自己的时代称作机器时代，或
119 者称它为蒸汽时代或电力时代。第二，他对第一个时代的描述不又使我们想起前一章所引述的苏美尔人关于人的黄金时代的传说了吗？[68] 确实，在不同的地方可能已经独立地发展出了相同的观念。古代人见证了自己的衰退，并且感到变化着的世界越来越难以应对，对于他们来说，一切都从不好变得更糟的思想并非不自然。

天文观测技术在埃及和美索不达米亚都得到了充分发展，其中的某些知识或充分的暗示可能从这二者的每一方传到了爱琴海人那里。不过，由于所面临的问题如此自然，人们对它们的解决又非常有决心，因而有可能在不需要模仿或者至少在没有意识到模仿的情况下，同样的技术会被重新发现。埃及的天文学遗产在相当大程度上体现在埃及人对黄道十度分度、星座以及属于每个星座的星辰的探索；可以在不同的时代寻觅到这一遗产的踪迹。我们也许会回想起，埃及人把整个地平圈分成 36 个黄道十度分度；每一个分区都与黄道十二宫某宫的三分之一相对应，黄道十度分度的划分参照了赤道，而后来的黄道带的划分则参照了黄道，但由于他们没有把黄道十度分度和黄道十二宫的范围讲清楚，因此星群和有关它们的星辰传说就可能很容易地从一个体系游

---

〔68〕 对于赫西俄德与巴比伦人的相似观点，相关的专业讨论请参见金：《从君主国的建立到波斯对外征服的巴比伦史》，第 302 页及以下。

离至另一个体系。[69]

我们应当设想，巴比伦星期表中的某些知识或意识也向西方渗透了。至于历法，埃及或巴比伦的商人去哪里，它就会伴随他们到哪里。古希腊的日历是阴历，但也包含了对四季亦即对全年的考虑。使太阴周与太阳周相协调的唯一方法就是计算出它们的公倍数。在这方面，希腊人以巴比伦人为榜样，或者，他们可以利用巴比伦人的经验。

我们业已看到，巴比伦人已经发现了金星和水星的会合周期，他们还首创了“大年”的思想，大年亦即 36，000 年的周期，非常奇怪的是，这种思想在许多世纪以后竟然出现在柏拉图的《国家篇》中（参见本书第 71 页）。作为 3600 年一个周期的沙罗周期（saros）观念，可能也起源于很早的时期，但是，当人们使用“沙罗周期”这个词时，他们几乎总是想到一个短得多的周期，在公元前 5 世纪或 4 世纪以前，无论是

---

〔69〕有关黄道十度分度的传说，请参见威廉·贡德尔（Wilhelm Gundel）：《黄道十度分度和黄道十度分度星座·文明民族对星座史的贡献——对埃及星座和齐格弗里德·肖特的黄道十度分度诸神的研究》（*Dekane und Dekansternbilder. Ein Beitrag zur Geschichte der Sternbilder der Kulturvölker. Mit einer Untersuchung über die ägyptischen Sternbilder und Gottheiten der Dekane von Siegfried Schott*），载于《瓦尔堡研究》（*Warburg Studien*）*19*（462 pp.，33 pls.；Glückstadt：Warburg Bibliothek）1936［《伊希斯》*27*，344-348（1937）］。

巴比伦人抑或希腊人都尚未具有关于这种更短的周期的思想。[70]

对这个问题的误解如此之深和持久,因而有必要马上把
120 它们澄清一下。据信,早期的巴比伦人发现了一种 18 年的周期,[71]太阳和月球在这个周期结束时会像在周期开始时一样占据相同的相对位置。每一个沙罗周期都会在那些可能的相对位置上完成一次循环,因此,在一个周期中发生的日食或月食将会或者至少可能会在另一个周期中重复出现。然而,在早期的巴比伦的文献中并没有提到这种沙罗周期。要发现这样一个周期是极为困难的,这只不过是因为它所包

〔70〕“沙罗周期”这个词显然不是一个希腊首创的词,它的重音是不确定的,而且它非常晚才出现在一个希腊文献中,即阿比迪诺斯(Abydenos)写于大约我们这个纪元的初期的《亚述》(*Assyriaca*);参见卡尔·米勒(Carolus Mullerus):《希腊古籍残篇》(*Fragmenta historicorum graecorum*, Paris, 1851),第 4 卷,第 280 页。在这个文献中,该词的含义是一个 60 乘 60 年或 3600 年的周期。这个词来源于苏美尔语的这个词:沙尔(*shar*) = 3600。贝罗索斯(Berossos,活动时期在公元前 3 世纪上半叶)极有可能是巴比伦思想的传播者。具有重要意义的是,巴比伦人区分了 3 个以年为单位的周期,它们分别被称为(我引用的是希腊语的转述):瑟索周期(*sōssos*) = 60 年,尼禄周期(*nēros*) = 10 瑟索周期,沙罗周期 = 60 瑟索周期;我们再次注意到这种 10 进制和 60 进制的因子的典型混用。把“沙罗周期”这个词用来指 18 年一个周期则是一种误用,这种误用出现得很晚,大约是在 1691 年从埃德蒙·哈雷(Edmund Halley)开始的!参见 O. 诺伊格鲍尔:《古代天文学研究·三、巴比伦的月球运动幅度理论;五、哈雷的“沙罗周期”》(“Untersuchungen zur antiken Astronomie. Ⅲ. Die babylonische Theorie der Breitenbewegungen des Mondes; Ⅴ. Der Halleysche ‘Saros’”),见于《数学史的原始资料与研究》(*Quellen und Studien zur Geschichte der Mathematik*, Berlin, 1938), Abt. B, 第 4 卷,第 193 页—第 358 页,参见第 295 页;第 407 页—第 411 页。

〔71〕更确切地说是 223 个朔望月相当于 242 个交点月($6585\frac{1}{3}$天,或 18 儒略年加 11 天),在这个周期过后,新的满月将会回到与交点相对的同一位置上。

含的时间不是天数的一个整数倍而是多出 8 个小时。[72] “要在大约同样的时刻出现日食或月食,所需要的时间必须是这个周期的 3 倍;经过 54 年之后,[73] 可见的日食或月食将会在很大程度上按照同样的规则重现。如果我们把这些可见的日(月)食按照 54 年或 18 年的序列排列,那么就不难证明沙罗周期的存在。但是,找到或发现这个周期则完全是另一个问题。如果有人对这一周期一无所知,那么,给他一个任务,让他从例如奥波尔策的《日(月)食的规则》中,从一个完整的月食表中找出一个这些月食会以同样的方式重现的周期,他当然会觉得这是件非常困难的事。”[74] 对于早期的巴比伦人来说,纵使他们有完整的所有可见的日(月)食的一览表(这点非常令人怀疑),沙罗周期的发现依然不仅是很困难的,而且是不可能的。

科学的天文学,亦即我们所指的对天体运动的合理的解释体系,除了经验数据也许还有获得更多数据的方法以外,

---

[72] 参见特奥多尔·冯·奥波尔策(Theodor von Oppolzer):《日(月)食的规则》(*Kanon der Finsternisse*, Vienna, 1887)。O. 诺伊格鲍尔已经证明,虽然沙罗周期足以预见月食,但不足以预见日食。值得注意的是,希腊最早的关于日(月)食的文献是奥普斯的菲利普(Philippos of Opus,大约在公元前 350 年)撰写的,内容仅限于月食。参见诺伊格鲍尔:《古代天文学研究》。荷兰天文学家安东尼·潘内科克(Antonie Pannekoek)已经对这个问题做了十分清楚的说明,参见他的《沙罗周期的起源》(“The Origin of the Saros”),载于《荷兰科学院科学部学报》(*Dutch Academy, Proceedings of the Section of Sciences*) *20*,第 943 页—第 955 页(Amsterdam, 1918)。我的简短说明基本上是以潘内科克的观点为依据的,有些地方甚至借用了他的用语,因为要改变这些用语是不太可能的。

[73] 更准确地说,是 54 年 34 天。这个周期后来被罗得岛的杰米诺斯和托勒密(《天文学大成》,第 4 卷,2)称作沙罗三周期(*exeligmos*)。这是使朔望月和朔望日均为整数并且月球正好回到它以前的位置的最小周期。沙罗三周期这个词最初是用于部队的操练,指把士兵带到他们原来的位置,后来才用于天体的运行。

[74] 潘内科克:《沙罗周期的起源》,第 944 页。

没有多少应归功于早期的巴比伦人和埃及人。对这类说明的渴望是典型的希腊式的,而且这类说明的详细描述在许多世纪中一直占据着希腊人的心灵。对于有些希腊人,例如许普西克勒斯(活动时期在公元前2世纪上半叶)、杰米诺斯(活动时期在公元前1世纪上半叶)和西西里岛的狄奥多罗(活动时期在公元前1世纪下半叶),我们不考虑他们从美索不达米亚得到的知识,因为那种知识是比较晚的、希腊天文学形成以后的知识。我们也许可以说,科学天文学是希腊人的产物,或者,也许是晚期巴比伦人或迦勒底人的产物。

在我们这个纪元前的最后几个世纪中非常流行的"科学的占星术"是迦勒底人和埃及人的产物;但它也是希腊人的产物,是对到那时为止所积累的所有合理的和不合理的知识的不恰当的综合。占星术在有才智的和受过教育的人中之所以能取得成功,是由于它有着科学的外表和结构,它所传达的所有无稽之谈以及它的荒谬的目的,都利用了人们天性中的愚蠢和他们对奇迹的热衷。那种目的是极为古老的。人总是怀着极大的矛盾心理渴望知道未来,如果能够预见某种不幸,希望避开它。许多神话故事都是以这个主题为基础
121 的:在英雄出世时占卜者预见他会在某种特定的意外中丧生,要避免这种意外就要忍受痛苦,但意外还是发生了,而且英雄像预见的那样去世了。

由于"迦勒底的"和"埃及的"这些词都与占星术和其他迷信有联系,因而它们保留了某种神秘的意味。我们已经说明了"迦勒底的"这个词涉及的是某个后来的时代。"埃及的"这个词更为模糊,不过,就其神秘的意义而言,它与古代埃及没什么关系,而是与托勒密有关。已经通过希腊语、拉

丁语、阿拉伯语以及几乎每一种当地语言流传给我们的占星术思想，正是在托勒密时代（大致与迦勒底时代同时）第一次得到了详细而清晰的表述。[75] 在中世纪的著作如阿尼亚努斯（Anianus，活动时期在 13 世纪下半叶？）的著作中常常被引证的“埃及时期”，只不过是指那个时代凄凉的日子（*dies mali*）。[76]

托勒密的占星术在很大程度上来源于迦勒底，不过，它是古代巴比伦和古代埃及的幻想与希腊天文学的混合体。占星术世界观（*Weltanschauung*）在古代后期和中世纪的思想中占据统治地位，而且在今天仍未灭绝，这种世界观的创造证明，一些远古的天文学思想经历了黑暗的间歇之后幸存下来。

七、生物学和医学传统

无论在哪里，有关生命和死亡、健康和疾病的思想，以及延长生命或在患病时恢复健康的方法，必然都是最早引人关注的事物之一。我们可以料想，这些思想，或者至少，其中一部分最为人们赞同也最为恰当的思想，一代又一代地传播了数千年。可惜的是，它们并不像例如天文学思想那样实际和具体，结果，明确的传统的存在即使不是不可能，也是非常困难的。其中的许多思想非常简单也非常自然，以至于它们可

---

[75] 参见卡尔·贝措尔德和弗朗茨·博尔（Franz Boll）：《希腊作家笔下的占星术楔形文字原稿》（“Reflexe astrologischer Keilschriften bei griechischen Schriftstellern”），载于《海德堡学院学报（哲学类）》（*Sitzber. Heidelberger Akad.*, *Phil. Kl.*, No. 7, 54 pp., 1911）；弗朗茨·居蒙：《占星家的埃及》（*L' Egypte des astrologues*, 254 pp., Brussels: Fondation Égyptologique Reine Elisabeth, 1937）[《伊希斯》*29*, 511 (1938)]。

[76] 当然，每个时代都有一些“背运的日子”，就像我们这个时代的“13 日星期五”一样。

以(而且也的确)独立地出现在许多地方。

亚里士多德的《动物志》(*Historia animalium*)[77]的译者、博学的达西·W.汤普森(D'Arcy W. Thompson)已经指出,许多没有引起这位大师的批判精神注意的"粗俗的错误"一定是一些非常古老的错误,这些错误如此深地扎根于他的无意识之中,以至于他不曾想过要对它们提出质疑。在中世纪的动物寓言集中,出现了有关"山羊用耳朵呼吸、风使秃鹰怀孕、鹰因饥饿而死亡、用音乐捕捉牡鹿、火蜥蜴在火中行走以及独角兽和人头狮身龙尾兽"的传说,它们并不会使我们感到惊讶,但当我们在亚里士多德的著作中发现它们时,我们会感到震惊。达西爵士说:"其中的某些传说是通过波斯从远东传过来的;其他的[我们再次在埃及教士霍拉波罗(Horapollo)[78]那里遇到它们]只不过是对古代埃及宗教的艰深知识的通俗和寓言式的表述。"很容易看出,人头狮身龙尾兽来自波斯人,因为亚里士多德是从克特西亚斯(Ctesias,活动时期在公元前5世纪)那里得知关于它的故事
122 的,而它的名字是阿维斯陀语的;[79]其他传说也许可以从埃及人或其他东方人那里追溯到其起源,也许不能。这些寓言的传统也许是纯口述传统;这样的传统不会因为这个原因而

---

[77] 亚里士多德:《全集》(牛津译本),第4卷(1910)。我引证的他的论述见于他的《希腊的遗产》(*The Legacy of Greece*),第160页,重印于他的《科学与经典》(*Science and the Classics*, Oxford: Oxford University Press, 1940)[《伊希斯》*33*, 269(1941-1942)],第74页。

[78] 尼洛波利斯的霍拉波罗(活动时期在4世纪上半叶)是埃及考古学家,我们从一个较差的希腊译本得知,他用埃及古语写过一篇关于象形文字的专论。

[79] 亚里士多德谨慎地写道"但愿我们能相信克特西亚斯"(《动物志》,501A,25),但是他毫不犹豫地重复了关于那个虚幻的动物的描述。在古波斯语(阿维斯陀语)中,名词 *mantichōras* 或 *mantichoras* 的意思是杀人者。

削弱,但它可能会因此留不下任何踪迹。无论如何,我们很难想象亚里士多德对这些传说的研究;亚里士多德使它们重新流行起来并且赋予它们某种科学的声望,这是非常糟糕的。

他讲述的另一个传说[80]出人意料地可以追溯到埃及。亚里士多德谈到了可食用的海胆在满月时大量产卵。这在那时与在现在一样,是渔民的民间传说的一部分,[81]而亚里士多德却试图使它合理化。1924 年,一位英国的动物学家 H. 芒罗 · 福克斯(H. Munro Fox)研究了这些事实,并且证实地中海的海胆不会随着月球的运动“增加或减少”,但是,它们在红海的远亲在生育季节的每一次满月时都会有规律地产卵。换句话说,这个传说在红海是对的,但在地中海是错的。它可能非常早就从埃及人那里传到爱琴海地区,并且成为这里的民间传说,而且在我们这个时代以前,它在未经核实的情况下一直保留在这里。[82]

现在我们转向医学。大概可以认为,埃及的伊姆荷太普是左塞王(King Zoser,第三王朝,公元前 30 世纪初叶)的宰相,他获得了埃及人的颂扬并且最终被他们承认是医神。神化的伊姆荷太普成了阿斯克勒皮俄斯的原型。[83] 对于每一

[80] 亚里士多德:《论动物的构造》(*De partibus animalium*),680A,32。

[81] 这种民间传说扩展到了每一种贝类动物,按照假设,它们的增加和减少与月球的运动有关。

[82] G. 萨顿:《月球对生物的影响》(“Lunar Influences on Living Things”),载于《伊希斯》*30*,495-507(1939);参见第 505 页。

[83] 贾米森 · B. 赫里:《伊姆荷太普——左塞王的宰相和医生以及后来埃及的医神》(ed. 2,228 pp.,26 ills.;Oxford,1928)[《伊希斯》*13*,373-375(1929-1930)]。

个聪明的来访者或者任何一个健康受到危害的人来说,医疗方法与他们有着直接的利害关系,我们可以假设,这些方法有许多机会可以传到爱琴海人那里,从而传到他们的希腊后继者那里。希腊与埃及的关系在第二十六王朝(公元前663年—前525年)期间有了相当的发展,这也就是所谓赛斯复兴(Saitic Renaissance)。那时的国都是[尼罗河罗塞塔河口(Rosetta arm)的]西部三角洲的赛斯(Sais)。这个王朝的国王之一雅赫摩斯二世[Ahmose II,在希腊语中被称作阿马西斯(Amasis),公元前569年—前525年在位]允许希腊人在[在尼罗河卡诺皮克河口(Canopic arm)的]瑙克拉提斯建立他们自己的城市,希腊人很快就使那座城市成为埃及最重要的商业中心。这个希腊人聚集的中心与国都相距并不很远,它成为希腊与埃及多方面的相互联系的一个工具。[84]赛斯和瑙克拉提斯这两座城市成为亚历山大城的先驱,当然,所有这些都发生在公元前6世纪晚期,不过,这仍然是在希罗多德和希波克拉底时代以前。

希罗多德[85]注意到,“在埃及人中,医术的分工如此之细,以至于每一个医生只是某一类疾病的医治者,不会治疗别的病。全国各地到处都有医生,有些是眼科医生,有些是牙科医生,有些是医治腹部疾病的医生,还有些是医治隐疾的医生”。来源于古王国(大约公元前3400年—前2475年)的一些埃及文献证实了这段信息,在这些埃及文献中,我们发现了一些希腊文献中所提到的用象形文字书写的不

---

〔84〕布雷斯特德:《埃及史》,第590页—第591页。

〔85〕希罗多德:《历史》第2卷,第84节。

同医学分支的名称。[86]

埃及的某些寺庙很早就被用来作为医疗的场所。渴望 123
得到孩子但有病、苦于不能生育的妇女以及各种各样的病人，会在寺庙中过夜，有时会在这里度过许多日日夜夜，他们试图从神那里获得治疗或者安慰。祭司们会照顾他们，为他们祈祷、念咒语，有时会用“已被证明的”药物或一般的治疗方法为他们减轻痛苦。在有神的气味的寺庙中长时间休息，做着意味深长的美梦，享受沐浴的乐趣，这种情况似乎的确常常足以使病人的心灵得到抚慰、改变他们的状况，甚至会使他们痊愈。在这些寺庙中也许会收藏一些圣书和医书，以便为代祷和做护理工作的祭司提供指导。确实，两部柏林医学纸草书（一部可以追溯到公元前1350年—前1090年的第十九王朝或第二十王朝，另一部可以追溯到公元前1292年—前1225年拉美西斯二世在位的时期）大概属于孟菲斯的卜塔（Ptah）*神庙。希腊旅行者会参观这些寺庙，即使他们不能（很有可能是这样）理解这些书籍或者祭司们吟诵的信仰表白书，他们也一定会看到躺在寺庙院子里的病人，或者亲眼目睹祭司的服务。语言方面的障碍并不能阻碍这种知识的传播。西西里岛的狄奥多罗（活动时期在公元前1世纪下半叶）对归功于伊希斯（Isis）**的疗法的说明就是一个

---

〔86〕赫尔曼·容克：《埃及医学的专门化》（“Das Spezialistentum in der ägyptischen Medizin”），载于《古埃及语杂志》63，68-70（1927）。

* 埃及宗教中创造宇宙万物、保护手工艺人尤其是雕塑家之神。——译者

** 伊希斯意为众王之母，是埃及的主要女神之一，主要掌管生育、繁殖和丧仪等事宜。——译者

很好的例子。[87]

庙宿(希腊语为 encatheudein,还有许多其他词)实践在希腊寺庙,主要在那些供奉希腊的伊姆荷太普——阿斯克勒皮俄斯的寺庙中是非常盛行的。在整个中世纪期间,它在西方和东方的教堂中持续着,而且直到今天,在爱琴海诸岛或希腊大陆的地方教堂中仍然可以看到这样的实践。

知识的积累在任何领域都不像对生长在我们周围的植物的经验研究那样缓慢,人们要拒绝那些有害的植物,认识和接受那些可以用来作为食物和药材的植物。那些选择的过程贯穿史前时期,而最早的那几个王朝的埃及人和苏美尔人已经在享用他们久远的祖先遗留给他们的许多这类知识了。在他们的时代,他们必定至少把他们的一部分经验传给了所有与他们打交道的人——爱琴海人、腓尼基人、希腊人以及其他人。

要评估例如荷马时代的希腊人从他们的东方前辈那里所得到的恩惠,我们仍然缺乏一种最重要的工具,亦即一部好的语源学词典,这部词典应包含一些按照其不同的语源分类的希腊外来词的清单。[88] 这样的清单有可能揭示许多动

---

〔87〕参见赫里:《伊姆荷太普——左塞王的宰相和医生以及后来埃及的医神》,第 49 页—第 56 页,第 105 页—第 111 页;玛丽·汉密尔顿(Mary Hamilton):《在异教徒寺庙和基督教教堂中的庙宿或疾病治疗》(*Incubation or the Cure of Disease in Pagan Temples and Christian Churches*,234 pp.;London,1906);她在这部著作的第 98 页用英语提供了狄奥多罗的说明。

〔88〕我知道以下的部分清单,也许还有其他的。布雷斯劳的海因里希·莱维(Heinrich Lewy):《希腊语中的闪米特外来词》(*Die semitischen Fremdwörter im Griechischen*,268 pp.;Berlin,1895)。在乔治·柯歇斯(George Curtius)的《希腊语源学原理》(*Principles of Greek Etymology*,London,ed. 5,1886)第 2 卷的结尾,第 461 页—第 473 页,有一些梵语和伊朗语的索引。

物或植物名称的东方起源。由此有人可能会得出这样的结论，希腊人是通过与埃及人、巴比伦人、波斯人等的接触，了解这种或那种草本植物或者这种或那种动物的。可是，人们应当小心，不要过于刻板地运用这样的方法。希腊人了解得最早和最多的那些草本植物，也许会有一个新的希腊名称。因而，一些草本植物也许传过来了但没有留下其东方名称；也许相反，名称传过来了，但植物没有传过来，或者人们错误 124
地把这些名称与其他植物联系在一起了。[89]

八、技术传统

埃及人和巴比伦人都是伟大的建筑者和有独创性的工匠，正因为如此，他们不得不解决大量技术问题。对于任何来访者而言，他们所创造的那些杰作是显而易见的，输出到爱琴海地区或腓尼基的中间人的产品，或者由他们再输出的产品，可能会使这些产品原输出地的技术思想得以传播。爱琴海地区的建筑者可能从他们的埃及前辈那里学到知识，甚至可能借用了埃及的工匠。

考虑一下采矿业，近东的古代民族在这个领域已经获得了相当多的经验。腓尼基人把采矿传统传到地中海世界的其他地区。至少，当地的一些传说似乎证实了这个假设。据说，腓尼基的一位国王的儿子、半神话的人物卡德摩斯把采

〔89〕从那种观点对迪奥斯科里季斯（活动时期在 1 世纪下半叶）进行新的研究也许是值得的。参见马克斯·韦尔曼（Max Wellmann）：《迪奥斯科里季斯的植物名称》（“Die Pflanzennamen des Dioskurides”），载于《赫耳墨斯》（*Hermes*）*33*，360－422（1898）以及他所主编的迪奥斯科里季斯著作集（Berlin，1914）第 3 卷结尾处的几个索引，见第 3 卷，第 327 页—第 358 页。植物名称索引摘自潘菲勒斯（Pamphilos，活动时期在 1 世纪下半叶）的词典，这个索引的开头有一长串埃及语名称。

矿技术带到了希腊。他是第一个在马其顿的潘盖翁山区(Pangaion mountains)开采金银矿的人。另一位腓尼基王子萨索斯在爱琴海北部的一个岛上开采金矿,这个岛后来就用他的名字命名为萨索斯。[90]

在克里特岛衰落以后,塞浦路斯便成为爱琴海世界冶金业的中心,由于它靠近叙利亚海岸,它也迎来了最早的一些腓尼基定居者。伟大的萨摩斯岛的建筑者和工程师们,其中最著名的是欧帕利努(Eupalinos,活动时期在公元前6世纪),可能已经从一些非常古老的源头那里获得了他们的知识,因为欧帕利努本人就来自麦加拉。[91]

每一项单独的发明都需要某种专门的研究,这也许会证实希腊人要依赖于东方人这样的榜样,也许会证明希腊人有独创能力。我们来考察两个实例。有一种焊铁的方法在传统上被归功于希俄斯的格劳科斯(Glaucos of Chios,活动时期在公元前6世纪)。很难相信,早期的赫梯冶金家们会忽略这个问题,他们的处境常常迫切要求他们解决这个问题。埃及人在第一王朝初期就能够非常完美地完成焊金工作。[92] 希俄斯人的优势是,他们能使用乳香树脂[93]使空气与被熔合在一起的金属表面相隔绝。如果格劳科斯没有做出这一发明的话,那么,上述情况将使他能够完善这一发明。

另一个例子是水平仪。这个工具以及泥瓦匠和石匠使用的其他工具的发明被归功于萨摩斯岛的塞奥多罗

[90] 希罗多德:《历史》,第6卷,第47节。
[91] 同上书,第3卷,第60节。
[92] 皮特里:《埃及人的智慧》,第119页。
[93] 这是一种从乳香树(*Pistacia lentiscus*)中流出的树脂,希俄斯盛产这种树脂,它是所有那些时代财富的主要来源之一。

(Theodoros of Samos,活动时期在公元前6世纪)。现在的希腊水平仪(*diabētēs*,*libella*)与古代埃及人使用的水平仪是相同的。[94]

潘诺普列斯[95]的索西穆斯(活动时期在3世纪下半叶)在其著作中描述了许多配方,它们以及莱登(Leyden)化学纸草书和斯德哥尔摩(Stockholm)化学纸草书(3世纪下半叶)都来源于埃及,尽管现在仍不可能确定它们最初产生于古代的哪个时期。(有些可能是托勒密时代的,有些可能是希腊人而非埃及人的。)古代埃及工匠和他们在西亚的竞争者的卓越表现暗示,他们在对材料进行处理和化合方面做了许多实验。这样的技术经验很容易从父亲传给儿子、从师傅传给徒弟、从一个地方传到另一个地方,而且不用拘泥于著作的形式就可以传播数千年。我们可以放心地假设,希腊人以各种不同方式继承了许多这样的经验。 125

最后,我们听说一个阿哈伊亚*的王子为了学习训练马和驾驭战车,在大约公元前14世纪去过赫梯宫廷。[96] 赫梯人与阿哈伊亚人(Achaean)之间的其他接触暗示着,后者可能直接从赫梯人那里吸取了知识,而并不总是依赖腓尼基的中间人。

---

〔94〕克拉克和恩格尔巴赫:《古代埃及的石质建筑·建筑工艺》,第224页,插图264;这里还有关于其他埃及工具的说明。

〔95〕潘诺普列斯或齐米斯(Chemmis),在上埃及的尼罗河地区,即现在的艾赫米姆(Akhmīm)。

* 阿哈伊亚(Achaean),又译亚该亚,古代希腊南部、包括伯罗奔尼撒半岛北部在科林斯湾的地区。——译者

〔96〕乔治·孔特诺:《赫梯人和米坦尼人的文明》(*La civilisation des Hittites et des Mitanniens*, Paris: Payot, 1934),第142页。

九、神话

尽管神话已经超出了我们探讨的领域，但是，对于任何有关古希腊人受其东方先驱之影响的研究来说，都不能忽略神话。在任何时代和任何地方，异域的崇拜对象都会对一些人产生不同寻常的吸引力。看起来，希腊人或者说一部分希腊人很早就迷恋上了埃及和叙利亚的诸神。科学思想往往是深奥的，而技术思想则隐含在产品之中，需要某种重新发现；相对于科学思想和技术思想而言，宗教仪式和礼节是借用大量公开的和隐蔽的说明进行的。没有哪个来访者能够完全避开它们，如果来访者本人就有超自然的倾向，他很可能就会受到吸引和诱惑。埃及的那些以这种激动人心的方式受到崇拜的神，难道不会产生巨大的影响吗？它们难道不会帮助他得到拯救或者至少满足他的某些愿望吗？来访者也许会成为半个皈依者，心中怀着新的渴望和新的希望回到家乡。

在前一节中，我们从医学观点谈到庙宿，但庙宿本来是一种宗教仪式。对于埃及人来说，睡觉的人就是暂时到来世去做客，是暂时与死亡为伴。而当他在寺庙中睡觉时，他能够与诸神交流、与幽灵交流。像在埃及宗教中一样，在希腊宗教中也可以追寻到这种思想的踪迹。它赋予梦尤其是在寺庙中所做的梦以特殊的价值。我们或许可以假设，希腊人从埃及人那里继承了这种思想。[97]

---

〔97〕阿德里安·德·比克(Adrian De Buck):《古埃及特有的庙宿观念》(*De godsdienstige opvatting van den slaap inzonderheid in het oude Egypte*, Leiden, 1939)[《埃及编年史》*15*, 215(1940)]。有关希腊和东方的神秘仪式，请参见弗朗茨·居蒙:《不朽之光》(*Lux perpetua*, Paris: Geuthner, 1949)[《伊希斯》*41*, 371(1950)]，第235页—第274页。

东方宗教所产生的这种影响很可能在最初是泛泛的和模糊的。不过,倘若不是在更早的话,那么至少在公元前7世纪,伊希斯就已经开始了她对外邦的征服。希罗多德[98]说,昔兰尼的妇女崇拜她。当公元前6世纪瑙克拉提斯定居地在三角洲建立以后,埃及宗教的传播大大加强了,而且从那时以来,这种传播在稳步扩大。供奉伊希斯和其他埃及诸神的寺庙以及献给他们的铭文在许多岛屿都可以看到,甚至在神圣的提洛岛也可以看到。渐渐地,人们把埃及的神与希腊的诸神合在一起了,有时把他们同化了。希罗多德把阿蒙(Amon)与宙斯、伊希斯与得墨忒耳(Demeter)、奥希里斯与狄俄尼索斯(Dionysos)、猫头的帕诗特(Pasht)与阿耳忒弥斯(Artemis)、透特与赫耳墨斯、卜塔与赫费斯托斯(Hēphaistos)看作等同的。* 他似乎渴望从埃及的原型中为希腊的礼仪和神学追本溯源。我们已经说明了,在希腊,与伊姆荷太普对应的人物是阿斯克勒皮俄斯。[99] 126

在希腊,神秘的宗教仪式和宗教庆典满足着人们情感的需要,不承认它们所具有的巨大价值,就无法认识到希腊文

[98] 希罗多德:《历史》,第4卷,第186节。

* 阿蒙在古代埃及神话中号称是众神之王;得墨忒耳在希腊神话中是宙斯的姐姐,掌管丰收和农业事宜的女神;狄俄尼索斯是希腊罗马神话中的物产和植物之神以及酒神和狂欢之神;帕诗特是古代埃及的火神和保护家庭及孕妇的女神,最初是太阳神的一个分身,后成为爱和月亮的象征;阿耳忒弥斯是希腊神话中掌管野生动物、狩猎、植物、贞洁和生育等事物的女神;赫费斯托斯是希腊神话中的火神和锻冶之神以及工匠的保护神。——译者

[99] 在希罗多德以后,希腊有关伊希斯和奥希里斯的主要资料来源就是普卢塔克(活动时期在1世纪下半叶)的随笔《伊希斯女神嫁给奥希里斯》(*Peri Isidos cai Osiridos*),这一随笔是为德尔斐(Delphi)的一个女祭司写的。当然,这是一个比较晚的资料来源,但它包含一些古老的传说。参见普卢塔克的《道德论丛》(*Moralia*, Loeb Classical Library, vol. 5)中的原文。普卢塔克曾经去过埃及,但是他有关埃及问题的知识仍然是非常肤浅的。

化的高度复杂性。那些构成宗教内部生活的神秘仪式,在很大程度上都来源于外邦。它们不仅在各个社会阶层上渗透于民间传说之中,而且渗透在各种艺术、诗歌、戏剧甚至哲学之中。埃莱夫西斯神秘宗教仪式(Eleusinian mysteries)大概起源于埃及。[100] 埃莱夫西斯的主神有得墨忒耳,她是母爱的化身(对比一下伊希斯),还有特里普托勒摩斯(Triptolemos),他是播种玉米之神和犁的发明者(对比一下奥希里斯)。把埃及神话与希腊神话加以比较应当有所节制;(无论是宗教方面还是技术方面的)发明的传播常常仅限于一点点暗示,但这点暗示就像一个引起一场大火的火星。埃莱夫西斯神秘宗教仪式也许在很大程度上是独立于埃及宗教的,但追溯起来,它们与它非常接近。的确,在荷马的赞美诗中或者在品达罗斯(Pindaros)*、索福克勒斯(Sophocles)、柏拉图或普卢塔克的作品中所表达的对得墨忒耳的感情,埃及的祭司们也曾表达过。我们来回想一下索福克勒斯的话:“最幸福的是在思考过那些神秘宗教仪式后走向地狱的人们,只有他们才会知道生命的不朽,对于其他人

---

[100] 参见保罗·富卡尔(Paul Foucart):《埃莱夫西斯神秘宗教仪式》(*Les mystères d'Eleusis*,508 pp.;Paris,1914);马丁·P. 尼尔森(Martin P. Nilsson):《米诺斯-迈锡尼宗教及其在希腊宗教中的残留物》(*The Minoan-Mycenaean Religion and Its Survival in Greek Religion*,604 pp.,4 pls.;Lund,1928);乔治·莫蒂(Georges Méautis):《埃莱夫西斯神秘宗教仪式》(*Les mystères d'Eleusis*,92 pp.,ill.;Neuchâtel:La Baconnière,1934)[《伊希斯》*26*,268(1936)]。富卡尔夸大了埃及人的影响;尼尔森更愿把神秘宗教仪式归因于爱琴海文化的影响;莫蒂的小册子非常通俗,但比较概括,具有很强的可读性。

* 萨顿在他的这两卷《科学史》中,既用过 Pindaros(品达罗斯)也用过 Pindar(品达)来称呼这同一位希腊诗人。为避免给读者造成混乱,译者在翻译时,一律按 Pindaros 来译他的名字,即都译作“品达罗斯”。——译者

来说,那里不会有别的只会有痛苦。”[101]

俄耳甫斯教(Orphism)起源于色雷斯人(Thracian)和弗利吉亚人(Phrygian),而酒神节神秘仪式(Dionysian mysteries)大概来源于克里特岛和埃及。狄俄尼索斯-扎格柔斯(Dionysos Zagreus)的“神圣之心”标志着不朽和灵魂的游动。从公元前5世纪以来,俄耳甫斯教和酒神节神秘仪式趋向于与埃莱夫西斯神秘宗教仪式相结合。

埃及宗教对《旧约全书》的影响比对希腊文学更大一些。关于这一点在《箴言》和《诗篇》(Psalms)中都有确凿的证据。幸亏有了《七十子希腊文本圣经》(Septuagint),在公元前3世纪,那些埃及思想在希腊人的心中重新植入了埃及文化的种子,而这些种子在数个世纪甚或数千年以前曾经更直接地播撒在他们之中。

在汉谟拉比时代,苏美尔古老的恩利尔神被马尔杜克神取代了(或者被重新命名为马尔杜克),后来人们又把他与美、爱和丰产女神伊什塔尔(Ishtar)[102]联系在一起。伊什塔
尔是月亮女神,她能够影响海洋(潮汐)和妇女(月经)。腓 127
尼基人把对她的崇拜传到了不同岛屿,主要是塞浦路斯和(伯罗奔尼撒半岛东南的)基西拉岛。后来,希腊人认为她是从基西拉附近海水的泡沫里诞生的[因此她的名字叫基西拉的阿芙罗狄特(Aphroditē Cythēreia)]。阿斯塔特与月亮的联系不久转移到另一个源于亚洲的自然女神阿耳忒弥斯

---

[101] 奥古斯塔斯·诺克(Augustus Nauck):《希腊悲剧残篇》(*Tragicorum Graecorum Fragmenta*, Leipzig, 1856),索福克勒斯作品,753。

[102] 即西闪米特语中的阿斯塔特(Astarte),希腊语中的阿芙罗狄特(Aphroditē),拉丁语中的维纳斯(Venus)。

(Artemis)身上[阿耳忒弥斯即狄阿娜(Diana),最著名的以弗所神庙(the temple of Ephesos)就是供奉她的]。在希腊,对阿芙罗狄特和阿耳忒弥斯的崇拜在荷马时代以前就已经被接受了。

没有必要把这种脱离正题的关于神话的讨论扩大。我们可以普遍地得出这样的结论:希腊宗教充满了埃及和亚洲等异邦的因素。异邦的神给希腊人带来了多种异邦的观念,他们没有任何异议而且几乎是无意识地接受了这些观念。谁会怀疑神呢?

十、黎明之前的黑暗时光

这一章是富于暗示但又令人着急的,而不是给人以启示的。它无法对这个黑暗时代做更清楚的说明。即使这个时代本质上不是黑暗的,它在我们看来也是非常黑暗的,而且似乎不会再有比荷马黎明的前夜更黑暗的时期了。我们几乎不知道有什么确定的资料,我们只能猜测,但我们必须猜测,只要我们不把我们的猜测混同于确定的事实,这种猜测就无伤大雅。读者将会注意到,我们的许多猜测都是以相对较晚时期的事实为基础的。由于我们没有始于这个黑暗时代本身的文献,我们必须依赖后来的文献,并且相信那些后来的证据在一定程度上呈现了以前的情况。

我认为,从那些一个会使另一个得以加强的猜测中,可以确定相当有力的论据,以证明东方(尤其是埃及)对新希腊文明创造者的影响确实存在。我们应当非常谨慎,不要在质量和数量上夸大那些影响,但也不能过分低估它们,我们应时刻牢记以前提出的忠告,亦即我们决不应以为那些影响完全是在希腊文化以前。其中有些影响确实是在这种文化以前,但是埃及文化、巴比伦文化和希腊文化共同存在了数个世纪,因而相互的影响可能而且也的确贯穿了整个希腊的黄金时代,甚至超出了这个时代,在希腊化和罗马时代延续。事实上,它们在以后的那些时代达到了顶峰,不过,这些超出了本卷的范围。

那些可能藐视埃及影响的学者们也许会评论说,古希腊旅行者们从未学习过象形文字[103]而且不得不依赖翻译人员的谈话。也许的确如此,而且确实,翻译人员是不可靠的。但翻译人员有时所讲的的确是实情,或者说,他们讲述了相当多的事实,足以使贤明之士走上正确的道路。在相当晚的时候由希罗多德所写的那些传说,或者在更晚的 6 个世纪以后由普卢塔克写的那些传说,都包含着许多谬误,但是我更会对他们试图传播的真相的数量感到惊讶。在判断过去的时候,我们决不应忘记,任何传说甚至最可靠的传说,都存在着一些争论和不确定性。至于象形文字,尽管希腊人对它们都不了解,不过在埃及,懂得它们的人也不多。[104] 相对于一 128
个能够译解《度亡经》的埃及人来说,有成千的人知道该书的基本含义。他们是通过口头传说了解它的,他们会用同样的方式传播它。当希腊-埃及的渗透作用从公元前 6 世纪正式开始时,知识从埃及人向希腊人转移的渠道迅速增加了。

---

[103] 最早展现有关它们的基本知识的是霍拉波罗(活动时期在 4 世纪上半叶)的著作。

[104] 每个祭司都能阅读它们几乎是不可能的。请记住,在中世纪,我们自己的许多教士也表现出了这种无知,尽管相对于阅读象形文字或简化象形文字原文来说,获得有关拉丁语的知识无比容易。乔治・戈登・库尔顿(George Gordon Coulton)已经反复举例说明了一些牧师不了解拉丁语的情况,参见他的《欧洲学徒》(*Europe's Apprenticeship*, London: Nelson, 1940)。

我们可以肯定,这种快速增加的一个原因就是为它而准备了1000年甚至更长时间的漫长的沉思。

缺乏批判精神的希腊的支持者可能会强调,埃及人和巴比伦人的实用性和经验性知识包含着虚假的成分,而这种知识与希腊人的理性科学之间存在着深刻的差别。我相信,我对最早的埃及科学和苏美尔科学的说明无论多么简洁,凡是读过这些说明的人都能够对这样的评论做出回答。这些早期科学的许多部分都是真正的和令人钦佩的科学,它们某些部分的水平高于希腊初期的科学。夸大早期东方科学的非理性的部分,并且把它们与希腊科学最合乎理性的部分加以比较,而把希腊的神秘仪式以及其他非理性的情况掩盖起来,这样的做法是不公正的。

已故的约翰·伯内特(John Burnet)问到,如果希腊人从他们的东方先驱那里获得了如此之多的恩惠,那么,为什么希腊的发展没有更快一些呢?[105] 这是一个非常机智但具有双重意义的质疑。对于这个问题的任何可能的回答而言,有人也许会说,希腊人既没有直接获得最优秀的传统也没有直接获得最完善的传统(他们怎么可能呢),而只是得到了一些暗示。也有人可能会说,希腊人尚未做好准备立即接受这一传统,更不用说去改进它了。教育是双方的事,既取决于老师,同样也取决于学生。我们可以肯定,东方知识传统是不完善的、有讹谬的和多变的。每一种传统都是如此,因此,无论我们对它多么尊重,我们的尊重绝不应是盲目的。我们

[105] 约翰·伯内特(1863年—1928年):《希腊哲学》(*Greek Philosophy*, London, 1924),《第一部分:从泰勒斯到柏拉图》(*Part 1. Thales to Plato*),第4页。

必须永远做好准备去接受其精华并拒绝其糟粕。早期的希腊人在这方面过于天真了，老师像学生一样是不成熟的。那时常有这样的恶性循环。一个人所能学好的仅仅是他已经知道的东西。

如果来源于异国他乡的前荷马时代的知识仍然是非常模糊和不确定的，如果甚至在知识精英中，这种知识都不如了解他们南部和东部古老而丰富的文明的存在更有价值，再加上有某种渴望知识的好奇心，那么，这就绝不是可以忽略的事情了。无论优秀人才对知识的渴望什么时候被一些诱人的暗示唤起，通往知识的道路始终是开放的，而且无论最初多么缓慢，向着知识的前进必然都会加快速度。

至少看起来，证明的重担落在了那些否认或轻视东方影响的人的肩上，同样，也落在了那些与他们对立的人的肩上。像埃及文明和巴比伦文明这样的伟大文明总是在向外扩散，很难想象，这些扩散对于像希腊早期那样有才智和热情的人完全没有影响。那些否认这类可能性的人缺乏对东方文化的充分的认识，尤其是缺乏人类学方面的经验。这两方面的缺陷在一个世纪前是可原谅的，而现在就不能再容许了。

在荷马黎明以前的这个黑暗时代，希腊人并非无所事 129
事。他们慢慢地吸收爱琴海地区的流浪者和腓尼基商人传播的各种思想。在这方面，黑暗时代类似于基督教的中世纪。这两个时代都是无意识的同化和准备的时期。荷马和赫西俄德并不是从虚无中产生的。

第五章

希腊文化的黎明——荷马与赫西俄德

一、希腊的奇迹——《伊利亚特》

为了读者阅读的方便,有必要把我们的说明分成几章,不过最好记住,这样的划分或多或少是人为的。这些章并不是相互排斥的,它们所涵盖的领域是重叠的和相互联结的。因而,第四章所论述的时期把我们带到了迈锡尼时代或米诺斯文化晚期。荷马时代紧随其后,但其根源来自迈锡尼时代甚至前迈锡尼时代,因此,如果我们要正确评价荷马时代的繁荣,就必须尽可能多地依据迈锡尼文化和米诺斯文化来思考。

人们常常谈到希腊的奇迹,这是人们表达对希腊成就的惊讶和无力对它们做出解释的最简单的方式。这种惊讶恰恰始于迈锡尼时代即将结束之际,这个时候,新的希腊文化尚未完全摆脱它的起源的束缚。那个时代第一个也是最伟大的礼物,就是用希腊语创作的长篇史诗《伊利亚特》。

二、吟游诗人与史诗吟诵者

我们相信,对这部史诗的某种分析和描述是多余的。如果我们的某些读者需要这样的分析描述,他们很容易在许多地方发现它们,或者,他们可以读一读他们自己语言的这部诗作本身。按照古代的传说,《伊利亚特》为荷马所作,但是对于“谁是荷马”这个问题,人们除了回答说“《伊利亚特》的作者”外,很难再做出任何其他回答,而且似乎没有办法摆脱这种恶性循环。无论如何,当希腊文明成熟起来时,荷马声名鹊起,而且没有人怀疑他的存在。人们设想他是一个失明的老人,[1]常常吟唱或朗诵他的作品;有 7 个希腊城市[2]声称那里是荷马的出生地。这些不相容的主张即使以知识的外衣作掩护,也是对无知的最好证明。它们表明,甚至在 131
相对比较早的时期,荷马已不再是作为一个肉体凡胎为人所知了。这种现象是怎么出现的?如此伟大的诗作存在而其作者却消失了,这怎么可能呢?

对比较文学的研究[3]使得现在可以比较容易地解释这个谜团了。《伊利亚特》因其创作甚早和文字优雅而具有独一无二的地位,不过,在世界各地时不时地也有许多人创作出类似的诗作。同样的因素显然在各处都起作用;说明各自

---

〔1〕奇怪的是,在库迈方言中 *homēros* 与 *typhlos* 亦即“失明的”有相同的含义。从另一方面来说,在爱奥尼亚方言中,*homēreuō* 意为“领导”或“指导”。因此这个名字也许是对作者的身体或心灵的一种描述,就像人们说“这个盲人”“这个向导”或“这个诗人”时一样。

〔2〕这 7 个城市是士麦那(Smyrna)、罗得岛、科洛丰(Colophon)、萨拉米斯(Salamis)、希俄斯、阿尔戈斯(Argos)和雅典(Athenai)。这些名字很有意思。请注意,其中大多数是爱奥尼亚语。荷马使用的方言大部分也是爱奥尼亚语。

〔3〕尤其值得一提的是两位查德威克所从事的出色研究:《文学之发展》(*The Growth of Literature*,3 vols.;Cambridge:University Press,1932－1940)[《伊希斯》29,196(1938)],一位是赫克托·芒罗·查德威克(Hector Munro Chadwick),另一位是他的妻子诺拉·克肖·查德威克(Norah Kershaw Chadwick);该书第 1 卷(1932)论述了古代欧洲文学;第 2 卷(1936)论述了俄国文学、南斯拉夫文学、印度文学和希伯来文学;第 3 卷(1940)论述了鞑靼文学、波利尼西亚(Polynesia)文学、伊班族(the Sea Dyaks)文学和非洲文学,而且还有综合性研究。也可参见所罗门·甘兹:《文学的黎明》(“The Dawn of Literature”),载于《奥希里斯》7,261－515(1939)。

民族的起源和纪念古代的伟大事件的渴望,激励着许多民族的匿名诗人。他们的作品几乎都采用了诗体,因为对韵律内在的爱存在于每个人的心中;从另一方面来说,这种形式有助于记忆,这样,一个民族的档案无须书写就可以无限期地流传。的确,这些诗歌一般都是在相关的民族发明其文字以前创作的,至少是在文字流行起来以前创作的。吟游诗人从一个王宫旅行到另一个王宫,这有助于他们创作这些诗歌,并且可以为了使他们的主人获得娱乐和熏陶而朗诵这些诗。经过一段时间之后,某些非常受欢迎的诗歌,不仅在其一般的形式,而且在其讲述逸事和修辞风格方面都被标准化了。与现在的孩子们不一样,古时的人最喜欢古老的故事。一段新故事中自然要含有某种出人意料的成分,它足以取悦听众,而当人们认识到这是一个古老的故事时,当吟游诗人使人们想起他们所熟悉的英雄并用熟悉的词语描述这些英雄时,人们就更加快乐。那些给人留下深刻印象的绰号、比喻甚至整段诗句,一旦吸引了人们的想象力并激发他们的幻想,就会逐渐地得到人们的期待并且赢得人们的笑容或其他赞许的表示。[4] 诗艺娴熟的吟游诗人很快就认识到,不应省略它们。涉及叙事诗的形式或内容的其他特点,以同样的方式逐渐确定了下来。

我们可以假设,大多数吟游诗人很像我们的音乐家,他

〔4〕重复的短语和诗句的数量非常大,这不足为奇,因为重复在一定程度上是本能的,在一定程度上是有条理的,任何东西都会使人回想起人们所喜爱的谚语。参见亨利·邓巴(Henry Dunbar)著作中《伊利亚特》《奥德赛》以及赞美诗的类似段落的词汇索引,见他的《〈奥德赛〉和荷马赞美诗全部词汇索引》(*Complete Concordance to the Odyssey and Hymns of Homer*, Oxford, 1880),第 391 页—第 419 页。

们从一个地方走到另一个地方并且演出他们的保留节目，他们的补充即使有也是非常少的。他们的技能体现在大量的记忆和充分的解释方面。少数吟游诗人更为雄心勃勃，他们渴望创作新的民谣或者对旧的民谣进行全面改造；他们很像今天的演奏能手，这些人不满足于诠释伟大音乐家的作品，而渴望演出他们自己的作品。在（必须找到某种表现方法的）创造能力与被动的记忆之间的整个领域，存在着无数变化的空间，但是，每个民族的民谣歌手和抒情诗人在这方面都是相似的：他们都充分利用同样的民族记忆库中的原始资料；这种需要，即使同样的公众得以满足，限制和引导着他们的创造和诠释能力，而公众的倾向总的来说是保守的。除了 132
朗诵已经获得人们喜爱的民谣之外，他们没有更好的取悦他们的支持者的方法和获得这些人好感的方法了。无论吟游诗人有多么伟大的独创性，他们在结束朗诵时的做法，与那些演奏能手在其演出曲目或加演曲目中加入人们所喜爱的老作品的做法是一样的。我们通常把荷马称作诗人[5]，而诗人是这些早期的吟游诗人中最成功的人。我们不可能知道他究竟创作了多少诗歌，不过，可以放心地假设：无论他创作了多少，他从他的前辈那里继承的东西更多，而且他有助于使他们最好的作品与世长存。很有可能，他主要是一个天才的“编辑者”，他把他所能够收集到的最优秀的民谣汇编在一起，并且巧妙地使它们相互协调，形成一个整体。这一假说有助于解释《伊利亚特》整体上的统一以及偶尔出现的

〔5〕*Aoidos*=*vates*，诗人，预言家。这个词出现在《伊利亚特》，第24卷，第721行，而且常常出现在《奥德赛》和赫西俄德的著作中。

失误，例如不必要的重复或不完整的传说。

通过对各种早期文学作品的比较研究，更明显地，通过代表它们的富有生命力的代表作的演出，就可以很容易地理解这些吟游诗人和后来的史诗吟诵者[6]的方法。已故的米尔曼·帕里（Milman Parry，1935 年去世）在这方面所做的工作是令人敬佩的。他是哈佛大学的语文学家，曾带着录制设备在南斯拉夫旅行，并且，他正是从史诗吟诵者口中收集到两部广受欢迎的非常长的史诗。不幸的是，一次事故使他的生命终止了，他无法完成他的任务了。[7] 有可能，荷马时代的史诗吟诵者在观点、气质和方法方面与南斯拉夫的盲人诗人胡索（Huso）没有本质的区别，帕里所付出的努力使得胡索背诵的诗文名垂千古。

对于我们来说，评价口述传统有一点困难，因为它意味着记忆长篇诗作的能力，而这种能力现代人几乎完全丧失

---

[6] *Rhapsōdoi*=诗歌集装订者或诗歌集订书工。赫西俄德《工作与时日》（V，67）第一次把这个词用于荷马诗歌的朗诵者，不过，这个词初创时可能是表述早期吟游诗人的活动而不是后来朗诵者的活动，随着史诗逐渐得到推崇，朗诵者的首创精神减弱了。

[7] 由于帕里在能够充分利用他的资料之前就去世了，年仅 35 岁，他的成就没有得到理应得到的注意和赞扬，因此，以下详情也许会受到欢迎。他从 90 位不同的歌手口中录制了 2550 多张双面唱片。他的记录包括两部分别长 13，000 行和 12，000 行的史诗（2200 张唱片）和 300 首被称作女人之歌的其他歌曲（350 张唱片）。在许多情况下，他从不同歌手那里录制了相同的民谣或歌曲，或者经过几天或几个星期的录音间隔之后，他从相同的歌手那里把相同的民谣或歌曲录制了第二遍。这使得人们可以比较个人的变化，并且更好地理解口头传播的规则性和不规则性。帕里是在口头传诵的英雄诗文正在迅速消失的危急时刻开展他的工作的；对于他来说，那些远古的传说也许已经完全遗失了。这些详情来自匈牙利作曲家贝拉·巴尔托克（Béla Bartók）的文章[载于《纽约时报》（*New York Times*）1942 年 6 月 28 日]，他曾研究过帕里的记录，尤其对它们的音乐方面感兴趣。也可参见哈里·莱文（Harry Levin）：《一位荷马学者素描》（“Portrait of a Homeric Scholar”），载于《古典杂志》（*Classical J.*）*32*，259－266（1937），附有帕里著作目录。

了。如果我们没有丰富的证据,那么,有些人有过这种能力可能在一定程度上是令人难以置信的。[8]

三、谁是荷马? 133

“谁是荷马?”这个问题如果被理解为是在问:他是哪种人?他与其他吟游诗人有什么区别?他生活在哪里?他生活在什么时期?那么,这个问题是没有答案的。不过,“是否曾有某个叫荷马的人?”这个问题则是一个非常恰当的问题。我认为,我们可以对它做出肯定的回答。若非如此,《伊利亚特》非同寻常的统一性就无法解释,尽管它是不完整的。无论它的不同部分是如何以及何时创作的,都需要有一位最重要的吟游诗人把它们按照某种顺序汇编在一起,这种顺序与流传至今的这部作品的顺序大概没有多大区别。

我们稍后将回过头来讨论它的口传方法。我们先来考虑一个更根本的问题:《伊利亚特》完成于什么时期?特洛伊战争(Trojan War)的战事情节构成了这部史诗的历史中心,但希腊年代学家对这一时期的确定不尽相同,从大约公

---

〔8〕这种能力对我们来说似乎是不可思议的,所罗门·甘兹在《文学的黎明》中引述了各种有关这种能力的例子,见《奥希里斯》7,第 304 页—第 308 页,第 353 页,第 384 页—第 385 页和第 407 页(1939)。圣伯夫(Sainte Beuve)在对乔治·格罗特(George Grote)的《希腊史》(*Historie de la Grèce*, Nouveaux lundis 10, 61, original date 1865)的评论中,提供了一些法国最近的例子。在 1883 年从孟买寄给马克斯·米勒的一封信中有关于 Vaidika[亦即懂得《吠陀经》(Vedas)的人]的近乎全面描述;参见《弗里德里希·马克斯·米勒的生平与书信》(*Life and Letters of Friedrich Max Müller*, London, 1902)第 2 卷,第 134 页。

相比之下,以下这个故事说明了印刷术的普及而导致的新观点。听众们发现,那不勒斯(Naples)一位年迈的“cantastórie(说书艺人)”将要失明了;他假装在读阿里奥斯托(Ariosto)的《疯狂的罗兰》(*Orlando furioso*),但实际上是在背诵这部诗作。这个发现最终使他失去了他们的尊敬。参见马克·莫尼耶(Marc Monnier):《意大利的流行传说》(*Les contes populaires en Italie*, Paris, 1880),第 78 页。这件事发生在 19 世纪 70 年代。

元前 1280 年到公元前 1180 年。一个世纪的不确定对我们来说无关紧要,因为在各种事件与这部史诗的完成之间所流逝的时间肯定比这长许多倍。[9] 该诗的某些组成部分,例如船只目录或希腊远征军目录[10]都是非常古老的,至少反映了更早的特洛伊时代以前的情况;对这些组成部分在艺术上的整合,不可能在公元前 10 世纪或公元前 9 世纪很久以前就出现。[11] 如果我们在这二者之中只能选定一个世纪,那么,选定公元前 9 世纪不会有很大的错,也就是说,这个时代几乎与以前和以后的事件的时期都符合。

在这里,进行更深层的讨论是不恰当的,而且讨论得越深就越不恰当,因为那样的讨论,无论多么详尽,可能都无法令人信服。我还是只强调一点吧。关于《伊利亚特》所使用的文字,除了附带的"普罗托斯(Proetos)把柏勒罗丰(Bellerophon)送到吕基亚,把害人的符号交给他,在折起的信笺上写下的符号密密麻麻,乃是国王[对柏勒罗丰]之恶感的表达",[12]此外再没有别的地方提及过(在这个问题上

---

〔9〕 与之相比,《罗兰之歌》(*Chanson de Roland*,11 世纪下半叶)是在激发其创作的事件发生了 3 个世纪之后才完成的。

〔10〕《伊利亚特》,第 2 卷,第 494 行—第 779 行。

〔11〕 按照埃及年代学,诗中所描述的那些事件发生在第二十王朝(公元前 1200 年—前 1090 年)或第二十一王朝(公元前 1090 年—前 945 年);这部史诗则属于第二十二王朝或利比亚王朝(Libyan Dynasty,公元前 945 年—前 745 年)。

〔12〕《伊利亚特》,第 6 卷,第 168 行—第 169 行:*pempe de min Lyciēnde, poren d' ho ge sēmata lygra grapsas en pinaci ptyctōi thymophthora polla*。

Grapsas 这个词不会使我们误解。*Graphō* 这个词早期的含义是刻画;后来,过了很久以后,它被用来指描绘、画(希罗多德:《历史》,第 2 卷,第 41 节)或写(希罗多德:《历史》,第 1 卷,第 125 节)。*Anagignōscō* 这个词的含义是熟知、认识,品达罗斯(大约公元前 522 年—前 442 年)最早用它来指阅读,而希罗多德(《历史》,第 1 卷,第 124 节、第 125 节等)则首先用 *epilegomai* 来指同一个意思。在品达罗斯以前,没有一个词表示阅读。希罗多德第一个用叙利亚语的 *biblion* 这个词来表示纸,亚里士多德则用这个词来指一本书。

《奥德赛》也是如此)。我并不怀疑,“害人的符号”这些词所描述的是某种文字,就像阿瑟·伊文思爵士在克里特岛所发现的米诺斯文字那样。顺便说一句,吕基亚是克里特的一个殖民地。因而,荷马史诗可以用来证明那时人们已经知道某种文字,但是,这种证明是多余的,因为我们已有许多关于那种文字的实际例子,尽管它们尚未被译解。那时候,文字已经为爱琴海世界所知了。它大概是克里特人的发明。它的使用限于碑文、法律或巫术方面的记录、财产目录、账目以及其他非常短的专业文献。没有任何一个吟游诗人曾想过在文学方面使用它。这并不仅仅是一种希腊的地域性现实,而是一种普遍的现象,人类学家和比较语文学家已经证明了这一点。在文字的发明与它得到普遍使用之间,可能会有一段时间间隔,这个间隔也许会持续数个世纪。由于传统根深蒂 134
固,或许也是为了吟游诗人既定的利益,英雄史诗不会在文字最早的应用范围之列,而可能是它最晚的应用对象之一。

我们可以肯定,除了在个别的和多少有些神秘的交流方式的情况下,荷马没有意识到书写,这种方式可能在例外的情形中被使用,但与作家无关。毫无疑问,他从来没有想到把他的作品写下来。而且,他怎么能这样做呢?如果文字的发明不是在书写材料发明时完成的,那么,这种发明对于文学就没有什么价值可言。在荷马时代,尚无这样的材料可以适用于长篇作品的写作。在第二十六(赛斯)王朝亦即在萨姆提克一世(Psametik Ⅰ)统治时期(公元前663年—前609年)以前,希腊还没有可以利用的莎草纸。

四、关于《伊利亚特》的更多问题

《伊利亚特》是欧洲文学最早的不朽杰作,相对于任何篇幅或任何质量的作品而言,它都是最早的一部不朽之作,不仅如此,在具有最高的艺术成就和非常大的篇幅方面,它也是一个"奇迹",而这一点实在是令人费解。[13] 当然,篇幅并没有什么价值可言,但一部完整的长诗比它的一部分更有价值。另外,在欧洲文学初期,我们不仅能看到最古老的诗人小试牛刀的少量短篇作品,还能看到集诸多人和诸多世纪的成就之大成的文学巨著,这的确令人称奇。我们仿佛看到了一个最早的建筑杰作,而它似乎已经像一座杰出的中世纪天主教堂一样宏大和精美了。《伊利亚特》在写作方式和风格方面都接近于完美,以至于直到今天,它依然是卓越的典范。我们钦佩它并非纯粹因为它的古老,我们的钦佩与此无

---

〔13〕这部西方最早的史诗也是篇幅最长的。它总计有 15,693 行诗句。为了比较,这里有些涉及其他史诗的数字:《奥德赛》总计有 12,110 行诗句,《埃涅阿斯纪》(*Aeneid*)有 9895 行,《神曲》(*Divina Commedia*)有 14,233 行,《失乐园》(*Paradise Lost*)有 10,565 行。《经受爱的考验的人》("The Man Put on Trial for Love")或《被爱折磨的人》("The Man Tormented by Love")[《爱的炼狱》(*Erōtocritos*)]大概创作于 16 世纪上半叶,一般认为,其作者是克里特岛斯蒂亚(Stia)的比森泽·科尔纳罗(Bitzentzos ho Cornaros)或文森泽·科尔纳罗(Vincenzo Cornaro),它总计有 11,400 行政治诗体的诗句(诗句为 8 加 7 个音节)。上面提到的两部南斯拉夫史诗分别有 13,000 行和 12,000 行。值得注意的是,所有这些诗具有同样的数量级,最长的诗比最短的诗长大约 50%。确实,《罗兰之歌》(11 世纪下半叶)和 14 世纪以前的拜占庭史诗《迪格尼斯·阿克里塔斯》(*Digenēs Acritas*)都稍短一些,它们都少于 5000 行。参见卡尔·克伦巴赫尔(Karl Krumbacher):《拜占庭文学史》(*Geschichte der byzantinischen Literatur*, Munich),第 2 版(1897),第 827 页—第 832 页,第 870 页—第 871 页;亨利·格雷瓜尔(Henri Grégoire):《迪格尼斯·阿克里塔斯》(*Digenis Akritas*, New York, 1942)[《伊希斯》*34*, 263 (1942-1943)]。

而另一方面,东方的史诗更长一些。《摩呵婆罗多》(*Mahābhārata*)大约有 220,000 行,《罗摩衍那》(*Rāmāyana*)大约有 48,000 行,菲尔多西(Firdawsī,活动时期在 11 世纪上半叶)的《王书》(*Shāhnāma*)有 60,000 行,贾拉尔丁·鲁米(Jalāl al-dīn-i-Rūmī,活动时期在 13 世纪下半叶)的《玛斯纳维》(*Mathnawī*)有 26,660 个对句。这是典型的东方式的奢侈。西方史诗的长度对于人的能力和寿命来说更为适当。

关。事实上绝大多数评论家大概都承认,在所有西方的史诗中,可能除了《奥德赛》以外,它是最优秀的。然而,请允许我再重申一次,《伊利亚特》这部史诗不是在希腊文化行将结束或者达到其高峰时期出现的,而是在这种文化的初期出现的,或许我们可以说,它是在希腊文化开始以前出现的。[14] 荷马确实是希腊文化的先驱,是欧洲文化的先驱,是 135
西方文化的先驱——他是如此高大的一个先驱,因而他仍然使我们黯然失色。这难道不是一个奇迹吗?或者说,难道人们不会认为难以解释的事物更神奇吗?

五、《奥德赛》·荷马Ⅱ

此外,奇迹并非孤立的,或者说,如果它是暂时的,它就不会持续如此长久。第二部史诗《奥德赛》逐渐形成了。我们可以确定,它的完成晚于《伊利亚特》,也许晚一个世纪或更多时间。我们必须假设这部诗作有一个作者或编者,就像我们对《伊利亚特》所假设的那样。事实上,按照传统,这两部史诗都被认为是同一作者——荷马所作。为了使那种传统与根据内在证据所推断的可能的情况相一致,我想建议把《伊利亚特》的作者称作荷马Ⅰ,把《奥德赛》的作者称作荷马Ⅱ。这不会使他们相差太远,这甚至不会完全排除这种(微小的)可能性,即荷马Ⅱ可能与荷马Ⅰ是同一个人,但已

---

〔14〕在这方面,希腊文学与拉丁文学有着巨大的差异。荷马是在希腊时代开始或者在此以前出现的;与之形成对照的是,维吉尔生活在罗马纪元683年至734年(公元前70年—前19年)。罗马人在具有值得一个伟大民族夸耀的文学之前,在政治上已经成熟了,并且获得了相当大的国际实力。在第二次布匿战争结束时(公元前201年),他们的文学成就仍然处在较低的水平;只是在征服希腊半个世纪以后,他们的文学抱负才被充分激发出来。

经老了很多。[15]

当认定这两部史诗属于不同时代时，最好要记住，对时代的这种确定总是模糊的。由于每一部诗歌所包含的故事、思想、一定的措辞或诗句代表着年代学的不同层次，因而，对于每一部诗歌来说，其漫长的融合和标准化的过程所包含的阶段彼此也不同。没有哪一部诗作能够在某个确定的日期完成。无论一个人研究词汇方面、语法方面、修辞方面还是韵律学方面的特性，他都会发现，《伊利亚特》和《奥德赛》有许多共同的东西。[16] 的确，这二者具有一些共同的杰出特性，即思想和措辞都质朴无华，情节发展迅速（而这与东方史诗情节缓慢、幻想丰富和过于浮夸形成了对照）。

《伊利亚特》与《奥德赛》在主题和基调方面的差异是相当大的。《伊利亚特》讲述的是关于战争的故事。《奥德赛》讲述的是关于和平、家庭生活、商人、旅行者和移住民的故事；它既充满浪漫色彩又充满巫术；它既包含着相当多的迷信因素，同时也包含着相当多的道德说教因素。《奥德赛》有着更深刻的艺术统一性，它的基调也更为温和。它是一种长篇小说，是世界文学史上的第一部长篇小说[17]。另外，它还有某种道德目的。沃纳·耶格（Werner Jaeger）说："读《奥德赛》不可能感觉不到，从整体上讲，它的态度就是有意识

---

[15] 《伊利亚特》和《奥德赛》不是同一作者这种思想，绝不是什么新观念。这种思想可以追溯到希腊化早期时代，亦即大约公元前3世纪，那时持有这种思想的学者被称为 *hoi chōrizontes*（分身者），而他们的观点被普遍拒绝。

[16] 有关详细的比较，请参见卡尔·罗特（Carl Rothe）：《诗歌〈奥德赛〉与〈伊利亚特〉的关系》（*Die Odyssee als Dichtung und ihr Verhältnis zur Ilias*, 370 pp.; Paderborn, 1914）。

[17] 埃及人给我们留下了一些短篇故事，但没有留下足够篇幅的长篇小说。

地进行教育,尽管这部诗的许多部分没有教育的痕迹。这种印象来源于精神冲突与发展的普遍性,这种普遍性是与有关忒勒马科斯(Telemachus)的传说的外部事件相对应的——其实这才是它们的真正情节,并且使它们达到真正的高潮。"[18]在这两部诗之间存在着一段明显的和平文化与都市化的间隔,尽管没有人能够准确地说明这个间隔可能持续了多久。这也许是一两个世纪的问题;而从另一方面来说,前后相继的两代人的自然差异,较老的人更好战,较年轻的人更爱好和平,或者,年迈者的成熟与他自己年轻时的鲁莽的 136
差异,都足以说明这种区别。

在我看来,以下这些是关于间隔较长的最好的论据。《伊利亚特》14 次提到青铜时代,而且以同样多的次数提到铁器时代,而《奥德赛》只提到过 4 次。这个事实意义重大,因为这些差异可能并非蓄意造成的;诗人们几乎不可能思考这个事实,而只是各自简单地对自己所处的环境做出反应。这两部史诗都有其青铜时代的根源,但荷马Ⅱ更熟悉铁,而不像荷马Ⅰ那样熟悉青铜。

如果我们假设,《伊利亚特》大约是在公元前 9 世纪中叶完成的,我们或许也可以假设,《奥德赛》是在一个世纪以后完成的,但这至多只是一种看似合理的猜想。做了这样的限制后,下面比较简单的做法就是坚持古代的传统,并且把"荷马"当作一般而言的荷马式诗歌的作者来论述。那些诗歌,尤其是《伊利亚特》和《奥德赛》,是真实存在的作品。当

---

〔18〕沃纳·耶格:《教育:希腊文化的理想》(*Paideia: The Ideals of Greek Culture*, Oxford: Blackwell, 1939),第 1 卷,第 28 页[《伊希斯》*32*,375-376(1949)]。

我们谈到荷马时,我们只是指这两部史诗。

六、早期的荷马传统

早期关于《伊利亚特》和《奥德赛》的传说必然是很模糊的。在宴会和宗教节日上朗诵这两部史诗的吟游诗人和史诗吟诵者使它们保持了旺盛的生命力。在公元前6世纪中叶(大约公元前540年),荷马已经有了这样的名望,以至于科洛丰的色诺芬尼(Xenophanes of Colophon)会说:“从最初的时候起,所有人都向荷马学习。”[19]在半个世纪以后的品达罗斯时代,有些史诗吟诵者被称作 Homēridai(荷马的传人),[20]但是我们没有必要与这位古典著作的注释者一起得出结论说,他们是荷马的传人,除非是从某种精神方面这样讲。荷马的传人只不过是那些老的吟游诗人,尤其是其中最杰出的人——荷马的效仿者;从最全面的意义上讲,他们是荷马传统的保持者。为了实际的需要,荷马诗歌的原作是通

---

〔19〕原文为:*Ex archēs cath' Homēron epei memathēcasi pantes*。见赫尔曼·狄尔斯:《前苏格拉底残篇》(*Die Fragmente der Vorsokratiker*, Berlin: Weidmann),第5版(1934),第1卷,第131页,残篇10。

〔20〕《涅墨亚人》(*Nemean*)Ⅱ,1-2:*Homēridai rhaptōn epeōn aoidoi*(荷马的传人缀了许多迷人的诗句)。

俗化的，[21]而且，荷马在全国的声誉是在公元前5世纪期间牢固地确立下来的。色诺芬的一位客人声称："我父亲渴望 137
我成为一个优秀的人，让我学习荷马的所有诗歌。"[22]最终使荷马神圣化的是柏拉图，尽管他并不情愿这样做。在提到[23]那些把荷马称为希腊的教育家的赞颂者们时，柏拉图勉强承认，荷马是最伟大的诗人和第一位悲剧作家，但仍想把他从这个城邦中排挤出去。尽管有柏拉图的这种不合理

---

〔21〕荷马的第一个原作文本是在庇西特拉图（Peisistratos）成为雅典的独裁者时确定的。在他于公元前527年去世以后，这个版本丢失了或者被忽视了。不过，公开的或私人的朗诵活动使荷马的诗歌得以保持旺盛的生命力，在国家性庆典，如每年举办一次的泛雅典娜竞技会（the Panathenaia），尤其是每5年举办一次的泛雅典娜大典（Greater Panathenaia）的音乐比赛上，都会有朗诵活动（这些荷马诗歌的朗诵活动是庇西特拉图引入的）。赫西俄德、柏拉图和色诺芬（Xenophon）的许多引语可以证明这个早期版本的存在，在我们现在的版本中可以很容易地（即使并不总是能够逐字逐句地）辨认出这些引语。另外两个希腊修订版（*diorthōseis*）也值得一提：一个是克拉洛斯（Claros，靠近爱奥尼亚的科洛丰）的诗人安提马科斯（Antimachos）编辑的，直到伯罗奔尼撒战争（Peloponnesian War）即将结束时他都很活跃；另一个是亚里士多德为亚历山大大帝（Alexander the Great）编辑的，亚历山大大帝在所有战役中都携带着这本书。

然而，对文本的科学研究只是从希腊化时代才开始的。以弗所的泽诺多托斯（Zenodotos of Ephesos，活动时期在公元前3世纪上半叶）是亚历山大博物馆（the Museum of Alexandria）的第一任图书馆馆长，他被形容为荷马史诗的"第一位"编辑者（*diorthōtēs*）。据说，他在公元前274年以前就出版了"第1版"的《伊利亚特》和《奥德赛》。泽诺多托斯肯定不是第一位编辑者，但他是比他的前辈更出色的语文学家。有可能，把每部史诗均分为24卷是他的功劳。该博物馆的第三任和第四任图书馆馆长分别是拜占庭的阿里斯托芬（Aristophanes of Byzantium，活动时期在公元前2世纪上半叶）和萨莫色雷斯的阿里斯塔科斯（Aristarchos of Samothrace，活动时期在公元前2世纪上半叶），他们对泽诺多托斯的方法做了相当大的改进；我们所熟悉的版本就是他们确定的。不过，亚历山大的狄迪莫斯（Didymos of Alexandria，活动时期在公元前1世纪下半叶）又对阿里斯塔科斯的版本进行了校订。如此等等，不一而足。荷马学的历史就是希腊学术史的一个优秀的典型。

〔22〕原文为：*Ho patēr epimelumenos hopōs anēr agathos genoimēn, ēnancase me panta ta Homēru epē mathein*。见色诺芬：《会饮篇》（*Symposium*），Ⅲ，5。

〔23〕《国家篇》，606 E。

的和褊狭的见解,荷马依然留在了这个城邦中,而且在每一个希腊人的心中保持着他的地位。讲希腊语的民族从古至今的全部历史已经证明,“希腊的教育家”这个称号对于荷马而言是名副其实的;除了柏拉图以外,从来没有人怀疑过这一称号,而且,恰恰是基督徒,他们反异教徒的偏见也很少使他们对荷马的钦佩有所降温。事实上,荷马值得享有一个更伟大的称号;他不仅是希腊的教育家,而且是人类的教育家之一。我们不久会回过头来讨论这个问题。

七、荷马教授了什么?

荷马教授了什么?首先,他教授了希腊语。他的不朽著作有助于使这种语言标准化,或者毋宁说,有助于使它达到高雅的水平,唯有文学杰作才能使它提高到这样的水平。他的著作成了希腊人的一种“圣经”,他们总愿意聆听这部“圣经”,而它则给他们和他们的孩子提供了一些典范,使他们了解什么是荣誉、良好的教养以及优雅的语言。尽管这部“圣经”有一些神话的内容,但它是一部世俗者的“圣经”;换句话说,那里没有任何有关僧侣的内容,尤为显著的是,它不受巫术和迷信的束缚。这位爱奥尼亚诗人是爱奥尼亚科学家的真正祖先,至于那些科学家的成就,我们将在后面说明。

其次,《伊利亚特》和《奥德赛》教授了历史,即米诺斯文化和迈锡尼文化的起源的历史,这两种文化的起源在某些方面是模糊的和不同的,在其他方面,在工具、习惯、词语和民间传说等方面,它们又非常近似,听众很容易辨认和理解它们。正是史诗的这种功能为子孙后代记录下了历史,使之不被湮没。不讲述迈锡尼文化的历程,就不可能详细说明荷马诗歌的历史内容。读者会发现,前一章对这种文化的描述非常简洁,不过,丰富的参考文献足以使读者像他所希望的那样继续其对这一文化的研究。请注意,每一本关于米诺斯和爱琴海地区的考古学教科书必然会大量提及荷马。荷马的史诗有助于解释历史遗迹,而这些反过来又有助于解释荷马。荷马著作最近的编辑者们不断地提到爱琴海地区的古迹。沃尔夫冈·黑尔比希(Wolfgang Helbig)是用考古学方法解释荷马的先驱(1884),他有许多追随者。[24]

荷马的诗作为我们提供了一面迈锡尼时代的镜子,这个时代在那时已经消失了,但老人和吟游诗人们还能很生动并且很高兴地回忆起这个时代。像每一部史诗一样,它转向了历史,因此,这与把它称为新时代的预兆这种说法有一点矛盾。它是高潮或尾声而不是开场,但它也为新时代的人们即
希腊人提供了坚实的基础,他们可以在此之上建立一种新的 138
文化;它为他们提供了礼仪标准和行为指南;它使他们有了自豪感和自尊。

换一种说法,我越来越相信,荷马时代的希腊文化不是某种全新的文化,而是爱琴海文化的第二次发展,爱琴海文化曾一度受到一些剧烈的、突变的抑制,而且几乎被摧毁。然而,生命从未完全被摧毁。不妨想一想,例如,火山喷发而使之变成废墟的地区或者长期旱灾使之干裂的地区,植物依

---

〔24〕参见W.黑尔比希:《对纪念碑中的荷马史诗的解释》(*Das homerische Epos aus den Denkmälern erläutert*, 362 pp., ill.; Leipzig, 1884; 2nd ed., 480 pp., Leipzig, 1887);马丁·P.尼尔森:《荷马与迈锡尼》(*Homer and Mycenae*, 296 pp., 52 ills., 4 maps; London: Methuen, 1933)。黑尔比希的著作是很不完善的,尤其是因为他把迈锡尼古迹与希腊古迹甚至伊特鲁里亚古迹混为一谈;尼尔森的著作有许多有争议的观点,但其主要论题是无可置疑的。另可参见H. L.洛里默(H. L. Lorimer):《荷马与古迹》(*Homer and the Monuments*, 575 pp., ill.; New York: Macmillan, 1950)。

然会生长茂盛。也许有人会以为,一切都已经死亡了,但情况并非如此。生命只是处于休眠状态,而且可能还要这样持续很长时间,一旦赐福之雨从天而降,并且生命获得苍天恩惠得以再生,它很快就会重新像以前一样旺盛。当然,在这个过程中有许多东西会失去,新旧要素将会混合在一起。新的希腊文化是旧的文化的复兴,这种复兴是有备而来的,至少从吟游诗人和他们的支持者的观点来看是如此。这种文化在许多方面不同于爱琴海文化,因为生活条件已经发生了深刻的变化。其条件之一是,这已是铁器时代了;青铜时代可能一去不复返了。

八、地理学

从我们时代的每一种科学范畴的观点分析荷马的诗作可能是很吸引人的,不过这可能需要花费很长时间,而且未必非常有益。另外,准确地确定那种知识的各种成分的时间,即使不是不可能,也是极为困难的。史前时代有多长?旧米诺斯时代有多长?迈锡尼时代有多长?新希腊时代有多长?例如,在创作《伊利亚特》时,腓尼基和爱琴海的水手和殖民者已经积累了许多地理学知识;人们已经对地中海和黑海世界进行了相当多的考察;勇敢的航海家们已经抵达大西洋,并且引入这样的观念:俄刻阿诺斯(Oceanos)这条长河环绕大地的圆盘,并且会流回到它自身之中。[25] 这种观念与一种神话观念混合在一起,即俄刻阿诺斯是乌拉诺斯(Uranos)和盖亚(Gaia)之子、忒提斯(Thetys)之夫,他是原

---

[25] 原文为:*Ōceanos apsorroos*(海水会回流),《伊利亚特》,第18卷,第399行;《奥德赛》,第20卷,第65行。

始水系和所有河流之父。[26] 另一个故事,即关于阿尔戈诸英雄(Argonauts,*Argonautai*)在伊阿宋(Jason)的率领下乘阿尔戈号船去(黑海东南岸的)科尔基斯(Colchis)获取金羊毛的故事,使早期的某些海上冒险成为不朽的记忆。吟游诗人们还讲述了许多其他同样神奇的故事,不过,他们并不关注地理上的准确性,甚至不关注地理上的一致性。地理和神话、事实和想象在他们的故事中交织在一起,难以分开。试图确切地说明奥德修斯(Odysseus)的流浪地,就像试图确切地说明很久以后的水手辛巴德(Sindbad)的那些流浪地一样,是徒劳的。讲故事的人们记住了那些冒险和奇迹,但却忘记了地理方面的事实。不过,有一个事实在他们心中留下了深刻的印象,这就是四风:即东风神欧罗斯(Euros)、西风神泽费罗斯(Zephyros)、南风神诺托斯(Notos)和北风神玻瑞阿斯(Boreas)——大致代表东、西、南、北这四个基本点。其中的两个方向是人们永世不忘的,因为它们分别是太阳与星辰升起和降落的地方;另外两个方向是由爱琴海的气候规则间接表明的。我们可以肯定,早期的希腊水手对他们的地中海地区非常了解,但他们没有把他们的知识与荷马进行广泛交流,或许荷马对它不感兴趣。

九、医学以及其他技术和工艺 139

正如我们可以预料到的那样,荷马史诗中所隐含的医学知识掌握在那些聪明的和爱争论的人手中,他们有许多战争创伤和治疗它们的经验。他们学会了用油涂抹在他们的肢体(*aleiphō lipa* 或 *lip' elaiō*)上。他们之中最善于观察的人

---

〔26〕《伊利亚特》,第 21 卷,第 195 行—第 197 行。

把握住机会,认识了各种特定的创伤的影响、晕厥发作的各种特性以及垂死之人的痉挛运动。史诗中有许多关于这些事实的可靠的描述。诗中谈到一些专职的医生,他们得到了赞赏:“一个高明的医生能抵许多人”[27]——但并不是总能找到他们,因而战士们在需要时不得不相互帮助。大部分医疗工作都是外科治疗。不过医生不仅会关注外科手术也会关注内科治疗,并且要使用多种药物(*introi polypharmacoi*)[28]。有些妇女也行医:她们护理患者、采集药草、配制各种药物,如麻醉药和镇静剂(*pharmacon nēpenthes*)等,有关这方面的秘诀是海伦(Helen)从一个埃及妇女那里获得的。[29] 荷马的所谓“解剖学的”词汇共有大约 150 个词。荷马的一些生理学用语仍然保留在我们自己的语言中。灵魂(*thymos*, *psychē*; 参照 *anima*, *spiritus*)位于中腹部(*phrenes*),因而有我们的“精神错乱的(phrenetic)”和“颅相学(phrenology)”等词。但是,不应按字面意义接受这种限定。在荷马的词汇中 *phrēn* 和 *phrenes* 指的是其他器官,尤其是指心脏和心脏周围的部分以及心灵的寓所。[30] 就像我们仍然漫不经心地使用 heart 这个词那样[例如我们说“他是个好心人(he has a good heart)”指“他是宽容仁慈的”],早期希腊人也随意地使用 *phrēn* 这个词。[31] 对待荷马时代的解

---

〔27〕 原文为:*Iētros gar anēr pollōn antaxios allōn*,《伊利亚特》,第 11 卷,第 514 行。

〔28〕《伊利亚特》,第 16 卷,第 28 行。

〔29〕《奥德赛》,第 4 卷,第 220 行—第 221 行。

〔30〕 在拉丁语中,*praecordia*(心)这个词的所指同样是模糊的。

〔31〕 这样的错误很容易解释。我们倾向于认为我们的情绪不是处在产生它们的大脑之中,而是处在我们的心中,即实际感觉它们的地方。的确,情绪会改变心跳,甚至可能引起令人痛苦的心悸。

剖学就像对待荷马时代的地理学一样,不应太认真。

在那时像在现在一样,最出色的专家既不是博学之士也不是语言大师,而是工匠——铁匠、制陶工、木匠和皮革工等,他们也许掌握了相当丰富的经验和民俗知识。妇女纺线织布。农夫们懂得有关野兽和植物的学问;他们学会了用粪便(*copros*)给他们的农田施肥。[32] 工匠(*dēmiurgos*)常常从一个地方走到另一个地方,先知、行医术士(*iētēr cacōn*)、建筑工和吟游诗人等等也是如此。[33] 荷马时代的科学其实就是带有一些新的特点和变化的迈锡尼民俗知识。

身体锻炼——体操和集体舞表演显然来源于克里特岛,希腊人后来在他们的奥林匹克运动会(Olympiads)[34]和其他节日上把它们发展到很高的水平。荷马曾提到,舞池(*choros*)"就像昔日代达罗斯(Daidalos)在宽阔的克诺索斯城为美发的阿里阿德涅(Ariadne)所建造的那样"。[35] 克里特的壁画常常描绘这些跳舞的场面。早期的乐器也是起源于此。

十、西方世界的第一位教育家荷马与费奈隆 140

荷马是希腊的教育家。这一点必须从广泛的意义上、从人文学而非专业的意义上来理解。也许有人会说,他所教授的都是最基本的东西;也许有人会说,他什么也没教。除了

[32]《奥德赛》,第 17 卷,第 297 行。

[33]《奥德赛》,第 17 卷,第 383 行—第 386 行。

[34] Olympiads 亦指四年周期,是在埃利斯(Elis)的奥林匹亚(Olympia)举办两次体育节日之间的四年时间。第一个四年周期(公元前 776—前 773 年)是根据埃利斯的克罗伊波斯(Coroibos of Elis)在公元前 776 年获得竞走冠军计算出来的。直到很久以后,西西里岛陶罗梅尼乌姆的蒂迈欧(Timaios of Tauromenium,活动时期在公元前 3 世纪上半叶)才使得用四年周期计算年代变得系统化了。

[35]《伊利亚特》,第 18 卷,第 590 行。

含糊地涉及历史以外,他当然没有讲授历史。他使讲希腊语的人具有了追求高尚、美德、谦恭和诗情等的理想。多亏了他,这些人一开始就具备了人文学基础。他唤醒或者加强了他们的文学艺术鉴赏力,无论他讲授什么,他讲得都非常清晰和严肃,没有掺杂无益的神秘主义或者过多的故弄玄虚的言辞。《伊利亚特》和《奥德赛》的教育影响几乎没有任何中断,一直持续到我们这个时代。在西方世界,没有比这更古老和更持久的传统了。[36]

从古代几乎一直到我们自己的时代,史诗吟诵者或朗诵者辛勤地从事着他们的职业。我们在纸草书中[37]、在后来拜占庭和新希腊的文献中以及在希腊大陆一些口头流传的民间传说中,都发现了提及他们的情况。荷马传统最初仅限于那些懂希腊文的人,因而在 14 世纪以前,西欧人几乎没有接触过它。的确,希腊文化最基础和最根本的部分不像希腊的科学和哲学那样,是间接地通过叙利亚-阿拉伯渠道传播给我们的,[38]当天主教会承认希腊知识在西欧几乎灭绝时,

---

〔36〕《旧约全书》的某些先知如阿摩司(Amos)、何西阿(Hosea)、弥迦(Micah)和以赛亚(Isaiah),他们可能早于荷马,不过,甚至就阿摩司的情况而言,这一点仍有疑问。

〔37〕这些纸草书中有许多不仅提到史诗吟诵者,而且还提到许多荷马作品的原文。参见例如,保罗·科拉尔(Paul Collart):《〈伊利亚特〉纸草书》("Les papyrus de l'Iliade"),见皮埃尔·尚特赖纳(Pierre Chantraine)、保罗·科拉尔和勒内·朗居米耶(René Langumier):《〈伊利亚特〉导论》(*Introduction à l'Iliade*, 304 pp.; Paris: Les Belles Letters, 1942)。已知有 372 部纸草书中包含《伊利亚特》的残篇,还有 35 部纸草书含有评论、注释和解释;这 407 部纸草书分别属于公元前 3 世纪至公元 7 世纪。它们的数量直到公元 3 世纪仍在增加,之后,随着埃及对希腊文化的模仿,它们的数量减少了。参见《埃及编年史》,第 36 卷(1943),第 315 页。

〔38〕《伊利亚特》是非常晚近的时候才由苏莱曼·埃尔-布斯塔尼(Sulaymān al-Bustānī)翻译成阿拉伯文的,并且于 1904 年在开罗第一次印刷出版。阿拉伯文献对研究荷马传统不感兴趣,这一点是很奇怪的。

这里的人们只是通过罗马时代的拉丁文学、中世纪各种拉丁语和本国语的诗歌和故事的各种改编本，才对荷马有了一知半解。[39] 14世纪和15世纪希腊文化的复兴，使学者们重新关注荷马著作的原文文本，德美特里·卡尔孔狄利斯（Demetrios Chalcondyles）编辑的荷马著作的希腊语珍本原版（Florence，1488）重新永久地确立了它的地位（参见图36）。从那时起，荷马几乎就从未间断地一直被看作西欧的教育家之一。

要在这里论述这种传统的历史是不可能的，因为即使快速地概述一下这一历史也会花费许多篇幅。而且，这样的概述可能是重复的和乏味的。选一段对法国读者来说比较熟悉而对英国读者来说较为陌生的插曲加以叙述，更令人感兴趣。天主教士费奈隆（Fénelon，1651年—1715年），曾经被路易十四（Louis XIV）任命担任其孙子勃艮第公爵（Duke of Burgundy）的私人教师，他为后者写了一部教诲式的小说《泰雷马克历险记》（*Les avantures de Télémaque*，参见图37）。这部最初没有作者署名的书于1699年出版，[40]并且马上就获得了相当大的成功（就在该书出版的第一年中，在法语和低地国家出现了许多版本）。它引来了皇室的许多批评，因为 141
作者有讽刺、乌托邦和“自由主义”的倾向，这导致了作者的失宠。它的早期传播在很大程度上应归功于其外语的版本。

[39] 诚然，维吉尔传统继续了荷马传统，不过，我们对荷马的论述是不依赖维吉尔的。

[40] 《泰雷马克历险记》大约创作于1693年—1694年；最初是由于一个誊写员的鲁莽而于1699年出版的。第一个得到认可的版本与以前的许多版本没有本质的区别，它于1717年亦即这位康布雷大主教去世两年以后，在他的一位旁系的后代费奈隆侯爵的关心下才出版的。

μιχθεῖσ' ἐν φιλότητι κελαινεφέϊ κρονίωνι
σωτῆρας τέκε παῖδας ἐπιχθονίων ἀνθρώπων,
ὠκυπόρων τε νεῶν ὅτε τε σπέρχωσιν ἄελλαι
χειμέριαι κατὰ πόντον ἀμείλιχον· οἳ δ' ἀπὸ νηῶν
εὐχόμενοι καλέουσι διὸς κούρους μεγάλοιο,
ἄρνεσιν λευκοῖσιν ἐπ' ἀκρωτήρια βάντες
πρύμνης· τὴν δ' ἄνεμός τε μέγας καὶ κῦμα θαλάσσης
θῆκαν ὑποβρυχίην· οἳ δ' ἐξαπίνης ἐφάνησαν
ξουθῇσι πτερύγεσσι δι' αἰθέρος ἀΐξαντες·
αὐτίκα δ' ἀργαλέων ἀνέμων κατέπαυσαν ἀέλλας·
Κύματα δ' ἐστόρεσαν λευκῆς ἁλὸς ἐν πελάγεσσι
ναύταις σήματα καλὰ πόνου σφίσιν· οἳ δὲ ἰδόντες
γήθησαν· παύσαντο δ' ὀϊζυροῖο πόνοιο·
χαίρετε τυνδαρίδαι ταχέων ἐπιβήτορες ἵππων·
αὐτὰρ ἐγὼν ὑμέων καὶ ἄλλης μνήσομ' ἀοιδῆς·

Εἰς ξένους

ἰδεῖσθε ξενίων κεχρημένον ἠδὲ δόμοιο·
οἳ πόλιν αἰπεινὴν νύμφης ἐρατώπιδος ἥρης
ναίετε σιδήνης πόδα νείατον ὑψικόμοιο
ἀμβρόσιον πίνοντες ὕδωρ ξανθοῦ ποταμοῖο
ἵβρου καλὰ ῥέοντος· ὃν ἀθάνατος τέκετο ζεύς·

ΤΕΛΟϹ ΤΩΝ ΤΟΥ
ΟΜΗΡΟΥ ΥΜΝ
ΩΝ·

Ἡ τοῦ ὁμήρου ποίησις ἅπασα ἐντυπωθεῖσα πέρας εἴλη
φεν ἤδη σὺν θεῷ ἐν φλωρεντίᾳ, ἀναλώμασι μὲν, τῶν εὐ
γενῶν καὶ ἀγαθῶν ἀνδρῶν, καὶ περὶ λόγους ἑλληνικοὺς σπου
δαίων βερνάρδου καὶ νηρίου ταναΐδος τοῦ νερλίου φλω-
ρεντίνοιν· πόνῳ δὲ καὶ δεξιότητι δημητρίου μεδιολα
νίως κρητός, τῶν λογίων ἀνδρῶν χάριν καὶ λόγων ἑλληνι
κῶν ἐφιεμένων, ἔτει τῷ ἀπὸ τῆς χριστοῦ γεννήσεως χιλιο-
στῷ τετρακοσιοστῷ ὀγδοηκοστῷ ὀγδόῳ μηνὸς δεκεμβρίου
ἐνάτῃ·

图 36　荷马著作的珍本原版（Florence，1488）；版权页，第 439 页 b［复制于波士顿公共图书馆（Boston Public Library）馆藏本］

142

LES AVANTURES
DE
TELEMAQUE

A PARIS,
Chez la Veuve de CLAUDE BARBIN au Palais, sur le second Perron de la sainte Chapelle.

M. DC. XCIX.

Avec Privilege du Roy

1

LES AVANTURES
DE
TELEMAQUE

CALIPSO ne pouvoit se consoler du départ d'Ulysse : dans sa douleur elle se trouvoit malheureuse d'être immortelle. Sa grotte ne resonnoit plus du doux chant de sa voix : les Nimphes qui la servoient n'osoient luy parler, elle se promenoit souvent seule sur les gasons fleuris,

图37　《泰雷马克历险记》第1版(两卷本,145毫米高)的扉页和第1页。第1卷的最后一页(第216页)上注明享有皇家特权,出版地点和日期是:凡尔赛,1699年4月6日［复制于哈佛学院图书馆(Harvard College Library)馆藏本］

它在18世纪并且在19世纪的大部分时期对思想和文学产生了深刻的影响。[41]

十一、传说

荷马的故事几乎从一开始就被各种传说笼罩着。早期希腊人并不否认他的存在,但有7个城市都声称他是自己城
143 市之子;7个不同的出生地对于一个凡人来说太多了,但对一个神话英雄来说又太少了。随着时光的流逝,当在讲希腊语的任何地方荷马史诗成为希腊教育的基础之时,有关它们的作者的传说也增加了,而且人们虚构出更多的他的出生地。例如,埃美萨的赫利奥多罗斯(Heliodoros of Emesa)在他年轻时(大约220年—240年)[42]创作了一部著名的小说,在这部书中,他附带地说,荷马出生在底比斯(Thebes),是神赫耳墨斯(透特)的一个担任埃及祭司的妻子所生的儿子。[43] 我们根据一些纸草书推断,在生活于埃及的希腊人

---

〔41〕在19世纪,《泰雷马克历险记》有很长一段时间不再被认为是一部文学著作,相反,它变成了非常守旧的和逐渐过时的东西了。是否可以讲一讲以下这段趣闻呢?我的曾祖母曾在一所法国的修女学校接受过教育,她常常告诉我,《泰雷马克历险记》是她主要的教科书之一。修女们使她相信,《泰雷马克历险记》包含了每一个法语(固有的)词。关键在于,在《圣史概要》(*Abrégé de l' histoire sainte*,或者其他此类著作)教给她希伯来和基督教传统的同时,《泰雷马克历险记》又在她的心中培养了荷马和希腊的传统。

《泰雷马克历险记》于1879年以*Heneromu monogatari*为题,从英文翻译成日文,它是按照古代日本的传奇文学的风格翻译的,这是一种具有中国格律特点的散文体。参见G. B. 桑瑟姆(G. B. Sansom):《西方世界与日本》(*The Western World and Japan*, New York: Knopf 1950),第400页和第403页[《伊希斯》*42*,163(1951)]。就这样,一个法国人在17世纪所解释的希腊思想在两个世纪以后传播到了远东。

〔42〕我对《埃塞俄比亚人》(*Aethiopica*)的年代的确定,依据的是R. M. 拉滕伯里(R. M. Rattenbury)就纪尧姆·比代协会(Association Guillaume Budé)出版的该书(2 vols.;Paris,1935-1938)所做的讨论;这样确定的日期是猜测性的。作者对这位主教的证明并不是确定的。

〔43〕《埃塞俄比亚人》,Ⅲ,14。

群体中,荷马的知名度是非常高的。有可能,这个叙利亚裔的赫利奥多罗斯是从埃及人那里获得他关于荷马的知识的。这位希腊作者最终成为色萨利的一个主教,这一事实本身可能会使人们相信,这个故事提供了有力的证据,证明埃及确实对希腊思想有影响。如果3世纪的希腊人已经有了心理准备,承认他们自己的荷马——这位希腊的教育家是一个埃及人,那么,他们必须做好准备,把埃及当作他们文化的发源地。[44]

这类过分的做法并非仅限于古代和中世纪,一直到19世纪末,它们都会时不时地突然出现。读者也许会像我一样,对以下例子感到好笑。佛兰德地方法官查尔斯·约瑟夫·德·格雷夫(Charles Joseph De Grave,1736年—1805年)把忙碌生活的闲暇时间用来进行考古研究,其非凡的成果在他去世后不久出版的一本题为《至福乐土或旧世界的共和国》(*République des Champs Élysées, ou Monde ancien*,参见图38)[45]的著作中展现了出来。在《泰雷马克历险记》和老奥洛夫·鲁德贝克(Olof Rudbeck the Elder,1630年—1702年)

---

〔44〕更苛刻的作者如保萨尼阿斯(活动时期在2世纪下半叶)在他的《希腊纪事》(*Description of Greece*, X, 24, 3)中,利姆诺斯的菲洛斯特拉托斯(Philostratos of Lemnos,活动时期在3世纪上半叶)在他的《英雄诗》(*Hērōicos*, XⅧ, 1-3)中,在论及特洛伊战争时宁愿承认他们对于荷马的身世一无所知。

〔45〕该书分三卷出版(Ghent, 1806)。我们从国会图书馆(the Library of Congress)好心借给我们的书中复制了扉页。这一页在这三卷的每一卷中都有。副题的最后一行是"Que les poètes Homère et Hésiode sont originaires de la Belgique, &.(诗人荷马和赫西俄德出生于比利时)"。有关作者的情况,请参见该书第1卷第9页—第16页的注释,以及E.德·比谢尔(Edm. De Busscher)为《比利时国民传记词典》(*Biographie nationale de Belgique*, Brussels, 1876)撰写的词条,见该书第5卷,第114页—第127页。

144

RÉPUBLIQUE DES CHAMPS ÉLYSÉES, OU *MONDE ANCIEN*,

Ouvrage dans lequel on démontre principalement :

Que les Champs élysées et l'Enfer des Anciens sont le nom d'une ancienne République d'hommes justes et religieux, située à l'extrémité septentrionale de la Gaule, et surtout dans les îles du Bas-Rhin ;

Que cet Enfer a été le premier sanctuaire de l'initiation aux mystères, et qu'Ulysse y a été initié ;

Que la déesse Circé est l'emblême de l'Eglise élysienne ;

Que l'Elysée est le berceau des Arts, des Sciences et de la Mythologie ;

Que les Elysiens, nommés aussi, sous d'autres rapports, Atlantes, Hyperboréens, Cimmériens, &c., ont civilisé les anciens peuples, y compris les Egyptiens et les Grecs ;

Que les Dieux de la Fable ne sont que les emblêmes des institutions sociales de l'Elysée ;

Que la Voûte céleste est le tableau de ces institutions et de la philosophie des Législateurs Atlantes ;

Que l'Aigle céleste est l'emblême des Fondateurs de la Nation gauloise ;

Que les poëtes Homère et Hésiode sont originaires de la Belgique, &c.

OUVRAGE POSTHUME

De M. CHARLES-JOSEPH DE GRAVE, *ancien Conseiller du Conseil en Flandres, Membre du Conseil des Anciens, &c.*

Veterum volvens monumenta Deorum,
ô Patria! ô divum Genus!

TOME PREMIER.

A GAND,
De l'Imprimerie de P.-F. DE GOESIN-VERHAEGHE, rue Hauteporte, N°. 229.

1806.

图 38　德 · 格雷夫的《至福乐土或旧世界的共和国》(3 vols. ; Ghent, 1806) 第 1 卷的扉页［复制于国会图书馆馆藏本］

的《大西洋》(*Atlantica*)[46]的鼓舞下,这位苦行的学者试图从头到尾重新解释我们古典文化的起源。正如鲁德贝克这位瑞典人渴望把它们的起源置于瑞典那样,德·格雷夫这位佛兰德人在一个世纪后出版的著作中把它们的起源置于比利时。这类例子十分常见,但很少有人在这样粗糙的基础上如此辛苦地工作。按照德·格雷夫的观点,荷马是一个比利时诗人,他曾赞美过比利时的乡村。这在德·格雷夫看来似乎是很明显的,但对其他学者,尤其那些不是在佛兰德温柔的怀抱中成长起来的学者来说却未必如此。

十二、沃尔夫与谢里曼

在这个短小的插曲之后,我们可以回过头来,花一些时间来考虑在整个17世纪和18世纪许多国家的学者对文本难题所进行的讨论;当那些学者所受的训练日趋严格时,他们的讨论也渐渐变得愈来愈挑剔,要求愈来愈高。这种长期艰苦的努力在弗里德里希·奥古斯特·沃尔夫(Friedrich August Wolf)的《荷马评论》(*Prolegomena ad Homerum*)中达

[46] 老奥洛夫·鲁德贝克:《大西洋》(1679-1689)。新版由阿克塞尔·内尔松(Axel Nelson)编辑,瑞典科学史学会(Swedish History of Science Society)出版(Uppsala,1937,1938,1941)[《伊希斯》*30*,114-119(1939);*31*,175(1939-1940);*33*,71(1941-1942)]。

145 到了顶峰(1795,参见图 39),[47]这部著作开创了“荷马悬案”的现代阶段,所谓“荷马悬案”是指一系列关于荷马存在与否以及《伊利亚特》和《奥德赛》的完整性的疑虑。我们已经提到了它们,并且陈述了我们自己的不同结论。

在不计其数的有关这个主题的出版物中,我想挑选出一部一般的语文学家都会嗤之以鼻的著作。上个世纪英国最伟大的作家之一、《埃瑞洪》(*Erewhon*)和《众生之路》(*The Way of All Flesh*)的作者塞缪尔·勃特勒(Samuel Butler,1835年—1902 年)在他即将走完他的人生旅程之时(于 1897 年)出版了一本著作《〈奥德赛〉的作者》(*The Authoress of the Odyssey*,参见图 40),在这本书中,他试图证明《奥德赛》是一位妇女(一位生活在西西里岛的特拉帕尼市的妇女)写的。使用我们自己的术语,荷马Ⅰ是一个男人,而荷马Ⅱ则不同,是个女人。他的论据,除了一些更为概括性的部分以外,是不能令人信服的,而那些概括性的部分只不过给每一个敏感的读
146 者留下了这样的印象,即《奥德赛》的文学气氛是友善的和热爱家庭的,以至于我们甚至会承认,它比《伊利亚特》更多些阴柔之气。除此之外都是勃特勒无法证明的,说明这点很容易。

---

[47] 关于弗里德里希·奥古斯特·沃尔夫(1759 年—1824 年)的生平和著作,我们有非常翔实可靠的文献做证。参见威廉·克特(Wilhelm Körte):《语言学家弗里德里希·奥古斯特·沃尔夫的生平与著作》(*Leben und Schriften Friedr. Aug. Wolf' s, des Philologen*, 2 vols.; Essen, 1833); J. F. J. 阿诺尔特(J. F. J. Arnoldt):《弗里德里希·奥古斯特·沃尔夫与教育事业和教育学的关系》(*Fr. Aug. Wolf in seinem Verh altnisse zum Schulwesen und zur Paedagogik*, 2vols.; Brunswick, 1861－1862);维克托·贝拉尔(Victor Bérard):《德国科学的一个谎言》(*Un mensonge de la science allemande*, 300 p.; Paris, 1917);西格弗里德·赖特尔(Siegfried Reiter):《沃尔夫的书信生涯》(*F. A. Wolf. Ein Leben in Briefen*, 3 vols.; Stuttgart: Metzler, 1935),附有自传片段(第 2 卷,第 337 页—第 345 页)。

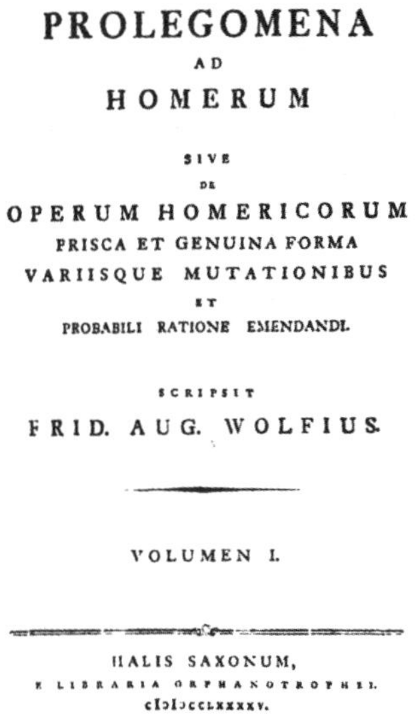
PROLEGOMENA
AD
HOMERUM
SIVE
DE
OPERUM HOMERICORUM
PRISCA ET GENUINA FORMA
VARIISQUE MUTATIONIBUS
ET
PROBABILI RATIONE EMENDANDI.
SCRIPSIT
FRID. AUG. WOLFIUS.
VOLUMEN I.
HALIS SAXONUM,
E LIBRARIA ORPHANOTROPHEI.
CIƆIƆCCLXXXXV.

图39　沃尔夫的《荷马评论》(Halle a. d. Saale,1795)第1卷(唯一出版的一卷)的扉页。[复制于哈佛学院图书馆馆藏本。]这个馆藏本有以下题词:“敬赠新英格兰剑桥市的哈佛大学。作者弗·奥·沃尔夫,1817年4月21日于柏林。”请注意,沃尔夫是在该书出版22年以后把它送给哈佛大学的,这时已临近他人生的尾声;他于1824年去世

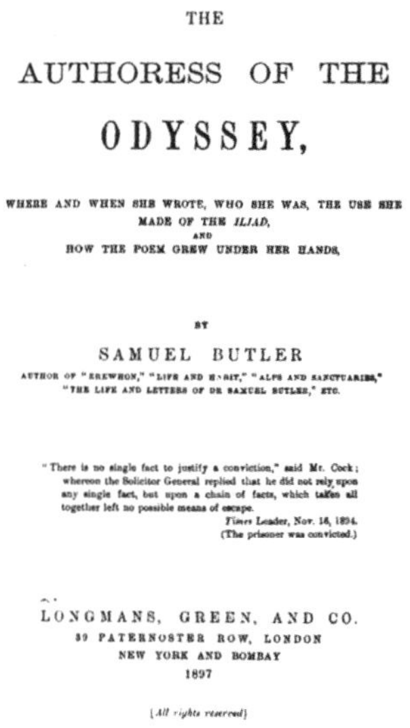
THE
AUTHORESS OF THE
ODYSSEY,
WHERE AND WHEN SHE WROTE, WHO SHE WAS, THE USE SHE MADE OF THE *ILIAD*,
AND
HOW THE POEM GREW UNDER HER HANDS,
BY
SAMUEL BUTLER
AUTHOR OF "EREWHON," "LIFE AND HABIT," "ALPS AND SANCTUARIES," "THE LIFE AND LETTERS OF DR SAMUEL BUTLER," ETC.

"There is no single fact to justify a conviction," said Mr. Cock; whereon the Solicitor General replied that he did not rely upon any single fact, but upon a chain of facts, which taken all together left no possible means of escape.
Times Leader, Nov. 16, 1894.
(The prisoner was convicted.)

LONGMANS, GREEN, AND CO.
39 PATERNOSTER ROW, LONDON
NEW YORK AND BOMBAY
1897
[*All rights reserved*]

图40　塞缪尔·勃特勒的《〈奥德赛〉的作者》(1897)的扉页[复制于哈佛学院图书馆馆藏本]

塞缪尔·勃特勒是一个古怪而富有天赋的荷马研究的业余爱好者,他从事研究仅仅出于对这项事业的热爱,就像许多英国人曾经做过而且继续在做的那样。他完全改变了自己的个人兴趣,重新振作精神。而同时,许多国家的专业语文学家在对原文文本的研究中展现出了他们的博识洽闻和无限天才,以各种可能的方式对它们逐行逐字地分析、分层、分类和剖析。他们彼此竞争,常常会为这个词或那个词而争论。在他们如此忙碌之时,有一个外行人亦即一个非利

士人*由此产生了一个简单的想法,即根据古迹来核实荷马的文字。语文学家们日以继夜地在他们的图书馆中工作,周围是一本本词典、不同版本的著作、注疏以及他们的前辈积满灰尘的回忆录。他们的任务是没有止境的,而且他们常常是以一种极度的热情从事工作。岁月如金。他们可能看不出冒险有什么意义,也不打算到假设的荷马史诗所描述或提及的那些地方去走走。此外,荷马是否仅仅是有关神仙的故事的编辑者呢?是否有希望找到古代诸神和英雄的踪迹呢?由于海因里希·谢里曼(1822年—1890年)既无知[48]和淳朴,又热情和诚实,他认为,有这种希望。他不仅确信这一点,而且确信他已做好准备,可以把自己的前途和生活的赌注压在这种信念上。荷马史诗不是在真空中编造出来的;它们必定有某种实实在在的基础,他要出去寻找并揭示这一基础。他于1868年第一次访问了希腊和特洛伊;在同一年,他开始了他在伊萨基岛(Ithaca)的发掘。在随后的20年,他基本上都把时间用于在特洛伊、迈锡尼、奥尔霍迈诺斯(Orchomenos)和梯林斯的发掘上,而且他是希腊史前考古学的真正先驱。他是第一个进行系统发掘的人,虽然人们以多

---

* 非利士人(Philistine)是消失很久的古代民族,居住在巴勒斯坦西南部,据《圣经》记述,他们曾多次挑战以色列人,对之进行攻击。Philistine这个词小写时有"平庸者""门外汉"等含义。——译者

[48] "无知"这个词抄自语文学家的观点。谢里曼不是一个受过完整教育的学者,而是一个自学成才的业余爱好者。但他熟知荷马,知道那些对希腊人的想象有重要意义的词和事件。他在掌握现代希腊语方面遇到了麻烦,但他可以(从1869年起)不停地与他的希腊妻子和朋友,与希腊的教师、水手和牧羊人,与希腊大多数最有学问的人和最谦虚的人讨论当地的知识。在这些方面,他的素养比一般的语文学家高出了不知多少倍。

种方式对他的方法进行了改进，但他是这种研究方法的奠基者；[49]第一个改进他的方法的是他年轻的助手和后继者威廉·德普费尔德（1853 年—1940 年）。

正是在沃尔夫开创语文学讨论的新时代时，谢里曼开创了考古学解释的新时代，并且使荷马史诗是迈锡尼时代的反映这种新的解释成为可能。

这可能对荷马悬案中的一个最捉弄人的问题——荷马的身世没有影响，但是从更深层的意义上使他（流浪者荷马，*Homēros anestē*）作为颂扬希腊文化黎明的诗歌的作者或编者复活了。我们永远也无法知道有关这位作者（或者两位作者或多位作者）的真相，但这无关大局，因为我们有两部史诗《伊利亚特》和《奥德赛》，它们大体上是完整的，而且这些是不可毁灭的财富，它们的价值在未来只会增加。

十三、赫西俄德 147

在查德威克夫妇卓越的著作《文学之发展》中，他们已经证明，许多民族的早期文学不仅与记事和传奇有关，而且与其他主题有关。《伊利亚特》和《奥德赛》都是世界文学中史诗的杰出代表，不过，早期的希腊吟游诗人有时会背诵一些不同内容的诗歌，这些诗歌的目的主要是进行教诲、提供箴言（警句式的“至理名言”，谜语）或用于预言（占卜，预见）。为什么会有吟游诗人？为什么我们会在世界各地看到

[49] 他免不了不仅要受到喜欢纸上谈兵的语文学家的批评，而且要受到从后来改进的观点发现了其方法之缺陷的考古学家的批评。有关专业考古学家的公正的评价，请参见斯坦利·卡森（Stanley Casson，1889 年—1944 年）：《人类的发现》（*The Discovery of Man*，London：Harper），第 226 页—第 227 页［《伊希斯》*33*，302-303（1941-1942）］。

他们呢？这并不奇怪，这只不过是因为，人们总是渴望获得一种或另一种信息和知识。个人的、家庭的或部族的传言无法使他们当中更有才智的人获得非常长久的满足；这些人希望扩展他们的眼界。他们不得不问自己许多令人烦恼的问题。“为什么人们要做他们所做的事呢？”“人们来自何方？要走向哪里？”“人们究竟为什么会活着？”“为什么世界是它现在这个样子？”这些疑问导致神话和宇宙论；它们也导致科学，而科学的历史在很大程度上也就是所提出的那些相继回答的历史。

传奇满足了人们对历史的好奇心，它们使得人们对自己的传统、民族尊严、仁慈之心以及高尚开始有了意识。这固然很好，但又留下了诸多重要的尚无答案的问题，这些问题不仅包括刚才我们提到的非常深刻的问题，而且还有一些简单的更具实践意义和更紧迫的问题。农夫对特殊知识的需求是相当大的，而且是非常多种多样的；对水手和工匠来说也同样如此。另外，所有人都需要例如以谚语[50]形式传播给他们的道德指导和社会指导。每一个谚语都像一种标准化的、地道的和容易传播的民间智慧。例如，诸如“恶有恶报”[51]这样的谚语很容易记住，如果它有节奏，或者押韵或有头韵，尤其容易记；这样的谚语也很容易复述，一个在家庭圈子里或在市场上简洁地援引这种谚语的人，会因他所隶属的整个部族的智慧而赢得一定程度的个人声誉（亦即他会因

---

〔50〕 *Paroimia*（谚语），*Cata tēn paroimian* = 常言道（柏拉图）。在赫尔曼·博尼茨（Hermann Bonitz）的《亚里士多德索引》（*Index Aristotelicus*, Berlin, 1870）第 570 页，可以发现希腊谚语一览表。

〔51〕 原文为：*Ei caca tis speirai, caca cerdea c'amēseien*。见“洛布古典丛书”所编辑的赫西俄德著作残篇，第 74 页。

帮助保存和传授那种智慧而获得声誉)。

希腊人最好的教诲诗是与赫西俄德的名字联系在一起的,他活跃于略晚于荷马的时代。也许由于这个原因,他的身份更确实一些。在希腊诗人中,他第一个以自己的名义来表述自己的想法,并且表达了要传达这样一种个人信息的意图,即“讲真相”〔52〕。像荷马一样,赫西俄德生于亚细亚海岸,但荷马可能是爱奥尼亚人,而赫西俄德的父亲被确定是生活在塞姆(Cyme),那里是(爱奥尼亚正北的)埃奥利斯的一个海港。贫困迫使其父亲离开了塞姆,到别的地方寻找更好的运气。他跨过了爱琴海,在希腊大陆维奥蒂亚(Boeotia)的阿斯克拉村(Ascra)定居。他的儿子赫西俄德和佩耳塞斯(Perses)可能生在新的居住地,而且肯定是在这里受教育的。他们像自己的父亲一样都是农民,但他们的命运截然不同。佩耳塞斯比较懒惰,而且一无所长;赫西俄德则
不满足于做一个农夫,他响应缪斯女神强有力的号召去作诗 148
和讲道。在他的人生旅程被终止前,赫西俄德去了洛克里斯(Locris)的欧伊诺耶(Oenoë),并在那里被谋杀。〔53〕

---

〔52〕原文为:*Ego de ce…etētyma mythēsaimēn*。《工作与时日》,第10行。

〔53〕按照修昔底德《伯罗奔尼撒战争史》第3卷,96,谋杀发生在阿尔戈利斯州(Argolis)涅墨亚(Nemea)的宙斯神庙(the temple of Zeus)附近,但这可能源于一个误解。在以下大约公元前200年麦西尼亚的阿尔凯奥斯(Alcaios of Messena)优美的诗作中,保留了对赫西俄德去世的回忆:“当赫西俄德躺在绿荫掩映的洛克里斯园林中逝去,仙女们用她们自己的泉水清洗他的尸体,把他的坟墓高高堆砌,在这里羊群洒下的奶水混合着金黄色的蜂蜜:这就是他说出的缪斯女神式的话语,这位老人曾把她们清纯的甘泉汲取。”第1行的希腊诗文(*Anthologia graeca*,Ⅶ,55)是:*Locridos en nemeï scierō necyn Hēsiodoio*。

其中的 *to nemos*(*nemus*)这个词指树木繁茂的山坡、林间空地;涅墨亚这个专有名词就是由此而来的。修昔底德可能是把一个普通名词与一个专有名词混淆了。

没有理由怀疑诗人赫西俄德的存在,我们可以假设,他活跃于略晚于荷马Ⅱ的时期,亦即公元前8世纪末。他是维奥蒂亚人,这可以说明相对于荷马的诗句而言他的诗句有时会显得粗陋。[54] 两部流传下来据说是由他创作的重要诗作《工作与时日》和《神谱》(*Theogony*)是这类诗句的杰出代表。请注意,这两部诗相对来说比较短,分别为828行和1022行,这并不奇怪,因为教诲诗或箴言诗本身不适于《伊利亚特》或《奥德赛》的叙事风格所鼓励的长篇叙述和插叙的手法。讲故事的人敏锐地意识到,他们的听众渴望详细的说明(例如,对战斗和宴会的说明)和令人激动的举例,因此,叙事诗喜欢拖延那些戏剧性的情节,以便吊人胃口。与之相反的是,农夫们想要获得简短的建议,因而,在具体表现民间传说时谚语自然就会简洁一些。

(一)《工作与时日》

《工作与时日》(*Erga cai hēmerai*,参见图41)可以分为四个部分:(1)对他的弟弟佩耳塞斯的劝告,(2)农业规律和航海规律汇集,(3)伦理和宗教规则,(4)看吉凶的日历。第一部分是说明人的自身条件和善的价值的寓言或神话。在其中的第一个寓言中,实用的效仿与喜爱争辩形成了对照。随后关于潘多拉(Pandora)的神话解释了邪恶的起源和劳动的不可避免性(请与《创世记》中具有同样目的的故事相比较);关于鹰和夜莺的寓言(*ainos*,tale)说明了暴力和不讲道义的错误。对于我们来说,这些故事中最令人感兴趣的是世

---

〔54〕 据猜想,维奥蒂亚人愚钝且反应迟缓,雅典人喜欢取笑他们。这种不好的名声,无论恰当与否,都会被英语中的"Boeotia"(意为维奥蒂亚,笨人——译者)和"Boeotian"(意为维奥蒂亚的,愚笨的——译者)这两个词无限期地延续下去。

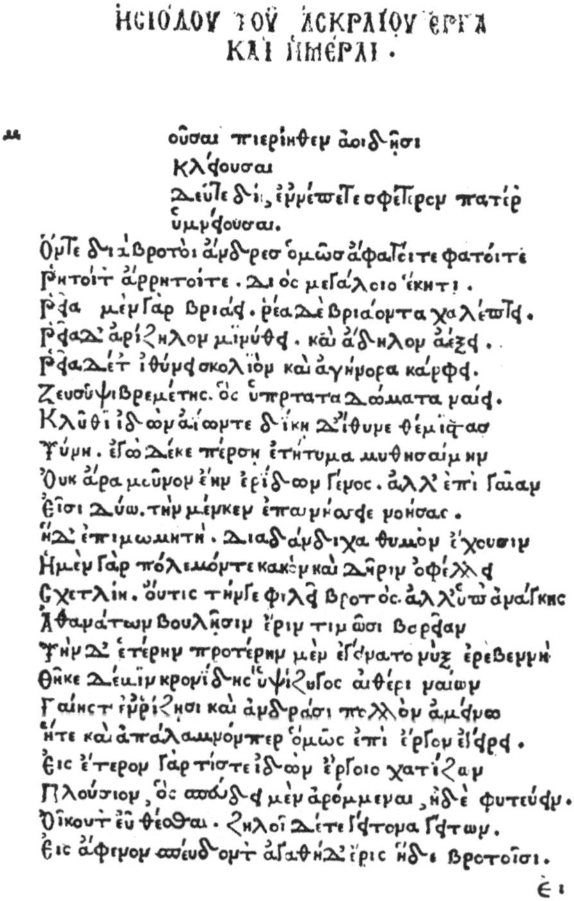

ἩΣΙΟΔΟΥ ΤΟΥ ἈΣΚΡΑΙΟΥ ἘΡΓΑ
ΚΑΙ ἩΜΕΡΑΙ.

Μοῦσαι Πιερίηθεν ἀοιδῆσι
κλείουσαι
δεῦτε δή, ἐννέπετε σφέτερον πατέρ'
ὑμνείουσαι.
ὅν τε διὰ βροτοὶ ἄνδρες ὁμῶς ἄφατοί τε φατοί τε
ῥητοί τ' ἄρρητοί τε. Διὸς μεγάλοιο ἕκητι.
ῥέα μὲν γὰρ βριάει, ῥέα δὲ βριάοντα χαλέπτει.
ῥεῖα δ' ἀρίζηλον μινύθει καὶ ἄδηλον ἀέξει.
ῥεῖα δέ τ' ἰθύνει σκολιὸν καὶ ἀγήνορα κάρφει.
Ζεὺς ὑψιβρεμέτης, ὃς ὑπέρτατα δώματα ναίει.
κλῦθι ἰδὼν ἀίων τε, δίκῃ δ' ἴθυνε θέμιστας
τύνη. ἐγὼ δέ κε Πέρσῃ ἐτήτυμα μυθησαίμην.
οὐκ ἄρα μοῦνον ἔην ἐρίδων γένος. ἀλλ' ἐπὶ γαῖαν
εἰσὶ δύω. τὴν μέν κεν ἐπαινήσειε νοήσας.
ἡ δ' ἐπιμωμητή. διὰ δ' ἄνδιχα θυμὸν ἔχουσιν.
ἡ μὲν γὰρ πόλεμόν τε κακὸν καὶ δῆριν ὀφέλλει
σχετλίη. οὔτις τήν γε φιλεῖ βροτός. ἀλλ' ὑπ' ἀνάγκης
ἀθανάτων βουλῇσιν ἔριν τιμῶσι βαρεῖαν.
τὴν δ' ἑτέρην προτέρην μὲν ἐγείνατο νὺξ ἐρεβεννή.
θῆκε δέ μιν Κρονίδης ὑψίζυγος αἰθέρι ναίων
γαίης τ' ἐν ῥίζῃσι καὶ ἀνδράσι πολλὸν ἀμείνω.
ἥτε καὶ ἀπάλαμόν περ ὁμῶς ἐπὶ ἔργον ἐγείρει.
εἰς ἕτερον γάρ τίς τε ἰδὼν ἔργοιο χατίζων
πλούσιον, ὃς σπεύδει μὲν ἀρόμμεναι, ἠδὲ φυτεύειν.
οἶκόν τ' εὖ θέσθαι. ζηλοῖ δέ τε γείτονα γείτων.
εἰς ἄφενος σπεύδοντ' ἀγαθὴ δ' ἔρις ἥδε βροτοῖσι.
ει

图 41 《工作与时日》和忒奥克里托斯(Theocritos)的《田园诗》(*Idyls*)的合编第 1 版(Milan,大约 1480);《工作与时日》的扉页(folio 33a)[复制于亨廷顿图书馆(Huntington Library)馆藏本]

界的五个时代的故事：[55]黄金时代是和平和完美的时代；在白银时代纯洁和崇高的程度都有所降低；然后是青铜时代；第四个时代似乎是指米诺斯人使赋予荷马以灵感的光荣记忆得以复苏的时代；最后是铁器时代，即面前这个充满悲伤、仇恨和冲突的时代。赫西俄德生活在与我们相似的时代，在这个时代，理性的人们在思考战争和道德沦丧导致的毁灭、痛苦和混乱，当他们大失所望时，他们很想说："这个世界变得越来越糟了，它必然会走向灭亡。"这种社会悲观主义可能会给我们现代人留下深刻印象，因为我们当代的一些人有类似的感受，不过，它也暗示了与更古老的时代的对比，例如，与前面提到的苏美尔赞美诗（本书第96页）的对比。从
149 某种意义上讲，一切都在变得越来越差以及"世界正在走向毁灭"等思想，是所有时代的思想，或者更确切地说，在社会和谐被战争、变革或其他大灾难粗暴地搅乱的每一个时代，它注定会重新出现。即使没有出现大灾难，它自己也会给那些身心状况逐渐衰退的人，或者给那些随着新一代人日益（表面和实际的）放纵和任性而失去耐心的人留下烙印。

显而易见，赫西俄德是在其蠢弟弟缺乏教养的行为的触动下创作他的诗歌的。赫西俄德试图教育其弟弟，使他感到
150 羞愧，从而行为更为得体，并使他重新振作起来（但也许完全徒劳无获）。他的诗的第一部分是有关神话的介绍，旨在从佩耳塞斯的心灵中唤醒他对传统的爱、对公正的渴望以及对像一个人那样去劳作的欲望。

---

[55]《工作与时日》，第109行—第201行。

其他部分不需要太多的解释。农业规律和航海规律[56]（占全诗三分之一强）的阅读比分析更为容易。我们不妨引用一些诗句。先引用开始的部分：

普勒阿得斯(Pleiades)——阿特拉斯(Atlas)的七个女儿在天空出现时，你要开始收割；她们即将消失时，你要开始耕种。她们休息的时间是四十个日日夜夜。当她们在下一年再次露面时，你首先要磨砺你的镰刀。平原的居民遵循这个节气规律，海洋附近的居民遵循这个规律，远离咆哮的海洋，在土地肥沃的峡谷和山川生活的居民也遵循这个规律。你如果希望在适当的季节收获地母神赐予的一切果实，就必须奋力耕耘、播种和收获，因为各种作物都只能在一定的季节里生长。否则，你日后一旦匮乏，就不得不乞讨于他人之家门，而结果往往是徒费口舌，正如你才来找过我一样。愚蠢的佩耳塞斯啊，我不会再给你什么了，你要劳动，去做诸神为人类规定的那些活儿，免得有一天你领着悲苦凄惶的妻子儿女在邻居中乞讨，而他们谁也不关心你。你或许能得到两三次施舍，但如果你再继续打扰他们，就再也不会得到什么了，你再说多少话都徒劳无益，你说得再可怜也没有人去理会。是的，我劝你设法偿清债务、避免饥饿。

随后是：

在菊芋开花的时节，在令人困倦的夏季里，欢鸣的蝉坐在树上不停地振动翅膀尖声歌唱。这时候，山羊最肥，葡萄酒最甜；女人最放荡，男人最虚弱。那时天狼星烤晒着人的脑袋和膝盖，皮肤热得发干。在这时节，我但愿有一块岩石

[56]《工作与时日》，第383行—第694行。

遮成的阴凉处，一杯毕布利诺斯的美酒，一块乳酪以及一杯老山羊的奶，在林间放养的未生产过小牛的小母牛的肉和山羊羔的肉。我愿坐在阴凉下喝着美酒，面对这些美馔佳肴心满意足；同样，我愿面对清新的西风，用常流不息的洁净泉水先三次奠水，第四次则奠酒。[57]

这一点也不愚笨！赫西俄德的直接目的是向他的弟弟说明怎样通过劳动获益和怎样避免匮乏，不过，在他的主体意识中内在的诗情太浓厚了，换句话说，作为诗人的他战胜了注重实际和挑剔的他。他在最大程度上被他周围那些优美的景象所感动，使他一度达到了更高的境界，因此，他成为以后一个时代的田园诗人名副其实的先驱。[58]

在 1951 年以前，说赫西俄德的《工作与时日》是"农历"的第一个例子可能都是对的。不过，现在这样说就不再对了，因为宾夕法尼亚大学博物馆的塞缪尔·诺厄·克雷默在尼普尔发现并译解了一块大约公元前 1700 年的楔形文字泥板，首行写着："过去，一个农民给了他的儿子这些教诲"，一
151 共有 108 行，说明了一个农民在一年之中的工作。克雷默已经发表了一篇题为《苏美尔农历》的尝试性译作。[59] 请注意，撰写这个文献或激发人写这个文献的这位不知名的苏美尔农民，大约生活在赫西俄德 1000 年以前。

---

〔57〕同上书，第 383 行—第 404 行，第 582 行—第 596 行，引自"洛布古典丛书"中休·G. 伊夫林-怀特的译本，第 31 页和第 47 页(1914)。

〔58〕《工作与时日》最早的编辑者们认识到了这一点。的确，早期的那些版本不仅包括《工作与时日》，而且包括叙拉古(Syracuse)的忒奥克里托斯(活跃于公元前 285 年—前 270 年)的《田园诗》。

〔59〕S. N. 克雷默：《科学美国人》(*Scientific American*, New York, November 1951)，第 54 页—第 55 页。

回到这个较晚的时期，赫西俄德这首诗最后的两节非常短（分别为70行和64行）。诗的第三节为婚姻以及在各种环境中的品行端正，甚至为在某些显然非常细小的事情上（例如，如何小便，*omichein*[60]）的行为检点，提供了朴实的建议；其中包括一些会令民俗学家感兴趣的迷信，但我没有时间做更多的论述。第四部分有一些格言涉及走运和背运的日子，这些当然完全是迷信，不过我们应该记住，类似的想象在过去一直为农民的活动提供指导，在今天，它们依然在为许多国家的农民提供指导，而在我们这些所谓理性的民族之中，仍有些人害怕"13日星期五"。这首诗以下面这些诗句结尾：

这些日子对大地上的人类是一大恩典。其余日子捉摸不定，不那么吉利，不带来任何东西。每个人都有自己特别喜欢的日子，但几乎没有人能说出究竟为什么。一个日子有时像一位继母，有时又像一位亲娘。一个人若能知道所有这些事情，做自己本分的工作，不冒犯永生的神灵，能识别鸟类的前兆和避免犯罪，这个人在这些日子里就能快乐，就能幸运。[61]

这个农夫意识到存在于他周围并且威胁着他的许多神秘的事物，他每天都任由大自然的力量和运气摆布。对他来说，在实践中以某种方式做得尽善尽美是不够的，他必须保持谦卑和心怀敬畏。

在已遗失的赫西俄德的作品中有一首关于天文学的诗，

---

[60]《工作与时日》，第727行—第732行。

[61] 同上书，"洛布古典丛书"版，第65页。

其中只有一些片段保留了下来。它描述了主要的星座并且解释了它们的名字,亦即与它们有关的神话。留传到现在的那些片段涉及昴宿星团、毕宿星团、大熊星座和猎户星座。这是希腊文献中最早涉及天文学的文本。

(二)《神谱》·赫西俄德Ⅱ

赫西俄德现存的另一诗作《神谱》(*Descent of the Gods*, Theogonia)是对诸神的神话、历史和谱系的概括,但我们不应因此而止步。原来该诗作后还有另一首诗,它是一个妇女的列表和 *eoiai*,亦即女英雄谱,这位吟游诗人对其中的每一个人进行介绍时都使用了 *ē hoiē*(像她一样)等词。这些妇女构成了神的世界与人的世界之间的自然联系,因为那些一般认为具有神的血统的英雄们,都是大地母亲赋予其生命的。在说明了复杂的诸神的谱系之后,就必须谈一下他们所爱的凡世的女人,正是这些女人使人类的英雄和领袖人物来到世上。这种思维方式有助于说明原始的母权制,但我不得不放弃这个主题,把它留给人类学家。

对于一个有神话倾向的人(这种描述适用于每一个希腊人)而言,神谱和宇宙论是相关的领域,因为诸神的起源、世界的起源以及创世的过程和细节是不可避免地混在一起的。这位诗人揭示了难以理解的秘密,他是怎样获得有关这些秘密的知识的呢?他在序曲[62]中告诫我们,伟大的宙斯的女
152 儿"从一棵粗壮的橄榄树上摘给我一根奇妙的树枝,并把一种神圣的声音吹进我的心扉,让我歌唱将来和过去的事

〔62〕《神谱》,第 29 行—第 34 行。

情”[63]。这种把未知的过去与将来等量齐观的做法是极为自然的。这位真正的先知像卡尔卡斯的儿子忒斯托耳(Calchas'son Thestor)[64]一样知道“当前、将来和过去”，不受时间影响的神是没有时间意识的。回想一下赛斯的伊希斯神庙(Iseum)的碑文，伊希斯独自说：“我就是过去、现在和将来存在的一切，没有一个凡人曾发觉我的长袍。”[65]

语文学家承认，尽管这两部赫西俄德风格的主要诗作所包含的成分像或者可能像《奥德赛》甚至像《伊利亚特》中所体现的事物一样古老，但这两部诗都属于荷马以后的时代。他们会认为，《神谱》更晚一些，也许比《工作与时日》晚一个世纪。因此，《神谱》的作者被认为另有其人，我们也许可以把这个人称作赫西俄德Ⅱ。[66]

十四、赫西俄德的风格和传统

尽管在《工作与时日》中有一些优美的段落，但就总体而言，赫西俄德风格的诗与荷马风格的诗相比还是略逊一筹。这也许是由于赫西俄德作品的主题本身很容易降低诗歌的魅力，或者是因为荷马的伟大和普遍的成功导致了它魅力的减弱。可以想象，《伊利亚特》和《奥德赛》这些史诗最终完成后，它们的名望使包括赫西俄德在内的众多其他诗人的自信心降低了，这就像米开朗基罗(Michelangelo)和拉斐

[63]《神谱》，“洛布古典丛书”版，第81页。

[64]《伊利亚特》，第1卷，第70行。

[65] 原文为：*Egō eimi pan to gegonos cai on cai esomenon cai ton emon peplon udeis pō thnētos apecalypsen*。普卢塔克：《伊希斯和奥希里斯》(*Isis and Osiris*)，354 c。

[66] 在《神谱》的第22行提到了赫西俄德这个名字。可以把这理解为是这个(不同和较晚的)《神谱》的作者在谈论创作《工作与时日》的另一个赫西俄德。能把这理解为是诗人谈论他自己吗？

尔(Raphael)在他们周围创造了一片艺术沙漠那样。

人们可能对赫西俄德做出的主要指责是,他缺乏荷马那样的敏捷和流畅,而且他的许多前后相继的诗句有缺陷,因为它们的韵律是不连贯的,但这往往是难以避免的。而我觉得,当一种思想与另一种思想并无实际联系时,我们更应该尊敬的是那些情愿在它们之间进行跳跃的作者,而不是那些在它们之间虚构艺术过渡的作者。赫西俄德的风格是朴实和纯真的,但这没有令人感到不愉快,他的语气是相当严厉和平淡的,如果是你又会怎样?毫不夸张地说,他比荷马更像一个教师、一个指导者。但人们更愿意接近的是那位讲故事的荷马而不是他,现在,人们设想荷马是一位伟大的英雄。

赫西俄德的传统不像荷马的传统那样迷人和那样普遍,这并不奇怪。即使现在,有 100 个人知道荷马而知道赫西俄德的只有 1 个人,而且我猜想,过去也一直是这样。首先引起人们注意的似乎是后一部诗歌《神谱》,斯多亚学派(the Stoics)的奠基者基蒂翁的芝诺(Zeno of Citiurn,活动时期在公元前 4 世纪下半叶)评注了它;以弗所的泽诺多托斯(活动时期在公元前 3 世纪上半叶)和拜占庭的阿里斯托芬(活动时期在公元前 2 世纪上半叶)编辑了它。第一位对《工作与时日》发生兴趣的语文学家是狄奥尼修·特拉克斯(Dionysios Thrax,活动时期在公元前 2 世纪下半叶)。非常古怪的是,这部著作的希腊语版比荷马著作的希腊语版早出版了将近 10 年。

无论如何,赫西俄德并没有被忘记,他的语言仍然令人感动。他贴近现实和生活。他说明了人类的根本法则以及
153 公正与诚实的劳动的必要性;那种法则并未被取消而且永远

不会被取消。他的严厉的忠告依然适用，他的一些田园诗般的品质仍旧温暖着我们的心扉。

十五、文献注释

1. **荷马**。我们把《伊利亚特》和《奥德赛》的第一个希腊语版本归功于德美特里·卡尔孔狄利斯。版本记录写的是：佛罗伦萨(Florence)1488 年 12 月 9 日，但在 1489 年 1 月 13 日以前，印刷并未完成。请参看我们从波士顿公共图书馆馆藏本复制的那一页，大英博物馆《古版书目录》(*Catalogue of Incunabula*)第 6 卷第 678 页中的描述，以及埃米尔·勒格朗(Emile Legrand)在《希腊书目》(*Bibliothèque hellénique*, Paris, 1885)第 1 卷第 9 页—第 15 页的描述。

《伊利亚特》还有沃尔特·利夫(Walter Leaf)编辑的两卷本(London, 1886-1888, 1900-1902)，简·范利文(Jan Van Leeuwen)编辑的两卷本(Leiden, 1912-1913)；"洛布古典丛书"中奥古斯塔斯·泰伯·默里(Augustus Taber Murray)编辑的两卷希-英对照本(London, 1924-1925)；"法国大学丛书"(Collection des Universités de France)中保罗·马宗(Paul Mazon)编辑的 4 卷希-法对照本(Paris, 1937-1938)。另可参见乔治·梅尔维尔·博林(George Melville Bolling)：《公元前 6 世纪雅典的伊利亚特》(*Ilias Atheniensium. The Athenian Iliad of the Sixth Century B. C.*, 524 pp.; New York: American Philological Association, 1951)；该书是恢复庇西特拉图版本的一个尝试；在这里，沃尔特所承认的 15,693 行诗中的大约 1000 行被置于页末；参见本章脚注 21。

《奥德赛》还有 W. 沃尔特·梅里(W. Walter Merry)和詹

姆斯·里德尔(James Riddell)编辑的第1卷—第12卷(Oxford,1875,1886),戴维·宾宁·门罗(David Binning Monro)编辑的第13卷—第24卷(Oxford,1901);简·范利文编辑的第1卷—第24卷(Leiden,1917)。牛津大学出版社(Oxford University Press)于1909年用罗伯特·普罗克特(Robert Proctor)字体在莫里斯纸上印的《奥德赛》非常精美。这部作品还有"洛布古典丛书"中A.T.默里编辑的两卷希-英对照本(London,1919);"法国大学丛书"中维克托·贝拉尔编辑的3卷希-法对照本(Paris,1924)。

2.**赫西俄德**。《工作与时日》和忒奥克里托斯的《田园诗》(*Eidyllia*)的合编第1版,由米兰的伯纳斯·阿库修斯(Bonus Accursius)印制,但没有印刷日期(大约在1478年—1481年之间,可能是1480年)。我们从亨廷顿图书馆的馆藏本复制了《工作与时日》(folio 33a)的扉页。奥尔都·马努蒂乌斯(Aldus Manutius)印制了赫西俄德的两部诗作以及忒奥克里托斯的作品和其他作品的合编本(Venice,February 1495/1496);大英博物馆的《古版书目录》(第6卷,第757页;第5卷,第551页)记述了这两个最早的版本。

"洛布古典丛书"中有休·G.伊夫林-怀特编辑的赫西俄德的著作、荷马的赞美诗和荷马式诗歌的希-英对照本(London,1914)。

藏书家喜欢保罗·马宗编辑、爱德华·佩尔唐(Edouard Pelletan)用加拉蒙(Garamond)体印制的《工作与时日》希-法对照本,书中有埃米尔·科兰(Emile Colin)的木刻作品和阿纳图勒·弗朗斯(Anatole France)撰写的一篇长文。这是佩尔唐出版的最后一部书。加拉蒙体因克洛德·加拉蒙

(Claude Garamond,1561 年去世)而得名;罗伯特·艾蒂安(Robert Estienne,1503 年—1559 年)在 1544 年以后曾用这种字体印刷过他的希腊语出版物。它看起来非常漂亮,但阅读起来很困难,因为它有许多连字。在巴黎的国家印刷厂(Imprimerie Nationale)还可以找到三种字号的这种字体。

第六章

亚述间奏曲

有一些史学家把美索不达米亚科学作为希腊科学以前的一个单一的实体来讨论,由此引起了很大的混乱,对此,我们已经提出了批评。这些问题是非常复杂的,而且人们至少应该承认有三“组”(而非个体)截然不同的科学:第一组是“巴比伦”科学,我们已在第三章中对它进行了简略的描述;第二组是“亚述”科学,本章将对它进行讨论;第三组是“迦勒底”科学,它的发展是在希腊化的塞琉西时代。

“巴比伦”科学是在公元前第一千纪以前,也就是说,完全在希腊“有史”时代以前,在荷马和赫西俄德以前,更不用说是在爱奥尼亚哲学家以前了。

“亚述”科学主要是公元前7世纪的事。它与希腊科学初期属于同一时期,比希腊科学略早一点。希腊科学始终是独立于它的。

“迦勒底”科学绝对是希腊化后的科学。它影响了希腊化后期(或罗马时代)的科学和中世纪的科学。

这三组科学由两段间隔隔开,每段间隔都有多个世纪;每一组科学都影响了它的后继者,然而,正如这三组科学在年代学上的差异所暗示的那样,它们是彼此不同的。把它们混为一谈，就像把比德（Bede）、两位培根、牛顿（Newton）和卢瑟福（Rutherford）说成都属于同一群人一样，是非常愚蠢的。

在我们对巴比伦科学的说明（第三章）中，我们谈到3位国王，他们是萨尔贡（Sharrukīn 或 Sargon，公元前2637年—前2582年在位），阿卡德王朝的奠基者，以及阿穆尔鲁（或亚摩利）王朝的两位国王——第六代国王、伟大的立法者汉谟拉比（公元前1955年—前1913年在位）[1]和第十代国王阿米扎杜加（公元前1921年—前1901年在位）。提及这些名字只是为了唤醒读者的记忆，并且再次强调巴比伦科学与亚述科学之间巨大的时间间隔。

亚述文化属于美索不达米亚文化，而苏美尔文化和巴比伦文化的中心则在幼发拉底河下游。亚述文化起源于底格里斯河上游，它不仅受惠于苏美尔和巴比伦等文化楷模，而
且得益于赫梯人和胡里人的影响。它往往不如它的诸楷模， 155
例如，留传给我们的亚述法典的水平明显低于汉谟拉比法典。[2] 在这里，我们不必为亚述历史的开端而烦恼。亚述

[1] 按照最新的计算，汉谟拉比在位的时间是公元前1728年—前1686年，其他日期也会相应变化。最重要的是，所有这些巴比伦国王都远在希腊"有史"时代以前。

[2] 有关亚述法典与更早的法典的比较以及有关这一主题的文献目录，请参见詹姆斯·B.普里查德主编：《古代近东文献》（Princeton：Princeton University Press，1950），第159页—第223页[《伊希斯》*42*，75（1951）]。

城在大约公元前2600年[3]时就已经进入繁荣期。亚述帝国的第一代统治者是亚述纳西拔二世(Ashur-nasir-pal Ⅱ,公元前884年—前859年在位),他把其统治扩展到地中海,并且迫使沿海的腓尼基城市向他进贡。他的帝国首都是尼姆鲁德(Nimrūd)[即凯莱克(Kalakh),《圣经》上称之为迦拉(Calah)],在摩苏尔以南。

我来列举另外一些统治者,由于希腊人的叙述或《圣经》的叙述,读者对他们已经熟悉了。

萨穆拉玛特(Shammu-ramat,公元前810年—前806年在位),她是一位国王的寡妇和另一位国王的母亲,以其希腊语名字塞米拉米斯(Semiramis)闻名于世。的确,对于希腊人来说,塞米拉米斯是一个女神,她和尼诺斯(Ninos)是亚述帝国[即尼诺斯帝国或尼尼微(Nineveh)帝国]神话般的奠基人。人们把许多非凡的成就都归功于她。[4]

萨尔贡二世(Sharrukīn Ⅱ,公元前722年—前705年在位)或撒珥根二世[5],占领撒马利亚(Samaria)和卡尔基米

---

〔3〕亚述(Ashshur或Ashur)位于底格里斯河上游、摩苏尔(Mawsul)以下的地方。"亚述"这个词曾作为许多亚述国王的名字出现过,我们的"亚述人"这个词就是从它衍生出来的。"亚述学家"这个词不仅被用来指亚述古代历史文化的研究者,而且广义而言,也指美索不达米亚古代历史文化的研究者。之所以如此是由于一个偶然的原因,即亚述的遗迹和文献是首先被发现并得到研究的。

〔4〕当然,人们把现实中的这位妇女与传说中的妇女混淆在一起了,这就像所有传奇的国王总是成群地出现在神话人物周围一样。塞米拉米斯这个名字已经变得非常著名了。丹麦的玛格丽特(Margrete of Denmark,1353年—1412年)是三个斯堪的纳维亚王国的统治者,她被称为北方的塞米拉米斯(《科学史导论》第3卷,第1021页),而这个称号也被用来称呼俄国的叶卡捷琳娜二世(Catherine Ⅱ of Russia,1729年—1796年)。

〔5〕《圣经》中称撒珥根(Sargon)。参照古代亚述国王萨尔贡一世(Sharrukīn Ⅰ,公元前2000年—前1982年在位)而不是阿卡德国王萨尔贡(公元前2637年—前2582年在位),他被命名为撒珥根二世。

什(Carchemish),攻入乌拉尔图(Urartu),重新征服巴比伦,并且在尼尼微附近建立新首都杜尔沙鲁金(Dūr-Sharrukīn)[即豪尔萨巴德(Khorsābād)]。

辛那赫埃尔巴(Sin-ahē-erba,公元前705年—前681年在位),上文提到的那位国王的儿子和继任者,《圣经》中称他为辛那赫里布,侵入巴勒斯坦,但未能占领耶路撒冷;公元前689年他摧毁了巴比伦。

亚述巴尼拔(公元前668年—前625年在位*),希腊语称之为萨丹纳帕路斯(Sardanapalos),是一位除埃及以外的近东大部分地区的伟大统治者。按照他的敌人的说法,他是一个邪恶的人、一个残忍的怪物。但必须承认,他的功劳也是无可否认的:他是艺术和文学的保护者,而且我们所说的"亚述科学"得以保存,在很大程度上也归功于他的努力。他的帝国首都是尼尼微[即库云吉克(Quyunjiq),在摩苏尔对岸]。他是亚述帝国的最后一位统治者,不过,他比其他人更有助于人们永远铭记这段历史。他的罪恶已泯没,而他的巴比伦藏书将永存。正是因为他,我们才有点不太公正地认为:亚述人的学问是公元前7世纪末的一个创造。

我认为,把我们关于希腊传统和《圣经》传统的记忆与科学史家必然会唤起的那些记忆结合在一起,无论多么短暂,都是值得的。

亚述的艺术在上个世纪中叶才闻名于世。1807年,英国驻巴格达的领事克劳迪厄斯·詹姆斯·里奇(Claudius

---

* 原文如此,与第七章略有出入。——译者

James Rich)第一次提到亚述的浅浮雕,并且指出在库云吉克进行考古发掘的可能性,但发掘工作直到1843年才由保罗·埃米尔·博塔(Paul Emile Botta)在豪尔萨巴德开始进
156 行。没过多久,奥斯丁·亨利·莱亚德(Austen Henry Layard)、霍姆兹·拉萨姆(Hormuzd Rassam)以及其他人也相继进行了发掘。法国发掘工作的成果保存在卢浮宫,英国考古学家挖出的珍宝收藏在大英博物馆。这些宝藏共同揭示了一种新的艺术,这种艺术可以与埃及最好的艺术、希腊艺术和在一定程度上延续了亚述传统的早期波斯艺术相媲美。在艺术史著作中,作者可能会用相当的篇幅对这些杰作进行描述和讨论,但在科学史著作中,我们不可能为它们花这么多的篇幅。它们有助于我们回想起亚述文化不可思议的艺术背景。亚述的绝大部分浅浮雕作品都是刻在本色为黑色、白色、蓝色、红色和绿色的较软的石灰石上的。它们既令考古学家也令艺术家感兴趣,因为它们提供了有关亚述人的生活方式和习惯、艺术和工艺以及宗教思想和科学思想的大量信息。[6]

在这些不朽杰作中,一些亚述纳西拔(公元前884年—前859年在位)时代作品中的神话场面,最使科学史家着迷。据解释,它们表现的是为枣椰树人工授粉时的情景。在大英博物馆、卢浮宫以及其他博物馆中有许多这样的浅浮雕作品。有可能,人工授粉远在那个时代以前,也许在史前时

---

〔6〕有关全面的指南式介绍,请参见艺术史方面的著作。另请参见西里尔·约翰·加德:《亚述雕塑作品》(*The Assyrian Sculptures*, 78 pp., 18 pls.; London: British Museum, 1934);乔治·孔特诺:《卢浮宫博物馆中的东方古代文物》(*Les antiquités orientales au Musée du Louvre*, Paris, 1928),另页纸插图图5—图20。

代,就已经付诸实践了;在亚述纳西拔时代,它已经非常古老了,早就成为神话而非科学的一个固有部分。如果我们的解释是正确的,那么当然,它并不证明亚述人知道植物的性别。我倾向于说他们并不知道这一点,他们的做法使人觉得他们仿佛知道这一点。这是一个很好的例子,它表明:本应从科学知识中产生的重要应用却早于科学知识达 25 个世纪之久。[7]

摩苏尔地区在底格里斯河上游,亚述的首都就位于这个地区,这里是在枣椰树种植地以北很远的地方,但亚述帝国几乎扩张到波斯湾,而且亚述人已经继承了苏美尔人的全部知识。

在尼姆鲁德的发掘工作展示了许多亚述纳西拔时代的其他不朽杰作,例如巨大的有翼人面狮身像、猿猴的浅浮雕像,以及两个亚述纳西拔本人的雕像(其中一个现保存在卢浮宫,另一个保存在大英博物馆)。

鉴于那些不同的艺术杰作属于不同的国王,因而可以从公元前 9 世纪到公元前 7 世纪末推断亚述艺术的发展。这个时期几乎长达 3 个世纪,而这些国王包括:撒缦以色三世(Shalmaneser Ⅲ,公元前 859 年—前 824 年在位),黑色方尖碑和青铜嵌条装饰着他的宫殿的大门;提革拉·帕拉萨三世

---

〔7〕对显花植物的性别的最早解释,是鲁道夫·雅各布·卡梅拉里乌斯(Rudolf Jacob Camerarius)于 1694 年明确提出的。有关对亚述浅浮雕的解释,请参见 G. 萨顿:《公元前 865 年—前 860 年亚述纳西拔时代的枣椰树人工授粉》,载于《伊希斯》*21*,8-13(1934),另页纸插图 2。也可参见 S. 甘兹的论文,载于《伊希斯》*23*,245-250(1935);G. 萨顿的论文,载于《伊希斯》*26*,95-98(1936);内尔·佩罗(Nell Perrot):《美索不达米亚和埃兰的文物中对圣树的描绘》(*Les représentations de l' arbre sacré sur les monuments de Mésopotamie et d' Elam*,144 pp.,32 pls.;Paris:Geuthner,1937)[《伊希斯》*30*,365(1939)]。

(Tiglath-pileser Ⅲ,公元前 745 年—前 727 年在位);萨尔贡二世(公元前 722 年—前 705 年在位),在他豪尔萨巴德的宫殿中发现了巨大的有翼人面牛身像;辛那赫里布(公元前 705 年—前 681 年在位);最后,亚述巴尼拔(公元前 668 年—前 625 年在位),对他,我们必须多说一点。

先谈艺术,亚述最著名的浅浮雕作品是在亚述巴尼拔统治期间创作的,而且是从他在尼尼微(库云吉克)的废墟中
157 发现的。那些浅浮雕作品再现了狩猎的情景以及动物生活的情景,它们暗示这位国王的宫殿中还有某种动物园。这些作品是大英博物馆引以为自豪的藏品的一部分。这些雕刻作品证明,那时已经有了一些动物(例如狮子)的解剖学知识,这种知识是难以从狩猎的短暂兴奋中获得的。这些野生动物可能被关在笼子中,有时也会把它们放出来,以供国王及其家人休闲运动之用。这些令人称奇的浅浮雕作品表明,艺术家们在狮子和其他动物身强体壮时对它们进行了观察,也在它们受伤、流血、吐血和即将死亡时进行了观察。有一位艺术家给我们描绘了一个令人难以忘怀的场面:一个母狮子脊椎骨的中间受了伤,它的下半身瘫痪了,因而只能拖着它走。这样的描绘在文艺复兴和现代以前的艺术史中几乎是绝无仅有的。

这些狩猎场面足以使亚述巴尼拔的名字永垂青史,并且使人们永远纪念他所雇用的这些不知名的艺术家,不过,他还有其他更多的功绩,使他有资格获得学者们的感激。除了浅浮雕之外,库云吉克废墟还埋藏着大量泥板,它们构成了这位国王的图书馆。非常幸运的是,考古研究一开始,这个

图书馆 *in situ*(在其原来的位置)就被发现了。[8]

在亚述,有可能还有比这更早的其他皇家图书馆,[9]不过,亚述巴尼拔图书馆是其中唯一我们可以利用的图书馆,因此,它所带给我们的所有知识必然要归于他那个时代。

这并不意味着那种知识是他那个时代的人获得的新知识。实际情况远非如此;它只在这一意义上是新知识,即语文学知识可能是新的。当我们这个时代的人在一部纸草书或古代抄本上发现一个未知的亚里士多德或阿基米德的著作的文本时,它对我们来说就是新的或者崭新的文献,尽管事实上该文献本身是非常古老的。我们不妨这样说,这个发现是新的和令人吃惊的,而所发现的东西是古旧的,由此立刻展示出来的知识也是古老的。

在库云吉克发掘出的泥板就是如此。它们表明,即使不是在更早的话,那么至少在公元前 7 世纪,亚述人已经认识到以苏美尔语保存下来的那些文献的科学价值,而且,他们已经付出巨大的努力来收集苏美尔泥板,研究和教授苏美尔语,编辑苏美尔语文献,把它们翻译成亚述语并附上必要的注释。亚述人在苏美尔语文献方面所做的工作,正是中国佛教徒对梵语或藏语文献、日本人对汉语文献或者我们自己的

〔8〕保存在世界各地博物馆中的大部分泥板都是当地人挖出来卖给古董商的,因而在许多事例中,它们的确切出处是不得而知的。这在很大程度上降低了它们的价值,除非能够从它们上面书写的文献中判断出它们的出处和年代。

〔9〕许多泥板都有亚述巴尼拔的曾祖父萨尔贡的图书馆的标志,但萨尔贡的图书馆已经不复存在了。所有皇家图书馆的泥板(就像我们图书馆中的图书一样)都有一个标签。最简单的标签上写着:“亚述之王、世界之王亚述巴尼拔宫殿收藏”。随着泥板数量的增加和标签文字的增多,出现了一些印章,使用它们,整个标签一下子就可以印上了。在这些历史文件中,有一份是亚述巴尼拔的自传,其中的大部分用来描述他的教育。这是唯一的亚述国王的自传。参见 A. T. 奥姆斯特德:《亚述史》(New York,1923),第 489 页—第 503 页。

希腊学家对希腊经典所做的工作。这样说也许更确切：是文艺复兴早期的希腊学家把希腊经典呈现给了世人；我们这个时代只有很少的希腊学家有幸从事这一工作；他们中的绝大多数人只能去反复重新编辑那些著名的文献。

亚述巴尼拔图书馆的书籍包括语法著作、词典、历史档案以及在行间写有亚述语译文的苏美尔语文献；其中许多文
158 献是关于科学的——它们涉及天文学、占星学、化学、医学等等。这位国王渴望丰富他的收藏。我们来读一读一封可能是他本人写的信：

> 国王致沙德努(Shadunu)：我很好，也祝您快乐。当您收到此信时，请把这三个[已列出名字的]人以及博尔西帕(Borsippa)城最有学问的人抓起来，并且把他们家中收藏的所有泥板以及放在埃西达(Ezida)神庙中的所有泥板搜出来……

这位国王继而开出了一个他非常想要的重要著作的清单，随后以下述作为结语：

> 去搜寻那些你的档案中有记载但亚述没有的有价值的泥板，然后把它们送给我。我已经写信给官员和国外的人……不许任何人扣住一个泥板不给你，如果你看到我没有写到的泥板或仪式程序，而你认为它对我的宫殿有益，把它找出来，整理一下，给我送来。[10]

这些泥板非常丰富，因而要创作和抄写它们必须招募许多学者和抄写员。在这些泥板存在的最后半个世纪期间，尼

---

[10] 引自爱德华·奇勒(1885年—1933年)的杰作《他们在泥板上书写》(Chicago: University of Chicago Press, 1938)。

尼微是一所培养翻译家和语文学家的学校的所在地，这个学校也许可以称作苏美尔学院（Sumerian Academy）。许多留传至今的双语课本使得我们这个时代的亚述学家可以学习和掌握苏美尔语。今天的苏美尔语学者都是公元前 7 世纪亚述语文学家的学生。

现代学者对大量有关科学的泥板进行了编辑，并把其中的一些翻译成欧洲语言。以下这个清单只是它们中的一些实例，而不是全部。

魔法。伦纳德·W.金：《巴比伦魔法和巫术——举手祈祷文》（*Babylonian Magic and Sorcery, Being the Prayers of the Lifting of the Hand*, 230 pp., 76 pls.; London, 1896）。这里的文献远不可能是科学的，不过在说明迷信的背景时会提及它们。

医学。雷金纳德·坎贝尔·汤普森：《根据大英博物馆原件编辑的亚述医学文献》（*Assyrian Medical Texts From the Originals in the British Museum*, 114 pp., folio; Oxford, 1923）[《伊希斯》7, 256（1925）]；亚述人治疗脚病的处方，载于《皇家亚洲学会杂志》（*J. Roy. Asiatic Soc.*）（1937）265–286 [《伊希斯》*28*, 226（1938）]。

植物学。雷金纳德·坎贝尔·汤普森：《亚述草药——亚述植物药材专论》（*The Assyrian Herbal, A Monograph on the Assyrian Vegetable Drugs*, 322 pp.; London, 1924）[《伊希斯》*8*, 506–508（1926）]，它论述了大约 250 种植物并讨论了亚述人关于植物性别的观点；《亚述植物学词典》（*Dictionary of Assyrian Botany*, 420 pp.; London: British Academy, 1949）

[《伊希斯》*43*]。

化学和地质学。雷金纳德·坎贝尔·汤普森:《亚述化学和地质学词典》(314 pp.;Oxford:Clarendon Press,1936)[《伊希斯》*26*,477-480(1936)]。

这个简短的清单仅仅是一个开始。在这里,不可能讨论苏美尔-亚述知识的细节,因为它们会使我们偏离古代科学的主流。亚述科学实际上并不属于那个主流,它是舶来品。

汤普森的著作都处于分析阶段,它们对于亚述学家有很大的价值,但对于科学史家而言,其价值微乎其微。现在仍不可能确定亚述科学是否完全是苏美尔科学,抑或亚述的学者在他们所保留和翻译的古老知识中是否增加了新的知识。

我之所以把本章称作"间奏曲",原因在于,那种知识无
159 论是纯苏美尔的知识还是亚述的知识,对希腊科学都没有影响。希腊文化的确受到东方文化相当多的影响,但一般而言,这些影响是宗教、哲学和非技术方面的。东方的天文学知识也许传播到了希腊,但其他知识没有得到传播。没有证据表明希腊作者[11]能阅读楔形文字。

尽管"迦勒底科学"不在本章的范围之内,但对它也许应该顺便说几句,以便为读者提供导读。

迦勒底王朝是最后一个巴比伦王朝,它的6任国王统治了87年,从公元前625年至公元前538年。它的创立者是

[11] 像巴比伦人塞琉古(Seleucos the Babylonian,活动时期在公元前2世纪上半叶)这样的人也许是例外。

那波勃来萨(Nabopolassar,公元前625年—前605年在位),那波勃来萨和他的盟友米底(Media)国王基亚克萨里斯(Cyaxares)于公元前612年摧毁了尼尼微,并且瓜分了亚述帝国。从那时起,亚述传统部分由迦勒底人延续,部分是由米底人(Mede)和波斯人延续的,例如,阿契美尼德艺术就显示出了亚述人的强大影响。第二任国王尼布甲尼撒(Nebuchadrezzar,公元前605年—前561年在位)[12]于公元前586年征服了犹太国,摧毁了耶路撒冷。希腊史学家所赞美的巴比伦是他所创立的新巴比伦王国。公元前538年新巴比伦王国被居鲁士大帝(Cyros the Great)的一位将军戈比亚斯(Gobryas)攻占,巴比伦王国被波斯人统治了两个世纪(公元前536年—前332年)。希腊人所知道的最早的巴比伦数学家和天文学家属于这个波斯人统治的时期,具体而言,就是公元前491年活跃于巴比伦的纳蒲(Nabu-rimanni)[巴拉图(Balatu)之子],以及活跃于一个世纪以后(大约公元前379年)的西丹努斯(Kidinnu)。[13] 波斯人控制的巴比伦王国于公元前332年被亚历山大大帝征服,从此直到公元前323年他在巴比伦城去世,他一直是这里的统治者。随后,他的一群后继者统治了巴比伦王国,塞琉西王朝(公元前312年—前171年)出现了。[14]

---

〔12〕或 Nebuchadnezzar。他是第二个以此为名的国王。第一位国王属于第二伊辛王朝(the Second Isin Dynasty),他于公元前1146年至公元前1123年在位。

〔13〕斯特拉波把他们分别称作纳蒲里亚诺(Naburianos)和基丹纳(Cidenas)(《地理学》第16卷,1,6)。

〔14〕为了完整地勾勒这段历史,还应该再说两句,巴比伦王国从公元前171年到公元226年被帕提亚人(Parthian)[阿萨息斯王朝(Arsacid Dynasty)]统治,随后,从226年—641年被萨珊王朝(Sasanian Dynasty)统治,这个王朝被穆斯林霸占了。

“迦勒底科学”这个术语可能是指在迦勒底王朝期间发生的事件,例如,尼布甲尼撒时代的天文学观察。[15] 一般而言,“迦勒底的”或“巴比伦的”(“新巴比伦的”)等术语的使用是非常模糊的,而且被混乱地用来指后来的塞琉西时代的事件,而塞琉西时代完全超出了本卷的范围。[16] 许多令人惊讶的“巴比伦的”天文学和数学成果,其实是塞琉西科学和希腊科学的成果。当科学史家(他们中的许多人对古代年代学的复杂性一无所知)描述巴比伦人的发现时,最基本的就是,要在对它们的优点、对导致它们或来源于它们的影响进行任何进一步的讨论之前,先弄清大概的年代。一个大约公元前 2000 年做出的发现与一个大约公元前 200 年做出的发现,其意义显然有着天壤之别。

---

〔15〕《科学史导论》,第 1 卷,第 71 页。

〔16〕塞琉西时期至少有一位天文学家的名字是为人所知的,即巴比伦人塞琉古(活动时期在公元前 2 世纪上半叶),他是因无鉴别力的学者所导致的年代学混乱的一个很好例子。因为这个巴比伦人是萨摩斯岛的阿利斯塔克(Aristarchos of Samos,活动时期在公元前 3 世纪上半叶)的信徒,也就是说他根本无法对希腊科学产生影响,反倒是他自己受了一位希腊天文学家的影响。

第七章

公元前6世纪的爱奥尼亚科学

一、希腊科学的亚洲摇篮

科学史家可能会抱怨说，以上3章包含的他们所理解的科学太少了；他们也许会指出，这3章以前的几章包含了更多有关科学的内容——并且想知道这是为什么。这两点意见都是正确的。荷马时代是在整个历史中最伟大的文学时代，但它不是一个科学的时代。在这个时代，对于有助于使生活更加美好的装饰艺术以及有助于使这个时代繁荣富裕的实用技术，人们有着强烈的兴趣，但我们几乎发觉不到人们有着为知识而追求知识的兴趣。然而，这样把荷马文化与先于它的东方文化加以比较是不太公正的。荷马时代只持续了几个世纪，而（前荷马时代的）埃及文化或巴比伦文化持续的时间是其10倍。事实上，荷马时代仅仅是希腊科学时代的文学序幕。

当谈到像《伊利亚特》和《奥德赛》这样的杰作突然出现时，我们使用了“奇迹”一词，以形容它们就像雅典娜（Athene）全身披甲、大呼一声从宙斯的头中跳出来[1]时一

---

〔1〕品达罗斯：《奥林匹亚颂歌》（*Olympian ode*），Ⅶ，36。

样,既完整又完美。希腊科学的出现和发展历时3个世纪,对这一过程的说明并非更为容易一些,因此我们可以再次使用“奇迹”这个词,[2]以表达我们的钦佩和困惑。的确,在这个较短的时期(从公元前6世纪至公元前4世纪)取得如此之多的科学伟绩,而这些伟绩如此丰富多样和出人意料,并且有着如此的孕育过程,因而我们必须把本卷余下的部分全部用于对它们的论述。

本章以及下一章将讨论希腊科学于公元前6世纪在爱奥尼亚(参见图42)的诞生。读者可能记得,《伊利亚特》是用一种接近爱奥尼亚语的方言写成的,它反映了米诺斯时期衰落时的生活方式和习惯特征。爱奥尼亚与米诺斯本土的联系并不是偶然的。早期爱奥尼亚人在很大程度上是来自
161 克里特岛的定居者。[3] 我们把荷马时代描述为迈锡尼时代的复兴。同样,我们可以说,我们马上就要论述的爱奥尼亚哲学是一系列长期努力的结果,它不仅包括希腊人的努力而且也包括米诺斯人的努力。

换句话说,应当或者至少可以把爱奥尼亚哲学以及荷马史诗看作一个巅峰而不是一个开端,但我们不必为此争论,因为首先,每一个巅峰又都是一个起点;其次,如果你愿意,
162 你仍然可以使这个根本的质疑保持不变。希腊科学怎么会

[2] 如果我们只考虑这个词的原始含义,那么使用这个词是非常恰当的,这个词来源于miraculum,指了不起的或不可思议的事。由于它在英译本《圣经》中被用来指某种神的或先知的预示(*oth*,*sēmeion*)或者指某种神力(*dynamis*)的作用,因而会引起人们的不快。

[3] 约翰·伯内特:《爪哇人是什么人?》(“Who Was Javan?”),这是他1912年在苏格兰古典协会(the Classical Association of Scotland)宣读的论文,见《随笔和演说》(*Essays and Addresses*,London,1929),第84页—第101页。

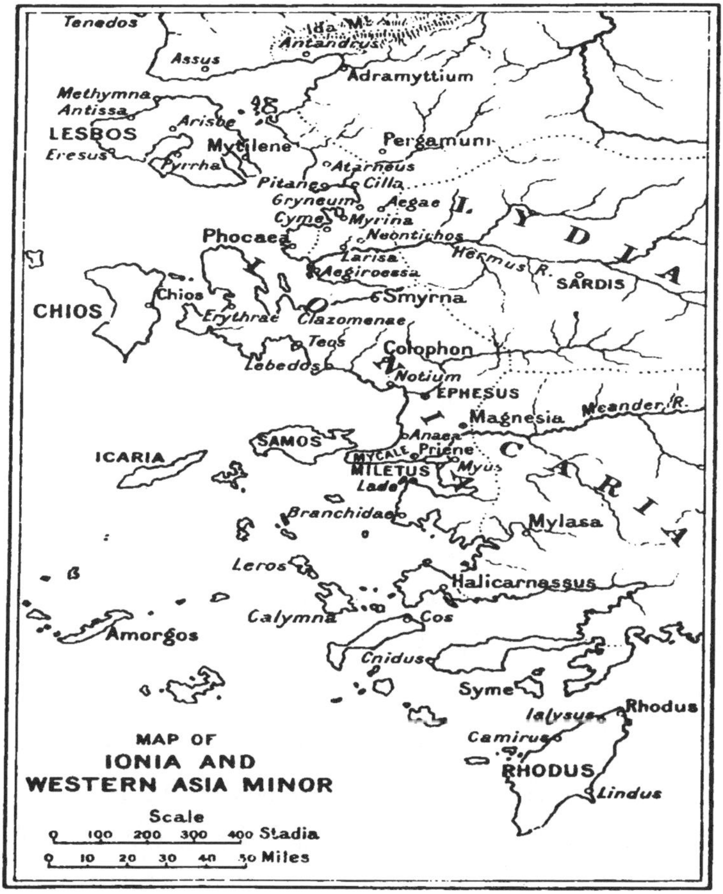

图42　爱奥尼亚地图[承蒙应允从“洛布古典丛书”版希罗多德著作中借用，艾尔弗雷德·丹尼斯·戈德利翻译(第1卷，1931)]

在爱奥尼亚诞生呢？地理学的解释是不充分的，因为在爱琴海的两岸，地理环境几乎是完全相同的。种族方面的解释就更不充分了，因为在那个地区的不同地方，也可以发现同样的民族或同样的民族混合。我斗胆提供两个社会方面的解释：第一，爱奥尼亚殖民者是一群被选定的在新的政治环境中生活的人，这个环境在很大程度上是他们自己创造的，亦即他们自己所喜欢的。他们很可能是一些勇敢、足智多谋、自主性强的人，而且相对来说不受各种限制的束缚。他们的成功可以与很久以后的其他殖民者亦即 1620 年在新英格兰定居的清教徒前辈移民（Pilgrim Fathers）的成功相媲美，而且在一定程度上可以用同样的方式来解释他们。爱奥尼亚最初的殖民者在亚洲的西海岸创建了一个新克里特，这个新克里特是新希腊的摇篮。第二，对于不同思想和文化相融合并且产生激励作用而言，安纳托利亚的西海岸是一个非常合适的地方。只要人们不走出他们祖先的村子，他们就不会向自己提出许多问题，因为每一个疑问都已经多次被提出并且多次得到了回答，再为它发愁没有什么益处。相反，当不同民族和不同传统的人聚集在一起时，很快或不久，他们中最有才智的人必然会发现，看待事物和解决问题的方法并非只有一种。如果他们有足够的才智，他们必然会对为什么他们自己的传统答案是正确的提出疑问，或者他们可能会认识到，他们从不认为有疑问的事物是值得怀疑的。爱奥尼亚海港不仅是希腊、腓尼基和埃及等地海岸线的终点，而且也是安纳托利亚商旅车道的终点，它使它们逐步与整个亚洲联接起来。因此，这里的各种环境对科学的发展是极为有利的，而唯一需要的就是有足够天赋、能够充分利用它们的人。爱奥尼亚人就是这样的人，他们已经证明了他们在诗歌方面的天赋，现在，到了公元前7世纪末，证明他们在新领域中的天赋的时刻到来了，这个新领域就是自然哲学，或者按照他们的说法，是“自然学(physiology)”，[4]他们的确证明了这一点。

他们在精神和物质方面的成功如此巨大，以至于在很长一段时间，“巴比伦人”(指不讲希腊语的民族)用“爱奥尼亚”这个词来指所有希腊人，就像后来的穆斯林把讲拉丁语的基督徒称作“法兰克人”、南美人把他们的北方邻居称作“美国佬”一样。

二、亚洲——先知的故乡

在考察爱奥尼亚的成就之前，最好先浏览一下这个时期亦即公元前7世纪和公元前6世纪的世界。对于爱奥尼亚社会，我们已经向读者介绍了一点，我们也介绍了爱琴海社会、埃及社会、巴比伦社会以及其他社会。所有这些社会在许多方面都有差异，但它们并非彼此绝对不同。“世界一家(one world)”并不是温德尔·威尔基(Wendell Willkie)的发明。世界各个部分的交流业已存在了，从这种意义上说，整 163

[4] 自然学(*physiologia*)这个词与我们所说的自然哲学或(广义上的)物理学有相同的含义。我们有关不同科学的名称是以非常多变的方式从希腊语中衍生出来的，在许多情况下已不可能从词源推断出它们意欲表达的含义。因而，地理学是一门关于地球的科学，地质学是另一种科学，而占星术则是迷信。Physiology 这个词的现代含义仅限于指对生物功能的研究，甚至更严格地讲，仅指对人体功能的研究。

个世界已经是一家了。[5] 在那时,许多方面的交流已经相当有条理了(而且已经持续了数个世纪或数千年了),不过,依然存在着许多差异。用一个物理学的比喻来说,世界一家并不意味着在社会关系方面是各向同性的(现在也不是如此而且永远也不会如此)。无论如何,交流的速度和难易程度在每一个方向上都是不同的,因而,有些部分比其他部分结合得更为紧密,各种群体和亚群体或多重群体都是自然构成的。

因此非常有必要问一下我们自己:在爱奥尼亚孕育希腊科学期间,世界的其他地方正在发生什么?我们首先要指出,地中海地区是这个世界很小的一部分(不妨看一下地球仪),而爱奥尼亚则是这个很小部分的微小片段(在地球仪上它被缩小到几乎看不见的地步)。稍后我们会非常频繁地回过头来讨论爱奥尼亚和地中海,现在我们来看一下周围的世界。我们已经概述了埃及人和巴比伦人的精神状态,不过,还有一个比埃及或美索不达米亚离爱奥尼亚更近的国家,它与希腊无关,同样也与其他这些地区无关(如果不是更不相干的话)——这就是迦南之地,或巴勒斯坦。公元前7世纪末,我们的《圣经》中的许多先知书已经被创作,其中有《阿摩司书》(Amos)、《何西阿书》(Hosea)、《弥迦书》

〔5〕在一些不存在交流的最极端的事例中,一体化的概念不适用于那些孤立的部分,但它仍有存在的可能,因为所有人的构造方式都是相同的,而且都有同样的大脑、同样的激情和同样的渴望。例如,1492年以前,南、北美洲基本上与世界上的其他地区隔绝,美洲人也就成了自然而然的"孤立主义者"。把他们对许多问题的解答与世界其他地区的解答加以比较有着重大意义。那些解答是不同的,但并没有本质的区别,因为美洲人的头脑也属于人类的头脑,美洲人的问题也属于人类的问题。当有关问题的资料是新的时,就会出现新的解答,例如,美洲的原住民驯化或使用了一些其他地方不存在的动物和植物。

(Micah)、《以赛亚书》(Isaiah)、(伪)《希西家遗训》(Hezekiah)、《西番雅书》(Zephaniah)、《耶利米书》(Jeremiah)、《那鸿书》(Nahum)、《哈巴谷书》(Habakkuk);摩西五经(Pentateuch 或 Torah)和《撒母耳记》(Books of Samuel)已经完成。我们稍后将讨论《撒母耳记》;我们现在只考虑先知书和摩西五经,并把它们与荷马的著作加以比较。相关语言亦即希伯来语和希腊语之间的差异相对于思想方式之间的差异而言是较小的。希伯来先知是预言家;[6]而史诗吟诵者则是诗人和说书人。史诗吟诵者有时会提到诸神和众英雄,正如他们会提到普通的凡人一样;而先知则是以神的名义、以单一神和永恒的正义的名义讲话。这种差异是如此之大,以至于希伯来人与爱奥尼亚人之间的交流可能会降低到最小程度。

在抵达米利都(Miletos)的车马队中或者沿迈安德河(Maiandros river)下游顺流而下的船队中,肯定有一些商人,他们来自远东,或者,他们遇到过来自哈利斯河地区的商人或幼发拉底河上游和底格里斯河上游地区以及别的地区的其他商人。因而,有些知识可能已经从伊朗传给了他们。伊朗有(或者曾经有)一位伟大的先知查拉图斯特拉[Zarathushtra,希腊人后来称他为琐罗亚斯德(Zoroaster)]。查拉图斯特拉宣扬一种与犹太教不同的一神教,不过,这种宗教之中也深深地渗透着道德规范。伊朗人的神像犹太人

---

[6]《旧约全书》中表示先知的常用名词是 *nabi*,但较早使用的名词,正如在《撒母耳记(上)》第9章第9节明确叙述的那样,是 *roeh* 亦即预言家,所用的另一个具有相同含义的词是 *hozeh*。在《新约全书》中常常使用的是 *prophētēs*,它与我们使用的词是相同的。

的神一样，是善、正义和纯洁的化身，或者更确切地说，是它们的本质所在。很有可能，爱奥尼亚人即使得到有关他的信
164 息(这一点是令人怀疑的)，他们对这种宗教的关注也不会多于对犹太教的关注。在那时，他们对这种宗教并不感兴趣。这并不意味着他们没有接触到任何真实的、可信的、公正的、纯洁的、美好的事物或者得到高度评价的事物，只不过，他们是从另一个角度看待这些事物。

与印度的交流可以通过多种方式进行，最简单的就是沿着波斯湾和幼发拉底河进行交流。公元前 6 世纪在印度出现了两个伟大的先知——佛陀(Buddha)和大雄(Mahāvīra)，他们二人都解释了有关善良人生活的深刻学说。在这同一时期，还有两位先知出现在更遥远的东方——中国，他们就是老子(Lao Tzŭ)[7]和孔子(Confucius)。在这里，指出这些惊人的在同一时期发生的情况已经足够了，因为用几段文字对佛教、耆那教、道教或儒学加以评判是不可能的。最好还是请读者在其他地方按照他自己的愿望，用这些主题值得花费的篇幅对它们进行探讨。[8] 这里最重要的是，与"自然哲学"在爱奥尼亚发展的同一时期，先知和预言家、道德教育家们则活跃于巴勒斯坦、伊朗、印度和中国。他们所处的地

[7] 关于老子是否确有其人或者他所处的年代，人们提出了许多疑问，许多学者认为，被认为是他所作的"经典"《道德经》(*Tao Tê Ching*)是在他以后很久才创作的。不过，道教(Taoism)的精髓至少可以追溯到公元前 6 世纪。参见德效骞(Homer H. Dubs，1892 年—1969 年，英国汉学家，著有《荀子：古代儒家的创造者》《〈汉书〉译注》《古代中国的一座罗马城》等。——译者)[1941；《伊希斯》*34*，238，423(1942-1943)]和阿瑟·韦利(Arthur Waley，1889 年—1966 年，英国汉学大师，20 世纪最杰出的东方学家之一。——译者)：《道及其力量》(*The Way and Its Power*，London：Allen and Unwin，1934)。

[8] 在《科学史导论》第 1 卷第 66 页—第 70 页可以找到初步的帮助。

域比早期自然哲学家的地域大无数倍，不过，他们有着同等的成功。所有这些人，即先知和早期的科学家们，在共同努力（尽管他们并不知道这一点），使人类达到一个更高的层次，更接近诸神，更远离野兽。

亚洲先知与希腊人可能进行过的交流，其范围是非常小的，至多也只能归结为一些暗示。从一种文献到另一种文献的字词或短语（例如，在《诗篇》中对埃及人的形象化比喻），或者美术作品中的装饰图形［例如，撒马利亚的象牙作品上具有埃及特点的图案，或者帕萨尔加德（Pasargada）阿契美尼德遗址中具有埃及特点的图案］，向我们显示出这些暗示。[9] 希腊的残篇中包含着一些暗示，当下面有特殊的理由需要提及它们时，我们将会提一下。对于我们的论证而言，实际上并不需要它们。唯一需要记住的是，爱奥尼亚是东西方交流的主要中心，亚洲海岸的克里特殖民者在那里发现了不仅对于他们的物质繁荣且对于思想激励来说非常好的条件。催化剂是必要的，但不需要很大的量，而且它们的作用是与它们自身的规模完全不成比例的。在爱奥尼亚，埃及和亚洲文化就像酵素一样对希腊的天才起到催化作用。进步往往是传统与冒险妥协的结果。在爱奥尼亚，崭新的事物、新的自由和新的控制使爱琴海传统获得新生。

三、米利都

我们现在来把关注的焦点转向爱奥尼亚主要的港口和

［9］详细论述请参见《伊希斯》*21*，314（1934）。

最丰富的市场——米利都。[10] 克里特人到这里开拓殖民地，并且根据克里特岛东北海岸的一个早期的名为米利都的
165 地方为它命名。[11] 这个“新的”米利都坐落在与迈安德河口相距不远的两个海湾之间的一个三角形石灰岩海角上。随着时间的推移，这条河的巨量泥沙在它不断变化的下游周围沉积下来，并且把那些海湾变成湿地；现在的河床几乎环绕着这座古代城市的遗址。不过，我们所关心的是它原有的位置，那是一个对航海和贸易来说非常有价值的地方。这个城市像一艘驶入海中的巨轮，得到许多小岛和岩脊的充分保护。它有四个港口，来自罗得岛或更南面的腓尼基和埃及的船只、来自西部穿过基克拉泽斯群岛（Cyclades）和斯波拉泽斯群岛（Sporades）的船只或者来自希俄斯、莱斯沃斯岛和达达尼尔海峡（Hellespont）的船只，可以较为便利地从这些港口中的一个或另一个驶入。陆上的交流确实不太容易，而海上贸易极大地刺激了米利都的市场，以至于商队无论冒什么风险或花什么代价，都要设法找到一条去那里的路。另外，附近的农田和果园的农业资源足以供养这座城市，而且，如果出口的食物不是很多，这些产品至少还可以给外出人员提

〔10〕 爱奥尼亚的12个主要城市曾一度形成一个联邦，这些城市包括米利都、米厄斯（Myos）、普里恩（Priene）、萨摩斯、以弗所（Ephesos）、科洛丰、列别多斯（Lebedos）、特奥斯（Teos）、埃利色雷（Erythrai）、希俄斯、克拉佐曼纳（Clazomenai）和福西亚（Phocaia）。前三个城市位于卡里亚（Caria）海岸，其他城市位于（卡里亚以北的）吕底亚（Lydia）海岸。士麦那（原属于伊奥利亚而不属于爱奥尼亚）大约于公元前688年被科洛丰征服，从此以后就成为爱奥尼亚的一个城市。

〔11〕 它是荷马（《伊利亚特》第2卷第647行）在“一百座城市的克里特（*Crētē hecatompolis*）”中提及的几个城镇之一。

供食品给养。油[12]和无花果的贸易可能是很重要的。在那里,没有多远就可以获得亚麻和羊毛,因而羊毛贸易非常发达,并且最终名扬天下。公元前7世纪,一所米利都式的制陶作坊已经建立。

这一重要的商旅之路并没有在米利都终止,因为它穿过邻近腹地的著名市场萨迪斯(Sardis),从萨迪斯很容易到达其他港口——例如塞姆、福西亚、士麦那或以弗所,米利都稍微更靠南面一些。萨迪斯是吕底亚的首都,曾经非常繁荣,以至于它的一个国王亦即最后一任国王克罗伊斯(Croesus)的财富变成了一个传奇故事,直到现在仍被传诵。[13] 有些从巴比伦和波斯运抵萨迪斯的器皿,又被转道运往米利都。

正是这种从海上产生的贸易使得米利都骤然之间变得非常富有和杰出,而沿着普洛庞提斯海(Propontis)和尤克森海(Euxine)*沿岸[亦即马尔马拉海(Marmara)和黑海沿岸]出现的许多米利都殖民地(参见图43),促进了这种贸易。其中有些殖民地属于公元前8世纪和公元前7世纪。尼罗河三角洲的瑙克拉提斯城原来也是米利都的殖民地,它的历史可以追溯到公元前7世纪,但是直到它在第二十六王朝的

---

[12] 橄榄油在那个时代的地中海经济中有着极为重要的地位。那时这种油占据着我们的黄油的位置,在一定程度上是肥皂的替代品,而且被用来照明。

[13] 克罗伊斯(Croisos)是阿利亚特(Alyattes)之子,吕底亚最后一任自主的国王,他于公元前560年至公元前546年在位,并于公元前546年被居鲁士大帝打败。我们仍用他的名字来比喻非常富有的人(在英语中,Croesus这个词有"大富豪""大财主"的意思。——译者),并且用他的生活来作为梭伦(Solon)为他所引用的一个古老格言的例证:对于任何人来说,除非他幸福地去世,否则就不能断定他是幸福的。克罗伊斯的征服者免他一死,实际上,他比他的征服者活得还长,并且还陪着后者的儿子冈比西斯(Cambyses,于公元前525年)去埃及远征。

* 这两个都是古代的名称,参见下文。——译者

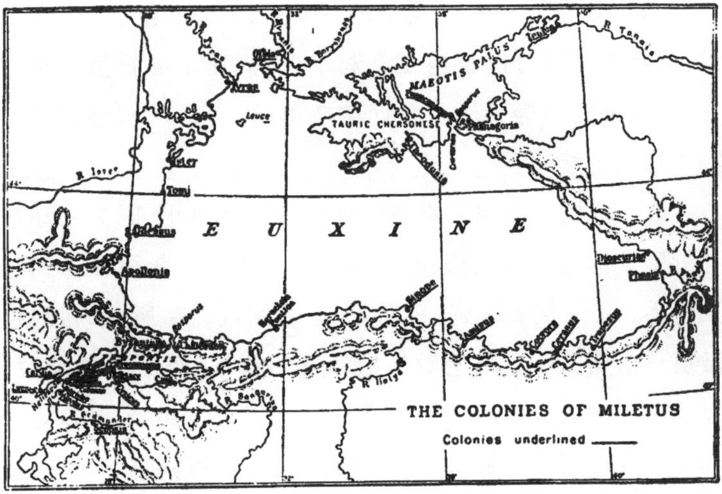

图43 地图显示了米利都在普洛庞提斯和尤克森的殖民地[承蒙惠允,借用于阿德莱德·格林·邓纳姆(Adelaide Glynn Dunham)的《直至亚历山大远征时的米利都史》(*The History of Miletos Down to the Anabasis of Alexander*, London: University of London Press, 1915),地图4]

第五任国王雅赫摩斯二世(希腊人所说的阿马西斯)统治期间(从公元前569年至公元前525年)得到改造之后,它的重要性才呈现出来。在瑙克拉提斯拥有代理处的米利都商人收集各种埃及和非洲的器皿,其中许多是用船运到米利都准备进一步分销的。我们一会儿还会回过头来论述。

我们先来把我们对米利都历史的简短说明叙述完。在居鲁士大帝打败克罗伊斯并征服吕底亚之后,爱奥尼亚落入波斯人的统治之中。米利都比其他城邦获得了更好的待遇,
166 并且获准保留一点点独立性。依据欧洲近代史上所发生的事件,我们就能非常充分地理解这些问题。波斯人期望,从米利都"自由的"合作中所获得的结果,比使它屈服所能获

得的结果更好；榨取这个旧的城邦比毁灭这个城邦更有利可图。事实上，米利都的繁荣在波斯人统治下持续了一段时间，不过不难想象，希腊商人对他们的波斯主人难以忍耐的情绪日益增长。公元前 494 年，米利都人领导的一次爱奥尼亚起义被镇压下去，随后，这座城市也被毁坏了。公元前 479 年，希腊人打败波斯舰队，在（迈安德河以北的）米卡利（Mycale）战役中使它获得解放，但它再也没有恢复往日的辉煌。[14]

我们再回到公元前 6 世纪中叶波斯对外征服以前的时期，那时，米利都是东爱琴海地区最富裕的商业中心，是爱奥尼亚与希腊诸岛、腓尼基、埃及、黑海以及较小程度上说美索不达米亚和更东面一些国家之间的商品集散中心。在埃及、希腊诸岛、安纳托利亚以及俄罗斯南部地区已经发现了公元前 7 世纪和公元前 6 世纪的米利都陶器。

米利都的商业延伸到世界的不同地区，它的水手和商人们一定获得了有关这些地区的相当丰富的知识。他们一定非常熟悉许多的大陆、民族、宗教、语言和风俗习惯。一个完美的舞台已经搭好了，演员们也已经准备就绪。这些演员就是克里特人或者希腊人（你愿意怎么称呼就怎么称呼他们），我们从荷马那里知道，他们思想敏捷、富有想象力和好奇心，毫不奇怪，他们会向自己提出许多问题。不过，除此之 167
外，他们开始收集答案并把它们加以分类，由此导致他们在许多领域——天文学、物理学、数学、地理学、制图学、人类

---

〔14〕这可以说明为什么米利都在公元前 6 世纪的科学史上是非常重要的，而在这以后就不会吸引我们的注意力了。

学、生物学以及医学开始新的研究。

我们关于那些开端的知识自然是模糊和不确定的。没有什么早期的自然哲学家的专著留传给我们，只有一些传说流传下来，而这些传说有时还是较晚的和含糊的。我们的这些知识与埃及和巴比伦知识的差距是巨大的，因为我们关于那些国家的科学的知识，来自一些可信的当时的文件——纸草书或泥板，我们可以直接利用它们。对于古代的米利都，除了最大限度地利用遗留下来的点点滴滴的信息以外，我们没有别的可以做。所有关于爱奥尼亚思想的古代格言，以及引自它们业已遗失的著作中的直接或间接的引语已经被汇集在一起并且经过了考证。在以下的讨论中，我们将尽可能利用和引用这种古典学述汇编，有时（在可以简略地说明时）会指出一些传说的性质及其所属的年代，但是，要为读者们提供有关它们的来源的考证，就不可能不延长我们的探讨，这样一来就会超出我们的篇幅和他们的耐心的限度。[15]

自1899年以来，柏林科学院在特奥多尔·维甘德（Theodor Wiegand，1864年—1936年）的领导下在米利都进行发掘，1906年以来已经发表许多报告。[16]

168 **四、七哲**

许多与早期爱奥尼亚科学有关的传说一开始都是一些传奇故事。有关七哲（Seven Wise Men）的传说就是一个很好的例证，这个传说吸引了大众的想象力，并且它像每一个成功的传说一样，以多种形式出现（参见图44）。我们从中

---

〔15〕塔内里、伯内特和狄尔斯已进行了最大限度的考证。参见本章末的参考文献。

〔16〕有关古代米利都的扼要说明，请参见阿德莱德·格林·邓纳姆：《直至亚历山大远征时的米利都史》（164 pp. 4 maps；London，1915）。

ΤΩΝ ΕΠΤΑ ΣΟΦΩΝ ΚΑΙ
ΤΩΝ ΣΥΝ ΑΥΤΟΙΣ ΚΑΤΑΡΙ
ΘΜΟΥΜΕΝΩΝ ΑΠΟΦΘΕΓΜΑΤΑ
συμβουλαί καὶ ὑποθῆκαι.

Σωσιάδου τῶν ἑπτὰ σοφῶν ὑποθῆκαι.

SEPTEM SAPIENTVM ET EOrum qui cum ijs adnumerantur, apophthegmata, consilia & præcepta.

Δεύτεραι φροντίδες σοφώτεραι.

PARISIIS, M. D. LIIII.

Apud Guil. Morelium.

图 44 《七哲名言录》(*Sayings of the Seven Wise Men*, Paris, 1554)希腊语第 1(?)版的扉页;参见注释 19。[复制于哈佛学院图书馆馆藏本。]《15 世纪和 16 世纪的希腊书目》(*Bibliographie hellénique ... aux XV e et XVI e siècles*, 4 vols.; Paris, 1885 - 1906)和埃米尔·勒格朗(1841 年—1903 年)的《爱奥尼亚书目》(*Bibliographie ionienne*, 2 vols.; Paris, 1910)都没有提及这个版本,它们之中有关这个领域的任何著作也都没有提及这个版本

引述一段。大约在公元前 6 世纪初叶活跃着七位贤哲,他们因其在哲学或政治方面的智慧而声名远扬。这七哲(*hoi hepta sophoi*)分别是米利都的泰勒斯(Thales of Miletos)、罗得岛的克莱俄布卢(Cleobulos of Rhodes)、普里恩的彼亚斯(Bias of Priene)、米蒂利尼的庇塔库斯(Pittacos of Mytilene)、雅典的梭伦、科林斯的僭主佩里安德(Periandros)、拉克代蒙的喀隆(Chilon of Lacedaimon)(参见图 45)。请注意,这个名单中有 4 个人是亚洲海岸或岛屿的人(我列举的前 4 个人),有 3 个是希腊大陆的人。这类名单因作者不同而有所差异,[17]它通常仅限于 7 个名字,但包含

[17] 最早的名单是柏拉图[在《普罗泰戈拉篇》(*Protagoras*),343 中]提出的。除了暴君佩里安德被齐纳的密松(Myson of Chenae)替代以外,该表的其余部分与我们所引用的这张最流行的名单是一致的,密松是一个几乎不为人知的人,他的所在地也不知是何处。据说柏拉图因为佩里安德是一个暴君而拒绝了他。

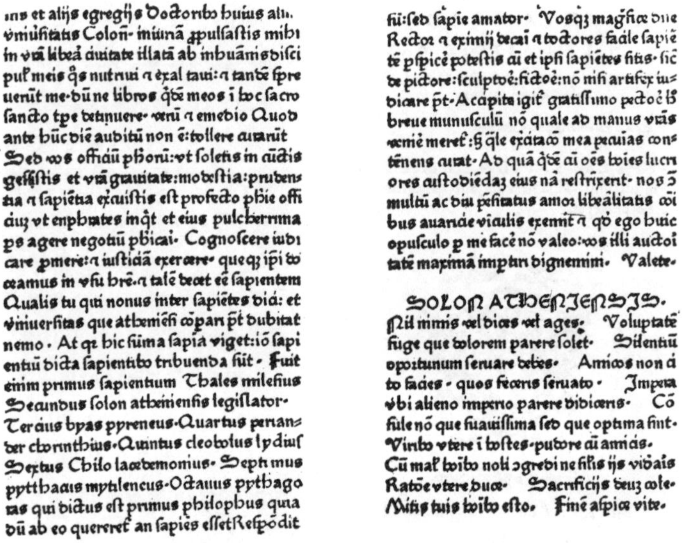
ins et aliis egregiis Doctoribus huius alm.
vniuersitatis Colon. inmunam compulsastis mihi
in vestram liberam ciuitate illatam ab imbuamis disci
pulis meis quos nutriui et exaltaui: et tante spre
uerunt me. Dum ne libros quoque meos i hoc sacro
sancto tpe detinuere. veni et emedio Quod
ante hunc diem auditum non est: tollere curauit
Sed vos officium pfiorum: vt soletis in cunctis
gessistis et vestram grauitate: modestia: prudens
tia et sapientia exquisistis est profecto publice offi
cium vt enphbrates inquit et eius pulcherrima
ps agere negotium publicum. Cognoscere iudi
care pmere: et iusticiam exercere. queque ipi de
ceamus in vsu bene. et tale decet esse sapientem
Qualis tu qui nonus inter sapientes dicam: et
vniuersitas que athenienssi copari pt dubitat
nemo. At quia hic summa sapia viget: io sapi
entum dicta sapientibus tribuenda sunt. Fuit
enim primus sapientum Thales milesius
Secundus solon atheniensis legislator.
Tercius byas pyreneus. Quartus perian
der chorinthius. Quintus cleobolus lydius
Sextus Chilo lacedemonius. Septimus
pyttbacus mytilencus. Octauus pythago
ras qui dictus est primus philophus quia
dum ab eo quereret an sapiens esset Respondit
sum: sed sapie amator. Vosque magnifice dne
Rector et eximii decani et doctores facile sapie
te pspice potestis cum et ipsi sapientes sitis. sic
de pictore: sculptore: fictore: no nisi artifex iu
dicare pt. Accipite igitur gratissimo pectore hoc
breue munusculum no quale ad manus vras
venire meret: sed qle exacta mea pecunias con
tenens curat. Ad quam quoque cum oes dies lucri
ores custodiendaque eius na restrixerit. nos cum
multum ac diu pcitatus amor liberalitatis om
bus auaricie viculis exemit et quod ego huic
opusculo p me facere no valeo: vos illi auctori
tate maximam impartiri dignemini. Valete.

SOLON ATHENIENSIS.
Nil nimis vel dicas vel ages. Voluptate
fuge que dolorem parere solet. Silentium
opportunum seruare debes. Amicos non cito
de facies. quos feceris seruato. Impera
vbi alieno imperio parere didiceris. Con
sule no que suauissima sed que optima sint.
Vino vtere i hostes. putore cum amicis.
Cum mal hoibus noli congredi ne filiis iis vidais
Ratoe vtere duce. Sacrificiis deum cole.
Mitis tuis hoibus esto. Finem aspice vite.

图 45 《希腊七贤格言集》(*Dicta septem sapientum Graeciae*, Cologne: Johann Guldenschaff, *c.* 1477–1487)拉丁语第 1 版的两页;参见注释 19。[承蒙纽约图书馆皮尔彭特·摩根图书馆(Pierpont Morgan Library)恩准复制。]这里所选的是含有泰勒斯和拉克代蒙的喀隆(活跃于公元前 560 年—前 556 年)的名言的最后两页,喀隆因其儿子在奥林匹克比赛中获奖兴奋而死。柏拉图是第一个把喀隆列入七哲名单的人

169 频率最高的只有 4 个人:泰勒斯、彼亚斯、庇塔库斯和梭伦,亦即 3 个东方人和 1 个西方人。[18] 我们注意到,在其他名单中所包含的名字有西徐亚王子阿那卡尔西(Anacharsis),以及克里特人厄庇美尼德(Epimenides),他是那个时代的瑞

[18] 参见巴尔科夫斯基(Barkowski):《七哲》("Sieben Weise"),见于保利-维索瓦(Pauly-Wissowa)版《古典学专业百科全书》(*Real-Encyclopa die der classischen Altertumswissenschaft*),第 2 辑,第 4 卷(1923),第 2242 页—第 2264 页;布鲁诺·斯内尔(Bruno Snell):《七哲的生平和观点》(*Leben und Meinungen der Sieben Weisen*, Tusculum Bücher; 182 pp.; München: Heimeran, 1938)。很容易找到希腊语(或拉丁语)与德语对照的有关这些传说的汇编。

普·范温克尔(Rip van Winkle)。* 这两个人在年代学上似乎确有其人,但是其他名单中包含一些生活在其他时代的人物,如科斯的厄庇卡尔谟(Epicharmos of Cos,公元前 540 年—前 450 年)** 或阿那克萨戈拉(Anaxagoras,公元前 500 年—前 428 年),或者如像俄耳甫斯(Orpheus)这样的神话人物。谈到七哲,无论他们是谁,都被推想代表了古代的智慧,至于那些以某种不同的方式呈现这种智慧的流行的格言(*gnōmai*,*apophthegmata*,*sententiae*),其中有些很早就被归于他们名下。因此,人们认为泰勒斯发明的格言是"认识你自己"(*gnōthi sauton*);梭伦的格言是"凡事有度"(*mēden agan*);庇塔库斯的格言是"机不可失"(*cairon gnōthi*);如此等等,不一而足。[19] 希罗多德所报告的其他传说[20] 把一些

---

* 厄庇美尼德是公元前 6 世纪的克里特预言家和著名作家,其作品只保留下一些片段,据说他曾沉睡了 57 年;瑞普·范温克尔是美国著名作家和史学家华盛顿·欧文(Washington Irving,1783 年—1859 年)的短篇小说名篇《浮生如梦》("Rip van Winkle")中的人物,因在山中喝了一古怪老人的酒,长睡了 20 年,醒来回到家中,他平时惧怕的妻子已经去世。——译者

** 厄庇卡尔谟是西西里岛戏剧诗人,其作品只保留下一些片段。——译者

[19] 在哈佛图书馆(the Harvard Library)中,有一个早期的版本《七贤及其他先哲的格言、见识和教诲》(*Septem sapientium et eorum qui cum iis adnumerantur apophtegmata*,*consilia et praecepta*,19 pp. in Greek only;Paris,1554),在其中我发现了许多被归于七哲(本节一开始所列的那 7 个人)名下的格言,以及另外 3 个人——阿那卡尔西、密松和基克拉泽斯群岛之一的希罗斯岛的斐瑞居德(Pherecydes of Syros)的格言。例如,被归于泰勒斯名下的格言有两页。那个版本是不是希腊语第 1 版?类似的拉丁文第 1 版《希腊七哲格言》(8 页)大约于 1477 年—1487 年在科隆(Cologne)由约翰·古尔登沙夫(Johann Guldenschaff)出版;参见《出版于 15 世纪现保存在大英博物馆的书籍目录》(*Catalogue of Books Printed in the XVth Century*,*Now in the British Museum*,London,1908),第 1 卷,第 256 页;阿诺尔德·C. 克莱布斯(Arnold C. Klebs):《科学和医学古版书》("Incunabula scientifica et medica"),载于《奥希里斯》*4*,1-359(1938),第 905 号。

[20] 希罗多德:《历史》,第 1 卷。

哲人与克罗伊斯联系在一起,这与年代学不相符(克罗伊斯属于那个世纪的第2个三分之一世纪),而是公众想象独有的特点。把最聪明的人与最伟大的国王联系在一起的想法是很自然的。[21]

我们也许可以把这个群体的一个成员——米利都的泰勒斯称作这个群体的发起者,因为在这类名单中总少不了他,而且他一般都是排在第一位;对我们来说,泰勒斯是最重要的,因为他是希腊第一位"自然哲学家",[22]我们或许可以说他是世界史中的第一位"自然哲学家"。

五、米利都的泰勒斯

七哲中有两个人——泰勒斯和彼亚斯意识到波斯不断增长的势力正在对他们的国家构成威胁,因而他们建议爱奥尼亚诸城邦团结一致,并在特奥斯成立了一个总参议会。这个故事以及其他故事暗示,泰勒斯是一个实践家,一个早期的富兰克林(Franklin)式的人物。据说他出身于一个腓尼基人的家庭,这似乎并非不合情理,但关于这一点我们只有希

---

〔21〕不应把(希腊)七哲的故事与有关罗马"七贤(seven sages)"的故事相混淆,这两个故事有联系,但它们不仅是彼此独立的,而且是截然不同的。第二个故事显然源自东方,它在东西方都相当流行;证据表明,它有多种语言的版本。关于这个主题的文学作品数量浩繁,以下这些也许足以提供一般性的指导。基利斯·坎贝尔(Killis Campbell):《七贤传奇研究(特别参照中古英语诸版本)》(*A Study of the Romance of the Seven Sages With Special Reference to the Middle English Versions*, 108 pp.;Baltimore,1898);《罗马七贤》(*The Seven Sages of Rome*,332 pp.;Boston,1907),附有注释的中世纪英语本。约瑟夫·雅各布(Joseph Jacobs):《犹太百科全书》(*Jewish Encyclopedia*),第11卷,第383页(1905)。卡拉·德沃(Carra de Vaux):《辛提巴,辛巴达的译名》("Sindibād-nāme,Syntipas"),见《伊斯兰百科全书》,第4卷,第435页(1927)。让·米斯拉伊(Jean Misrahi)《罗马七贤》(*Le roman des sept sages*,170 pp.;Paris:Droz,1933),早期的法语版。

〔22〕亚里士多德:《形而上学》(*Metaphysics*),983B。

罗多德的论述可作为证明。[23] 泰勒斯大约于公元前 624 年出生，一直活到公元前 548 年或公元前 545 年，也就是说他的长寿使他完全可以见证他试图避免的被波斯人征服。

泰勒斯也许从他的腓尼基祖先那里获得了他的部分知 170
识和天赋，他也完全可以从爱奥尼亚人那里获得知识。在他那个时代，爱奥尼亚人是一个富裕的和久经沧桑的民族，他们熟悉许多工艺，但可能缺少团结。这些富足的和不团结的人们怎么能抵抗他们那些极权和好战的邻居呢？在米利都已经有许多有待学习的东西，但对泰勒斯这个渴望知识的年轻人来说这还不够，他旅行到埃及，在那里，一些新的天文学和数学观念吸引了他的注意力。

他的声望肯定已经非常高，因为他被认为是七哲之一；他的名字被列入任何一个有关七哲的名单之中，而且他的名字一般都被列在第一位。非常奇怪的是，他的名望主要是由于一个成就，尽管几乎一直到我们这个时代，人们都把这个成就的真实性当作一个不可改变的信念来接受，但我们现在不得不对它提出怀疑。

有一个传说似乎是颠扑不破的（它注定会时不时地重新出现在一些无判断力的著作之中），值得我们讲述一下。的确，必须讲一下，因为在讲述它之前我们无法找出它的破绽。这个传说有悠久的传统，最早介绍它的是希罗多德。[24] 吕底亚人与波斯人进行了一场旷日持久的战争，双方互有胜负，但任何一方都没有取得决定性的胜利。公元前 585 年，

---

〔23〕希罗多德：《历史》，第 1 卷，第 170 节。

〔24〕同上书，第 1 卷，第 74 节。

当双方的军队相互叫阵时,泰勒斯预见到的日食(在5月28日)出现了,这次日食给两位国王留下十分深刻的印象,他们鸣金收兵了。幸亏有两个调停人——奇里乞亚人辛涅希斯(Syennesis the Cilician)和巴比伦人拉比内托斯(Labynetos the Babylonian),在他们的说服下,两位国王化干戈为玉帛,并且彼此进行了换婚。据说,公元前582年,根据德尔斐(Delphi)的神谕,泰勒斯被宣布为哲人,他获得如此殊荣可能要归功于他预见了日食。

这是一个非常美好的传说,但证实它是不可能的。有一种理论认为,古代的巴比伦人已经发现了沙罗周期,这个周期使得他们可以预见日(月)食。泰勒斯在埃及时已经听说这个周期,而且他甚至可能亲眼目睹公元前603年埃及的日食或者听说这次日食。以后可能会出现一次新的日食,至少在223个朔望月或18年零11天以后,亦即在公元前585年会出现日食。我们在前面(本书第119页)已经说明,古代天文学史家现在一致认为,巴比伦人在公元前5世纪或4世纪以前不可能发现这个周期。因而,泰勒斯也不可能从他们那里听说该周期。不过我们必须记住,巴比伦人的观测结果也许还有埃及人的观察结果在很长一段时期内不断被复述。也许,泰勒斯幸运地做出了一个猜测?即使这种说法也是难以接受的。希罗多德的说明是非常认真的:“米利都的泰勒斯曾向爱奥尼亚人预言有这次日食,确定它在那一年出现,而在这一年它的确发生了。”这是否意味着泰勒斯只能确定日食在哪一年发生而不能确定它在哪一天发生?如果那样的话,他的预见的心理效应就失去了。

我们只能得出这样的结论:泰勒斯没有预见到公元前

585年5月28日的日食,因为他缺少必要的知识,但他本人可能宣称他预见了这次日食,或者有人使他的伙伴们相信他预见了日食。如果我们现在声称他预见了日食,那是愚蠢的;说他理解这种现象就更愚蠢。我们所熟悉的说明对他来 171
说是不可思议的,因为他认为大地是浮在海面上的一个盘子。

现在,我们回到最初的泰勒斯与富兰克林的对比。这两个人都生活在一个令人鼓舞的环境中,他们都以开放的心灵和天赋对它做出了反应。他们都很好奇、学习敏捷而且很愿意把他们的知识应用于实践目的。泰勒斯到埃及的旅行与富兰克林到英格兰的旅行相似:他们二人都渴望观察在旧世界发生的事情,并且把他们认为有用的思想带回去。富兰克林带回一种有关电的知识,泰勒斯带回有关天文学的知识。无论怎么说,这绝非微不足道的成就。

泰勒斯是第一位希腊数学家,也是第一位希腊天文学家。他在埃及不仅学到了有关日食周期性循环的知识,而且学到了大量几何学事实。由于他是一个注重实践的人,因而他掌握事实,而不去记那些毫无意义的咒语,然后他试图利用这些事实,亦即试图解决诸如怎样测量一个建筑物的高度或者一条船距海岸的距离这样的问题。我们并不确切地知道他是如何解决那些问题的,因为可能有不同的解答,其中包括相似三角形的比较。更值得注意的是,泰勒斯并没有就此止步,他既具有理性精神又具有实践头脑,他想对他的解答做出说明,这就使他发现了几何学原理和几何学这门科学。

归于他名下的几何学命题有许多,其中包括:(1)圆被它的直径等分;(2)等腰三角形的底角相等;(3)如果两直线相交,对顶角相等;(4)半圆上的圆周角是直角;(5)相似三角形的边成比例;(6)如果两个三角形有两个角和一条边分别相等,那么,这两个三角形是全等的。泰勒斯是否知道所有这些命题或者与它们相当的命题?他是否能证明它们?如果不能,他怎么理解它们?关于这些问题没有确切的答案。不过,我们或许可以说,无论如何,泰勒斯是第一个认识到几何学命题的必要性的人。这包含着某种悖论,因为我们坚持认为,泰勒斯像富兰克林一样是个实践家,而他在知识方面的主要功绩却是,他认识到必须把解答合理化,否则不足以解决问题。这个悖论很容易消除。泰勒斯所具有的充足的智慧使他可以认识到,方法比个别的解答更有价值,而且方法包含着原理,或者包含着我们所说的几何学的定理。

另一个可以无穷无尽地讨论的主题是:泰勒斯是不是第一个(科学意义上的)几何学家?抑或埃及有先于他的几何学家?这种讨论包含许多不确定因素以至于是徒劳的,我们实际上并不知道埃及人或爱奥尼亚人对解决他们的几何学问题是如何考虑的。这一点是清楚的。希腊传说把最早的一些几何学命题归功于泰勒斯。在他那个时代,埃及的成就已经获得很长时间了。他的研究源于埃及人,这种研究为一种发展创造了新的可能性,而这种发展则逐渐导致欧几里得的《几何原本》以及我们这个时代所有非凡的几何学成果。

按照亚里士多德的记述,[25]泰勒斯说过:“磁石具有灵

〔25〕《论灵魂》(*De anima*),405A。

魂，因为它吸引铁运动。”如果这个传说是正确的，那么泰勒斯知道天然磁石的一种属性。因此可以把他称为磁学的奠 172 基者。然而，那个可能会使他成为电学的奠基者的传说太缺乏根据了，我们最好还是把它略去。

泰勒斯在天文学、几何学以及磁学等领域的成功实践，可能增加了他在知识方面的雄心。作为西方世界的第一位科学家，他预示了维多利亚物理学家言过其实的乐观态度。他尚不足以使几何学实践合理化，他试图对世界本身做出说明，但不是像他的幼稚的前辈那样用神话来解释，而是根据具体的可证明的东西来解释。他想，难道不可能确定世界的本性(*physis*)或实质吗？世界是由什么物质构成的？

他的结论是，水是初始物质，这个结论表面上看来似乎是荒谬的，但如果更仔细地分析一下，它就会变得似乎更有道理了。水是人类毫无困难就可以在固体、液体和气体这三种状态下认识到的唯一物质。很容易认识到，一个壶中煮沸的蒸汽与从壶中逐渐消失的水是同一种物质；在山上发现的冰或雪，如果放在温暖的地方，就会变成水；不难把云、雾、露、雨、雹与海洋或河流中的水联系在一起。水似乎以一种或另一种状态出现在每一个地方；想象它也会以隐蔽的形式出现是否过于大胆了呢？另外，如果没有水，任何生命都不可能存在，哪里只要一有水，哪里就可能会出现生命，就会有大量生命。生活在潮湿气候中的人可能仍然意识不到水对生物的必要性，但是在地中海沿岸，由于在夏季这里一切都会干枯，而且人们对沙漠或半沙漠的环境非常熟悉，第一场慈悲的雨[26]会造成某种类似自然复苏的景象，这种景象是令人敬畏的和难以忘怀的。最后，许多古老的传说也会导致这个结论。像荷马一样，泰勒斯也认为，大地被海洋环抱，他的物理学观点与海洋神话或与埃及宇宙论没有冲突。他也许认为，他自己把那些古代神话合理化并对之做出了说明。也有可能，他受到巴比伦人的影响，巴比伦人把水看作永存的基质。他们所选择的表示水的词，原来意指声音、云的呼唤等含义［这使我们想起了一个类似的希腊词：逻各斯（*logos*），但我们切不可先行讨论］。[27]

犹太人假设宇宙具有道德上的统一性，而爱奥尼亚的“自然哲学家”（泰勒斯就是他们中的第一人）则认为宇宙具有物质上的统一性。泰勒斯的归纳，即水是初始物质，尚不成熟，但它既非疯狂的也非不负责任的。在考虑所有事实以后，泰勒斯得出结论：如果有一种初始物质，那么最适当的猜测是，这种物质就是无处不在的和赋予生命的水。

具有哲学头脑的史学家们将会饶有兴趣地注意到，在12个多世纪后，穆斯林先知也得出类似的结论。的确，真主默示他：“我们用水创造了一切生命。”[28]尽管泰勒斯的想法渗透到穆罕默德（Muhammad）的头脑中也不是不可能，但完全没有必要假设有过这样的传播。这位先知至少像泰勒斯
173 一样有很多机会亲眼目睹，在某一天沙漠还是寸草不生，而在次日雨后就会出现大量生命。这两个人都会以类似的方

〔26〕《奥希里斯》*2*，415-416（1936）。

〔27〕斯蒂芬·兰登：《巴比伦人的逻各斯观念》（“The Babylonian Conception of the Logos”），载于《皇家亚洲学会杂志》（1918），第433页—第449页［《伊希斯》*4*，423（1921-1922）］。

〔28〕《古兰经》（Qur'ān），21：30。

式得出结论,但是,他们会因各自的性情而以不同的方式表述他们的结论。穆罕默德(就像他的犹太先辈那样)是一位预言家和先知,相反,泰勒斯是一位科学家。尽管在这里,第二个人比第一个人早12个世纪,但他更接近我们,这就是这位希腊天才的特点。

至于最后一个传说,最好还是引用亚里士多德的原话来叙述:

泰勒斯由于精通天象,还在冬季就知道,来年橄榄将大获丰收,所以他只用很少的定金就租用了希俄斯和米利都的所有橄榄榨油器,他的租价是很低的,因为没有人跟他竞争。到了收获的季节,突然需要大量榨油器,他就可以用他高兴的任何价格把榨油器租出去,因此赚了一大笔钱。这样他就向世人证明,只要哲学家愿意,发财致富是轻而易举的,但他们的抱负不在这里。[29]

亚里士多德讲了这个故事,同时还可以免除他的前辈的义务,但是,我不喜欢一个哲学家获得财富只是为了证明他们有能力这样做的观点。这种观点似乎有点荒谬而且不坦诚。假设泰勒斯花了这么多工夫是因为他需要钱并且致富是他内心的愿望,这样岂不是更简单?这是非常具有爱奥尼亚特色的,顺便说一句,也非常具有希腊特色。从其他实例以及泰勒斯本人的实例来判断,古希腊的"哲人"并非超凡脱俗的圣人,而是讲究实际的聪明人。希腊人一般都喜欢

〔29〕亚里士多德:《政治学》,第1卷,1259A。

钱，而且许多人积聚了大量钱财并且出手大方。[30] 亚里士多德的故事描绘了泰勒斯的欲望但没有提及他的慷慨，这就是它不能令我们信服的原因。如果他更无私我们也许会更爱他，但是，我们应当尝试着实事求是地看待他。

六、米利都的阿那克西曼德

阿那克西曼德（Anaximandros，大约公元前 610 年—前 545 年）是普拉克西亚德（Praxiades）之子，泰勒斯的同胞和朋友（*politēs cai etairos*）。人们称他为泰勒斯的门徒，但这只能从一种宽泛的意义上来理解。我们现在尚不知道泰勒斯是否曾经从事过正规的教育事业，但比他年轻 15 岁的阿那克西曼德从他那里得到过一些指导和鼓励。正如我们马上就会看到的那样，他们各自持有的观点是不同的，但他们也有一些共同之处，即与米利都的其他市民不同，他们对解释事物的本性有着同样浓厚的兴趣和强烈的愿望。从这种意义上而且只从这种意义上讲，阿那克西曼德确实继承了泰勒斯的研究。他在其晚年撰写了一部专论《论自然》（*peri physeōs*），这是人类历史上第一部自然哲学专著。在雅典的阿波罗多洛（Apollodoros of Athens，活动时期在公元前 2 世纪下半叶）时代，还可以找到这部著作，但留传给我们的只有很少的数行文字。在讨论他的哲学或一般自然哲学之前，有必要说明一下他奉献一生所取得的更具体的成就。

174 他最出色的科学研究是借助一个单一的工具——日圭在天文学领域进行的。这种工具在巴比伦和埃及已经被发

---

[30] 希腊每一个有高尚心灵的子孙都有这样的雄心：他也许会赚取足够的钱来帮助他的人民，并且作为他的国家或他的村庄的捐助者（*evergetēs*）被人们赞颂和牢记。

明出来,而且它非常简单,以至于泰勒斯或阿那克西曼德甚至更早的希腊人有可能重新发明了它。它的构造只不过是把一根棍子或杆子垂直地竖立于地面,或者,也可以使用为此目的或任何其他目的而建造的圆柱来做日圭。如果把埃及的方尖碑完全与其他建筑物分开,它们就可以成为完美的日圭。任何一个把自己的矛插进沙子中的聪明人可能都注意过,在一天之中,矛的影子会转动,而且在转动过程中,影子的长度也会发生变化。形式最简单的日圭就是对这种因果实验的系统化。不用矛,而是把一根标准的杆子垂直地固定在一个水平的平面的中央,这个平面经过磨平加工非常光滑,从而使得从日出到日落的杆影都可以清楚地被人们看到。[31] 全年都观察杆影的天文学家(系统地应用日圭的人值得拥有这个称号)应该能够看到,影子在每天(正午时)都会达到一个最小值,而在每一天这个最小值也各不相同,影子在每年的某一时间(冬至)变得最短,而在6个月以后(夏至)会变得最长。此外,在每一天中,影子的方向从西向东转动,从而会画出一个扇形,其幅度在一年之中也是不断变化的。

日复一日地进行这种观察的阿那克西曼德或巴比伦、埃及、中国或者希腊的任何其他天文学家,必定会向自己提出许多问题。为什么正午的影子会在6个月之内从最短增加到最长,然后又会开始相反的过程,年复一年不断循环?影子的方位角与它们的长度成怎样的比例?天文学家观测到,

---

[31] 中国人在周朝期间(大约公元前1027年—前256年)在阳城(现在的河南省登封市告成镇)建立了一座可用作日圭的测影台,参见《伊希斯》*34*,68(1942-1943)。

日出(或日落)影子的极值方位与正午最短和最长的影子(即夏至和冬至时的影子)是相对应的。可以把冬至和夏至日出时其影子在西方的极限位置做一个标记,这两个极值的中间位置(正西方的)与二分点相对。天文学家也可以在日落时进行类似的观察,而且会得出相似的结论,从而证实前一个观察结果。在春分和秋分期间,日落影子的方向与日出影子的方向在相同时刻位于同一直线上,但方向正相反。

简而言之,日圭能使天文学家确定一年和一天的长度、基本方位、子午线、正午、冬至、夏至,后来还可以确定春分和秋分以及四季的长度(参见图 46)。这样,用这种最简单的工具,就可以获得相对来说较多的精确信息。在阿那克西曼德时代,评价用日圭能做什么不能做什么需要一定的想象力。的确,我们的头脑从儿童时期起就已经具备了这样的条件,从而我们可以理解自己是站在一个球体上,我们直立的身体指向天顶并且与赤道平面形成一定的角度。因而我们很容易明白[32]日圭能够使我们确定那个角度(纬度),但是阿那克西曼德不可能想到这一点。他认为大地是一个扁平的盘子或手鼓

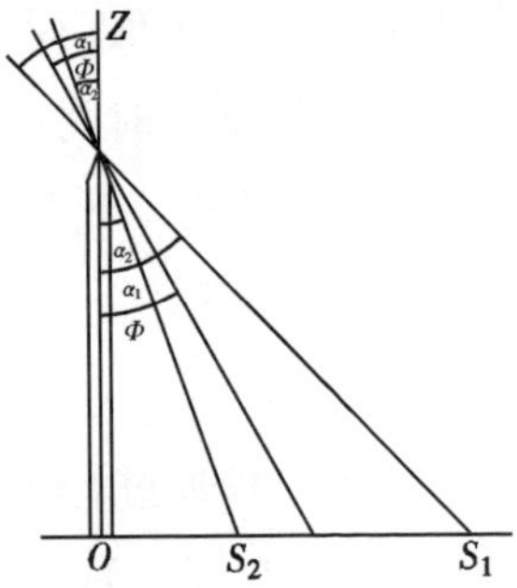

图46 日圭

[32] 图 46 将会更新读者的知识。把一个日圭置于 O 点,它在夏至、冬至正午时投下的最长和最短的影子分别为 OS_1 和 OS_2。对应的角度 α_1 和 α_2 是太阳在这些时间的天顶距。当太阳从与赤道南北相等的距离处穿过时,两个天顶距的平均值就是赤道与天顶的夹角,这也是在 O 点的天顶赤纬,或 O 点纬度。这样 $\Phi=1/2(\alpha_1+\alpha_2)$。黄赤交角 ω 将由方程 $\omega=1/2(\alpha_1+\alpha_2)$ 给出。

状的东西(厚度大约为其直径的三分之一),它浮在空中,四周都是海水和一些巨大的(太阳、月亮和恒星的)圆环面。

他可能还没有(地球)纬度的观念,但他能勾勒出我们的黄赤交角概念的大致轮廓。的确,他可以观察到太阳每天在一个平面上运动,其轨迹是从东到西的一个半圆,于正午在子午圈处达到最高点。这个平面相对于地平线的倾角每天都在变化,在冬至时最小(这时正午日圭的影子最短),在夏至时最大(这时正午日圭的影子最长);在春分和秋分时(这时太阳从正东方升起在正西方落下)这个平面都处于半途中的位置。太阳平面(黄道)的这两个极值位置之间的角度是我们所说的黄赤交角的两倍。阿那克西曼德可能测量到了这个角度,但说他发现了黄赤交角(亦即黄道与赤道之间的夹角)很容易引起误解,因为他不可能理解赤道,就像他不能理解纬度一样。 175

阿那克西曼德显然没有进行过像泰勒斯那样的旅行,至少,传说中没有提及他的任何旅行。然而据说,他绘制了第一幅 *mappac mundi*[世界地图(*pinax*)]。希腊世界位于这个地图的中央,欧洲的其他部分和亚洲在它周围,海洋构成了外部边界。[33] 有可能苏达斯(Suidas,活动时期在10世纪下半叶)在提到那张地图时使用了“土地测量略图”(geōmetrias hypotypōsis)等词,这些词被错误地翻译成了关于(通常意义上的)几何学的专论。我们必须当心我们的语言中所采用的

〔33〕威廉·阿瑟·海德尔(William Arthur Heidel)过分强调了阿那克西曼德在地理学方面的成就,见他的《阿那克西曼德的著作——已知最早的地理学专著》(“Anaximandros' book, the earliest known geographical treatise”),载于《美国艺术与科学学院学报》(*Proc. Am. Acad. Arts. Sci.*)56,237-288(1921)。

希腊语词汇，例如，地理学和几何学在词源上很接近，但所表述的却是两个迥然不同的领域。阿那克西曼德的地图或许可以称作在大地测量学中的第一次尝试，但它不可避免是很不完善的。

现在我们应该谈谈在希腊哲学史上占有最重要地位的部分——他关于世界的构想。我们把它留在最后来谈，为的是强调他的思想的现实性。我们应当想象他是一个试图尽其所能解决一些具体问题的天文学家，像每一个可敬的科学家的命运一样，他有时成功，有时失败。而他还想做得更多，他要对他的经验和知识进行推论，并且提出他关于世界的观点。他在 64 岁时写的那部专论中说明了那些观点。比他年长的同时代人泰勒斯可能成了他的榜样，使他受到了激励。泰勒斯的观点认为，水是原初物质，这种观点（正如我们在上面指出的那样）在许多方面给人留下了很好的印象，但它仍有显著的缺点。我们怎么理解水变成土或者变成木头或
176 铁呢？还可以指出其他本原吗？很明显，如果不得不从你的感觉所熟悉的各种物质中进行选择，无处不在的和变化多端的水是无与伦比的最佳选择。水是最佳选择，但它可能还不是原初物质。

阿那克西曼德求助于一种抽象观念亦即一个词来避免这种困境。哲学家甚至少数科学家曾经一次又一次重复这样的行为，以使自己满意并且表面上也使他们的读者满意。阿那克西曼德并没有放弃泰勒斯的自然的物质统一性的思

想,但由于没有任何实际的物质可作为本原(*archē*)[34],他想象了一种无形的东西并且把它称作无限定者(*apeiron*)。从此以后,对无限定者的本质有过许多讨论,这个词意味着无限或无定、不确定,也意味着感受不到的。

在进行我们的猜测之前,我们先来说明一下阿那克西曼德的宇宙论的主要论点。我们在术语方面没必要十分精确。可利用的他的著作的篇幅很小,而且它们既不清晰也不确定,要用严格的术语来说明他的观点可能就像用非常精确的天平来称泥土。阿那克西曼德认为,世界是一个循环的体系,在其中最重的客体、岩石和泥土会落到最低的地方,像水这样轻一些的东西会待在稍高一点的地方,烟和水蒸气会待在更高的地方。这种循环的运动是永恒的,其根源来自宇宙的创造和毁灭的力量。无限定者这种原初物质是不确定的,因为它是潜在的万物。宇宙在一个无界的空间中无限持续。阿那克西曼德似乎已经区分了确定(例如对某种限定的物质的确定)与不确定,但他的区分与我们的理解不同,或者说,这种区分并不能辨别任何事物。例如,我们知道冷和热、干和湿的差异,但界限在哪里?在哪一刻一个东西不再是冷的或干的而变成热的或湿的?他似乎也能区分有限和无限:人们可能永远无法到达某一事物的终点,因为它没有终点,或者因为,它就像一个封闭的曲线那样又回到了它自身。他似乎认为时间是无限的、空间(在第二种意义上,例如一个球的表面)是无界的。更详细地讨论他的思想也没有什么助

---

〔34〕按照辛普里丘(Simplicios,活动时期在 6 世纪上半叶)的说法,阿那克西曼德是第一个在此意义上使用 *archē*(本原)这个词的人[这个词仍保留在英语的"archetype(原型)"中]。

益，因为对于留传给我们的少量残篇，在尚无其业已佚失的前后文的情况下，我们所阐述的那些残篇的意义不可能比它们原本可能具有的意义更明确和更精准，这样，我们实际上无法讨论他的思想。

我们还必须对阿那克西曼德的生命理论谈几句。他认为，第一批动物是在水中创造出来的，那时它们被某种外壳（*phloios*）包着；后来这些动物在干燥的陆地上发现了新的住所，它们就丢弃了外壳以适应新的环境（他也许想到海中的幼虫变成了昆虫）。人必定是从其他动物演变而来的，因为他自己的幼年时期太长、太脆弱了。简而言之，阿那克西曼德不仅构想了一种广义的宇宙论，而且还构想了一种生物进化论。他真是查尔斯·达尔文（Charles Darwin）和拉普拉斯（Laplace）久远的先驱（的确非常久远）！

这些早在公元前 6 世纪就表达出来的思想几乎是令人难以置信的，而留传至今的那些文献的一般意义是很清楚的。科学家也许会提出异议，认为不能把那些无根据的断言
177 或者以如此不足信的证据为基础的断言看作科学成就，而应该把它们丢给形而上学家或诗人。确实，在今天，这样的断言是不允许的，但我们必须记住，阿那克西曼德是在科学的目的和方法得到系统的阐述之前做出这样的断言的。他的思想有助于为这种系统化阐述做准备。从形而上学家和科学家的现代意义来说，他既不是形而上学家也不是科学家；他是希腊意义上的哲学家或自然哲学家；他是阐述某些科学的基本问题的第一人。他给出的答案太枯燥、太不成熟，但从其背景看，它们并非不合理。

七、米利都的阿那克西米尼

阿那克西曼德在一定程度上已经背离了探索本原或原初物质这一米利都的传统，但他后来的一位同胞和后继者阿那克西米尼（Anaximenes）又矫正了这一点。这位阿那克西米尼是欧律斯特拉图（Eurystratos）之子，大约活跃于阿那克西曼德晚年时期，死于第63个四年周期（公元前528年—前525年）。除了三个较短的残篇外，他没有其他成文的著作流传下来，涉及他的古典学述汇编仅有寥寥几页，但塞奥弗拉斯特却认为他的思想非常重要，因而写了一篇专题论文来论述他。

阿那克西米尼并不欣赏阿那克西曼德的权宜之计、他对原初物质的形而上学构想以及他对现实的逃避等，阿那克西米尼试图重新引入一种物质的本原。水可能不是本原，因为它太容易感知、太确定了。那么，可以遍及万物的风或空气怎么样呢？[35] 空气（*pneuma*）也很容易感知（谁感觉不到一阵阵的风呢），但它可以很容易变成几乎是不可感知的。它具有生物学方面的属性，因为人和动物不呼吸就不能生存，而除了空气以外还有什么可供呼吸呢？另外，空气可以压缩，或者，它可以无限膨胀。空气完全是物质的东西，但它又趋向于变成非物质的东西，甚至变成灵魂一类的东西。按照词典的解释，空气的灵魂含义并不比《七十子希腊文本圣经》[36]更古老，但是远在那个时代以前，理性的人必然已经

---

〔35〕 *Holon ton cosmon pneuma cai aēr periechei*（空气包围着整个世界），阿那克西米尼，残篇，2。

〔36〕 神的灵（*pneuma theu*），《创世记》（第1章，第2节）。《七十子希腊文本圣经》属于公元前3世纪上半叶。*pneuma* 这个词经常出现在《新约全书》中，意指呼吸、灵魂、幽灵和生命等。

想到这种含义了，因为从空气到呼吸，然后到生命和灵魂，这种语义的转变是十分自然的。

空气是原初的物质，但是通过浓缩或者变浓（*pycnōsis*），或者通过稀释或变稀（*manōsis*），它可以有各种形态。阿那克西米尼把这些性质变化与温度变化结合在一起。他用这样一个原始的实验说服了自己，即稀释会增加温度，压缩会降低温度：当我们张开嘴喘气时，我们呼出的空气是温的；当我们用几乎是闭着的嘴唇吹气时，所吹出的气是凉的。[37]他把空气与生命气息等同起来，这是他把整个世界与单一的生物例如人加以比较的理由。呼吸对于生物的意义就如同风对于整个世界的意义。这就引入了微观世界与宏观世界的概念，[38]这一概念在中世纪哲学中影响如此之大，以致在今天，它还会误导那些没有判断力的人们。

178 阿那克西米尼仍然设想地球和其他行星（包括太阳和月球）是空气托起的盘子，但在希腊人当中，他是第一个认为恒星是坐落在一个旋转的天球上的人。这就把阿那克西曼德的永恒循环的观念保持了下来。行星自由地悬在空中，而恒星则像钉子一样固定在天球上。他拒绝了（埃及人的）恒星和行星是从大地下面走过的思想，而主张它们像一个帽子

---

〔37〕这个实验是很新奇的，但会给人以误导，阿那克西米尼的结论与真相正相反。我们知道，绝热压缩会增加温度，而绝热膨胀会降低温度。

〔38〕在德谟克利特（活动时期在公元前5世纪）的一个残篇（残篇第34号）中，有微观世界的人类（*anthrōpos micros cosmos*），而且据说他写过以宏观世界（*megas cosmos*）和微观世界（*micros cosmos*）为题的论文。在那以后，微观世界和宏观世界的思想可能并不罕见，但使用这些词的是拉丁语作者而非希腊语作者。微观世界这个词被列入亨利屈斯·斯特凡尼（Henricus Stephanus）：《希腊语词典》[*Thesaurus graecae linguae*，Paris：Didot，（无出版日期）]，第5卷，第1052页（原版，Paris，Stephanus，1572）。

围绕头旋转那样绕行。当它们从我们的视线中消失时，它们走到世界边缘的高山后面了。

阿那克西米尼思想的本质是重申自然的物质统一性，他选择空气作为原初的物质，他用这种物质的稀释和浓缩来说明自然中的所有偶然事件。宇宙的大节律在一定程度上类似于我们生命呼吸的节律。

正是这种典型的米利都“自然哲学”的精神，使得阿那克西米尼的假说比阿那克西曼德的假说更受人们喜爱，而且他的观点被认为是前思辨时代的顶峰。这些思想逐渐被遗忘了，而米利都哲学的含义也渐渐变成阿那克西曼德哲学了。我们在论述后来的一位也是最后一位爱奥尼亚学派的学者——克拉佐曼纳的阿那克萨戈拉（活动时期在公元前 5 世纪）时，还会回过头来讨论这个问题。

八、特内多斯的克莱奥斯特拉托斯

我们现在可能要离开米利都的自然哲学家，甚至可能要离开米利都本身，但我们肯定仍然靠近亚洲海岸。泰勒斯、阿那克西曼德和阿那克西米尼都对天文学有兴趣。这种兴趣也许是自发形成的，因为每天夜晚可在星空中所观察到的现象太显著、给人的印象太深刻了，它们不可能不引起理性的人的好奇心。不过很有可能，他们的好奇心受到了来源于东方人的更进一步的激励。来到米利都的水手和商人给他们带来了巴比伦人和埃及人的思想。我们已经举过几个这类传播的例子，现在再补充两个例子。

克莱奥斯特拉托斯（Cleostratos）不仅活跃于米利都而且活跃于特内多斯（Tenedos），这是靠近达达尼尔海峡出口的特罗阿斯的一个小岛。按照一种传说，泰勒斯是在特内多斯去世的,因此,克莱奥斯特拉托斯也许在他自己的海岛家乡,从这第一位教师或者他的某一个弟子那里了解了米利都的学说。当然,即使这个传说是假的,他获得这些学说也不是非常困难的,因为特内多斯离爱奥尼亚并不远,在这里肯定能够经常遇到去普洛庞提斯途中的米利都旅行者。我们已经看到,阿那克西曼德对我们所说的黄赤交角已经有了一定程度的理解。老普林尼告诉我们,[39]阿那克西曼德在第58个四年周期(公元前548年—前545年),亦即在他将要走到生命的尽头时发现了黄赤交角。泰勒斯一直活到大约这个时期,也许可以认为,阿那克西曼德在黄赤交角方面的发现是早期爱奥尼亚天文学的最高成就。过了一段时间以后(大约公元前520年),在特内多斯进行过天文观测并且试
179 图确定二至点的确切时间的克莱奥斯特拉托斯辨认出了黄道带的诸"宫",尤其是白羊宫和人马宫。黄道带是一条想象中的在天空中横跨黄道两边的带子,[40]巴比伦天文学家在1000年以前就已经辨认出它了。的确,如果没有认识到月球和行星在一个相对较窄的地带中运行,而且其运行范围永远也不会距太阳(或者,我们也可以说,距黄道)很远,无论花多长时间也不可能观测到这些天体的轨道。那时克莱奥斯特拉托斯所做的可能是,辨认太阳、月球以及行星在一年期间所穿过的星座,而且还可能把这些星座在黄道上分成

---

[39] 《博物志》,Ⅱ,6,31。

[40] 一般认为,黄道带是一条大约16度宽的带子,被黄道分为两部分。黄道带的确切宽度无关紧要。

了12个长度相等的区域,这就是黄道带的12"宫"。[41] 在已佚失的他有关星辰(*astrologia*)的诗歌中,他可能描述了这些星座也许还有其他星座,简要说明了它们的升起和降落。

归于他名下的另一个发明是8年的置闰周期(*octaetēris*),这是一个包含日、太阴月和太阳年等确切的数字的周期:

$$365\frac{1}{4}\times 8 = 2922\text{ 日} = 99\text{ 月}。$$

巴比伦人也知道这样一个周期,克莱奥斯特拉托斯可能是从他们那里借用来的,或者,他们对年和月的确定使得他能够自己重新发现这一周期。这是希腊天文学家为了制定历法而引入时间的不同周期中的第一种。

在这些问题上,我们永远也不可能非常确定,但是可能性的天平会向这一假说倾斜,即一般意义上的爱奥尼亚天文学,尤其是克莱奥斯特拉托斯的天文学,通过接受巴比伦人的知识而得到了促进。这并不会降低克莱奥斯特拉托斯之成就的价值,他是希腊天文学的奠基者之一。

参考文献:J. K. 福瑟林汉姆:《克莱奥斯特拉托斯》("Cleostratus"),载于《希腊研究杂志》(*J. Hellenic Studies*)

---

[41] 我们的"宫(signs)"一词或拉丁语中的 *signa* 都译自希腊语的 *sēmeia*,指神的预兆(*omina*)。克莱奥斯特拉托斯有可能是在专业的黄道带的意义上使用这个词的第一人,尤其是用它来指白羊宫和人马宫。黄道带这个词,亦即 *zōdiacos* (*cyclos*),是指生命的预兆;常用的拉丁语译文是 signifier(能指),"signifero in orbe qui Graece *zōdiacos* dicitur"(希腊语中的 *zōdiacos* 是指黄道带)[西塞罗:《论占卜》(*De divinatione*),第2卷,42,89]。"黄道十二宫"这个术语是模糊的,因为它可以指黄道带的12个分区,每个分区各30°,也可以指每一个分区中星座的特性。由于缺少文献,我们无法说克莱奥斯特拉托斯首先想到的是这两种思想中的哪一种。我们也无法说,他是否辨认了12宫,抑或他只辨认了其中的两个或某一些。

39,164-184(1919);*40*,208-209(1920)[《伊希斯》*5*,203(1923)]。E. J. 韦布(E. J. Webb):《再现克莱奥斯特拉托斯》("Cleostratus redivivus"),载于《希腊研究杂志》*41*,70-85(1921)[《伊希斯》*5*,490(1923)]。

九、科洛丰的色诺芬尼

科洛丰这座养育了色诺芬尼的城市,是爱奥尼亚的12个城邦之一。它是一个丰富的商业中心城市,但常常遭到外国入侵者或海盗的洗劫。当居鲁士大帝征服它时,色诺芬尼宁愿离开这里,并且四处流浪度过余生,据说他旅行了67年。他也许曾去过埃及,这有助于说明他的某些思想,但传说只提到他向西旅行到了西西里。他游历过镰湾[Zancle,即现在的墨西拿(Messina)]以及卡塔尼亚(Catania),并且在卢卡尼亚(Lucania)西海岸的埃利亚(Elea)住过一段时
180 间。[42] 请注意,他有助于我们跨越两个界线——我们可以跟他一起从公元前6世纪进入公元前5世纪(他生活在公元前570年—前470年),并且从爱琴海到达第勒尼安(Tyrrhenian)海,或者从东地中海到西地中海。

在他的思想中最奇怪的莫过于一种一神论或泛神论观念,这种观念完全可能来源于埃及。无论如何,他的这些说法如"唯一神和诸神及众人之中最伟大者""神是一和一切"

---

[42] 埃利亚在帕埃斯图姆(Paestum)以南,它现代的名称是韦利亚海堡[Castellammare di Veglia,或布鲁卡(Bruca)海堡]。关于色诺芬尼在埃利亚逗留的传说,没有提及他创立埃利亚学派(the Eleatic School),因而非常缺乏说服力。无论如何,他有充分的理由去埃利亚,因为波斯人征服爱奥尼亚以后不久,那里(大约公元前543年或前536年?)就建立了一个福西亚人(Phocaeans)的殖民地。对他来说,去那里看一下他的同胞是会令他感兴趣的,因为他们像他一样也是政治难民。

以及“神是运动的起因”等，暗示着一种新的通神论，它与米利都的自然哲学及其相对实证主义有着本质的区别。不过，色诺芬尼充分受到他的米利都邻居的影响，这一点最显著地表现在归于他名下的一些残篇中，值得全文引用一下：

色诺芬尼认为，陆地与海水曾经是混在一起的，累月经年，它与水分离了，他声称，他能进行以下证明：在陆地和山脉中发现了贝壳；他肯定，在叙拉古的采石场还发现了一个鱼和若干海豹的印记，在帕罗斯（Paros），在一块岩石的底部发现了凤尾鱼的印记，并且在马耳他（Malta）发现了各种海洋动物的不同部分的印记。他说，这些都是在万物起初被埋在泥浆中时产生的，它们的印痕就留在了变干的泥浆中，但是，当大地猛然沉入海中，变成了泥浆，所有人类都毁灭了；随后又会开始另一个发展阶段，而所有世界都经历过这样的灭亡。[43]

这段论述是令人震惊的。以它为基础，我们也许可以把色诺芬尼称为最早的地质学家和最早的古生物学家。如果有人提出异议说，人们是从很久以后的引述中才知道这段摘录的，因而它的真实性有很大疑问，那么，几乎无法为它做什么辩护。但圣希波里图斯为什么要虚构呢？对此也没有任何答案。另外，这段论述如果出现在基督以后的第三世纪，

---

〔43〕转引自阿瑟·斯坦利·皮斯：《又见鱼化石》（“Fossil Fishes Again”），载于《伊希斯》*33*，689–690（1942）。应当提醒读者注意，这段摘录出自一个相对较晚的传说，它援引自古代知识的丰富来源——圣希波里图斯（St. Hippolytos，活动时期在3世纪上半叶）的《哲学论题》（Philosophical Subjects，*Philosophumena*）。许多民族的民间传说中都有大洪水的思想，对于希腊人来说，表现这种思想的是有关丢卡利翁（Deucalion）和他的妻子皮拉（Pyrrha）的神话，他们都从大洪水的毁灭中逃生，并成为希腊人最早的祖先。

那比它出现在公元前 6 世纪之交时更令人震惊，因为至少在爱奥尼亚，公元前 6 世纪是一个具有不同寻常的自由和冒险精神的时代，是一个黄金时代。确实，从色诺芬尼嘴中说出这些话是令人震惊的，但它们并不比归于泰勒斯、阿那克西曼德和阿那克西米尼等人名下的那些话更令人震惊。在小亚细亚沿岸，希腊科学以一种奇妙的方式开始了。爱奥尼亚的自然哲学家们都是荷马传人可敬可佩的后代。

十、埃及间奏曲：埃及国王尼科（公元前 609 年—前 593 年在位）

我在本章的前几节中已做出努力，以便说明希腊科学在爱奥尼亚的诞生。但愿我的叙述速度不会误导读者。可以称作米利都学派［the School of Miletos，或爱奥尼亚学派（the School of Ionia）］的发展整整持续了一个世纪。泰勒斯和阿
181 那克西曼德出生于公元前 7 世纪的最后 25 年期间，色诺芬尼于公元前 5 世纪的前三分之一世纪期间去世。我们所论及的这些人关注的是自然哲学，亦即物理学、生物学、天文学，“关于自然的哲学”。在说明米利都科学的另一个非凡特色——地理学思想的发展之前，我们应当暂时回到埃及，并且后退一个世纪左右，回到本章由之开始时的那个时期。

埃及的第二十五王朝［或埃塞俄比亚王朝（Aethiopian Dynasty）］几乎刚刚延续了半个世纪，就开始向公元前 663 年的灭亡走去。[44] 最后一位埃塞俄比亚国王被亚述巴尼拔（亚述国王，公元前 668 年—前 626 年在位）打败，随后，在

〔44〕 从那个时候起埃塞俄比亚（Aethiopia）或阿比西尼亚（Abyssinia）就明确地与埃及分离了。

几个月内整个埃及成为亚述的一个省。这个省本土的管理者之一萨姆提克是赛斯的尼科(Necho 或 Nekaw)一世* 之子,他在"身穿黄铜盔甲"[45]的希腊和卡里亚雇佣兵的帮助下,成功地恢复了一定程度的国家统一,他把他的国家从亚述人的奴役下解放出来,并且建立了第二十六王朝[或赛斯王朝(Saitic Dynasty)]。他是一个强势的和有才能的统治者,而他的王朝,亦即这个民族的最后一个王朝,确实是一个复兴的时期。他回顾了古王国和中王国的古典时期,把它们当作他自己(在宗教、艺术和碑铭学等方面)的楷模,因为那时埃及的辉煌达到了登峰造极的地步。但这一复兴没有持续很长时间(仅仅 138 年,比 4 代或 5 代略长一些),因为这是一种非自然的复兴。萨姆提克一世能够促进繁荣,但这种繁荣实际上依赖于外国雇佣兵的保护以及外国商人的经商能力。那时(像现在一样)强烈的民族主义与军事上的无能奇怪地结合在一起。尽管它有它的辉煌,但赛斯王朝本质上是不稳定的,当冈比西斯于公元前 525 年出现在培琉喜阿姆(Pelusium)的门口[46]时,它就像一个纸牌搭成的房子一样立刻垮了。

萨姆提克一世的错误是一个善意的错误,这就是把文化置于军事实力之上,他在好战和贪婪的邻国的鼻子底下,把他的所有努力都用在和平技术的发展上。他恢复了尼罗河

---

* 原文为"Necho (Nekaw) of Sais",即赛斯的尼科,指的就是赛斯的统治者尼科一世(? —公元前 664 年)。为与下文提及的埃及国王尼科(二世)相区别,中文译作"尼科一世"。——译者

[45] 原文为:*Hoplisthentas chalcō*,希罗多德:《历史》,第 2 卷,第 152 节。

[46] 这个设防的培琉喜阿姆市在尼罗河最东端出口的东部,是埃及在东北方向的要塞。

三角洲的灌溉工程,支持建立希腊移民区,不仅复兴了与有多种来历的希腊人的贸易,而且还恢复了与卡里亚人、叙利亚人、腓尼基人以及以色列人的贸易。在孟菲斯市(Memphis)有希腊区和卡里亚区。萨姆提克把他的首都建在他的出生地、尼罗河(西部的)罗塞塔沿岸附近的赛斯,尼罗河三角洲成为埃及最有影响的部分。

多亏了萨姆提克一世的考古热情和爱国热情,艺术才得以复兴。我们的博物馆中保存着不少赛斯时代的优雅的作品,尤其是青铜和彩陶作品,但是没有什么大型的艺术杰作保存下来。[47] 尼罗河三角洲的地主们大概是用泥土而不是用石头建造房屋,现在他们的住所已经完全消失。萨姆提克和他的继任者们鼓励抄写员誊写他们民族的古老著作,有许多抄本留传给我们,它们是用一种新的和写起来更快的字体誊写的,这种字体是手写草书体的"改进"型,亦即我们所知的通俗(大众)体。使所有古代的神复活是不可能的,不过,奥希里斯和伊希斯成为最受人们喜爱的神,伊姆荷太普也被神化了。希腊人对埃及的影响是在商业和物质方面;相反,
182 埃及人对希腊的影响则是在精神方面。希腊人对埃及的诸神尤其是我们刚提到的那些神发生兴趣,大体上就是从这个时期开始的,这时希腊与埃及的接触变得频繁了。科林斯的僭主佩里安德(公元前625年—前585年在位)为我们提供了一个有关埃及人声望的略有些奇怪的例子,佩里安德给他的侄子和继任者取名叫萨姆提克斯[Psammetichos,或萨米

[47] 这个时代的艺术杰作大概是一个绿色陶制人头像,其鼻子已经损坏,现保存在大英博物馆,它常常被复制。这会使人想到老王国时期的一个文物。

斯(Psammis),即萨姆提克这个埃及名字的希腊语名称]。读者可能还记得,佩里安德是西方七哲之一。从他嘴中表达出的对埃及的敬意有着非常重要的意义。

我们回过来继续谈萨姆提克一世,他的儿子尼科(Necho)于公元前609年继承了他的王位,尼科大概深深地陶醉于他所继承的这个王国的壮观和秀丽之中了,以致他没有想到它在本质上是虚弱和不安全的。那时,亚述人卷入了一场与巴比伦人和米底人的殊死的战斗之中。尼科利用了他们十分危险的处境并借助他的希腊雇佣兵,于公元前609年入侵巴勒斯坦,在美吉多(Megiddo)战役中打败并杀死了约西亚(Josiah,犹太国王,公元前638年—前609年在位)。4年以后,他自己在幼发拉底河的卡尔基米什被尼布甲尼撒(巴比伦国王,公元前604年—前562年在位*)打败,随即丧失了他在亚洲征服的所有疆土。[48] 在美吉多战役之后,尼科把他赢得那次胜利时穿在身上的外衣送给了米利都附近的布兰库斯的传人(Branchidai)[49],在那里把它们献给了阿波罗(Apollo)。这样,我们终于又来到那座城市附近了。埃及人对希腊诸神表示敬意,而希腊人则崇拜伊希斯和奥希里斯。

我们关于尼科的论述已经足以引起思想史家的关注:难

---

* 原文如此,与前一章略有出入。——译者

[48] 我们在《旧约全书》中看到了有关的反应:《耶利米书》第46章,第1节—第12节;《列王纪下》(2 Kings)第24章,第7节。

[49] Branchidai指布兰库斯(Branchos)的子孙,而布兰库斯则是阿波罗与一个米利都妇女所生的儿子。布兰库斯的传人是世袭的祭司,掌管米利都附近的狄杜玛的阿波罗(Apollo Didymaios)神谕所。薛西斯(Xerxes,波斯国王,公元前485年—前465年在位)把他们赶到了奥克苏斯(Oxos)河对岸的巴克特里亚(Bactria)或索格狄亚那(Sogdiana,中国史称粟特——译者)。

道他没有在埃及、希腊、以色列和迦勒底之间建立一些盟约关系吗？我们还有两个更直接的使人们对他感兴趣的理由——地理史学家必然会注意的两项伟大成就。

第一个理由是，尼科继续开凿连通尼罗河与红海的运河工程。这条运河在中王国时期（公元前2160年—前1788年）在尼罗河塔尼特湾（Tanitic arm）的布巴斯提斯（Bubastis）与提姆萨赫湖（Lake Timsāḥ）之间修建。尼科重新开凿这条运河，把它延伸到比特湖（Bitter Lakes）和苏伊士湾（Baḥr al-Qulzum）。运河开凿的宽度足以让两艘三层桨战船相对而行，它的长度（我从布巴斯提斯开始算）相当于4天的航程。我们关于这个话题的绝大多数资料都来源于希罗多德，他告诉我们，在修建运河的过程中，有120,000名埃及人丧生，而运河尚未完工就不得不放弃了。[50] 为什么放弃它？按照希罗多德的说法，因为有一个神谕预示，野蛮人会带来灾害（这里野蛮人指外邦人，这场灾害在一个世纪以后降临了）；按照西西里岛的狄奥多罗（活动时期在公元前1世纪下半叶）的说法，则是因为尼科的工程师们发现红海比尼罗河三角洲高，因而担心海水倒灌会淹没埃及；决定性的理由可能是招募劳动力和提高供给的困难愈来愈大。这条运河的修建在一个世纪以后由大流士一世（波斯和埃及国王，公元前521年—前486年在位）完成。尼科值得称赞，因为他理解联通红海与地中海的必要性，如果他非常走运完成了运河的建设，那也许会促进他的王国的繁荣。唉！即使这样也不能挽救这个王国，而只会增加它的邻居的贪婪和它

[50] 希罗多德：《历史》，第2卷，第158节。

自己的人民的危险。

第二个理由是,尼科渴望促进对外贸易,他下令腓尼基 183
船只围绕利比亚(非洲)航行。不管怎样,在希腊人看来,这种计划是很自然的,因为他们相信大地的周围是海洋,但像尼科那样要实现这一计划,仍然需要不同寻常的想象和勇气。希罗多德关于这一成就的说明既非常清晰又十分简洁,我们最好还是复述一下:

因为显而易见,利比亚除了与亚洲接壤的地方外,它是被大海环抱着的,首先证明这一点的(据我们所知)是埃及国王尼科。当他结束从尼罗河到阿拉伯湾(Arabian Gulf)的运河的开凿工作后,便派遣腓尼基人乘船出发,命令他们在返航的时候要通过大力神之柱,最终进入北海,再回到埃及。于是腓尼基人从红海出发航行到南海;当秋天来临时,无论他们航行到利比亚的什么地方,都要进港上岸在那里播种,并且一直等到收获的季节;然后,在收割谷物之后,他们又继续航行,这样,在两年过后、到第三年时,他们就绕过大力神之柱返回埃及。在返回埃及后他们说(尽管我不相信,但有些人可能相信),在绕过利比亚时,太阳在他们右手一侧。[51]

遗憾的是希罗多德没有进行更详细的叙述,不过,即使如此,他的说明还是令人信服的。正是他无法相信的事实却证明了那个故事,因为当腓尼基人向西航行绕过好望角时,

〔51〕希罗多德:《历史》,第4卷,第42节。

太阳常常是在北边,亦即在他们右手一侧。[52]

尼科在许多方面堪称一位伟大的君主。我们已经看到佩里安德敬佩尼科的父亲;而尼科本人则受到七哲中的另一位,而且也更著名的雅典的梭伦(活动时期在公元前6世纪)的赞赏。当梭伦游历埃及时,他学习了尼科的法律,并且在他回国后把其中的一部分引入雅典新的法典之中。赛斯王国的实质弱点增加了,但是尼科能够延迟这即将来临的风暴。我们已经提到他这个王朝的最后一任国王雅赫摩斯二世。在雅赫摩斯二世统治期间(公元前569年—前525年),希腊商人获得了非常大的权力,以至于他们获准在尼罗河的卡诺皮克分支沿岸修建或重建瑙克拉提斯城,[53]这里地处首都赛斯西面,而且离它并不很远。这座城市成为埃及的希腊商业中心(有点像后来托勒密时代的亚历山大)。它的主要的圣所,恰当地说应称作希腊会馆(Hellenion),[54]用爱奥尼亚城、多里安城和伊奥利亚城奉献的许多礼物做装

---

〔52〕 亨利·范肖·托泽(Henry Fanshawe Tozer):《古代地理学史》(*History of Ancient Geography*),M. 卡里(M. Cary)编,第2版(Cambridge:University Press,1935),第98页—第101页。不过,托泽也不相信那个事实,而且认为,也许有一个聪明的讲故事的人故意虚构出那个事实以便证实他的故事。我无法相信希罗多德和给他提供消息的人会是如此老练的说谎者。有关中世纪环绕非洲航行的记述,请参见《科学史导论》,第2卷,第1062页;第3卷,第803页和第1892页。那些记述比希罗多德的记述更缺乏可信性。请注意,无论如何,如果有人在中世纪进行过环球航行,他们必然是从相反的方向开始的。对于1488年第一次从东面绕行好望角的巴托洛梅乌·迪亚斯(Bartholomeu Dias)和1498年第一次(几乎完成了)环球航行的瓦斯科·达·伽马(Vasco da Gama)来说,情况也是如此。

〔53〕 今天在瑙克拉提斯(而不是在赛斯)已看不到废墟,但是弗林德斯·皮特里对瑙克拉提斯进行了发掘,出土了许多小件文物。参见他的报告《瑙克拉提斯》(*Naukratis*,2 vols.;London,1886-1888)。

〔54〕 即 *To Hellēnion*。它也许不仅仅是圣所,而且还是希腊商业代理处的总体或一部分,其中也包括供奉希腊诸神(*theoi Hellēnioi*)的神庙。

饰；此外，有些城市，如米利都，有它们自己的神庙。雅赫摩斯把丰富的礼物送给欧洲和亚洲的希腊神庙，而且他与非常有势力的僭主萨摩斯岛的波吕克拉底(Polycrates of Samos)建立了一种联盟。正是这位波吕克拉底，尽管他的好运非常出名，但他仍于公元前522年被处死。与此同时，危险显著 184
地增加，因为在东方又出现了一个新的强人，这就是居鲁士大帝，波斯帝国的缔造者。居鲁士于公元前546年打败克罗伊斯，又于公元前539年打败巴比伦人；他于公元前529年去世。雅赫摩斯一直活到公元前525年，但他的儿子萨姆提克三世(Psametik Ⅲ)在这一年被居鲁士大帝之子冈比西斯击败。这是独立的埃及的终结，但从某种意义上讲，它的独立已经丧失了，因为赛斯王国在许多方面已经希腊化了，而且萨姆提克王朝(the dynasty of Psametik，公元前663年—前525年)是几个世纪以后托勒密王朝(the Ptolemaic dynasty，公元前332年—前30年)*的某种预示。

在这一时期(公元前7世纪至公元前6世纪)近东遭受了一场灾难深重、连年不断的动乱。它的希腊方面、亚洲方面和非洲方面的多种因素一再混合。主要的促进因素是爱奥尼亚人，而埃及和巴比伦这些榜样助长了这一促进因素。只有物质的接触而没有共鸣和理解还是不够的。埃及人与希腊人之间有着足够的共鸣，因而给这两个民族都带来了一些影响；不幸的是，事实上埃及人的影响是广泛的(有足够多的必要接触)，但却不可能非常深入，因为古埃及通俗字

---

* 原文如此，按照维基百科英文版(https://en.wikipedia.org/wiki/Ptolemaic_dynasty)，托勒密王朝从公元前305年延至公元前30年。——译者

体不如象形文字易读懂但却比它更令人望而生畏。希腊人和犹太人肯定在巴勒斯坦或其他地方相遇过,但他们之间缺乏共鸣,不足以导致相互的敬佩和效仿。我们在希腊艺术、文学和知识中可以发现大量埃及人的痕迹,[55]但是几乎找不到任何犹太人的痕迹。犹太人中的最杰出者和希腊人中的最杰出者各自独立地追求着自己的目标,他们在米利都和瑙克拉提斯不可能像他们两三个世纪以后在亚历山大那样走到一起。

十一、地理学之父:米利都的赫卡泰乌

如果尼科的非洲环航实现了,那么这个近乎难以置信的事件的消息必然会直接或间接地通过赛斯宫廷的埃及官员们在腓尼基人之中传播,而且会从腓尼基人传到米利都人那里。即使这个事件实际上并未发生,我们也可以肯定腓尼基水手和希腊水手讲述的其他故事。米利都的船只经常围绕地中海和尤克森海航行,并且收集各种商品和消息。没有什么信息像我们可能会称之为最广泛的意义上的地理学[人文地理学(*géographie humaine*)]信息更令人珍视。一个在公元前6世纪像米利都这样的地方,必然是一个地理学方面的资料交换中心,就像20个世纪以后的葡萄牙港那样。确实,除非有一个能力出众的人自愿专职负责,否则,信息的可靠保

[55] 在这里我无法说得更多,但必须说一些,因而我姑且简要地说明一下在所谓古风时期的希腊雕塑中明显的埃及影响。早期希腊的站立青年雕像(*curoi*)看起来像埃及人,其特点是右脚向前冲。请比较一下埃及雕塑画册与吉塞拉·M. A. 里克特(Gisela M. A. Richter)的《青年雕像——对希腊青年雕像从公元前7世纪末到公元前5世纪初的发展之研究》(*Kouroi. A Study of the Development of the Greek Kouros From the Late Seventh to the Fifth Century*, New York: Oxford University Press, 1942)。

存、分类和标准化是无法做到的。萨格里什(Sagres)的成功应归功于航海家亨利(Henry the Navigator)的天才和献身精神。在米利都,赫卡泰乌(Hecataios)也以同样的方式把握和利用了可获得地理学和人类学知识的机会。

赫卡泰乌出身于米利都的一个古老家族,他是赫格桑德罗斯(Hegesandros)之子,大约出生于公元前6世纪中叶,亦即大约波斯对外征服的时代。因此,他得到了作为一个波斯
国民应接受的教育;他的家族大概愿意与波斯人“合作”分 185
享他们的繁荣,但普通人却不随便与波斯人来往,因而在该世纪末,到处都弥漫着起义的思想。赫卡泰乌试图避免造反,但徒劳无获,当战争变得不可避免时,他认识到,唯有一个真正大胆的策略可能救助他的同胞。他的建议被双方拒绝了,因为第一,它被认为太谨小慎微;第二,它被认为太危险。最终,一切以公元前494年米利都遭受洗劫而告结束。赫卡泰乌活了很长时间,足以亲眼目睹(公元前479年的)米卡利战役和他的国家的解放。[56] 他大约于公元前475年去世。

据说他曾四处旅行,他的旅行大概是在公元前6世纪末他在家乡令人不愉快时开始的。按照希罗多德的说法,他不仅游历过埃及,而且向南一直旅行到底比斯(Thebes)。这样一种出游可能由于这样一个事实而变得很方便了:公元前

---

[56] 米利都于公元前494年的毁灭使希腊人深感震惊,这一事件促使他们团结起来并且增强自己的实力。他们于公元前490年在马拉松(Marathon)打败一支波斯人的军队,于公元前480年使另一支波斯军队在温泉关(Thermopylae)受阻,并且在同一年赢得萨拉米斯海战的胜利。波斯人的陆军最终在普拉蒂亚(Plataea)被打败,他们的舰队于公元前479年在米卡利被打败。米卡利与米利都非常近,而米卡利海战的胜利则是为这个15年前被洗劫的城市最好的复仇。

525 年以后,埃及成为波斯的一个省。赫卡泰乌是一个波斯的臣民,他的旅行就是从这个帝国的一个省去另一个省。

有两部著作被归于他的名下:一部是历史著作,题为《系谱》(*Geneaologies*);另一部是地理学著作,题为 *Periodos gēs*,即《大地志》或《描述地理学》。这两部著作都已佚失了,我们所知道的只有大约 380 个残篇,其中大部分非常短。我们对第一部著作比对第二部著作知道得更少,而且它不如后一部著作重要,但我们也许可以暂停一下,考虑著名的帕勒隆的德米特里(Demetrios of Phaleron)保存的它的"开篇":[57]"米利都的赫卡泰乌如是说。我之所以把这些写下来,乃是因为在我看来它们是真实的。希腊人有许多叙述,但我认为它们是愚蠢的。"[58]我们应当记住,这些词代替了标题,而且也许意味着代替了一个有胆量的出版者印在套封上的简介,并且旨在从一开始就吸引读者的注意力。我们对它们的判断不应过于严格。

来自赫卡泰乌的地理学著作的 331 个片段中的大部分,精选自赫莫劳斯(Hermolaos)对拜占庭的斯蒂芬诺斯(Stephanos of Byzantium,活动时期在 6 世纪上半叶)的地理

---

[57] 帕勒隆(雅典的港口之一)的这位德米特里是一位演说家,他非常受欢迎,以至于雅典人为他塑造了 360 座塑像。后来,他们又厌倦他了,并且把他判了死刑。他逃到埃及,在这里,他帮助托勒密一世(first Ptolemy)建立了亚历山大图书馆;托勒密二世(second Ptolemy)费拉德尔福(Philadelphos,公元前 285 年—前 247 年在位)把他赶到上埃及,他在那里因蛇伤而病故。归于他名下的关于解释(*peri hermēneias*)的论文可能是亚历山大的另一位德米特里的著作,我们的引文就引自这里。

[58] 夏尔·米勒[Charles Müller,即第四章所提到的卡尔·米勒(Carolus Mullerus),下同。——译者]和泰奥多尔·米勒(Theodore Müller):《希腊古籍残篇》,332(1841),原文为:*Hecataios Milēsios hōde mytheitai*;*tade graphō*,*hōs moi alēthea doceei einai*;*hoi gar Hellēnōn logoi polloi te cai geloioi*,*hōs emoi phainontai*,*eisin*。

学词典的摘要;因此,作为词典中的引文它们的确是非常短的(常常只有不到5个词),但它们足以说明这部著作的总体范围。当赫卡泰乌在米利都成长时,他一定听说过有关伟大的自然哲学家泰勒斯、阿那克西曼德和阿那克西米尼的观点的讨论。宇宙的主要材料究竟是什么?知道了希腊人的性情,我们就可以很容易地想象那些讨论,它们本质上是无休止的和毫无结果的。它们会使一个抱负比较朴实而且更注重实际的年轻人感到气馁。赫卡泰乌(正如任何一个真正的科学家都会做的那样)可能对自己说过:“在澄清宇宙之谜以前,我们还是来仔细观察一下我们周围的事物吧。”最明显的和最吸引人的工作之一就是,收集水手和商人们持续 186
不断带回家的零零碎碎的地理学和人类学信息,对它们加以整理,并把它们与他自己在旅行中的观察结果和记忆结合在一起。这是这方面的第一个尝试,因而其作者值得享有“地理学之父”这个称号。他的《大地志》分为两个主要部分:欧洲和亚洲(后者包括利比亚)。请看一下这张示意地图,它显示了这种划分,并表明这种划分是合理的(参见图47)。据信,扁平的大地是圆形的,周围都是海洋,它们粗略地被地中海、尤克森海和里海(the Caspian sea)分为两个相等的部分,上半部分亦即北部是欧洲,下半部分亦即南部是亚洲和非洲。[59] 这张地图使得描述其他特征变得没有必要了。请注意,图中的地中海、红海、波斯湾、里海和尼罗河都与周围的海洋相连;对于前三项而言,这是很自然的,但对于第四项

〔59〕这里的概述来源于残篇和希罗多德:《历史》,第4卷,第36节。我们假设他所取笑的地理学观点就是赫卡泰乌的观点。

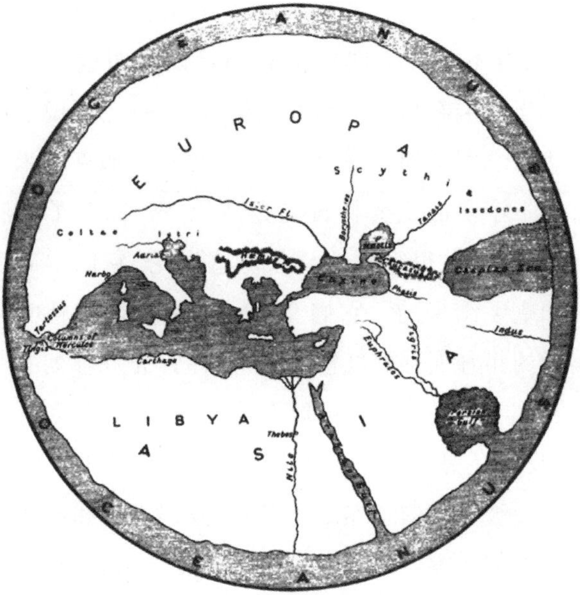

图47　这是一幅示意地图，它说明了赫卡泰乌所谓平扁大地的总体观点［承蒙惠允，复制于 H. F. 托泽：《古代地理学史》（Cambridge：University Press），第 2 版（1935），地图 2。在 R. H. 克劳森（R. H. Klausen）的《米利都人赫卡泰乌著作残篇》（*Hecataei Milesii fragmenta*，Berlin，1831）中附有一幅更为精细的地图，其中含有更多的赫卡泰乌使用的名称。克劳森的著作中包含一个为赫卡泰乌编的地理学索引，该索引在米勒的版本中与许多其他索引混在一起］

来说，这就错了。我们很快会回过头来谈尼罗河。赫卡泰乌的研究在很大程度上局限于沿海地区，这并不奇怪，因为他
187 的信息是从商人和水手那里获得的，而米利都和其他希腊殖民地一般都在港口附近，即使有人住在内地也是寥寥无几的。他不仅对城市感兴趣，而且对人甚至动物感兴趣；按照波菲利（Porphyry，活动时期在 3 世纪下半叶）的观点，希罗

多德对不死鸟、河马和捕猎鳄鱼的描述都来源于赫卡泰乌。[60]

赫卡泰乌是否真的画过一张地图？他很有可能画过，有人甚至说他改进了阿那克西曼德的地图。也许我们可以认为，希罗多德的一段论述意味着人们制作过许多地图。[61]另一段论述则明确无误地提到一张地图。[62] 当米利都处在巨大的危险时刻，它的僭主阿里斯塔哥拉斯（Aristagoras）去斯巴达（Sparta）恳求国王克莱奥梅尼（Cleomenes）予以帮助。[63] “他给他带去了一个青铜板，上面刻有全世界的地图以及所有海洋和所有河流。”此事发生在赫卡泰乌时代，而且他可能看到过那幅青铜地图——事实上，他也许正是它的作者。

关于尼罗河再说两句。游历过埃及的希腊人不得不问自己一些有关那个国家的最大奇迹——尼罗河的一些问题。爱奥尼亚人当然会注意到一个重要特征，即巨大的尼罗河三角洲的形成，这可能是出于他们自己对规模小得多的例如迈安德河冲积层的经验。其他特征更难理解。在夏季，希腊的河流正在干涸，尼罗河怎么会在这个时候在那个国家泛滥？在这方面，希罗多德像在许多其他问题上一样是我们的向

---

[60] 夏尔·米勒和泰奥多尔·米勒：《希腊古籍残篇》，292-294。

[61] *Gelō de horeōn gēs periodus grapsantas pollus hēdē*（希罗多德：《历史》，第4卷，第36节）：“在我看来可笑的是，许多人画过世界地图。”在这个语境中，*gēs periodus* 指地图而非口头描述，而 graphō 是指画而不是写。

[62] 希罗多德：《历史》，第5卷，第49节。

[63] 这个克莱奥梅尼从公元前520年—前491年任斯巴达国王；阿里斯塔哥拉斯于公元前499年之前拜访了他[但是斯巴达人（Spartan）拒绝帮助，而雅典人伸出了援助之手]。阿里斯塔哥拉斯获得了一些暂时的胜利，并于公元前499年攻占了萨迪斯，但在此以后，波斯人占了上风。他逃到色雷斯（Thrace），在那里，他于公元前497年在米利都毁灭之前被杀死。

导,他说明了希腊人在这个问题上的各种观点。[64] 第一种观点可能是泰勒斯的,该观点认为,河水上涨是由于季风[65]引起的,因为季风阻止它流入海中;按照第二种即可能是赫卡泰乌的观点,河水水量的增加是由于它与大海的联系引起的;[66]按照第三种亦即阿那克萨戈拉的观点,河水上涨是因为利比亚山区的冰雪融化造成的。最后提到的这种观点更接近真相,但希罗多德仍像拒绝其他观点一样拒绝了它,同时提出了他自己毫无价值的观点。[67] 赫卡泰乌对尼罗河洪水的说明尽管有显著的错误,但却是令人感兴趣的。它表明,荷马的大海支配着他的心灵。

我们来总结一下,上述总的观点大体上看是正确的。我们现在知道,大陆是被大洋环绕的大岛。地理学家按照地理位置给这些大洋取了不同的名字,但所有这些大洋只不过是同一个海的不同部分。如果有人把自己局限在旧世界,荷马的概念似乎更真实。因为欧洲-亚洲-非洲好像构成了由单一大海环绕的单一大陆。荷马-赫卡泰乌的观念本质上是正
188 确的,但古代希腊人不可能认识到大陆北面、东面和南面的范围。

赫卡泰乌是一个贫乏的理论家(在他的著作中没有数学、地理学的痕迹,或者没有给我们留下这样的痕迹),但他

---

〔64〕 希罗多德:《历史》,第 2 卷,第 19 节—第 25 节。

〔65〕 原文为:*etēsiai anemoi*,指在夏季或者在爱琴海,从天狼星(Dog Star)升起以后的 40 天,从西北部吹来的周期性的风。在这个语境中 *etēsiai* 等于季节风(阿拉伯语是 *mawsim*,*mawāsim*,季节)。

〔66〕 参见这幅地图,或者夏尔·米勒和泰奥多尔·米勒:《希腊古籍残篇》,278。

〔67〕 亚里士多德(活动时期在公元前 4 世纪下半叶)提供了正确的解释。埃及的洪水是由于青尼罗河和白尼罗河高原地区在春季和夏初时节出现的热带雨造成的。关于这个问题请参见《科学史导论》,第 1 卷,第 136 页;第 3 卷,第 1844 页。

努力收集和整理那些可利用的关于真实世界的知识，是向正确的方向上迈出的恰当的一步。他是地理学的奠基者之一。

在巴黎的夏尔·米勒和泰奥多尔·米勒（Theodore Müller）编辑的《希腊古籍残篇》（Paris，1841）第 1 卷，第 ix 页—第 xvi 页和第 1 页—第 31 页中有赫卡泰乌残留著作的最好版本，并附有拉丁文译文。我们关于古代地理学的知识自 1841 年以来有了相当多的增长，非常需要一个新的版本。

十二、公元前 6 世纪的希腊技师

我们关于公元前 6 世纪希腊技术的许多知识，具有相当多的传说色彩，但是那些传说的核心一般都得到了一些间接的信息，有时得到了一些遗迹的证实。那些间接的信息主要来自埃及人：在埃及所实施的工艺流程，会引起居住在瑙克拉提斯的希腊殖民者或者在这个国家漫游的希腊人的注意，而且，有关这些过程的信息，几乎像它们促进其生产的物品一样，会很容易地输入希腊诸岛。不过，在大多数情况下，不太可能说明哪一种希腊方法是希腊自己的发明或者是从埃及或其他地方输入的。模仿与发明之间的界线并非显而易见的；从无创造性的模仿到真正的发明，这之间有着无数的中间步骤。

在希腊发明的传说史中，要介绍一个非常奇怪的人，即西徐亚的阿那卡尔西王子，他大约于公元前 594 年来到雅典。他的才智、温和、乐观以及生活方式的简朴，使他赢得了他的邻居的好评和共鸣。他成了梭伦的学生和朋友，而且还被算作“七哲”之一（不过，不是在最常见的名单中）。像许多其他“贤人”一样，也有各种名言被归于他的名下。例如，他把法律比作蜘蛛网，它能抓住小的昆虫，却会让大的昆虫跑过去。当回到自己的故乡时，他带回了希腊的风俗和宗教，[68]由于这种不虔敬的行为，他被他的兄弟西徐亚国王索里奥斯（Saulios）杀害。我们对这个阿那卡尔西有着双重的兴趣，第一是因为他的出身，第二是因为他曾在雅典生活。这暗示，这个传说是相对较晚才形成的，因为在公元前594年，对于一个西徐亚的“发明者”来说，去米利都比去雅典更自然。因为一方面，米利都的船会把他带到爱奥尼亚而不是阿提卡。就算是这样，他仍拥有科学史上的第一个雅典人和第一个西徐亚人的声望。从另一方面讲，这一点是很值得注意的，即在我们的探索中，这个仅次于梭伦的第一个雅典人应该是一个西徐亚人，或者用现代的语言并且稍微夸大一点说，他是一个俄国人！

有人把许多发明归功于他：如两爪的锚、手拉风箱、陶轮，[69]等等。这些发明当然是公元前6世纪以前的，而且是
189 在那很久以前，可能不止一个地方完成了这些发明。阿那卡尔西可能从埃及或其他地方把它们引进了，或者他可能独立地重新发明了它们，也有可能，他在许多方面改进了它们。

在这里，请读者允许我稍微离开一点当前的主题，不过，

---

[68] 据说，他引进了对克里特女神瑞亚（Rhea）亦即克罗诺斯（Cronos）之妻、宙斯和其他诸神之母的信仰，后来把她与弗利吉亚人（Phrygian）的“大母神（Great Mother）”视为同一。可以很容易地想象，这个大胆的创新令西徐亚人反感和惊恐。的确，阿那卡尔西把瑞亚而且可能把整个希腊神话私运进来了。

[69] 在埃及，风箱至少早在第十八王朝时就已经使用了，陶轮则早在第一王朝时期就业已使用。参见艾尔弗雷德·卢卡斯：《古代埃及的材料与工业》（London：Edward Arnold），第3版（1948），第246页（《伊希斯》*43*）；弗林德斯·皮特里：《埃及人的智慧》（London：British School of Archaeology in Egypt，1940），第133页[《伊希斯》*34*，261（1942–1943）]。关于锚，请参见F. M. 费尔德豪斯：《技术》（Leipzig，1914），第930页；艾伯特·纽伯格（Albert Neuburger）：《古代人的技术与科学》（*The Technical Arts and Sciences of the Ancients*，London，1930），第493页。

这样做并非与我们总的目的无关。在法国,17世纪末传播希腊文化的最重要的著作是费奈隆的《泰雷马克历险记》;类似地,一个世纪以后,传播希腊文化的最佳媒介是修道院长让-雅克·巴泰勒米的《年轻的阿那卡尔西的航行》(参见图48)。[70] 这部书的标题当然受到了我们刚刚谈到的睿智的阿那卡尔西的鼓舞,因为书中的英雄是一个西徐亚人,但巴泰勒米把故事挪到了公元前4世纪中叶,因为他试图概述一下那个黄金时代的希腊。[71] 他花了30多年准备这部书, 190
当该书最终出版时(Paris,1788),它取得了巨大的成功。[72]

---

〔70〕莫里斯·巴多勒(Maurice Badolle)写了一部翔实的传记:《修道院长让-雅克·巴泰勒米(1716年—1795年)与18世纪下半叶法国的希腊化文化》[*L' abbé Jean-Jacques Barthélemy(1716-1795) et l' hellénisme en France dans la seconde moitié du XVIIIe siècle*,414 pp.;Paris,1927]。巴泰勒米生于普罗旺斯(Provence)的卡西斯(Cassis),但他的大部分生涯都在巴黎度过;他从未去过希腊!他不仅是一个非常卓越的希腊学家,而且还是一个东方学家。他是钱币学的奠基者之一(1750年),译解了一处帕尔米拉铭文(1754年),而且是第一个腓尼基语翻译(1758年)。他是一个专业的钱币学家,还是皇家徽章陈列馆(Cabinet Royal des Médailles)馆长,在他任此职期间,该馆的馆藏增加了两倍多。他在大众中的名望完全是基于《年轻的阿那卡尔西的航行》,他为此书奉献了他一半的生命;他在科学中的名望则是基于铭文学院(Académie des Inscriptions)出版的许多论文集以及皇家所收集的硬币和徽章。

〔71〕"年轻的阿那卡尔西"于公元前363年离开了西徐亚,并且旅行到拜占庭、莱斯沃斯和(维奥蒂亚的)底比斯,一年以后抵达雅典。他游览雅典以及希腊的各个部分,出席奥林匹克运动会,等等。从公元前354年至公元前343年他旅行到埃及和波斯,从那里返回米蒂利尼(Mytilene),在那里,他遇到亚里士多德。然后,他又回到雅典,但没过多久又开始到小亚细亚和希腊诸岛的新旅行,参加提洛节庆典。在海罗尼亚(Chaironea)战役(公元前338年)之后,他回到他的故乡。

〔72〕另一个有趣的事实说明了阿那卡尔西在18世纪末的名声。古怪的克洛茨男爵(Baron de Clootz)于1755年出生在克莱沃(Cleves)的公爵领地,他是伊斯兰教的捍卫者、法国革命者、"l' orateur du genre humain(人类的代言人)",他取了与阿那卡尔西一样的名字!这个现代的阿那卡尔西在1794年被送上了断头台。我不知道他取那个名字的确切时间,是在巴泰勒米的著作出版以前,还是该书出版的一个结果。

VOYAGE
DU JEUNE ANACHARSIS
EN GRÈCE,

DANS LE MILIEU DU QUATRIÈME SIÈCLE
AVANT L'ÈRE VULGAIRE.

TOME PREMIER.

A PARIS,

Chez De Bure l'aîné, Libraire de Monsieur Frère du Roi, de la Bibliothèque du Roi, et de l'Académie Royale des Inscriptions, hôtel Ferrand, rue Serpente, n°. 6.

M. DCC. LXXXVIII.

AVEC APPROBATION, ET PRIVILÈGE DU ROI.

图 48 《年轻的阿那卡尔西的航行》(*Voyage du jeune Anacharsis*)4 开本第 1 版第 1 卷的扉页。[复制于哈佛学院图书馆馆藏本。]当这部著作于 1788 年第 1 次出版时,它共有两个版本:一个是 4 卷 4 开本,另一个是 6 卷 8 开本。每个版本都附有一个让·德尼·巴尔比耶·迪博卡热(Jean Denis Barbié du Bocage,1760 年—1825 年)编辑的《与年轻的阿那卡尔西的航行相关的古希腊地理平面海图和徽章集》("Recueil de cartes géographiques,plans vues et médailles de l'ancienne Grèce, relatifs au voyage du jeune Anarcharsis")。第 2 版和第 3 版(Paris,1789,1790)也有两个版本:8 开本和 12 开本;第 6 版(Paris,1799)像第 1 版一样,有 4 开本和 8 开本两个版本。让-雅克·巴泰勒米(Jean-Jacques Barthélemy)修订了直到第 6 版的每一版,第 6 版又被称作(修订)第 4 版,这一版由其侄子巴泰勒米·德·库尔凯(Barthélemy de Courcay)编辑,在他去世后出版,其中有许多增补和修正。后来的版本一般都是 1799 年版的再版

在第1版之后，随即又出了许多其他全本或节略本。在那个世纪末之前，它被译成德语、意大利语、英语和丹麦语；在19世纪最初的20年中，它又被译成荷兰语、西班牙语和希腊语；1847年，它被译成亚美尼亚语；1893年出版了最后一次法语重印本；在此以后，节略本仍在继续出版。在每一个大型图书馆中，都需要许多书架来摆放有关阿那卡尔西的著作。

对我们现代的人来说，《泰雷马克历险记》的流行可能是令人费解的，现代人的欣赏力已经被无线广播和电影不可救药地污染了，而《年轻的阿那卡尔西的航行》的流行确实是不可思议的。这本书连同一册地图和插图集的确构成了一个重要的希腊考古学指南。对于一系列没完没了的有关希腊的风景和山脉、它的公共和私人古代遗物、艺术、文学、哲学和宗教的论述来说，缺乏活力的叙述只不过是个托词。[73] 热衷于《百科全书》(*Encyclopédie*)和布丰(Buffon)的《自然史》(*Histoire naturelle*)的法国读者(有许多人实际是随着那些著作的出版一卷卷地读下来的)确实对学问有强烈的欲望，在18世纪下半叶，他们对希腊的兴趣稳步增加，在

〔73〕为了精确，钱币学研究需要有相当好的训练，巴泰勒米的学识渊博无与伦比，也就是说，他在那个时代已经到达了登峰造极的水平，但他的著作写得并不好。对于一部小说而言，它过于学术和雄辩，但对于一本指南来说，它在结构方面又太不规则、太混乱。它非驴非马，不伦不类，但公众喜欢它。这部著作的博学令人印象深刻，通过该书对它竭尽所能地缓缓展示，凸显了该书的自负。

1770 年达到高峰，并在大革命时期达到新的顶峰。[74] 巴泰勒米著作的成功在很大程度上是由于与时代合拍。

回到公元前 6 世纪的爱奥尼亚。焊铁（*sidēru collēsis*）工艺的发明被归功于希俄斯的格劳科斯，各种在建筑技术中所必需的工具——水平仪、直角尺、镟床和拱顶石则被归功于萨摩斯岛的塞奥多罗。这个塞奥多罗是特里克勒（Telecles）之子，他是一个非常神秘的人物；他是一个技师、建筑师、黄铜铸工、金匠、宝石雕刻师，[75] 他大约活跃于公元前 550 年—前 530 年。他发明了磨光各种宝石的方法，并且把青铜浇铸的工艺从埃及带到希腊（在赛斯王朝期间该工艺已经非常成熟）。我们对所有这些发明，应当像上面对风箱和陶轮一样，做出相似的评论，而它们各自的历史都会使我们离开
191 我们的主题很远。关于水平仪我来说几句。塞奥多罗“发明”的工具大概就是（莱斯沃斯岛上的）一些铭文所提到的水平仪。[76] 它的原理既简单又具有独创性（参见图 49）。在一个大概用木头制成的三角形 ABC 中，AB 和 AB' 分别与 AC 和 AC' 相等。在 $B'C'$ 的中点 O 作一标记，一个铅锤

〔74〕 希腊风尚进入法国，主要应归功于一个作者——普卢塔克（活动时期在 1 世纪下半叶）。普卢塔克的作品可以在法语译作中读到，他是深受雅克·阿米约（Jacques Amyot，1513 年—1593 年）喜爱的人物。对古典文化的热爱部分是由于来自中世纪的一场剧变，在大革命时期则是由于来自对“Ancien régime（旧制度）”的一场剧变和对自然的回归，或者是由于对假设的更接近自然的古代文化的回归。

〔75〕 按照希罗多德（《历史》第 3 卷，第 40 节—第 42 节）的说法，塞奥多罗制作了一个翡翠指环，而萨摩斯岛的波吕克拉底把它扔进海里，以平息诸神对他的好运可能的妒忌。几天以后，这个指环在捕到的一条鱼的肚子中被发现并且被送还给波吕克拉底。《古典学专业百科全书》推断了萨摩斯岛的波吕克拉底所处的年代，见该书第 2 辑，第 10 卷，第 1917 页—第 1920 页（1934）。

〔76〕 原文为 *Ho diabētēs*。非常奇怪的是，阿雷提乌斯（Aretaios，活动时期在 2 世纪）用这个词命名了糖尿病，他是描述这种病症的第一个人。

(*staphylē*)悬挂于 A 点。如果把水平仪竖直地放在一块石头上，铅垂线正好通过 O 点，那么，线 $B'C'$ 和 BC 以及这块石头都是水平的。这种工具以及其他工具包含了相同的思想(用铅垂线来确定水平面)，埃及人把这些工具用于天文学研究。我们不仅知道这种工具，而且在第二十王朝的一处底比斯墓穴中发现了它的一个实物，该水平仪现保存在开罗博物馆中。[77]

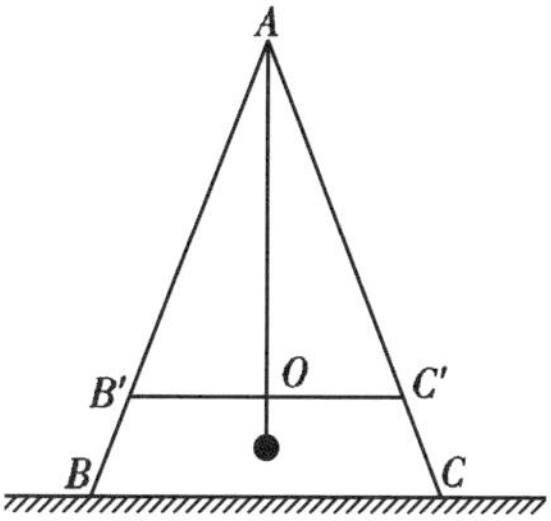

图49　水平仪

公元前6世纪，建筑和工程的需求增加了，这种需求必须得到满足，因此必然大大地激发希腊人的创造性或者他们以最恰当的方式快速利用国外发明的意愿。需要是发明之母。那个时代最雄心勃勃的创造之一，就是建造或者重新建造以弗所的阿耳忒弥斯神庙(Artemision)。以弗所是爱奥尼亚著名的城邦之一，是亚洲的自然女神的崇拜中心，该女神被希腊人称作阿耳忒弥斯。公元前6世纪，这种崇拜变得非常流行，人们为了举行其仪式，计划建造一座巨大的神庙。[78] 建造它需要解决许多困难。有时人们把萨摩斯岛的

---

〔77〕在萨默斯·克拉克和R.恩格尔巴赫的《古代埃及的石质建筑·建筑工艺》(Oxford,1930)中可以看到埃及水平仪以及其他工具的相关图片，参见该书插图263—插图267。

〔78〕Artemis(阿耳忒弥斯)等于罗马人的狄阿娜(Diana,《圣经》中译作亚底米——译者)。“大哉，以弗所人的亚底米啊！”[《使徒行传》(Acts)第19章，第34节]。阿耳忒弥斯神庙被以弗所的埃罗斯特拉托(Herostratos of Ephesos)烧毁了，他希望借此在亚历山大大帝诞生的那个夜晚(公元前356年)使自己千古留名。该神庙后来又以宏大的规模被重建了。约翰·特特尔·伍德(John Turtle Wood)于1869年发现了老阿耳忒弥斯神庙的地基。参见《伊希斯》*28*,376-384(1938)。

塞奥多罗列举为一个主要的建筑师,据说,他发现了在沼泽地上建立牢固的地基的方法。的确,以弗所沼泽地中的地基问题必须解决;同样确实的是,这座神庙的地基问题解决了,否则,它可能早已经塌了,而实际上它矗立了好几个世纪。大约在同时,亦即这个世纪中叶,一个克里特人克诺索斯的柴尔西夫龙(Chersiphron of Cnossos)前来协助塞奥多罗来完成这项浩大的工程。柴尔西夫龙发明了一种移动巨大圆柱
192 的方法;他的儿子梅塔杰纳斯(Metagenes)子承父业,并且改进了他的方法。[79]

萨摩斯岛在米利都西北不远处,是最重要的爱奥尼亚人殖民地之一,它的许多后代或者外来的市民都是闻名的建筑师和工程师。我们已经提到萨摩斯岛的塞奥多罗,然而,他们所有人当中最伟大的是欧帕利努。希罗多德指出:

> 我之所以这样比较详细地描写萨摩斯人,是因为他们是希腊全境所能看到的三项最伟大的工程的建造者。其中的第一项是一条有两个出口的隧道,它穿过一座150寻高的山的底部。隧道全长7浪,高8尺,宽8尺,而通过它的全程,另有一条20腕尺深、3尺宽的渠道,通过这里,从一个水源丰富的泉水那里流出来的水被它的导水管引到萨摩斯城里。这一工程的设计者是一个麦加拉人(Megarian)、纳乌斯特洛佛斯(Naustrophos)之子欧帕利努。这是三项工程中的一项。第二项是在海中围绕港湾而建的防波堤,它入水足足有20寻深,2浪多长。萨摩斯人的第三项工程是一座神庙,这是

---

〔79〕 维特鲁威(活动时期在公元前1世纪下半叶)在《建筑十书》第10卷第11章—第12章中描述了他们的方法。

我所见到的神庙中最大的一座。它最早的建筑者是一个萨摩斯人，菲勒斯(Philes)之子罗伊科斯(Rhoicos)。正是由于这个原因，我对萨摩斯人的描写才比对一般人更加详细些。[80]

欧帕利努是麦加拉人，但却因大概在波吕克拉底统治时期(大约公元前 530 年—前 522 年)修建于萨摩斯的引水渠而流芳百世。1882 年，希罗多德所描述的那个隧道的遗址被发现了：它大约 1000 米长，高和宽均为 1.75 米；隧道的底部有一深沟，大约 60 厘米宽，在南部深达 8.3 米，在这里埋着一些泥土制成的水管。

这的确是一项伟大的成就，但不是这类成就中最早的一个。埃及人和克里特人的供水系统就不用说了，在犹太国王希西家(活动时期在公元前 8 世纪)统治时期，从公元前 719 年至公元前 690 年在耶路撒冷修建的一项工程就非常著名。这项工程最具特色的是西罗亚隧道(the tunnel of Siloam)，该隧道建在耶路撒冷城外靠近该城西南角的西罗亚村。它是一个地下的渠道，长 500 多米，呈半圆形。[81] 西罗亚和萨摩斯的隧道都是从两边开工的，对这一点我们可以肯定，因为在这两个事例中都可以观察到接合处。的确，接合是不完美

---

〔80〕希罗多德：《历史》，第 3 卷，第 60 节。

〔81〕这个隧道的遗址现在仍可以看到。这项工程的记录现保存于君士坦丁堡博物馆(the museum of Constantinople)所收藏的一篇铭文中。西罗亚铭文是所有希伯来铭文中最古老的铭文。也可参见《历代志下》，第 32 章，第 30 节。其他隧道有，在外约旦(Transjordan)的绍柏克(Shobek)、巴勒斯坦的美吉多、莱基(Lachish)和基色(Gezer)等地挖掘的与地下供水系统相连的隧道。其中有些早期的隧道规模巨大，而且是非凡的工程技术的代表。参见纳尔逊·格卢克(Nelson Glueck)：《约旦的那一边》(*The Other Side of the Jordan*, New Haven: American Schools of Oriental Research, 1940)，第 17 页[《伊希斯》*33*, 279 - 281 (1941 - 1942)]。格卢克并未尝试确定这些史前遗迹的年代。

的,在这方面萨摩斯隧道比早于它将近两个世纪修建的耶路撒冷隧道更糟。希西家的工程师和欧帕利努是怎样解决所涉及的数学问题的呢?我们只能猜测:他们是否有测量方位和水平差的工具?亚历山大的海伦(活动时期在1世纪下半叶)在其关于窥管(*dioptra*)的专论中第一次从理论上解决了所涉及的那些问题。[82]

193 由于希西家的工程师是未知的,因而,也许可以说欧帕利努是历史上第一位已知的土木工程师。

现在我们来谈谈第一位已知的建桥专家,另一个萨摩斯之子曼德罗克里斯(Mandrocles),他活跃于大约公元前514年,亦即比欧帕利努晚一代。在这里,希罗多德的著作再次成为我们资料的来源,[83]但他的原文太长了,无法逐字逐句地引用。当大流士一世(波斯国王,公元前521年—前485年*在位)进行他的远征,去讨伐西徐亚人(大约公元前514年或之前)时,他命令曼德罗克里斯建一座横跨博斯普鲁斯海峡(Bosporos)的桥,以便使他的大军能够挺进欧洲。曼德罗克里斯能够满足他的要求,因为按照希罗多德所言,"大流士对他的舟桥深为嘉许,便赐予萨摩斯人曼德罗克里斯丰

[82] 见该专论的第15章。参见《窥管》(*Peri dioptras*),见于赫尔曼·舍内(Hermann Schöne)编:《海伦著作集》第3卷(Leipzig,1903),第239页—第241页。库尔特·默克尔(Curt Merckel):《古代的工程技术》(*Die Ingenieurtechnik im Altertum*, Berlin,1899),第499页—第503页,第619页;威廉·施密特(Wilhelm Schmidt):《古代的水平仪与隧道建设》("Nivellier-instrument und Tunnelbau im Altertume"),载于《数学文库》(*Bibliotheca Mathematica*) *4*,7-12(1903);艾伯特·纽伯格:《古代人的技术与科学》,第416页—第417页,第420页—第421页。

与"隧道"这个词对应的名词是 *hyponomos*,对应的动词是 *diorussein*。

[83] 希罗多德:《历史》,第4卷,第87节—第89节。

* 原文如此,与前文略有出入。——译者

厚的礼物,每种10件"[84]。

本节所提到的人物的数目是值得注意的,尤其是考虑到大量工程师和其他技师是默默无闻地工作,或者至少,他们本人被他们的成就淹没了,那些数目就更值得注意。我们现在能叫出名字的那些人是大量已被忘记姓名的人的代表。他们在许多地方——西徐亚、希俄斯、海克里特、萨摩斯以及麦加拉的创造是同样非凡的。西徐亚在国外,但其他地方都是在希腊本土,它们分别是爱琴海文化和爱奥尼亚文化的中心。而这些人受雇的主要地方是以弗所和萨摩斯,它们都在爱奥尼亚。

十三、米利都的卡德摩斯

卡德摩斯(Cadmos)是潘狄恩(Pandion)之子,通常被称为希腊最早的历史学家。我们在关于米利都地理学的说明中已经谈到过他的同胞赫卡泰乌,赫卡泰乌也是一个历史学家,但比他年轻。的确,在公元前6世纪中叶(或者大约公元前540年)卡德摩斯已经很活跃了,而那时赫卡泰乌刚出生。卡德摩斯的腓尼基名字是混合的米利都文化的典型。

在这个世纪中叶,爱奥尼亚人的成就尤其是米利都人的成就已经相当可观,足以表明记录它们的重要意义。在被波斯人征服(公元前546年)之后,当地人的自尊心更强烈地感受到这种记录的必要性。米利都人自然渴望向他们的征服者证明他们自己民族的伟大。卡德摩斯实现了他们的愿望,他以散文体形式记述了有关米利都的建立(*ctisis Milētu*)

---

[84] 希罗多德:《历史》,第4卷,第88节。"桥"的原文为*schedia*,它的意思并不是很明确,有筏、浮舟、浮桥和舟桥等含义;它一定是某种浮动的桥。原文中的*Edōrēsato pasi deca*指大礼、丰厚的礼物。

以及爱奥尼亚的历史。他的著作必定有相当大的规模，因为该书共分为4卷，但它几乎一点也没有保留下来。

萨摩斯岛的尤金(Eugeon of Samos)在稍晚些时候(大约公元前510年)做了类似的工作，他撰写了他的故乡萨摩斯岛的编年史(*hōroi Samiōn*)。[85]

因此我们可以说，希腊的历史编纂学以及自然哲学诞生于爱奥尼亚，或者换句话说，爱奥尼亚(对于希腊人而言)既是人类史也是自然史的摇篮。爱奥尼亚人为最全面意义上的希腊科学奠定了基础。

我们应当牢记，并非只有希腊人编纂了他们古代的编年史。向东不用走很远，就足以使人们想起，他们相对来说较近的邻居犹太人也从事了类似的工作。《士师记》(the Book
194 of Judges)和《列王纪》(the Books of Kings)大概创作于公元前6世纪，而《撒母耳记》的写作还略早一些。

十四、宗教背景与神秘的迷信活动

本章是论述希腊科学的第一章，在本章结尾，理应提醒一下读者，像在任何其他时代一样，科学家和学者的数量与全体国民或居民的总数相比是非常少的，而后者主要从事的是农业、贸易以及这样或那样的行业或职业。社会有农民、商人、水手、多种官吏、祭司和寺庙的圣职人员、诗人、艺术家，也有科学工作者。最后提到的这些人所构成的群体是最小的。还应提醒读者注意宗教信仰的显著的重要性。那时像现在一样，那些信仰是生活的主旨，那时也像现在一样，这

〔85〕关于米利都的卡德摩斯，参见夏尔·米勒：《希腊古籍残篇》(Paris，1848)，第2卷，第2页—第4页；关于萨摩斯岛的尤金，参见同上书，第16页。

些信仰包括了从最高尚、最纯洁的信念和符号象征到最愚蠢的迷信的全部范围。

这第二个提醒尤其必要,因为人们常常赞扬希腊人具有理性主义,这种赞扬就像赞扬基督徒圣洁一样是愚蠢的。的确,在基督徒中只有很少、寥寥无几的人是圣徒;同样,在希腊人中只有很少、寥寥无几的人是理性主义和科学的奠基人。作为一个整体,人类是环境允许范围内的优良物种,但他们的行为在很大程度上是非理性的。应当记住,理性主义与宗教并非相互排斥的;理性主义与迷信是相互排斥的,但有时很难在迷信与宗教之间画出一条界线。

希腊与例如巴勒斯坦的主要差异在于,希腊没有可以与《旧约全书》相提并论的宗教经典,没有需要服从或者至少需要默许的教义。与《圣经》最接近的是荷马史诗,这些史诗显然是世俗的经典,而不是宗教的经典。确实,荷马常常提到诸神,但都是附带地而且是怀着诗人的畅想提到的。尽管如此,《伊利亚特》和《奥德赛》还是对希腊的宗教产生了深远的影响,因为它们有助于神话的标准化和普及。此外,它们使众神和英雄人性化了,尽管这样做有时甚至达到了使现代读者生厌的地步,但并没有妨碍希腊的听众。希腊的听众知道,诸神是最强大的,但并不指望他们是完美无缺的。荷马和赫西俄德实际上并没有发明这些神,而是使人们更熟悉他们,使他们的存在和特征神化。荷马式描述语很容易被记住而且很快被铭记在每一个人的心中。

希腊思想史家常常意识到两种矛盾的倾向——一种是诗人的或神话创作的倾向,一种是理性主义的倾向。从希腊神话的令人困惑的丰富,就可以断定前一种倾向是相当强烈和流行的。第二种倾向不那么流行，尽管如此，无论如何它并不仅仅限于从事科学的人。我们可以肯定，希腊商人是非常讲究实际的，他们不会把自己的买卖变成神话。这两种倾向一起出现，但未必是在不同群体中出现。从事科学的人也许会把神话当作对万物的诗意的描述，它们是不受科学解释影响的。

希腊人的宗教生活并不是刻板的，而是极为复杂和多样化的。也许，正是这种复杂性使他们免于教条主义并且免于
195 宗教专制。一开始，在每一个城市和每一个国家都有一些当地的神，这些神适合于每一种现象和每一个场合。随着时间的推移，其中有些神获得了更重要的地位。[86] 每一个神的教区，都会因他的追随者的政治范围的扩张或收缩或者许多其他原因而增加或减少。圣殿也许会变得非常普及，最终也许会在全国甚至在国际上获得优越的地位。一些混杂的动机导致人们放弃某些神，或者导致其他神的成功，厘清这些动机几乎是不可能的。小人物的反复无常，最终也许会像大人物的政治计划一样有力量。此外，当一些神获得国家级的地位时，就会出现一种相反的倾向，即把他们重新个别对待，

〔86〕荷马极大地促进了这种情况。诸如“*Zeu te pater cai Athēnaiē cai Apollon*”（父宙斯、雅典娜、阿波罗在上）（《伊利亚特》，第2卷，第371行）这样的诗句，把宙斯、雅典娜和阿波罗放在了前面，构成了某种高人一等的三位一体。

对他们的每一个化身或他们的神殿赋予不同的声望。[87] 这样，神的增加和减少就变得有周期性了，他们的势力和范围也有涨有落。

希腊人有许多神，正是由于他们这种对崇拜的热忱和对神秘事物的热爱，使他们无法抗拒外邦的神对他们的吸引——如埃及的伊希斯和奥希里斯、弗利吉亚的大母神、腓尼基的阿斯塔特以及许多其他神。希腊神话渗透着埃及和亚洲的成分。我们可以很容易地想象，希腊在亚洲和非洲的殖民者对宗教传播所起的作用不可小视。他们的恐惧与希望、他们对未知事物和超自然事物的热爱、他们抚慰外国合作者的愿望、他们的邻居真诚的改宗——这一切都在共同促成融合。由于他们（与犹太人不同）不受任何绝对正统的限制和保护，他们看不出他们有什么理由不应在他们的寺庙中尊敬外邦的神并且为之献祭。

显然，他们的内心强烈地迷恋着巫术，或者至少，他们对巫术的热情绝不亚于世界各地的人们甚至包括有思想的人们对巫术的热情。他们非常清楚，自然的力量（例如太阳和

---

〔87〕与天主教的比较有助于我们理解希腊诸神的兴衰变迁。为什么圣地亚哥·德·孔波斯特拉市（Santiago de Compostela）逐渐被洛雷托（Loretto）超过，而洛雷托又被卢尔德（Lourdes）超过？由于对圣母玛利亚的崇拜流行起来，渐渐出现了这样一种倾向，即挑选特定的神殿，把圣母的不同幻象当作似乎是不同的人。信徒也许不是向圣母祈祷，而是向离他更近或者大概更容易接触到的圣母像祈祷，例如去哈尔圣母院（Notre Dame de Hal）或沙特尔圣母院（Notre Dame de Chartres）、比拉尔圣母大教堂（Nuestra Señora del Pilar）或瓜德罗普圣母大教堂（Nuestra Señora de Guadelupe）。或者他们会抽象出某种特性并且去七苦圣母院（Notre Dame des Sept Douleurs）祷告，或者向《慈悲圣母》（Madonna della Misericordia）、《谦恭圣母》（Madonna dell' Umiltà）或《圣灵感孕》（Immaculate Conception）祈祷，甚至像希腊人一样，为了胜利向战神雅典娜祈祷，为了健康向医神雅典娜祈祷，为了智慧向智慧女神雅典娜祈祷。

月亮、风、雨、雷鸣和地震)在其显现时是令人畏惧的,而且他们渴望用适当的仪式和咒语安抚它们。他们发明了一些特殊的典礼来促进丰产、健康、长寿、与永恒的神的交流、拯救等。他们在自己的寺庙中度过的节假日、体育竞赛或音乐比赛、平静的庆典或狂欢节,对他们单调的生活起着周期性调剂的作用。

他们开放的宗教并非仅与异国的偶像结合在一起。在这里像在其他任何地方一样,宗教适用于各种地方的民俗,如对神圣的石头、洞穴、泉水、树木甚至动物的信仰。在希腊,虽然动物崇拜从来没有像在埃及或印度那样流行或那样强烈,但这种崇拜确实存在。雅典娜的猫头鹰、宙斯的鹰、阿斯克勒皮俄斯的蛇、雅典姑娘的熊舞,尤其是[阿卡迪亚(Arcadia)的]菲加利亚(Phigalia)的忧郁的得墨忒耳(她被
196 描绘成有着马头)等都是证据。希腊神话是各种非理性事物的古怪的大杂烩,聪明的人除非持有相当多的保留,否则是不会接受它的。当米利都的自然哲学家热心地尝试用理性的方法解释自然现象时,他们的邻居,亦即绝大多数的人们则满足于把这些现象神话化,满足于发明新的赎罪或祈求免灾的祭品、使好事永存坏事毁灭的仪式以及祝福和诅咒的仪式。

我们已经谈到两大宗教中心狄杜玛和以弗所,它们都在爱奥尼亚,不过还有许多其他中心,最著名的有基克拉泽斯群岛的提洛岛以及德尔斐。由于德尔斐非常接近希腊的中

心，以至于它被认为是世界的中心（*omphalos*）。[88]

那些神殿的存在是由于与生俱来的对神圣和拯救的期望，反过来，它们的存在也有助于强化和传播那种期望。希腊人喜欢圣洁，就像他们喜欢美一样，而且他们很快发展出一种丰富的有关失去圣洁的原因的决疑法、恢复圣洁的方法、涤罪仪式、向诸神询问以及解释他们的回答的方式。他们对美、盛大庆典和戏剧的热爱，导致他们组织各种庆典和比赛，其中有些已经在公元前6世纪享誉全国。泛雅典娜竞技会[89]很早以前就开始在雅典举办了，奥林匹亚竞技会从公元前776年起在奥林匹亚举行，德尔斐附近的皮提亚竞技会从公元前586年起举行，伊斯特摩斯竞技会自公元前582年以来在科林斯举行，涅墨亚竞技会自公元前573年以来在阿尔戈利斯举行。这里给出的时间，都是传说中的，可能太早了，因为人们喜欢使他们的制度变得更古老，或者，喜欢把他们的制度的年代从一开始尚有很大欠缺时开始算起；但是毕竟，每一次分娩不都是羞怯的和不愿惹人注意的，每一个婴儿不都是很小的吗？这些庆典不仅包括体育竞赛，而且包括音乐比赛和舞蹈比赛，例如演奏七弦琴和长笛的比赛、在那些乐器的伴奏下唱歌的比赛、按照某种确定的格律［比如皮提亚格律（*pythicos nomos*）］作曲的比赛以及朗诵荷马史诗

---

〔88〕这种信仰在诗人品达罗斯［大约公元前518年—前442年（原文如此，与第五章略有出入。——译者）］时代就已经确立了，但它的出现可能比这还要早。

〔89〕在英语中，更常用的说法是泛雅典娜运动会（Panathenaic games）或泛雅典娜节（Panathenaia festival），但是在希腊语中，泛雅典娜竞技会往往指庆典、运动会、音乐比赛和献祭等每一项活动。这一注释也适用于奥林匹亚竞技会（the Olympia，而不是奥林匹克运动会等）、皮提亚竞技会［the Pythia，而不是皮提亚运动会（Pythian games）等］、伊斯特摩斯竞技会（the Isthmia）、涅墨亚竞技会（the Nemeia）。

(*rhapsōdeō*)的比赛。最后,还有一些戏剧会演,尤其是那些献给狄俄尼索斯(Dionysos)的会演,它们具有很高的文学意义,因为它们是希腊悲剧的摇篮。在许多圣地,神谕会以不同的方式被呈现出来,例如在(伊庇鲁斯的爱奥尼亚湖和城镇附近的)多多纳(Dodona),通过风吹动橡树或山毛榉树的叶子产生的沙沙声而传出的宙斯的神谕;在德尔斐,通过一个女巫亦即皮提亚预言者的发狂而传达的阿波罗的神谕。[90] 那些神谕由寺庙的圣职人员管理。对它们的执行中也许含有一些有意或无意的欺骗,尤其是在涉及政治问题时,但这种欺骗可能比大多数人想象得少。认为每个人都相信占卜是愚蠢的,除非是祭司才会相信占卜,因为他们的工作就是做出预言或解释。大概也有少数玩世不恭和好怀疑的祭司,他们贪婪、易堕落;大多数祭司是虔诚的和正直的,
197 否则他们为之服务的机构不可能如此长久地发挥作用。[91] 神谕有助于使仪式和习惯标准化;它们往往像某种无偏见和超脱的良心所做出的道德仲裁,因而它们会起到加强个人和公共道德的作用。

令人印象最深刻的仪式都是一些神秘仪式(*mystēria*),它们是一些启蒙和渐进式熏陶的神秘典礼。这些精心准备的典礼是在寺庙的某个隐蔽的地方[例如,埃莱夫西斯(Eleusis)的泰勒斯台里昂神庙(*Telestērion*)]举行,它们的目

[90] 参见赫伯特·威廉·帕克(Herbert William Parke):《德尔斐神谕的历史》(*History of the Delphic Oracle*,465 pp. ill.;Oxford:Blackwell,1939)[《伊希斯》*35*,250(1944)]。

[91] 我本人相信一般的祭司和圣职人员本质上是正直的,这种信念在很大程度上是阅读普卢塔克(活动时期在1世纪下半叶)的著作的结果。

的是要使心灵具有一种敬畏、宗教热诚和神附(enthusiasm)[92]的初始状态。全国性的庆典一般都包括一些神秘仪式;或者毋宁说,它们是一些以地方性的神秘仪式为目的的公开的庆典(就像基督徒的朝拜以特殊的弥撒为中心那样)。例如,阿波罗在德尔斐战胜了皮同龙(dragon Python),因而在皮提亚,人们会周期性地庆祝这个胜利。[93]这种庆典就是一种有着宏大和令人敬畏的景观的宗教剧,这种景观必然会激发宗教情感,并使之达到最高涨的程度。

在所有神秘仪式中,很值得一提的有:献给色雷斯英雄、诗人和音乐家俄耳甫斯的俄耳甫斯仪式(Orphica),这种仪式会在许多地方隆重举行;那些在萨莫色雷斯(Samothrace)岛献给佩拉斯吉的卡比里诸神(Cabiri 或 *Cabeiria*)[94]的仪式;那些与得墨忒耳有关并且在阿提卡举行的仪式,只由妇女举行的塞斯摩弗洛斯节(Thesmophoria)*,以及类似的在离雅典不远的海岸的埃莱夫西斯由男人和女人举行的埃莱夫西斯仪式(Eleusinia)。对于受过教育但并非神话学的研究者的读者来说,埃莱夫西斯神秘宗教仪式是最著名的。那些复杂的与得墨忒耳、佩耳塞福涅(Persephone)以及特里普

---

[92] 在这里,enthusiasm(*enthusiasmos*)是在其原来的意义上使用的。该词来源于 *entheos*,意为"心中有神灵、受神启示和支配的",因而指神灵感应。

[93] 人们用这条龙把一群蛇命名为蟒科(Pythonidae),其中包括那类最大的蛇。据说,最早皮同是在洪水退后留下来的湿泥中产生的,它住在帕尔纳索斯山(Mount Parnassos)的一个山洞里。阿波罗杀死皮同可能是象征着善良战胜邪恶、光明和春天战胜黑暗和冬天。可以从许多民族不同形式的神话中看到类似的模式。

[94] 佩拉斯吉人(*Pelasgoi*)是希腊最早的居民,但是对于他们最初来自何方人们意见不一:是希腊北部、小亚细亚,还是克里特?卡比里诸神是他们的诸神。"佩拉斯吉的"这个形容词也可以用"史前的"来代替。

* 希腊纪念女神得墨忒耳·塞斯摩弗洛斯和她的女儿佩尔塞福涅的节日。——译者

托勒摩斯相关的神秘仪式，实际上都是涉及丰产和永恒的自然神话；它们是由“哲人”厄庇美尼德于公元前596年从克里特岛引入的。埃莱夫西斯仪式以及其他神秘仪式包含着大量佩拉斯吉人、色雷斯人、亚洲人以及埃及人的思想。在东地中海周围的国家中发展起来的所有信仰和宗教，似乎都业已经受了数个世纪甚至数千年的严酷考验；希腊那些最神圣的仪式类似于炼金术的残留物和精髓。

那些神秘仪式竭尽全力强调生命的圣洁，它们使人对宗教达到最笃信的程度，使他感觉到他与其同胞在为实现自然的神秘目的而合作时的关系。它们是诗歌和戏剧与泛神论、与对特定的神和英雄之崇拜的组合。它们没有伤害贤明的男女，而是像弥撒鼓舞和激励天主教会和东正教会的忠实信徒那样，使他们变得圣洁了。参与这些神秘仪式并不必然是与对真理的追求和对科学的热爱水火不相容的。从另一方面讲，它们对淳朴人的影响是一种善与恶的混合物；它们有助于使他们变得更有道德，但也会增加他们的迷信倾向。像所有宗教的神秘仪式一样，希腊的神秘仪式会通过激发善良
198 人的善良本性使他们变得更好，但也会通过给邪恶之徒的恶习增添自以为是和伪善而使他们变得更坏。

简而言之，希腊人更倾向于富有诗意的神话而不是神学；他们既没有宗教经典也没有教义，但仍然笃信宗教；他们中的绝大多数人只要可能就会参加各种庆典，而且许多人会以纯真的热诚参与神秘仪式。有少数人设法把理性主义与“神附”相结合（为什么不呢）；而大多数人则沉湎于占卜和各种迷信。

最终自相矛盾的是：古希腊人并没有任何系统的神学，

但他们却创造出一些逻辑工具，它们对于西方的三种教义宗教——犹太教、基督教以及伊斯兰教的发展来说是必不可少的。在上述的每一种宗教中都存在着某种经文和传说的纬线，而经线是希腊人的。古希腊人没有他们自己的神学，但他们却是神学的奠基者。

十五、参考文献

保罗·塔内里(1843年—1904年):《希腊科学史论》(*Pour l'histoire de la science Hellène*, Paris, 1887); A. 迪耶斯(A. Dies)修订(Paris, 1930)。这个修订本很不充分，而原有文本的大部分仍有其重要价值。

——《古代天文学史研究》(*Recherches sur l'histoire de l'astronomie ancienne*, Paris, 1893)。

约翰·伯内特(1863年—1928年):《早期希腊哲学》(*Early Greek Philosophy*, London, 1892); 第2版(1908); 第3版(1920)。

特奥尔多·贡珀茨(Theodor Gomperz, 1832年—1912年):《希腊思想家》(*Griechische Denker*), 3卷本(Leipzig, 1896-1909);《希腊思想家》(*Greek Thinkers*), 4卷本(London, 1901-1912)。

赫尔曼·狄尔斯(1848年—1922年):《前苏格拉底残篇》(Berlin, 1903); 第3版, 3卷本(1912-1922); 第4版, 凸版重印(1922); 第5版(Berlin, 1934-1935)。

凯瑟琳·弗里曼(Kathleen Freeman):《前苏格拉底哲学家》(*The Pre-Socratic Philosophers*, 500 pp.; Cambridge: Harvard University Press, 1946)。这部著作源于迪耶斯，所列章数与迪耶斯著作第5版的章数一样，而且完全是英文。

第八章
毕达哥拉斯

一、谁是毕达哥拉斯?

我们的前一章以对希腊宗教匆忙的简短说明而告结束。那个说明对任何目的来说都太短了,它只能使读者认识到宗教在科学的发源地——希腊的重要性。科学史家甚至希腊科学史家决不应漠视宗教。各种形式的宗教的繁荣发展在公元前6世纪达到某种鼎盛的水平,但说所有形式的宗教的繁荣发展对科学有利或有害,都是不正确的。那时像现在一样,存在着科学与宗教两种发展,这两种发展在许多方面是并行的、相互接触的和相互关联的;它们并非必然对立的,它们常常会在同一头脑中出现。

公元前6世纪宗教的全盛期的一个奇怪现象是,这种全盛出现在希腊领土的西部,而不是像我们会料想的那样出现在东部,不过,这也许是一个偶然的情况。爱奥尼亚自然哲学家代表理性的一派,这是事实,但是,他们有多少人呢?或者更恰当地说,他们有几个人呢?总体来看,东方的希腊人或者希腊的东方人都有宗教倾向,都热衷于宗教仪式和奇迹。当波斯人的威胁以及后来波斯人的恐怖行动把他们赶到西部时,他们中的一些人不在希腊停留,或者至少,不在那里久住，而是继续向西，在西西里和大希腊（Magna Graecia）[1]的爱奥尼亚殖民地找到了庇护所。我们已经谈到了那些流亡者中的一个人，即科洛丰的色诺芬尼；另一个而且也更著名的人是毕达哥拉斯。

毕达哥拉斯是哪一类人？这很难说，因为留传给我们的传记都是很晚才写的，而且充斥着许多混杂的资料。这些传记有第欧根尼·拉尔修（活动时期在 3 世纪上半叶）写的，有波菲利（活动时期在 3 世纪下半叶）写的，还有扬布利柯（Iamblichos，活动时期在 4 世纪上半叶）写的，最后提到的这部传记是最流行的，但也是最不真实的。更令人不安的是，那些较古老的传说，比如关于希罗多德、亚里士多德以及他的弟子的那些传说，已经达到令人难以置信的程度。例如，在时间点上距毕达哥拉斯最近的见证者希罗多德，把毕达哥拉斯的思想与埃及的、俄耳甫斯的和巴科斯的（Bacchic）思

---

[1] 之所以使用"大希腊"这个术语，是因为它比"意大利南部"更确切，但在公元前 6 世纪以前，它尚不为人知。"大希腊"也写作 Graecia Major（*hē megalē Hellas*），它是指在意大利南部的希腊殖民地，而不是整个那一地区。波利比奥斯（Polybios，活动时期在公元前 2 世纪上半叶）是第一个在希腊语中使用这一术语的人，李维（Livy，活动时期在公元前 1 世纪下半叶）是第一个在拉丁语中使用这一术语的人；斯特拉波（活动时期在公元前 1 世纪下半叶）把它扩展到西西里的希腊殖民地。参见 T. J. 邓巴宾（T. J. Dunbabin）：《西方的希腊人——自希腊殖民地的建立到公元前 480 年的西西里和南意大利史》（*The Western Greeks. The History of Sicily and South Italy from the Foundation of the Greek Colonies to 480 B. C.*，518 pp.；Oxford：Clarendon Press，1948）[《伊希斯》*40*，154（1949）]。

想混淆在一起,[2]而且他把毕达哥拉斯的故事与查摩西斯
200 (Zalmoxis)的故事混淆了,结果就是 *obscurum per obscurius*(用更难理解的说明来解释难懂的问题)。[3] 他对自己所讲的一个故事有点缺乏自信(我们不应比他更轻信),按照这个故事,查摩西斯是一个色雷斯人,曾经是涅萨尔库(Mnesarchos)之子毕达哥拉斯的奴隶。在获得自由、财富并且熟悉一些爱奥尼亚人的生活方式之后,他回到祖国,在那里,他建了一座大礼堂,款待他的邻居。他向他们详细说明永生和天堂的观念,为了使他们信服,他还消失 3 年,躲在一个地下室里面。而当他在第 4 年重新出现在他们面前时,他们仍在哀悼他,他们不得不相信他了。这个故事表明,在公元前 5 世纪,毕达哥拉斯几乎像查摩西斯一样是一个神秘主义者。

不过,有一个意义有限的基础事实,我们或许可以认为它是真实的。涅萨尔库的儿子毕达哥拉斯出生在萨摩斯岛,活跃于波吕克拉底(公元前 522 年被处死)统治时期。他林敦的阿里斯托克塞努斯(Aristoxenos of Tarentum,活动时期在公元前 4 世纪下半叶)是那些古代传说流传之后不久的一个

---

[2] 谈到埃及人,希罗多德(《历史》,第 2 卷,第 81 节)评论说:"毛织品不能带入神殿或是与他们一同埋葬,这样做是被禁止的。在这一点上,他们遵循与所谓俄耳甫斯教仪和巴科斯教教仪相同的规则,但这规则实际上是埃及人和毕达哥拉斯的;因为凡是被传授以这些教仪的人,都不能穿着羊毛织的衣服下葬。"希罗多德确实把有些事情混淆了,因为俄耳甫斯教与毕达哥拉斯主义(Pythagoreanism)早在他那个时代很久以前就已经混合在一起了。在意大利和克里特的墓穴中发现并且据信是俄耳甫斯教的"金箔",实际上是毕达哥拉斯派的。参见弗朗茨·居蒙:《不朽之光》(Paris:Geuthner,1949),第 248 页和第 406 页。

[3] 希罗多德:《历史》,第 4 卷,第 95 节。他写的是 *salmoxis*,但更常用的拼写法是 *zalmoxis*;*zalmos* 是一个色雷斯语词,意为皮、皮肤。

证人,按照他的说法,毕达哥拉斯为躲避波吕克拉底的暴政离开萨摩斯岛,这看起来似乎是可信的,或许,他像许多人一样,是被对波斯人的恐惧吓跑的。他去埃及寻求庇护是很自然的,在那里,萨摩斯人有许多代理人(他们在瑙克拉提斯有一座他们自己的神庙)。如果我们可以相信扬布利柯,那么毕达哥拉斯首先去的是米利都,在那里,泰勒斯赏识他的天才并且把自己的所有知识传授给他。然后,他又游历腓尼基,在那里他停留了足够长的时间,以便学习叙利亚的礼仪。这增加了他去埃及的渴望,在那时,埃及被认为是深奥知识的源头。他在那里至少生活了 22 年,既学习天文学和几何学,也学习神秘仪式。当冈比西斯于公元前 525 年征服埃及时,毕达哥拉斯跟随他一起回到了巴比伦,在这里,毕达哥拉斯生活了 12 年多,研究算术、音乐和东方三博士(Magi)[4]的其他学科。随后他返回萨摩斯,度过他 56 岁的生日,但不久又重新开始他在提洛岛、克里特岛以及希腊本土之间的流浪,最终来到克罗通(Croton),[5]在这里他建立了他著名的学派。当他获得了相当的声望和势力,并且可能滥用了这些声望和势力之后,政治上的敌人或者当地的妒忌者把他赶了

---

[4] "东方三博士"是扬布利柯使用的一个术语。*magos*(来源于古代波斯语 *magush*)最初是指伊朗琐罗亚斯德教的教徒(Zoroastrian)、祭司和解释者;后来又指迦勒底祭司和巫师。顺便说一句,巫术(magic)这个词也是从同一个词根 *hē mageia* 中衍生出来的,*hē magicē technē* 即指三博士的学问或学科。参见约瑟夫·比德兹(Joseph Bidez)和弗朗茨·居蒙:《希腊的博学之士》(*Les mages hellénisés*,2 vols.;Paris:Les Belles Lettres,1938)[《伊希斯》*31*,458-462(1939-1940)]。

[5] 克罗通(*Crotōn*)或克罗托内(Crotona)那时是一个历史悠久的希腊殖民地,由阿哈伊亚人(Achaians)和斯巴达人(Spartans)大约于公元前 710 年建立。梅塔蓬图姆(Metapontion)是在相同地区的另一个阿哈伊亚殖民地。它位于地处河湾低地的他林敦附近,而克罗通则在它西南的入海口附近。

出去,而他在梅塔蓬图姆度过了他生命中的最后岁月。[6]

我们已经比较详尽地讲述了这个故事,尽管我们不太相信扬布利柯。无论其中的细节正确与否,主要内容似乎是可
201 信的。[7] 毕达哥拉斯真是泰勒斯的弟子吗?他是否花了34年的时间在埃及和巴比伦完成他的学业?我们甚至无法肯定在他从萨摩斯到克罗通的旅途中是否去过很多地方。这个故事说明毕达哥拉斯的思想中有埃及和巴比伦的根源,但一个像他那样聪明和喜欢刨根问底的人即使没有游历过那些东方国家,或者至少,没有像扬布利柯说的那样在那里生活那么多年,他也可能收集到相当数量的东方知识。的确,毕达哥拉斯不需要花34年的时间,在那里用他富有想象力和渴求知识的大脑去学那时可学习和可吸收的东西。扬布利柯或者给他提供资料的人的意图是要说明,毕达哥拉斯并非像许多希腊人那样仅仅是为了生意或者娱乐而游览埃及和巴比伦,他还在那些国家度过了足够的时光来向当地的学者学习,从他们的智慧中大力汲取营养,甚至经传授学到了他们的神秘仪式。

---

〔6〕毕达哥拉斯大约于公元前497年在梅塔蓬图姆去世。当西塞罗大约于公元前78年访问这座城市时,有人曾把毕达哥拉斯去世时的那间房子指给他看。参见西塞罗:《论善与恶的界限》(*De finibus*),V,2,4。

〔7〕这个年表并非无法接受。如果毕达哥拉斯在公元前510年是56岁,那么他就出生于公元前566年,而且很可能与泰勒斯相识,泰勒斯活到大约公元前548年。不过,这样一来,毕达哥拉斯在克罗通活动的时间可能会非常短,因为据说他是于公元前497年去世的。按照西西里的历史学家梅塔蓬图姆的蒂迈欧(Timaios of Metapontion,活动时期在公元前3世纪上半叶)的观点,毕达哥拉斯在克罗通生活了20年,对他和他的学派的反抗出现于公元前510年或在此之后不久,随后他去了梅塔蓬图姆。他在埃及和巴比伦度过的时间比扬布利柯告诉我们的时间大概短一些。

二、毕达哥拉斯同胞会与早期毕达哥拉斯学说

公元前6世纪在许多地方出现的宗教复兴的表现之一，就是共享某种新启示和各种超自然学说的社团的发展。这种社团很自然地会采取同胞会的形式，因为共享末世论秘密的男男女女就像同一个家庭中的成员，像兄弟姐妹一样保护他们共同的遗产不受外人的侵害。毕达哥拉斯和他的嫡传弟子在克罗通效法了这种实践。他们的某些学说是科学学说，这些将在以下诸节中加以说明，但其他的是更一般性的学说，很有可能，正是由于这些学说才使得这个同胞会大受欢迎。毕达哥拉斯主义主要是一种生活方式。

毕达哥拉斯主义者构想了一种新的神圣状态，要达到这种状态就必须禁欲修行并且遵守禁忌，例如，要戒食某些食物如肉、鱼、豆和酒，要避免穿毛织品衣服。〔8〕在早期的社团中，妇女像男人一样有资格加入，而且似乎发挥着重要的作用。同胞会的成员都穿着与众不同的衣服，赤脚而行，而且都过着简单而清苦的生活。

他们幻想，灵魂可以暂时或永久地离开身体，它可以寄居在另一个人或动物的躯体中。要说明毕达哥拉斯是否从印度或其他东方源头获得了这种信念，当然是不可能的。即使有这样的直觉，即随着最后一次呼吸灵魂将会离开身体，

---

〔8〕毛织品（不同于亚麻制品）因为是一种动物产品因而犯忌。在前面的脚注2中我们已经提到这种特殊的禁忌。注意到这一点是非常有趣的：虽然毕达哥拉斯派的神秘主义者被禁止穿毛织品，较大年纪的穆斯林神秘主义者却被鼓励穿毛织品。适用于他们的阿拉伯语词 sūfi 意指羊毛织品。

普卢塔克在他关于努马（Numa）的传记著作中（第14章）引证了毕达哥拉斯学派的禁忌。

并且人与动物之间有着某种密切的关系,[9]即使许多无论
203 是原始抑或发达的民族都共有这类感觉,灵魂轮回的概念也许(而且也的确)在许多地方是独立出现的。[10]

毕达哥拉斯学派的成员把今生亦即死亡以前的生命看作某种放逐(*apodēmia*),从这一点来看,他们的宗教是来世宗教。像每一种其他宗教一样,它的最高层次是非常纯的,它的最低层次则相反。例如,他们的许多规则(比如我们已谈及的那些规则)只不过是一些禁忌,[11]亦即被非理性地制止的言行,之所以如此是因为这样的事实,即某些类事物因其纯洁而被认为是神圣的,有些因其不纯而要受到禁止。触犯这些禁忌是很不吉利的。那些规则被称为 *acusmata*,而同胞会中最低级的会员被称作 *acusmaticoi*,他们是一些可怜的盲目信仰者,他们把禁忌当作教义,因为他们无法理解更多

---

〔9〕我们仍然有这样的感觉。至于第二个方面,我们承认,我们自己和我们的邻居的身上有不同的兽性。当我们称他们中的某一个为狮子或羔羊、猴子或狐狸、公牛或猪时,我们的含义很明确,可以毫不含糊地传达给他们。的确,我们的这种比喻与我们的祖先不同。

〔10〕这个概念被称作 *palingenesia*(重生)或 *metensōmatōsis*(轮回),而不是英语著作中常用的 *metempsychōsis*(灵魂转世)。这并非一个罕见的概念,许多民族或多或少共享这一概念——例如原始人、印度人和佛教徒、埃及人、希腊人和罗马人、犹太人、凯尔特人(Celt)以及条顿人(Teuton)。参见《宗教和伦理学百科全书》(*Encyclopedia of Religion and Ethics*),第 12 卷(1922),第 425 页—第 440 页。若想了解关于毕达哥拉斯主义总体的更详尽的论述,请参见约翰·伯内特撰写的词条,同上书,第 10 卷(1919),第 520 页—第 530 页。

〔11〕"禁忌"(taboo 或 tabu)这个词的使用暗示着上个世纪以前尚未得出的一种人类学解释。这个词是库克船长(Captain Cook,1728 年—1779 年)引入英语的,他在南太平洋的汤加(Tonga)遇到这个词以及该词所指的事物;在 19 世纪,对它的含义的解释经历了缓慢的发展过程。参见 R. R. 马雷特(R. R. Marett)撰写的词条,同上书,第 12 卷(1922),第 181 页—第 185 页。

其他东西(参见图50)。[12] 相反,已经接受了充分教育的人会更看重末世论和神学,或者更看重构成他们思想核心的科学观念。我们不可能对那些学说有很多了解,或者说,我们不可能准确地了解它们,因为会员们发誓要保持沉默(*echemythia*,*echerrhēmosynē*),甚至要保密。

其他人的政治想法逐渐增加,因为这种同胞会是一个小社会,它被一个与它有别但又嫉妒它的更大的社会包围着。在这些群体之间不可避免会出现冲突,如果这个小的毕达哥拉斯群体为了避免那些困境而获得权力,麻烦就会增加。毫无疑问,毕达哥拉斯主义者遭到了阻挠和滋扰,毕达哥拉斯不得不"离开城镇"前往梅塔蓬图姆。留在克罗通、梅塔蓬图姆以及其他地方的他的信徒们,在他去世后遭到更大的迫害,其中有些人甚至遭到大屠杀(直到公元前450年还发生过某些这样的迫害)。

毕达哥拉斯的弟子被杀害反而增加了他的声望。他不久被认为是一个圣人,甚至是一个(希腊式的)英雄,介于神与人之间,后来对他生平事迹的记述都是按照圣徒传记的精神撰写的。在那样的环境中,早期的学说是模糊的,而且创立者本人在很大程度上是鲜为人知的,这种情况不会使人感到惊讶吗?要想了解有关他的事实,就像要了解有关奇迹创造者圣格列高利(St. Gregory)或殉教士圣乔治(St. George)的事实一样,是毫无希望的。

---

〔12〕这里有一些毕达哥拉斯主义者的禁忌:不要捡起落下的东西,不要触摸白公鸡,不要进圣餐,不要从一整条面包开始吃,不要用铁拨火棍拨火,不要让燕子在屋檐下筑巢。我们不必嘲笑或者轻蔑他们,因为有一些其他禁忌,无论更好还是更糟,即使没有束缚着我们自己的生活,也在束缚着我们同时代的人的生活。

202

Pythagoræ Philiſophi Aurea uerba

Qua tranſiui?q̄d egi?q̄d quod agendū fuerit,prætermiſi?a primo incipi ens,diſcurras ad reliqua.Cū turpe q̄d feceris,te ipſum crucia.Cnm uero bona pfeceris,tibi cōgratulare.Hæc exercere,hæc meditari,hæc te amare oportet.hæc te ī diuinæ uirtutis ueſtigiis collocabūt p eū.q animo nrō quadruplicē fontē ppetuo fluētis naturæ tradidit.Exi ad opus,cū diis uo ueris.Nā iſta ſi tenebis,cognoſces īmortaliū deo℞,mortaliūue hominū cōditionē,qua procedunt.& cōtinentur oīa.Cognoſces quātū fas ē,naturā circa oīa ſimilē.ne te ſperare cōtingat,quæ ſperāda non ſūt.neq; te q̄cq̄ lateat.Cognoſces hoīes,cū ſuo℞ ſint malo℞ cā miſeros eſſe.Qui bona,q̄ prope ſunt,nec uidēt,nec audiūt.Solutionē uero malo℞ pauci admodū ītelligunt.Tale fatū lædit mētes hōiū,q reuolutiōibus q̄buſdam ex aliis ad alia ferūtur,īfinitis malis obnoxii lætifera diſcordia īſita latēter obeſt,eam tu cedēdo deuita,& poſtq̄ uenerit,ne exaugeas.O Iupiter pater,uel a malis hoīes libera,uel oſtēde illis,quo dæmone utantur.At tu cōfide,quoniā diuinū genus hōibus īeſt.his.n.ſacra natura proferēs uniuerſa demōſtrat.Quo℞ ſiq̄d tibi fuerit reuelatū,abſtinebis,ab iis,a q̄bus abſtinēdū iubeo.Quod ſi medicinā adhibueris,aīam abhis laborib⁹ liberabis.Ve℞ abſtine a mortalibus,q̄ ſupra diximus ī purgatiōe ſolutionēq; animæ.Recto iudicio conſydera ſingula.Optimā deinde ſententiam tibi uelut aurigam præpone.

¶Corpore depoſito cum liber ad æthera perges,
¶Euades hominem,factus deus ætheris almi.

¶Symbola,pythagore phyloſophi.

¶Cum ueneris in templum adora,neq; aliquid interim,quod ad uictū pertineat,aut dicas,aut agas, Ex itinere præter propoſitū nō ē īgrediendū ī templū,neq; orādū,neq; etiā ſi prope ueſtibulū ipſum trāſiueris. ¶Nudis pedibus ſacrifica,&adora. ¶Populares uias fuge,p diuerticula uade. ¶Ab eo,quod nigram caudam habet abſtīe,terreſtrium enim deorum eſt. ¶Linguā in primis coherce deum imitans. ¶Flantibus uentis echon adora. ¶Ignem gladio ne ſcalpas ¶Omne acutum abſte dimoue. ¶Viro,qui pōdus eleuat auxiliare.nō tamē cū eo deponas,q deponit. ¶In calceos dextrū præmitte pedē,ī lauacrū uero ſiniſtrū. ¶De reb⁹ diuinis abſq; lumine ne loquaris. ¶Iugum ne tranſilias. ¶Stateram ne tranſilias. ¶Cum domo diſceſſeris,ne reuertaris,furiæ enim congredientur. ¶Ad ſolem uerſus ne mingas. ¶Ad ſolem uerſus ne loquaris. ¶Oleo ſedem ne abſtergas. ¶Gallum nutrias quidem,ne tamē ſa‐

X iii

图 50　毕达哥拉斯的“金玉良言”和“信条”。1497 年 9 月伟大的威尼斯（Venice）出版家维基奥的奥尔都 · 马努齐（Aldo Manucci il Vecchio，1449 年—1515 年）出版了一本小型对开本（30 厘米高）的书，其中包括扬布利柯的《埃及、迦勒底和亚述的神秘仪式》（*De mysteriis Aegyptiorum*，*Chaldaeorum et Assyriorum*）以及佛罗伦萨的柏拉图主义者马尔西利奥 · 菲奇诺（Marsilio Ficino，1433 年—1499 年）翻译的许多其他文献。那本书关于毕达哥拉斯的部分不到 3 页，但这几页是毕达哥拉斯著作的第一次出版。它们包含他的“金玉良言”（归于他名下的名言）和他的“信条”。我们复制的这一页是“金玉良言”的结尾和“信条”的开始。它们主要是关于禁忌的信条［复制于哈佛学院图书馆馆藏本］

三、算术

在其佚失的有关毕达哥拉斯学派的著作中，亚里士多德写道："涅萨尔库之子毕达哥拉斯最初从事数学和算术的研 204
究，后来一度堕落到沉迷于斐瑞居德从事的奇迹创造。"[13]亚里士多德的假设似乎是可信的，尽管它与有关毕达哥拉斯在东方接受教育的传说不相符。很有可能，毕达哥拉斯最初的独立思考是集中在数学方面，他年轻时的那些神秘主义倾向在他晚年又重新抬头了。（无论如何，他并非最后一个在晚年变成神秘主义者的数学家！）不管怎么说，要发展一种神秘主义的数论，首先必须对数有充分的知识。毕达哥拉斯很可能是以他的名字命名的伟大数学学派的创始人。

这里有几个归于他名下的非常古老的推论的例子。第一个是偶数（*artios*）与奇数（*perissos*）之间的区分，前者可以分为两个相等的部分，后者则不行。这种区分具有直接的实用价值，因为人们往往希望把一群人或物尽可能公平和对等地分为两个较小的部分。当人们建造一座神庙时，入口处的柱子的数目应当是偶数，否则就会有一根柱子正好面对着门的中央，从而破坏里面或外面的视野，并且会妨碍进出；在两个侧面，柱子的数目可以是奇数或偶数。[14]

毕达哥拉斯的算术是以在沙子上画标记或者使用小石

---

[13] 转引自托马斯·希思爵士：《希腊数学史》（Oxford，1921），第 1 卷，第 66 页，希罗斯岛的斐瑞居德是巴比斯（Babys）的儿子。他是公元前 6 世纪的一位"哲人"、宇宙论者或自然哲学家；有时被说成毕达哥拉斯的老师。参见库尔特·冯·弗里茨（Kurt von Fritz）：《古典学专业百科全书》，第 38 卷，第 2025 页—第 2033 页（1938）。

[14] 在帕台农神庙（Parthenon），正面和背面各有 8 根柱子，两侧各有 17 根柱子，也就是说，总计有 46 根柱子。

子为基础的，对于这些标记或小石子，很容易把它们以不同的方式进行组合。因而，毕达哥拉斯能够做许多有关小石子的数量的试验，

图 51　三角形数

这些试验会满足一定的模式。如果把石子排列成三角形的形状（参见图 51），三角形中的石子数（1，3，6，10，…）就称作三角形数。毕达哥拉斯可能看出来，那些数是一个或更多个从 1 开始的自然数的总额。他是否把这个结果普遍化了呢？

$$\sum_{1}^{n} i = \frac{1}{2}n(n+1)。$$

也许没有，但他进行了充分的试验，以便了解这些数中的每一个是怎样从前面的数中演变过来的：

1 =1
+2 =3
+3 =6
+4 =10
+5 =15
+6 =21
…

他可能做了连续的加法，但不是像我们刚才所做的那样运用数字，而是使用小石子。第四个三角形数的每边都有 4 个石子，这令毕达哥拉斯非常感兴趣。这个数就是所谓四元数或

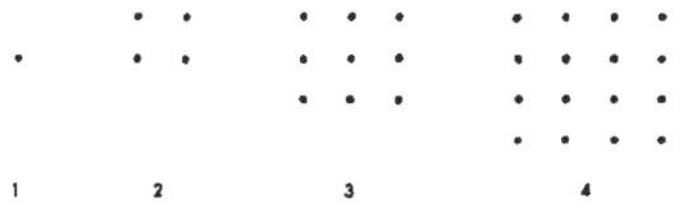

图 52　平方数

tetractys（1+2+3+4=10），这个学派认为它有一些不可思议的性质。〔15〕毕达哥拉斯主义者用它来诅咒发誓！ 205

平方数也以同样的方式得到研究。怎样从一个平方数变化到另一个？例如（参见图 52），要从第三个平方数变化到第四个，可以在任一角的两边增加围绕第三个平方数的石子的数量。这两边的石子构成所谓磬折形，〔16〕它必然是一个奇数。因而显然有以下规则：一个平方数加一个奇数构成另一个平方数：

$$n^2+(2n+1)=(n+1)^2。$$

更具体一些，考虑奇数序列 1，3，5，7，9，…第一个数也是第一个平方数；把这序列后面的奇数依次与它相加就会得到所有平方数：

---

〔15〕毕达哥拉斯知道，第四个三角形数是 10。阐述这个事实的神秘主义结论是很有诱惑力的。我们不可能说明，这种详尽阐述有多少已归功于毕达哥拉斯，有多少应归功于后来的毕达哥拉斯主义者。对毕达哥拉斯算术的阐述可能持续了 1000 年，在杰拉什的尼各马可（Nicomachos of Gerasa，活动时期在 1 世纪下半叶）和扬布利柯（活动时期在 4 世纪上半叶）的著作中露出了它成熟的微光。在扬布利柯的《算学的神学原理》（*Theologumena tēs arithmēticēs*，请注意这个标题！）中，作者强调了四元数的神圣性。10 代表宇宙万物，不是有 10 个手指、10 个脚趾等吗？参见马丁・卢瑟・杜奇（Martin Luther D'Ooge）：《尼各马可》（*Nicomachos*，New York，1926），第 219 页的注释和第 267 页的注释［《伊希斯》9，120－123（1927）］。毕达哥拉斯主义者只是含蓄地提到命数法的十进制基础。值得注意的是，他们中没有一个人想过对它进行明确的阐述。

〔16〕同样是这个词，*gnōmōn* 以前用来指一种天文学仪器即日圭仪。该词的这种新的数学含义来源于这一事实：该词被用来指木匠的直角尺（即拉丁语中的 *norma*）。

$$
\begin{aligned}
1 &= 1 \\
+3 &= 2^2 \\
+5 &= 3^2 \\
+7 &= 4^2 \\
+9 &= 5^2 \\
&\cdots
\end{aligned}
$$

因此,每一个平方数就是比它的平方根的两倍小的所有奇数之和:

$$1+3+\cdots+(2n-1)=n^2。$$

这是一个既有美感又简单的结论。可以想象,当毕达哥拉斯发现这些普遍真理的微粒时他是多么欣喜。如果他有神秘主义倾向,就像他在埃及和亚洲很容易具有这种倾向那样,那么很自然,他的兴奋会日趋增加。

我们谈到了小石子,因为毕达哥拉斯还没有我们具有的数字。有可能,在毕达哥拉斯时代还没有使用数字。[17] 无
206 论如何,倘若毕达哥拉斯要写这些数字,他大概会使用某些与埃及人的符号相似的十进制符号,但那只不过是使算盘计算法适合于书写而已。我们姑且假设,那时已经有了表示数

〔17〕数字最早出现在一块公元前 450 年的哈利卡纳苏斯的铭文上。参见希思:《希腊数学史》,第 1 卷,第 32 页。在此以前,数字可能用于更低级的目的,尽管希腊人可能利用某种算盘或石子进行所有计算。无论使用什么样的计算方法,希腊人的数词都证明,数基和算盘都是十进制的。希腊语表示石子的词是 *psēphos*。希罗多德在“在写和算的时候,希腊人总是从左向右运笔”(《历史》第 2 卷,第 36 节)这一句子中,使用了 *psēphois logizesthai* 这样的表述来指“计算”。动词 *psēphizo*(用石子计数)表示的是同样的思想。比较一下我们自己的词“calculus”和“calculate”,它们都来源于 *calculus* 即石子。关于算盘,请参见下面的注释 20。石子的使用当然比算盘的使用更为古老。算盘是一种设计用来更好地利用石子(或者它们的等效物)的装置。

字的符号，因为这样可以使我们有一个讨论它们的适当的环境。 208

希腊数字有 27 个，分为三组，每组有 9 个，第一组表示从 1 到 9 的整数，第二组表示从 10 到 90 的 10 的倍数，第三组表示从 100 到 900 的 100 的倍数。使用的符号只不过是按希腊字母表顺序依次出现的字母（在每一个字母的右侧标有重音符）；但由于希腊字母表中只有 24 个字母，因而又增加了三个废弃的字母，每组一个，亦即 digamma 或 stigma 代表 6，koppa 代表 90，swampi 代表 900。此外，最初 10 个字母（包括 stigma）也被用来指从 1000 到 10，000 的 1000 的倍数（在这种情况下重音符标在字母的左侧，行的下方）。希腊人不仅必须记住比我们多两倍的符号，还必须记住那种多样性所隐含的许多简单的关系。考虑一下奇数与偶数之间的根本区别。对我们来说，很容易记住以 0，2，4，6，8 结尾的偶数，对希腊人来说又会怎样呢？一个奇数可能以 27 个符号中的任何一个结尾（参见图 53）！

在许多语言中被称作毕达哥拉斯表（*mensula Pythagorae*）的乘法表，肯定不是毕达哥拉斯发明的。我们所知道的乘法表的最早的例子，出现在波伊提乌（Boethius，活动时期在 6 世纪上半叶）的《算术》（*Arithmetica*）中，该著作于 1488 年在奥格斯堡（Augsburg）出版。[18] 在一些手稿中可能还有一些更早的用罗马数字写的乘法表的例子，因为印度-阿拉伯数字在 12 世纪或 13 世纪以前几乎还没有传到西方，而且对它们的使用遇到了很大的抵制，以致直到很晚它们才开始有所普及。

---

〔18〕 摹本重印于《奥希里斯》5，138（1938）。

I	II	III	IV	V	VI	VII	VIII	IX	X
II	IV	VI	VIII	X	XII	XIV	XVI	XVIII	XX
III	VI	IX	XII	XV	XVIII	XXI	XXIV	XXVII	XXX
IV	VIII	XII	XVI	XX	XXIV	XXVIII	XXXII	XXXVI	XL
V	X	XV	XX	XXV	XXX	XXXV	XL	XLV	L
VI	XII	XVIII	XXIV	XXX	XXXVI	XLII	XLVIII	LIV	LX
VII	XIV	XXI	XXVIII	XXXV	XLII	XLIX	LVI	LXIII	LXX
VIII	XVI	XXIV	XXXII	XL	XLVIII	LVI	LXIV	LXXII	LXXX
IX	XVIII	XXVII	XXXVI	XLV	LIV	LXIII	LXXII	LXXXI	XC
X	XX	XXX	XL	L	LX	LXX	LXXX	XC	C

图 53*a*

207

α	β	γ	δ	ε	ϛ	ζ	η	θ	ι
β	δ	ϛ	η	ι	ιβ	ιδ	ιϛ	ιη	κ
γ	ϛ	θ	ιβ	ιε	ιη	κα	κδ	κξ	λ
δ	η	ιβ	ιϛ	κ	κδ	κη	λβ	λϛ	μ
ε	ι	ιε	κ	κε	λ	λε	μ	με	ν
ϛ	ιβ	ιη	κδ	λ	λϛ	μβ	μη	νδ	ξ
ζ	ιδ	κα	κη	λε	μβ	μθ	νϛ	ξγ	ο
η	ιϛ	κδ	λβ	μ	μη	νϛ	ξδ	οβ	π
θ	ιη	κζ	λϛ	με	νδ	ξγ	οβ	πα	ϙ
ι	κ	λ	μ	ν	ξ	ο	π	ϙ	ρ

图 53*b*

1	2	3	4	5	6	7	8	9	10
2	4	6	8	10	12	14	16	18	20
3	6	9	12	15	18	21	24	27	30
4	8	12	16	20	24	28	32	36	40
5	10	15	20	25	30	35	40	45	50
6	12	18	24	30	36	42	48	54	60
7	14	21	28	35	42	49	56	63	70
8	16	24	32	40	48	56	64	72	80
9	18	27	36	45	54	63	72	81	90
10	20	30	40	50	60	70	80	90	100

图 53*c*

图 53　毕达哥拉斯数表。(*a*)罗马数字;埃及(罗马)体系只需要 5 个不同的符号。(*b*)希腊数字。希腊体系需要 27 个不同的符号;每个数词的重音符号都省略了。(*c*)印度-阿拉伯体系需要 10 个不同的符号;它的实践价值在于这一事实:它远比埃及体系更能使算盘计算法适于抄写

这三个表都是十进制的,因为撇开(巴比伦人)用于分数的六十进制、只是很晚(托勒密,活动时期在 2 世纪上半叶)才在一些例外的情形下(对一天或磅的划分)使用的十二进制以及在衡量制和货币制中使用的古怪的进制(如现在存在于英国体系中的那些进制)不谈,人们所能想到的数基只有十进制的,没有别的;参见《伊希斯》*23*,206-209(1935)。

用印度数字写的毕达哥拉斯表是一目了然的。一眼就可以看出,在第2、4、6、8、10行(或列)中只含有偶数,在第5行(或列)中,每一个数字都是以5或0结尾的(确实,在希腊数字的该表中,相应地有一半是以ε结尾的)。无论毕达哥拉斯抑或古代最后的毕达哥拉斯主义者都不知道印度数字(或者其等效物),因而很有可能,毕达哥拉斯表只不过是中世纪晚期的产物,也许要比波伊提乌著作的出版晚很长时间。[19]

几乎可以肯定,早期毕达哥拉斯关于数的思想局限于用筹码或石子而不是用数字所能说明的问题。这种简单的方法揭示了具有超验意义的事实。毕达哥拉斯的算术绝不是我们的算术或计算术的起源,而是现在的数论的起源。

读者,尤其是对科学社会学或对唯物主义的历史解释感兴趣的读者,也许会提出异议,认为我们的结论与我们所知道的希腊人早期的和强烈的经商倾向不相符。归根结底,正是贸易和各种形式的商业交易使我们现在意义上的普通算术变得必不可少了;从销售者和购买者(也就是说,从所有人)的观点来看,数论是一种奢侈品。有人也许会答辩说,从商人的观点看,宗教、哲学以及人文科学也都是奢侈品。此外,希腊人发展和大力促进了算术(计算术),只不过他们所借助的是某种经验方式。我们或许可以肯定,一般的希腊
209 经销商知道如何利用他的头脑或者借助某种算盘进行快速

---

〔19〕参见约翰内斯·特罗夫克(Johannes Tropfke):《初等数学史》(*Geschichte der Elementar Mathematik*, Berlin),第3版(1930),第1卷,第144页;戴维·尤金·史密斯(David Eugene Smith):《数学史》(*History of Mathematics*, Boston, 1925),第2卷,第124页[《伊希斯》*8*, 221-225(1926)]。

和准确的计算。[20] 无论他可能怎样精通此术,他从未想象到他是在从事数学工作;但从另一方面来说,古代数学家也从未认为核算是他们自己的领域中的一部分。即使在今天,只有无知的人才会把数学与核算或会计混为一谈,或者错把出纳员当作数学家。[21]

四、几何学

有一些毕达哥拉斯学派的几何学成就似乎很早就被归功于毕达哥拉斯本人,在这其中,我将选择以下这些进行论述。

三角形的内角和等于两个直角。只要你知道一条直线与两条平行线相交,内错角相等(参见图 54),那么,马上就能证明这一点。如果 AA' 与 BC 平行,三角形 ABC 的三个角

---

[20] 关于算盘的最出色的史论见于史密斯的《数学史》,第 2 卷,第 156 页—第 195 页。他区分了三种不同类型的算盘——土板算盘(dust board)、有可活动筹码的计算盘以及把筹码系在线上的计算盘。Abacus(算盘)这个词来源于希腊语 *abax*,这显然是一个外来语词,大概是闪米特语(在希伯来语中 *abaq* 意为尘土)。*Abax* 的最早使用,出现在亚里士多德的著作[《雅典政制》(*Atheniensium respublica*)最后一章]中,在那里,该词是指一种计点选票的计算板。塞克斯都·恩披里柯(Sextos Empiricos,活动时期在 2 世纪下半叶)在他反驳数学家的专论(Ⅸ,282)中提到一种 *abax*,这是一个上面撒着灰土用来画几何图形的平板。有可能,巴比伦人和古代中国人这时已经使用了某种算盘。除了在萨拉米斯岛发现的、现在保存在雅典碑铭博物馆(the Epigraphical Museum)中的白色大理石算盘(1.49 米×0.75 米)外,希腊人没有给我们留下其他这类文物(史密斯,同上书,第 162 页—第 164 页)。它的年代是不可确定的,而它的规模则暗示着它是用于公共的仪式(?)方面的。希思爵士(《希腊数学史》第 1 卷,第 51 页—第 64 页,1921)论证说,希腊人不怎么需要用算盘进行计算,并且说明了希腊人是如何用希腊数字进行计算的。也可参见卡尔·B. 博耶(Carl B. Boyer):《命数法发展的重要步骤》(“Fundamental Steps in the Development of Numeration”),载于《伊希斯》*35*,153-168(1944)。希思和博耶的论证不能令我信服。

[21] 这种混淆的最明显的表现形式,是在提及展示其惊人才能的“速算者”的情况下出现的。报纸记者和其他人常常会谈论这些计算者的“数学天才”。如果你愿意,可以说那种才能是数学方面的,但那只是层次相对比较低的数学。

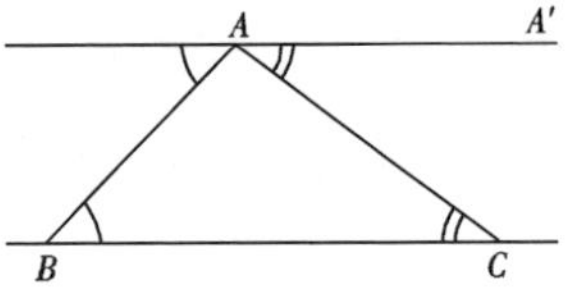

图 54　平行线间的角

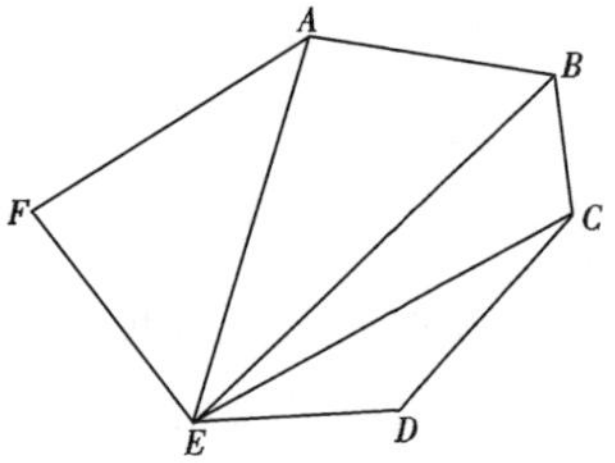

图 55　多边形的内角

等于 A 处的两个直角。毕达哥拉斯可能把这个证明扩展到多边形(参见图 55)。在六边形 $ABCDEF$ 中,EA、EB 和 EC 交于一点,这个六边形的内角和等于 4 个三角形的内角和,或者等于 8 个直角。更普遍地讲,一个有 n 边的多边形,其内角和等于$(2n-4)$个直角。其外角和(每一个外角都是一个内角的补角)等于 $2n-(2n-4)=4$ 个直角,因此,它与边的数量是无关的。

210 有关拼石板或拼地板的一般经验有助于说明,只有等边三角形、正方形和正六边形这样的正多边形,才能拼合在一起而不留下空隙。证明这一点很容易,因为这些正多边形的每一个角分别为一个直角的三分之一的 2 倍、3 倍和 4 倍。某一平面的一个点周围的空间,等于 4 个直角,可以用 6 个等边三角形、4 个正方形以及 3 个六边形填满(参见图 56)。

所谓“毕达哥拉斯定理”,即一个直角三角形的斜边的平方等于该三角形另外两条边的平方之和。[22] 毕达哥拉斯是否知道这个定理?为什么会不知道呢?可以用不同的几乎是直观的方式看出这个定理。

〔22〕 欧几里得:《几何原本》第 1 卷,命题 47。

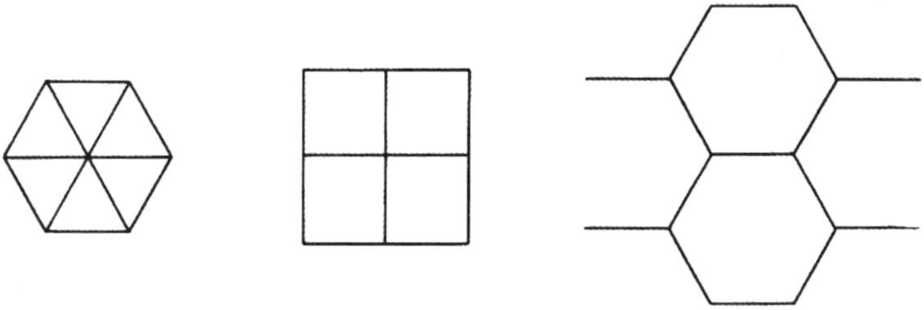

图 56　平面正多边形的组合

例如，假设我们有两个不等的正方形（参见图 57），使其中一个较小的正方形 EF^2 内接于较大的正方形 AB^2 之中（亦即，它的 4 个顶点分别与较大的正方形的 4 条边相接）。显然，较小的正方形外侧的 EAF 等 4 个小三角形是相等的。画一条与 AB 平行的线 EE'，与 BC 平行的线 FF'，这两条线相交于 O 点，这样我们就可以把正方形 AB^2 分为 4 个部分——两个相等的长方形和两个正方形 EO^2 和 FB^2。那么，最大的正方形 AB^2 可以用两种方式来表示：

$$AB^2 = EF^2 + 4 \text{ 个三角形}$$
$$= EO^2 + FB^2 + 2 \text{ 个长方形。}$$

但是，由于这两个长方形的每一个都等于两个三角形，因此

$$EF^2 = EO^2 + FB^2 = AF^2 + AE^2\text{。}$$

证毕。

这个证明非常容易，有可能以前埃及人、巴比伦人、中国人和印度人都独立完成过这一证明。在本书第二章中我们已经考虑过埃及人的领先地位；我们没有必要考虑其他可能性，因为它们绝对没有达到必然的程度。毕达哥拉斯可能是证明这一命题（而不仅仅是看出它正确）的第一个人，或者，

他的证明使用了与欧几里得等同的方法,因而可能更有意识、更为严格。据说,毕达哥拉斯牺牲了一头公牛来庆祝这一发现,或者,也许是庆祝发现了(三条边分别为 $3n$、$4n$ 和 $5n$ 的)特殊三角形?在这样的三角形中几何学证明很容易通过数字验证来完成。

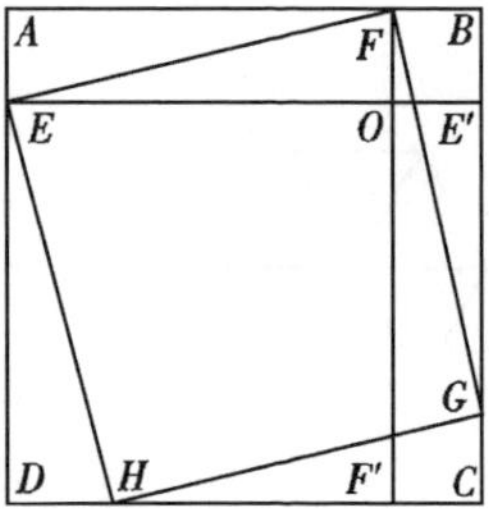

图 57 毕达哥拉斯定理

211 他可能是从这样一些几何学问题入手的,它们分别涉及找出一块与另一块相等的面积(例如,一个面积等于一个平行四边形的正方形),或者面积的对比(*parabolē tōn chōriōn*)问题,一块面积比另一块大(*hyperbolē*)或比它小(*elleipsis*)某一给定的量。随着时间的推移,这些问题导致二次方程的几何解,而十分奇怪的是,上面所引的大概晚于毕达哥拉斯时代的希腊术语,后来被用在三种不同的圆锥截面。

我们倾向把一些几何学思想和定理归功于毕达哥拉斯,尽管它们很简单,但不使用表示所指直线的字母,证明起来可能也并不容易。在我们自己的说明中,我们不假思索地使用了字母,因为不使用字母,证明起来非常困难。由此并不能得出结论说,毕达哥拉斯使用过字母。例如,他可能是通过在沙子上画线并且用手指表示直线和面积来证明以他的名字命名的定理的。只有在写出证明时,字母(或其他符号)才成为不可或缺的东西。

按照一个传说,毕达哥拉斯主义者使用了一个大家认可

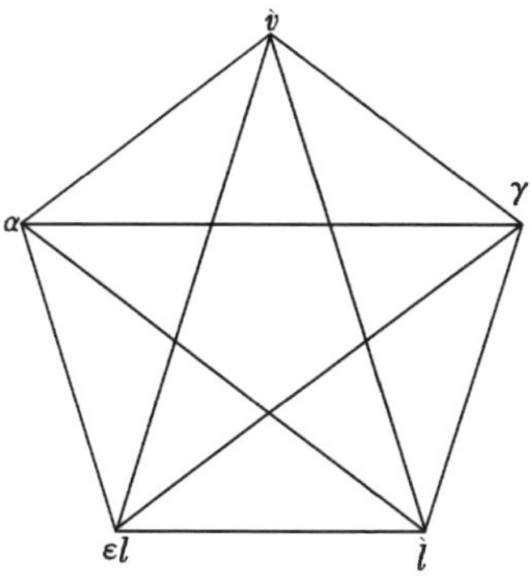

图 58　毕达哥拉斯五角星形

的五角星形的符号，[23]他们把它命名为“健康”，很久以后，我们才在萨莫萨塔的琉善（Lucianos of Samosata，120 年—180 年）那里听到有关这个传说的回应。[24] 那个名称（ὑγίεια 或 hygieia，健康）中使用的 5 个字母是那个符号的 5 个顶点（参见图 58）。[25] 这也许是把字母用于一个几何图形的不同点（或其他部分）最古老的例子。这种用法也许比为了方便几何学证明而使用字母的做法更古老，或者，那种用法已经暗示了这种方法。

毕达哥拉斯或他的嫡传弟子已经熟悉了一些正多面体，很容易想象或构造立方体和棱锥体（四面体），对于八面体来说，做到这点也不难。他们关于五角星形的知识并不证明 212
他们能够画出正五边形；但是，即使他们不知道这种几何作图法，他们也总可以凭借经验把某一圆周分成相等的 5 个部分。此外，如果在构造出正棱锥体和正八面体之后，他们继

---

〔23〕五角星形是一个有 5 条边和 5 个锐角的凹多边形。在正五边形中画出对角线，就很容易得出正五角星形。在中世纪和以后的年代，五角星形常被称作 pentaculum（pentacle）和 pentalpha。

〔24〕琉善：《致敬时的口误》（*Hyper tu en tē prosagoreusei ptaismatos*）。参见琉善著作集，卡尔·雅各比茨（Carl Jacobitz）编（Leipzig，1836），第 1 卷，第 448 页，或者 H. W. 福勒（H. W. Fowler）和 F. G. 福勒（F. G. Fowler）的英译本（Oxford，1905），第 2 卷，第 36 页。这个图形被称作 *to pentagrammon*（五角星）。同一章还提到毕达哥拉斯主义者把四元数（*hē tetractys*）用来作为一种神圣的誓言。

〔25〕双元音 *ei* 算一个字母。

续摆弄等边三角形,并且把5个等边三角形组合在一起(使这5个三角形有一个共同的顶点),这样,他们就会构造出正二十面体的一个立体角。即使他们没有构造正二十面体,他们必然已经认识到这个立体角的底是一个正五边形。摆弄正五边形,他们或许可以成功地构造出正十二面体。然而,以上这些中有许多是猜测,我们将在后面进一步讨论正多面体,亦即"柏拉图图形"。

五、天文学

当我们讨论毕达哥拉斯天文学时,我们必须至少像讨论几何学那样慎重。我们不能把理解那些似乎处在孕育阶段的新思想作为我们的目的,因为很自然,这样做是不可能的。比较保险的做法是,等到它们达到足够清晰和确定的程度时再说。因而在本节中,我们将只简要地说明几种大概早于克罗通的菲洛劳斯(Philolaos of Croton,活动时期在公元前5世纪)的思想,最早的毕达哥拉斯学派的天文学著作都被归在菲洛劳斯的名下。

地球是一个球体的思想历史悠久,大概可以追溯到毕达哥拉斯时代。人们也许会觉得不可思议:他是怎么得出如此大胆的结论的?他可能观察到,海水的表面不是平面而是曲面,因为远处的一条船驶来时人们先看到的是它的桅杆和帆的顶部,其余部分是逐渐显现出来的。在月食期间投在月球上的阴影的圆形边缘也可以暗示大地的球形形状,但这是一种更为精致的观察,意味着对月食的理解,然而在公元前6世纪以前,月食尚未被理解。更有可能的是,当大地是扁平的这个假说一被拒绝时,有人就根据并不充分的实验理由草率地假设,大地是球形的。既然大地不可能是扁平的,它就应当是球形的。布满星辰的天空不也是一个球体的可见部分吗？像盘子似的太阳和月球不也是圆的吗？在对称和完美方面，有什么立体或某种形状的平面可以与那些球形相比吗？这种基本的毕达哥拉斯主义思想是一种信仰行为而并非一种科学的结论。每一个科学假说不都是以这种方式开始的吗？这种假设使得日（月）食理论成为可能，而反过来，那种理论的发展，它所暗示的观测结果，反复证实了这个最初的假设。

可以认为，球形具有完美性这一信条以及其宇宙论推论是早期毕达哥拉斯科学的核心。根据假定，天体是球形的，而且它们是沿着圆形轨道运行的，或者，它们隶属于天球。地球则自然而然地被假设处在所有天体的中央而且是静止不动的，它的中心也就是宇宙的中心。所有天体的运动像诸层天的运动一样都是匀速的。怎么可能不是匀速的呢？

巴比伦人满足于尽可能准确地描述行星的运动，并用数表来说明它们。熟知米利都自然哲学的毕达哥拉斯不再满 213
足于那些描述。他想解释这些现象并证明它们是有充足理由的。行星不可能是“无规则的”[26]天体，它们必然进行着它们自己的匀速圆周运动。这种观点既被归于克罗通的阿尔克迈翁（Alcmaion of Croton）的名下，也被归于毕达哥拉斯的名下。无论是谁先拥有这种思想，都表明毕达哥拉斯学说有了长足的进步。从赤道以北的位置所看到的星体沿着顺时针方向像时钟一样有规则地运动；行星（指太阳、月亮和

---

[26] 像它们的希腊文名称所意味的那样，*planaō* 意为导致徘徊，引入歧途；*planētēs* 是指一个徘徊不定、误入歧途的物体。

我们已知的那些行星)并非无规律地游荡,而是沿着逆时针方向进行它们自己的运动。如果只能分析这些复合的运动,这些运动就会被简化为匀速圆周运动。整个希腊天文学就是从这种武断的信念中发展出来的。[27]

另一种信念以同样模糊和神秘的方式逐渐确立下来。从米利都的一元论中产生了一种新的二元论。天上世界是永恒的、神圣的、完美的和不变的,它的成员进行没有角加速度的圆周运动,这个世界与月下世界(*ta hypo selēnēn*)有着本质区别,月下世界要经历无休止的变化、分解、衰退和死亡,而且在其中运动是反复无常和无规则的。月上世界是永生的神或许还有灵魂的世界。月下世界则是无生命物或肉体凡胎的居所。[28]

这种毕达哥拉斯的二元论对科学思想的影响一直持续到伽利略(Galileo)时代甚至更晚的时期。它对宗教产生了几乎同样重大的影响。我们将在后面有关《伊庇诺米篇》(*Epinomis*)的论述中讨论它的某些方面。现在指出这一点就足够了,即拜星教(sidereal religion)是占星术的核心,它直接来源于毕达哥拉斯主义的那些想象以及迦勒底人的想象。

---

〔27〕就行星运动的本质而言,这种信念是武断的。不过,巴比伦星历表业已证明,那些运动并非无规则的,而是可预测的。

〔28〕少数中世纪思想家例如布里丹(Buridan,活动时期在 14 世纪上半叶)和尼科尔·奥雷姆(Nicole Oresme,活动时期在 14 世纪下半叶)对天体力学与月下力学的区分进行了批判,但只有牛顿才使它完全失效了。随后出现了理论力学与应用力学的区分。热力学的奠基者之一兰金(Rankine)直到 1855 年才发现必须说明那种区分的人为性(《科学史导论》,第 3 卷,第 1843 页)。

六、音乐与算术

有关毕达哥拉斯的音乐实验的故事令人难以置信，不过有一个故事例外。请记住，在他那个时代希腊人和其他古代民族已经获得了相当多关于弦乐器的知识，他有关弦的试验似乎是非常合情合理的。[29] 当然，每一个三角竖琴演奏者可能都知道，通过在一定的部位压琴弦或者改变它们振动部分的长度，他就可以演奏出不同的声音并且使声音的组合悦耳动听。毕达哥拉斯很可能是以科学家的公正超然而不是以艺术家的直觉主观更系统地重复了这些试验，而且他可能已经发现了其长度比为 1∶3/4∶2/3∶1/2（或者 12∶9∶8∶6）的粗细均匀的弦能产生和声。12∶6，12∶8和 8∶6的振动的韵律比，也就是我们所谓八度音程、五度音程和四度音程的音程（在希腊语中表示这三个音程的词分别是 *diapasōn*，*diapente*，*diatessarōn*）。[30] 214

这一发现使毕达哥拉斯的思考集中在那些比率本身，亦即集中在均值和比例的理论上。是否有其他完美的方式？他对比率的了解是否吸引他去注意那些音程？毕达哥拉斯当然不是第一个考虑算术平均的人；很自然，几何平均（$a:b=b:c$）很早也有人考虑过。他也许是一种新的平均即"调和

---

〔29〕 荷马提到过两种弦乐器，即抱琴（*phorminx*）和古希腊三角竖琴（*citharis*，它的词形后来变成了 *cithara*）。第三种弦乐器是古希腊七弦竖琴（*lyra*），这个词是荷马以后出现的。有可能，这三个词描绘的是基本上同类的乐器。据说，"希腊音乐之父"、莱斯沃斯的泰尔潘德罗斯（Terpandros of Lesbos，大约活跃于公元前 700 年—前 650 年）把弦的数量增加到七根，或者把七弦琴和以它的使用为基础的音乐体系规范化了。希腊大陆（更不必说巴比伦和埃及）的那些弦乐器的古老程度，可从人们把它们的发明归功于诸神这一点来证明：七弦竖琴被归功于阿波罗，古希腊三角竖琴被归功于赫耳墨斯。最初，人们把弦对着空龟壳的凹面，或者给空龟壳蒙上覆盖皮，以此起到共鸣箱的作用。

〔30〕 即 *hē diapasōn*（*hē dia pasōn chordōn symphōnia*），*hē dia pente*，*hē dia tessarōn*。

平均”(*harmonicē analogia*)的引入者,在调和平均中,其中的三项具有这样的关系:“无论第一项与第二项的差和第一项的比为多少,它都等于第二项与第三项的差和第三项的比。”[31]更明确地说,如果 b 是 a 和 c 的调和平均,我们可以写作 $a=b+a/p$,$b=c+c/p$;因此,$a/c=(a-b)/(b-c)$,或者 $1/c-1/b=1/b-1/a$。(如果 b 是 a 和 c 的算术平均,则有 $a-b=b-c$。由此可以明白为什么调和比例又称作 *hypenantia* 亦即下反对比例。)

上面提到的 12,8 和 6 这几个数构成了一种调和比例。立方体被称作“几何调和”(*geōmetricē harmonia*),因为它有 12 条边、8 个角和 6 个面。[32] 很容易把均值理论进行多种扩展,毕达哥拉斯学派的算术家在后来充分利用了它们。

调和比例的思想很快扩展到天文学。天球被推想是按音程规律排列的,行星发出不同的和声音符。按照希波里图斯(活动时期在 3 世纪上半叶)的观点:“毕达哥拉斯坚持认为,宇宙会唱歌而且其构造与和声规律相一致。他是用韵律和歌曲分析 7 个天体之运动的第一人。”[33]希波里图斯是一个很晚而且不可靠的证人。毕达哥拉斯心里可能已经有了那些数学幻想,但它们不可能像希波里图斯所说的那样得到完美的阐述,这种阐述是在公元前 5 世纪或公元前 4 世纪亦

---

〔31〕这是波菲利评论托勒密的《和声学》(Harmonics)时给出的定义。参见狄尔斯:《前苏格拉底残篇》(13,第 334 页)。请比较一下柏拉图在《蒂迈欧篇》(Timaeos,36 A)对调和平均和算术平均的定义。

〔32〕这是尼各马可归于菲洛劳斯名下的命题,参见尼各马可(活动时期在 1 世纪下半叶):《算术导论》(*Introduction to arithmetic*),Ⅱ,26,2,马丁 · 卢瑟 · 杜奇修订版(New York,1926),第 277 页。

〔33〕有 7 颗行星和七弦琴有 7 种音调这个事实的存在,一定给早期的毕达哥拉斯主义者留下了深刻的印象,并且增加了他们对七元组的信念。参见下一节。

即在柏拉图时代或在此之前出现的。[34]

七、医学·阿尔克迈翁和迪莫塞迪斯

希腊最早的医学中心也许可以被称为一个学派,即一个理论学派,它大概是在克罗通发展起来的那个学派。它的起源可能是在毕达哥拉斯以前,但更有可能的是,毕达哥拉斯学派(the Pythagorean School)是与它同时存在的。第一位教师、庇里托俄斯(Peirithoos)之子(克罗通的)阿尔克迈翁的著作已经失传了,但从一些残篇和古典学述汇编来看,我们可以认为他是毕达哥拉斯的弟子。有些医学思想被归在毕达哥拉斯名下,然而,把阿克尔迈翁当作这一派的一个医学教师来考虑更为简单。

阿尔克迈翁的专论的题目《论自然》(*peri physeōs*)暗示着某种米利都学派的影响,而他本人可能是一个米利都(或爱奥尼亚)的难民,就像他同时代的许多人一样,由于害怕 215
波斯人或者当地暴政而背井离乡。他研究了感觉器官,尤其是视觉器官,如果我们相信卡尔西吉(Chalcidius,活动时期在4世纪上半叶)所说的,那么,他是第一个试图进行眼部外科手术的人。[35] 他声称,人脑是感觉中枢,在它与感觉器官之间存在着某些通道或通路(*poroi*);如果这些通路因例如受伤而被破坏或堵塞,通讯就会中断。这些富于想象的观

---

〔34〕参见希波里图斯:《斥异端》(*Philosophumena*),Ⅰ,2,2。柏拉图:《国家篇》,617B[《伊尔的神话》(Myth of Er)];《蒂迈欧篇》,325 B。亚里士多德:《形而上学》,A 5,986 A 1;《论天》(*De caelo*),290 B 12。亚里士多德拒绝这种理论。

〔35〕卡尔西吉对《蒂迈欧篇》的注疏,第244章,原文为:*primus exsectionem aggredi est ausus*(第一个大胆进行手术的人),F. G. A. 米拉什(F. G. A. Mullach):《希腊哲学残篇》(*Fragmenta philosophorum graecorum*,Paris,1867),第2卷,第233页。当然,*exsectio* 也可能指解剖学上的切割,如果这样,为什么说是大胆(*ausus*)的呢?切下死者的一只眼睛并不需要冒什么风险。

点——实验心理学最早的种子，在随后的一个世纪得到恩培多克勒(Empedocles)和原子论者的详细阐述。

阿尔克迈翁可能还是另一种心理学学说的首创者，后来的毕达哥拉斯主义者把这种学说看得越来越重要。灵魂与天体相似，因而会进行无始无终的圆周运动。圆周等同于永恒。而从另一方面来说，人们之所以死是因为他们无法回到他们的起点，[36]生命的周期并不是一个封闭的圆周而是一个不封闭的曲线。我们会解释说，生命是一个衰老的过程；星辰和灵魂不会衰老，而会永远循环。

阿尔克迈翁的主要医学理论就是，健康是身体中的各种力量的平衡(*isonomia dynameōn*)；当一种力量占优势时，这种平衡就被打乱，我们就会陷入某种“君主政治(*monarchia*)”和疾病肆虐的状态。

克罗通的另一个医生凯里丰(Calliphon)之子迪莫塞迪斯(Democedes)也相当有名望。他曾一度侍奉萨摩斯的暴君波吕克拉底(死于公元前522年)，后来活跃于苏萨(Susa)大流士一世(波斯国王，公元前521年—前485年在位*)的宫廷之中。有一次，这位伟大的国王从一匹马上掉下来，结果脚脱臼了。有一位埃及医生来给这位国王治病，但却失败了，随后，迪莫塞迪斯成功治好了国王的病，而他利用他的声望替那些就要被施刺刑的不幸的同事求情，来挽救他们的生命。后来，他又治好了大流士一世的妻子、居鲁士之女阿托

---

[36] 亚里士多德：《问题集》(*Problemata*)，916 A 33。原文为：*Tus anthrōpus phēsin Alcmaiōn dia tuto apollysthai oti u dynantai tēn archēn tō telei prosapsai*(人死是因为他们不能把起点与终点相连接)。

* 原文如此，与第七章略有出入。——译者

萨(Atossa)的病，[37]阿托萨曾因胸部长了一个瘤子而惊恐不安。他利用这位国王委派给他的政治使命，坐船离开(腓尼基的)西顿(Sidon)回到故乡。波斯使者试图说服克罗通的地方官员交出这位逃亡者，以便他们可以把他带回去交给他们的主子。因为迪莫塞迪斯要与克罗通最杰出的儿子、运动员米伦(Milon)的女儿举行婚礼，所以他最终获准留下来。[38] 这里无意之中谈到与有特色的医学的发端结合在一起的体育，这很具有希腊生活的特色。

希俄斯的希波克拉底(Hippocrates of Chios)在其专论《论七元组》(*Peri hebdomadōn*)的前11章中，就数字7的重要性提出许多宇宙论、胚胎学、生理学和医学方面的论述：人的胚胎在第7天具有人形，有些疾病受7天周期制约，存在 216
着7颗行星，等等。那个文献是早期的文献，不晚于公元前6世纪，[39]但它不是毕达哥拉斯学派的，而是爱奥尼亚[或尼多斯的(Cnidian)?]学派的。这可能表明，数字思想的神秘范围并不仅仅限于大希腊地区。为什么要限制在那个地

---

[37] 作为埃斯库罗斯(Aischylos)的剧作《波斯人》(*The Persians*)中的主要人物，阿托萨是不朽的王后，这部戏曾在苏萨——波斯国王的居住地演出。

[38] 希罗多德：《历史》，第3卷，第125节和第129节—第138节。克罗通的米伦是古希腊最著名的运动员，他的辉煌成就演变成传奇。他曾6次夺得奥林匹克比赛的摔跤冠军，6次夺得皮提亚运动会的摔跤冠军。他的同胞非常尊敬他，让他统帅大军在公元前511年打败了锡巴里斯人(Sybarites)，并且最终摧毁了他们的城市。锡巴里斯是希腊的一个殖民地，地处他林敦湾，克罗通以北。英语中的两个单词sybarite(锡巴里斯人，爱奢侈享乐的人)和sybaritic(奢靡享乐的)把锡巴里斯人对享乐和奢华的喜爱永远记录下来。

[39] 这是W. H. 罗舍尔(W. H. Roscher)的观点，但弗朗茨·博尔大概会把时间向后推移，即文献的年代不早于公元前450年(《科学史导论》，第1卷，第97页)。参见威廉·亨利·塞缪尔·琼斯(William Henry Samuel Jones)：《古希腊的哲学与医学》(*Philosophy and Medicine in Ancient Greece*, Baltimore: Johns Hopkins University Press, 1946)，第6页—第10页[《伊希斯》*37*, 233(1947)]。

区呢？美索不达米亚很有可能是这些设想的发源地。我们不应该忘记，毕达哥拉斯自己就是一个萨摩斯岛人。

有关《论七元组》的参考书目，请参见《科学史导论》，第1卷，第97页。该文献已无完整的希腊文本，只有一个残篇，但一个比较粗糙的拉丁文译本和侯奈因·伊本·伊斯哈格（Ḥunain ibn Isḥāq，活动时期在9世纪下半叶）翻译的阿拉伯文译本[40]留传下来。拉丁文译本可在埃米尔·利特雷（Emile Littré）主编的《希波克拉底全集》（*Oeuvres complètes d'Hippocrate*，10 vols.；Paris，1839－1861）第8卷第634页—第673页以及第9卷第433页—第466页找到。阿拉伯文本被克里斯蒂安·哈德（Christian Harder）译成德文，见于：《关于伪希波克拉底的著作〈论七元组或心智初探〉》（"Zur pseudohippokratischen Schrift *Peri hebdomadōn sive To prōton peri nusōn to microteron*"），载于《莱茵河博物馆》（*Rheinisches Museum*）*48*，433－447（1893）。阿尔多·米利（Aldo Mieli）又把德文翻译为意大利文，见于：《爱奥尼亚学派、毕达哥拉斯学派和埃利亚学派》（*Le Scuole Ionica*，*Pythagorica ed Eleata*，Florence，1916），第93页—第115页［《伊希斯》*4*，347－348（1921－1922）］。也可参见约瑟夫·比德兹：《黎明女神或柏拉图与东方》（*Eos ou Platon et l'Orient*，Brussels：Hayez，1945），第126页—第133页［《伊希斯》*37*，185

［40］在戈特黑尔夫·贝格施特雷瑟（Gotthelf Bergstrasser）所编的侯奈因文献目录《侯奈因·伊本·伊斯哈格论盖伦著作的叙利亚－阿拉伯语译本》（*Ḥunain ibn Isḥāq über die syrischen und arabischen Galen-übersetzungen*，Leipzig，1925）［《伊希斯》*8*，685－724（1926）］中没有提到这一点，不过，它也可能是由侯奈因学派的某个成员翻译的。

(1947)];该著作中所勾勒的微观世界的思想可能起源于伊朗。

八、数字与智慧

如果把那些可能归功于毕达哥拉斯或者至少可归功于早期同胞会的在算术、几何学、天文学和音乐等领域的发现放在一起,任何人都会为数字概念所具有的支配地位而感到惊讶。那些古代的深思熟虑的人对这种支配地位会比我们更觉得惊讶,难道人们料想不到这一点吗?既然他们毫无疑问有着神秘主义的思想倾向,他们最终忽然得出一个大胆而伟大的结论难道还很令人意外吗?数字内在于万物之中。爱奥尼亚人为自然假设了单一的物质基础,阿那克西曼德则假设了一种形而上学基础——无限定者。对于这些,毕达哥拉斯现在可以得意洋洋地反驳说:数才是万物的本质。我们不必更深入地研究这种观念,因为毕达哥拉斯不可能更进一步发展这种思想,更主要的是因为它经不起分析。它只在毕达哥拉斯赋予它的那种朦胧的形态中是有效的。后来的毕达哥拉斯主义者在确定的数与不确定的思想之间建立了各种联系,但那些详尽阐述本质上是武断的和虚幻的,而这个一般性概念曾经(而且依然)给人留下了深刻的印象。

数字哲学产生了深远的影响,这些影响至今仍能感受到,它们有积极的一面也有消极的一面。一方面,它是对自然进行量化研究的先驱,另一方面,它开了数字神秘主义亦即数字命理学的先河。有人也许会说,发现新的数字关系的希望常常会吸引各个时代的物理学家和自然哲学家。他们仿佛听到老毕达哥拉斯在他们耳边的轻声细语:数就是物。我们宁愿说,数学关系即使不是揭示了实在的本质,也是反映了实在的本质。至于数字神秘主义则是对这种思想的丑化,无知和愚蠢的人的放纵言行把它变成谬论。

217 九、追求知识就是净化的最高境界

如果数字是万物的本质,我们越理解它们,我们就越能理解自然。这种数字理论是自然哲学的基础。毕达哥拉斯同胞会似乎很早就得出这个结论。普通人与数字打交道只不过是因为需要度量和估算销售品以及为了计算利润,但是毕达哥拉斯告诉人们,对数字感兴趣还有一个更深层的原因。我们应当设法洞察自然的秘密。这种无私的努力会把人类提高到一个更高的更接近诸神的水平。

对净化的渴望和对得救的渴望存在于人类精英的内心之中。[41] 在毕达哥拉斯时代以前,在俄耳甫斯的神秘宗教仪式以及其他宗教的仪式中就已经培养了这些渴望,但毕达哥拉斯可能第一个把它们与对知识尤其是有关数学、对称和音乐的知识的渴望联系在一起,甚至把它们混为一谈。按照古代最伟大的音乐学家他林敦的阿里斯托克塞努斯(活动时期在公元前4世纪下半叶)的说法,毕达哥拉斯主义者运用音乐来净化灵魂,甚至就像他们用药草清洁身体一样。我们可以有把握地假设,这一评论也适用于毕达哥拉斯本人或者他最早(也最有科学素养)的弟子。当他声明对无偏见的知识的追求就是净化的最高境界时,他就更进了一步。这种最

〔41〕表示这些概念的都是一些古代的词:*sōtēria*, *lysis*, *apallagē* 表示得救,*catharsis*, *catharmos*, *lysis* 表示净化。

高层次的生活就是理论生活或冥思生活。[42] 这些观点是在《斐多篇》(*Phaidōn*)和《尼各马可伦理学》(*Nicomachean Ethics*)中充分阐明的其他思想的种子;它们也是纯科学的种子。这就是毕达哥拉斯的奇特命运:他同时既是科学的奠基人又是一种宗教的奠基人。正是他第一个断言,科学具有与实用无关的价值,因为它是最好的冥思和理解的方法。他是第一个把对科学的热爱与圣洁联系在一起的人。他完全可以获得这样的殊荣:他是所有时代的科学家、纯理论家以及冥思者的守护神。

---

〔42〕我们不得不使用两个词来表达一个希腊词的意思,*theōrein* 用来表示对一种景象例如奥林匹克比赛的冥思,或者对真理的冥思;*theōrēma* 可以指某一种景象,也可以指沉思;*theōria* 是一种观点或理论;我们的 theorem(定理)、theory(理论)和 theoretical(理论的)等词已经失去了早期的具体含义,只保留了抽象的含义。

第二篇

公元前 5 世纪

第九章

希腊与波斯的对立——雅典的辉煌

一、波斯战争

前面的 8 章描绘了很长的一系列相继的世纪——的确，描述了诸多千纪、诸多国家，亦即描绘了整个古代世界。本卷的剩余部分或者本书的大约三分之二将只讨论两个世纪，我的叙述将以一个非常小的国家阿提卡为中心，或者更确切地说，以它的主要城市雅典为中心。

这座城市在公元前 6 世纪以前就已经存在很久了，我们已经谈到过它。不过，它是希腊史上最后出现的城邦之一，可以认为，它是通过例如斯巴达人而突然获得显赫地位的，最纯正的多里安风格和传统在这里保留下来。[1] 不管怎么说，雅典有了快速的发展，而且在一个世纪多一点的时间里，它已经变得非常杰出和强大，足以在其与波斯人的生死攸关的斗争中成为希腊世界的主角；在胜利以后，它在半个世纪的时间中一直是那个世界的领导者，更为重要的是，从那以

〔1〕 也许可以粗略地说，我们在这一卷中所讨论的希腊人，是地中海人（克里特人、阿哈伊亚人，等等）与各种入侵者，主要是来自北部的多里安入侵者的混合体，这个问题非常复杂，而且也许是无法解决的。A. J. B. 韦斯（A. J. B. Wace）在《希腊研究指南》（*Companion to Greek Studies*，Cambridge）第 3 版（1916）第 23 页—第 34 页有很好的概括。

后，它就成为希腊文化最好的象征。当我们考虑希腊文化时，我们大部分时间都是在考虑雅典人，在我们令人愉快的追忆中，雅典和希腊这两个词几乎是可以互换的。

对这些问题需要做一点解释。公元前6世纪末，阿契美尼德帝国[2]统治了绝大部分已知的世界。它包括（除阿拉伯半岛以外的）整个西亚，甚至包括埃及。[3] 波斯贸易是有完备组织的，而且在许多方向上生出一些分支。与希腊定居
222 者的竞争在黑海地区、在伸向它的海峡地区以及东地中海地区尤为激烈。波斯人能够把亚洲和北非大量的商队贸易与腓尼基人的海上贸易结合在一起。在与希腊的竞争和对希腊的敌视不断增长的过程中，腓尼基人自然而然地与波斯人结为盟友。当时，腓尼基的殖民地从地中海的一端延伸到另一端。由于他们，波斯人的贸易覆盖了整个这一海域，关于这一点，在它周围的许多地方发现的金达里克（波斯硬币）就是一个证明。希腊有许多殖民地而且依然很繁荣，但每一个地方都处在波斯或腓尼基边远村落的翼侧包围或完全包围之中。这种情况是可怕的，尽管在当时的希腊人看来也许不那么严重，他们不可能像我们对着精致的地图（这些地图

[2] 由于篇幅有限和内容统一的需要，本卷不可能对阿契美尼德文化进行说明。回想一下以下情况就足够了：阿契美尼德王朝的第一位君主是居鲁士大帝（公元前559年—前529年在位），最后一位君主是大流士三世（Darios Ⅲ），他于公元前331年被亚历山大大帝打败。这个王朝持续了228年。任何人都不得不谈论他们在古代艺术史甚至古代教育史上的成就[尽管按照色诺芬在《居鲁士的教育》（*Cyrupaideia*）的解释，波斯人的教育在很大程度上是虚构的和理想化的]，但科学史家可以忽略这些而不会有什么损失，至少按照本书的标准来看是如此。请参见已故的艾伯特·坦恩·艾克·奥姆斯特德（1880年—1945年）撰写的历史著作《波斯帝国史》（*History of the Persian Empire*，596 pp.，ill.；Chicago：University of Chicago Press，1948）。

[3] 埃及从公元前525年至公元前332年在波斯人的统治下。

应归功于许多研究者累积起来的成果)沉思时那样,很容易估计出其严重后果。[4]

在爱奥尼亚殖民地,这种压力尤其严重,因为它的内地被波斯人控制着,其边界事件不可避免会反复出现并引起反抗和镇压。爱奥尼亚人从公元前499年开始起义。第二年,希腊人突袭占领并且摧毁了萨迪斯(吕底亚国的首都),而希腊人在他们班师回朝时却在以弗所附近受到充分的惩罚。起义蔓延到塞浦路斯和亚洲的其他殖民地。起义的中心就在著名的米利都市,该城"在起义后的第6年"(公元前494年)被波斯人占领并且被彻底毁坏。公元前493年,希俄斯、莱斯沃斯岛和特内多斯岛也被侵占。这种情况变得日趋危险,雅典最早的政治家之一蒂米斯托克利(Themistocles,约公元前514年—前460年)认识到其严重后果,他说服同胞为了防御建立一支永久的舰队,并在(雅典的港口)比雷埃夫斯(Peiraieus)修建一座海军武器库。我们不必讲述这个故事的其余部分,因为这个故事很复杂,清晰的概括就需要相当多的篇幅。只要回忆一下马拉松的英雄战绩就足够了:在马拉松大流士的波斯军队于公元前490年被打败了,[5]光荣的后卫部队在公元前480年守住了温泉关的通道[莱奥尼达斯(Leonidas)和他的300斯巴达军人都战死

〔4〕G.萨顿:《地中海世界的统一性与多样性》,载于《奥希里斯》2,406-463(1936),尤请参见第422页—第423页。

〔5〕一个希腊士兵从马拉松跑到雅典传送这个喜讯。为了纪念那些英雄(包括那个跑步送信的人)的业绩,许多国家都举行长距离的"马拉松比赛",例如,在波士顿,每年都要举办这样的比赛。比赛的距离是26英里385码[《韦氏词典》(Webster)]。这是猜测的从马拉松到雅典的距离,我不知道这是怎样计算出来的。

了],同一年雅典人在萨拉米斯海战中取得胜利,在那里,波斯舰队完全被雅典舰队打败了。波斯国王薛西斯的御座被安置在阿提卡海岸的一个山坡上,他从这里目睹了这一悲剧。翌年春,波斯人侵入阿提卡为自己报仇。他们洗劫了雅典,并且放火烧了雅典的卫城,包括其中的帕台农神庙。夏季,他们在(邻近阿提卡边界的维奥蒂亚的)普拉泰伊(Plataiai)* 遭遇了新的失败,大约在同时(公元前 479 年 8 月)另一支波斯舰队被希腊联合舰队击败并被赶出米卡利(爱奥尼亚海岸,萨摩斯岛的对面)。这样,希腊的独立得到了捍卫。

波斯人与欧洲人的冲突的重要性几乎怎么说也不会过分。它是整个世界史上最大的冲突之一,也是意义最深远的冲突之一;希腊人的最终胜利决定了未来(如果波斯人胜利了,未来就会迥然不同;想象可能会发生什么是不可能的,也是没有益处的)。然而,把这种冲突称为亚欧冲突或东西方
223 冲突,无论表面看起来多么真实,实际上是一种误导。许多希腊人世代生活在亚洲或埃及,而波斯的海军盟友腓尼基人遍布整个地中海地区,他们可以从西面威胁希腊。也不能说它是雅利安人与闪米特人之间的冲突,因为波斯人像大部分雅利安希腊人一样也是雅利安人,而他们的盟友腓尼基人则是闪米特人。阿契美尼德帝国是西亚的所有种族和所有国家的一个混合物,在这个地区,在数千年之间一而再、再而三地进行着混合。这个帝国的主要语言是阿拉米语(Aramaic),这是一种闪米特语。比较恰当的做法是把这种

* 亦即古时的普拉蒂亚(Plataea)。——译者

冲突看作亚洲的专制与希腊的民主之间的冲突。民主得到了证实，尽管第一次尝试持续的时间不长，但它仍然是世界永世难忘的一个典范。

捍卫希腊自由的并不是全体希腊民族，而只是其中的少数人，主要是爱奥尼亚殖民地、雅典和斯巴达的人们（请记住，温泉关的那些烈士都是斯巴达人）。雅典作为一个领导者出现了。我们该如何说明这一点呢？雅典人是希腊的一个特殊的和高人一等的民族吗？起初，他们主要是或者似乎是土生土长的民族，他们头发上别的金蝉就证明了这一事实，[6]不过，位于希腊半岛最东端的阿提卡地区是对每一种商业都非常有利的地方，对与爱奥尼亚殖民地和爱琴海诸岛的商业往来尤其如此。爱奥尼亚人流入雅典，雅典文化强烈地受到爱奥尼亚模式的影响。在我看来，这是对雅典人出类拔萃的重要说明——爱奥尼亚人的智慧和多才多艺被嫁接到这个古老的阿提卡枝干上（历史提供了许多这种嫁接及其果实丰硕的例子）。此外，阿提卡还吸引了其他外国人，许多不同地区和民族的人来到这里并且逐渐融为一体。雅典人的语言显示出他们的世界主义，[7]而那种语言又成为文化统一的另一种工具。在公元前6世纪末以前，尽管事实上其他城邦更有实力，但雅典人的民族威望已得到承认。在萨

---

[6]《科学史导论》，第3卷，第1188页。

[7] 在《雅典的政体》（*Constitution of Athens*，II，8）中，有关于雅典方言的奇怪的评论，这部非常有意思的著作以前被归于色诺芬的名下，但它是比色诺芬略早时期（大约公元前431年—前424年）的著作。这位佚名的作者说："当雅典人有机会听到多种方言时，他们借用了每一种方言。当其他希腊人采用自己的语言、生活方式和服装时，雅典人使用了一种混合的语言，这种语言的各种要素都是从其他希腊人和未开化的民族那里借用来的。"参见哈特维格·弗里希（Hartvig Frisch）注释的该书希-英对照本：《雅典的政体》（Copenhagen：Gyldendal，1942）。

拉米斯战役以后,这种威望有了相当程度的增加,雅典成为扮演主角的城邦,而它的女神帕拉斯·雅典娜(Pallas Athene)则成为希腊文化最好的象征。雅典是重要的政治、商业和文化中心,但绝非唯一的中心。在底比斯、科林斯、西锡安(Sicyon)、麦加拉,甚至在马其顿(Macedonia)、爱奥尼亚、昔兰尼加(Cyrenaica)、意大利和西西里岛还活跃着其他中心。希腊世界是一个广大的多样化的地区,随着时间的推移,它的每一个角落都产生了自己的伟大人物。他们当中越来越多的人,即使不是出生在雅典,也觉得必须到雅典接受教育,或者必须到那里实现他们的抱负、发挥他们的影响并且最终奉献他们的价值。

二、相对和平的50年

从萨拉米斯战役到伯罗奔尼撒战争开始之间的50年中,雅典的优势地位大大增加,而且这种优势似乎会永远保
224 持下去。雅典是爱奥尼亚联盟的盟主,这个联盟逐渐转变成她自己的海上帝国。雅典和阿提卡的庆典是希腊最著名和最受欢迎的庆典。尽管雅典文化是其国家的杰出代表并且具有世界主义的特点,但它仍然是一种独创的和自然发生的文化。它受到对现实的自豪和对未来的信心以及朴素爱国主义的激励,对辩论的热衷,使得在和平和繁荣时期可能会出现的大量自命不凡的言行减少了。这50年是雅典的黄金时代,我们或许可以把它与英国的伊丽莎白时代(the Elizabethan age)加以比较,伊丽莎白时代与它有着相近的时间长度(45年,1558年—1603年),并且同样充满激情。伟大的政治家伯里克利(Pericles,公元前499年—前429年)的人格魅力,支配着雅典黄金时代的最后30年,因而有时这

个时期又被称作伯里克利时代。不过,最好还是不要这样称呼,因为伯里克利时代并非整个黄金时期;它是最辉煌而且也许是最有创造性的时期,而原来的黄金已经开始失去光泽;诡辩取代了自然发生,怀疑论取代了朴素的幻想,乌云即将聚拢过来。

爱奥尼亚(海上的)联盟和雅典盟主权的确立是一个显著的政治事实。在一段时期内,雅典统治了这个世界,而雅典文化支配着所有其他希腊文化。海上力量是唯一能够把两栖的希腊诸城邦统一起来的力量,这种力量的运用对国际交往产生了巨大的促进作用,无论那种交往涉及的是物质产品还是思想观念。最初,爱奥尼亚联盟的中心和金库是提洛岛(爱琴海基克拉泽斯群岛中最小的岛屿),这里对阿波罗崇拜而言是最神圣的地方。一方面,这个岛的神圣使它得到充分的保护,甚至波斯水兵在他们去萨拉米斯的途中都不敢冒险去抢劫它。尽管随着雅典统治地位的日益增强,联盟的金库从提洛岛转移到雅典,但另一方面,所采取的各种防范措施也增加了这一圣地的神圣性。例如,所有人和动物的遗体都被送走,人们进行了不同的努力避免它被降生或死亡的事情污染。令人悲哀的是必须记录下这一点:后来,提洛岛的神圣性被一种更刻骨铭心的方式污染了。为了向阿波罗表示敬意的庆典以及提洛岛运动会吸引了成群的人,而在运动会与庆典之间的时间里,雅典每年都会派来祭祀团(*theōria*),希腊世界各个地区还会拥来许多朝圣者。像其他每一个庇护所一样,提洛岛是一个巨大的集市场所——这里很安全,但它也变成了一个奴隶市场,是那个时代最大的奴隶市场。奇怪的想法把宗教庆典与奴隶交易结合在一起!

在抵抗罗马的米特拉达梯战争(the Mithridatic war)期间,提洛岛因其难以置信的堕落而受到严厉的惩罚;米特拉达梯的一位将军[8]于公元前 84 年占领提洛岛,把男人杀了,但允许妇女和孩子活下来做奴隶。

我们花一点时间粗略地看一下希腊世界的另一个部分,它对促成希腊的统一也起了一定作用,这就是福基斯(Phocis)的德尔斐。在那里,有一个圣所建在帕尔纳索斯山的斜坡上一处令人既惊叹又感到威严的地方。德尔斐被设想为世界的中心(*omphalos*)。宙斯曾放飞两只鹰确定了那
225 个地方就是"中心",这两只鹰一只在世界的东端,另一只在世界的西端。它们以同样的速度飞翔,并且在德尔斐相遇。这是一个美丽而且比较原始的故事。在德尔斐神庙的中央放着一块大理石(中心石)。[9] 这个圣所是非常古老的,最早的那座神庙早在公元前 548 年就被烧毁了,后来,通过希腊的各个部分甚至希腊在埃及的殖民地的捐赠,它又得以重建,而且比以前更为壮观。皮提亚运动会在德尔斐举行,但

---

〔8〕本都(Pontos,小亚细亚东北、黑海东南端的地区)有多名总督或国王都叫米特拉达梯,这个名字来源于伊朗的太阳神密特拉。其中特别值得一提的是米特拉达梯七世尤帕托(Mithridates VII Eupator,原文如此,似应为米特拉达梯六世。——译者)或米特拉达梯大帝,他从青少年时亦即大约公元前 120 年起至公元前 63 年担任本都国王,他的下一任汉尼拔(Hannibal)是罗马人最危险的敌人,这是一个极为残暴的人,但对艺术和文学有兴趣。

〔9〕实际上,法国考古队在德尔斐发现了两块大理石质的中心石。参见 W. J. 伍德豪斯(W. J. Woodhouse)撰写的词条《中心》("Omphalos"),见于《宗教和伦理学百科全书》,第 9 卷(1917),第 492 页。自己的城市或领土为大地中心(*omphalos tēs gēs*)的思想,是朴素自我中心主义和乡土观念的一种形式,但这绝不是希腊人独有的。波士顿人曾经认为,波士顿是"世界的轴心"。这种思想是相同的,尽管在比喻方面是有差异的。我更喜欢"中心(navel)"的比喻,因为这是一种有机的(navel 有肚脐的意思——译者)比喻,而不太喜欢"轴心(hub)"的比喻,因为这是一种机械的比喻。

这个地方最吸引人的是深泉坑(*chasma*),通过这里,令人兴奋的蒸汽会从地下深处冒出来。女先知皮提亚〔10〕坐在支在深泉坑上的三脚祭坛上,她陷入一种冥思状态,然后说出神谕。几乎每一个人,无论是否受过教育,都会对这种神谕给予迷信一样的尊重。德尔斐神谕是希腊文化发展中的成长要素之一。〔11〕在宗教节日上会有一些演说,这些演说有时具有政治演说和对领导者歌功颂德的特性。〔12〕雅典的实力在很大程度上依赖于她的同盟国在财政方面的捐赠,不过也在一定程度上依赖于雅典可以娴熟地运用例如提洛岛和德尔斐等地为普遍的信念和加强国家统一而提供的所有资源,至于后一种情况其程度有多大我们无法估计,但肯定是相当大的。

若不是因为她的竞争者尤其是斯巴达人不断产生的嫉

---

〔10〕皮提亚(*Phiera*)是德尔斐保护神阿波罗(Pythian Apollo)的女祭司。皮提亚们大概是一些有着非凡的巫术能力的妇女。

〔11〕所有这一切看起来似乎是非理性的,但是我们应当记住,古代史中的事件(例如,政治和军事事件)在很大程度上是受对预兆和神谕的信仰制约的。普卢塔克的《政治生活》(*Parallel Lives*)到处谈到占卜,这些谈论提高了他的著作在早期(直到18世纪)的流行程度,而大概也正是这些谈论成为它现在不再流行的主要原因之一。无论占卜多么愚蠢,只要人们相信它的有效性,他们就会受它的影响。这种信仰是错误的,但影响却是实实在在的。关于德尔斐以及它的皮提亚们的直接作用,请参见奥古斯特·布谢-勒克莱:《古代占卜史》(4 vols.;Paris,1879-1882),4卷本,主要参见第2卷,第39页—第207页,以及赫伯特·威廉·帕克:《德尔斐神谕的历史》(465 pp.,ill.;Oxford:Blackwell,1939)[《伊希斯》*35*,250(1944)]。德尔斐启示一般是隐晦的、否定语气的(汝切莫……),或者是抑制性的和保守的。有时候,现代的政治家希望能够用谈论神谕来证明他们的决策或优柔寡断是合理的!这可以为他们提供不可辩驳的证词。

〔12〕我们的一个语言化石证明了这一点:panegyric 的含义是口头或书面的颂词,它源于 *panēgyris*,这个词意指全国性的聚会,一般具有宗教节日的性质,例如那些在德尔斐和提洛岛举行的庆典。节日上的演讲被称作 *panēgyricoi*,由于这些演讲逐渐变得对领导者的赞美越来越多,因而任何赞美一个人的演讲都被称作 *panegyricus*,例如,小普林尼(Pliny the Younger,61年—114年)的《图拉真颂》(*Panegyricus*),就是对图拉真皇帝(Trajan,98年—117年在位)言过其实的颂扬。

妒，雅典的优势地位也许会持续很长时间。希腊的统一是一种人为的统一，这一点年复一年变得越来越清楚。只要波斯的威胁存在，这种统一就会持续，尽管有那些庆典和运动会，但它不可能因此而持续更长时间。在抵抗那些蛮族人时，所有希腊人都会团结一心，但是，当那些蛮族人受挫而且危险消除时，统一中就滋生出怀疑和对抗。这种日益增长的倾向导致内战（公元前 431 年—前 404 年），关于这一点，我们很快会回过头来讨论。

我们在本章的主要任务是说明雅典黄金时代（公元前 480 年—前 431 年）的完美和显赫；以下诸章将用来讨论哲
226 学和科学的成就。在这一章中，我们必须论述（尽管是很简要地论述）文学和艺术的创造，这些创造更为显而易见，并且有助于使我们比其他人更恰当地对雅典的辉煌做出评价。

三、抒情诗

使我们了解这种辉煌最早部分的是一些抒情诗人，他们甚至在波斯战争以前就出现了，而且他们是在荷马和赫西俄德时代以后最先表达希腊的最高志向的人。那些诗人中最优秀者实际上是一些代言人，或者也可以把他们称作全体公众的解释者或“评论者”。全国性运动会和颂词给他们提供了唱出希腊语民族的欢乐和自豪的绝好机会，提供了表达未得到系统阐述的公众良心之结论的绝好机会，以及表述最纯粹的思想的绝好机会。他们使用的词汇经过精心挑选，非常悦耳，以至于很容易众口相传，被人们珍藏在心中，而且很容易被不断地重复。这些迅速传播的词语比我们报纸上那些粗俗的大标题更有效。

诗歌与音乐是分不开的。诗人往往也是作曲家，在他的心中，诗歌和音乐的创作是结为一体的，而且是相互提供灵感的。作诗法和旋律被结合在一起。诗人的诗文或者赞美诗，是在他自己演奏的古希腊七弦竖琴或者别人演奏的长笛的伴奏下，抑扬顿挫地朗诵出来的。

抒情诗有许多种：宗教赞美诗、伴随着游行队伍或祭祀舞蹈而朗诵的民谣、赞扬全国比赛冠军的颂歌、在宴会结束时答谢主人的诗歌、歌颂高贵人物的颂词（*encōmion*）、挽诗或挽歌（*thrēnos*）、警句和墓志铭，至于那些表达诗人本人激情的更具个人特点的作品就更不用说了。诗人并不说明事实，尽管他也许会提及事实；他的目的毋宁说是要表达他的同胞们的情感。他能很好地做到这一点，有时达到了最高境界。

凯奥斯岛（Ceos，基克拉泽斯群岛之一）的西摩尼德（Simonides，公元前556年—前467年）、他的侄子凯奥斯岛的巴克基利得斯（Bacchylides of Ceos）*，尤其是底比斯的品达罗斯（大约公元前518年—前438年**）都是杰出的榜样。请注意这三个人，虽然都出生在公元前6世纪，但却覆盖了现在引起我们关注的这个世纪***的大部分。

我们的读者也许会对我们提及占卜和神谕感到惊愕。什么？那些我们所知十分聪明的希腊人竟然允许他们自己被占卜者和歇斯底里的女人欺骗！希腊人也受到诗人的引导，而诗人则是另一种传授神谕者。在包围着他们的黑暗之中，富有激情的词语具有影响他们心灵的力量，那些词之所

---

* 又译巴库利德斯。——译者

** 原文如此，与第五章有较大出入。——译者

*** 指公元前5世纪。——译者

以似乎是神圣的,或者是因为它们在表达时的异常环境(例如,德尔斐深泉坑),或者是因为与众不同的韵律和美妙。伟大的诗人是一些最优秀的预言者,但并不是最缺乏神秘性的预言者。

西摩尼德在雅典长大,但他旅行到萨色利和希腊的其他地方,甚至走到大希腊地区,他的出名是因为国王希伦(Hieron)[13]邀请他去西西里岛并且慷慨地款待他。我们来引用他的作品的一个很短的片段,使大家对他的诗歌有一点(当然是非常不完善的)了解。这是他为温泉关写的颂诗的摘录:

227 将士勇捐躯,血洒温泉关,
生前铸壮丽,死后更辉煌;
忍泪来凭吊,墓地化祭坛,
赞誉油然起,敬慕无忧伤。
长眠烈士墓,忠魂永不朽;
时间毁一切,功业垂千秋。
莱奥尼达斯,斯巴达人证:
墓中藏荣誉,希腊自创之。
此君多传奇,万古留美名。
美德花环艳,芳香传百世。[14]

依据普卢塔克保存的残篇,西摩尼德把 100 年甚或

[13] 希伦是叙拉古的暴君,在位时间从公元前 478 年至前 467 年他去世为止。他是文学的开明的赞助者,并且曾把埃斯库罗斯、西摩尼德、品达罗斯、巴克基利得斯以及其他人邀请到他的宫中。

[14] 由约翰·斯特林(John Sterling)翻译成英语。若想读希腊文本,请参见 F. G. 施奈德温(F. G. Schneidewin):《凯奥斯岛的西摩尼德诗歌残篇》(*Simonidis Cei carminum reliquiae*, Brunswick, 1835),第 10 页。

1000 年看作只不过是过去和未来这两条无限长的线中的一个点或者一个刺(*stigmē*)。

西摩尼德的侄子巴克基利得斯比他年轻约 40 岁。以西摩尼德为榜样,巴克基利得斯游遍希腊各地,并且为欢迎他的人们写下颂诗和其他抒情诗。他在伯罗奔尼撒半岛和希伦的宫廷中待了一段时间。直到上个世纪末我们才对他的诗歌有了一点点了解,不过随后发现了他的 19 首写在莎草纸上的诗作。现在我们看到的不再是 100 行而是 1400 行诗歌,评价他的天赋已经成为可能了。这是一个应归功于现代学者的知识进步的很好例子。有人可能认为,我们的古希腊文学史可能是完整的,但是在 1897 年以前,人们对这位属于最伟大的诗人之列者的了解仍然是支离破碎的。[15]

品达罗斯(公元前 518 年—前 438 年)的年龄在上述两位凯奥斯岛诗人之间,[16]他超越了这两位诗人以及所有其他抒情诗人。按照昆提良(Quintilian,活动时期在 1 世纪下半叶)的说法:"品达罗斯显然是 9 个抒情诗人中最伟大的

〔15〕参见弗雷德里克·乔治·凯尼恩(Frederic George Kenyon):《大英博物馆中一卷纸草书上的巴克基利得斯的诗作》(*The Poems of Bacchylides From a Papyrus in the British Museum*,300 pp.;London,1897)。大英博物馆在这一年出版了这卷纸草书的完整摹本。从那以后,许多国家都出版了巴克基利得斯诗歌的不同译本。因此,1897 年是巴克基利得斯复活年。

〔16〕他的活动覆盖了公元前 5 世纪的几乎整个上半叶;他现存最早的诗歌写于公元前 502 年,最晚的诗歌写于公元前 452 年。

一个。”〔17〕时至今日，他仍然是这个黄金时代抒情诗的象征。他并没有发明任何新的诗歌形式，但是他的抒情诗比他以前的任何人写得都好，而且创作的范围更为广泛；他的天才具有更高的潜能而且更富有成效。他来自底比斯附近，在雅典接受教育（这证明雅典在那个世纪初已经成为一个文学中心）。在马拉松战役时期，他已接近而立之年，因此，他的成熟时期正值国力的提升，他能够用最恰当的语言表述这种提升。他的用语既美妙又庄严，既敏锐又睿智。他甚至比他的竞争对手游历过更多的地方，因为我们不仅在他的故乡底比斯、雅典以及希腊的其他城邦看到他，而且也在马其顿、昔兰尼和西西里岛发现了他的身影。

这些抒情诗人代表了一种对雅典文化的泛希腊的偏爱。他们充沛的精力使他们走遍希腊的各个乡村，尽管他们非常
228 感激雅典，但他们认为他们自己不是雅典人而是希腊人。他们为接待他们的宫廷或社团写作和吟诵诗歌。据说，西摩尼德是第一个为自己的作品接受报酬的人。这种说法令人难以理解，因为我们知道，古代的吟游诗人也是从希腊的一端

---

〔17〕昆提良：《演说术原理》（*Institutio oratoria*，X，1，61）；见“洛布古典丛书”，第4卷，第35页。这“9个抒情诗人”按照年代顺序分别是：帕罗斯的阿尔基洛科斯（Archilochos of Paros，公元前720年—前676年），斯巴达的阿尔克曼（Alcman of Sparta，公元前7世纪，生于萨迪斯），莱斯沃斯的萨福（Sappho of Lesbos，活跃于公元前600年左右），里奇乌姆的伊比科斯（Ibycos of Rhegium，公元前540年活跃于萨摩斯岛），特奥斯的阿那克里翁（Anacreon of Teos，公元前563年—前478年），品达罗斯，巴克基利得斯，科斯岛的菲勒塔斯（Philetas of Cos，大约公元前280年去世），昔兰尼（Cyrene，又译居勒尼——译者）的卡利马科斯（Callimachos，活跃于公元前260年—前240年）。请注意他们在时间上的分布：从公元前8世纪到公元前3世纪；再请注意他们在地域上的分布：其中只有一个人亦即最伟大的品达罗斯来自希腊大陆，有4个人来自爱琴海诸岛——阿尔基洛科斯、萨福、巴克基利得斯和菲勒塔斯，两个人来自亚洲——阿尔克曼和阿那克里翁，还有一个人来自大希腊地区——伊比科斯，一个人来自昔兰尼——卡利马科斯。

漫游到另一端,他们的主人也会为他们的辛苦而酬谢并款待他们。也许,这种说法所指的是用金钱而不是用盛情作为报酬,但如果是这样,它只不过是表示在经济状况方面的一种变化。西摩尼德也许是第一个获得了金钱报酬的诗人,因为在他那个时代有许多金钱流通,人们越来越愿意使用它而不愿用他们的才干来交换商品。

西摩尼德和巴克基利得斯来自凯奥斯岛,品达罗斯来自底比斯;他们都在讲希腊语的地区漫游;西摩尼德在叙拉古去世,品达罗斯则在(伯罗奔尼撒半岛的)阿尔戈斯归天。品达罗斯最著名的颂诗涉及德尔斐诸胜利,因此,他的荣耀是从德尔斐开始的,并且与其他有关德尔斐的回忆一起在整个希腊引起了反响。他自己的词语隐隐约约表达着一些重大意义,由此来看,这些词语是神谕式的。

为了向一位年轻的运动员、在公元前446年获得摔跤比赛冠军的埃伊纳岛的阿里斯托梅尼(Aristomenes of Aegina)表示敬意,品达罗斯写了一首颂诗,在该诗的结尾他感叹道:

凡人的快乐与时俱增,但时间间隔多么短暂,纵然如此,当各种厄运袭来,快乐也会烟消云散。人生苦短,他物如何?人非何物?人只是黑暗中的一个梦幻,当一线阳光作为天赐之礼来临,明媚的光就会永远在人身上驻足,生活就会变得和睦。[18]

由于品达罗斯的天才,在一定程度上也由于他与世界的"中心"的联系,在他在世时,他就已经有了很高的声望;在

---

〔18〕《皮提亚颂诗》(*Pythian ode*),VIII,约翰·埃德温·桑兹(John Edwin Sandys,1844年—1922年)爵士译,见于洛布版的品达罗斯《颂诗》(*Odes*,1919),第269页。

他去世后不久,他的经典作家的地位便得到公认。

有一个事实使得所有这些希腊诗人的泛希腊精神更为突出,这就是他们不用自己的方言写作,而是用一种人为的语言、一种文学多里安方言写作,除了他们外,这种语言几乎没人使用。[19] 他们象征着希腊人的自然统一,这种统一是由希腊人的荷马传统、他们的神秘仪式和全国性运动会、颂词、理论和朝觐活动促成的——这是一种比爱奥尼亚联盟的政治统一或雅典帝国的政治统一更古老也更优越的统一。

四、艺术

抒情诗的发展在很大程度上是与帝国和繁荣无关的,因为它并没有引发任何巨额支出。诗人参与公共和私人庆典,他们到场唯一必需的额外支出就是对他们的款待以及他们应得的王室礼物(但他们并不一定接受)。确实,他们的天赋有一部分是被公众的热情激发出来的。当我们说他们是民众的代言人时,我们说的就是这个意思,因此,在胜利和扩张的时代他们必然会唱得更高昂、更优美。相反,神庙和其他公共纪念物的建造耗资昂贵。就圣所而言,例如在提洛
229 岛、德尔斐和埃莱夫西斯,其必要的基金是朝觐者送来的或者是通过他们信徒的圣会从四面八方募集而来的。当雅典成为爱奥尼亚联盟的中心时,她从她的盟友那里获得捐赠,她的财政资源也随着她的贸易而不断增加。此外,(南阿提卡的)拉夫里翁(Laurion)银矿是国有财产,它出租给富人,

[19] 这一点并不像乍看上去那样异乎寻常。诗歌本质上不同于日常语言,因而诗人逐渐开始使用他们自己的词汇和语法并不奇怪。比较一下卡斯蒂利亚(Castile)国王、“智者”阿方索十世(Alfonso X el Sabio)使用的加利西亚语(Galician),这是一种与葡萄牙语而非与卡斯蒂利亚语(Castilian)更接近的语言(《科学史导论》,第3卷,第343页—第344页)。

由奴隶来开采。从那些矿藏中提取的银(在蒂米斯托克利的建议下)最初用来加强海军力量;后来,相当多的款项则被调拨出来,用以重建雅典以及作为其装饰的华丽的纪念性建筑物。

杰出的艺术创作应归功于伯里克利及其助手菲狄亚斯(Pheidias,生于马拉松战役那一年,即公元前490年;公元前432年死于监狱)。菲狄亚斯不仅是他那个时代最伟大的雕塑家(以及所有时代最伟大的雕塑家之一),而且受伯里克利委托,担任后者所有的艺术承包工程的总指导。他的主要工作是雕塑,用黄金和象牙制成的雅典的帕拉斯·雅典娜的巨大雕像以及奥林匹亚的宙斯的巨大雕像都已经被毁掉了,但卫城主要建筑的大部分装饰品和卫城入口(Propylaia)以及帕台农神庙的一部分都保留下来。对于大多数人来说,在两个世纪的时间中,希腊的荣耀也就是雅典的荣耀,而于公元前447年—前434年建成的新帕台农神庙则是雅典荣耀的标志。这个不朽的作品的完美壮观与3个伟大的人物联系在一起:伯里克利担任策划,伊克蒂诺(Ictinos)担任建筑师,菲狄亚斯担任雕塑家。人们对它的评价并没有错。它确实是希腊文化最好的象征,而且像(相对于文学和科学成就而言的)其他艺术作品一样,任何有能力的人仅凭简单的直觉就可以对它做出评价。埃内斯特·勒南在他的《为我终于领略了其无比优雅的卫城而祈祷》("Prière sur l'Acropole quand je fus arrive a en comprendre la parfaite beauté")中有对帕台农神庙的雄伟壮观最好的文学描述,该文本身也是法国散文的杰作之一。[20]

在公元前6世纪，希腊的雕塑艺术已经得到充分的发展，最值得敬佩的塑像都属于那个时代。在公元前5世纪上半叶，阿尔戈斯的阿哥拉达斯（Ageladas of Argos）培养出3个著名的学生：菲狄亚斯、米隆（Myron）和波利克里托斯（Polycleitos），而他自己的作品已经不见踪影了。他的这3个弟子是希腊雕塑艺术成熟时期的代表；现代的许多人偏爱前一个世纪不太成熟、更为天真的作品，但我们可能会接受希腊人把对菲狄亚斯和品达罗斯的赞扬结合在一起的定论。

画家波利格诺托斯（Polygnotos）活跃在大约与阿哥拉达斯相同的时期，他出生在萨索斯（色雷斯海岸正南方的一个岛屿），但很早就去了雅典。那3位伟大的雕塑家也生活在雅典，只不过，当接受委托时，他们也会暂住在其他地方。原来可以在德尔斐的希腊式庭院（lesche）[21]中看到波利格诺托斯最著名的壁画：它们描绘了洗劫特洛伊和地狱中的乌吕塞斯（Ulysses）的情景，我们从早期的描述可以断定，它们的颜色是非常简单的，没有任何对明暗的处理，背景上也没有什么风景，但它们的朴素和庄严仍会给人留下深刻的印象。
230 这些绘画已经遗失了，不过，通过保存在希腊花瓶（公元前5世纪以所谓红彩风格为特征的阿提卡花瓶）上的丰富的绘

[20] 当勒南于1865年游览雅典时构思了这篇散文；后来他又重写此文并在1876年5月把它发表了［载于《两个世界的评论》（*Revue des Deux Mondes*）］；以后，他把该文收入他的《童年和青年时代的回忆》（*Souvenirs d' enfance et de jeunesse*，1883）。

帕台农（*Parthenōn*）意指处女堂。它是智慧和贞节女神处女雅典娜（*Athēnē Parthenos*）的神庙。

[21] 即 *leschē*，是人们聚集（*legō*）在一起交谈的地方，通常有某种柱廊（*stoa*）。

画,我们对与波利格诺托斯同时代的人的绘画能力可以有所了解。

五、悲剧

我们尚未谈到公元前5世纪雅典生活最重要的特征——戏剧,这个特征贯穿这一世纪始终,并且不断被强化。这个特征是新颖的,但它也是对一种古老传统的继承和发展。人们喜欢唱歌和跳舞,喜欢听诗歌朗诵。这种爱好可以追溯到荷马时代,而公元前6世纪至公元前5世纪的抒情诗人,则赋予这种爱好一种新的形式;从另一方面来讲,宗教的神秘仪式以及其他典礼也引入了戏剧演出。按照流行的传说,严格意义上的悲剧的发明者是(马拉松附近的)伊卡里亚岛的泰斯庇斯[22](Thespis of Icaria,活跃于公元前560年—前535年),他来到雅典,把他的种子播撒在这块最富饶的土地上。大败波斯人以及随之而来的国力的提升,不仅增加了对抒情诗的需求,而且也增加了对戏剧诗的需求——这些诗是民众情感的庄重表达,是他们沸腾的感情的汇聚。悲剧是公共典礼的一种形式,是任何民族曾经举行的典礼的最高形式。

由于偏爱悲剧诗的社会风气以及3个天才的奇迹般的出现,悲剧诗以这样一种令人惊讶的方式发展着。它逐渐取代抒情诗,因为它能更全面地适应同样的需要。它在抒情诗和音乐中加入合诵和场景的戏剧性变换。它是抒情诗的戏

〔22〕关于泰斯庇斯我们所知甚少,但他的名字保留在我们的语言之中:Thespian art(悲剧艺术),或者戏称演员的“a Thespian(悲剧演员)”。据说,他引入了一个演员[*hypocritēs*,他是一个装腔作势的人,因而我们有了 hypocrite(伪君子)这个词]对合唱作答。那时悲剧的发明因此可能是在抒情诗合唱中加入个人演出。

剧化和扩大，它与宗教神秘仪式结合在一起，并且变成一种独立的公共演出形式。早期的悲剧是极为简单的，它们的庄严甚至显得很天真；到了该世纪末，正如人们目睹的那样，它们变得更复杂（纯粹的抒情逐渐被戏剧艺术取代），但它们仍然能满足同样的需要。剧场是礼仪、热诚和虔诚的学校，它有助于平民百姓与名流显贵共享喜悦与耻辱，共同进行高尚的思考。当然，像品达罗斯这样的抒情诗人也做到了这一点，但剧作家能够做得更有效，而且他们可以影响更多的观众。

我们的读者大都熟悉这些杰作，不过，简略地回忆一下埃斯库罗斯、索福克勒斯和欧里庇得斯（Euripides）这 3 位作家还是很有必要的。所有这 3 个人都（在公元前 480 年）与萨拉米斯有联系，新希腊的自由意识和荣誉感就是在这里被唤醒的。其中最年长的埃斯库罗斯那时是 45 岁，而且他实际上参加了萨拉米斯的战斗。索福克勒斯则是一个 15 岁的英俊男儿，他被选来担任庆祝那场胜利的青年合唱团的主唱。他裸体走在合唱团的前面，手捧抒情诗，唱着凯旋歌。至于欧里庇得斯，他的参与是被动的，但却是幸运的，他正好在胜利的那一天出生。

埃斯库罗斯大约于公元前 525 年出生于埃莱夫西斯，阿提卡最神圣的地方。他参加了两次不朽的战役，即马拉松战役和萨拉米斯战役。他的墓志铭上记录了他参加的第一次战役，而他的第一部悲剧《波斯人》（公元前 472 年）就是为庆祝那第二次战役而作。他的（大约 80 部）剧作中只有 7 部
231 保留下来，而且它们都非常朴素而庄严；戏剧依然处在简朴的悲剧水平上，抒情仍占主导地位。他使人想起品达罗斯的

一部作品。他的剧作的基本思想是,命运潜藏在黑暗之中,然后,它会缓慢地显现出来;人类的伟大导致神的嫉妒,随着人的傲慢(*hybris*),妄想(*atē*)很快出现——神会把那些过于自大的人变成疯子和瞎子。[23] 展现傲慢以及对它的惩罚是剧中的主要情节,由于这种情节非常令人敬畏,因而它也带有宗教意味。在这里像在宗教赞美诗中一样,抒情是很自然的。这种剧宛如一种在我们眼前逐渐自动显现的景象,就像宗教仪式或神秘仪式那样。这种景象是通过合唱间或穿插一些对白显现的。对白有助于说明所发生的事情,同时也会打破可能会变得令人不堪忍受的韵律和悬念。尽管埃斯库罗斯不可避免地要在雅典度过他一生的大部分时光,但他 3 次去西西里岛,而且有一次是在暴君希伦那里做客;他于公元前 456 年在西西里岛南海岸的杰拉(Gela)去世。

第二位剧作家索福克勒斯于公元前 495 年出生于雅典附近,比他的榜样埃斯库罗斯整整晚一代。他甚至比埃斯库罗斯还要勤勉,因为据说他创作的戏剧不少于 130 部。不过,我们不会把他当作一个神童。希腊人的节制与佯装无知混在一起,它并不像我们的早熟行为那样很可能是愚蠢的;它表明,年轻人的诺言可能像一些树花开两度一样是为了消磨时光,不会有什么结果。索福克勒斯很早就开始写作,但他的成功相对较晚;在他 53 岁以后,他写了大约 81 部剧作。但他的剧作中只有 7 部保留下来,所有这些都是他晚期的作

---

〔23〕这种思想在希腊诗歌中很常见。它可以追溯到荷马,所有古代悲剧作家都表达过这种思想,例如在索福克勒斯的《安提戈涅》(*Antigone*, I, 620)中就包含这种思想。大多数人都记得,这句话的拉丁语形式(被归于欧里庇得斯的一行诗后来的译文):*Quem*(或 *quos*)*vult perdere Iupiter dementat prius*(神欲使之灭亡,必先使之疯狂)。

品；他现存最早的剧作《安提戈涅》，创作于公元前 442 年。

人们常说，索福克勒斯改良了悲剧，更慎重地说，他增加了悲剧的复杂性。最明显的变化就是引入第 3 个演员，把合唱队从 12 人增加到 15 人，并且在舞台后侧使用绘制的布景（*scēnographia*，舞台布景）。戏剧本身的变化有着更为深远的意义：受害者不再是无情的宿命的牺牲品，他们的命运在一定程度上取决于他们自己的节制（*sōphrosynē*）或不节制。因此，戏剧变得越来越贴近人类；它更接近我们的感受。在索福克勒斯的戏剧中，戏剧心理学比在埃斯库罗斯那里更为复杂。抒情诗部分减少了，因为需要给对话留更多的机会。

索福克勒斯似乎在雅典度过了他的一生，与他的同胞共享黄金时代的乐趣，分担铁器时代的焦虑和痛苦。他从这些生活中吸取营养直至他生命的终结，他一直活到公元前 406 年；他给人们留下一个快乐人的记忆。

谈到欧里庇得斯，他与索福克勒斯的年龄差的两倍，正好是索福克勒斯与埃斯库罗斯的年龄差，但更大的是精神上的差距。欧里庇得斯（公元前 480 年出生）是一个萨拉米斯的孩子，比索福克勒斯年轻 15 岁，但他们在同一年即公元前 406 年去世。索福克勒斯本人谈到他们之间的一个本质差别——“他说他自己按照人们应有的情况来描写，而欧里庇得斯却根据人们的实际情况塑造角色”[24]。索福克勒斯的剧作比埃斯库罗斯的剧作更有人情味，而欧里庇得斯的剧作的人情味就更浓；人类情感已成为他的主要兴趣。他的人类
232 观比他的前辈更为现实，但同样强调顽强不屈。随着悲剧情

---

[24] 亚里士多德：《诗学》（*Poetica*），第 25 章。

节变得越来越紧张激烈、越来越复杂,合唱不再从属于对白,它已经失去了戏剧的重要性,它只是作为一种抒情的辅助手段并且为顺应传统而保留在戏剧之中。剧中还会有神,不过,诸神已不再像在埃斯库罗斯的剧作中那样占据舞台的中央,而是站在舞台的周围;而且确实,欧里庇得斯的缺陷之一就是,过分运用神的干预(*theos apo mēchanēs* 或 *deus ex machina*),把剧中复杂的情节与结局结合在一起。

欧里庇得斯的思想比埃斯库罗斯或索福克勒斯的思想都更为深奥。很有意义的是,他是最早自夸有自己的图书馆的雅典人之一;他并没有参与公共事务,而只不过是一个学者、一个文学家,在某种程度上还可算是一个哲学家;他受到赫拉克利特(Heracleitos)和阿那克萨戈拉的影响,并且是希罗多德和苏格拉底的朋友。他有着比苏格拉底更为渊博的关于世界万物和人的知识,但他也为这种优势付出了昂贵的代价:他的生活是不幸的,他的幻想破灭了而且得不到安宁,他缺少对雅典的忠诚,缺少古代意义上对宗教的笃信。他比索福克勒斯更多才多艺、更富有想象,也比他更活跃、更聪颖,有时甚至更和蔼可亲;而从另一方面看,他缺乏谨慎和虔诚,有时他会因其古怪的哲学观念而令他的观众反感。他写的剧作比索福克勒斯少,甚至比埃斯库罗斯还要少,但我们对他的作品比对前两者的作品了解得更多,因为他的作品有四分之一(75 部作品中的 18 部)留传给我们;我们从他那里获得的剧作比前两个人流传下来的作品加在一起还要多。在他的晚年,他离开雅典去了色萨利的马格尼西亚(Magnesia),后来又去了马其顿,在那里,他受到该国国王阿基劳斯(Archelaos)[25]的热情款待。公元前406年,他在那里去世。

把这3个人加以比较很有启示意义。尽管他们彼此有差异,这些差异是实实在在的,不过在相当程度上是由于他们年龄的差别所致,尽管如此,他们仍有许多共同之处:庄重、公正和节制。这3个人同属一个世纪并且形成了文学史上独一无二的群体,怎么会这么碰巧呢?人们也许很想与歌德(Goethe)一样得出这样的结论:[26]他们的天才至少在一定程度上是他们那个时代和地域的天才。试图把他们分等,并且说这个人是最伟大的,等等,这种做法是徒劳无益的。我们还是把这个无聊的游戏留给那些教师和学究们吧。这三个人中的每一个人在其自己的风格和自己的环境中都是伟大的。最早出世的埃斯库罗斯更为庄重,他使人想起希伯来先知;出世时间居中的索福克勒斯,在展现人性和戏剧才能方面也是居中的;欧里庇得斯更关注个人心理,他更悲惨也更体现了新式风格。索福克勒斯无疑是黄金时代雅典人节制的象征,我们会认为他更接近品达罗斯和菲狄亚斯;在这三个悲剧作家中,他是最彻底地忠诚于雅典的。埃斯库罗斯曾在马拉松和萨拉米斯参加战斗,而且非常幸运地在黄金时代中期去世;索福克勒斯和欧里庇得斯见证了那个时代的辉煌,也见证了政治的衰落和随后而来的衰败。索福克勒斯设法保持他的宁静,而欧里庇得斯变成一个若非更精明就是

---

〔25〕阿基劳斯,公元前413年—前399年任马其顿王国国王,是艺术和文学的支持者。他的宫殿是由古希腊最著名的画家之一宙克西斯(Zeuxis)装饰的。马其顿王国的历史是非常错综复杂的。亚历山大大帝曾是阿基劳斯以后的第十二任国王(其间有4个篡夺者)。

〔26〕1827年5月3日与埃克曼(Eckermann)的谈话。

更悲哀的人。索福克勒斯仍然留在他的家乡，甚至在混乱和 233
战败的黑暗日子里仍担任公职。另外两个人放弃了他们的母亲雅典，在流浪中了却一生，埃斯库罗斯在西西里岛去世，而欧里庇得斯则殁于马其顿。

六、喜剧

我们已经分 3 个部分——埃斯库罗斯、索福克勒斯和欧里庇得斯讲述了雅典戏剧的历史，我们要在第 4 个部分结束这段历史，但这部分不再讨论悲剧，而讨论喜剧。不过，这并不是一段新的故事，而是以前故事的延续。喜剧也像悲剧一样古老，因为它们产生于相同的大众娱乐圈，酒神节典礼导致这二者的诞生。喜剧是从农村庆祝庄稼或葡萄收获的庆典、感恩节、向丰产诸神（人类生活中那些美好的东西都应当归功于这些神）表示敬意的欢乐游行中产生的。尽管悲剧和喜剧有着共同的起源，但喜剧的发展比悲剧晚很多。[27]这大概是因为悲剧表演需要某种它们理应具有的肃穆和庄严的倾向，而欢快的娱乐表演本身更为轻松。无论如何，其作品流传至今的唯一的“古代喜剧”代表、雅典人阿里斯托芬（Aristophanes，公元前 448 年—前 386 年）在公元前 5 世纪的最后 25 年才出现。我们将与他一起走进公元前 4 世纪，不过，现在谈论他也很合适。他的 44 部剧作（现存 11 部）中的大部分都写于公元前 5 世纪。

埃斯库罗斯、索福克勒斯和欧里庇得斯是同一时代的

---

〔27〕羊人剧（satyr play，在一部古典的希腊悲剧三部曲演出之后加演的滑稽剧——译者）是个例外，这不是一种闹剧，而是幽默悲剧（*paizusa tragōdia*）。诗人在酒神节比赛时必须提交四联剧（*tetralogia*），亦即三出悲剧（*trilogia*）加上一出羊人剧（*satyricon drama*）。欧里庇得斯的《独眼巨人》（*Cyclops*，源于《奥德赛》，第 9 卷）就是一出羊人剧，而且是他唯一保存下来的羊人剧。

人，而索福克勒斯、欧里庇得斯和阿里斯托芬也是同一时代的人，不过，（这四个人中）后两个人之间的时间间隔比前两个人之间的时间间隔更长。[28] 他们中的每一个人都影响着各自的追随者，但是我们必须记住，这个过程有时会颠倒过来，因为年轻人会挑战他们的前辈。欧里庇得斯就是这样对索福克勒斯产生了一定影响，而阿里斯托芬也是这样影响欧里庇得斯的。然而，最后提到的这两个人之间的差异无法减小。有人主张，欧里庇得斯是喜剧之父，因为他对人物的敏锐分析有时已接近于讽刺文学，但他们的志向有着很大的差别。他们两个人都是雅典风格的代表，而且主要是作家；尽管欧里庇得斯更精于世故，但他仍是索福克勒斯的追随者。相反，阿里斯托芬则开创了某种全新的事物。他是一个具有进取精神的人，是一个对他人及其生活方式的批评者，他从不放过任何人，甚至不放过这座城市中最有权势和最有名望的人。他抨击好战分子、政治家、政客、诡辩家、共产主义者，尤其是阿谀奉承者和那些听任自己被煽动者奉承和哄骗的愚蠢的民众（*dēmos*）。他不仅抨击像西门（Cimon）和伯里克利这样的公众人物，也抨击像欧里庇得斯这样的诗人和像苏格拉底这样的哲学家。除了人以外，他还对各种体制——上院和下院、审判和行政官员制度等进行抨击。他的讽刺文学作品像那些漫画家的作品一样既大胆又夸张，因为他认为，使人了解他们的唯一方式就是像漫画家那样的简化和夸张。他的风格是直接而有力地击中粗鄙和伤风败俗的行为，
234 但他的方式（除了对被抨击者之外）并不是无礼的，因为适

---

[28] 他们四个人的出生分别相差 30 年、15 年和 32 年。

当的幽默、滑稽和敏锐的智慧补偿了它所表现出的粗暴。像每一个受过教育的雅典人一样,政治直觉对他来说是天生的,但是,他并没有偏见,他不受任何 *parti pris*(先入之见)引导,而是受他可靠的常识和他的幽默意识引导的。他希望民众跟他一起笑,并且警惕先入之见可能的欺骗和它本身的愚蠢。像每一个优秀的讽刺作家一样,他与时俱进,对他周围发生的任何事物都很敏感,而且有些愤世嫉俗、生性多疑。有时候,他会赞扬美好的古老时光,以揭示他那个时代的悲惨境遇,因而很奇怪的是,他捍卫埃斯库罗斯而反对索福克勒斯。他既不笃信宗教也不反对宗教,但他对正义与和平的关注多于对宗教的关注。他的剧作把难以置信的幻想与现实主义和事实[诗歌和真相(*Dichtung und Wahrheit*)]结合在一起;无论他剧中的人物多么荒诞,他们的身上总有些真实的东西足以引起人们的不断关注,并且证明他的观点。他对处于原始状态的自然界和人类有一种强烈的感情。他的某些诗句来源于流行的民谣。他的语言是人们所熟悉的[29]、泼辣的和极富活力的;对他自己的观众来说,这是一种最为生动的语言,而现代的读者若想欣赏它的微妙之处,就应当(以某种日常生活的方式)对希腊语非常了解。

在世界文学界中,阿里斯托芬是讽刺喜剧作家中的第一人,是诸如伊拉斯谟(Erasmus)、莫里哀(Molière)、伏尔泰(Voltaire)和阿纳图勒·弗朗斯等人的遥远先驱。他批评民主政治,因为生活在已经存在的上流社会是他的特权,而且

---

〔29〕有时候,我们也熟悉。例如,他大量使用一些朴素的双关语,但对于我们来说,这些双关语(即使脚注把它们讲得很清楚)并不像与他同时代的人听起来那样好笑。

他不幸目睹了这样一个时期:当对民主理想的滥用已经变得不可忍受时,出现了无穷无尽的悲剧和动乱。他看到他那个时代的邪恶与堕落,并且大胆地抨击那些既享有荣誉也必须承担责任的政治上和精神上的领导者。他这样的批评虽然很激烈,但却是有益的,它为雅典的民主的有效性和名副其实提供了最好的证明。没有自我批评,民主就不能存在;过多的批评比没有批评要好。

如果我们向自己提几个问题,我们将更好地理解阿里斯托芬的作品在他那个时代的价值。能不能设想在与他同时代的斯巴达人或波斯人中有这种批评的可能性?或者来到距我们更近的年代,在例如 1941 年的柏林有人是否可能去完成一部剧作(并且得到表彰!),来嘲弄希特勒(Hitler)的救世主义并揭露这个获得神授之意,却把他的人民引向地狱的领导者?同一年在华盛顿,一部谴责总统及其部长们是好战分子、同时大声呼吁和平的剧作又会怎样呢?1951 年在莫斯科,是否可能产生一部“揭发”斯大林(Stalin)的戏剧?

在雅典,在对伯罗奔尼撒战争感到忧虑期间,这些情况是可能发生的。雅典人和阿里斯托芬值得赞颂!由于他的诗歌的真挚和他的勇气,他应该享有这样(据说是柏拉图撰写的)对他表达敬意的墓志铭:“卡里忒斯(Charites)[30]已经选中了阿里斯托芬的灵魂,试图为之寻找一个不朽的庙宇。”

---

〔30〕卡里忒斯(Charites 或 Gratiae,美惠三女神)是宙斯的三个女儿,分别名为欧佛罗叙涅(Euphrosyne,意为欢乐)、阿格莱亚(Aglaia,意为光明)和塔利亚(Thalia,意为繁荣),她们的使命就是使生活更加愉快。卡里忒斯如果现在和我们在一起就好了,因为我们比任何时候都需要她们的帮助。

七、公元前5世纪本身就是一出悲剧

235

黄金时代的文学艺术成就永远也不可能重现，或者，在其他国家的任何地方也不可能有与它们同样的成就。在对这些成就进行的简洁的说明中，读者可能已经注意到我们提及的一些可怕的事件使得热情和希望被厄运和幻灭取代了，而且它们几乎完全摧毁了雅典的尊严与辉煌。细节本身并不是十分有趣的，在没有进入这些细节之前，我们对此必须再说几句。希腊曾在相当长的一段时间内在雅典人的统治下实现了伟大的统一——尽管从现在的观点来看，这似乎只是一个短暂的时期。不幸的是，希腊人是爱嫉妒的民族，这一直是他们的主要缺点，那时是，现在也是。那些比雅典更古老的城邦发现，服从她是令人难以接受的，尤其对于一个城邦——自大的斯巴达来说，这几乎是不可忍受的。观点方面的深刻差异加重了斯巴达人的嫉妒，而这些差异无论如何是无法消除或跨越的。雅典推崇的是民主政治，而斯巴达人则持有贵族政治和集权主义的观念；这两个城邦在公元前5世纪的差异如此之大，恰如1940年伦敦与柏林的差异。在这两个事例中，除了战争之外均没有其他可行的解决办法，而且，尽管战争是令人恐怖的，但它在这两个事例中都发生了。没有必要描述伯罗奔尼撒战争或者更确切地说两场战争，这两场战争发生在公元前431年至公元前421年之间，以及经过短暂的停战之后在公元前414年至公元前404年之间，使希腊世界遭到破坏，最终以斯巴达的彻底胜利而告结束。这些国内的战争在其相对规模、激烈程度，以及后果的意义方面，已经变得像一场世界性战争了，堪与波斯战争相比，而充满希望的统一的希腊就是在那个世纪之初从波斯战争中产生的。不仅如此,这些内战也可以与使我们这个时代陷入黑暗的两次世界大战相提并论。

在战争的苦难之上,又增加了长达5年(公元前430年—前425年)之久难以言喻的瘟疫的痛苦和恐惧。雅典人很可能觉得,世界的末日临近了。确实,他们自己的快乐世界已经走到尽头,而且一去不复返。不过,在这些可怕的年代,从始至终文化生活并没有完全停止,尤其是索福克勒斯和欧里庇得斯的悲剧以及阿里斯托芬冷酷的喜剧仍在继续上演——每年都有新戏,像往常一样,提交这些新作是为了比赛,其中最优秀者会得到表彰。

公元前404年是最终的蒙耻之年。雅典人不得已而投降。比雷埃夫斯的围墙(她的港口和海军武器库)以及这座城市与海港之间长长的围墙被毁坏;民主政府被推翻,它的政权向三十僭主(Thirty Tyrants)屈服了。我们没有必要描述这些残暴的行为,它们似乎要使这个显赫的城市永远终结。然而,正如我们将要看到的那样,雅典复兴了,她又呈现出一种新的辉煌并且重新成为精神上的领袖。她仍然是一个伟大的城市,是古代世界的伟大城市之一;希腊也复兴了,但她再没有恢复其统一与和平,再也没有恢复其第一个黄金时代的单纯增长的趋势。

随着岁月的推移,一种新的雅典风尚征服了古代世界——这就是柏拉图和亚里士多德的雅典风尚,它一直持续到现代。这种新雅典风尚比公元前5世纪的雅典风尚更具有世界性和自我意识,而不再那么单纯。把菲狄亚斯的作品与斯科帕斯(Scopas)和普拉克西特利斯(Praxiteles)的作品对比一下,第一个黄金时代与第二个黄金时代的巨大差异就会立刻显露出来——但是,我们切不可做出预测。

回到公元前 5 世纪,当我们跨越 25 个世纪从我们的时代高度来考察它时,我们认识到,它本身就像一部埃斯库罗斯的悲剧,从一个招致诸神嫉妒和憎恨的伟大的全盛期开始,以诸神的报复和雅典的愚行及毁灭而告结束。[31] 236

八、把过去与现在加以比较的危险

本章结束时有必要提出一个告诫。我们可以谈论雅典的辉煌,但是我们不应忘记这只是一个方面,是一枚纪念章上灿烂和令人快乐的一面;对应的一面并不是这么令人愉悦的。我们对过去的一般印象难免是单方面的:我们只记住了那些伟大而美好的事物,那些值得铭记或者毋宁说根本不需要铭记的事物,因为它们永远不会消失;我们忘记了那些邪恶的、丑陋的、低劣的、暂时性的和不能经久的事物,我们究竟为什么要让我们的记忆承受它们呢?

在伯罗奔尼撒战争期间,生活在雅典不可能非常快乐,即使在它们爆发以前,真正的和平的时期也是非常短暂和有限的。当我们(可能或应该)把过去与现在加以比较时,我们应当永远牢记这一点。我们有时是 *laudatores temporis acti*(过去时光的赞美者),但却不能公正对待与我们同时代的人,因为对我们来说,现在的那些使人毛骨悚然者和平庸之

[31] 这种悲剧的比拟是非常恰当的,因为斯巴达没有得到波斯人在财政方面的援助,就无法赢得这场战争。由于斯巴达的背信弃义,在公元前 479 年已经被完全打败的波斯,得以主导公元前 404 年的和约。还能想象出比这种运气逆转更悲惨的情况吗?关于政治背景更为详细的历史记录将会揭示许多较小的悲剧,它们促成了雅典人被打败这一极大的悲剧。希腊的两个拯救者,雅典人蒂米斯托克利和斯巴达人保萨尼阿斯(Pausanias),作为叛徒和被驱逐者结束了他们自己的一生。

辈是显而易见的——我们因他们而遭受苦难，但过去的那些使人毛骨悚然者被忘却了，或者，他们已经不会再带来痛苦了。

我们是否应设法回忆公元前 5 世纪那个令人悲哀的和阴暗的一面？当然并不是详细地回忆，但这样做有什么好处呢？为什么我们要让自己被已经过去很久的灾祸搞得心烦意乱呢？今天的灾祸已经够多了。然而应该知道，任何地方的男人和女人们都经历过各种苦难，而且总要经历这些苦难，和平和快乐只是简短的间奏曲。总会出现一定的灾祸和痛苦，即使在最辉煌的古代时期也是如此，这样的意识可能有助于我们更冷静地忍受今天的灾祸。

我们的任务就是尽可能清晰地认识我们自己时代的灾祸，以便我们可以补救或者铲除它们；对于过去的灾祸没有必要这样看，因为它们已经不能再补救了，况且时间老人已经把它们消除了。但是一般来说，我们仍必须记住它们，而且为了公正，我们对过去的赞美总应该用这种记忆来调节。

我们必须总是非常清楚，我们所赞美的过去（我们对它们怎么赞美也不过分）绝不是整个过去，而只是过去的一个很小的部分，是其最出色的部分。我们不应当像勒南在他的《为我终于领略了其无比优雅的卫城而祈祷》中那样把过去理想化，而应该看到过去的整体，只赞美那些美好的以至于永远不会消亡的事物。我们并不眷恋过去，除非是它那空前绝后的部分。

237 显然，并非所有雅典人都能达到帕台农神庙的精神境界，只有他们当中最优秀者可以评价索福克勒斯和菲狄亚斯。不过，少数的这些人却是引起渐变的因素，正是这些少数人的鼓励以及像索福克勒斯和菲狄亚斯这些伟大人物自己的天赋,使得他们能够创作出他们的杰作。虽然其他人已经逝去,但这些伟大的人物却依然活着,唯有他们依然是一个黄金时代永恒价值的标志。

第十章
苏格拉底去世时为止的哲学与科学

当抒情诗人、悲剧作家以及艺术家们分享人们的感受，同时试图向他们说明并提供指导时，少数其他人，亦即希腊人所谓自然哲学家（自然的研究者）或哲学家（热爱智慧的人），则倾向于远离人群、进行沉思，并且陶冶他们自己的心灵。前一个群体能够更完整地享受希腊的娱乐和庆典，并且能够分享民众在关心神话和预兆方面的相对自由。而哲学家们即使这样做也不能达到同样的程度，因为沉思会使他们全神贯注；他们会尽其所能去理解万物和人的本质以及诸神的本质；他们不仅不可能去分享那些流行的迷信和幻想，而且，他们的思想自由不可避免地要对这些观念提出挑战。这就是他们那时的任务，也是他们今天的任务。

诗歌和艺术的创作得到公众的关注和喝彩，使自己脱颖而出的诗人和艺术家成为公众的英雄；哲学家的活动更为深奥，而且容易引起怀疑和嫉妒。哲学家不会得到赞扬和崇拜，相反，却可能会成为公众的敌人和替罪羊。

从另一方面看，随着有关各种事物的知识日益丰富和愈加精确，哲学家不得不限制他们自己沉思的范围，并且进行更为深刻的思考。这个过程完全是渐进的。我们也许可以说，在公元前 450 年以前，这个过程几乎是无法察觉的。公元前 5 世纪上半叶，哲学家们仍然与前一个世纪的哲学家非常相似，尽管他们已经与“先知们”[1]有了截然不同的分别。在这个世纪中叶以后，其中一些哲学家更接近于我们现在依然称之为“自然哲学家”的人。像两位希波克拉底这样伟大的科学家和像希罗多德与修昔底德这样伟大的史学家，无疑都属于这个世纪的下半叶。

雅典是精神生活的中心，但哲学家没有必要像艺术家那样靠近雅典。通常，他们会受到两种相反的动力驱动：寻找适当的听众和优秀的弟子的希望会驱使他们来到这座最重要的城市，而对宁静和独居的渴望会诱使他们离开它。更何况，雅典绝不是唯一的富有吸引力的中心。散布在遥远和广大地区的许多城市的竞争，使希腊文化的辉煌大大增加了。大多数哲学家也有诗人的那种漫游癖，他们在希腊世界进行了大量旅行；当然，所有这些哲学家都曾在这个时候或那个时候去过雅典，也许还不止去过一次，但在那里永久定居的人相对较少，原因之一就在于，那里政治动荡太频繁，和平太不稳定，不适于长久居住。 239

我们对早期哲学家的了解是非常不完善的，因为他们的

---

[1] 我们主要考虑的是其言论被收集到《旧约全书》中的那些希伯来先知，他们大概生活在从公元前 9 世纪至公元前 6 世纪这段时期。在亚洲有许多其他“先知”：第一位先知是琐罗亚斯德（公元前 7 世纪？），他的思想在小亚细亚传播，并且通过东方三博士传到希腊［J. 比德兹和 F. 居蒙：《希腊的博学之士》（Paris：Les Belles Lettres，1938）］；随后，在印度有了佛陀和大雄，在中国有了孔子和老子（非常奇怪的是，所有这些人都在同一个世纪即公元前 6 世纪）。

著作失传了,我们只有古典学述编辑者所编的残篇和名言,[2]它们都是些间接的材料而且传播有限。通常,我们只能依赖一些晦涩的名言录,人们把很多才智都用在对它们的解释上。在一本诸如本书这样的新书中,这样做会浪费时间。假设我们发现了一种新的解释,我们如何能确定它描述了作者的本意?无论它看起来似乎多么合理,它仍然是不确定的。我们也可以讨论皮提亚神谕。我们的任务很普通:我们将使人想起古代的哲学家,而不试图超越我们非常匮乏的信息所允许的程度去更精确地说明他们的观点。

在本章中,我们将使读者集中注意 12 个人。其中有 4 个是爱奥尼亚人——赫拉克利特、阿那克萨戈拉、麦里梭(Melissos)和留基伯(Leucippos);另外 8 个人来自希腊的 4 个地区,每个地区有两个人——大希腊(南意大利)的巴门尼德(Parmenides)和芝诺(Zenon),西西里岛的恩培多克勒和高尔吉亚(Gorgias),色雷斯的德谟克利特和普罗泰戈拉(Protagoras),以及阿提卡的安提丰(Antiphon)和苏格拉底(请注意,只有六分之一的人来自雅典附近地区)。在这 12

---

〔2〕古典学述编辑者(doxographers)是一些撰写哲学家的经历并且编辑他们的著作摘录的学者。主要有亚里士多德和塞奥弗拉斯特,后者编辑的古希腊哲学家论述的汇编只是间接地从后来的一些摘要中得知的。《哲人见解录》(*Placita Philosophorum*)被归于普卢塔克(活动时期在 1 世纪下半叶)和斯托拜乌(Stobaeos,活动时期在 5 世纪下半叶)以及其他人,而埃提乌斯(Aëtios)可能是一位杰出的编辑者,关于他,我们一无所知,但他大概活跃于基督以后的第一个世纪末。大部分见解都是间接获知的,而且往往是通过对手如怀疑论者或者试图使异教徒名声扫地的基督教之护教者的引证而获知的。赫尔曼·狄尔斯在《古希腊学述荟萃》(*Doxographi Graeci*,Berlin,1879;editio iterata,864 pp.,1929)中尽可能多地消除了这些难题。有关古典学述汇编方面的困难,请参见保罗·塔内里:《希腊科学史论》(1887),新版(1930),第 19 页—第 29 页[《伊希斯》*15*,179-180(1931)],那里有简要的论述。

个人中只有 3 个人(巴门尼德、赫拉克利特和芝诺)可以说属于这个世纪上半叶,有 3 个人(麦里梭、德谟克利特和苏格拉底)属于该世纪的下半叶,其余 6 个人主要活跃于该世纪中叶。

一、以弗所的赫拉克利特

在小亚细亚西海岸的爱奥尼亚的 12 个城邦(*dōdecapolis*)中,最有影响力的是以弗所,它在整个古代世界都因其伟大的阿耳忒弥斯神庙而闻名天下。[3] 赫拉克利特就是在这里出生的,而且据我们所知,他在这里度过了他一生的大部分时光。他年轻时就已进行过大范围的旅行,但最终还是回到他的故乡。我们(通过第欧根尼·拉尔修)得知,当他完成他的伟大著作《论整体》(*On the Whole* 或者 *Peri* 240
tu pantos)时,他把它寄存在阿耳忒弥斯神庙;也有人说他把这部著作写得尽可能艰涩难懂,因而他被称作晦涩之人(*ho scoteinos*)赫拉克利特。据说他的著作分为三个部分,分别讨论了天地万物、政治与伦理学、神学。有可能有这样的划分,这部著作保留下来的 130 个残篇可以(而且已经)按照这样的划分分为三组。[4] 即使能得到这部著作的全部,这部著作也令人费解,以至于波斯国王、希斯塔斯皮斯(Hystaspes)

〔3〕关于阿耳忒弥斯(狄阿娜)神庙,请参见 G. 萨顿和圣约翰·欧文(St. John Ervine):《约翰·特特尔·伍德——1869 年阿耳忒弥斯神庙的发现者》("John Turtle Wood, discoverer of the Artemision 1869"),载于《伊希斯》*28*, 376 - 384 (1938),附有 4 幅插图。以弗所是古典时期的圣地之一,它后来成为基督教世界最早的圣所。不要忘记圣保罗(St. Paul)对以弗所的访问以及他写给以弗所人的使徒书。

〔4〕W. H. S. 琼斯在"洛布古典丛书"第 4 卷(1931)他所编辑的赫拉克利特的著作中,编辑和翻译了赫拉克利特的《论天地万物》(*On the Universe*)。这一卷也包括第欧根尼·拉尔修(活动时期在 3 世纪上半叶)翻译的关于赫拉克利特的生平的文字。

之子大流士一世要把赫拉克利特请到他的宫里,为他进行必要的解释。赫拉克利特拒绝了邀请,说他"厌恶炫耀,并且不能去波斯,我只满足于与少数合我心意的人在一起"。第欧根尼·拉尔修 inextenso(全文)引证了两封信,我之所以提及它们,是因为它们有助于我们确定赫拉克利特在时间序列中的位置。大流士一世的统治时期是从公元前 521 年至公元前 485 年*,因此,赫拉克利特的著作应写于公元前 484 年之前,而且我们可以说,他活跃于这个世纪初叶。

这两封信似乎是真实的。我们知道,赫拉克利特鄙视所有人,包括国王甚至哲学家。因为他评论说:"博学并不能使人有智慧,否则它就已经使赫西俄德和毕达哥拉斯以及色诺芬尼和赫卡泰乌有智慧了。"[5]像其他爱奥尼亚哲学家一样,他认为,尽管有各种现象,但世界中必然存在着某种物质的统一性,而且他假设,火是原始物质。为什么是火呢?这大概是由于我们或许可以称之为他的第二原理的这一原则:一切皆流(*panta rhei*)。[6] 这也许是他的主要思想:万物总是处在上升和下落的变化之中。火焰上下翻腾摇曳,每时每刻都在变化它的外形,这就是永不停息的宇宙变化的最好象征;此外,再看看太阳,它是永恒和永远变化之火的巨大来源。他的第三原理是,世界表面的不和谐隐藏着一种深刻的

---

* 原文如此,与第七章略有出入。——译者

〔5〕残篇 16。

〔6〕"你不能两次踏进同一条河,因为新的河水不断流过你的身旁。"(残篇 41,也可参见残篇 81)

和谐，因为一切变化都是按照宇宙规律发生的。[7] 每一种性质都暗示着它的对立面；每一种事物的存在都暗示着它在其他地方的不存在。这些对立面在自然界的整体格局中是和谐的。“神既是日又是夜，既是冬又是夏，既是战又是和，既是饱又是饥。”[8] 这与赫拉克利特的另一种观点是一致的，即重要的是不可见的和谐，而不是可见的不和谐和丑陋。大部分人非常愚蠢，以致看不到隐藏在表面背后的美丽。赫拉克利特是一个忧郁的人，因为他看到了万物的相对性和虚无缥缈；我们不可能牢牢地把握任何事物，因为一切都会消
失。流行的传说认为他是一个典型的悲观主义者，与典型的 241
乐观主义者德谟克利特正相反；他总是哭泣而德谟克利特总是欢笑。

我们也许可以得出结论说，赫拉克利特是一个有着古老的爱奥尼亚风格的哲学家和诗人，而不太像一个科学家，甚至不如色诺芬尼。不过，在他的《论整体》中，他是从自然哲学或自然开始的，然后，他考虑了政治问题，最后，讨论了神学问题——这个顺序是合理的。我们可以用他的政治格言结束我们的记述：“人民应当为法律而战斗，就像为城垣而

---

[7] 这种不可见的和谐优于可见的和谐（残篇 47）。这一原理的希腊原文，非常恰当地刻在了法国科学院（French Academy of Sciences）题献给纪念法国伟大的数学家亨利·庞加莱（Henri Poincaré，1854 年—1912 年）的纪念章上。《伊希斯》9，420–421（1927）复制和描述了这枚纪念章。也可以比较一下残篇 45：“他们不了解如何相反相成。紧张可以造成和谐，就像弓和琴一样”，还可以参照残篇 56、59。

[8] 这是残篇 36 的开头部分，但我应当引证它的其余部分来说明他的这段话的难以捉摸：“他［神］变换着形相，像火一样，当火与香料混合时，便依据每一种味道得到各种名称。”他的《论整体》的其余部分是谜语汇集。

战斗一样。”[9]对于帕台农神庙来说，值得这样做。

二、克拉佐曼纳的阿那克萨戈拉

我们可以与爱奥尼亚学派最后一位著名人物阿那克萨戈拉一起，更明确地进入科学领域。这种与赫拉克利特的对比是令人惊讶的，因为赫拉克利特说起话来像一个诗人和预言家，而阿那克萨戈拉像个头脑冷静的物理学家。他的主要著作是一部论述自然（*peri physeōs*）的专论，其中有17个残篇保留下来。我们没有理由怀疑那些残篇的真实性，它们大约有3页印刷纸的篇幅。

阿那克萨戈拉于公元前5世纪初出生于爱奥尼亚的12个城邦之一的克拉佐曼纳，该城大约坐落于小亚细亚西海岸中部，在以弗所稍微偏北边一点。由于以弗所是一个重要的朝圣中心，因而很有可能年轻的阿那克萨戈拉去了那里，并且遇到了赫拉克利特。不管怎么说，他在波斯战争之后不久便去了雅典，他是第一个这样做的爱奥尼亚哲学家。这再次说明雅典已经成为最有吸引力的中心。阿那克萨戈拉幸运地获得了伯里克利的友谊，伯里克利在那时是这个城邦最有权势的人。普卢塔克非常恰当地描绘了伯里克利对阿那克萨戈拉的钦佩，值得在这里逐字逐句地复述一下他的描述：

> 而那个常常陪着伯里克利，并且尽其所能使他的举止看起来比任何政治家更为威严的人，对，那个提高和褒扬他的人格尊严的人，就是克拉佐曼纳的阿那克萨戈拉。那时的人常常把阿那克萨戈拉称为“*Nus*”（努斯），这或许是因为，他们赞赏他的理解能力，在对自然的研究中，这种理解力被证

---

〔9〕残篇100。

> 明有着异常巨大的作用；或许是因为，是他第一个把纯粹和单一的心灵（*Nus*）而非偶然性或必然性当作宇宙的有序排列的来源，心灵可以把具有类似元素的物质区别和分离开，若非如此，它们就会处在一团混沌之中。
>
> 伯里克利高度赞扬了这个人，由于逐渐掌握了充足的所谓更高级的哲学和睿智的思想，他似乎不仅具有一种神圣的精神，能够进行崇高的、摆脱鄙俗和不计后果之冒失行为的论述，而且表情沉着，从不纵声大笑，他在讲话时举止温和，像个身着服装的塑像不会因情绪而受到妨碍；他会调节语调，以便避免粗暴，而且他还有许多类似的特性。这些都给他的所有听众留下了深刻的印象，使他们惊讶不已。

在这一传记中普卢塔克又进一步指出：

> 此外，为了给他自己的生活方式和高贵的情感准备一种与之相适的演讲方式，就像准备一种乐器那样，伯里克利常常请阿那克萨戈拉来协助，可以说很狡猾地把他的雄辩染上了自然科学的色彩。[10]

我们将很快回过头来讨论阿那克萨戈拉的思想，令人惊 242
讶的是普卢塔克传播了这样一种印象，即正是阿那克萨戈拉提高了伯里克利的威望，而不是相反。这是对这位爱奥尼亚哲学家在雅典获得的重要地位的高度称赞，也是对那时的雅典公众的高度称赞。我们自己时代的人对哲学家的尊重会超过对重要政治家的尊重吗？据说，欧里庇得斯也是阿那克萨戈拉的学生。我们应当把阿那克萨戈拉看作雅典的第一

〔10〕普卢塔克：《伯里克利传》（*Life of Pericles*），IV，V，VIII；伯纳多特·佩林（Bernadotte Perrin）译，洛布版《列传》（*Lives*），第3卷，第11页、第21页。

个自然哲学教师，他是柏拉图和亚里士多德的先驱。

按照他的观点，既没有生成，也没有毁灭，有的只是混合(*symmisgesthai*)和分解(*diacrinesthai*)。宇宙起初是一片由无数种子(*spermata*)构成的混沌，心灵(*nus*)通过一种旋转运动(*perichōrēsis*)使它有了秩序和形态。请注意，“种子”不是元素，因为每粒种子都是一个复杂的整体；它们也不是原子，因为在这里对物质的分割没有限制——而且种子的数量是不确定的。这里的两个关键之处是：第一，引入了与物质相对的精神，精神是使混沌逐渐演化成宇宙的力量；第二，初始的和永恒的旋涡的思想，通过这种旋涡物质开始进行组织。引入 *nus* 导致精神与物质的对立，但把阿那克萨戈拉称为哲学二元论的奠基者恐怕是一种夸张。他的 *nus* 没有得到充分的定义，而且既可以把它解释为一种物质力量，也可以把它解释为一种精神力量。〔11〕 初始的旋涡及其使宇宙逐渐进入有序状态的作用，使人想起康德(Kant)和拉普拉斯的宇宙学理论，但它只是它们的一种模糊的预示。不过，我们的心里会有这种类比，这一事实在很大程度上是对雅典的这第一位哲学家的敬仰。

阿那克萨戈拉在朴素的爱奥尼亚一元论与毕达哥拉斯

〔11〕 关于这一概念，在批评异教哲学家的基督徒赫米亚斯[Hermeias，亦即赫米亚斯·索佐门(Hermias Sozomen，约 400 年—约 450 年)，早期教会史学家。——译者]的著作中有最全面的定义，赫米亚斯活跃于 5 世纪或晚些时候。参见赫米亚斯：《教会史》(*Historis Ecclesiastica*)，第 6 卷；狄尔斯：《古希腊学述荟萃》(1879)，第 625 页。这一定义为：“理性(*nus*)是万物的本原、成因和统治者，它使混乱的万物有了秩序，使静止的东西有了运动；它使混合着的东西分开，并且从混沌中创造出宇宙。”反对者会夸大地说，如果我们接受这个定义，我们就不得不说阿那克萨戈拉是哲学二元论之父，但是我们并不像赫米亚斯那样确定。因为从另一个极端来看，也可以把 *nus* 解释为能量，不过，最好还是使用这个希腊词，并且承认我们对它的确切含义并不知晓。

的二元论之间的折中是值得注意的。宇宙的整体及其无论多么小的部分都是同质的，它们的差异仅仅是规模上的差异，而不是成分上的差异。[12]

我们引证一下第一个残篇，[13]来说明(与赫拉克利特的诗文迥然不同的)他的散文的风格：

起初万物是混在一起的，数目无限多，体积无限小，因为无限小是实际存在的。当万物混在一起的时候，由于太小没有什么是可见的[没有什么大得足以被觉察]；那时气和清气[14]存在于万物之中，这两者都是无限的，因为它们[这二者]在万物中是数目最多、体积最大的。

阿那克萨戈拉的残篇中所显示的这种思想的深刻和微 243
妙，以及支持这种思想的基础知识如此贫乏，像在同一时期修建的帕台农神庙一样令人惊讶。阿那克萨戈拉怎么就能做到呢？

当我们认识到他的科学知识不仅匮乏而且基本上是错误的时候，我们的惊讶还会增加。他的宇宙论观点是超前的，而他的天文学知识与毕达哥拉斯主义者相比明显是落后

---

〔12〕参见塔内里编辑的残篇第15篇和第16篇，狄尔斯编辑的残篇第3篇和第6篇。我们应当重申一下，种子(*spermata*)既不比其余部分更简单，在成分上与它们也没有本质的差异。用一个现代的形象化比喻(我承认，这是一个危险的步骤)，种子就像(偶然的？)原点，"组织"最终对一般的构造起着酵素的作用。卢克莱修(Lucretius)把那些种子称作 *homoiomeria*，《物性论》(*De rerum natura*)第1卷，第830行及以下。

〔13〕首次出现于狄尔斯和塔内里编辑的残篇中，它可能是阿那克萨戈拉专论的开篇部分。

〔14〕气(*aēr*)和清气(*aithēr*)之间的区别并不清楚。阿那克萨戈拉已经认识到空气是物质，它有点像蒸汽；清气更为稀薄，有点像灿烂的蓝天(苍天，*empyros*)中的物质。*Aithēr* 这个词来源于动词 *aithō*，意为上升、点燃、燃烧。他的思想似乎是，宇宙在很大程度上是由两种物质构成的，其中一种较为稀少(tenuous)，另一种更多一些。其他形式的物质必然是极度浓缩物。

的。谁都不可能相信他用月球、地球和其他天体的介入对日食和月食的解释，因为这样的解释并无新意，而且它与例如地球和其他行星是扁平的、太阳比伯罗奔尼撒半岛大等原始思想混合在一起。他认为，月球是一个像地球一样的天体，有平原和峡谷，而且有人居住。他说，公元前 467 年降落在 Aegos Potamoi ［“山羊河”，在色雷斯半岛（Thracian Chersonese）或加利波利半岛（Gallipoli Peninsula），达达尼尔海峡（Dardanelles）北岸］的巨大陨石是从太阳上落下来的，这是在世界史上第一块有时间记载的陨石。[15]

阿那克萨戈拉对解剖学和医学有着浓厚的兴趣。据说他曾研究过动物的解剖，并且在动物身上做过实验。他解剖过大脑，并且认识了侧脑室。他把一些急性病归因于（黑色或黄色的）胆汁渗入血液和器官之中。

他试图用化圆为方法来求圆的面积，并且撰写了一部书论述舞台透视法，亦即把透视图应用于设计舞台的背景和道具。因此，他是数学透视法的奠基者之一。这一传说似乎是可信的，因为同一时期戏剧艺术的重要性导致人们对适当的（即使非常简单的）舞台布景的需求。对于剧作家来说，向从事科学的人提出这样的要求是很自然的；对欧里庇得斯而

---

〔15〕按照老普林尼（Pliny the Elder，活动时期在 1 世纪下半叶）在其《博物志》（*Natural History*，II，149）中的观点，阿那克萨戈拉的天文学知识使他能够预言，经过一定数目的日子，石头会从太阳上坠落，而且石头坠落发生在白天……。这当然是无稽之谈，不过普林尼还加了一句：“这块石头仍然在展出，它大得需要用一辆马车才能运走，颜色是褐色的（qui lapis etiamnunc ostenditur magnitudine vehis，colore adusto）。”这样看来，这块石头在普林尼时代（公元 23 年—79 年）可能依然可以看到。

言，向他的老师阿那克萨戈拉请教是特别自然的。[16]

希腊的学者们对埃及和它的那条大河相当熟悉，这条大河与他们自己国家那些可怜的河流或湍流有着巨大差异，他们思考埃及每年一次的洪水的原因，由于这样的洪水，埃及的土地可以称为大河的礼物（*dōron tu potamu*）。阿那克萨戈拉主张，夏季利比亚境内高山上积雪的融化，是导致洪水的原因。希罗多德介绍过这种解释并且拒绝了它。最早提出正确解释的是亚里士多德和埃拉托色尼（Eratosthenes）：洪水并不是由于积雪的融化，而是由于在春季和夏初的热带雨 244
降落在青尼罗河和白尼罗河* 的上游附近。阿那克萨戈拉的解释不是十分正确，但它是以理性为基础的，而且，是他第一个断言，洪水是从尼罗河由之发源的山里产生的。[17] 由于这个解释被多次发现，又多次丢失了，因此，经历数千年后人们才接受了正确的解释。在现代以前，确立和维护真理是非常困难的，有关尼罗河洪水的观念的历史就是一个很好的例证。

我们不讨论阿那克萨戈拉的天文学思想，因为对其任意一项的讨论都可能需要相当的篇幅，这是不值得的。他是一

---

〔16〕这个传说似乎是可信的，不过我们是从一个很久以后的证人维特鲁威（活动时期在公元前 1 世纪下半叶）那里得知这一传说的，见维特鲁威：《建筑十书》，第 7 卷《内部装饰》（“Interior Decoration”）的序言。维特鲁威把关于透视的数学著作既归于德谟克利特名下，也归于阿那克萨戈拉的名下，他所说的那些同样适用于这两个人。他把最早的舞台布景画法思想归功于与这二者同时代的人萨摩斯岛的阿伽塔尔库斯（Agatharchos of Samos，活动时期在公元前 5 世纪）。

* 这两条河是尼罗河的两条主要支流，青尼罗河发源于埃塞俄比亚塔纳湖，白尼罗河发源于布隆迪境内的卡盖拉河，这两大支流在喀土穆附近汇流后，始称尼罗河。——译者

〔17〕H. F. 托泽：《古代地理学史》（Cambridge：The University Press，1935），第 63 页，附录 xi。

个令人称奇的宇宙论者，但不是一个天文学家。他可算是一个数学家，而且，或许可以称他为理论物理学家。他是一个真正的科学家，他向自己提出科学问题，并尝试着找出合理的答案。虽然雅典人开始敬佩他，但反复使他们感到震惊的不是一些确定的断言，而是他关于精神的一般态度，这是一种排除迷信的理性主义者的态度；对于偏执者来说，这种态度似乎是亵渎神明的。[18] 这些也许可以充分说明他为什么受到不虔敬的指控，不过也有可能，对他的控告在一定程度上是出于打击他的赞助者伯里克利这一愿望，因为在伯罗奔尼撒战争开始时，伯里克利已经变得非常不受欢迎了。伯里克利的许多朋友都受到起诉，其中最著名的菲狄亚斯被判监禁，事实上他后来死在狱中。欧里庇得斯显得更有远见，他在情况变得像 10 年之后那样严重以前，大约于公元前 440 年离开了雅典。伯里克利想方设法不使阿那克萨戈拉被监禁，但未能使他免于被放逐。

无论阿那克萨戈拉遭到指控的真正原因是什么——例如他与伯里克利的友谊或者亲波斯的倾向，[19] 统统都是宗教托词。阿那克萨戈拉因其理性主义而（大约于公元前 432 年）受到起诉。他当然并不是偏执态度与科学之间不停的斗争中的第一个受害人，不过他是第一个知名的人。我们不会把他称为科学的烈士，因为对他的判决仅仅是驱逐，不过，他是历史上第一个因自由思考而受到惩罚的人，因为他受他的

---

〔18〕 正如前面所引的普卢塔克的那段话中所表明的那样，人们用嘲笑的口吻称他为 *ho nus*（心灵）。这是非常典型的。阿那克萨戈拉求助于“理智”而不求助于这座城市的诸神，这对他们来说就是他不虔诚的一个证明。

〔19〕 这一点是 A. T. 奥姆斯特德在其《波斯史》（*History of Persia*, Chicago: University of Chicago Press, 1948）第 328 页指出的。

理性和他的良心支配,而不是受社会舆论支配。我们不知道他被驱逐后的生活细节,但他最后定居在达达尼尔海峡南岸密细亚的一座城市兰普萨库斯(Lampsacos)。为什么他选择在这个地方隐居呢?答案是,他只不过成为其他避难者中的一员。公元前494年,当辉煌的米利都市(爱奥尼亚哲学的摇篮和爱奥尼亚起义的领导者)被波斯人摧毁时,许多米利都人都到兰普萨库斯避难。后来,另一个避难者(或者称他为叛国者)蒂米斯托克利也来这里定居。这也许不那么引人注目,但我们可以假设,米利都人在兰普萨库斯创造了一种希腊文化传统和哲学。这是很合阿那克萨戈拉心意的,他在这里度过余生,于公元前428年在这里去世。他不可能有时间去创建一个哲学学派,但他住在那里必定加强了当地的希 245
腊文化传统,这里在随后那个世纪成为阿那克西米尼的出生地,而阿那克西米尼是亚历山大大帝的朋友和历史学家之一。

三、埃利亚学派:埃利亚的巴门尼德和芝诺与萨摩斯岛的麦里梭

当爱奥尼亚城邦中最北部的福西亚被波斯人侵占后,它的许多居民都在南意大利西海岸的埃利亚[或韦利亚(Velia)]建立了新家。有可能,另一个爱奥尼亚人科洛丰的色诺芬尼在这个城市住了一段时间,并且唤醒了它的一些学子们的哲学精神。至少,有一个伟大的哲学家、形而上学的奠基者之一巴门尼德就出生在那里,而且可能是色诺芬尼老年时的学生。

巴门尼德是一个典型的形而上学家:他所热切关心的不是现象,而是获得它们背后的真理的方法。他认为,必要的

方法并非像科学家可能认为的那样是观察法和实验法，而是纯粹的逻辑方法。他似乎认为，人通过他自己在逻辑方面的努力就能获得抽象真理。我们不应当因一个公元前5世纪的人怀有这样的幻想而责备他，因为直到我们这个时代，几乎每一个形而上学家都持有这类幻想。

巴门尼德试图尽可能严谨地发展爱奥尼亚的一元论，以抵制多元论或毕达哥拉斯二元论。在这方面他像一个数学家，对精确性比对常识式的现实更有兴趣。他的“是者”（*to eon*）或存在充满了所有空间；非存在是纯粹的空间即虚空（绝对真空）。这（非存在）不可能存在，但我们可以（像我们刚才所做的那样）去思考和描绘它。从这个前提出发，巴门尼德得出结论，世界必然是一，它是有限的但必定充满整个空间；为了对称，它必然是球形的；真空是不可思议的，因为世界的各个部分都是同样满的；存在的世界是永恒的、无变化的和无运动的。变化与运动是虚幻的。请注意，这些结论与和他同时代的爱奥尼亚人赫拉克利特所得出的结论截然相反。巴门尼德的前提是错误的，因而，他不可能得出正确的结论；但不能由此推论说，赫拉克利特的结论是正确的。

对巴门尼德形而上学（这肯定是形而上学而不是科学）的阐述，由他的一个弟子埃利亚的芝诺继续进行，并由另一个弟子萨摩斯岛的麦里梭加以完善。[20] 埃利亚哲学似乎在巴门尼德56岁前往雅典以前就已经形成。按照柏拉图的观点，巴门尼德与那时非常年轻的苏格拉底交谈过。由此或可

---

〔20〕 在专论《论古代医学》（*Ancient Medicine*）I中，希波克拉底很奇怪地提到麦里梭：“在我看来，这些人［哲学家们］由于缺乏理解，在讨论中自己推翻了自己所说的话，并且证实了麦里梭理论的正确性（……*ton de Melissu logon orthun*）。”

推断,巴门尼德去雅典是在公元前5世纪中叶,而他是在这个世纪初叶出生的。我们将不讨论埃利亚学派的先验一元论,但必须简要地说明它的出现并介绍巴门尼德和芝诺,至于芝诺的数学和天文学观点将留在下一章讨论。

人们对巴门尼德的思想已有了相当充分的了解,因为他概述其思想的诗中的许多诗行都保留下来。这首诗的开篇有一个序诗,诗分成两部分,分别讨论真理之路(*ta pros* 246
alētheian)和意见之路(*ta pros doxan*)。旧的毕达哥拉斯的二元论被新的逻辑二元论取代,真理被意见取代。他的思想是深奥的,或者至少是晦涩难懂的。要公正地对待它们就必须全文重述它们,并且应逐字逐句地分析它们。即使这样,也无法肯定能清晰理解它们。

芝诺说明:如果假设多元和变化是真实的就会使人陷入逻辑谬误,通过这种方式他完成了巴门尼德的“证明”。很有可能,由于他有条理地使用了归谬法,因而亚里士多德称他为辩证法的发明者。

如果我们承认这些叙述,即芝诺出生于公元前488年,并且于44岁时陪他的老师去了雅典,那么他们二人游历的时间是在公元前444年。这个日期似乎是可信的,尽管我宁愿说,他们大约是在那个世纪的中叶去雅典的。

至于麦里梭,他曾是萨摩斯舰队的统帅,在对波斯的作战中取得了一定的胜利,但未能阻止他的故乡——萨摩斯岛最终于公元前440年被打败。他是否在那一年或者那一年之后不久去了雅典,并且成为巴门尼德在那个城邦的一个弟子?使先验一元论走向极端的正是他。他声称,现象世界的变化只不过是我们的感官的错觉,理性不可能在存在之任何变化的形式下认识它的实在性。[21] 实在的世界不可能像巴门尼德的思想所教导的那样是有限的和球形的;它必然是无限的,因为若非如此,在它外面就会有虚空的空间。想一想,爱奥尼亚的一元论移植到意大利南部的毕达哥拉斯主义的气候中,以毫不妥协和自相矛盾的方式得以繁荣发展,这实在令人感到奇怪。

稍后我们还会与巴门尼德和芝诺相遇,不过现在我们必须离开他们,因为我们讨论的是科学史,而不是形而上学史。

四、阿格里真托的恩培多克勒

就我们所知或者我们从他们著作的文字中所能做的解读而言,到目前为止我们所谈到的哲学家——赫拉克利特、阿那克萨戈拉、巴门尼德和芝诺,都是一些奇怪的人,但他们都不如我们将要讨论的这个西西里人奇怪。恩培多克勒大约于公元前 492 年出生在(西西里岛南海岸的)阿格里真托。他不仅是一个哲学家,而且是一个诗人、预言家、物理学家、医生和社会改革者,他这个人充满了如此之多的热情,以至于他很容易被有些人当作江湖骗子,或者,在其他人眼中,他很容易成为一个传奇英雄。他的出生地是古代世界最美丽的城市之一,但是迦太基人大约于公元前 406 年把它摧毁了,从此它再也没有恢复它失去的辉煌。当恩培多克勒在世期间,它仍然是一个非常富饶和先进的希腊文化中心,恩培多克勒出身于它的名门望族之一。阿格里真托的财富和舒适的环境吸引了许多与众不同的人,例如品达罗斯和西摩尼

---

〔21〕请比较一下梵语词 māyā(空幻境界)和 avidya(无明)自身所表明的印度思想。māyā 意味着虚幻、非实在;avidya 意味着心灵无知,无知与不存在结合在一起,就是(māyā 所代表的)空幻。佛教徒使用这些术语,印度人也使用这些术语。

德，也许还有巴克基利得斯、色诺芬尼和巴门尼德。当毕达哥拉斯主义者被赶出克罗通时，其中有些人在阿格里真托找 247 到了避难所。从山坡上看，这里的海景相当壮观，城市周围的低地中有一些硫矿和盐矿、温泉以及其他奇异的事物，它们不可能不激励那些好奇的和思想敏捷的人。正如业已指出的那样，没有什么能证明恩培多克勒曾游历过埃及和东方，但是他曾在希腊世界旅行，而希腊世界也走进了他的故乡。他必须使哲学、宗教和科学的思想的躁动平息下来——这种躁动在讲希腊语的每一个地方都出现了。

他的著作包括一些关于净化的歌（*catharmoi*），三部论自然（*peri physeōs*）的散文体著作，以及一篇论医学（*latricos*）的诗作。（他的所有著作中）有 450 多行诗句留传给我们；它们只是整体的一个片段，但足以使我们对他的风格和思想有明确的了解。

他假设存在四种元素或四根（*rhizōmata*）——火、气、水、土；还假设存在两种动力：一种是向心力即爱（*philotēs*），另一种是离心力即斗争（*neicos*）。每一种存在物都是由这四种元素构成的，而这些元素本身是不变的和永恒的，它们可以被爱结合或重新结合在一起，或者被斗争分化和解体。这种四元素论是爱奥尼亚一元论与彻头彻尾的多元论之间的一种奇怪的妥协。[22]

有人也许会问："为什么是四元素？"显然，若不是柏拉图和亚里士多德最终增加了第五元素，没有人会对此感到烦

---

[22] 没有理由相信恩培多克勒发现了原子假说，甚至没有理由相信他听说过原子假说。我们所知道的第一个原子论者是留基伯，我们认定他属于这个世纪中叶或以后（参见下文）。

恼。尽管这个假说是武断的,但它有着非凡的运气,因为它以这种或那种形式支配着西方思想,这种影响几乎一直延续到 18 世纪。[23]

这些宇宙论观点持续了很长的时间,因为在现代化学诞生以前,证明或否证它们同样是不可能的。而另一方面,恩培多克勒的天文学思想更为切合实际。他的那些天文学思想似乎是非常原始的,他认为天空是由晶体制成的卵形面,恒星附着在上面,而行星可以自由运动。

不过,他能够进行物理学观察甚至实验。他有一个实验是值得赞扬的,该实验足以使他在科学史上获得卓越和永恒的地位。这个用漏壶所做的实验使他能够证明空气的有形的存在。或许,对存在或不存在空虚的空间的论证致使他得出这一结果。普通的漏壶是一个封闭的容器,它的底部有一个或数个小洞,顶部也有一个洞。如果用手指把上面的洞堵住,并且把漏壶浸入水中,它不会自动装满水,一旦把手指挪开,水就会急速涌入漏壶中。还有其他各种各样同样简单的实验,它们都能得出相同的结论。例如,当人们试图把一个有较大开口的空容器按入水中时,气泡就会从水面出现。这些人们既可以看见也可以听到其声音的气泡必然代表着某
248 种物质实在。附带说一下,现在已知的希腊最早的文献提到恩培多克勒使用漏壶,但是,希腊人肯定在那以前也使用过

〔23〕 对于希腊和西方的这种把围绕数字“4”的想象具体化,当人们把它与中国基于“5”的自然哲学观点加以比较[《伊希斯》*22*,270(1934–1935)],并且与印度基于“3”[三体液(tridosa)]的观点加以比较[《伊希斯》*34*,174–177(1942–1943)]时,它就会显得更为奇怪。这些分类——三角形(印度)、四边形(欧洲和亚洲伊斯兰教地区)和五边形(远东),也许可以用来作为三种杰出的文化模式的象征。

这种或那种漏壶，因为第十八王朝的埃及人和古代的巴比伦人已经知道这种工具了。希腊关于它的理论是相当晚的，然而我们只能追溯到克莱奥迈季斯（Cleomedes，公元前 1 世纪上半叶），不能更远了。[24]

恩培多克勒还进行了一系列关于视觉和光的观察。我们是如何看见某一物的？按照埃提乌斯（Aëtios）的观点，恩培多克勒似乎已经得出某种折中的结论：有些发射物（*aporroai*）可以从发光的物体中发射出来并与眼睛发出的光线相遇。这种折中使人想起，其他希腊思想家已经试图解答这个谜。毕达哥拉斯及其信徒们主张，视觉是由物体所发射出的微粒引起的；其他思想家则认为，正是眼睛发出了视觉之光。对于一个现代的读者来说，这些想象似乎是愚蠢的，但是他应当考虑到，对于那些把视觉当作理所当然的并且不去尝试解释它的人们来说，这些想象意味着明显地比他们前进了一步。因为这些人甚至没有想到需要进行某种解释。[25]

恩培多克勒关于光速的沉思同样是冒险的，但它们更为走运，因为它们在 21 个世纪以后（1676 年）被丹麦天文学家

---

〔24〕参见 A. 波戈：《埃及的水钟》（"Egyptian Water Clocks"），载于《伊希斯》*25*，403－425（1936），附有插图。关于巴比伦的漏壶，参见本书第 75 页。按照第欧根尼·拉尔修《名哲言行录》，第 9 卷，46，德谟克利特的"数学"著作中有一本的题目是《水钟（与天空）的矛盾》[*Conflict of the Water-Clock*（*and the Heaven*）]，但是这本书失传了，而且题目也不明确。

〔25〕哲学正理（Nyāya）学派的印度人也热衷于类似的讨论。没有必要假设，这些保存在梵文文献中的思想曾经影响过希腊思想家，或者相反，因为确定那些文献的年代（比如在几个世纪中）是不可能的；任何这样的假设都无法证明。参见 D. N. 马利克（D. N. Malik）：《光学理论》（*Optical Theories*，Cambridge，1917），第 1 页—第 2 页。

罗默(Roemer)的观察证实了,[26]而且被上个世纪完成的一些实验证实了。恩培多克勒论证说,光必定有一个有限的速度。这当然不是观察的结果而是纯粹推理的结果。亚里士多德就是这种情况的一个很好的证明,因为他曾做出过两次类似的陈述。[27] 值得把这两次陈述的第一个(也是最长的一个)引述一下:

恩培多克勒说过,阳光在进入视野或大地之前,要先到达中间点。这似乎较合理地解释了所发生的事情。因为[在空间中]运动的东西是从一个地方被移动到另一个地方,所以一定存在着某一阶段时间,在这段时间中它从某一点被移动到另一点。所有时间都可以分割,所以,我们应当设想,在还没有看到阳光而光线正运动到中间点时,就已经过去一段时间了。

人们把一些不同的解剖学和生理学方面的"发现"归功于恩培多克勒。他认识到内耳迷路,并且说呼吸不仅是通过心脏的运动而且是通过整个皮肤进行的。他说明了血管的重要性,认为血液是内部热量的载体。血液从心脏流出,又流回心脏;这并不是血液循环论的先驱,而是盖伦(Galen,活动时期在2世纪下半叶)所发展的潮汐理论的先驱,而且这种思想在不同的限定条件下在哈维(Harvey)时代(1628年)以前一直被人们所承认,甚至在这以后一段时间还有人承认它。恩培多克勒似乎已经把这种潮汐理论推广到整个世界;

---

〔26〕参见I.伯纳德·科恩(I. Bernard Cohen):《罗默与1676年光速的最早测定》("Roemer and the First Determination of the Speed of Light, 1676"),载于《伊希斯》*31*,326-379(1940),附有插图。

〔27〕《论感觉》(*De sensu*),446A26-B2;《论灵魂》,418B21-23。

宇宙也有潮汐(或者称作宇宙的呼吸),就像在个人的身体 249
中也有潮汐(或者呼吸、血液的脉动)一样。这种思想与宇宙的两种力即爱与恨在交替起作用的思想是一致的。这种思想在数个世纪中也颇为流行,在许多思想家[例如列奥纳多·达·芬奇(Leonardo da Vinci),甚至歌德]的著作中一而再、再而三地得到重申。

恩培多克勒的医学观点同样是有先见之明的:健康是以身体中的四种元素的平衡为条件的,疾病是由它们的均衡被打破而引起的。这种关于健康和疾病的理论经常得到修改和扩大,[28]只要四元素本身被认可,这种理论就会继续被认可;这种理论甚至比四元素说本身存在的时间还长久,直至今日也未完全根除。

从他晦涩的著作中,人们还解读出其他"先见",例如,关于自然界的统一性、生物进化和适应等思想,或者解读出一些"回忆",例如,那些关于灵魂轮回的回忆。[29]

恩培多克勒的这幅肖像虽然展现了他丰富多样的特点,但并不完整,因为他主要还是一个社会改革者和宣传家。阿格里真托周围的沼泽地很不利于健康,他在其力所能及的范围内把其中一些沼泽地的水排走了。他常常从一个城镇旅行到另一个城镇,宣传和演唱他的诗篇,净化人们的心灵,治疗他们的肉体;甚至有人说他曾把一个阿格里真托的妇女从

---

[28] 四元素变成四性质、四体液以及四气质,但它们都不过是以这些形式作伪装的恩培多克勒的思想自认为是的仿冒品。参见《伊希斯》*34*,205-208(1943)。

[29] 灵魂转世的思想也被归于毕达哥拉斯学派和俄耳甫斯教派(the Orphics)。它可能起源于东方:印度的轮回转世(samsāra)思想可能通过波斯传到希腊,来自或通过埃及传播的类似思想也许已经证明了它的东方起源。参见居蒙:《不朽之光》,第197页—第200页,第408页。

死亡线上挽救回来。他是某种救世主义者和奇迹创造者。在他在世期间,他已经有了(即使不是最高的也是)相当大的名望,在他去世后不久他就成了一个英雄。许多传说紧紧围绕在有关他的回忆周围,这一点就像毕达哥拉斯和早期的圣徒的情况一样。它们太华而不实了,足以淹没真相,以致我们无法知道他去世时的情况。按照一组传说的说法,在观察埃特纳(Aetna,或 Etna)火山口的活动时,他自己跌进或滑进了火山口;有人甚至添油加醋地说,该火山把他的一只鞋喷吐了出来(这是那种加在每一个传说上以便使没有辨别能力的听众相信的间接证据)。按照另一种传说,他失势了——不是因为某种非同寻常的命运,而是因为公众的认可往往是变幻无常的,因此他不得不离开西西里岛。他首先去了意大利。这是一个很好的理由,据此就可以相信他在(卢卡尼亚的)图里(Thurii)城建成(公元前 445 年)后不久就去了那里。后来又去了伯罗奔尼撒半岛,并且于公元前 440 年去了奥林匹亚。在那一年(即第 85 个四年周期的第 1 年)的奥林匹克运动会上,他的《净化歌》(*Purification Songs*)被一个吟游诗人吟诵。在此之后,他就失去了踪迹。他去雅典了吗?没有什么能够证明,况且也不太可能。一个外乡的创造奇迹者恐怕很难在雅典受到欢迎,而且可能在那里过得很糟糕。没有恩培多克勒的热情也不像他那样怪异的阿那克萨戈拉已经被赶出这座城市,而且没过多少年后,苏格拉底就被判有罪。更有可能的是,恩培多克勒留在伯罗奔尼撒半岛,与一个年轻的朋友,即安奇托斯之子保萨尼阿斯(Pausanias, son of Anchitos)一起,从一个地方漫游到另一个地方。他把他的《论自然》(*Physics*)题献给这个保萨尼阿斯

(参见它的序诗),因而我们可以设想,这部著作是在这些年
的背井离乡期间写成的。按照一个有趣的传说,他大约于公 250
元前 435 年至公元前 430 年在伯罗奔尼撒半岛的某个地方
去世。他的朋友们包括保萨尼阿斯围着他举行了一场宴会。
当夜幕降临时,最后的晚餐的宾客们听到一个声音呼喊着恩
培多克勒的名字,夜空变亮了,而他则消失了。[30]

这个很短的概述揭示出,恩培多克勒这个西西里人与除毕达哥拉斯主义者和俄耳甫斯派诗人以外的其他希腊哲学家是截然不同的。他有某些东方的特点,它们很奇特地与真正的科学的纯粹愿望结合在一起。东方因素可能已经从波斯、巴比伦、埃及甚至印度渗透到他善于接受的心灵之中,或许,它们就是他自己的不可思议的特性的起源。恩培多克勒是一个非常伟大也非常罕见的人,他没有留下任何学派;在他的钦佩者和弟子中,甚至包括最忠实的保萨尼阿斯在内,没有一个人能够继续这位大师的工作。

五、原子论者:留基伯和德谟克利特[31]

在那个西西里插曲之后,我们现在可以回到希腊大陆来讨论希腊的理性主义,并且见证一种新的解释世界的普遍理论即原子论的发展。然而,回到希腊并不意味着忘记东方,因为东方的影响遍及地中海世界东部已达数个世纪之久。为了理解这个新理论的重要意义,我们暂且尝试忘掉所有我们已知的东西,并自问一下:宇宙是怎样构成的?有两个可

---

[30] 约瑟夫·比德兹:《恩培多克勒传》(*Biographie d' Empédocle*, 176 pp.; Gand, 1894)。

[31] 关于这个话题,最全面的论述是西里尔·贝利(Cyril Bailey)的《希腊原子论者与伊壁鸠鲁》(*The Greek Atomists and Epicuros*, 630 pp.; Oxford: Clarendon Press, 1928)[《伊希斯》*13*, 123–125(1929–1930)]。

能的回答:它是由一种材料构成的,或者是由多种材料构成的。尽管爱奥尼亚的自然哲学家已经给出第一种回答,但从一开始它就显露出一些缺陷,除非增加一些意味着否定原始一元论的限定条件,否则无法消除这些缺陷。因此,阿那克西米尼假设气是基质(*urstoff*),多样性方面被解释为是由气变得稠密或稀薄所导致的。我们很容易接受这种解释,因为我们知道,空气是由无数粒子构成的,这些粒子可以聚集在一起,也可以相反,彼此越离越远,但没有那种想象,这种解释是不可能的。如果物质是由单一的部分构成的,怎么能理解物质变得稀薄或者稠密呢?这样,有人也许会说阿那克西米尼已经是一个化了装的多元论者了。

类似的评论也适用于接受空虚的空间概念的毕达哥拉斯及其信徒。巴门尼德和埃利亚学派已经对之有了清晰理解的真正的一元论,暗示着空间充满了物质。

阿那克萨戈拉和恩培多克勒的哲学无疑抛弃了一元论僵局。他们,而且人类随着他们一起,永远地走出了这个僵局。阿那克萨戈拉假设存在一种有制约作用的理性,从而引入二元论;恩培多克勒用他的四元素和两种力构成一种多元论。接下来的步骤是原子论者采取的,他们假设,存在着无数单独的微粒,它们分布在无限的空虚的空间中。

古典时期的作者(例如亚里士多德和塞奥弗拉斯特)一致认为,活跃于大约公元前5世纪中叶的留基伯已经发明了原子论,大约30年后,德谟克利特又使该理论有了发展。我们必须首先了解一下这两个非凡的人物。

251 关于留基伯我们所知甚少,甚至不知道他的出生地。关于他的出生地有不同说法,如埃利亚、阿布德拉和米利都。

最有可能的是米利都,我们将把他称作米利都的留基伯。至于另外两个地方——阿布德拉和埃利亚,它们之所以可能被人们想起,前者是因为人们把它与德谟克利特的情况混淆了,后者则是因为留基伯是以埃利亚学派的弟子开始其生涯的,并且实际上他是芝诺的学生(不管怎么说,这是一种流行的传说)。很有可能他曾游历埃利亚,更有可能的是他在阿布德拉住过一段时间。可以想象,原子论的诞生是对巴门尼德空想的思想的一种反作用。据说,留基伯在一部奇怪地以《大宇宙》(*The Great World System* 或者 *Megas diacosmos*)为题的著作中解释了原子论,但有人也把这部著作归于德谟克利特的名下,被归于德谟克利特名下的还有一部较小的著作,题为《小宇宙》(*The Small World System*)。留基伯的著作已经佚失了,不过有一句名言肯定可以归于他的名下:"没有任何事物是凭空[无缘无故]发生的,万物均有某种原因,而且都是必然性的结果。"[32]

我们对德谟克利特的了解就多了很多。[33] 首先,关于他的出生地没有疑问,他出生在色雷斯的阿布德拉,关于他所在的时代也没有什么疑惑,因为他自己告诉我们当阿那克萨戈拉老年时,他还是个年轻人,比阿那克萨戈拉年轻 40 岁。这与另一个传说颇为吻合,按照这一传说,他出生于第

---

[32] 这句话的希腊原文更为明确:*Uden chrēma matēn ginetai, alla panta ec logu te cai hyp' anagcēs*。

[33] 关于德谟克利特有大量的文献,因为关于"原子论"和"唯物主义"有无穷无尽的讨论,这些讨论每个世纪都会以新的形式出现,而且总会返回到他那里。例如,卡尔·马克思(Karl Marx,1818 年—1883 年)年轻时写了一篇关于德谟克利特与伊壁鸠鲁的差异的论文(1841),因此俄国人对德谟克利特有浓厚的兴趣。参见《伊希斯》*26*,456-457(1936)。

80 个四年周期(公元前 460 年—前 457 年);这也与我们所得知的他和留基伯的关系相吻合。如果我们把他们的全盛时期(*floruits*)分别定在公元前 450 年和公元前 420 年,应该不会有大错;或者换一种说法,原子论是在公元前 5 世纪的第三个 25 年期间在阿布德拉创建的。

即使有读者很可能知道,在这段时期希腊世界的天才是无处不在的,但提到阿布德拉可能还会使他感到诧异。阿布德拉在爱琴海的北端,可能看起来很偏远;不过,它仍然是一座古老的和繁荣的城市。非常奇怪的是,它获得了愚蠢人居住地的名声,[34]然而,它不仅是德谟克利特的诞生地,而且也是普罗泰戈拉和阿那克萨库(Anaxarchos)的出生地。[35]如果这座城市(像我们所认为的那样)是原子论的发源地,那么,世界上没有几个城市值得享有像阿布德拉一样的殊荣。雅典也许是希腊世界的中心,但无论如何,它不是希腊世界的全部,也不是希腊功绩的唯一源泉。毋宁说,在那个世纪中叶,它是那些功绩也许有望在此获得最佳奖赏的地方。那种奖赏不一定是随要随到的。德谟克利特去了雅典并且见到了苏格拉底,但是他太腼腆了,以至于没有向苏格拉底做自我介绍。他说:“我来到了雅典,没有一个人认识我。”如果他在这个世纪较晚的时候去那里,很可能雅典人

〔34〕取笑阿布德拉人(Abderite)愚蠢与取笑彼奥提亚人(Boeotian)没有分别,这就像法国人取笑蓬图瓦兹(Pontoise)人和沙朗通(Charenton)人,美国人取笑布鲁克林(Brooklyn)或卡拉马祖(Kalamazoo)的居民一样。

〔35〕据说,阿那克萨库是德谟克利特学派的一个成员,这暗示着,该学派在其创始人去世后持续了一段时间。他是亚历山大大帝在亚洲的一个朋友,在亚历山大大帝去世(公元前 323 年)后他被塞浦路斯的萨拉米斯国王处以死刑。阿那克萨库被称作乐观主义者(the optimist, *ho eudaimonicos*),这也是他属于德谟克利特学派的一个证明。

对他就没有什么用处了。他写了多部著作,这些著作(为数不多)的题目流传下来,共分为四组。[36] 从这些标题来看,它们证实了有关德谟克利特受教育的传说。在他父亲去世 252
后,他决定用他所获得的(数目相当可观的)遗产到国外从事研究。在希腊,这种决定并不新鲜,我们已经看到,一些哲学家和诗人尽其所能周游四方。不过,他们中的大部分人都满足于在讲希腊语的地区旅行;只有少数人受神秘的东方吸引,这些人都深信东方是古代智慧的来源。德谟克利特在较大的范围内旅行,而且旅行了很长时间。无论他去哪里,他都要找到那些有学问的人并且在他们的指导下学习。他用了 5 年的时间在埃及学习数学,而且一直旅行到(尼罗河上游的)麦罗埃(Meroë)。那时(公元前 449 年以后)希腊与波斯之间的和平使得希腊人有可能到小亚细亚去旅行。[37] 德谟克利特借此机会去了"迦勒底"(他实际去的是巴比伦,成为第一个去那里的希腊哲学家),从那里他又去了波斯,甚至有可能去了印度。重要的是,德谟克利特并不只是一个观光者或旅行家,而且也不是一个商人,他是一个寻找知识的哲学家。他能收集多少知识?他是否读过象形文字或楔形文字?大概没有,但他是一个聪明的人,机敏而又好奇,他能够把从某个来源得到的信息用来自另一个来源的信息加以

---

[36] 第欧根尼·拉尔修在《名哲言行录》(第 9 卷,46)中为我们提供了他的著作清单。拉尔修指出,有一个叫塞拉绪卢(Thrasylos)的人按照四联剧的形式把它们分组,他也按这种形式把柏拉图的著作分组(后者著作的大部分版本都保留了这种分组)。这种习惯大概与雅典戏剧界的古老传统有关。有一段时期,戏剧家必须提交四部悲剧或三部悲剧加一部羊人剧。

[37] 公元前 449 年,希波尼库之子卡利亚(Callias, son of Hipponicos)与波斯签订了和平协定。参见奥姆斯特德:《波斯史》,第 332 页。

核实。他当然能够从埃及、迦勒底或波斯的信息提供者那里学到许多东西。究竟有多少？我们是否可以必然地得出结论说，他从东方带回了原子论？我们过一会儿将回过头来讨论这个问题。

在讨论那个理论之前，我们必须完成我们对德谟克利特的描绘。他并不是唯一的原子论之父，但他是一个百科全书式的人物，对哲学的所有分支以及科学的所有分支都感兴趣。我们将在其他几章中考察他的数学、天文学和医学知识；在这里，我们仅限于讨论他的心理学和伦理学思想。他是第一个试图对神附，亦即神灵附体导致的心灵状态进行科学解释的人——这种状态也可以称作神灵感应，但它也可以是天才的或愚蠢的艺术创作灵感，[38]这种尝试促使他对多种心理学和心理玄学问题进行研究。从归于他名下的一本箴言（*gnōmai*）集可以推论出他对伦理学的兴趣。这些格言是真作吗？谁能说呢？其中有些格言像谚语，即使它们以他创造的这种形式留传给我们，它们也不能称作是他的，它们所表现的不仅仅是他个人的智慧，而且还有他的民族所积累起来的智慧。它们是欧洲文献中最早的这类汇集，就此而言，它们是非同寻常的。这里有一些例子：

不要企图无所不知，否则你将一无所知。

[38] 参见阿尔芒·德拉特（Armand Delatte）：《前苏格拉底哲学家的神附概念》（*Les conceptions de l'enthousiame chez les philosophes présocratiques*，79 pp.；Paris：Les Belles Lettres，1934）；约瑟夫·比德兹：《黎明女神或柏拉图与东方》（Brussels：Hayez，1945），第 136 页及以后［《伊希斯》*37*，185（1947）］。

勇气是行动的开始，但决定结果的则是运气。〔39〕

巨大的快乐来自对美的作品的沉思。 253

人通过享乐的节制和生活的协调，才能得到愉快（*euthymia*）。缺乏和过度惯于变换位置，并且在灵魂中引起大的骚扰。

在不幸的处境中正确地思考是件了不起的事。

行不公正的人比遭遇不公正的人更不幸。

与其事后后悔，莫如事前请教。

对可耻的行为的追悔［依然］是对生命的拯救。

善于忍受冒犯是灵魂高尚的一种标志。

当人有个好女婿时，就是得了一个儿子，但如果有个不好的女婿，那就外加把女儿也失掉了。

连一个高尚朋友都没有的人活着没有价值。

要把政治家的艺术当作所有艺术中最伟大的来学习，要努力完成那些会给人类增加伟大而辉煌之结果的辛苦工作。

应当把国家的事务视为高于一切，并且务必把国家治理好。决不能让争吵破坏公道，也不能让暴力损害公益。因为治理得好的国家是最可靠的保证，一切都系于国家。国家健全就一切兴盛，国家腐败就一切完蛋。

在德谟克利特时代有教养的人之中，大多数这些伦理的、经济的和政治的箴言都是很平常的；其中有少数是在这个时代以前的，人们也可能在苏格拉底或柏拉图甚至基督所

---

〔39〕这句格言以及以下所引的格言译文均为西里尔·贝利在《希腊原子论者与伊壁鸠鲁》第 187 页—第 213 页所译［《伊希斯》*13*，123（1929－1930）］。贝利也提供了希腊语本，它自然比英语本更好，因为希腊语本是真品，而英语本只不过是有些失色的摹本。

说的话中听到过这些箴言。德谟克利特不仅强调沉思，而且强调愉快，在他必定亲眼目睹过的不幸岁月里，这一点是非常有价值的。当他在垂暮之年也许年逾百岁去世时，他的生命已延伸到公元前4世纪的第二个25年。[40]

我们现在来考虑原子论，德谟克利特从留基伯那里接受了这种理论，但把它发展成一种前后一致的并且非常完善的关于世界的解释。

与赫拉克利特的普遍流变思想相反，德谟克利特假设，存在者具有相对稳定性；同时与巴门尼德的静态的统一性思想相反，他又假设，运动是实在的。世界是由两部分组成的，充实（*plēres*，*stereon*）和虚空亦即真空（*cenon*，*manon*）。充实的部分可以分割为微小的粒子，称作原子（*atomon*，它是不能分割即不可分的）。原子在数量上是无限的，而且它们是永恒的和绝对简单的；它们在性质上都是相同的，不同的只是形状、次序和位置。[41] 每一种物质、每一个单一的物体都是由这些原子构成的，这些原子的可能的组合在数量和方式上都是无限的。只要构成物体的原子仍聚集在一起，物体就会存在；当它们的原子彼此分离时，物体就不再存在了。实在的无穷变化是由于原子的不断聚合和离散引起的。由于原

〔40〕 因此，他是个与柏拉图在同一时代但比柏拉图老的人，尽管柏拉图没有提及他的名字，但受到过他的影响。参见约瑟夫·比德兹：《黎明女神或柏拉图与东方》（Brussels：Hayez，1945），第134页。

〔41〕 亚里士多德：《形而上学》（*Metaphysica*），985B14：“他们说这些差异共有三种：形状（*schēma*）、次序（*taxis*）和位置（*thesis*）。他们［原子论者］说，实在仅在‘节奏’（*rhysmos*＝*rhythmos*）、接触（*diatigē*）和姿态（*tropē*）上有差别；在这里节奏就是形状，接触就是次序，姿态就是位置。例如，在形状上*A*和*N*不同，在次序上*AN*和*NA*不同，在位置上H和*H*不同。关于运动问题，它在物体之中是从何处又是怎样开始的？这些思想家和其他的人一样，懒惰地把它忽略了。”

子本身是不灭的,因而可以把这种理论看作物质守恒原理的预示。

但是,原子是怎样运动的呢？它们是怎样聚集在一起或者分开的呢？为什么它们会以一种或另一种方式聚合呢？可以提出无数这样的问题,而德谟克利特无法回答它们,在许多情况下甚至无法对它们加以阐述。19 世纪和 20 世纪 254
的化学家们非常缓慢和费力地对这些问题进行了确切的阐述,但他们的工作还没有完,而且永远也不会完。原子论是决定论和机械论的理论。从人的意志和自由来看,决定论既受到人类的无知的限制,也受到成因的无限复杂性的限制。德谟克利特并没有构想与物质不同的精神,他只考虑到有些原子团比其他的难以捉摸,他构想了所有这些原子团,从最重的最物质化的原子团到最轻的和最精神化的原子团。灵魂(或生命的本原,*psychē*)是物质的,但它是由最轻的(例如火)而且最易动(球形的更易动)的原子构成的。在任何物中都有那些最轻的(亦即灵魂的)原子。这种思想使得早期的原子论者可以解释感觉、思想以及各种心理现象。*psychē* 这个词在德谟克利特的残篇中反复出现,它可能既指"心灵"也指"灵魂"。在任何地方都有某种 *psychē*(灵魂),或者换个说法,整个宇宙都是有活力的(有灵魂的),但不存在神,也没有阿那克萨戈拉的 *nus*(理性),没有苏格拉底的天意。对于灵魂高于肉体或者缺少物质性的原子团高于更具物质性的原子团,德谟克利特深信不疑,以至于他不讨论这样的问题,却多次重申,因此,他的"唯物主义"实际上是被某种名副其实的唯心主义主宰的。此外,他把最轻的原子团称作影像(*eidōla*,因而有了我们的词 idols,不过在这里该词的意思是：影、像、幻影、幻象），并且认为它们是无处不在的，而且能够影响我们的命运。这一种是可用来说明梦、幻象、占卜以及其他神秘事物中所隐含的真相的别出心裁的便利方法。他的理论表面的严谨被其模糊性和弹性抵消了。这个理论可以包容一切；它可以为大多数最具物质特性的和最不具物质特性的事实提供某种说明。

正如贝利所评论的那样：

德谟克利特既不是一个怀疑论者、理性主义者，也不是一个现象论者，他与现代的任何范畴都不相符；他既不肯定或否定**所有**感觉的真实与否，也不肯定或否定**所有**思想的正确与否。他自己建立了一种"认识论"，这种认识论是难以捉摸而且几乎是自相矛盾的，但却直接以其原子论的世界观为基础。宇宙的终极实体、原子和真空都是真实的并且可以被心灵认识。现象是由终极实体构成的，并且保留了规模和形状的原始属性：正因为如此，它们是真实的而且能被感官所认识。心灵可以从现象中进行可靠的归纳，这既是因为那些作为原始属性统一体的现象是真实的，也是因为对真实现象的唯一知觉——感觉与思想是同一的。但是，一旦超出这些原始属性、超出现象的现实，而你又把实际上是你的感官的主观经验归因于客体，以那些"惯例"为基础的思想不会使你有什么结果。[42]

有些学者就原子论的来源提出了论战，在他们看来，前面提到的这种理论起源于希腊（例如毕达哥拉斯学派等）的观点是不充分的。印度正理派（Nyāya）和胜论派（Vaiśeshika）

---

〔42〕 西里尔·贝利：《希腊原子论者与伊壁鸠鲁》，第 185 页。

的哲学家所发展的原子论,其具体时间无法确定,但几乎可以肯定是在基督时代以后。[43] 假设有一些更早的、非常早 255
的(婆罗门教的、佛教的或耆那教的)先于那些哲学理论的思考,希腊人是否知道这些更早的思想呢？它们是否可能影响过他们呢？这并非不可能,德谟克利特本人去波斯或者印度(？)时可能听说过它们。不过这些假设并未得到证明,因而是没有根据的。那些试图使自然的统一性和相对稳定性与其无穷变化相协调的贤哲们,必然迟早都会提出原子论假说。怎样把一元论与多元论相调和？这些假说既出现在印度人的头脑中,也独立地出现在希腊人的头脑中,这并不奇怪。希腊人完全可以依靠自己得出那种解决方法,印度人也是如此。[44]

在这里,必须提一下一个关于原子论起源于东方的传说,因为它太出乎意料了。波西多纽(活动时期在公元前1世纪上半叶)把这个理论归于一个腓尼基人、西顿的摩赫(Mochos of Sidon),而比布鲁斯的斐洛(Philon of Byblos)[45] 把该理论归于另一个腓尼基人贝鲁特的桑楚尼亚顿

---

[43] 对此问题的详尽阐述,请参见阿瑟·贝里代尔·基思(Arthur Berriedale Keith):《印度的逻辑学与原子论——正理派和胜论派体系解说》(*Indian Logic and Atomism. An Exposition of the Nyāya and Vaiçeṣika Systems*, 291 pp.; Oxford, 1921)[《伊希斯》4,535–536(1921–1922)]。

[44] 许多希腊的科学和哲学思想在印度都有其相似物。把那些相似物加以比较是很有意思的,尽管要确认哪一个在先哪一个在后,或者证明它们是一个依赖于另一个的,其可能性(即使有也)是很低的。这些相似物有助于证明人类精神本质上是同一的。假定有一些问题,它们只有为数不多的答案,那么,希腊、印度、中国等国的贤哲们独立而偶然地发现相同的答案,也不必大惊小怪。

[45] 也称作比布鲁斯人赫里尼奥斯(Herennios Byblios),他活跃于腓尼基的比布鲁斯、韦斯巴芗皇帝(Vespasian,公元70年—79年在位)统治时期。他的著作已经失传。

(Sanchuniaton of Beirūt),并且把他的著作译成希腊文。这些译本的一部分被优西比乌(Eusebios,活动时期在4世纪上半叶)保留下来。据假设,摩赫和桑楚尼亚顿活跃于特洛伊战争以前,而且有人明确地说,后者活跃于塞米拉米斯[46]时代。从优西比乌的文本可以判断,他们的学说比留基伯和德谟克利特的原子论更为久远。这些腓尼基人是非常聪明的翻译和中间人,他们可能传播了一些印度的理论;他们甚至可能发明了一种理论,但那可能是他们唯一的成就。

就我们对希腊人和腓尼基人的了解而言,我们不会对前者发明原子论有任何惊讶;但如果后者发明原子论,我们可能会感到极为惊讶。[47] 有关腓尼基人的传说是不足为信的:当德谟克利特在东方生活时,东方对他渴望知识的心灵产生了多种影响,但原子论的发明没有被归功于他,而被归功于他的老师留基伯。

在评价希腊原子论时,我们必须当心两种夸张的做法:一种是把它等同于约翰·道尔顿(John Dalton)在19世纪初叶发明的现代理论,另一种是由于它比较模糊而把它完全拒绝在科学史之外。自然,希腊人的思想与道尔顿的思想有着极大的差异,这完全是无法检验的哲学观念与吸引一系列实验验证的科学假说之间存在的差异。另一方面,毫无疑问,

---

〔46〕传说中的亚述王后,大概与沙玛什-阿达德五世(Shamshi Adad V,公元前824年—前812年在位)的妻子萨穆拉玛特是同一个人。

〔47〕参见西里尔·贝利:《希腊原子论者与伊壁鸠鲁》,第64页—第65页;乔治·孔特诺:《东方考古学手册》(Paris,1927),第1卷,第316页—第319页[《伊希斯》*20*,474-478(1933-1934)];佩尔·科林德(Per Collinder):《原子论的历史源头》(*Historical Origins of Atomism*, Lund: Observatory, 1938)[《伊希斯》*32*,448(1947-1949)]。

德谟克利特的理论被伊壁鸠鲁复活并且被卢克莱修普及,而 256
且在数个世纪中一直是一种激励思想的因素。犹太教和基督教的教师把它赶到地下,但它绝没有消亡。对它的兴衰变迁的记述是认识史中最值得注意的记述之一。

六、智者派:阿布德拉的普罗泰戈拉、莱昂蒂尼的高尔吉亚和雷姆诺斯的安提丰

我们现在再回到雅典,尝试着从一个受过良好教育的人的观点来思考知识的前景,这个人在公元前 5 世纪的下半叶住在这个城市,并且试图理解他周围的世界。政治环境就不用说了,局面是每况愈下,单是他周围所讨论的相互冲突的学说就一定令他极为困惑了。他应该相信赫拉克利特还是巴门尼德、阿那克萨戈拉还是恩培多克勒?抑或,他应该追随原子论者?也许,关注神秘仪式和颂词、尽一个公民的责任并分享大众迷信更为简单和安全。在哪里能发现真理?在如此纷繁复杂的(并且被政治和经济的动荡加剧的)情况中,一个好人陷入偏执、多疑或任何形式的绝望境地理应可以原谅。真理究竟有什么益处?真理存在吗?如果存在任何真理,凡人是否可以获得它呢?这是所有问题中最令人困惑的一个。如果他有一些正在成长的孩子需要照顾,他应该把他们交给谁去接受教育?

人们强烈地感到需要教师,这种需求现在被他们中的一派新人满足了(总要有某类或另一类教师,否则,任何文明都无法持续),这些人可以称作智者。这种惯用法大概是在公元前 5 世纪末被认可的,一个“智者”(*sophistēs*)就是一个语法、修辞、辩证法和雄辩术的专业教师,是一个教年轻人使自己举止得体、变得有智慧和快乐的人。其中有些智者是善

良的人,也许,大多数智者都是善良的人,而另一些更引人注目的智者则是很会赚钱的人和伪君子(这是不可避免的)。随着时间的推移,似乎不良教师的数目在增加,而智者这个名称渐渐获得了不好的含义,这种含义一直保留至今。

与那些不诚实的人打交道不会有什么收获,不过,有三个黄金时代的杰出智者值得了解一下,即普罗泰戈拉、高尔吉亚和安提丰。柏拉图以前两位智者的名字为标题的对话不仅使他们名扬千古,而且对他们进行了令人信服和颇具吸引力的描述。[48]

1. **阿布德拉的普罗泰戈拉**。普罗泰戈拉大约于公元前485年出生在阿布德拉(德谟克利特的出生地),在他而立之年,他开始在希腊各地以及西西里岛和大希腊地区旅行,并且进行演讲和教学活动。他是第一个被称作智者的人,并且获得了最初的收获。他非常成功,而且在他40年的教学生涯中,他所积累的钱财是雕刻家菲狄亚斯的10倍。他去过雅典许多次,其中有些逗留时间可能长得足以使他在那个城市出名。他博得了伯里克利的青睐。关于他在物质财富方面的成功的传闻令人不愉快而且是一种不祥之兆;其他人一定受到了这种传闻的刺激,并且在它的引导下去利用一个可
257 能如此有利可图的职业;任何能够提供如此酬劳的职业都会受到极大的危害。这个新的职业开始时非常好;它从不好变得更糟,而辩证法获得与诡辩同样令人厌恶的名声,这些都没有什么值得惊讶的。普罗泰戈拉的哲学是某种赫拉克利

---

[48] (驳斥雄辩术的)《高尔吉亚篇》(*Gorgias*)和(驳斥智者的)《普罗泰戈拉篇》都是柏拉图成熟时期的作品。

特的相对主义这一事实,可能有助于他的成功,因为在一个幻灭不断增加的时代,这种哲学可以满足人们的需要。在他的一部讨论真理的著作中,他说“人是万物的尺度”;因此,不可能有任何绝对真理。他的另一句话更欠慎重:“至于诸神,我既不能说他们存在,也不能说他们不存在。阻碍我们认识这一点的因素很多,首先是问题的晦涩,其次是人的寿命短暂。”这对于雅典的民众来说太过分了,那些民众对宗教问题是非常敏感的,而且他们的神经已经被各种渎神行为搅乱了。[49] 公元前411年,普罗泰戈拉受到不信神的指控。市镇的公告传报员告诉购买过他的著作的人把那些书带到广场,在那里把它们烧掉;[50]他被迫背井离乡,而他若不设法逃跑,他就会被判处死刑。他能逃过雅典的法官,但却未能逃过天罚:载着他奔向自由的船失事了,而他也因此身亡。

还应当补充一点注释。智者是教人如何谈吐优雅的教师。这意味着要讲授语法,而第一个智者普罗泰戈拉 *ipso facto*(实际上)就是第一个语法学家。他使人们注意到词性,并且对动词的不同时态和语气进行了区分;当然,他还是第一个实用逻辑教师。我们稍后还会回过头来讨论这个问题,

---

〔49〕参见皮埃尔·马克西姆·舒尔(Pierre Maxime Schuhl):《论希腊思想的形成》(*Essai sur la formation de la pensée grecque*, Paris: Presses Universitaires, 1949),第368页[《伊希斯》*41*,227(1950)]。

〔50〕这是最早记载的焚书的事例,时间是公元前411年。这暗示着那时雅典已经有了图书贸易。自此以后,在许多世纪中有过许多其他同类的迫害行为 。举两个臭名昭著的例子就足够了:秦始皇(Shih Huang-ti,公元前3世纪下半叶)曾下令焚书;在年代学的另一端,希特勒于1933年5月10日也曾下令焚书。

不过,见证一下希腊语语法的诞生还是很有价值的。[51]

2. **莱昂蒂尼的高尔吉亚**。第一个也是最著名的智者是色雷斯人,而他最大的对手高尔吉亚则来自西西里岛。高尔吉亚大约于公元前485年出生在(距叙拉古不远的)莱昂蒂尼。他出生的确切日期无从得知,不过,在公元前427年他年事已高(*gērascōn*),那时他作为他那个城邦本土的使节被派往雅典,据说,他比苏格拉底活的时间长,去世时已是年逾百岁的老翁了。另外,据说他是恩培多克勒的一个弟子。像普罗泰戈拉一样,他进行了大量旅行,并且在雅典度过了多年的光阴。他挣了很多钱,而且花钱时喜欢炫耀。他在本质上与第一个智者普罗泰戈拉属于同一类型的人,但更差一些。从保留下来的为数不多的摘要来看,人们会感觉到他们二人秉性多疑,但普罗泰戈拉更像一个哲学家,而高尔吉亚是一个已经有了坏名声的羽翼丰满的智者,他是一个会把某物的价值说得比实际大的人,他会把小问题说得看起来很
258 大,或者相反,把大问题说得看起来很小——也就是说,他是一个辩论能手、一个演说家,他更多地考虑的是他演说的形式而不是其内容。他对阿提卡方言有很大影响,并且喜欢使用古老的词语和生僻的比喻。而柏拉图在以他的名字为题的对话中对他相当宽容。《高尔吉亚篇》与《国家篇》大概写于同一时期(大约公元前390年—前387年),当时柏拉图

---

〔51〕我们也许应该写作"语法的诞生",因为希腊语语法大概是最早制定和产生的语法,唯一可以与其相比的是梵语。我们不知道语法意识在印度的起源,但第一个梵语语法学家是班尼尼(Pāṇini,活动时期在公元前4世纪上半叶),他活跃于希腊有任何成熟的语法学家之前。关于普罗泰戈拉的语法爱好,请参见吉尔伯特·默里(Gilbert Murray):《希腊研究》(*Greek Studies*, Oxford: Clarendon Press, 1946),第176页—第178页[《伊希斯》*38*,3(1947–1948)]。

正筹备开办学园,但其情节可以定在公元前 405 年,这时苏格拉底已经 64 岁,而高尔吉亚已是一个耄耋之年的老叟,正处在他声望最高的时期。

高尔吉亚写过一些修辞学论文,朗诵过色情诗,在奥林匹亚和德尔斐发表过庆典演说,宣扬和平和统一;但是,如果一个人的主要目的就是要显得优雅和有说服力,而且(每个人都知道)他可能说的正好是相反的话,那么,谁会让自己被这样的人说服呢? 为了使别人信服,首先要使自己信服,但高尔吉亚不是这样。纵然他有辩证法的背景,他也并非一个不诚实的人,但他的成功使他的洞察力减弱了。

3. **雷姆诺斯的安提丰**(Antiphon of Rhamnos)。安提丰这第三位智者代表了一种与前两位智者不同的类型,并且有助于我们认识到这个属中有不同的种。他与另外两个人相隔不久(大约于公元前 480 年)出生在(距马拉松不远的)雷姆诺斯,并且成为一名职业演说家。[52] 他是一个修辞学派的领袖,[53]他最著名的学生就是修昔底德。他的大约 15 篇演

---

〔52〕他是列在亚历山大正典中最古老的 10 名雅典演说家之一。这 10 名演说家按年代顺序(每个名字后面所注的年代都是近似的)分别是:安提丰(公元前 480 年—前 411 年),雅典的吕西阿斯(Lysias of Athens,公元前 459 年—前 378 年),安多喀德斯(Andocides,公元前 440 年出生,公元前 390 年以后去世),雅典的伊索克拉底(Isocrates of Athens,公元前 436 年—前 338 年),伊塞奥斯(Isaios,公元前 420 年—前 348 年),希佩里德斯(Hypereides,公元前 400 年—前 322 年),雅典的利库尔戈斯(Lycurgos of Athens,公元前 396 年—前 323 年),埃斯基涅(Aischines,公元前 389 年—前 314 年),狄摩西尼(Demosthenes,公元前 385 年—前 322 年),科林斯的狄纳尔科斯(Deinarchos of Corinth,公元前 361 年出生,很老时去世)。他们的生活跨越了两个世纪,即从公元前 5 世纪到公元前 4 世纪。

〔53〕他并不是第一个修辞学家。第一个修辞学家是西西里人科拉克斯(Corax),他在暴君色拉西布洛斯(Thrasybulos)于公元前 467 年被赶下台后成为叙拉古的领导人。他撰写了最早的关于修辞学的专论[《论技巧》(*Technē*)],亚里士多德、西塞罗和昆提良都提到过这本书。

说稿被保留下来，所有这些大都是为其他人写的，或者是为练习而写的。在他的多篇演说稿中，只有一篇是由他自己演讲的，这是为他自己在公元前 411 年进行辩护而准备的，这篇演说大概是最精彩和最动人的，但不幸的是，它已经失传了。他是一个政治家，并且（于公元前 411 年）参加了四百人会议（the Four Hundred）的政府；在那个寡头统治集团被废除后，他被判处死刑。

除了他的演说外，他还写了一本题为《避免忧伤的技巧》（*The Art of Avoiding Grief* 或者 *Technē alypias*）的小书，这是一种非常流行的体裁——“慰藉”作品的最早著作。人类以多种方式经历痛苦，没有不知道忧伤和悲哀的人。他们都需要安慰，一本好的关于慰藉的书当然会受到欢迎。在几乎每个国家和每个时代，都有安提丰的效仿者。在这里，也许提一下波伊提乌和乔舒亚·利布曼（Joshua Liebman）就足够了。[54]

普罗泰戈拉、高尔吉亚和安提丰都是最著名的智者，他们不是很有吸引力，若不是他们和他们这一类人有助于我们理解公元前 5 世纪下半叶的思想气氛，他们可能也不值得被我们永久地记忆。我们很熟悉这些智者的活动所引起的问题，因为它们是关于教育的问题。当一个社会变得更复杂
259 时，就像那个世纪中叶的希腊社会那样，不可避免地会出现这样一种倾向，即把旧的教育改造为某种新的教育，使之能把新获得的改进和觉醒传给下一代。这样，在老年人与青年

[54] 乔舒亚·洛思·利布曼（Joshua Loth Liebman，1907 年—1948 年），美国犹太法学博士，一本最畅销的书《心灵的宁静》（*Peace of Mind*, New York：Simon and Schuster，1946）的作者。

人之间就会出现一种冲突。当然,这是前后相继的不同代人之间永远都会有的冲突,但突然的文化进步会使它大大加剧。此外,任何一种教育,即使是最好的教育,都不可能适用于每一个人。有人也许会说,当教育使好孩子变得更好的同时,它也会加快坏孩子的堕落。在今天情况更为严重,有些人在大学中只学会了假充内行,但这使他们变得更加愚蠢,而除此之外,他们什么也没学到。显而易见,即使最优秀的智者也不可能阻止某种阿尔基比亚德(Alcibiades)* 式的邪恶倾向,同样确定的是(一个不断被体验到的事实),任何教育只对适合于它的孩子来说才会有益,而对于其他不适合于它的孩子来说可能是有害的。在阿里斯托芬的某些剧作中,例如,在公元前 427 年上演的《宴飨者》(*Banqueters* 或 *Daitaleis*,已失传)中,或者在创作于公元前 423 年的大酒神节(the great Dionysia)的《云》(*Clouds* 或 *Nephelai*)中,生动地表现了同时代的希腊人对智者的批评。我猜想,编写一个从阿里斯托芬时代到我们这个时代的长长的戏剧清单并不难,这些戏剧都可以说明老年人反复出现的对新教育的反感,以及这种教育即使在其鼎盛时期也存在的实际危险。在雅典,一场失败的战争的变迁、过多的蛊惑人心的行为以及对经济的焦虑使这种冲突愈演愈烈。保守人士似乎有充分的理由责备新教育者,而对怀疑论和不信神的倾向日趋增加、对旧的仪式逐渐被放弃以及普遍的信念被拒绝,一般的善良人都感到惴惴不安。

---

* 阿尔基比亚德(公元前 450 年—前 404 年),雅典政治家和将军,个性自私、放浪,野心勃勃但却缺乏责任感。他在伯罗奔尼撒战争中曾三易其主,最终被他所投靠的波斯总督杀死。——译者

七、雅典的苏格拉底

在阿里斯托芬严厉批评的智者中，有欧里庇得斯和苏格拉底。对于前者，我们已经熟悉了，现在我们准备介绍后者苏格拉底，他是整个人类史中最高尚的人之一。阿里斯托芬把他描述为一个“可怜的不幸之人”[55]，这种描述不仅是心怀恶意的而且是愚蠢的。他不公平地把苏格拉底与那些使“更坏的事情似乎有更恰当的理由”的唯利是图的智者混为一谈，或者与更看重天上（*ta meteōra*）或地下（*ta hypo tēs gēs*）的事物而不看重人之义务的老于世故的人混为一谈。苏格拉底绝不是一个“天象学专家（meteorosophist）”，[56]他在雅典人眼中是一个智者、是年轻人的导师，他也必然与他们一样有同样多的不满。这可以解释阿里斯托芬的行为，但不能为之开脱，因为他至少应该了解得更多一些。

苏格拉底于公元前470年出生在雅典，他的父亲苏福罗尼斯库（Sophroniscos）是一个雕刻匠，母亲菲娜勒特（Phainarete）是一个接生婆。他们是普普通通的人，但家境并不贫寒，而且有能力使苏格拉底接受那时所能得到的很好的教育。他接受了他父亲那个行业的培训，但他很早就表现出一种对哲学的兴趣。这种兴趣在雅典很容易被激发并得到满足，因为在这里，在剧院、广场和街道总是会有哲学讨论。他获得了一些有关算术、几何学和天文学的知识，至于政治，在雅典的气氛中，它比哲学更为普及，事实上除了哑巴以外没有人能避免它。他曾应征入伍，并且多次参加作战；

---

〔55〕原文为：*ho cacodaimōn Sōcratēs*（苏格拉底这个不幸的人，《云》，104）。苏格拉底是该剧中的人物之一。

〔56〕原文为：*meteōrosophistēs*；《云》，360。

除了两次展示公民的最大勇气的场合外,他不参与社交活动。他的外貌很特别,因为他长得十分丑:他长着短平的鼻子和厚厚的嘴唇,会使人(如果伦敦的小雕像是可信的话)想起老式的厚道的农夫。[57] 他身强力壮,能够忍受持续的劳累、辛苦和恶劣的天气,他所能承受的程度令他的同伴们感到吃惊;他的衣着是最普通的,总是赤着脚走路,他的饮食是非常节俭的。这并非苦行僧的生活,因为它并不意味着自我牺牲。苏格拉底之所以生活得非常简朴,是因为他最喜欢这样的方式。 260

他的妻子克珊西帕(Xanthippe)性情暴躁是众所周知的,但是,有人可能想知道这是否被夸大了以便更突出他的善良和宽容。她为他生了3个儿子,其中最大的儿子在其父亲去世时已经是成人了;[58]另外两个年纪还很小(这可能暗示,他结婚相对较晚)。

他没有留下他自己撰写的著作,我们只能通过他的两个弟子柏拉图和色诺芬的著作来了解他。他们给他画的像基本上是一致的,但第一幅画像带有柏拉图的理念论的色彩,而第二幅画像带有色诺芬更朴实的常识的色彩。苏格拉底出现在柏拉图的一些对话中,并参与了谈话,要想断定从"他的口中"所说出的话有多少肯定是他自己的、有多少是柏拉图的,那是不可能的。[59] 我们归之于前者的某些言论,不可避免地取之于后者的言论。而色诺芬提供了一种出色

---

〔57〕乔治·萨顿:《古代科学家的肖像》(*Portraits of Ancient Men of Science*, Uppsala: Lychnos, 1945),第254页。

〔58〕参见下面所引的《斐多篇》摘录。

〔59〕我们只能相信柏拉图早期的对话;后来柏拉图提到苏格拉底时只是把他当作自己的代言人。正如本书第十四章解释的那样,这实际上是一种欺瞒。

的进行对比和校正的方法。当他与柏拉图一致时,我们就有了可靠的依据,可以不考虑一些不太重要的细节,这样给我们留下的苏格拉底的画像似乎与他本人非常相像。对于其他古人我们没有这么多了解,多亏了柏拉图的技巧和色诺芬的好心,我们几乎可以看到苏格拉底并且聆听他的谈话。

尽管他用了一生的心血来教育年轻人,但苏格拉底从来不是一个正式的教师,他没有一所学校或者固定的会面地点,不开课,也不期待任何报酬,这些与智者们是大相径庭的。诸如普罗泰戈拉和高尔吉亚这样的人所获得的财富与苏格拉底的贫穷之间的对比,是极为令人难忘的,他显然是另外一种人。此外,他鄙视智者而且从未停止谴责他们的怀疑论和轻率多变。正是这个事实使得阿里斯托芬的谴责令人厌恶;他把智者最优秀的对手当成了他们的一个例子。一个像阿里斯托芬这样受过教育的人怎么能如此倒行逆施呢?

以下摘录引自色诺芬的《回忆苏格拉底》(*Memorabilia*),它使人们能对苏格拉底的人格有一个恰当的总的了解,附带地也可使人们粗略地了解一下色诺芬本人的人格。

苏格拉底常出现在公共场所:他总是在清晨很早去那里散步并进行体育锻炼;上午,总可以在市场上看到他;在其余时候,凡是人多的地方,多半他也会在那里;他常做演讲,凡喜欢的人都可听他讲。但从来没有人看见过苏格拉底做什么不虔敬或反对宗教的事,或者说过这类话;他甚至不讨论其他演说者所偏爱的话题"宇宙的本性":避免推断智者们所称的"宇宙"是怎样产生的,天上的现象是被什么规律制约的。相反,他总是力图证明为这样的问题而费神是愚妄的。首先,他常问,是不是因为这些思想家们以为自己对于人类事务已经知道得足够完备了,必须寻找这些新的领域来训练他们的头脑,还是因为他们的任务就是忽略人类事务而只思考天上的事情？更令他感到惊异的是,他们竟不能看出,人类无法解开这些谜,因为即使那些最自以为是的谈论这些问题的人,他们彼此的理论也互不一致,而是彼此如疯如狂地互相争执着。因为有些疯狂的人毫不惧怕危险,另一些人则惧怕那些不应当惧怕的事情;有些人在人面前无论做什么说什么都不觉羞耻,另一些人则甚至害怕走出去和人们在一起;有些人对庙宇、祭坛或任何奉献给神的东西都毫不尊重,另一些人则崇拜树干、石头和野兽。因此,他包容那些为"宇宙的本性"而烦恼的人。有些人以为**存在**就是一,而另一些人则以为它是无限;有些人以为万物是在永远运动的,另一些人则以为没有任何物体在任何时间是运动的;有些人以为所有生命都有生成和衰亡,另一些人则以为不可能有任何东西曾经生成和灭亡。对于这些哲学家,他所问的不止这些问题。他说,研究人类本性的人认为,他们将为了他们自己和他们所选择的其他人的利益,在适当的时候把他们的知识付诸实践。那些探究天上现象的人是否会想象,当他们发现这些现象据以产生的规律时,他们也能按照自己的意愿制造出风、雨、不同的节令以及他们自己可能需要的任何东西？抑或他们并没有这类的期望,而是仅以知道各种现象的原因为满足？ 261

这就是他对于那些从事这些问题之研究的人所做的评论,他自己的谈话总是围绕一些关于人类的问题。他讨论的问题有:什么事是敬神的,什么事是不敬神的;什么是美的,什么是丑的；什么是正义的，什么是非正义的；什么是审慎，什么是疯狂；什么是勇气，什么是怯懦；什么是国家，什么是政治家；什么是政府，什么是统治者；——他估计，通晓这些以及其他类似的问题会造就一个“绅士”，而对它们一无所知的人就会蒙受“奴性”的耻辱。[60]

色诺芬的这种朴实但使人愉快的描述风格是非常令人感兴趣的，因为它使人想起雅典人期望解决的哲学之谜和科学之谜，而这导致苏格拉底的反抗。“反抗”这个词并不是很激烈。苏格拉底像每一个良好的公民一样因战火连年的动荡、政治阴谋和经济困境而沮丧，他对智者们幼稚的讨论和空洞的演说感到愤怒，也对哲学家和宇宙论者无充分理由的假说感到愤怒。在试图说明宇宙之前，把我们自己的屋子收拾整齐不是更好吗？难道我们不应该撇开那些难以理解的对象而去澄清我们可以控制的事物吗？我们是人；难道我们不应该在了解任何其他事物之前先设法了解我们自己和其他人吗？这使人想起了他林敦的阿里斯托克塞努斯（公元前4世纪下半叶）讲的一个故事：一个印度哲人在雅典见到了苏格拉底并且问他：“你说自己是一个哲学家，你自己所关心的是什么呢？”苏格拉底回答说，他在研究人类事务，于是，这个印度人开始笑并且说，无论是谁，只要你不认识有关神的事务，你就不可能理解任何有关人的事物。这段趣闻无疑很令人感兴趣，因为它表明了苏格拉底的思维方式与印度

〔60〕 色诺芬：《回忆苏格拉底》第1卷，第1章，第10节—第17节，埃德加·卡迪尤·马钱特（Edgar Cardew Marchant）译，“洛布古典丛书”（1923），第7页。

人的思维方式之间的鲜明对比，而且它是希腊哲学家与印度哲学家交流屈指可数的几个确定的例子之一。印度哲学家来到埃及和希腊是完全有可能的。[61]

在柏拉图的对话《阿尔基比亚德篇(上)》(*Alcibiades I*)中，也可以在一定程度上看到印度哲学家的异议，这是一篇苏格拉底在阿尔基比亚德 18 岁时与他的对话，因此，对话的时间应该是公元前 432 年。在第 3 节和最后一节中，他们讨 262
论了德尔斐箴言“认识你自己”，苏格拉底论证说，若想认识自己，就必须思考自己的灵魂，尤其是它的神性部分。他得出结论：“灵魂的这一部分与神相似，任何人思考这一部分并且达到对所有神性事物的认识，他将因此对自身有最充分的认识。”[62]《阿尔基比亚德篇》是否真作？有些学者认为它是真作，但它是早期的作品，写于公元前 4 世纪初。其他人则主张它是伪作，而比德兹[63]恰恰以这段话为例来证明这一点。即使这一对话是真作，所涉及的这一节是否代表了苏格拉底的思想或柏拉图的思想？这一对话可能是真的，但归于苏格拉底的那些话可能是伪造的。

色诺芬所描述的苏格拉底对天文学的反对没有超过美国的老式嘲笑的水平：“人们总是谈论天气，但他们对它一无所知。”因此，像阿里斯托芬那样把他称作“天象学专家”既是愚蠢的也是不公正的，因为他正好相反。前面所引的色诺芬的那段话的结尾说得非常好，它是对苏格拉底教育倾向

---

[61] 其他的例子，请参见 A. J. 费斯蒂吉埃(A. J. Festugière)：《希腊与印度的三次接触》(“Trois rencontres entre la Grèce et l’ Inde”)，载于《宗教史评论》(*Revue de l’ histoire des religions*) *125*，32–57(1942)。

[62] 柏拉图：《阿尔基比亚德篇(上)》，133c。

[63] 约瑟夫·比德兹：《黎明女神或柏拉图与东方》，第 122 页。

的概括。我们也许可以把它表述为:“让我们比自然哲学家更谦逊,比智者更诚实吧。我们必然试图获得的知识是由我们的个人和社会需要决定的;关键是要知道如何快乐和体面地生活以及如何成为一个好公民。”

这需要使用一种特殊的方法,这种可能适用于所有人的方法就是,问一问每一个人的良心是什么。伦理和政治必须谨慎地建立在完善的基础之上。必须把形而上学纳入伦理学。如果我们希望进行适当的讨论,我们就必须分析我们的命题,定义我们正在使用的术语,并且清楚地知道我们在谈论什么。我们必须对我们正在讨论的问题分类,也就是说,我们必须尝试着认识它们与其他事物的关系,这又需要对它们一一进行描述和定义。有人也许会采用归纳法(*epagōgē*),也就是说枚举所有特例加以考虑,然后得出逻辑结论。苏格拉底所使用的辩证方法被他称作助产术(*maieuticē*)*,以此作为对他母亲职业的纪念。通过假设一些机敏的问题,他诱导他所访问的人承认他们的错误,并且认识真理。在与交际花希奥多特(Theodote)的谈话中,他甚至更大胆,在向她解释“如何交结朋友”时,他把自己称作代理人。[64] 这段插曲是对苏格拉底的佯作无知以及他渴望从事教师职业的很好例证。的确,他很愿意与他在街上或好友家中遇到的每一个人交谈,使他们参与讨论,说出他自己喜欢的那些思想,并且迫使他们承认它们的正确性。

---

* 亦即苏格拉底启发式问答法。——译者

〔64〕《回忆苏格拉底》第3卷,第11章。

苏格拉底是第一个语义学家,[65]他向与他谈话的人解释了使用“大话”或者他们没有领会其意义的抽象语词的危险。

他坚持认为,美德在很大程度上是一个知识问题,因而是可以传授的。节制(moderation)是一种杰出的美德。他关于神的观念与阿那克萨戈拉的抽象理性(*nus*)迥异;它与我 264
们关于天意(*pronoia*)的思想比较接近。我们必须关心我们的灵魂,并且要为它而感谢神圣的天意;我们对它的意识就是我们真正的自我。虔敬是必备的美德之一,而虔敬的首要条件之一就是趋向神的冲动。因此,在苏格拉底那里有相当多的神秘主义,[66]这种神秘主义有别于印度的那种神秘主义,它是与理性主义和常识相调和的。他也有点像传教士,因为他相信他已接受了明确的使命,这就是关心他的同胞的灵魂、向他们传授真和善,而遵守神的命令则是他的义务。正如他在《苏格拉底的申辩》(参见图 59)中自豪地指出的那样:

---

〔65〕早川一会(S. I. Hayakawa)在《语言在发挥作用——准确思维、阅读和写作指南》(*Language in Action. A Guide to Accurate Thinking, Reading, and Writing*, 250 pp.; New York: Harcourt, Brace, 1941)[《伊希斯》*34*, 84(1942-1943)]中,对涉及普通谈话之观点的语义学意义做了非常精彩的说明。苏格拉底可能会喜欢这本书。

〔66〕附带说一下,苏格拉底信奉指导他的神灵(*to daimonion*),或者用我们的话说信奉神的启示,讨论这个问题是很有意思的。他是一个信徒和宗教狂。也可以思考一下他对占卜(*manticē*)的信奉,在这一点上,他与所有古代人的态度是一样的,但对这些问题的讨论会使我们离题太远。

263

17

ΠΛΑΤΩΝΟΣ, ΑΠΟΛΟΓΙΑ ΣΩΚΡΑΤΟΥΣ, Ἠθική.

PLATONIS, APOLOGIA SOCRATIS, Ad mores spectans.

A Ὅτι μὲν ὑμεῖς, ὦ ἄνδρες Ἀθηναῖοι, πεπόνθατε ὑπὸ τῶν ἐμῶν κατηγόρων, οὐκ οἶδα· ἐγὼ δ' οὖν καὶ αὐτὸς ὑπ' αὐτῶν ὀλίγου δεῖν ἐμαυτοῦ ἐπελαθόμην· οὕτω πιθανῶς ἔλεγον. καίτοι ἀληθές γε (ὡς ἔπος εἰπεῖν) οὐδὲν εἰρήκασι. μάλιστα δ' αὐτῶν ἓν ἐθαύμασα τῶν πολλῶν ὧν ἐψεύσαντο, τοῦτο, ἐν ᾧ ἔλεγον ὡς χρῆν ὑμᾶς εὐλαβεῖσθαι μὴ ὑπ' ἐμοῦ ἐξαπατηθῆτε, ὡς δεινοῦ ὄντος λέγειν. τὸ γὰρ μὴ αἰσχυνθῆναι ὅτι αὐτίκα B ὑπ' ἐμοῦ ἐξελεγχθήσονται ἔργῳ, ἐπειδὰν μηδ' ὁπωστιοῦν φαίνωμαι δεινὸς λέγειν, τοῦτό μοι ἔδοξεν αὐτῶν ἀναισχυντότατον εἶναι. εἰ μὴ ἄρα δεινὸν καλοῦσιν οὗτοι λέγειν, τὸν τἀληθῆ λέγοντα. εἰ μὲν γὰρ τοῦτο λέγουσιν, ὁμολογοίην ἂν ἔγωγε οὐ κατὰ τούτους εἶναι ῥήτωρ. οὗτοι μὲν οὖν, ὥσπερ ἐγὼ λέγω, ἤ τι ἢ οὐδὲν ἀληθὲς εἰρήκασιν· ὑμεῖς δέ μου ἀκούσεσθε πᾶσαν τὴν ἀλήθειαν. οὐ μέντοι μὰ Δία, ὦ ἄνδρες Ἀθηναῖοι, κεκαλλιεπημένους γε λόγους (ὥσπερ οἱ τούτων) ῥήμασί τε καὶ ὀνόμασιν, οὐδὲ κεκοσμημένους, ἀλλ' ἀκούσεσθε εἰκῇ λεγόμενα τοῖς ἐπι- C τυχοῦσιν ὀνόμασι. πιστεύω γὰρ δίκαια εἶναι ἃ λέγω, καὶ μηδεὶς ὑμῶν προσδοκησάτω ἄλλως. οὐδὲ γὰρ ἂν δήπου πρέποι, ὦ ἄνδρες, τῇδε τῇ ἡλικίᾳ, ὥσπερ μειρακίῳ πλάττοντι λόγους, εἰς ὑμᾶς εἰσιέναι. καὶ μέντοι καὶ πάνυ, ὦ ἄνδρες Ἀθηναῖοι, τοῦτο ὑμῶν δέομαι καὶ παρίεμαι· ἐὰν διὰ τῶν αὐτῶν λόγων ἀκούητέ μου ἀπολογουμένου δι' ὧνπερ εἴωθα λέγειν καὶ ἐν ἀγορᾷ ἐπὶ τῶν τραπεζῶν, (ἵνα ὑμῶν οἱ πολλοὶ ἀκηκόασι, καὶ ἄλλοθι) μήτε θαυμάζειν μήτε θορυβεῖν τούτου ἕνεκα. ἔχει γὰρ οὑτω- D σί· νῦν ἐγὼ πρῶτον ἐπὶ δικαστήριον ἀναβέβηκα, ἔτη γεγονὼς πλείω ἑβδομήκοντα. ἀτεχνῶς οὖν ξένως ἔχω τῆς ἐνθάδε λέξεως. ὥσπερ οὖν ἂν εἰ τῷ ὄντι ξένος ἐτύγχανον ὤν, ξυνεγιγνώσκετε δήπου ἄν μοι εἰ ἐν ἐκείνῃ τῇ φωνῇ τε καὶ τῷ τρόπῳ ἔλεγον ἐν

Me diuersum ab illis oratorē esse fatear. Nam illi &c.

QVONAM[a] modo, Athenienses, animi vestri accusatorum meorum oratione affecti fuerint atque comparati, nescio: equidē ipse illorum sermonibus ita sum concitatus, vt meipsius propemodum fuerim oblitus. ita accommodatè ad fidem & persuasionem dixerunt. quanquā nihil certè (vt vno verbo cōplectar) veri dixerunt. At inter multa quæ falsò protulerunt, illud vnum sum demiratus, quòd vos monuerint vt diligenter caueretis ne à me seduceremini, quasi dicendi facultate plurimùm valeam. Quòd autem minime illos puduit eius rei, in cuius manifesto mendacio re ipsa à me continuò deprehendentur, vbi primùm à vobis ad dicēdum planè ineptus comperiar: illud verò omnium mihi visum est impudentissimū. Nisi fortè eum dicendi facultate valere dicant, qui verè dicit. Si enim huiusmodi intelligant, equidē (non ex illorum tamen sententia) me oratorem esse profitear. Atqui illi, quemadmodum prædixi, nihil veri dixerunt:[b] vos contrà à me omnem veritatem percipietis. Non tamen per Iouem, Athenieṡes, elegantibus verborum sententiarúmq; ornamentis contextam orationem meam (cuiusmodi est illorum oratio) sed temerè & de medio petitos vulgaribúsque vocabulis enuntiatos sermones audietis. Æqua tamen & iusta esse credo ea quæ sum dicturus: neque aliter vestrûm quisquā expectet. Neque enim consentaneum esset me, hac ætate, tanquam puerū fictis sermonibus ad vos prodire.[c] Verùm hoc vnum à vobis etiam atque etiam peto & flagito, Athenienses, si eorundem illorum sermonū via & ratione qua cōsueui dicere & in foro & in nummulariorum mensis (quibus in locis & alii vestrûm plerique me conspexerunt) defendentem me audiatis: illud, nec vobis mirū videatur, nec hac de causa tumultū excitetis. Sic enim omnino se res habet. nūc ego primùm in iudicium prodeo, annos plus sexaginta natus, vt in hoc quidem forensi genere dicendi planè sim peregrinus. Æquè igitur acsi reuera peregrinus essem, ita mihi veniam dandam statuitote, qui nimirum & iisdem verbis & eadem loquendi forma vtar, in

a Genus causæ δικανικόν. Socrates enim in foro coram iudicibus capitis defensionem instituit: suo tamen modo, vt nimirū philosophus, & quidē is, qui ab inflato & grandi dicendi genere de industria abhorreat. In proœmio (vt in defensionibus, rei ipsius vi & natura, vsitatum est) conflat inuidiam aduersariis: qui non solum dolosa eloquentia audientiū animos perculerint, sed & impudenti mendacio conati sint ipsū ipsiusque causā suspectam inuisámque reddere.

b Pollicetur se vera dicturum, vt beneuolentiam attentionémque sibi conciliet.

c Προκατάληψις, qua veniam petit pro ea dicendi ratione, qua sit vsurus, foro quidē illa insolita, sibi tamen longo consuetudinis vsu inoleta & familiari. quam quidem vt necessariam excusationem prætexit, consuetudinis reuerentia, quæ quasi legis habet valorem.

B.iii.

图 59　希腊-拉丁文版《苏格拉底的申辩》(*Apology of Socrates*)(3 vols. , folio; Geneva?: Henricus Stephanus, 1578)的开始部分。[复制于哈佛学院图书馆馆藏本。]希腊文为亨利 · 艾蒂安(Henri Estienne = Henricus Stephanus, 1528 年—1598 年)编辑;拉丁文为让 · 德 · 塞尔(Jean de Serres = Johannes Serranus, 1540 年—1598 年)翻译。这些著作被编为 6 个对照部分(conjugations)。这一版的分页方式保留在每一种学术版本中。例如,这是第 1 卷的第 17 页;读者在"洛布古典丛书"中《苏格拉底的申辩》的开篇可以发现,旁注标着 St. 1, 第 17 页。有关扉页请参见本书图 81

我知道,是神让我这样做的。我确信,在这个城市中,再没有比我遵循神的旨意行事更大的善事了。我走出去不做别的,就是去说服你们这些青年人和老年人,要更多地关心你们灵魂的完善,而不是关心你们的身体和你们的财产。我要告诉你们,财富不能带来美德,而美德能带来财富和其他一切对人有益的东西,无论对个人还是对国家都是如此。如果我说了这些就会腐蚀青年,那么这些一定是有害的;但如果有人断言我所说的不是这些,那他一定是在胡说。所以,我要对你们说,雅典的人们,不论你们是否按照安尼图斯(Anytos)〔67〕所说的去做,是否准备宣告我无罪,你们都应知道,我是不会改变我的行为的,即使我要为此死去许多次。〔68〕

在《高尔吉亚篇》中,苏格拉底解释了遭受苦难比作恶好,而且,如果不公正的人受到处罚,对他来说并非不幸的。《高尔吉亚篇》是柏拉图自己的申辩,但没有理由怀疑他归于苏格拉底名下的思想的真实性。我们的怀疑只能限于程度的深浅,因为没有证据能够证明,有的只是他根据自己的感觉所做的渲染。

有人可能想更进一步,像引用《福音书》(Gospels)那样引用更多的苏格拉底的话,但是,最好还是让读者回去读柏拉图的早期对话和色诺芬的著作,因为他的话在那些语境中更清楚明白,我们必须设法再现完整的苏格拉底。我们认识

〔67〕安尼图斯是指控苏格拉底的3个原告中最重要的一个人,他非常仇视智者。当时,他刚刚参加了驱逐三十僭主的活动,这提高了他的权威。贺拉斯称苏格拉底是“抗辩者(Anyti reus)”[《讽刺诗集》(*Satirae*),第2卷,IV,3]。

〔68〕柏拉图的《苏格拉底的申辩》(30A),哈罗德·诺思·福勒翻译(“洛布古典丛书”)。

到，苏格拉底不仅与智者完全不同，而且也与他之前的哲学家甚至与睿智的德谟克利特有很大差异。他在人类经验中引入了某种全新的东西——把智慧与圣洁结合在一起；他理解了宗教的伦理和政治意味。

他是一个反传统的人，往往不拘礼节并且愤世嫉俗，尽管他有我们已经提到的非常奇怪的神秘主义倾向，但他是一个十分理性的人。他常常提到神的声音指引着他，对于他独特的魅力和人格吸引力有人进行了神秘的解释，例如在《会饮篇》(*Symposion*)中阿尔基比亚德的演说，而在柏拉图式的对话《泰阿格斯》中则有更详尽的解释。[69] 要想说明他的无与伦比的伟大，最好的方式就是讲述一下他去世的故事。

265 他的弟子对他的活动的描述是非常坦率的。尽管如此，很容易想象，他的佯作无知肯定伤害了许多人的虚荣心；他简朴的生活暗示着对那些以(正当或不正当的方式)获取金钱和纵情享受为主要目的的人的否定。事实上，苏格拉底象征着对所有这些人的一种实实在在的谴责，我们不可能指望他们会喜欢这一点。尽管他仁慈善良，但他也给自己树立了一些敌人，这些人决心要毁掉他。雅典的民众热衷于迷信观点，虽然神秘主义已经使苏格拉底的理性主义变得温和了，但这种理性主义仍然令他们震惊；苏格拉底的神秘主义与他们的偏执如此格格不入，以至于导致了额外的不满。苏格拉底的敌人以及那些嫉妒他并且无法再忍受他的自视有德的

---

[69] 但《泰阿格斯或论智慧：助产术》("Theages, or on Wisdom: Obstetric")并非柏拉图所著。它是相对较晚的作品(大约公元前2世纪)；但它在亚历山大图书馆(the Library of Alexandria)中被发现了，而且被列入由占星家亚历山大的塞拉绪罗(Thrasyllos of Alexandria，公元36年去世)所编辑的最早的柏拉图经典之中，因此它也被编入柏拉图著作的许多版本(Stephanus, pp, 121-131; Loeb, vol. 8)中。

人,都欢迎阿里斯托芬的诽谤,他们把这些诽谤添枝加叶,并且使其传播开来。在三十僭主于公元前 399 年被驱逐后不久,他就受到这样的指控:"苏格拉底犯有拒绝接受国家所公认的诸神并引进异邦之神的罪行;还犯有腐蚀青年人的罪行。"他被判处喝一种毒芹混合物来了结自己的生命。他几乎被宣告无罪,因为在 501 名法官中,判他有罪的仅比判他无罪的多出 30 个人,这必然也为雅典的民主增了光。如果他花些工夫用谨慎的词语去争取参与审判者的善良意志,如果他非常认真地为自己辩护,他很容易获得多数人的好感;然而,他做得正相反,他的申辩是一篇佯装无知的杰作,这一演说必然会使心胸狭小的人反对他。[70]

凑巧的是,他是在祭祀的船队驶往提洛岛的次日被宣判有罪的,如果不等到过一个月船队返回后再行刑就难以避免亵渎神灵。这样,他有整整一个月的时间要在监狱中度过,在这一个月中,雅典人的大度使得他能够在与他的朋友和家人的交谈中消磨时光。[71] 苏格拉底与他们的谈话保留在柏

---

〔70〕对苏格拉底的判刑很可能是出于政治原因。在伯罗奔尼撒战争结束后,他被控告培育了那些背叛民主的人以及与敌人共谋导致雅典被毁的人。回忆一下这些背信弃义的政治寡头就足够了:阿尔基比亚德、克里底亚(Critias)和卡尔米德(Charmides),他们都是他的学生。按照卡尔·R. 波普尔(Karl R. Popper)的观点,苏格拉底唯一的一位可敬的继承者是安提斯泰尼(Antisthenes)。参见波普尔:《开放社会及其敌人》(*The Open Society and Its Enemies*, London: Routledge, 1945),第 1 卷,第 168 页、第 171 页。

关于从法律的观点对苏格拉底受审的讨论,请参见约翰·麦克唐奈(John Macdonell)爵士:《历史的审判》(*Historical Trials*, Oxford, 1927),第 1 页—第 18 页。

〔71〕谁能想象现代的独裁者对他的受害人如此宽厚?他可能做得完全相反,把他们单独拘禁,或者会折磨他们,用酷刑"审问"他们。这说明,自公元前 399 年以来我们有了多么大的进步!

拉图的数篇对话中,[72]尤其是在这两篇不朽的对话中:《克里托篇》(论义务)和《斐多篇》(论灵魂)。克里托(Criton)是苏格拉底的一个终生朋友、一个富有的人,他曾去监狱探望苏格拉底,并劝说苏格拉底逃走。有可能,法官们自己也欢迎这种解决方式,但苏格拉底拒绝了。他强调,一个公民的首要义务就是遵守这个城邦的法律,即使这些法律被不公正地实施了。不公正是不能用不公正的方法来纠正的。如果这个城邦判处他死刑,任何对这一审判的逃避都是一种背信行为;他必须死。这一对话是所有已写出的捍卫法律的著述中最杰出的一篇。当然,它是柏拉图写的,但它代表了苏格拉底的观点,因为苏格拉底确实并未设法逃跑。

266 《斐多篇》(参见图 60、图 61 和图 62)记录了在苏格拉底最后的日子里 8 个人在监狱中的谈话,还提到许多别的问题。这位哲学家愉快地接受死亡,他的思想是永恒的,他的灵魂在以后仍将继续活着。《斐多篇》的结尾描述了苏格拉底临终时的情况,有必要逐字逐句地引用一下:

苏格拉底边说边站起来走到另一间屋子里去沐浴;克里托跟他一道进去,但却吩咐我们在外面等待。我们边等边相互交谈,议论着我们听到的讨论的内容,然后又说起已经降临在我们身上的巨大灾难,仿佛都感到他就像我们的父亲一样,失去他我们的余生将像孤儿那样度过。就在这时,苏格

---

[72] 柏拉图的对话中有 4 篇涉及苏格拉底受审和他临终时的情景,亦即《欧绪弗洛篇》(*Euthyphron*,论神圣),《申辩篇》或《苏格拉底在审判时的辩护》(*Defense of Socrates at His Trial*),《克里托篇》(*Criton*)和《斐多篇》(*Phaidon*)。

267

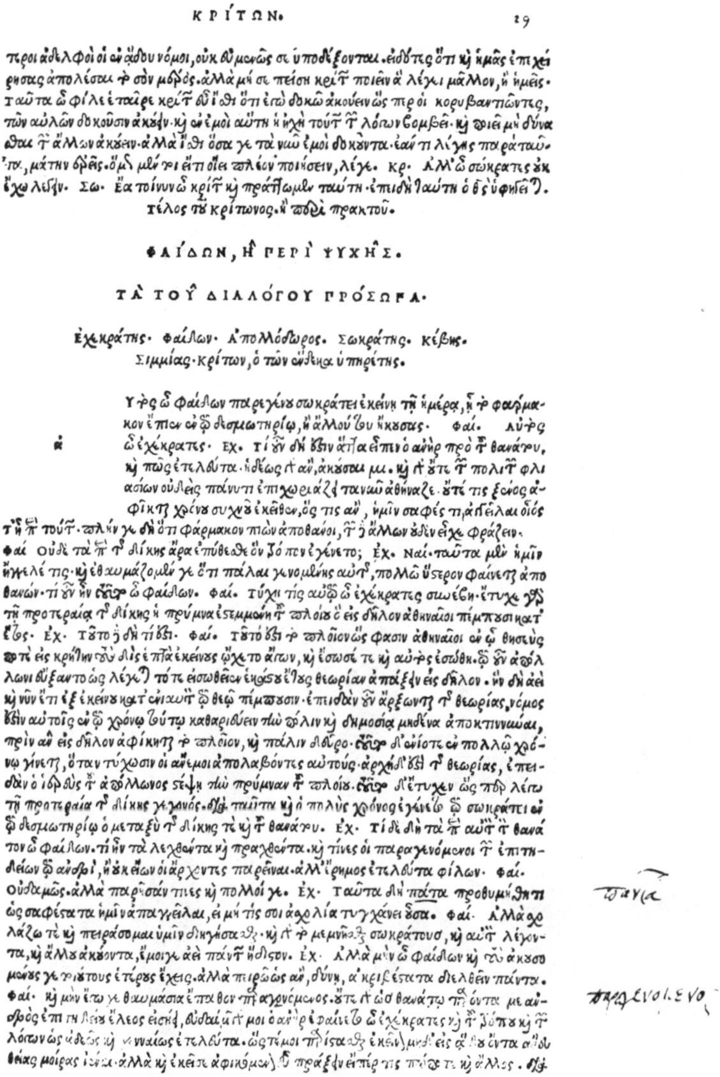
ΚΡΙΤΩΝ. 29

ΤΕΛΟΣ ΤΟΥ ΚΡΙΤΩΝΟΣ, Η ΠΕΡΙ ΠΡΑΚΤΟΥ.

ΦΑΙΔΩΝ, Η ΠΕΡΙ ΨΥΧΗΣ.

ΤΑ ΤΟΥ ΔΙΑΛΟΓΟΥ ΠΡΟΣΩΠΑ.

Ἐχεκράτης. Φαίδων. Ἀπολλόδωρος. Σωκράτης. Κέβης. Σιμμίας. Κρίτων, ὁ τῶν ἕνδεκα ὑπηρέτης.

图 60　《斐多篇》开始部分，柏拉图著作集希腊文初版（2 parts folio；Venice：Aldus and Marcus Musurus，1513）第 29 页。［复制于哈佛学院图书馆馆藏本。］所有对话都是按照四联剧的形式分组的，关于苏格拉底受审和他临终时情景的四篇对话放在第一组。参见图 80

268

LONDON Printed for J: Magnes and R: Bently.

图 61 《申辩篇》和《斐多篇》的第一个英译本(London,1675)的卷首插图[复制于哈佛学院图书馆馆藏本]

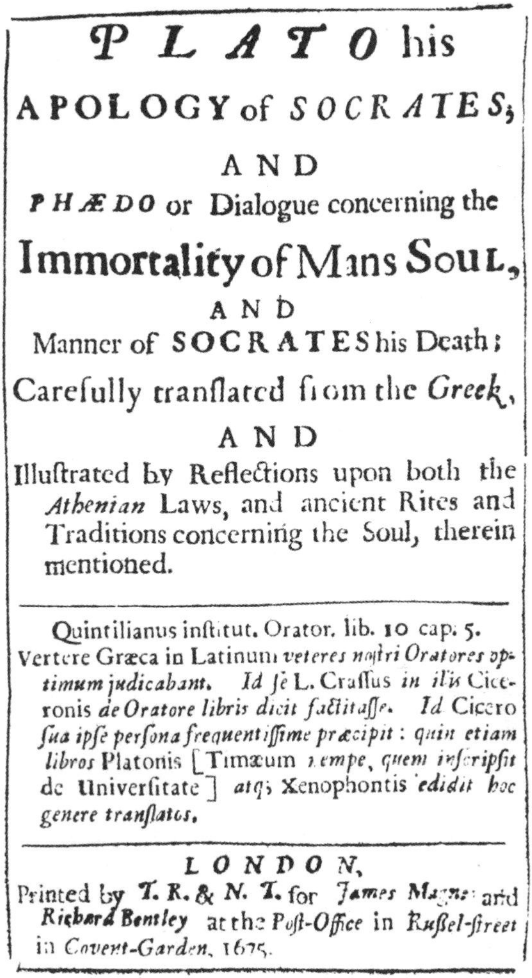

PLATO his
APOLOGY of SOCRATES;
AND
PHÆDO or Dialogue concerning the
Immortality of Mans Soul,
AND
Manner of SOCRATES his Death;
Carefully tranſlated from the *Greek*,
AND
Illuſtrated by Reflections upon both the *Athenian* Laws, and ancient Rites and Traditions concerning the Soul, therein mentioned.

Quintilianus inſtitut. Orator. lib. 10 cap. 5.
Vertere Græca in Latinum *veteres noſtri Oratores optimum judicabant. Id ſe* L. Craſſus *in illis* Ciceronis *de Oratore libris dicit factitaſſe. Id* Cicero *ſua ipſe perſona frequentiſſime præcipit: quin etiam libros* Platonis [Timæum *nempe, quem inſcripſit* de Univerſitate] *atq;* Xenophontis *edidit hoc genere tranſlatos.*

LONDON,
Printed by *T. R. & N. T.* for *James Magnes* and *Richard Bentley* at the *Poſt-Office* in *Ruſſel-ſtreet* in *Covent-Garden*, 1675.

图 62　《申辩篇》和《斐多篇》的第一个英译本的扉页。译者不详［复制于哈佛学院图书馆馆藏本］

拉底沐浴完毕,他的孩子们被带来见他。他的两个小儿子、一个大儿子和女眷们都来了。苏格拉底在克里托陪伴下和他们交谈,交代他们如何实现他的遗愿,然后让妇女离去,又回到我们中间。这时太阳已快落山了,因为他在屋子里待了很长时间了。他来到我们中间坐下,由于刚沐浴过而显得容光焕发。没说上几句话,典狱官就进来了。他走到苏格拉底面前说:"苏格拉底,无论如何,如果你也像其他人那样,在我执行政府的命令迫使他们服毒时对我发怒和诅咒,我不会找你的碴儿。经过这段时间,我开始明白你是所有来到这里的人中最高尚、最体面、最勇敢的人。尤其是现在,我知道你并不生我的气,而是生其他人的气,因为你深知应受谴责的是谁。现在你知道我要向你传达什么了,永别了,请你尽可能轻松地承受必须发生的事情。"说着他放声痛哭,然后转身离去。苏格拉底抬头看着他说:"再见,我会按你说的那样去做的。"然后他继续对我们说,"多么可爱的人! 自从我被关在这里时起,他时不时地来看望我,有时还和我一起聊聊,对我极为友好。现在他竟以如此侠肝义胆为我的离去而流泪! 克里托,请你过来,让我们按照他所说的去做吧。有劳哪位去看看毒药准备好了没有,如果准备好了就把它端来,如果还没有准备好就让人把它准备好。"克里托说:"苏格拉底,我看太阳仍高悬在山头尚未落下;此外我还知道,通常临行的人在接到命令后,还要吃正餐和品酒,有些人还要和他们所喜爱的人相伴,很晚才服毒药。不必着急,还有充裕的时间。"

苏格拉底说:"克里托,你提到的那些人这样做是对的,因为他们认为这样做对他们有利;而我不像他们那样做也是对的，因为我认为，推迟服毒对我没有什么好处。如果我留恋和惋惜已经无意义的生命，只能使我在自己眼中变得很可笑。好了，”他说，“请按照我说的那样去做吧，不要再推辞了。”

这时克里托向站在旁边的仆人示意。仆人走了出去，过了很长时间才同负责给人服毒的那个人一起返回，这个人端进来一杯准备好的毒药。苏格拉底看到他后说道：“先生，你精通此道，我应该怎样去做？”这个人说：“喝下毒药就行了，然后走一走，直到你感到腿有点儿发沉；然后就躺下，这时药性就发作了。”

他边说边把杯子递给苏格拉底。厄刻克拉底（Echecrates），苏格拉底非常有涵养地接过杯子，毫不恐慌，脸色和表情也没有丝毫改变，他抬眼看看那个人，像惯常那样睁大眼睛说：“把这杯药倒出一点作为奠酒来祭神，你意下如何？我这样做行不行？”那个人说：“我们只准备了我们认为足够量的毒药，苏格拉底。”“我明白，”苏格拉底说，“但我可以而且必须祈求众神保佑我离开这个世界去另一个幸福的世界。这是我要做的祈祷，希望能够获准。”说着，他把杯子端到嘴边，心甘情愿和平静地把这杯毒药喝下去。在此之前，大多数人都一直强忍眼泪，但眼看着苏格拉底喝毒药，并且看到他把毒药喝完，我们再也无法忍住自己的眼泪，我的眼泪如泉水一般地涌出，我用斗篷遮着，掩面而泣。我哭不是因为他的死，而是因为我不幸失去这样一位朋友。克里托由于忍不住眼泪，甚至在我之前起身走了出去。而阿波罗多洛（Apollodoros）在此之前就一直在不停地哭泣，此刻他更 269
是悲痛地嚎啕大哭。除了苏格拉底以外，我们每一个人都受到了他的感染而失声痛哭。但苏格拉底说道:"你们这些怪人在干什么?! 我之所以要把妇女打发走,主要就是因为她们会做出这种荒谬的事来,因为我被告知最好应默默地迎接死亡。请你们安静下来,勇敢一点儿吧。"这番话使我们都感到羞愧,抑制住了自己的泪水。他慢慢地走着,不久就说他的腿有点儿发沉,然后按监刑官的建议仰面躺下。那个负责给他服毒的人把手放在苏格拉底身上,过了一会儿就去检查苏格拉底的腿和脚,然后用力捏苏格拉底的脚,问他是否有感觉。苏格拉底说:"没有。"接着他又用力捏苏格拉底的
270 腿,并以同样的方式依次往上移,让我们看苏格拉底逐渐地变冷和僵硬了。一会儿,他又去触摸苏格拉底,并说药力达到心脏时苏格拉底就去了。当苏格拉底的腰部以下变冷时,他揭开刚才盖在他脸上的盖头,并且说了他最后的遗言:"克里托,我们应该向阿斯克勒皮俄斯(Asclepios)*祭献一只公鸡,记住这件事,千万别忘了。"克里托说:"忘不了,我们会按你的吩咐去做的。你肯定再没有任何别的要说了吗?"苏格拉底没有回答,稍过了一会儿,他又动了动。监刑官揭开他脸上的盖头时,他的眼睛已经发直了。克里托看到后,替苏格拉底合上了嘴和眼睛。

厄刻克拉底,这就是我们朋友的结局,我们可以公正地说,在他这个时代我们所认识的人之中,他是最勇敢也是最有智慧和最正直的人。[73]

可以把色诺芬对他们导师的最终评价与柏拉图的对话

---

* 在希腊神话中,阿斯克勒皮俄斯是阿波罗的儿子,医药之神。——译者

〔73〕洛布版柏拉图著作集第 1 卷,第 395 页—第 403 页,哈罗德·诺思·福勒译。

比较一下：

所有知道苏格拉底的为人并追求美德的人们，直到今天仍然在怀念他，胜似怀念任何人，并把他看作对于寻求美德最有帮助的人。在我看来，就像我在前面所描述的：他是那样虔诚，以至于在没有得到神明的忠告以前，什么事都不做；他是那样正义，不会对任何人做哪怕是微小的不公正之事，反而将最大的恩惠带给那些和他交往的人们；他是那样自制，因而在任何时候他都不会宁愿选择快乐而不要德行；他是那样有智慧，以至于在分辨善恶上从来没有犯过错，而且不需要别人的忠告，单凭自己就能分辨它们；他是那样有才干，能够说明并决定这一类事情。同样，在这方面他也毫不逊色：他能够给别人做测验，使他们相信他们有错误，劝勉他们追求美德和友善。在我看来，一个真正善良和最快乐的人应该怎样，他就是那样的人。如果有任何人对这些描述还感到不满，那就让他把别人的品格和这些来比较一下，并加以判断吧。[74]

鉴于这本书是写给爱好科学的人的，最好还是加上一段医学方面的评论：

柏拉图对苏格拉底之死的描述是一个经典的临床记录。它与现在人们在类似环境下可能进行的观察惊人地一致。毒参果属于毒芹属植物，是充分生长但未成熟的毒参（*Conium maculatum*）之干果。毒参晾干后一般会变成粉状，它所含的毒芹碱不超过 0.5%。这种生物碱是吉塞克

〔74〕这是《回忆苏格拉底》的最后一段［见“洛布古典丛书”（1923）］，第 357 页，埃德加·卡迪尤·马钱特译。

(Gieseke)于1827年发现的。它是一种天然的化学药品丙基吡啶。在毒芹属植物中也有相关的生物碱,而它们所具有的生物作用是相同的。这种作用基本上就是麻痹运动神经的神经末梢。这种作用从末梢区域开始,很快就会到达膈膜,当膈膜停止运动时就会导致窒息以致死亡。进一步的证据表明感觉纤维会出现麻痹,但它不像运动神经的麻痹那样显著。林(Hayashi)和武藤(Muto)指出,横膈神经比其他神经更敏感。横膈控制着膈膜的运动[《实验病理药物学档案》(*Arch. Exp. Path. Pharmakol. 48*,1901)]。在任何好的药物学著作中都可以找到有关毒芹碱的作用的描述。[75]

给苏格拉底定罪是不可原谅的,但他的死刑的执行还是体面的和富有同情心的。在我们这个时代,许多国家中悲惨的、秘密的和无人性的死刑,不是由个别的凶手实施的,而是根据政府的命令实施的,当我们把苏格拉底的死刑与它们对比时,我们简直无地自容。

苏格拉底之死是非常有尊严的。在他的词语中没有任何抱怨、愤恨和谴责。这是一个正义和高尚之人的死。就苏格拉底在去世时所表现出的克制和优雅而言,那个时代的某

---

[75] 关于这些评论,我要感谢我的朋友药物学家、加尔维斯敦市得克萨斯大学医学院(the School of Medicine, University of Texas, Galveston)院长昌西·D. 利克(Chauncey D. Leake)博士的好心帮助(评论引自他1945年10月22日的一封信)。

些墓碑是很适合他的。[76]

当然，苏格拉底去世时的环境在很大程度上有助于他的 271
声望的确立。首先，它们激发了他的嫡传弟子的崇拜之情并把他神圣化，而后来，它们又有助于点燃柏拉图和色诺芬的热情，他们把他的思想保留下来，并把它们传给后人。苏格拉底之死标志着希腊哲学家为获得真理在一个多世纪中所付出的努力达到了一个辉煌的顶点。它也使得苏格拉底所达到的智慧神圣化了，这在一定程度上是由于希腊哲学家的研究成果，在一定程度上则是由于他本人的天才和圣洁。

在他生命的最后时刻与他在一起的朋友有：毕达哥拉斯学派最后的成员之一弗利奥斯的厄刻克拉底，埃利斯的斐多(Phaidon of Elis)，帕勒隆的阿波罗多洛，两个底比斯人克贝(Cebes)[77]和西米亚(Simmias)，雅典的克里托和他的儿子克里托布卢(Critobulos)，"苏格拉底的信徒"埃斯基涅(Aischines "the Socratic")，雅典的安提斯泰尼，以及麦加拉的欧几里得(Eucleides of Megara)。值得注意的是，苏格拉

〔76〕参见珀西・加德纳(Percy Gardner)：《希腊用雕刻装饰的墓穴》(*Sculptured Tombs of Hellas*, 278 pp., 30 pls.; London, 1896)；马克西姆・科利尼翁(Maxime Collignon)：《希腊艺术中的墓葬雕塑》(*Les statues funéraires dans l' art grec*, 412 pp., ill.; Paris, 1911)；亚历山大・康策(Alexander Conze, 1831 年—1914 年)：《雅典的墓穴浮雕》(*Die attischen Grabreliefs*, 4 vols., atlas; Berlin, 1893–1922)。前两部著作是对一般的希腊墓穴通俗易懂并配有适当图例的说明。康策的著作是一部关于雅典墓碑的文集。阅读加德纳和科利尼翁著作的相关章节，就可以最充分地满足读者的需要。

〔77〕这个克贝并非像人们以前认为的那样是一本古怪的关于人类生活的寓言《还愿匾》(*Tablet* 或 *Pinax*)的作者。《还愿匾》是由一个同名作者写的，他生活在很久以后，他熟悉漫步学派(Peripatetics，又译逍遥学派。——译者)、斯多亚学派以及毕达哥拉斯学派的学说。第一个提到《还愿匾》的希腊作者是萨莫萨塔的琉善(大约 125 年—190 年)(原文如此，与第八章有较大出入。——译者)，他认为这是古代的作品，但它可能属于在他以前并不久远的时代。

底的5个嫡传弟子(其中有3人在他临终时在场)也是一些哲学学派的创立者,他们是:斐多,他在他的故乡埃利斯创立了一个学派;欧几里得,麦加拉学派(the Megarian School)的创立者;埃斯基涅,犬儒学派(the Cynic School)的创立者;还有两位不在场的,昔兰尼学派(the Cyrenaic School)*的领袖昔兰尼的阿里斯提波(Aristippos of Cyrene),以及柏拉图。柏拉图因为有病所以不在场,关于这一点,我们可以相信他自己在《斐多篇》中所说的话。可以说,在公元前5世纪以后,希腊哲学的全部发展都受到苏格拉底的影响。我们一定不要忘记,在他作为一个巡回教师和顾问的长期活动期间,苏格拉底肯定给那些并非哲学家或作家,但能够传播他的思想的人留下了深刻的印象,这些人中有像克里底亚和阿尔基比亚德这样坏但很有权力的人,还有许多因其品质或缺陷并不十分著名并且他们的名字并未被记录下来的人。苏格拉底是第一个建立道德体系并且赋予道德价值以优先地位的希腊哲学家。从那时起,道德思想和政治思想被赋予更重要的意义,而且说所有西方关于这个主题的论述都直接或间接地来源于他的教诲,并不夸张。他的生与死有助于决定西方世界的道德规范。它们的影响并未因基督教的发展而消失或减小。

这是一部科学史而非哲学史,有时人们声称,无论苏格拉底可能对哲学有过多么好的影响,他的影响对科学来说未见得是好事。别忘了,他反对天文学家、气象学家以及所有考虑天地万物而不考虑通常的人类生活层次的人,有些评论

* 又译居勒尼学派。——译者

家会称他为保守分子。奥姆斯特德甚至走得更远,他说苏格拉底对科学的影响是灾难性的。[78] 我们的回答是,从表面上看似乎如此,但实际上并非这样。到目前为止一直听我讲述并且已经阅读了我对前苏格拉底哲学家的记述的科学爱好者,大概已经变得像苏格拉底本人那样不耐烦和桀骜不驯 272 了。那些哲学家的科学方法是很糟糕的,他们的思考由于是以不充分的知识为基础的,因而没有成效;他们的天文学观点往往是愚蠢的;他们都走在错误的道路上。即使有人(像我一样)承认那些冒险是不可避免的和必然的,它们持续的时间也太长了。公元前5世纪的哲学家们似乎已经用尽了他们那个时代的想象力。在他们大胆的行为中有些东西是值得称赞的,但这种大胆已经够了,应该叫停了,而苏格拉底做了这一点。如果他走得更远,无论如何,有人可能不得不出来像苏格拉底那样去制止,但也许没有其他人会这样做。

此外,他的某些思想对未来科学的发展不仅有积极的贡献,而且是必不可少的。第一,他坚持清晰的定义和分类。如果我们对我们所谈论的事物没有尽可能正确的认识,那么讨论是没有意义的。这一点在科学中甚至比在哲学中更重要。第二,他运用了一种可靠的逻辑发现方法(他的助产术法)以及辩证法。必须把科学家培养成这样的人:他们能进行没有逻辑缺陷的论证。否则,他们就会得出错误的结论。第三,他对法律的职能有着深刻的认识并且很尊重法律。科学的健康发展以道德纯洁、诚实以及个人和社会的素养为必要条件。一个糟糕的公民不可能成为一个优秀的科学家。

---

[78] 奥姆斯特德:《波斯史》,第446页。

第四,他的理性怀疑论为科学研究提供了基础。科学家在能够开始建立其基础之前,必须心甘情愿地唾弃那些偏见和迷信的依据。当然,在诸如占卜等问题上,苏格拉底的怀疑并不是十分彻底的,但这是他所处的环境的过错。我们的怀疑总是以信念为前提的,而这些信念,无论多么荒谬,都被我们大多数的邻居广泛接受了。

较早的哲学家们很难认识到这四点的根本重要性,但苏格拉底则充分认识到了,而且他花了很多精力反复重申它们,单凭这个理由,他就值得在科学史上拥有很高的地位。他对诡辩以及任何不成熟的断言的反抗,是每一个研究科学的人都愿意去做的事。尤其是,拒绝进行无正当理由的陈述是科学智慧的开端。

苏格拉底对有用和无用的知识的划分并不是非常恰当的,而是保守的。当他断定研究星辰或“智者们所称的‘宇宙’”[79]是荒谬可笑的时候,他只不过关上了本应该开得更大的门。人们可以谴责不好的科学方法或者无效的争论,但要先验地确定哪些研究成果是有用的或无用的,这是不太可能的,整个科学史就是对它的证明。在苏格拉底看来,对一块在磁铁或摩擦过的琥珀附近的物体的行为进行研究,没有什么比这更愚蠢的了;然而这种研究是获得磁学与电学知识的途径,也是改变这个世界之面貌的所有电气行业发展的途径。苏格拉底引起了有关“纯科学与应用科学”的无穷无尽的争论,该争论也许可以用这种论点来解决,即没有前者,后者是无法发展甚至是无法存在的;他还引起了有关“常识”

---

〔79〕 原文为:*ho calumenos hypo tōn sophistōn cosmos*,见前面所引的《回忆苏格拉底》。

与科学悖论的争论。我们现在知道，我们的常识往往是错的，而科学的“悖论”则伪装成真正的真理。他是在人类的科学经验仍未成熟时犯下那些错误的，对此，不应过多地责备他。

八、《约伯记》

273

本章讨论了公元前5世纪的哲学，尽管只限于一个相对较小的民族亦即讲希腊语的民族的成就，但这一章已经很长了。在一个世纪的时间中，他们详细阐述了某些最基本的哲学问题；他们并没有解决这些问题，而这些问题现在仍然令人类的智慧为之困惑。分析一下在同一个世纪其他民族所讨论的哲学问题是有益的，但这可能会使我们离题太远。例如，回忆一下孔伋（K'ung Chi，活动时期在公元前5世纪）和墨翟（Mo-ti，活动时期在公元前5世纪）都是很有意思的。孔伋是孔子的孙子，据说他还是“四书”（“Four Books”）[80]中的《中庸》（*Doctrine of the Mean*）大概还有《大学》（*Great*

---

[80] 儒学传统是以“五经”（Wu ching）和“四书”（Ssŭ shu）为基础的。（以下括号中的数字既是指我的《科学史导论》第3卷中可以找到汉字的那些页的页码，也是指《科学史导论》中涉及每个可利用的汉字的更多信息那些页的页码）“五经”包括：1.《易经》（I-Ching或Book of Changes，2117）；2.《尚书》（Shu-Ching或Book of History，2129）；3.《诗经》（Shih-Ching或Book of Poetry，2128）；4.《礼记》（Li-Chi或Record of Rites，2121）；5.《春秋》（Ch'un-Ch'iu或Spring and Autumn，2110）。“四书”包括：1.《大学》（Ta Hsüeh或Great Learning，2131）；2.《中庸》（Chung Yung或Doctrine of the Mean，2110）；3.《论语》（Lun-Yü或Confucian Analects，2123）；4.《孟子》（Mêng-Tzŭ或Mencius，2123）。

《大学》和《中庸》是《礼记》的组成部分，由理雅各［即J. 莱格（J. Legge，1815年—1897年），英国传教士，著名汉学家，近代第一个系统研究和翻译中国古代经典的外国学者。——译者］编辑，见《东方圣典》（*Sacred Books of the East*，Oxford，1885），第27卷—第28卷。这两篇著作的汉-拉-法文本由顾赛芬［即塞拉芬·库夫勒尔（Seraphin Couvreur，1835年—1919年），法国传教士，著名汉学家，为汉学研究和中国文化传播做出了重要贡献。——译者］编入“四书”（*Les quatre livres*，Ho Kien Fou：Mission Catholique，1910）。

Learning)的作者；墨翟把功利主义观点与极端的利他主义结合在一起，有时候他也被称作中国逻辑学的奠基者。至于同时代的印度哲学，由于其在年代学上存在着非常大的疑问，因而与它的对比无论多诱人都是不可能的。不过，这里可能允许我们简略地做这样一种对比，即与《约伯记》(Book of Job)的对比。

这种对比之所以更能得到准许，是因为它不会迫使我们走到像印度或中国那样遥远的国度；只要走到一个离希腊世界非常近的，但很奇怪一直与它疏远的国家就足够了。《约伯记》的创作年代是不确定的，但最有可能是在公元前5世纪(或公元前4世纪)。[81] 其作者要么是一个犹太人，要么是一个以东人(Edomites)，[82]但无论如何都是巴勒斯坦人，而巴勒斯坦比许多希腊边区都离阿提卡更近。作者大概熟悉巴比伦的原始资料[83]而且肯定熟悉埃及的原始资料；换句话说，他像与他同时代的希腊人一样从同一个来源吸取了营养，但他沉思的结果与他们有天壤之别。考虑一下这个谜：希伯来人和希腊人都以埃及人作为模仿的榜样，并且各自产生了希伯来的杰作和希腊的杰作。什么是模仿？每个人都会模仿他的前辈(教育过程在很大程度上就是一种对已被认可的榜样进行模仿的方法)，但他是按照他自己的天赋

---

〔81〕 当然，《约伯记》以之为基础的民间故事都是古代的；也就是说约伯(Job)可能比《约伯记》早1000年。

〔82〕 以东人或称伊多姆人(Idumaeans)，是雅各(Jacob)的兄弟以扫(Esau)或以东的后代。他们属于一个单独的仍保持游牧状态的希伯来部落，其文化水平低于伊斯兰人。以东地区在死海以南。

〔83〕 有一个“巴比伦的约伯”，关于这一点，请参见罗伯特·威廉·罗杰斯(Robert William Rogers，1864年—1930年)：《类似〈旧约全书〉的楔形文字文献》(*Cuneiform Parallels to the Old Testament*，New York，1912)，第164页—第169页。

去模仿的；如果他有天赋，他就会创造出某种新的东西。

《约伯记》[84]是世界文学的杰作之一。丁尼生(Tennyson)称它为“所有时代最伟大的诗作”。它的主题是一个必然总会吸引人的思想并且会使他的灵魂受煎熬的问 274 题。怎样才能说明不该承受的惩罚？为什么邪恶会成功而善良却要经受痛苦？这里所隐含的神学问题被称为神正论［这是莱布尼茨(Leibniz)命名的］，即为允许存在自然或道德之邪恶的神之正义所进行的辩护。邪恶的存在怎么能与神之善和全能协调一致呢？约伯(意指《约伯记》的作者)认识到，从神的超验性不可预测和人的理解能力微不足道等观点来看，这个问题是无法解答的。一个人可能会把其思想全部集中在他所遭遇的各种苦难上，但这些苦难对于万物的格局来说是无关紧要的。我们怎敢判断？约伯焦虑的质问令人深受感动，因为除了他所做的之外我们一无所知。

《约伯记》的完整性是有疑问的，它的组成部分也是不一致的。[85]我们不应当过多地注意它的不一致和模糊，因为它们在热情人的语言中、在用诗歌语言表达的赞颂中是很自然的。《约伯记》是一部诗作，而非科学论文。创作它的人是一个天才的诗人，他用富有活力的简洁文笔描述了神的创世奇迹和神的智慧。他把知识和现实主义与生动的想象

---

〔84〕在我的研究中，我从罗伯特·H. 法伊弗的《〈旧约全书〉导论》(*Introduction to the Old Testament*, New York: Harper, 1941)第 660 页—第 707 页［《伊希斯》*34*, 38(1942-1943)］获得了很大帮助，那里有透彻的分析和完善的文献目录。

〔85〕法伊弗在其著作(第 667 页—第 675 页)中对此进行了充分的讨论。《约伯记》所包含的不一致可能是由于编排混乱、疏忽和添写造成的。例如，近年来的评论倾向于把关于神之智慧的华丽诗句(在 42 章中的第 28 章)看作添写的。我们无法深究，只能按照《约伯记》现在的样子来理解它，假设它是完整的。

结合在一起,他的语言是华丽的,他所使用的形象化的比喻几乎没有重样的。[86]

在古代东方的永恒智慧中,希伯来先知发展出一神论思想,使一个民族的神具有了普世权限,并使他成为道德完善和绝对正义的活的象征;出于同样的渴望,希腊的哲学家们试图以确定的知识为基础解释世界的统一性,他们关于神的观念更多地是与物理自然哲学和宇宙学联系在一起,而不是与道德联系在一起。非常奇怪的是,约伯的神在某些方面更接近希腊的实例而非希伯来的实例。他提到神的时候从未使用其名字;他的神不是一个民族的神,而是宇宙之神。但这种一致是偶然的。没有理由假设,《约伯记》的作者以任何方式受到了希腊模式的影响(或者相反)。因而,把《约伯记》与埃斯库罗斯的《被缚的普罗米修斯》(*Prometheus Bound*)加以比较是非常有意义的。这再一次证明人类天赋的统一性,它是自然的统一性的一种形式,同时也证明了神的统一的形象。

---

〔86〕就我的希伯来语知识而言,尚不足以对原文的风格进行评论,我的判断只能以英译本为依据。请记住这些短语:“我知道我的救赎主活着”(第19章第25节);“早晨的光线”(第3章第9节);“那时晨星一同歌唱,神的众子也都欢呼”(第38章第7节)。作者所使用的词汇是所有希伯来语作者中最多的,(法伊弗说)从这种意义上讲,他是《旧约全书》的莎士比亚(Shakespeare)。《旧约全书》中没有一位诗人对自然进行过更敏锐的评价。

第十一章

公元前 5 世纪的数学、天文学和技术

我将把本章分为三个部分——数学、天文学和技术,这是为了便利,尽管事实上这会使我们不得不就同样的人物回过头来谈两次或者三次。

第一部分 数学

一、埃利亚的芝诺

研究早期希腊数学的学者一直在为这两个互补的(或者说矛盾的)事实而惊异:一方面是对普通算术的忽视,另一方面是数学思想独一无二的深刻。早期毕达哥拉斯学派并不注意通常的计算方法,但他们的几何学思想在很大程度上是以数字为基础的。对他们来说,重要的只是具有适当位置的单元;可以认为并且可以描述说,任何一个从直线开始的几何图形都代表一定量的点。这种观点提出了连续性和无限可分性的问题,或者更确切地说,它提出了那些希腊人心灵中的问题,因为这些心灵乐于进行哲学讨论。我们有许多希腊天才的证据,但没有哪个证据比受一些逻辑困难激励的这个时代的数学思维更有说服力、更令人吃惊,而这些困难是今天(25 个世纪以后)的一般人可能注意不到的。有人可

能倾向于说,更聪明的人能够更快地理解,乍看上去似乎如此;但他很快就不得不放弃这种说法,而且几乎会把它颠倒过来。愚笨的人理解得很快,或者可以认为他们是这样,因为他们无法想象那些困难,所以也不需要越过什么障碍。埃及和巴比伦的数学与希腊数学的巨大差异在于,前二者甚至想象不到希腊人现在开始奋斗时所遇到的那些困难。

我们会想起,芝诺和他的老师巴门尼德一起大约在公元前5世纪中叶游历过雅典。也许在雅典,他与一些数学家例如希波克拉底相遇,这些数学家那时正试图把几何学知识整理成一个严密的体系。芝诺主要是一个哲学家和逻辑学家,他意识到应用数学家(甚至包括希腊的应用数学家!)从未想到的一些概念难题。这些数学家会认为一条直线是由点
276 构成的。我们怎样使这种观念与线的连续性相协调呢?线不是一系列点,或者换种说法,线不是一系列孔眼;它是一个连续的整体。应用数学家可能会说:只要你愿意,你想使那些点彼此靠多近就能靠多近,想使那些孔变多小就能变多小;如果两个点之间的距离太大无法满足你的要求,好吧,可以把每个点分割成1000个或100万个部分,并且想象把所有其他的点都进行这样的分割。逻辑学家会表示异议,并且会回答说:两个点之间的实际距离并不影响论据;无论两个点之间的距离多么小,它们仍然是分开的,它们与使它们相连的线或者空间依然是不同的。在涉及时间的划分(我们应该认为时间是连续的还是不连续的?)以及运动的划分(一个物体在某一给定的时间内从一处运动到另一处)时,也会遇到类似的难题。通过亚里士多德的《物理学》(*Physics*)我

们了解到芝诺思考这些谜团后所获得的悖论结果,[1]亚里士多德把它们称作谬误,但又无法反驳它们。对它们的了解在一定程度上也是通过辛普里丘(活动时期在6世纪上半叶)对亚里士多德的评注;它们给人留下的印象太深了,以至于它们困扰着哲学家和数学家的心灵,一直到我们这个时代。这些问题非常微妙,要对它们做出一个完整而准确的回答可能需要相当多的篇幅。在这里,指出它们的一般性质就足够了。我们按照弗洛里安·卡约里(Florian Cajori)的模式把芝诺否定运动的4个论证分别称作"二分法"、"阿基里斯"(Achilles)、"飞矢"和"运动场",并且像他那样概述一下:

1. 二分法。你不能在有限的时间内越过无限个点。在你穿过任一给定的距离的全部之前,你必须穿过这个距离的一半,在你穿过这一半之前,你必须穿过它的一半。这样就会陷于无限之中,因而(**如果空间是由点构成的**),在任何给定的空间中都有无限个点,你无法在有限的时间内越过。

2. 阿基里斯。第二个论证是著名的阿基里斯与龟的难题。阿基里斯首先必须到达龟出发的地点。这时候龟将向前走过一小段路。阿基里斯必须穿过这段路,而龟又将向前走。他总是愈追愈近,但始终追不上它。

3. 飞矢。第三个反驳**穿越由点构成的空间**之运动的可能性的论证,是以这个假说为基础的,即一个飞矢在其飞行

[1] 芝诺是柏拉图的《巴门尼德篇》(*Parmenides*)中的一个人物。然而,柏拉图并没有讨论芝诺的数学悖论,只论述了他反驳多元性的论点;在与巴门尼德相比较时,柏拉图往往想使芝诺相形见绌。在《斐德罗篇》261D中,他说,芝诺懂得如何使同一物既相同又相异,既是一又是多,既静止又运动。

的任一给定瞬间，必然是在某个特定的点上静止不动的。

4. 运动场。假设有三行平行并列的点：

图1	图2	
A……………………	← *A*	……………………
B……………………	*B*	……………………
C……………………	*C*	…………………… →

图1　　　图2

在这些点中有一个点(*B*)是不动的；而 *A* 和 *C* 以同样的速度向相反方向运动到达如图 2 所表示的位置。*C* 相对于 *A* 的运动将是它相对于 *B* 的运动的两倍，或者换句话说，*C* 行上任何一点所越过的相对于 *A* 行的点数是其相对于 *B* 行的点数的两倍。因而不可能有这样的情况：某一个时间瞬间与从一点到另一点的行程相对应。[2]

这 4 个论证似乎针对的是那时大多数人(包括毕达哥拉斯和恩培多克勒)所持有的一种信念，这一信念现在仍被我
277 们时代的多数人持有，该信念即空间是点的总和，而时间是瞬间的总和。芝诺是在一个似是而非的基础上论证运动是不可想象的。

二、阿布德拉的德谟克利特

德谟克利特大约比芝诺晚出生 30 年。他确切的出生和

---

〔2〕洛里安·卡约里：《芝诺关于运动的论证的目的》(“The Purpose of Zeno's Arguments on Motion”)，载于《伊希斯》*3*，7-20(1920)。该文概述了这一争论，并且包括卡约里所同意的塔内里的结论。按照塔内里的观点，芝诺反对一个点在位置上具有不变性的思想。也可参见菲利普·E. B. 乔丹(Philip E. B. Jourdain)：《飞矢：与时代不合的论题》(“The Flying Arrow. An Anachronism”)，载于《心灵》(*Mind*)*25*，42-55(Aberdeen，1916)[《伊希斯》*3*，277-278(1920)]；T. L. 希思：《希腊数学史》(*History of Greek Mathematics*，Oxford，1921)，第 1 卷，第 271 页—第 283 页[《伊希斯》*4*，532-535(1921-1922)]，其中包含许多伯特兰·罗素(Bertrand Russell)著作中的引文，罗素非常钦佩芝诺。

去世的时间无法确定,但我们说他大约生于公元前460年,殁于公元前370年,大概不会错很多。由此并不能推论说德谟克利特的数学思考比芝诺晚,也不能说德谟克利特熟悉芝诺的困惑。无论如何,只要一个人开始严谨地思考有关连续性和无限的问题,这些困惑或者同类的其他困惑就是不可避免的,希腊人,不是他们中的一个人而是许多希腊人,那时正在进行这种思考。在第欧根尼·拉尔修(活动时期在3世纪上半叶)公布的德谟克利特的著作目录中,列出了5篇数学著作:(1)论圆与球体的接触,(2)和(3)论几何学,(4)论数,(5)论无理数。我们不久会讨论无理数这个话题,那时,我们会回过头来考虑这最后一项。从第2项到第4项的题目太模糊了,因而对我们没有什么帮助。至于第1项,如果我们假设这个题目指一个球体与一个切面的接触,这就会使我们去思考无穷小角。如果我们(正如德谟克利特可能做的那样)考虑更简单的情况,即一个圆与一条切线之间的夹角,其固有的困难就会迅速凸显出来。首先,必须定义切线;德谟克利特头脑精明,他足以认识到,切线与圆只有一个共同点,尽管这一点无法用任何绘图来说明。随后,必须考虑夹角。这个角必定是极小的,因为如果该切线围绕接触点稍微旋转一点就会碰到该圆上的另一点,那它就不再是切线。

柏拉图忽视了德谟克利特,但亚里士多德非常热情地谈论了他关于变化和发展的思想。一个世纪后,阿基米德提到德谟克利特最伟大的数学发现,即一个圆锥体的体积和一个棱锥体的体积分别是一个同底等高的圆柱体和棱柱体的三分之一,顺便说一句,他并没有给出有关德谟克利特定理的证明,相关的证明是后来的欧多克索给出的。[3] 德谟克利特是怎么发现它们的?也许,他使用了一种原始的和直觉的综合法,把棱锥体(或圆锥体)分成许多平行的薄片。等我们讨论到欧多克索的发现和他对穷竭法的使用时,我们再回过头来谈这个问题。

维特鲁威把透视法在舞台背景设计方面的应用归功于德谟克利特,但也归功于阿伽塔尔库斯和阿那克萨戈拉。这样的归因看起来是有道理的,但未得到证明。当然,布景设计者已经解决了透视问题,但好的解决方法可能是通过某种经验方式找到的。

三、希俄斯的希波克拉底

我们现在来谈一下这个世纪最伟大的数学家,第一个使希波克拉底这个名字扬名的人。几乎每一个受过教育的人都熟悉希波克拉底这个名字,但它常常使人想起的是另外一
278 个人,即医学之父、科斯岛的希波克拉底。希波克拉底这个名字在希腊并非不常用的名字,[4]相反,它是非常出名的,以至于同一时代的两个最著名的人物都拥有这个名字,而且他们还来自同一个群岛,即远离小亚细亚海岸的斯波拉泽斯群岛(the Sporades)。这位叫希波克拉底的数学家是这二人中的长者,他出生在希俄斯,他于公元前5世纪的第三个25年活跃在雅典。那个叫希波克拉底的医生则属于下一代,当

---

[3] 亚里士多德对德谟克利特的赞扬出现在《论生成和消灭》(*De generatione et corruptione*),315A 34 及以下;阿基米德的赞扬出现在他的《方法》(*Method*)中。相关的原文引自希思:《希腊数学手册》(*Manual of Greek Mathematics*, Oxford, 1931),第283页。

[4] 动词 *hippocrateō* 意为成为马中上品,因而,Hippocratēs(希波克拉底)对骑兵军官也许就是一个很适合的名字!

那数学家希波克拉底已成年时他仍然是个孩子,他活跃于该世纪与下个世纪之交,他来自科斯岛[斯波拉泽斯群岛南部的一个岛,这个群岛也称作佐泽卡尼索斯群岛(Dodecanese islands)]。[5] 我们将在另一章用他完全应得的所有篇幅来讨论他,但在这里有必要对他作一点介绍,并且暂时把他列在与他同时代的那位长者的旁边。我非常希望本书的读者会记住有两位希波克拉底,他们的成就同样出色,但它们如此不同,以至于在它们之间做任何比较都是不可能的。当然不能说第二个希波克拉底比第一个更伟大,但大多数人只记得他,而几乎把更老的那个希波克拉底忘记了。不过,不用担心。

依据传统的说法,年长的希波克拉底大约在这个世纪中叶去雅典的理由是,他失去了他的财产而且他试图重新获得它们。按照一种传说,他曾是一个商人,而他的商船被海盗抢走了;按照另一种(亚里士多德讲的)传说,[6]他是一个几何学家,"由于他的糊涂",他在拜占庭被海关收税人员敲诈

---

[5] 希俄斯大约335平方英里;在这里不仅诞生了古代最伟大的数学家之一,而且还诞生了另一位伟大的数学家俄诺庇得(Oinopides)、历史学家泰奥彭波斯(Theopompos,公元前378年—前305年以后)以及该岛人声称的荷马。菲斯泰尔·德·库朗热(Fustel de Coulanges)在他的《希俄斯岛的回忆》("Mémoire sur l'ile de Chio")[载于《科学考察队档案》(*Arch. Missions scientifiques*) 5,481 (1856),重印于他的《历史问题》(*Questions historiques*,Paris,1893)第213页—第339页]中,提供了许多信息,但有如下失误(第318页):"Un certain Hippocrate de Chio est cité souvent par les anciens comme mathématicien, astronome et géomètre.(古代的人们常常提到这个来自希俄斯的名叫希波克拉底的数学家、天文学家和几何学家)"。这说明,"这个菲斯泰尔·德·库朗热"无论在其他方面多么杰出,他既不是一个数学家,也不是一个科学史家。

科斯岛在希俄斯以南,比后者小许多,它的确是一个小岛(111平方英里),这里只诞生了一位杰出的人物,即医学之父希波克拉底。

[6] 亚里士多德:《欧德谟伦理学》(*Eudemian ethics*),第7卷,14,1247A。

了一大笔钱。当然,数学家们(从泰勒斯到庞加莱)常常被指责为没有日常生活的能力,不过,这些传说令人感兴趣是在其他方面;它们有助于我们认识希腊生活中所存在的其他方面的情况:商人、海盗以及缺德的海关官员等。显然,希波克拉底一开始就既是商人也是数学家;这样的结合在希腊社会中并非不相容的。失去了他的财物后,他投身于数学,并且成为最早为挣钱而教书的人之一;为什么他不像智者那样获得酬劳呢?他也许把自己称作一个智者,尽管他所擅长的领域是数学。

在说明他的研究以前,我们必须先回忆另一个传说,它体现了那个时代的典型的学术气氛。那时有三个著名的数学问题让雅典数学家们煞费苦心:(1)求圆的面积,(2)角的三等分,(3)倍立方问题。这三个问题是怎么出现的呢?第一个问题是非常古老的,而这种认识——我们无法获得任何圆的精确面积,仍然是令人难以接受的。另外两个问题不那么简单自然。对第三个问题的解释,至少流传着两个传说,而且这两个传说都是埃拉托色尼讲述的。在这里,讲一下其中一个传说就足够了。提洛岛的人常常受到瘟疫的侵害,神
279 谕命令他们把一个立方形的祭坛扩大一倍;因此,这个问题又被称作提洛岛问题(Delian problem)。所有传说都有 *post factum*(事后)发明的特点,而且据我所知,在提洛岛或任何其他地方都没有立方形的祭坛。[7] 一个更简单的解释是,

---

〔7〕参见康斯坦丁·G. 亚维斯(Constantine G. Yavis):《希腊祭坛》(*Greek Altars*, Saint Louis:Saint Louis University Press,1949),作者在第 169 页—第 170 页和第 245 页提到,在塞浦路斯而不是在提洛岛,祭坛差不多是立方形的。武尼宫(Vouni Palace)中的两个祭坛属于公元前 5 世纪,它们的基座的尺寸分别为 1.95 米×1.70 米和 2.70 米×1.54 米——与正方形相差很远。

有些数学家可能希望从一个平面几何问题中推出普遍结论。若使一个正方形的面积增加一倍,在它的对角线上重新画一个正方形就成了。对于一个立方体来说,能否发现一个类似的规则呢?问题并非像它看起来那么容易。从无数个问题中凸显出来的这三个问题,是对希腊人天才的一个新的证明,因为它们都是表面的简单性与内在的高度复杂性的结合。[8] 对它们的解答只能是近似的;第二和第三个问题是无法用简单的几何方法(亦即用直尺和圆规)解决的;但公元前5世纪的希腊数学家在理论上把它们解决了。

希波克拉底并没有讨论第二个问题,但我们应感激他对另外两个问题不完整的解答。他试图把圆化为方形,这导致他发现了可以化为方形的弓形;非常奇怪的是,他发现了可以用一种简单的方法化为方形的5种弓形中的3种。这肯定是令人激动的,因为它证明,至少某些曲线形是适用于化圆为方法的。

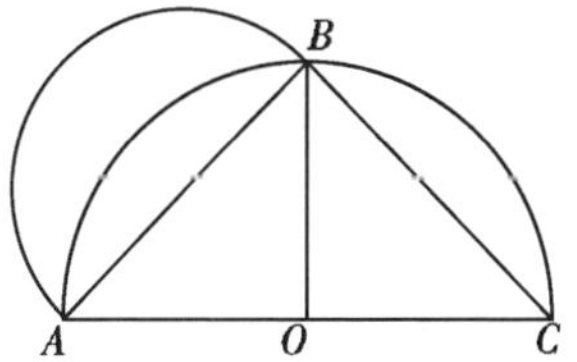

图63　希俄斯的希波克拉底的弓形

这里有一个希波克拉底弓形的最简单的例子。考虑内接于以 O 为圆心的半圆中的半个正方形 ABC(参见图63)。我们来画另一个以 AB 为直径的半

[8] 1767年,约翰·海因里希·兰伯特(Johan Heinrich Lambert)证明 π 是一个无理数;1794年,勒让德(Legendre)证明,π^2 也是一个无理数;1882年,费迪南德·林德曼(Ferdinand Lindemann)证明 π 是一个超越数;参见《奥希里斯》*1*,532(1936)。费利克斯·克莱因(Felix Klein,1849年—1925年)根据现代数学对这三个问题进行了研究,参见他的《精选初等数学问题演讲集》(*Vorträge über ausgewählte Fragen der Elementarmathematik*, Leipzig, 1895; English trans., Boston, 1897; revised, New York, 1930)[《伊希斯》*16*,547(1931)]。

圆。这两个半圆的比等于它们直径的平方比，且 $AC^2=2AB^2$。因而大半圆面积的一半等于小半圆的面积。取出这两个面积共有的部分，剩下的面积，亦即那个弓形和三角形 ABO 的面积是相等的。

这的确非常简单，但它却隐含着对那些圆之比等于它们直径的平方比这一命题的认识。[9] 如果希波克拉底发现了弓形的面积，我们应当假设，他知道那个命题。他对这一命题也许有直觉的认识；按照欧德谟（Eudemos）的说法，他能够证明这一命题，但如果他能证明，我们不知道他是如何证明的。

希波克拉底对求弓形面积的研究，从另一方面讲是非常重要的：它是希腊（亚历山大以前）的数学完整地流传至今的唯一片段，但这种流传是非常间接的和缓慢的。[10] 这再
280 次说明，要认识古希腊数学的事实有多么艰难，而史学家的谨慎是多么必要。

希波克拉底对第三个问题亦即倍立方问题的解答，就其隐含的意义而言，同样是令人感兴趣的，因为他的解答说明，他对复比有清晰的理解。这种知识是从数中推导出来的，并且被直观地应用于直线。

如果一给定的立方体的边为 a，问题是要确定 x，使得

---

[9] 欧几里得：《几何原本》，第 12 卷，命题 2。

[10] 欧德谟（Eudemos，活动时期在公元前 4 世纪下半叶）把这一研究纳入几何学史，通过辛普里丘（活动时期在 6 世纪上半叶）对亚里士多德物理学的评注，这一研究得以保留下来。在辛普里丘与希波克拉底之间几乎过去了 1000 年！在保罗·塔内里编辑的希-法文本中很容易找到该文，载于《波尔多科学协会备忘录》（*Mém. Soc. Sci. Bordeaux*）5，217－237（1883）；重印于他的《科学备忘录》（*Mémoires scientifiques*，Toulouse，1912），第 1 卷，第 339 页—第 370 页。希-德文本由费迪南德·鲁迪欧（Ferdinand Rudio）编辑（194 pp.；Leipzig 1907）。

$x^3 = 2a^3$。它的解是通过寻找 a 与 $2a$ 之间连比的两个比例中项而获得的：$a/x = x/y = y/2a$；因为 $x^2 = ay$，$y^2 = 2ax$；所以 $x^4 = 2a^3x$ 或 $x^3 = 2a^3$。

到公元前 5 世纪中叶，许多几何定理已得到证明，而且许多问题得到解决，从而按照适当的逻辑规则把所有这些资料整理一下变得日趋必要了。这意味着不仅要对已获得的结果进行分类，更为重要的是，要加强证明。在许多情况中（例如前面已经举例说明的欧几里得的命题），知识是直观的，或者说，即使已经发现了证明，它也未必能流传下来。如果把每一项都安排在它应有的逻辑位置上，那么就会发现一些缺口。就所能建起的几何学大厦来说，它应该更坚固，而且人们应该更确切地知道，要使它趋于更完善、在逻辑上更完美，还需要做什么。看起来，希波克拉底是第一个尝试这一工作的人，也就是说，他是欧几里得的第一个先驱，这不仅因为他发现了个别的命题，而且还因为他是后来被称作《几何原本》的那一几何学丰碑的建设者。

如果通过辛普里丘留传给我们的有关求弓形面积的文本真是希波克拉底写的，那么，他就是我们迄今所知的第一个在几何图形中使用字母从而有可能对这些图形进行明确描述的数学家。[11] 字母的使用极大地方便了抄写传统，因为遇到可能不容易画准确的图形时就可以把它们略去。由于读者可以很容易根据原文重新画出那些图，因此，它们是可有可无的。希波克拉底在使用字母方面还没有像欧几里

〔11〕 毕达哥拉斯的五角星形使用了字母 *hygieia*（参见本书第 211 页），这大概是比希波克拉底更早的，然而，为方便几何学论述而使用标注字母的图形与为了某种象征的目的而使用字母是大相径庭的问题。

得那样简单明了,发现这一点我们也不用惊讶,毕竟这是一个非常重要的开端,它对于数学未来的发展几乎是必不可少的。

希波克拉底写的是“标为 *AB* 的线”,或“标为 *K* 的点”,而欧几里得像我们一样,简单地写作:“线 *AB*”,“点 *K*”。在数学符号史中,而且我们可以更一般地说在科学史中,这些差异会反复出现。发明者很少能用最简单的方法把他的发明表述清楚,这就需要另外一个人或者许多人来完善该发明,这些人在才智方面不如他,但比他更有实践经验。例如,希波克拉底的发明也许是被其他教师甚至是被完全为了偷懒而使用缩略短语“线 *AB*”的学生完善的。

如果希波克拉底实际上撰写了第一部几何学教科书(这不仅是可能的而且似乎是有道理的),那么,他必须使证明固定下来,而且我们可以相信普罗克洛的陈述:他发明了几
281 何学的归纳(*apagōgē*)法,亦即从一个问题或定理到另一个问题或定理的推导通路,后者的解决是以前者的解决为必要条件的,我们将在后面讨论这一点。

希俄斯的希波克拉底的成就是相当可观的,他的成就的确很伟大,因而可以非常公平地把他称作几何学之父,就像把科斯岛的希波克拉底称作医学之父那样。不过,最好还是避免这些比喻,因为除了我们的在天之父外没有抽象的父亲。

四、希俄斯的俄诺庇得[12]

按照普罗克洛（活动时期在5世纪下半叶）的说法，俄诺庇得比阿那克萨戈拉年轻一些；他把俄诺庇得的活动时期定在希波克拉底和塞奥多罗（Theodoros）之前。我们可以假设俄诺庇得活跃于公元前5世纪的第三个25年。注意到这一点是非常有趣的，即他不仅是与希波克拉底同时代的人，而且是其同胞。他们一定是在希俄斯或者雅典相识的。他是否比希波克拉底年轻一些对我们来说无关紧要，因为重要的是发现的年代顺序，它与出生的年代顺序是不同的；有些人在完成其最优异的成就时还很年轻，有些人则已经进入晚年。

俄诺庇得作为一个天文学家比作为一个数学家更重要，我们将在本章第二部分用更多篇幅来讨论他。他对数学的贡献较为普通，但依然有意义。他是第一个解决如下问题的人：（1）从某一给定的点画一条与某一给定的直线相垂直的线；（2）在一直线的某一给定点画一个与给定的角相等的角。

鉴于每个人都能够大致解决这些问题，把它们的解决归功于俄诺庇得意味着，他是第一个说明如何用直尺和圆规准确地解决它们的人。这些问题必须解决，这样才会使《几何原本》的撰写成为可能，而普罗克洛说，俄诺庇得出于天文学方面的理由解决了第一个问题；他还说，俄诺庇得使用旧的名称来称呼垂线（即使用的是 *cata gnōmona* 而不是

---

〔12〕K. 冯·弗里茨在《古典学专业百科全书》（1937）第34卷，第2258页—第2272页中有详尽的说明。

orthios)。所有这些例证了这个时期的过渡性:几何学知识逐渐变得有序和明确,《几何原本》在创作中。

五、埃利斯的希庇亚斯

希庇亚斯(Hippias)来自埃利斯,[13]这是伯罗奔尼撒半岛西北角的一个小国,以养马而闻名,而且由于在奥林匹亚平原每四年举行一次的奥林匹克运动会,它几乎成为希腊人的圣地。希庇亚斯大约出生于公元前460年,他比希波克拉底和俄诺庇得年长,而且比他们更著名,因为他在整个希腊进行了大量旅行,发表公开演说并开展教学活动;他是那种到处漫游的智者,对名望和金钱的热爱支配着他的活动。他愿意讨论任何问题,不过他格外感兴趣的是数学和科学问题。当他到达斯巴达时,他失望了,因为斯巴达人对科学不怎么关心,因而也不会为有关科学的演说付酬金。柏拉图的两篇对话《大希庇亚斯篇》(*Hippias Major*)和《小希庇亚斯篇》(*Hippias Minor*)使他名扬千古,在这两篇对话中他以一个愚蠢而傲慢的智者的身份出现。这是令人不愉快的,但他因一个单一的发现而获得的数学声望是稳固的,这的确使人惊讶。

282 为了解决角的三等分问题,希庇亚斯发明了一种新的曲线,这是历史上第一个高等曲线的例子,它是不用任何工具而只能沿着一个个点画出来的曲线。也就是说,当最优秀的数学家正在勤奋工作以便把几何学知识建成一个井然有序的大厦时,他却大胆地从这一知识领域中跳了出来,探索它

---

[13] 怀疑论学派(the Skeptical School)的奠基者皮罗[(Pyrrhon,又译皮浪——译者)活动时期在公元前4世纪下半叶]也来自埃利斯。

以外的未知秘密。

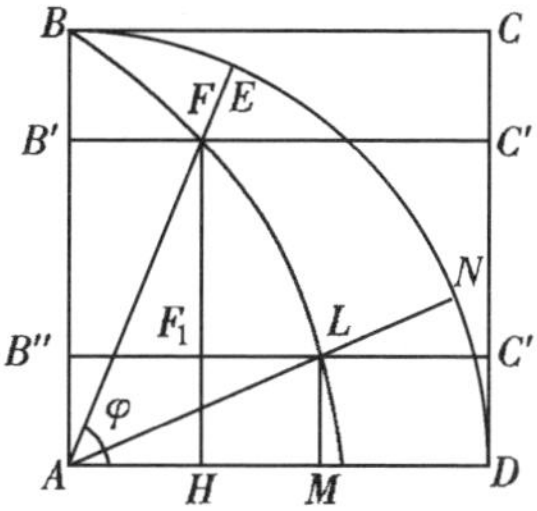

图64　埃利斯的希庇亚斯的割圆曲线

希庇亚斯发现的曲线被称作割圆曲线(稍后将证明其名称的合理性),它是按照以下方式形成的(参见图64)。假定我们有正方形 $ABCD$(边长为 a),在其中含有一个以 A 为圆心、以 a 为半径的圆的四分之一。假设半径以不变的速度从 AB 转到 AD,同时,BC 边以不变的速度、并与其自身相平行向下运动到 AD。这两条线的交叉点(例如 F 和 L)的轨迹就是割圆曲线。那么,$\angle BAD : \angle EAD =$ 弧 BD : 弧 $ED = BA : FH$。考虑一下把圆心 A 与曲线上的一个点 F 连接起来的向量 AF;设它的长度为 ρ,并且与 AD 形成一角 φ;那么,$a/(\rho\sin\varphi) = (\pi/2)/\varphi$。

这个曲线可以用来三等分任何像 φ 这样的角。我们把线 FH 按 2 : 1 的比例分成两部分,这样,$FF_1 = 2F_1H$。然后,画一与 FH 相交于 F_1、与曲线相交于 L 的直线 $B''C''$,连接 AL。角 NAD 将等于 φ 的三分之一。

这个曲线同样可以用来对任何角进行任何比例的分割;(在我们的例子中)它完全可以按照那个比例分割线 FH,并且可以像以前那样继续这种解释。

同样是这一曲线在一个世纪之后被戴诺斯特拉托斯(Deinostratos,活动时期在公元前4世纪下半叶)和其他人用来求圆的面积,因此它获得了割圆曲线(*tetragōnizusa*)这个名称。

六、昔兰尼的塞奥多罗

对于我们来说,数学家昔兰尼的塞奥多罗(Theodoros of Cyrene)[14]是非常知名的,因为柏拉图的《泰阿泰德篇》(*Theaitetos*)的一开始就提到了他,该对话把他当作一个大师
283 来介绍。他那时(公元前 399 年)[15]已经是一个老人,因而我们也许可以说,他大约出生于公元前 470 年。据说,柏拉图曾经到昔兰尼拜访过他;但无论如何,大约在这个世纪末塞奥多罗在雅典;他属于苏格拉底那个群体,并且是(或者曾经是)柏拉图的数学老师。归于他名下的数学发现只有一个,但那是个令人吃惊的发现。据说,他已经证明了 3,5,7,…,17 的平方根的无理性。

意味深长的是,$\sqrt{2}$的无理性的发现没有归于他的名下,不过这可能仅仅意味着在他以前已经有人认识到这种性质了。实际上,这种知识被归功于早期的毕达哥拉斯学派。$\sqrt{2}$的无理性的发现是令人震惊的,毕达哥拉斯学派似乎曾一度认为它是一个例外。

2 的平方根的出现是十分自然和简单的,因为它是单位

---

〔14〕我们之所以说数学家塞奥多罗,是因为“昔兰尼的塞奥多罗”这些词会使(除数学家以外的)大多数人想起另外一个更著名的有时被称作无神论者塞奥多罗(Theodoros the Atheist)的人,他是昔兰尼的阿里斯提波的弟子,阿里斯提波则是苏格拉底的弟子。无神论者塞奥多罗被逐出昔兰尼,他有一段时间活跃于亚历山大;在他不久于人世时,他被获准返回他的故乡,并于大约公元前 4 世纪末在那里去世。简而言之,昔兰尼的这两位塞奥多罗不是同一时代的人;数学家塞奥多罗属于公元前 5 世纪下半叶,而哲学家塞奥多罗属于公元前 4 世纪下半叶。作为昔兰尼加(Cyrenaica)的主要城市,昔兰尼是一个重要的文化中心。在这里不仅诞生了阿里斯提波和两位塞奥多罗,还诞生了诗人卡利马科斯(大约公元前 240 年去世)和辛涅修斯(Synesios,活动时期在 5 世纪上半叶)主教。

〔15〕据推测,该对话是在苏格拉底去世的那一年即公元前 399 年进行的,但这篇对话的写作是在大约 30 年以后的公元前 368 年—前 367 年。

正方形(边长和面积均为1的正方形)的对角线。早期的毕达哥拉斯学派是怎样发现$\sqrt{2}$的无理性的呢?

我们必须先介绍另外一个人:梅塔蓬图姆的希帕索(Hippasos of Metapontum),[16]他是早期毕达哥拉斯学派的成员,围绕着他有一些离奇的传说。这些传说称,他因泄露数学的秘密而被赶出毕达哥拉斯学派。按照其中的一个传说,他泄露了球体上的十二面体的构造,并且声称这是他自己的发现;按照另一个传说,他泄露了无理量的发现——这很可能是指$\sqrt{2}$或$\sqrt{5}$。在我们离开希帕索之前,关于他还有一个数学问题要谈一下。早期毕达哥拉斯学派区分了三类平均——算术平均、几何平均和下反对平均。[17] 希帕索提出,应该赋予第三种以调和平均之名,鉴于调和平均在音乐理论中的重要性,这个名称非常适用,而且他定义了另外三种均值(平均)。现在我们回到有关无理量之存在的发现,对于公元前6世纪和公元前5世纪的数学家来说,无理量是某种在逻辑上令人反感的事物。

一个无理数(*alogos*)就是一个无法用其他数准确表达的数;这是从几何学上发现的,当时人们认识到,一个单位正方形的对角线无法用边长或任何相等的部分来衡量,无论可以

[16] 在我的《科学史导论》中没有专门论述希帕索的部分,因为他的生卒年代太不确定了。他也许属于公元前6世纪但也可能属于公元前5世纪。我称他为梅塔蓬图姆的希帕索,但也有人把另外两个地方即锡巴里斯和克罗通说成他的出生地。不过,这三个地方都在同一个地区,即有意大利"胫骨"之称的塔兰托湾(the Gulf of Taranto)。

[17] 帮助读者恢复一下记忆:如果数$b=(a+c)/2$,则b就是a和c的算术平均;如果$a/b=b/c$,那么b就是a和c的几何平均;如果$a/c=(a-b)/(b-c)$或$1/c-1/b=1/b-1/a$,那么b就是a和c的调和平均。a,b和c这三个数被说成分别处在等差数列、等比数列和调和数列之中。

把那条边分割得多么小。

如何证明那种无理性？亚里士多德提到过传统的证明方法；[18]这就是归谬法。这种论证简便易懂，我们现在把它再现一下。

考虑一个正方形，其边长为 a，对角线为 c。我们必须证明 a 与 c 是不可公度的。我们先假设它们是可公度的，这样，它们的比 c/a 可以用最简单的方式 γ/α 来表示。从而 $c^2/a^2=\gamma^2/\alpha^2$；由于 $c^2=2a^2$，因此 $\gamma^2=2\alpha^2$。所以，γ^2 是偶数，γ 也是偶数，α 必然是奇数。如果 γ 是偶数，我们可以把它
284 写作 $\gamma=2\beta$；这样，$\gamma^2=4\beta^2=2\alpha^2$，从而，$\alpha^2=2\beta^2$。因此，$\alpha^2$ 是偶数，α 也是偶数。由此我们发现 α 既是偶数又是奇数，而这是不可能的。因此，a 与 c 是不可公度的。

第一个无理量（如果不是在希帕索之前被发现的）很有可能是希帕索发现的，但是人们无法证明这一点。人们之所以倾向于做这样的假设是因为前面所转述的传说，而且它与无理数理论的提出相距不远。刚刚给出的无理性的证明虽然简单，但它所暗示的抽象程度在希帕索时代亦即公元前 5 世纪初叶是无法达到的。而另一个传说把有关十二面体的某种知识归功于他，十二面体是一种正多面体，它的 12 个面都是正五边形。对于毕达哥拉斯学派的成员来说，对正五边形感兴趣是很自然的，因为他们的标志是五角星形（即把一个正五边形的每一边延长到它们的交叉点后形成的图形）。

---

〔18〕 亚里士多德：《前分析篇》（*Analytica priora*），41A，26－30。

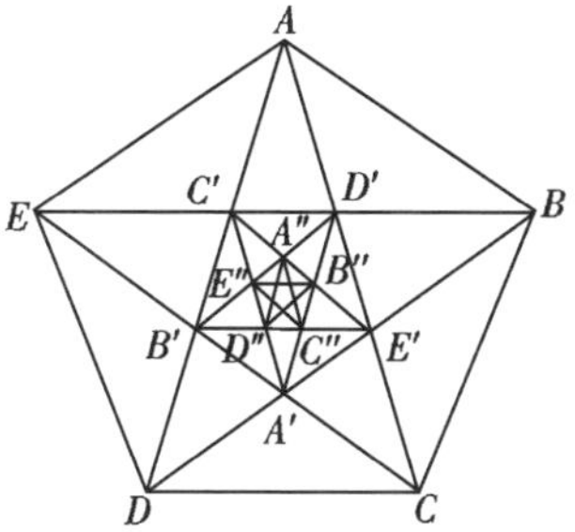

图65　五边形和五角星形

库尔特·冯·弗里茨提出了一种非常有趣的主张,[19]即希帕索对五角星形和五边形以及与它们结合在一起的数和比率的兴趣,可能导致他发现了不可公度性概念。一个手艺人怎么会尝试寻找两条线段 a 和 b 的公测度呢?他可能会试图根据较短的 b 衡量较长的 a,如果不行,他可能会尝试根据 b 的分数来衡量它。但这种方法不能运用于这个实例中,因为物理度量法不精确。如果希帕索考虑五边形及其所有对角线,他可能会看到这些对角线构成一个五角星形,而该五角星形中包含一个更小的五边形(参见图65)。同样的过程还可以继续,这是非常有吸引力的。在实际中,人们不可能把这个过程长久地延续下去,但显而易见,在理论上这个过程可以无限地继续下去,这意味着这些对角线与边没有公约数,即是不可公度的。

也许,希帕索在不可公度量的存在被证明以前就凭直觉发现了它们。甚至有可能,希腊数学家在这个世纪末以前已经开始考虑一些更复杂的例子了。在《大希庇亚斯篇》(公元前303年)中有这样的评论:正如一个偶数可以是两个偶数或两个奇数之和那样,两个无理数之和既可能是有理数也可能是无理数。一个很好的例子就是把一段长度为有理数

---

[19] 库尔特·冯·弗里茨:《梅塔蓬图姆的希帕索对不可公度性的发现》("The Discovery of Incommensurability by Hippasos of Metapontum"),载于《数学年鉴》(*Ann. Math.*)*46*,242-264(1945)。我们的图形获准从他的论文中借用。

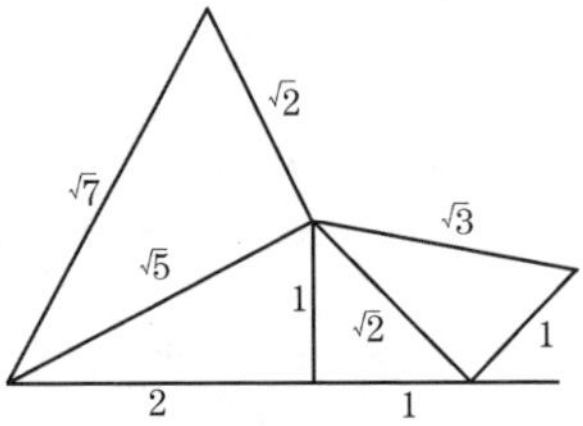

图 66 不同的不可公度量的简单构造

的线段按中末比分割；这些部分与整体构成的三个比都是无理数。

285 假设希帕索已经发现了$\sqrt{2}$和$\sqrt{5}$的无理性，塞奥多罗是怎样发现直到$\sqrt{17}$的其他无理数的呢？也许，他用一种类似图 66 所表明的那样的简易方法构造出了多个无理数。一旦无理量的可能性被认识到并且被承认，发现新的无理量就不再困难了。主要的困难是另一类困难：如果有些数不能用任何诸如 n/m 这样的比率来表示，那么，数与线之间或算术与几何之间的毕达哥拉斯相似就不能再维持了——还能吗？我们没有理由假设，这些深奥的难题在公元前 4 世纪以前已经被解决了，但是希帕索和塞奥多罗[20]所提出的思想的长时间酝酿为泰阿泰德（Theaitetos）和欧多克索的时代做好了准备。当我们走到那个时代时，我们将继续我们对这个话题的讨论。

希腊天才对数学真理具有直觉能力，就像他们对美具有直觉能力一样。这种希腊天才似乎即使不是从一开始，至少也是很早就已经认识到，不解决许多隐含着无限的问题，就不能构造具有逻辑严密性的数学。如果我们记住，有许多受过教育甚至受过良好教育的人（比如说医生或语法学家），他们在今天可能很难理解这类问题，更不用说去发现它们

---

〔20〕 甚至还有德谟克利特，因为他的一篇论文就是论无理量和立体（原子？）：《论无理线段和立体》（*Peri alogōn grammōn cai nastōn*），但我们一定不要忘记，他一直生活到公元前 4 世纪晚期。这个题目是令人难以捉摸的。他是否想把无理数与原子联系起来？

了,那么,也许就可以对这种天才不可思议的深刻做出比较恰当的评价了。本章已经为希腊人对无限问题的直觉能力提供了多个例子,亦即芝诺、德谟克利特、希帕索和塞奥多罗所说明的观点,现在我们再提供两个例子:安提丰(Antiphon)和布里森(Bryson)。

七、智者安提丰[21]

安提丰是雅典人,他大约活跃在与苏格拉底相同的时代,从某种程度上说,他是后者在教育青年人方面的竞争对手。他是一个智者,对许多科学问题感兴趣,但也对占卜和解梦感兴趣。我们切不可忘记,占卜尤其是圆梦[22]在那时属于科学的合法部分,它们吸引了一些最优秀人才的学术好奇心,因为在那时还没有像现在这样敏锐地认识到知识的局限性。不过,安提丰值得我们关注,因为他发明了一种解决旧问题即求圆的面积的新方法。 286

安提丰提出,把一种简单的正多边形比如说正方形内接于给定的圆中。然后在每一边上构建一个等腰三角形,其顶点在圆周上。这样就可以绘制一个正八边形,以同样的方法可以很容易地绘制出正十六边形、正三十二边形、正六十四边形……显然,这些前后相继的多边形中的每一个,其面积会比前面的多边形越来越接近圆的面积,或者换句话说,当

---

[21] 不要像人们常常做的那样,把他与和他同时代的人演说家安提丰(Antiphon the Orator)相混淆,演说家安提丰(大约公元前480年—前411年)也活跃于雅典,在文学和政治史上更为重要,但这不是科学史家所关心的。

[22] 有关的一般性介绍,请参见阿瑟·莱斯利·皮斯(Arthur Leslie Pease)在《牛津古典词典》(*Oxford Classical Dictionary*, Oxford: Clarendon Press, 1949)第292页—第293页所写的词条,词条附有很长的参考书目。在《宗教和伦理学百科全书》中有许多词条可以使我们对多个国家的占卜进行比较研究;参见该书第4卷(1912),第775页—第830页。

越来越复杂的多边形内接于同一圆中时，圆的面积会被逐渐占据。这些多边形的面积可以精确地计算出来，或者说，可以把这些多边形“化为方形”；它们可以逐渐增加，尽管它们的增加不可能超过某个给定的限度即圆的面积本身。

这种方法受到亚里士多德、他的注释者以及其他人的批评，其理由是，无论每个多边形的边的数目倍增多少次，圆的面积决不可能被用完。

八、赫拉克利亚的布里森[23]

布里森（Bryson）是赫拉克利亚-本都卡（Heraclea Pontica）[24]的希腊编史学家或神话学家希罗多洛（Herodoros）的儿子。他既是苏格拉底的学生，也是苏格拉底的弟子麦加拉的欧几里得的学生。因此，布里森属于比安提丰晚一代的人，而且肯定活跃于公元前4世纪上半叶，但我们必须在这里谈到他，因为他的研究使安提丰的研究更完善了。

当安提丰提出在圆周内画出分别为四边形、八边形、十六边形、三十二边形……一系列多边形的方法时，布里森提出在同一圆上构造一系列外切多边形。外切多边形的面积逐渐减小。这个圆的面积是内接多边形面积的上限和外切多边形面积的下限。当然，布里森也像安提丰一样受到同样

---

〔23〕不要把他与另一个很久以后的人即新毕达哥拉斯主义者布里森（Bryson the Neo-Pythagorean）相混淆，后者在基督以后的第一或第二个世纪活跃于亚历山大或罗马。马丁·普莱森纳（Martin Plessner）于1928年编辑了他的《经济学》（*Economics*）；参见《伊希斯》*13*，529（1929–1930）。

〔24〕在欧洲和亚洲的许多东正教城市都以赫拉克利亚为名，但这个特定的城市赫拉克利亚-本都卡位于黑海的西南海岸的比希尼亚。它是本都的赫拉克利德（Heracleides of Pontos，活动时期在公元前4世纪下半叶）而且也许还是画家宙克西斯（大约生于公元前445年）的故乡。

的批评，而且受到亚里士多德、辛普里丘以及许多数学史家的不同程度的批评。

在我看来，现代史学家（例如费迪南德·鲁迪欧[25]和海贝尔）对安提丰和布里森的严厉是不适当的。布里森的步骤不太严谨，但它是从一种合理的直觉中推导出来的，而且它最终推导出（欧多克索详尽阐述的）穷竭法，并且推导出积分。

谁也不能否认布里森的这一明确发现：圆的面积是其内接多边形的面积增加的极限，并且是其外切多边形的面积减少的极限，随着这两个系列的多边形的边数的增加，它们的面积越来越接近在它们里面或外面的圆的面积。实际应用这一方法的是阿基米德（公元前3世纪下半叶），他测量了两个为96边的内接多边形和外切多边形的面积，所得出的结论分别为$3\frac{10}{71}<\pi<3\frac{1}{7}$（$3.141<\pi<3.142$）。

在结束这一节以前，注意到这一点也许是有价值的，即其数学思想已得到评价的那些人（也许希波克拉底除外）并非现代严格意义上的数学家；他们是哲学家和智者，他们认识到数学的根本重要性，并且试图尽可能地理解它。请注意，他们来自希腊世界的许多部分。芝诺来自大希腊，希波克拉底和俄诺庇得来自爱奥尼亚，德谟克利特来自色雷斯，希庇亚斯来自伯罗奔尼撒半岛，塞奥多罗来自昔兰尼加，布 287

---

〔25〕参见费迪南德·鲁迪欧（1856年—1929年）：《辛普里丘关于安提丰和希波克拉底求面积法的报道》（*Das Bericht des Simplicius über die Quadraturen des Antiphon und des Hippocrates*，194 pp.；Leipzig，1907），书中含有所有相关的希腊文和德文的文献。

里森来自黑海；就我们所知，安提丰是他们当中唯一的雅典人。稍后我们将讨论跨两个世纪的阿契塔（Archytas），[26]而如果谈到他，我们就得在这个清单中再加上另一个国家西西里。这说明，在希腊，数学天才就像艺术天才和文学天才一样分布广泛。这种天才既不仅仅是雅典的，也不局限于任何地区，而是分布在希腊各地的天才。

第二部分　天文学

在我们对公元前5世纪的天文学思想进行评价时，我们可以略去诸如赫拉克利特、恩培多克勒和阿那克萨戈拉这样的哲学家，而把自己的注意力主要集中在毕达哥拉斯学派。的确，毕达哥拉斯学派是那个世纪最主要的和最先进的天文学学派。他们的数学神秘主义有其有用的一面，因为它有助于假设天体运动的规则，并有助于发现行星运动的规律。正如柏拉图指出的："正像眼睛是为观察星辰而设计的那样，耳朵是为聆听和声运动而设计的，而天文学和和声学正如毕达哥拉斯主义者所说的那样是姐妹科学。"[27]这段话完美地表述了毕达哥拉斯学派关于数学、音乐与天文学统一的概念，这种概念对直到开普勒（Kepler）时代的天文学思维都有影响。

当我们谈起毕达哥拉斯学派的天文学家时，我们不仅是指那些全面接受毕达哥拉斯学派的神秘仪式之教育的人，而且也是指那些接受或者仅仅部分地接受毕达哥拉斯学派关

---

〔26〕他大约生于公元前430年，一直活到公元前360年。

〔27〕柏拉图：《国家篇》，Ⅶ，530。

于世界体系的观点的人。因此,我们的说明将从对巴门尼德(他不是毕达哥拉斯学派的成员,而是埃利亚学派的创建者)开始,然后讨论菲洛劳斯、希凯塔(Hicetas)以及其他几个人。

首先把世界称为宇宙(这意味着它是一个井然有序与和谐的体系)并且说大地为圆形的,就是毕达哥拉斯学派。这些观念既被归于毕达哥拉斯的名下,也被归于巴门尼德的名下;把巴门尼德的发明与老毕达哥拉斯主义的学说分开是不容易的,但我们不必为此过于担心。可以把我们的说明的第一部分理解为不仅代表巴门尼德的观点,而且也代表这个世纪中叶左右的那些毕达哥拉斯主义者的观点。在那时,某些毕达哥拉斯学派的宇宙论观点已经确立:例如,宇宙是一个秩序井然的体系;最完美的形状是球形,因而大地是圆形的;[28]行星不是“无规则的”物体,它们的运动是有规律的,这些运动是匀速的。有可能,其他思想已被接受,例如恒星和行星的神圣性,世界在本质上是一分为二的——即分为月上(完美)区和月下(不完美)区。[29] 这些思想会使我们离 288
开天文学而进入神话和宗教。它们与其他更科学的思想的共存可以说明这样一种自相矛盾的情况:毕达哥拉斯学派既是数学和天文学的摇篮,同时又是占星术的摇篮。这两个方

[28] 我用round(圆的)这个词代替了希腊词*strongylos*,与*platys*亦即flat(扁的)和*euthys*亦即straight(平的)相对。这个词不像spherical(球形的)这个词那么精确,但总的思想是相同的。

[29] 这些思想至少部分起源于东方:源于波斯教徒、巴比伦人甚至可能还有埃及人。参见路易·鲁吉耶(Louis Rougier):《毕达哥拉斯学派关于灵魂具有天体之不朽性信念的天文学起源》(*L' origine astronomique de la croyance pythagoricienne en l' immortalité céleste des âmes*, 152 pp.; Cairo: Institut français d' archéologie orientale,1933)[《伊希斯》*26*,491(1936)]。

面显然是不相容的,而在全部科学史中(至少到 17 世纪),这种情况曾重复出现。如果不时常记住古代和中世纪天文学具有本质上的两极性,就无法理解它们的发展。

一、埃利亚的巴门尼德

巴门尼德大约于公元前 5 世纪中叶来到雅典,但他那时已经 50 多岁了,有可能他的天文学思想已经形成。他第一个假设球形的大地分为 5 个地带,但他并没有完全界定这些地带,而且他所构想的中心带、热带和有人居住的地带都比实际大一倍。关于这些地带推测的成分太多,因而我们不能把它们的重要性估计过高。至于大地是球形的这一点,我们不知道毕达哥拉斯学派以及巴门尼德最早是在什么时候得出这一结论的。有可能最初这只是一个先验的构想,但它很快而且不断地得到对星辰观察的证明。希腊人所知道的世界至少从北纬 45°(黑海上方)延伸到北回归线甚至更远——一块纬度为 20°到 25°的地带。对于观察星空中相当可观的变化来说,这里已经足够了。当人们向北旅行时,有些星就会变成拱极星;另一方面,一颗在希腊清晰可见的非常明亮的星(老人星)在克里特岛地平线的上方也可以看到,而且,当人们来到埃及或者乘船沿着尼罗河逆流而上时,它会升得更高。此外,当旅行者们向北旅行时,他们肯定注意到了延长的日子;这足以导致他们发现地带的观点。巴门尼德是第一个做出如下构想的人:宇宙是由一个连续的天球或王冠(*stephanai*)组成的,它们以地球为中心,地球在那个中心是静止不动的。我们不必回忆他的其他天文学观点,因为其中有些并不是新的(例如月亮的光是从太阳那里获得的),有些仅仅是虚构(例如月亮和太阳是银河的碎片)。不过，值得注意的是，像他这样一个纯形而上学家竟然能猜想出如此之多的真理，他对地理带的模糊的预感，就像德谟克利特对原子的预感一样几乎是令人惊异的。

二、克罗通的菲洛劳斯[30]

菲洛劳斯来自克罗通或者他林敦（这两个地方都属于同一地区：他林敦湾）。毕达哥拉斯就是在克罗通创建他的学派的；因而，菲洛劳斯被当作一个毕达哥拉斯主义者并没有什么可奇怪的。他与苏格拉底是同时代的人，而与巴门尼德也是如此；因此我们不能得出结论说，他比后者年轻许多。他的出生大概晚于巴门尼德而早于苏格拉底，因为他在底比斯是西米亚和克贝的老师，而这两个人是苏格拉底最后的 289
弟子。[31]

菲洛劳斯的天文学是毕达哥拉斯学派的天文学，而且他常常被描述为毕达哥拉斯学派天文学的第一个说明者，对这一陈述必须在两方面加以限定。第一，无论如何，巴门尼德并不是彻底的毕达哥拉斯主义者，他大概比菲洛劳斯年长。第二，菲洛劳斯是毕达哥拉斯学派天文学的第二个（或第三个）而且是更为高级的发展阶段的代表。不幸的是，他的著

---

〔30〕我们对他的了解主要是来自埃提乌斯的《论谄媚》（*Peri arescontōn* 或 *De placitis*），见赫尔曼·狄尔斯编《古希腊学述荟萃》（Berlin，1879）第 45 页—第 69 页、第 178 页—第 215 页以及第 267 页—第 444 页。狄尔斯以并列的方式印制了埃提乌斯的《论谄媚》和斯托拜乌（活动时期在 5 世纪下半叶）的《文摘》（*Eclogae*）。埃提乌斯所属的年代是很不确定的；他的《论谄媚》被归于普卢塔克（活动时期在 1 世纪下半叶）的名下，可能还被归于更晚些时候；我们可以暂时把他归于 1 世纪或 2 世纪（上半叶），参见本书第 239 页，注释 2。

〔31〕西米亚和克贝都是底比斯人，而且是苏格拉底的热心朋友。在《斐多篇》中，他们是除苏格拉底以外的主要发言者；在《克里托篇》中也提到他们二人，而在《斐德罗篇》中只提到西米亚。克贝并非含有他名字的《底比斯人克贝的牌匾》（*Cebētos Thebaiu pinax*）的作者。

作除了很少的一些残篇外都失传了。

我们马上就可以看到菲洛劳斯的观点多么成熟。这些观点再一次说明古希腊科学工作者在理论方面的大胆,他们并没有因宗教偏见和常识的局限而受到束缚。对他们来说,全部的问题就是为实在提供一个前后一致的解释,而且,任何假说只要能提供这样的解释,再大胆也不为过。菲洛劳斯毫不犹豫地拒绝了地球中心说,早期的毕达哥拉斯主义者认为这种学说是理所当然的。宇宙是球形的和有限的。在其中心有中心之火(宇宙之炉、宙斯的瞭望塔等),它也是主要的动力或主要的原动力。围绕着它运行着10个天体:第一是"反地"(*antichthōn*),它总是与地球相伴,并且遮住来自地球的光辉,第二是地球本身,然后是月亮、太阳和5颗行星,最后是恒星。我们看不到"反地",因为地球总是背对着它运转,也就是说,地球总是朝向宇宙的中心。这暗示着,地球在围绕世界中心运动的同时还围绕它自己的轴旋转。[32]

这种构想的大胆是令人惊愕的。这不仅是因为菲洛劳斯拒绝了地心说,而且因为他毫不犹豫地认为地球像其他星球一样是一颗行星,并假设它既围绕世界的中心运行而且(也许)也围绕它自己的轴旋转。此外,他还假设了一颗总也看不见的行星的存在!这似乎是非常武断的。为什么菲洛劳斯要引进"反地"呢?按照亚里士多德的观点,他这样做是为了说明日食和月食,尤其是为了说明相对于日食来说

〔32〕然而,不能肯定菲洛劳斯意识到了这种含义。例如,月球总是以同一面朝着我们,因而古代人就认为它不围绕自己的轴旋转;他们并没有认识到这里面所包含的矛盾。

更为频繁的月食。[32a]

如果地球围绕世界的中心运行,那么,星辰的视运动也许可以用地球在相反方向的旋转来说明。尽管如此,菲洛劳斯假定,恒星天球像其他天球一样旋转。这是大胆与怯懦混合在一起的一个很好的例子(这种现象在科学史中相当常见,以至于我们也许可以认为这是一种惯例而非例外)。的确,假设外部的天球不运动更为简单。菲洛劳斯可能没有下 290 决心这样做——因为所有天球都运动……。他所引入的没有根据的复杂因素,并非必然与现实相冲突。随着天球半径的增加,它们的角速率减小了,人们也许总能够以星辰的视运动恰好被抵消的方式,来确定地球和恒星的角速率。尽管在埃及人和巴比伦人长达数个世纪的观测中并没有认识到二分点的岁差现象,但也许是为了说明这种现象,有人认为外部天球有非常缓慢的运动;而这种现象在喜帕恰斯(活动时期在公元前2世纪下半叶)时代以前一直不为人所知。[33]

三、叙拉古的希凯塔

刚才所描述的世界体系被埃提乌斯归于菲洛劳斯的名

〔32a〕按照乔治·博斯沃思·伯奇(George Bosworth Burch)的观点,可以把"反地"解释为对跖点。参见乔治·博斯沃思·伯奇:《反地》("The Counter-earth",即将发表于《奥希里斯》*11*,1953)。

〔33〕奥托·诺伊格鲍尔:《有待证实的巴比伦人对岁差的发现》("The Alleged Babylonian Discovery of the Precession of the Equinoxes"),载于《美国东方学会杂志》(*J. Am. Oriental Soc.*)*70*,1-8(1950)。据假设,巴比伦的这一发现是由基丹纳(Cidenas)于大约公元前343年完成的,然而,这比菲洛劳斯晚了一个世纪。参见保罗·施纳贝尔(Paul Schnabel):《基丹纳、喜帕恰斯和岁差的发现》("Kidenas, Hipparch und die Entdeckung der Präzession"),载于《亚述学杂志》(*Z. Assyriologie*)*3*,1-60(1926)[《伊希斯》*10*,107(1928)]。

下，[34]但是，第欧根尼·拉尔修却把它归于希凯塔，而亚里士多德则一般把它归于毕达哥拉斯学派。

即使这个体系是菲洛劳斯发明的，也有可能希凯塔对它进行了改进。例如，希凯塔可能得出地球围绕自己的轴旋转的推论，而且可能放弃了关于中心之火和“反地”这类荒诞的和没有根据的构想。西塞罗（公元前1世纪上半叶）证实了这一点；他虽是较晚的证人，但却使用了塞奥弗拉斯特（公元前4世纪下半叶）的原文，而塞奥弗拉斯特与事件发生的时代很近。希凯塔的生卒年代不详；我们可以假设他是一个与菲洛劳斯同时代但更为年轻的人。“塞奥弗拉斯特说，叙拉古的希凯塔认为天空、太阳、月亮、恒星，总之，所有天体处于某种静止状态，在宇宙中，除了地球以外没有任何物体在运动；当地球运转并以极大的速度围绕自己的轴旋转时，就会看到仿佛地球是静止的而其他天体在运动的所有现象。”[35]

西塞罗的陈述，即除了地球以外宇宙中没有任何物体是运动的，无论怎么说都是错误的，但是，如果一个人并非天文学家而又过分强调希凯塔和塞奥弗拉斯特所表述的思想，那么从他嘴中说出地球每天而非星空每天围绕自己的轴自转，这种夸大也是可以理解的。

依据这一传说，可以把这样一个体系归于菲洛劳斯，该

---

〔34〕托马斯·利特尔·希思把埃提乌斯的原文译成英语，见《希腊天文学》（*Greek Astronomy*, London: Dent, 1932）第32页—第33页［《伊希斯》22，585（1934–1935）］。

〔35〕《老学园哲学家作品集》（*Academicorum priorum liber*），II，39，123。詹姆斯·S. 里德（James S. Reid）编辑本（London，1885），第322页，里德译本（London，1885），第81页。

体系认为地球是一颗行星，像其他行星一样以和“反地”同样的速度围绕中心之火运转，而归于希凯塔的是这样一个体系，该体系重新把地球放在中心位置，并且用地球围绕自己轴的实际旋转来解释星辰的视运动。

四、叙拉古的埃克芬都

为了使这段历史完整，我们必须再就埃克芬都(Ecphantos)说几句，尽管他大概属于随后的那个世纪。他像希凯塔一样是叙拉古人和毕达哥拉斯学派成员，有鉴于此，我们可以假设他可能是毕达哥拉斯直接或间接的学生。 291
按照埃提乌斯的《论谄媚》的说法，[36]“本都的赫拉克利德和毕达哥拉斯学派成员埃克芬都都认为地球是运动的，但不是在平移的意义上运动，而是在自转的意义上运动，就像固定于轴上的车轮那样围绕自己的轴从西向东旋转”。因此，埃克芬都至少(如果希凯塔不是在他之前的话)明确地证实了地球的周日运动。埃提乌斯把埃克芬都与希凯塔联系在一起，甚至把后者的名字排在埃克芬都前面，这一事实都暗示着他们是同一时代的人(本都的赫拉克利德大约于公元前388年出生，大约于公元前315—前310年去世)。[37] 据说，埃克芬都把毕达哥拉斯主义的学说与原子论的学说结合在一起；有人也许会因此认为他处于公元前4世纪，甚至是在赫拉克利德时代。

---

[36]《论谄媚》，III，13，3。

[37] 在我的《科学史导论》中，我把埃克芬都的活动时期定在公元前4世纪上半叶，把赫拉克利德的活动时期定在公元前4世纪下半叶，这多少是有点随意的。赫拉克利德活跃在这个世纪的中叶，埃克芬都大概活跃于同一时期，也许稍微早一点。

五、留基伯和德谟克利特的天文学思想

原子论的创建者们是一些伟大的宇宙论者,但却是肤浅的天文学家。这里,只考虑一下德谟克利特:

他说,有序的宇宙是无限的并且在规模上各不相同,在有些宇宙中既没有太阳也没有月亮,在另一些宇宙中太阳和月亮都比我们的宇宙大,而在其他宇宙中,太阳和月亮的数量都更多一些。有序的宇宙之间的距离是不等的,这里多一些,那里少一些,有些宇宙在增大,有些宇宙处于活跃期,另有一些宇宙在消亡;在这里它们正在生成,在那里它们正在衰退。当它们相互碰撞时就会毁灭。有些有序的世界只有很少的动物和植物,而且非常缺水。在我们的宇宙中,众星中最高等的是地球,随后是太阳,然后是恒星,最低等的是月亮;但是,行星并非都处在同样的高度。他嘲笑一切,仿佛人世间的万物都很可笑。[38]

这些是圣希波里图斯(3世纪上半叶)的论述;假设它们代表德谟克利特的思想,那么,它们是值得注意的,因为它们比较大胆但却没有根据。显然,德谟克利特无法为它们找到基础,不过,他的直觉已得到现代科学的证实。例如,我们现在知道,宇宙的数目即使不是无限的,至少其数量之大是难以想象的;我们还知道,恒星有许多不同的种类,而且处在不同的进化阶段,有些正在增长,有些正在衰落。当然,这种推测不是科学,而是浪漫的想象。不过,他的某些宇宙论观点

---

〔38〕 圣希波里图斯(活动时期在3世纪上半叶):《哲学论题》,I,11;F. 莱格(F. Legge)的译本(London,1921),第1卷,第48页。我略去这段话的最后一句,虽然它与其余部分无关,但它会使人想起一个古老的传说,该传说把德谟克利特描述为笑容满面的哲学家,与之相反,赫拉克利德则是满面愁容。

像他的原子论一样是具有先见之明的。他是如何做出这些猜想的？对此，人们只能感到惊奇。为什么他在自己的知识极度匮乏的情况下会冒险对这些问题进行推测呢？

另一方面，德谟克利特并不认为地球是圆的（大地为球形的构想显然是毕达哥拉斯学派的专利，其他派别的人对侵犯这种专利没有兴趣）。他在东方度过了一段时光，他的天文学思想肯定是巴比伦人的。他的四部曲之一讨论了星图学、地理学、极地学（polography）和气象学。第一部分可以根据维特鲁威重构出来；[39]它可能附有一些星座图，“它们是模仿巴比伦人的方式画的，用人和动物的图形来代表星 292
座”[40]。尽管他有这样的思想，即地球是扁平的，“侧面像一个圆盘，但中间是凹的”[41]，他承认“带”的可能性，不过所采取的是巴比伦人的方式。巴比伦人把天球划分为三个同心带：安努带（the Way of Anu），在极地上方，是拱极星所在地；恩利尔带（the Way of Enlil）* 或者黄道带，居于中间部分；埃阿带（the Way of Ea），主管地下事物的神所在地。德谟克利特放弃了三个区域的划分法，取而代之的是两个半球的划分：一个是南半球，一个是北半球。存在着与北部星座不同的南部星座的假说似乎是合理的，因为当人们向南旅行，跨过地中海沿着尼罗河逆流而上时，新的星座就会逐渐显现。但他如何能把这些观点与地球的扁平相协调呢？地球是扁平的，但并不与天球的轴相垂直。这种观点是没有希

[39] 维特鲁威：《建筑十书》，第9卷，第4章。

[40] 谈到德谟克利特的天文学思想起源于巴比伦，相关的详细论述请参见A. T. 奥姆斯特德：《波斯史》，第333页—第341页。

[41] 希思：《希腊天文学》，第38页。

* 在苏美尔宗教中，安努是苍天之神，恩利尔是大地和空气之神。——译者

望的，尽管德谟克利特的描述为欧多克索（活动时期在公元前4世纪上半叶）的描述做了准备，并且在后来又为索罗伊的阿拉图（Aratos of Soloi，活动时期在公元前3世纪上半叶）的描述做了准备，而阿拉图的描述在很长一段时间非常流行。[42]

德谟克利特也熟悉希腊天文学观点，尤其熟悉并且遵循了阿那克萨戈拉的观点。然而，这两个人之间在有关行星顺序的问题上有着一种很奇怪的差异。阿那克萨戈拉这样来排列星辰的顺序：月亮，太阳，五颗行星，恒星；德谟克利特把金星排在月亮与太阳之间。也就是说，他认为，尽管水星不是一颗"低等的"行星，但金星是"低等的"，就此而言，他为本都的赫拉克利德铺平了道路。

六、希俄斯的俄诺庇得

数学家俄诺庇得是与阿那克萨戈拉同时代但比后者年轻的人，有两项天文学发现归功于他。第一项发现是黄赤交角。米利都的阿那克西曼德勾勒出这种思想的大致轮廓；的确，有可能他不仅借助日圭仪（最简单的天文学仪器）从观测中推论出这种思想，而且也测量了交角。不过，即使阿那克西曼德测量了交角，也很难说他就理解它。而另一方面，如果俄诺庇得熟悉毕达哥拉斯天文学（他很可能是这样），那么，他就有可能真正理解黄赤交角，也就是说，他有可能发

[42] 阿拉图传统的流传可以概括如下：喜帕恰斯（活动时期在公元前2世纪下半叶），西塞罗（活动时期在公元前1世纪下半叶）。阿喀琉斯·塔提奥斯（Achilles Tatios，活动时期在3世纪上半叶），亚历山大的塞翁（Theon of Alexandria，活动时期在4世纪下半叶），阿维努斯（Avienus，活动时期在4世纪下半叶），萨赫勒·伊本·白舍尔（Sahl ibn Bishr，活动时期在9世纪上半叶）。有关后者，请参见欧内斯特·霍尼希曼（Ernest Honigmann）的论文，载于《伊希斯》*41*，30–31（1950）。

现它。

欧几里得所知的早期对黄赤交角的测量（24°，实际值是23°27′）并非俄诺庇得完成的，而是由在他以后的其他天文学家完成的。有人指出，欧几里得之所以对某些数学问题感兴趣，是因为它们在天文学方面的用途，普罗克洛举出一个欧几里得绘制正十五边形的例子。〔43〕“当我们把十五角形内接于通过两极的圆中时，我们就能推知赤道两极和黄道两极的距离，因为根据十五角形的边来推算，它们彼此相距遥远。”〔44〕

他的第二个发现是 59 年一次的“大年”（*megas eniautos*），或者说，他从巴比伦引入了“大年”。假设每年为 365 天，每月为 29 $\frac{1}{2}$ 天，则 59 年是包含整数（730 个）月的 293
最小整数年。〔45〕这是非常令人费解的，因为如果资料是真实的话，埃及人自第三王朝（公元前 13 世纪）以来就知道一年的长度（365 天），巴比伦人自公元前 747 年以来就知道 19 年的周期。这个周期包括交替出现的 29 天的小月和 30 天的大月，再加上 7 个闰月；这比埃及年更恰当一些。〔46〕特内多斯的克莱奥斯特拉托斯的 8 年周期（octaëtēris），意味着

---

〔43〕欧几里得：《几何原本》，第 4 卷，命题 6。

〔44〕希思在《欧几里得的〈几何原本〉》（*Euclid's Elements*，Cambridge，1926）中所引的普罗克洛的话，见第 2 卷，第 111 页；24×15＝360。

〔45〕是 730 而不是菲洛劳斯（和柏拉图）所说的 729，他们说 9 的立方就是大年中月的数目（$9^3=729$）。这种数的重合非常符合毕达哥拉斯主义者的心意。

〔46〕我们有公元前 425 年的巴比伦历，它已经是相当准确的“现代历书”了。参见理查德·A. 帕克（Richard A. Parker）和沃尔多·H. 杜伯斯坦（Waldo H. Dubberstein）：《公元前 626 年至公元 45 年的巴比伦年表》（*Babylonian Chronology 626 B. C. to A. D. 45*，Chicago：University of Chicago Press，1942）［《伊希斯》*34*，442（1942－1943）；*39*，174（1948）］；奥姆斯特德：《波斯史》，第 329 页。

一年为 365 $\frac{1}{4}$日或 365 $\frac{7}{16}$日。俄诺庇得是怎样最终坚持认为一年为 365 日的呢？按照森索里努斯（Censorinus，活动时期在 3 世纪上半叶）的说法，俄诺庇得把一年的长度定为 365 $\frac{22}{59}$日。塔内里对那种矛盾做了如下的解释：发现大年中月的数目 730（=365×2）后，他接下来确定日子的数目，并且把雅典历作为基础，记录下 730 个朔望月（从满月到满月，或者从新月到新月）的准确长度。这个数字是 21，557 日，被 59 除后得出每年的长度为 365 $\frac{22}{59}$日。应当注意的是，俄诺庇得和菲洛劳斯都具有相当准确的（精确到 1%以内的）关于土星、木星和火星运行周期的知识；这种知识也许是从巴比伦获得的。[47]

俄诺庇得在公元前 459 年以后不久就赴埃及旅行，他恢复了毕达哥拉斯 59 年一次的大年，这一历书改革的成果于公元前 456 年发表在奥林匹亚展示的一块大青铜板上。这样，所有奥林匹克运动会的来宾只要足够关心，就都能知道俄诺庇得的改革。从结果来判断，他们并不非常关心。

七、默冬和欧克蒂蒙

对至日最早的准确观测是默冬（Meton）和欧克蒂蒙（Euctemon）于公元前 432 年在雅典完成的。这些观测使得他们能够相当精确地确定季节的长度。在这一年，他们又引

---

〔47〕乔瓦尼·维尔吉尼奥·斯基帕雷利（Giovanni Virginio Schiaparelli）计算出的菲洛劳斯所确定的值，见于《古代的哥白尼先驱》（*I precursori di Copernico nell' antichità*，Milan，1873），第 8 页。参见希思：《阿利斯塔克》（*Aristarchus*，Oxford，1913），第 102 页，也可参见第 132 页。

入一个新的周期，称作默冬周期（Metonic cycle），这是一个由19个太阳年组成的周期，相当于235个太阴月；这意味着一年大约为$365\frac{5}{19}$日，亦即多了30分10秒，但这却比克莱奥斯特拉托斯和俄诺庇得所确定的值更加准确，正如下表所表示的那样：

年　的　长　度

克莱奥斯特拉托斯	365日　10.5小时
俄诺庇得	365日　9小时
默冬	365日　6小时　18分　56秒
平回归年	365日　5小时　48分　46秒

我们关于默冬和欧克蒂蒙的观测结果的知识，是从一部被称作“欧多克索的学问（The Art of Eudoxos）”的纸草书（或欧多克索纸草书，现保存在卢浮宫）中获得的。它大概是一个大约公元前193年至公元前190年活跃于亚历山大的研究者的笔记本。

294

我们不能再继续谈这段历史了，因为对历书的讨论会使我们偏离对天文学史的讨论，我们不能把太多的篇幅用于历书的讨论，以致进入一个混杂的领域，在那里天文学知识是受宗教的和政治的需要制约的。[48]

---

〔48〕有关历书的文献是相当可观的。弗里德里希·卡尔·金策尔（Friedrich Karl Ginzel，1850年—1926年）的《数学与技术年表手册》（*Handbuch der mathematischen und technischen Chronologie*，3 vols.；Leipzig，1906－1914）仍是权威的著作；该书第2卷（1911）讨论了希腊历书。另请参见希思在《阿利斯塔克》中的概括，见第284页—第297页；威廉·肯德里克·普里切特（William Kendrick Pritchett）和奥托·诺伊格鲍尔：《雅典历书》（*The Calendars of Athens*，127 pp.；Cambridge：Harvard University Press，1947）［《伊希斯》*39*，261（1948）］。

第三部分 技术与工程学

各种形式的工程和建筑的技术史和工艺史几乎是无边无际的,我们必须把自己限定在少数有意义的例子上。

一、波斯人阿塔凯斯

公元前5世纪杰出的工程项目之一,是根据薛西斯(波斯国王,公元前485年—前465年在位)的命令开凿的一条穿越阿索斯半岛(Athos peninsula)的运河。[49] 在这个多山的半岛周围航行是非常危险的,因而这位伟大的国王下令开凿这条运河以确保他的船队的安全。希罗多德已描述了细节。[50] 两个波斯人美伽巴佐斯(Megabazos)的儿子布巴列斯(Bubares)和阿塔伊欧斯(Artaios)的儿子阿塔凯斯(Artachaies)主管(*epestasan tu ergu*)这项工作。阿塔凯斯深得国王的宠爱,即使穿便鞋他也显得非常高大,因为他是波斯最高的人(身高8英尺!)。他在这项工程期间或者在它完工后不久去世了;国王和军队都为他服丧,并为他举行了盛大的出殡仪式和葬礼。这个地峡长2500码,开凿的痕迹依然可见,或者,在一个世纪以后仍然可以看见。"运河形成一条水道,深2到8英尺,宽60到90英尺。运河是在第三纪的沙子和泥灰岩的地层上开凿的,这里的最深处大概不低于自然地表60英尺,而它的最高点仅为海拔51英尺(罗

---

〔49〕 阿索斯半岛是哈尔基季基半岛(Chalcidice)的三个叉形半岛最东端的那个半岛。薛西斯运河(Xerxes' canal)在该半岛的顶端,它的流向是南北向(而不是东西向)。在这个半岛的下行地区有一些拜占庭时代在阿索斯山(Mount Athos)修建的修道院;以后该山就成了圣山。

〔50〕 希罗多德:《历史》,第7卷,第22节及以下,第117节。

林森)。”[51]

二、萨摩斯岛的阿伽塔尔库斯[52]

据说,阿那克萨戈拉(参见本书第243页)写过一部关于透视的著作。而阿伽塔尔库斯(Agatharchos)是一位画家,他大约生于公元前490年,并且于公元前460年至公元前417年活跃于雅典,实际上,他在实践中运用了那种新技术,并且为埃斯库罗斯设计了布景或舞台布景。他是我们所知道的最早的大规模(亦即相对于花瓶绘画而言在墙壁上或布景中)运用透视法的画家。他可能在阿那克萨戈拉写自己的著作以前就这样做了,并且使这一技术合理化了,因为阿那克萨戈拉是与欧里庇得斯合作的。阿伽塔尔库斯并非仅仅从事这些艺术实践,他还写了有关的技术实录(*hypomnēmata*)。 295
他的著作与阿那克萨戈拉或德谟克利特的著作相比怎么样呢?对此我们无法判断,因为它们都失传了。但无论如何,这个时代的阿伽塔尔库斯、阿那克萨戈拉和德谟克利特这三个人都与透视法联系在一起,这一点就很重要,而且我们因此可以有把握地假设,这一技术始于这个世纪之初,考虑到这个世纪是悲剧的黄金时代,这样假设是很自然的。

---

[51] 引自W. W. 豪(W. W. How)和J. 韦尔斯(J. Wells):《希罗多德评注》(*Commentary on Herodotus*,Oxford,1912),第2卷,第135页。他们补充说,那项工程相对比较容易;因此,斯坦(Stein)所做的与科林斯运河(Corinth canal)的比较是一种误导,在科林斯运河中有1英里长的岩石,而且地面为海拔255英尺。这条运河现在的遗迹被称作普罗夫拉卡(Provlaka,来源于*proaulax*)。附近的一座古墓大概是薛西斯下令修建的阿塔凯斯的墓。参见H. F. 托泽:《土耳其高地研究》(*Researches in the Highlands of Turkey*,London,1869),第1卷,第128页。

[52] J. 西克斯(J. Six):《阿伽塔尔库斯》(“Agatharchos”),载于《希腊研究杂志》*40*,180–189(1920)[《伊希斯》*5*,204(1923)]。

三、米利都的希波达莫斯[53]

希腊的成熟给我们留下的另一个标志就是最早的城市规划的出现。希波达莫斯(Hippodamos)是一位建筑师,他为雅典的比雷埃夫斯港(公元前466年以前)和公元前443年图里的雅典殖民地的建设进行了规划,[54]但是他没有负责(公元前408年)罗得岛的建设。我们也许因此可以说,他活跃于这个世纪中叶过后不久。

他不仅关心城市的物质(街道、广场、公共建筑物的位置,等等)的整体结构,而且也关心道德的整体结构,他是柏拉图政治学思想的先驱之一。他试图建立一种理想的政体,亚里士多德对此进行了毫不留情的批评。但是,亚里士多德对他的介绍是既有趣又生动:

> 米利都人欧里丰(Euryphon)的儿子希波达莫斯是城市规划的发明者,而且还设计建造了比雷埃夫斯港。他生平奇特,喜欢标新立异,生活方式怪僻,以至于有些人认为他矫揉造作(他长发垂肩,盛加装点,不论是严冬还是盛夏都穿着一件粗制而暖和的长袍),他除了渴望精通关于整个自然的知识外,还是第一位探究最佳政体的未从政者。

---

[53] 参见亚里士多德:《政治学》,第2卷,8;1267B-1269B;皮埃尔·比泽(Pierre Bise):《希波达莫斯》("Hippodamos"),载于《哲学史档案》(*Arch. Geschichte Philosophie*)*35*,13-42(1923)[《伊希斯》7,175(1925)]。

[54] 他为比雷埃夫斯港和图里的规划,得到了伯里克利的支持。图里建在古锡巴里斯所在地(卢卡尼亚的塔兰托湾)附近,现已完全毁坏。我之所以把它称作雅典殖民地,因为它的创始人虽然是伯里克利,但其目的是为了大希腊主义。早期的殖民者包括希罗多德、演说家吕西阿斯以及他的兄弟等等。图里[或图里姆(Thurium)]发展迅速,并且达到非常高的富裕程度;它的设计是一个奇迹。早期的殖民者们使一个城市规划者和他们一起遵从的正是典型的希腊精神。1620年(2063年以后!)在美国建设殖民地的"五月花号"上的清教徒前辈殖民者们并没有想到城市规划。

希波达莫斯所设计的城市有10,000名公民,分为三部分;其一是工匠,其二是农夫,其三是政府的武装卫士。他将土地也分为三部分,其一供祭祀所用,其二为公共所有,其三为私人所有;第一部分划出来为神典和祭祀提供用地,第二部分供给军需,第三部分作为农夫的私产。他还认为法律也只有三种,因为他认为只有三类诉讼案件——暴虐、伤害和杀人。[55] (以下是很长的一段描述和讨论。)

最令亚里士多德震惊的是希波达莫斯并没有像政治家或行政官员那样的从政经验,而只是一个毕达哥拉斯主义的空想家。不过,他的有些梦想比亚里士多德所认为的更实际一些。例如,希波达莫斯希望他的城市中有农民,他们可以在自己的土地上为他们私人的利益而进行耕种。亚里士多德问:"农民对城市有什么用呢?"希波达莫斯一定认为,对于每一个在城市中生活的市民来说,一个"田园城市"比一个住宅和商店的城市更健康,难道他不对吗?他的确是个空想家,但却是一个优秀的空想家,他是我们这个时代的诸如帕特里克·格迪斯(Patrick Geddes,1854年—1932年)等人 296
的先辈,帕特里克试图使城市规划的物质需求与道德和社会方面的需求相协调。[56]

---

[55] 亚里士多德:《政治学》,第2卷,8,1267B。

[56] 菲利普·博德曼(Philip Boardman):《帕特里克·格迪斯——创造未来的人》(*Patrick Geddes, Maker of the Future*, Chapel Hill: University of North Carolina Press, 1944)[《伊希斯》*37*,91-92(1947)]。

四、拉夫里翁银矿[57]

人们在即将到达阿提卡最南端的苏尼翁角(Sunion promontory)以前会穿过拉夫里翁地区,这是一个矿产丰富的地方。这个地区大约80平方公里,自远古时代(或者说从铁器时代早期)以来就开始采矿。希腊人在这里工作主要是为了获得含银方铅矿,这是一种含铅量为65%、并且还可以从中提取诸如锌和铁的矿石;矿石中甚至还含有金,但用古老的方法所能提取的金非常少。由于有拉夫里翁银矿,阿提卡成为希腊世界唯一的铅产地。而雅典人的主要目的是获取银。大约在公元前5世纪之初,人们发现一些更丰富的矿体。政府负责这些矿的开采,[58]在公元前483年,采矿的利润如此丰厚,以至于每个市民都可以分得一份红利。蒂米斯托克利在其他人之前就意识到波斯人的威胁,而且认识到需要一支强大的海军,他说服雅典政府把拉夫里翁的收入用于这个紧迫的目的。(公元前480年)萨拉米斯战役的胜利就是这项政策的一个成果。后来,拉夫里翁银矿使得伯里克利能够重建一个气势宏伟的雅典。当我们赞赏帕台农神庙时,我们时刻不应忘记拉夫里翁银矿以及那些使它可能变为现实的苦役;创造这样的奇迹仅有天才还不够,还必须有采矿业和奴隶,想到这一点并不令人舒服,但若想把这些痛苦的想法抛在一边,那就不可避免地变得很虚伪。

---

[57] 详细说明请参见爱德华·阿尔达龙(Edouard Ardaillon):《古代的拉夫里翁银矿》(*Les mines du Laurion dans l' antiquité*, Bibliothèque des Ecoles françaises d'Athènes et de Rome, fasc. 77, 218 pp., ill., map; Paris, 1897);奥利弗·戴维斯(Oliver Davies):《罗马人在欧洲的矿业》(*Roman Mines in Europe*, Oxford: Clarendon Press, 1935),第246页—第252页[《伊希斯》*25*, 251(1936)]。

[58] 矿山出租给那些使用苦役的承包人。这些苦役不是政府的奴隶。

在公元前 5 世纪，这些矿被过度开采。到了随后那个世纪的中叶，只有一些老的矿坑还在开采，而没有更进一步的勘探。色诺芬对此做出评论，[59]他“提出一个社会主义的开发体系，并且提议说，政府应当根据需要出租奴隶，因为私人资本不足。但是演说家们指出，在雅典，可以获得大量用于商业或其他冒险行业的投资资金，因此，要么是由于矿井无力再支付足够的开支，要么是由于已经发现了更重要的矿层，在未来，新的勘探会有更大的风险”。人们在公元前 3 世纪和公元前 2 世纪为使矿业复兴做了一些努力，但这些努力因劳动力问题而受到损害，并且因公元前 103 年的奴隶起义而终止。在斯特拉波时代(公元前 1 世纪下半叶)，雅典人不得不寻找那些被丢弃的矿石和矿渣；到了保萨尼阿斯时代(2 世纪下半叶)那些矿井完全被抛弃了。1860 年以来，一些更好的采矿方法以及新的用采矿获利的目的，导致人们重新开采这些矿井和尾矿，不仅是为了获得银，而且也是为了获得铅、镉和锰。古代矿井的遗迹在原处仍然可见：狭窄的井筒、通道、熔炉、蓄水池、洗矿摇床以及其他设备。

当然，在公元前 5 世纪，采矿和冶金业已不是什么新鲜事物，数千年以前的埃及人和其他民族就已经从事了这些事业。无论是为了军事还是为某些宏伟的目标，在矿石的使用方面由政府垄断也并不新奇。发现这些财富的统治者理所 297
当然会为了他们的目的使用和滥用这些财富。但无论如何，公元前 5 世纪对拉夫里翁银矿的开发，是已知最早的在考古

[59] 色诺芬:《论改进雅典税收的方法》(*On the Means of Improving the Revenues of Athens*)，IV，3-4，这是色诺芬晚年的一本著作，大约写于公元前 353 年。引文转引自戴维斯的《罗马人在欧洲的矿业》，第 249 页。

学、政治学和经济学方面具有一定详细记录的开发。公元前5世纪雅典的辉煌不仅以希腊天才为基础，而且也以银矿的开发为基础，记住这一点十分重要。人类的精神从未与肉体分开，或者说，美的东西从未与劳作和苦难分开，其他精神创造物也从未与隶农制和数不尽的苦难分开。

在希腊世界，除了阿提卡的那些银矿外还有其他一些银矿。希罗多德提到过（马其顿的）潘加奥斯山（Mount Pangaios）附近的银矿、色雷斯的银矿以及锡夫诺斯（Siphnos）岛和萨索斯的银矿。

至于在巴勒斯坦和西亚的采矿活动，我们在《约伯记》中找到了它们模糊的痕迹：

银子有矿，炼金有方。铁从地里挖出，铜从石中熔化。人为黑暗定界限，查究幽暗阴翳的石头，直到极处。[60]

这暗示着那里的人们对采矿甚至对冶金已经有了一定的经验。在这个世纪，在世界各地的许多国家都可以获得这种经验，但是矿工和金属加工工人都是些文盲，他们既没有描述这种经验的愿望，也没有描述它的能力。采矿比其他任何工艺都更经常地与非常多的无知和迷信结合在一起。[61]

---

〔60〕《约伯记》，第28章，第1节—第3节。

〔61〕关于采矿民俗的恰当的介绍，请参见 A. E. 克劳利（A. E. Crawley）：《金属与矿物》（"Metals and Minerals"），见于《宗教和伦理学百科全书》，第8卷（1916），第588页—第592页。

第十二章

公元前 5 世纪的地理学家和史学家

一、地理学[1]

在我们的标题中，使用地理学家这个词是恰当的，但容易令人误解，因而需要解释一下。我们将主要讨论 4 个人，[2]他们都是海上探险的指挥者；这些人是探险家和冒险家，而不是狭义的地理学家。他们探险的目的是政治和经济方面的，但从我们的观点来看，他们的主要成果导致有关地球表面知识的增长。这 4 次探险活动可能是真实的，但并不确定。

在这 4 位航海家中，其中有两个人即西拉克斯（Scylax）和萨塔斯佩斯（Sataspes）得到了波斯人的赞助；另外两个即汉诺（Hannon）和希米尔科（Himilcon）都是迦太基人，他们即

---

〔1〕参见亨利·范肖·托泽（1829 年—1916 年）：《古代地理学史》，第 2 版，附有 M. 卡里（M. Cary）的注释（Cambridge: University Press, 1935）［《伊希斯》*26*, 537 (1936)］；埃里克·赫伯特·沃明顿（Eric Herbert Warmington）：《希腊地理学》（*Greek Geography*, London: Dent, 1934）［《伊希斯》*35*, 250（1944）］，其中的希腊文选和拉丁文摘录都已译成英文；J. 奥利弗·汤姆森（J. Oliver Thomson）：《古代地理学史》（*History of Ancient Geography*, Cambridge: University Press, 1948）［《伊希斯》*41*, 244（1950）］。

〔2〕当然，还要另外加上两个史学家：希罗多德和克特西亚斯，他们的著作中有丰富的地理学信息。

使在法理上不是波斯反希腊的同盟者，但事实上却是，因为在希腊人的殖民地与腓尼基人和迦太基人的殖民地之间的地中海周围的所有地区，有着一种强烈的敌对状态。我们将要描述的探险，将把公元前5世纪东方与西方长期冲突的科学前线呈现给读者。

二、卡里安达的西拉克斯

我们来听听希罗多德是怎么说的：

大流士曾发现了亚细亚的大部分地方。有这样一条印度河，河中鳄鱼数量之多，据说在全世界占第二位。大流士想知道印度河从什么地方入海，于是便派遣他相信不会说谎话的卡里安达(Caryanda)人西拉克斯和其他人等乘船前往；这些人从卡斯帕提罗斯市(Caspatyros)和帕克提卡(Pactyica)地区出发，沿河向东和日出的方向下行直到大海；他们在海上西行时，在第30个月到达这样一个地方，埃及国王曾经从这里派遣上述的腓尼基人环航利比亚。在这次环航之后，大流士便征服了印度人，并利用了这一带的海洋。由此而发现，除日出方向的部分之外，亚细亚在其他方面也是与利比亚相同的。[3]

---

[3] 希罗多德：《历史》，第4卷，第44节。我们所引的这一整段均为A. D. 戈德利的译文(见“洛布古典丛书”第2卷，第243页)，因为它既是对希罗多德的恰当说明，也是对我们有关西拉克斯之信息的唯一来源的恰当说明。帕克提卡在印度以西，是阿富汗(Afghānistān)东北部贾拉拉巴德(Jalālābād)周围的地区。西拉克斯不可能沿印度河“向东方”下行，因为该河的总的流向是西南走向。希罗多德的地理描述一般是较模糊的；如果我们没有地图，我们自己关于遥远国度的概念是否会更清晰一些呢？这里所说的“上述的腓尼基人”是指萨塔斯佩斯，他并不是腓尼基人，而且是比西拉克斯更晚的人，希罗多德的年代顺序常常会出错，因为他的桌子上没有编年表。

这样看来,这个西拉克斯是一个卡里安达人,[4]活跃于大流士一世(波斯国王,公元前 521 年—前 485 年*在位)时代。人们可能想知道这个卡里安达人是怎么到达(路途非常遥远的)阿富汗的,但这不太重要。住在上印度河地区的波斯统治者可能希望确切地了解这条河从何处流入大海,以及它是怎样与西方世界联系在一起的。如果西拉克斯(在季风方面)幸运的话,[5]从印度三角洲到红海端点的航行虽然困难重重且单调乏味,但却并非不可能,甚至用非常小的船都有可能进行这样的航行。阿拉伯独桅帆船[6]已经无数次地重复了这样的航行。西拉克斯航行的可能性得到大流士在苏伊士撰写的一篇碑文的证实,在该碑文中,这位国王宣布他开凿了一条从尼罗河到红海的运河,并且下令船队从苏伊士驶往波斯。[7] 299

---

〔4〕卡里安达在卡里亚,小亚细亚的西南角。卡里安达在距希罗多德的出生地哈利卡纳苏斯不远的一个小岛上。希罗多德可能听说过有关西拉克斯的当地传说。

* 原文如此,与第七章略有出入。——译者

〔5〕在希帕罗斯(Hippalos)以前实际上找不到关于季风的知识,而希帕罗斯活跃于公元前 1 世纪或公元 1 世纪;参见汤姆森:《古代地理学史》,第 176 页和第 298 页。

〔6〕即 dhow 或 dow;参见亨利·尤尔(Henry Yule)和 A. C. 伯内尔(A. C. Burnell):《霍布森-乔布森:英-印口语词和短语汇编》(*Hobson-Jobson: A Glossary of Colloquial Anglo-Indian Words and Phrases*),新版,威廉·克鲁克(William Crooke)编(London,1903),第 314 页。艾伦·维里埃(Alan Villiers)在《辛巴德之子》(*Sons of Sinbad*, New York: Scribner, 1940)中对现代独桅帆船航行有非常优美的描述。也可参见小理查德·勒巴伦·鲍恩(Jr. Richard LeBaron Bowen):《东阿拉伯地区的阿拉伯独桅帆船》(*Arab Dhows of Eastern Arabia*, 64 pp., 37 ills.; Rehoboth, Massachusetts: Privately printed, 1949)[《伊希斯》*42*, 357(1951)]。

〔7〕克洛德·布尔东(Claude Bourdon):《古代运河、古代遗址和苏伊士的港口》(*Anciens canaux, anciens sites et ports de Suez*, Cairo, 1925),第 12 页—第 30 页,另页纸插图 1。大流士的碑文的原址在阿尔卡布里特(al-Kabrīt)三角洲,现保存在伊斯梅利亚(Ismailia)的苏伊士运河公司(the Suez Canal Co.)的院子里。

西拉克斯的航行的真实性很高。甚至有人写了关于它的记述，而且这一记述流传给后来的作者，例如，流传给《卡里安达的西拉克斯环航记》(*Periplus of Scylax of Caryanda*)的作者。该书描述了围绕地中海、黑海等地区的所有航行。我们也许可以把其作者称作伪西拉克斯，因为该书无疑是后来写成的；它可能是大约公元前 360 年—前 347 年的作品。这部伪作的存在既证实了真西拉克斯确有其人，也证实了他穿越阿拉伯海的航行确有其事。

我们应该再补充一句，无论我们心中存有什么疑虑，可能都是针对西拉克斯这个人而不是针对这一航行的，因为我们可以肯定，在公元前 5 世纪以前，许多人都曾沿印度河下行，穿越阿拉伯海，上行到红海。西拉克斯是这些航海家中最早被记录下来的人。

三、阿契美尼德人萨塔斯佩斯

按照希罗多德的记述，萨塔斯佩斯是一个属于皇族的波斯人，他的母亲是大流士的姐妹。由于强奸了一名皇室姑娘，萨塔斯佩斯被判刺刑，但是他的母亲向新国王薛西斯(公元前 485 年—前 465 年在位)恳求，把这种惩罚改为另一种在她看来更重的处罚：

他必须环航利比亚，直到他完成这次航行而返回阿拉伯湾。薛西斯同意了这一点，于是萨塔斯佩斯便去了埃及，在那里他从埃及人那里得到一艘船和一群船员并驶过大力神之柱。在驶过大力神之柱并绕过被称作索洛埃斯

(Soloeis)[8]的利比亚岬之后,他便向南行驶;但是他在大海之上航行了许多月却一点看不到边际,于是他便转回来驶向埃及了。从这里他去见薛西斯,在他的报告中他告诉薛西斯,他怎样在他航行到最遥远的地方去时,路过一个小人国,那里的人们穿着椰子叶的衣服;而每当他和他的船员使船靠岸的时候,这些人就一定离开他们的城邑而逃到山里去;他和他的船员在登陆时并没有做任何坏事,除了必需的食品外,他们没有从当地居民那里获取任何东西。至于他之所以没有完全环行利比亚一周,(他说)其理由是船的进路受到阻碍而不能再向前行驶了。但是薛西斯不相信萨塔斯佩斯所说的话是真的,既然指定给他的任务没有完成,薛西斯还是依照最初给他的惩罚而把他杀死了。[9] 300

希罗多德的记述充满了令人渴望的细节。首先,萨塔斯佩斯的母亲确实谈到非洲环航,而且她谈到这是一个非常艰苦的任务时,她并没有夸大。所有地中海的水手都害怕这个海洋的神秘危险。其次,据说萨塔斯佩斯雇了一条埃及的船和一群船员;很有可能他是在埃及雇了一条腓尼基的船和船员;从远古时代起这两个国家就有商业往来,而且在图特摩斯三世统治时期(公元前5世纪),腓尼基军舰已经上行到尼罗河了。最后,萨塔斯佩斯实际上向西下行了多远?在离开索洛埃斯以后,他向南航行了"许多月",直到他的船"进路受到阻碍而不能再向前行驶了"。他是否到达了佛得角

〔8〕可能是康坦角(Cape Cantin),在北纬32°36′,阿拉伯语为Rās al-hudik(?),这是摩洛哥海岸的一个海岬,大约在马德拉群岛(Madeira Islands,北纬32°40′)范围内。

〔9〕希罗多德:《历史》,第4卷,第43节,见"洛布古典丛书"第2卷,第241页,A. D. 戈德利译。

(Cape Verde)地区的赤道无风带？抑或他受到信风和几内亚(Guinea)海岸北向气流的阻碍？可以相信他到达几内亚海岸的一个理由是，他对“一个小人国，那里的人们穿着椰子叶的衣服”的记述。无论如何，即使他航行到这里(大约北纬10°)，他距其目标仍然相差非常遥远，但古代人不可能想象到非洲大陆如此广大。[10]

大约公元前5世纪之初，迦太基政府决定对海洋或者更确切地说对海岸进行探索，并且派出两支远征队，它们从直布罗陀海峡出发，并且分别向左和向右航行。第一支远征队委托给汉诺，第二支委托给希米尔科。

四、迦太基的汉诺

萨塔斯佩斯沿着非洲西海岸的航行是在薛西斯统治时期进行的。值得注意的是，即使不是在更早，至少也是在大约同一时期，类似的一次远征在迦太基人赞助下展开了。[11]

大法官[12]汉诺率领一支由60艘50桨船和30,000名男女组成的舰队离开了迦太基。[13] 由此看来，迦太基人的计划并不仅仅是探索，而是要建立殖民地。他们大概想沿用

---

[10] 好望角(Cape of Good Hope)的纬度是南纬34°22′。甚至航海家亨利(1394年—1460年)都无法想象非洲的规模，他相信，古人曾设法环航非洲。

[11] 迦太基人派出一支由哈米尔卡(Hamilcar)率领的武装远征队前往西西里岛。这支远征队被打败了，而哈米尔卡也于公元前480年被杀死。这里第一次假设我们所说的汉诺是哈米尔卡之子，基于这个理由，汉诺自己的远征大致是在公元前470年。这种假设未得到证明；安诺(Annon或Annōn)在迦太基是一个很常见的名字。最好还是坚持这两次(汉诺的和希米尔科的)远征的同时性；希米尔科的远征开始于这个世纪之初。

[12] 即Suffete，古迦太基语，意为大法官或首席法官；参见希伯来语词*shophet*。古迦太基语是腓尼基语的一种方言；腓尼基语和希伯来语是姐妹语言。

[13] 这两个数字60和30,000不相吻合，因为每只(有50支桨的)桨帆并用的战舰都不能搭载500人。

他们的老办法，在便利的港口建立一系列贸易货栈（或代理 301
处），以便确保他们的贸易需要和霸权。[14] 汉诺在返回迦太基后用古迦太基语写了一篇关于他的旅行的报告，这篇报告被刻在麦勒卡特神庙（the temple of Melkarth）中的一块碑上。这个古迦太基原文的希腊文本以《汉诺环航记》（*Periplus of Hannon*）为题留传至今。

他们的第一个重要的登陆地点是瑟恩（Cerne）岛，这个地方距海岬和迦太基大概一样远；这有助于我们确认，它就是现在被称作赫恩（Herne）岛的地方，它位于里奥-德奥罗（Rio de Oro）河的河口。在瑟恩岛建立一个基地后，迦太基人从这里派出两支远征队，第一支沿塞内加尔河（Senegal River）航行，第二支驶往佛得角［达喀尔（Dakar）角］和冈比亚河（Gambia River）、比撒格斯湾（Bay of Bissagos）和塞拉利昂（Sierra Leone）的歇尔布罗海峡（Sherbro Sound，北纬7°30′）。我所用的都是现代的地名，而没有用《汉诺环航记》中的地名，因为对其中每个地名的确认都需要分别讨论，而我们并不关心地志学细节。关键是，汉诺沿着大约2600英里的西非海岸远航至帕尔马斯角（Cape Palmas），在那里，海岸线向东转了。在向南的方向上，汉诺是否比萨塔斯佩斯走得更远呢？有可能，但这无关紧要。我们可以相信这两位航海家（或者至少他们中的一位）对非洲西北海岸进行了勘察。要评价他们的成就，只要记住这一点就足够了：对非洲海岸的探险，直到几乎2000年以后才由葡萄牙航海

[14] 欧洲国家在殖民时代开始时沿用了同样的方法，葡萄牙就是一个例子。在16世纪，葡萄牙帝国在亚洲的活动也不过就是沿着印度、远东和中国的海岸和岛屿建立一系列贸易货栈。

家在大约15世纪中叶推进到更南方。

我们怎么能相信汉诺的报告呢？理由很简单，因为它所包含的事实与现代的观察资料相吻合，这些事实不可能是虚构出来的。确实，并非每一地点或河流都可以完全确定无疑，但所有认定结果构成一种条理清晰的雏形，我们可以相信它实质上是准确的。人类学方面的事实（总体上讲）同样是令人信服的，报告中提到灌木林火以及多毛的人，希腊原文中称作大猩猩（俾格米人或矮小黑人，或者实际上是猿?）；他们捉了三个雌性的，并且剥掉其皮以做他用。这篇报告篇幅过短，并且被后来的一些作者误解了，例如老普林尼（活动时期在1世纪下半叶）说，汉诺完成了到阿拉伯半岛的全部航程。这种误传得到普遍认可，甚至被诸如航海家亨利和理查德·哈克卢特（Richard Hakluyt）这样谨慎的人认可。[15]

五、迦太基的希米尔科

我们只是通过老普林尼（活动时期在1世纪下半叶）的简短叙述以及阿维努斯（活动时期在4世纪下半叶）的一首拉丁语诗[16]才得知希米尔科，老普林尼把他与汉诺列在一起，而那首诗则是向导狄奥尼修（Dionysios Periegetes，活动时期在1世纪下半叶）的希腊语诗的译本。老普林尼和狄奥尼修把我们带到公元前1世纪，这就使这个传说留下一个巨大的缺口；但我们没有理由怀疑希米尔科航行的真实性。阿维努斯和狄奥尼修的最终来源之一可能是一个马塞利亚人

---

〔15〕理查德·哈克卢特（1552年—1616年），英国航海史家；参见《伊希斯》*38*，130（1947-1948）。

〔16〕老普林尼：《博物志》，第7卷，197。

(Massiliote)船长的报告,他于公元前 6 世纪末去过塔尔提索斯(Tartessos)[17],并且对西班牙海岸有所了解。希米尔科的 302
航行是在塔尔提索斯被摧毁后不久亦即公元前 5 世纪初进行的。

希米尔科被派去考察欧洲西海岸,他抵达了被称作奥斯特里奈德斯(Oistrymnides)的群岛,以及同名的海角,亦即阿摩里卡(Armorican)半岛[现称布列塔尼半岛(Bretagne)]以及它附近的一些岛屿。他提到这些岛民的产业和技能,尽管他们没有(像腓尼基人那样的)木船,而只有"一些用兽皮缝制起来的小船"(柳条艇),但他们都是出色的水手;他们常常航行到爱尔兰(Hibernians)和阿尔比恩(Albions)* 的岛屿。腓尼基水手常常为了贸易(锡品贸易)而去那些岛屿。[18] 有可能是在希米尔科去布列塔尼(Brittany)或更远的地方的途中,或者在他返回的途中,他受风的影响偏离了航向,来到海中的这样一个地方,这里没有风,而且"水泛旋涡海草立,犹如灌木阻船行"。[19] 有些史学家把这理解为指马尾藻海(Sargasso Sea),即大西洋中一块相对平静的水域,在

---

[17] 塔尔提索斯是安达卢西亚(Andalusia)的瓜达尔基维尔河(Guadalquivir)河口的腓尼基殖民地;大致相当于古国他施(Tarshīsh)[《以西结书》(Ezekiel)第 27 章,第 12 节,《耶利米书》第 10 章,第 9 节]。在它大约于公元前 500 年被摧毁并且被同一地区的另一个腓尼基殖民地加的斯(Gadiz)取代以前,它一直是一个繁荣的殖民地。

* 阿尔比恩(Albion)是不列颠或英格兰的古称,在现代语中则作为雅称来使用。——译者

[18] 腓尼基人的锡品贸易的详细情况很难了解,主要是因为他们想隐瞒他们的生意。那些产锡的岛屿(*Cassiterides nēsoi*,*Cassiterides insulae*)的位置是有很大疑问的:其中有些是英国的岛屿,而其他一些岛屿在大西洋海岸?

[19] R. F. 阿维努斯(活动时期在 4 世纪下半叶)的诗:《海边》("Ora maritima"),第 120 行。

那里海草像杂草在河中类似的条件下那样茂密地生长；接受这种看法有点困难，因为马尾藻海距欧洲非常遥远。[20] 有可能，腓尼基水手到达了幸运群岛（Fortunate Islands）[21]，但很难相信他们到达了亚述尔群岛和更远的马尾藻海。[22]

概括地说，这4个关于穿越阿拉伯海和沿着欧洲及北非的大西洋海岸航行的记述，与其说令人惊讶，莫如说令人感兴趣。前面所描述的这些成就不像例如希腊人对无限性或算术中的无理性问题的思考那样卓越。希腊人在数学领域中所做的事的确令人惊异，因为他们证明，他们自己不仅超越了与他们同时代的人，而且也超越了我们这个时代的许多人。另一方面，我们完全可以期望，腓尼基人和他们的后代迦太基人会做许多事，那些事可以与这些业已描述过的事情相媲美甚至更为大胆，并且不仅在公元前5世纪而且在这很久以前就做过那些事。只须考虑一下沿摩洛哥海岸的航行以及在索洛埃斯和其他地方设立代理处就很清楚，这更需要的是勇气而不是知识。对于这些目的而言，迦太基人的航海技术已经绰绰有余，这种技术甚至足以使他们沿着非洲海岸，逐渐地向南航行得更远，并且可以先于15世纪的葡萄牙人而获得那些成就。但是，迦太基殖民活动的发展被迦太基与罗马之间的生死之战打断了，这场战争使迦太基海军被缠

---

[20] 马尾藻海区域在北纬20°和35°之间，西经40°和70°之间。它被顺时针方向的水流环抱着。百慕大群岛（Bermuda Islands）位于它的西端附近，亚述尔群岛（Azores）在与它的东北角有一定距离的地方。

[21] 即 *Fortunatorum insulae*（*ai tōn macarōn nēsoi*），好运之岛。这些岛屿是加那利（Canary）群岛或马德拉群岛。

[22] 使我对拒绝这一点有点犹豫的是伪亚里士多德的《论奇迹》（*Mirabilia*，136，844A 结尾）提到过类似的情况。不过，亚里士多德和阿维努斯都曾提到一处海底，那里几乎没有浅滩，而这不可能是马尾藻海。

在地中海附近不能动，并且以公元前146年迦太基的毁灭而告结束。

最后的评论：在这4个记述中最令人惊讶之处并不在 303
于，它们如实地报告了那些如此之多留传至今的成就。我们必须假设，在古代还有过许多同类的甚至超过它们的尝试。那些故事没有流传下来，也许是因为探险者死了而无法返航，也许是因为他们不想公开或者没有能力讲述他们的故事。水手和冒险家的心理与作家的心理是大相径庭的；事实上，他们中的绝大部分人根本没有撰写或者创作一个清晰的报告。必须把西拉克斯和萨塔斯佩斯、汉诺和希米尔科看作一个广大群体的少数代表，他们是古代航海事业遗留下来的标志。[23]

多亏希罗多德，其中的两份报告得以保留下来，他的史学著作中还包含许多其他具有地理学重要性的事实；在我们不久之后谈起他时，我们会讨论其中的一些事实。这个世纪最重要的地理学事件发生在该世纪末（公元前401年），当时色诺芬带领剩下的10,000名希腊雇佣军在底格里斯河上游登岸，翻过亚美尼亚和卡帕多西亚的山区，抵达黑海之滨

---

〔23〕涉及地理学的这一节也许应包括对有关尼罗河洪水的早期思想的讨论，不过这个话题已经在我们关于阿那克萨戈拉的那一节中论述过了。

的特拉佩祖斯(Trapezus)[特拉布宗(Trebizond)]。[24] 色诺芬生动地描述了这次撤退,它是人类所记载的最著名的事件之一。色诺芬的《长征记》大约写于公元前379年—前371年,该书是历史文献和地理学文献的杰作之一。尽管《长征记》并非为地理学目的而写,但该书却是对一个广大的地区和生活在那里的人们最早的和非常详细的描述;它不仅是同类书中最优秀的作品之一,而且还是它们中的第一部。[25]

六、史学家:希罗多德、修昔底德和克特西亚斯

这个世纪的下半叶见证了历史编纂学的诞生,亦即一个新的科学分支的诞生,它所关注的是对人类体验的准确描述。有些人论证说,历史编纂学不能称为一门科学,因为历

---

[24] 这10,000名希腊雇佣军是由小居鲁士(Younger Cyros)雇来的,小居鲁士是波斯总督,他密谋反对其兄和国王阿尔塔薛西斯二世尼蒙[Artaxerxes II Mnemon,公元前405年—前359年在位(原文如此,与下文略有出入。——译者)]。他于公元前401年春天从萨迪斯出发,在两河之间巴比伦以北的库那克萨(Cunaxa)平原被阿尔塔薛西斯二世击败并被杀死。希腊雇佣军从阿尔塔薛西斯二世那里获得安全通行权之后,向底格里斯河进军,并且沿着其左岸抵达它的支流大札布河(Greater Zab)。在那里,他们的司令官和其他军官被背信弃义的波斯人逮捕,他们群龙无首,没有人领路。色诺芬被选出来担任他们的司令官,他带领大部分人安全地返回家园。他的著作的标题《长征记》(*Anabasis*)容易让人误解,因为这个过程有许多起伏,而最后撤回黑海的行程是非常漫长的。

试图沿着色诺芬的足迹而行的旅行家们已经对《长征记》进行过讨论,如英国的H. F. 托泽(1881)、德国的爱德华·冯·赫夫迈斯特(Eduard von Hoffmeister,1911)和法国的"纸上谈兵的旅行家"阿蒂尔·布歇(Arthur Boucher,1913)。这里年代的确定参照了他们的著作;另请参见《科学史导论》,第1卷,第123页。

[25] 有人提出异议说,色诺芬的描述并非准确得足以使人们能够精确地在地图上画出他的行动路线。这种异议有失公正,因为在没有非常准确的(人为)界标的情况下,对于在例如亚美尼亚山区这样难走的地区的旅行,要做出十分准确的描述是不可能的。况且,即使色诺芬没有对具体的路线进行充分的描述,他对他和他的部队走过的地区的描述已经相当充分了。人们不能在一张非常大的地图上画出他的路线,但可以在一张小的地图上画出他的路线,而且已经有人重复这样做过了。

史真相太不确定、太难捕捉，而且谴责我在《科学史导论》中给它的篇幅过多。他们的反对是没有根据的，因为科学成果的特征就是以尽可能追求真理为目的，并且在环境允许的情况下尽可能接近真理。可获得的或实际获得的近似值会因领域不同而有所差异。我们的成果的科学本质，是由我们的 304
目的和方法的性质决定的，而不是由我们的结果的近似程度决定的。历史事实是不确定的，但在公元前 5 世纪，它们并不比大多数物理事实更模糊、更不确定。

七、哈利卡纳苏斯的希罗多德

希罗多德是吕克瑟斯（Lyxes）和德律欧（Dryo）之子，大约于公元前 484 年出生于卡里亚的哈利卡纳苏斯。[26] 卡里亚（在小亚细亚西南角）已被多里安人殖民化了，但这里更多地是受邻近的爱奥尼亚城邦的先进文化的影响；讲希腊语的卡里亚人在公元前 5 世纪所讲的却是爱奥尼亚方言。大约在希罗多德的童年时代，统治卡里亚的王朝沦为波斯帝国的属国。政治动乱迫使年轻的希罗多德不得不离开他的祖国；他在萨摩斯岛待了一段时间，随后进行了大量旅行。他游历了雅典，并且结识了伯里克利和索福克勒斯。他的生命的最后时光是在（公元前 443 年兴建的）图里度过的，并且

---

〔26〕 由于哈利卡纳苏斯的摩索拉斯陵墓，绝大多数读者都熟悉“哈利卡纳苏斯”这个名称。阿尔特米西娅二世（Artemisia II）为了永远纪念她的兄长和丈夫摩索拉斯（Mausolos）修建了豪华的纪念性建筑，摩索拉斯是公元前 377 年至公元前 353 年卡里亚的统治者。这座城市于公元前 334 年被亚历山大摧毁；查尔斯·牛顿（Charles Newton）爵士于 1857 年发现这个名胜的遗物，它们现保存在大英博物馆。尽管纪念碑被毁，阿尔特米西娅二世却成功地实现了她的愿望，因为“mausoleum”（摩索拉斯陵墓）这个词已经成为一个指宏伟墓地的常用词。每次我们使用它时，我们都是在向摩索拉斯和她本人致敬。

哈利卡纳苏斯是两位史学家希罗多德和狄奥尼修（Dionysios，活动时期在公元前 1 世纪下半叶）的出生地。

大约在伯罗奔尼撒战争(公元前431年—前404年)开始之初亦即大约公元前426年去世。在古代(一直到我们这个纪元的第三世纪)他常常被称作图里的希罗多德。

他旅行的范围非常广泛,他去过埃及并且沿着尼罗河逆流而上直到阿斯旺和埃勒凡泰尼(Elephantine);[27]他大概去过昔兰尼;他去了加沙(Gaza)和提尔,并且沿幼发拉底河顺流而下来到巴比伦。他对北爱琴海地区的了解远至萨索斯。最不寻常的是,他去过黑海北部的国家西徐亚,而且肯定在靠近希帕尼斯河(Hypanis)[布格河(Bug)]河口、地势高于该河的奥尔比亚(Olbia)待过一段时间。他提及的许多事实都是他本人亲眼见证的;其他则是道听途说获得的。在有些地方,例如雅典和德尔斐,他会偶遇来自希腊世界各个地区的人们。

西塞罗称他为史学之父;[28]从此以后他就有了这个光荣的称号,这一称号他受之无愧。这并不意味着他是第一个撰写史学著作的人。先不说希伯来的史学家如《撒母耳记》的作者(活动时期在公元前7世纪),在希腊世界就有许多编年史家。我们已经谈到另一个波斯的臣民、米利都的赫卡泰乌,希罗多德很直率地批评他,就像他同样直率地批评希罗多德一样,另外还有其他一些"编史家",亦即编年史作者

---

[27] 他没有提到有埃及珍珠之称的菲莱(Philae),因为它最古老的名胜也不过是大约公元前370年的。

[28] 《论法律》(*De legibus*),I,1,结尾处:"quamquam et apud Herodotum, patrem historiae, et apud Theopompum sunt innumerabiles fabulae"(然而,即使在史学之父希罗多德和泰奥彭波斯那里,也有无数传闻),希俄斯的泰奥彭波斯(活动时期在公元前4世纪下半叶)有时被称作心理学史的奠基者、塔西陀(活动时期在1世纪下半叶)的希腊前辈。

或编年史家。但是,希罗多德是写出结构完整、可读性强的史学著作的第一人;事实上,他创作了希腊的第一部散文杰作(参见图67)。[29]

现在我们来研究一下这部伟大的著作。 306

该书是对希腊、埃及和小亚细亚的历史与现实的记述。其主要目的是要说明从克罗伊斯(吕底亚国王,公元前560年—前546年在位)时代起,到薛西斯时代和波斯战争结束时为止,更确切些说是到塞斯托斯(Sestos)[30]被占领(公元前479年—前478年)时为止,亚洲与希腊的巨大冲突。《历史》分为9卷,每一卷冠以缪斯九女神之一的名字;[31]这种划分可能是亚历山大的语法学家做的,而且在琉善(120年—200年*)时代就已经有了。当希罗多德谈到他自己的著作时,他从未说出任何著作的名字,他只把他的著作称作 *logos*。[32]

他自己在这部著作的第一段中的话充分说明了他的一般目的:

---

〔29〕注意到这一点是非常有意思的:第一部用散文体创作的杰作比可以与之相比的第一部诗歌体杰作出现得晚;《伊利亚特》的创作年代是不确定的,但它的某些部分在希罗多德完成《历史》以前的三四个世纪就存在了。

〔30〕塞斯托斯是达达尼尔海峡(Dardanelles)北岸(欧洲)最好的港口。在这里,薛西斯指挥他的军队通过一座浮桥从亚洲进入欧洲;这里也是公元前479年雅典舰队从波斯人手中解放的第一个城市。修昔底德就是从这一时期开始他本人对波斯战争之后(*ta meta ta Mēdica*)的回顾性记述的。

〔31〕我在提到希罗多德的著作时总是指出其卷数和节数(例如,第7卷,第103节),这样就可以方便读者使用几乎任何版本或译本。

* 原文如此,与第八章有较大出入。——译者

〔32〕*Logos* 这个词指逸事或历史,与用来指早期编年史家的词 *logographos* 相对应。

305

ΤΕΛΟΣ ΤΩΝ ΙΣΤΟΡΙΩΝ ΗΡΟΔΟΤΟΥ.

ΑΑ. ΒΒ. ΓΓ. ΔΔ. ΕΕ. ΖΖ. ΗΗ. ΘΘ. ΙΙ. ΚΚ. ΛΛ. ΜΜ. ΝΝ. ΞΞ. ΟΟ. ΠΠ. ΡΡ. ΣΣ.

AA. BB. CC. DD. EE. FF. GG. HH. II. KK. LL. MM. NN. OO. PP. QQ. RR. SS.

Sunt Quaterniones omnes, præter ultimum duernionem.

Venetiis in domo Aldi mense Septembri. M.DII. et cum priuilegio ut in cæteris.

图 67 希罗多德《历史》的第 1 版（folio；Venice：Aldo Manuzio，September 1502）；这页显示了版权页和搜集整理记录。记录说明该书有 17 张分别标为 AA，BB……RR 的四开纸和 1 张标为 SS 的六开纸，因而总计（16×17）+（8×1）= 280 页。其中包括扉页和含有印刷者奥尔都的名字和其标志的最后一页。这里复制的是倒数第二页［复制于哈佛学院图书馆馆藏本］

这里所发表的，乃是哈利卡纳苏斯人希罗多德的研究成果，他所以要把这些研究成果发表出来，是为了使历史不致由于年深日久而被人们遗忘，为了使希腊人和异邦人的那些值得赞叹的丰功伟绩不致失去它们的光彩，特别是为了把他们彼此发生战争的原因记载下来。

这个简单的陈述既给人以深刻的印象，又富有启发性。他的目的就是，不仅要为子孙后代记录下希腊人所完成的伟大业绩，而且要记录下蛮族人[33]的伟大业绩。这一点是非常了不起的，因为他所涉及的一些异邦人在一场可怕的战争中曾经是或者不久前还是希腊的敌人，而这场战争正是在希罗多德着手创作他的著作时才走向终结。他是不是出了什么问题？他缺少爱国热情吗？他是一个有教养的人，试图公正和心平气和地理解其他国家的人。还必须补充一下，他的世界主义观点对他来说，比对例如一个底比斯人或雅典人更为自然，因为他属于卡里亚这样一个国家，这个国家由多里安人建立，但受到爱奥尼亚和波斯的强烈影响；它是半东方化的国家。[34] 在这里进行统治的是非希腊王朝；希罗多德

---

〔33〕希腊原文为 *barbaros*，并不必然具有从这个词中衍生出来的我们语言中的"barbarian"（蛮族人）这个词所含有的贬义。*Barbaroi* 这个希腊词相当于英语中的 *foreigner*（异邦人），希伯来语中的 *gōyim*（异教徒），或拉丁语中的 *gentiles*（外邦人）。在涉及没有教养或心胸狭窄的人时，所有这些词都具有贬义；异邦人就是敌人和蛮族人。希罗多德使用 *barbaros* 这个词就像一个有教养的美国人使用"foreigner"这个词一样，没有恶意。

〔34〕苏达斯（活动时期在10世纪下半叶）所给出的希罗多德父母的名字——吕克瑟斯和德律欧是非常古怪的。在我的经验中，这些名字是独一无二的。它们更可能是东方人的名字，而不太可能是希腊人的名字。如果是这样，希罗多德本人就是一个蛮族人，至少在一定程度上是蛮族人。我们必须记住，"纯"希腊人在亚洲是比较罕见的。

以赞许的口吻[35]提到的女王阿尔特米西娅一世(Artemisia Ⅰ)是薛西斯的一个诸侯,她用5艘船陪同薛西斯一起进行远征,这些船被认为是他的舰队中较好的,仅次于西顿的那些船。普卢塔克(活动时期在1世纪下半叶)写过一本书,题为《论希罗多德的险恶用心》(*De malignitate Herodotis*),在该书中,他指责史学之父是“偏爱异邦者”(*philobarbaros*),这几乎与当今苏联的“世界主义者”是一个意思。他指责希罗多德不公正,实际是由于希罗多德没有那么多偏见。他使我们想起我们这个时代的一些狂热分子,他们怀疑所有人的爱国心都没有他们显耀。可以把这新的一项加入希腊奇迹
307 的清单之中。第一部希腊史是这样一个人写的:他亲眼目睹波斯与希腊的可怕冲突中的许多事件,但他仍然能够心平气和、公正并且毫无种族偏见地叙述这场冲突。[36]

在做了适当的强调之后,这种希罗多德精神的根本价值会使我们更仔细地考察他的目的和方法。

先就他的原始资料说几句。当然,他的主要资料就是他在3个大陆旅行期间所收集的信息。[37] 他具有他那个时代的人可能具有的判断力。我们不应该期望他例如不相信占

---

[35] 希罗多德:《历史》,第7卷,第99节;第8卷,第103节。

[36] 西奥多·约翰尼斯·哈尔豪夫(Theodore Johannes Haarhoff)有趣地评论了希罗多德的宽容大度,参见他的《门口的异乡人》(*The Stranger at the Gate*, Oxford: Blackwell, 1938, 1948)第20页、第22页[《伊希斯》*41*, 75(1950)]。哈尔豪夫非常了解种族偏见的含义,因为他是约翰内斯堡(Johannesburg)的威特沃特斯兰德大学(the University of the Witwatersrand)的古典学教授。

[37] 这3个大陆,或者更确切些说,3个部分(*tria moria*)即欧洲、亚洲和利比亚,如果不是在更早的话,最迟也是在公元前5世纪就被人们认识了。希罗多德对此提出了异议(《历史》,第2卷,第17节),说还应该加上第4个部分即埃及,如若不然,尼罗河就会把亚洲与利比亚分开,而埃及会一半属于亚洲,一半属于利比亚地区了。他关于这些部分的相对规模的思想不可避免是错误的。

卜，不过他表明，他并非无条件地相信它；人们并不总是根据表面价值接受神谕；人们也许考虑许多神谕，并且从中进行选择。在那时像在现在一样，占卜往往是一种自言自语和相互的暗示。希罗多德常常表露出他的怀疑，或者他会用这样的话保护自己："我是按照别人讲给我的那样讲述这段逸事的。"有时候，他会引证不同的传说，让读者在它们中间进行选择。他是一个优秀的说书人；有人指出，他就是靠这种方式生活的，但没有什么能证明这一点。我们不知道他是以什么为生的；也许他是一个商人（*emporos*）；他无疑像绝大多数希腊人那样对贸易感兴趣。[38] 他的著作中充满了一些可以从中去掉的奇闻和小故事，他以擅长讲故事者的方式，把他喜爱的这些有趣的离题叙述加了进来。有可能，他接触过一些文献并看到过一些铭文，但他主要依赖的是口头传说，而且他擅长交互询问证人，并且核实他们的证词。他会帮助我们去注意那些证人并聆听他们的证言，然后展示他自己有益的和精明的思考，这有时会使我们想起蒙田（Montaigne）。

希罗多德的著作是一座有关希腊和近东的民间传说的宝库。他的著作可以与其他伟大的旅行家例如马可·波罗（Marco Polo，活动时期在13世纪下半叶）和伊本·巴图塔（Ibn Baṭṭūṭa，活动时期在14世纪下半叶）的著作相媲美，他的声望与他们也难分伯仲。他们所讲的故事太异乎寻常，以至于许多人拒不相信它们；他们可能会笑笑说，"se non è vero..."（其实不是……）。缺乏判断能力的读者会毫不犹豫

[38] W. W. 豪和J. 韦尔斯在《希罗多德评注》（Oxford，1912）第1卷第17页中，提出了充分的可以使人相信希罗多德是一个商人的理由。

地轻信那些奇迹和神话,但真实的报道在他们看来却似乎是不可信的。我们现在来举几个例子。

希罗多德是一位淳朴的希腊散文的大师,是第一个使希腊人认识到散文可以像诗歌一样优美动人的作者。另一个哈利卡纳苏斯人狄奥尼修(Dionysios,活动时期在公元前1世纪下半叶)注意到了这一点。希罗多德的文笔非常潇洒,没有任何矫揉造作;他的叙述简单明了;他喜欢离题的叙述,并有意插入一些这样的叙述,就像荷马所做的那样。他像每一个希腊人一样受到荷马的影响,但也受到悲剧作家的影响。他宽宏、公正、稳健、谨慎,他会像一个孩子那样好奇和质朴。他酷爱别具一格的细节,在有些离题的叙述中,他会
308 为此不惜笔墨,这主要体现在他有关薛西斯的军队和舰队所征用的所有民族的详细记录中,这些军人因其种族和习惯,佩带的武器和身上的装束各不相同。这一详细记录不少于38节[39],从波斯人开始,到女王阿尔特米西娅一世和卡里亚的船队为止。

他的历史哲学与他那个时代的伟大诗人和剧作家的历史哲学是一样的,其根本思想就是命运的兴衰变迁;他的著作很恰当地从克罗伊斯的历史记载开始到薛西斯的历史记载结束,通过这一著作,他阐明了这种思想。在每一种情况下,我们都见证了毫不留情的报应惩戒了目空一切的人的傲慢(*hybris*)之举。希罗多德也萌生了天意的思想,[40]就像索

---

〔39〕希罗多德:《历史》,第7卷,第61节—第99节。

〔40〕同上书,第3卷,第8节。

福克勒斯和欧里庇得斯一样。[41] 因此，虽然希罗多德生性淳朴善良，但他也非常认真。我想用一段令我感到惊讶的比拟来结束我对他的描述："希罗多德经历了降临在莫扎特(Mozart)身上的命运。他的魅力、才智和潇洒自如的笔法，转移了人们对他历史著作中深切的悲天悯人情怀的注意，这种情怀在其史学著作中并不罕见。"[42]把像希罗多德和莫扎特这两个在时间、空间以及生活方式方面相差甚远的人进行比较，当然是非常冒险的；不过这仍唤起了我的想象，因为这两个人都是我所喜爱的。

古代近东的历史是极为复杂的，即使对于我们这些在每一步骤上都能以地图、概要的图表和词典作为指导的人来说，有时也很难理清纷繁的事件并理解究竟发生了什么。我们不能期待早期的史学家为我们清晰而准确地说明如此错综复杂的问题。希罗多德的史学著作中包含大量重要的资料，但它不是也不可能是一部可与现代史学著作相提并论的著作，现代的那些史学著作是多个世纪的成果。尤其应该指出，他关于埃及的历史叙述是一片混乱；只是到了论述萨姆提克一世(公元前663年—前609年在位)创建的第二十六(或赛斯)王朝(公元前663年—前525年)和波斯对外征服时期，他的叙述才开始有价值。埃及从公元前525年到亚历

[41] "命运的兴衰变迁"是希腊文学中的一个常见话题。在索福克勒斯的一个残篇[第871号，A. C. 皮尔逊(A. C. Pearson)编，第3卷，第70页]中已经出现了命运之轮(*trochos theu*, *rota fortunae*)的比喻。对神圣的天意(*tu theu hē pronoia*)的思想的最好说明，就是德尔斐神庙中那尊雕像的名称——"深谋远虑的雅典娜"(*Pronoia Athēna*)，它表达了对雅典娜的崇拜。

[42] 约翰·迪尤尔·丹尼斯顿(John Dewar Denniston)：《牛津古典词典》(*Oxford Classical Dictionary*, Oxford: Clarendon Press, 1949)，第423页。

山大大帝时代(公元前 332 年)都是波斯帝国的一个省。因而,对于希罗多德这个生为波斯臣民的人来说,游历埃及和那个国家无数诱发他的好奇心的奇观,是非常自然的事。那些巨大的神庙以及上面刻满的他无法读懂的长篇铭文令他印象深刻,并且受那些向导的摆布,这些人虽然也读不懂那些铭文,但已经可以对它们做出说明。不过,他对埃及的记述依然是极其珍贵的,因为它是唯一的希腊见证者所撰写的,这个希腊人是一个睿智的局外人,而且富有同情心。

他对巴比伦的记述也应受到同样的评价。他关于古巴比伦的知识肯定非常接近当时受过教育的巴比伦人的水平,这些人对他们民族的传说可能有明确的观念,但不可能像我们一样理解古代王朝的历史。

希罗多德所讲述的[43]有关萨姆提克的故事是他混杂着评论的轻信倾向的典型。有些人说弗利吉亚文化(Phrygian
309 culture)[44]比埃及文化更古老。为了找出真相,萨姆提克把新出生的孩子委托给一个牧羊人,孩子们和他的羊群一起成长。这些孩子们吃得很好,但是没有人跟他们说话。最后,其中的一个孩子说出了 *becos* 这个词(意为面包),这是弗利吉亚语。萨姆提克得出结论说,弗利吉亚文化更为古老。希罗多德在孟菲斯、底比斯和赫利奥波利斯(Heliopolis)收集了有关同一故事的其他传说。他还听说过其他许多关于神的故事,但是他说[45]:"除去他们诸神的名称之外,我不打算

〔43〕 希罗多德:《历史》,第 2 卷,第 2 节。

〔44〕 弗利吉亚在小亚细亚的中央大高原的西部。它的古代辉煌的标志是传说中的国王弥达斯(Midas)以及公元前 738 年至公元前 696 年在位的弥达斯二世(Midas II)。

〔45〕 希罗多德:《历史》,第 2 卷,第 3 节。

重复他们告诉我的关于他们诸神的事,因为我认为,关于神的事情,没有哪个人比其他人知道得更多。"

希罗多德心灵深处的哲学典范和宗教典范是毕达哥拉斯的思想与东方思想的结合。他把灵魂转世的信仰〔46〕归于埃及人,并且补充说,有些他知道其名的希腊人也持有这种信仰。很有可能是这样,但那些希腊人也许是直接或间接从印度[轮回(*samsāra*)]而不是从埃及获得这种信仰的。希罗多德把得墨忒耳和统治阴间的狄俄尼索斯与伊希斯和奥希里斯混淆了,但这是很自然的。

他没有数学方面的训练,而他的天文学知识也很贫乏。他注意到埃及人的占星术和占卜术非常兴旺,〔47〕而且欣赏他们对一年长度的确定和划分,即每年为(30×12)+5=365日,每天为24小时。〔48〕而按照他自己的计算〔49〕每年的长度为375天！他描述了〔50〕在萨拉米斯战役之前出现的一次日食,但那一年(公元前480年)并没有日食。

他的史学著作是百科全书式的,对他所提到(或遗漏)的这个或那个有关三个自然王国的细节,〔51〕有无数的评论。我们必须把自己限制在少数几个例子上。

他观察到巴比伦人为确保枣椰树结果所使用的方法,他

---

〔46〕希罗多德:《历史》,第2卷,第123节。

〔47〕同上书,第2卷,第82节、第83节。

〔48〕同上书,第2卷,第4节。

〔49〕同上书,第1卷,第32节。

〔50〕同上书,第7卷,第37节。

〔51〕埃德蒙·O.冯·李普曼(Edmund O. von Lippmann)对希罗多德的著作进行了"化学"分析,见他的《希罗多德关于技术和文化史的论述》("Technologisches und Kulturgeschichtliches aus Herodot"),载于《化学杂志》(*Chem. Zeit.*),第1期、第7期、第8/9期(1924)。他把它分为:元素、矿物、金属和有机物。

也观察到无花果树的虫媒授粉法。在他的记述[52]中他把两种方法弄混了,这证明他听到过、也许亲眼目睹过这两种方法,但没有弄清楚,而他后来的记忆把他引入歧途。[53] 塞奥弗拉斯特(活动时期在公元前4世纪下半叶)对这个问题做了比较恰当的说明。这是整个科学史中最令人感兴趣的故事之一,它把民间传说与宗教结合在一起,并且证明了人类固有的好奇心理。指出这一点就足够了,即在1694年以前,高等植物人工授粉的有性繁殖理论并没有在科学上得到清晰的说明,它也没有得到普遍认可,相反却受到相当大的抵制。而无花果树的虫媒授粉法在更晚的时候仍没有得到说明。[54]

在他对西徐亚河的描述中,希罗多德提到[55]"大的无脊椎鱼,被称作鲟鱼",[56]这些鱼是在希帕尼斯河河口发现的,

---

[52] 希罗多德:《历史》,第1卷,第193节。

[53] 同上书,第6卷,注释6。

[54] 鲁道夫·雅各布·卡梅拉里乌斯于1694年第一次从科学上说明高等植物的人工授粉。直到1820年,才由乔治·加勒西奥(Giorgio Gallesio)第一次充分说明无花果虫媒授粉法。参见艾拉·J. 康迪特(Ira J. Conduit):《无花果》(*The Fig*, Waltham:Chronica Botanica,1947)[《伊希斯》*40*,290(1949)]。

[55] 希罗多德:《历史》,第4卷,第53节。

[56] 原文为:*Cētea te megala anacantha ta antacaius caleusi*…。参见达西·W. 汤普森:《希腊的鱼类》(*Greek Fishes*, London:Oxford University Press,1947),第16页[《伊希斯》*38*,254(1947-1948)]。关于盐腌鱼,请参见凯勒(Koehler):《咸鱼》("Tarichos"),载于《圣彼得堡学院论文集》(*Mém. Acad. St. Pétersbourg*,1832),第347页—第488页;达朗贝格(Daremberg)和萨利奥(Saglio):《古希腊-罗马词典》(*Dictionnaire des antiquités grecques et romaines*, Paris,1877-1919),第4卷,第1014页,《腌菜》["Salgama"(*halmaia*)]。虽然凯勒用很短的篇章论述了鱼子酱(第410页—第417页),但关于它的历史仍有待书写;按照他的说法,正如瑙克拉提斯的阿特纳奥斯(活动时期在3世纪上半叶)所讲述的那样,古代唯一提到鱼子酱的作者是锡夫诺斯岛的狄菲洛斯(Diphilos of Siphnos,活动时期在公元前4世纪下半叶至公元前3世纪上半叶)。

它们被用来做盐腌鱼，但是他没有提到从这些鱼中提取的鱼子酱，尽管难以相信，那时的西徐亚人或希腊移民还没有发明某种形式的鱼子酱。 310

希罗多德考察了尼罗河和埃及大陆，并且用他经常重复的一句话作为结论：埃及是这条河的礼物（*dōron tu potamu*），他证明，这句话是对的。他无法适当地说明那里每年一度的洪水，但注意到每年堆积的淤泥。他注意到山坡上有变成化石的海中的贝壳，依据这一点以及地面上的一层盐，他推论说，那些地方以前曾被海水淹没。[57] 下埃及地区曾一度在水下；尼罗河会带来越来越多的沉积物，而它的三角洲则逐渐伸向海中。[58] 他也观察到色萨利的陆地和水面的变化，他把（色萨利北部的）滕比河（Tempe）峡谷的形成归因于一次地震。

按照色萨利人自己的说法，佩涅欧斯（Peneios）流经的这个峡谷是波塞冬（Poseidon）造成的，这话颇有道理。因为不管是谁，只要他相信波塞冬震撼过大地，而因地震产生的裂痕乃是神力所为，那他只要一看这个峡谷，就会相信这是波塞冬造成的。在我来看，显然是地震的力量才使这些山裂开的。[59]

妙极了，这是早熟的地质学智慧与神话的古怪的结合。希罗多德承认，地震可以改变地形，但那些地震却是由波塞冬引起的。当回想起希腊地区的许多地质学怪事——热矿泉水、狭窄的山谷、地下河流以及地震等时，人们对此也许就

〔57〕希罗多德：《历史》，第2卷，第5节和第12节。
〔58〕同上书，第2卷，第12节。
〔59〕同上书，第7卷，第129节。

不那么惊异了,但大多数人仍把自然中的奇迹当作必然之事,而且并未尝试对之加以解释。希罗多德把科学的解释与神话的解释混合在一起,而在今天,甚至仍有许多人这样做;他们的理性主义是有条件的和有限的。

希罗多德不是一个科学意义上的地质学家;因为一方面,他的数学知识对正确地理解地质学来说是不充分的,另一方面,他的心灵专注于其他的方面。不过,他在3个大陆上进行过大量的旅行,他的经验因别人的经验而得到完善,这就使他能够对有人居住的世界(*the oicumenē*)形成较为恰当的认识。他并不希望把那种知识普遍化和合理化,他说:

> 在这之前有许多人画过全世界的地图,但没有一个人以理智为根据,这一点在我看来,实在是可笑。因为他们把世界画得像圆规画的那样圆,而环绕四周的则是流动的海洋,同时他们把亚洲和欧洲画成一样大小。[60]

这第一部史学著作或许也可称作第一部人类地理学著作,因为它含有对已知的一般而言的地球及其诸多部分的地理学描述。这些描述总会使人去思考,因为希罗多德对它们
311 比对抽象的事物更为好奇;他对人类比对数学和地理学更有兴趣,对人类也比对自然史更有兴趣。由于他没有地图,当然更没有精确的地图,因而他的记述常常出错也就不足为怪了;而奇怪的却是,这些错误既没有加重也没有更为频繁。在许多情况下,他意识到自己缺乏信息,因而不愿意表态。例如,他说:

[60] 希罗多德:《历史》,第4卷,第36节,引自埃里克·赫伯特·沃明顿《希腊地理学》第229页的译文。这部选集包含很长的希罗多德著作的摘录,它们基于对有人居住的世界的一般概括和对不同部分的描述,说明了他的观点。

至于欧洲的最西面的地方，我却不能说得十分确定了。因为我不相信有一条异邦人称为埃利达诺斯(Eridanos)的河流入北海，而我们的琥珀据说就是从那里来的，我也丝毫不知道是否有生产我们所用的锡的锡岛(*Cassiterides*)。埃利达诺斯这个名字本身就表示它不是一个外国名字，而是某一位诗人所创造的希腊名字；尽管我很勤奋，我仍未能遇到一位见过欧洲的那面有海的人，并从他那里获得知识。我们所知道的，只是我们的锡和琥珀是从极其遥远的地方运来的。[61]

他最古怪和最糟糕的错误是关于多瑙河(Danube)和尼罗河总的流向。由于多瑙河从西向东穿越欧洲，他认为，上尼罗河的流向也是如此，此外，他还把尼罗河与尼日尔河(the Niger)混淆了。如果我们记得，这种混淆一直以各种形式延续到18世纪末，我们就更会觉得他的这种混淆是可以原谅的。[62] 它们在这里所呈现出的地图的价值和知识积累的价值是最明显的。现在，任何一个孩子看着一幅准确而简单的非洲地图都可以了解到那些大河如尼罗河、尼日尔河以及刚果河的流向——从它们的源头一直到大海，而且马上可以意识到它们之间的相互关系。这对他来说既不费力也不模糊。[63]

---

[61] 希罗多德：《历史》，第3卷，第115节。对埃利达诺斯河和锡岛的确认是古代地理学的模糊性的很好例证。埃利达诺斯河已被用来指波河(Po)、罗讷河(Rhône)和莱因河(Rhine)；锡岛(*Cassiterides insulae*)则被用来指锡利群岛(Scilly Islands)、康沃尔岛(Cornwall)以及远离布列塔尼或西班牙海岸的岛屿。

[62] 对有关非洲的大河如尼罗河、尼日尔河、塞内加尔河甚至刚果河(Congo)的观点的概述，请参见《科学史导论》，第3卷，第1158页—第1160页，以及文献目录。

[63] 现代人有另一种优势，即可以乘坐一架飞机沿着一条河比如尼罗河的流向飞行，从其发源地飞到它的尽头，并且马上可以看到真相。

波斯帝国分为20个辖地或省。希罗多德详细描述了从萨迪斯到苏萨的波斯皇家大道。[64] 这条路的总长为450帕拉桑(parasang),或13,500斯达地*(1帕拉桑=30斯达地),或90日行程(150斯达地=1日行程)。[65] 路上有一些驿站。从以弗所到萨迪斯为540斯达地。因此,从"希腊海"到首都的距离为14,040斯达地或93日行程。希罗多德的描述包含着各种不同的错误,尽管如此,一条皇家大道的存在和大道被一些驿站分为不同的路段,暗示着已经有了某种有组织的邮政业;的确,如果没有这些仅限于公务之用并且把"侦察与情报工作"结合在一起的服务设施,如此庞大的一个帝国的政府是不可能运转的。相对于本应做的描述而言,希罗多德对这条路的描述太冗长、太迂回了,其部分原因是由于它连着一些更古老的路(赫梯人的路)。[66]

希罗多德对这个帝国最遥远的辖地印度的记述,其资料来源是间接的;他的记述几乎没有越过印度河,而且是非常
312 不完整的;尽管如此,它仍然是希腊文献中最早的相关记述,而且是非常令人感兴趣的。[67] 也许,最令人感兴趣的地方

---

〔64〕希罗多德:《历史》,第5卷,第52节—第53节。

* 斯达地(*stadia*)为古希腊和罗马长度单位,约合607英尺,相当于185.01米。——译者

〔65〕希罗多德说150斯达地等于1日行程(《历史》第5卷,第53节),在不同时代和不同地区斯达地的长度也有所不同。如果我们假设每英里等于7.5和10斯达地,那么,每日行程150斯达地分别等于每日行程为20和15英里。关于斯达地的长度,请参见奥布里·迪勒(Aubrey Diller):《古代对地球测量的结果》("The Ancient Measurements of the Earth"),载于《伊希斯》*40*,6-10(1949)。

〔66〕H. F. 托泽在《古代地理学史》中(第14章,第90页—第91页)讨论了这条路。关于古代和东方的邮政服务,请参见《科学史导论》,第3卷,第1786页。

〔67〕希罗多德:《历史》,第3卷,第95节、第98节和第100节;第4卷,第44节。

是他第一次提到棉花：[68]他说，在印度"还有一种长在野生的树上的毛，这种毛比羊身上的毛还要美丽，质量还要好。印度人穿的衣服便是从这种树上得来的"。"（薛西斯军队中的）印度人穿着木棉制的衣服"。

不过，希罗多德最值得赞扬之处在于他对不同民族的人以及他们的生活方式和风俗习惯的描述。他也许不是史学之父，但他肯定是民族学之父。[69]他的描述的主要价值在于民族学方面，因为考虑到他的信息的来源（直接观察和口头传说），相对于记录古代事件或复杂的地理学关系（比如河流和山川的总体位置）等领域而言，在民族学领域中错误的几率要小。当他谈论蛮族人时，他观察到他们的典型食物、他们的婚姻以及其他性风俗[70]、他们住所的特性、他们的语言以及宗教。希罗多德关于民族学描述的最好例子，是对那些居住在黑海以北的西徐亚人的描述；这一描述非常详细，而且就像塔西陀（活动时期在1世纪下半叶）在5个半世纪以后为我们所做的描述对于德国史那样，希罗多德的描述对俄国史来说是最基本的文献。希罗多德从对这个国家和气候的一般性考察入手；随后，他为我们讲述他们的诸神，

---

〔68〕希罗多德：《历史》，第3卷，第106节；第7卷，第65节。

〔69〕按照伊希迪克（Isidic）的用法，我更喜欢用"民族学"这个词来表示对人类生活方式和风俗习惯的研究，而把"人类学"这个词作为体质人类学（physical anthropology）保留下来，即用它来指对人类的解剖学方面和基因方面的差异的研究。

〔70〕如抢婚或买婚、群婚、初夜权（*droit du seigneur*）、族外婚、一妻多夫、寺娼制、婚前不贞，等等。

给出他们在西徐亚语中的名字(我们从其他方面难以获知这些)[71],描述宗教仪式和祭祀活动、军队的用途、占卜方法、行医人的生活方式、对犯罪者的惩戒和殡葬方法,等等。希罗多德的描述已得到民族学家和考古学家的核实,而且每一点都得到证明。他对西徐亚国王葬礼的记述以及有关他们的丧葬事宜的记述,已经被现在对这些墓穴的发掘所证实。西徐亚人像其他民族使用亚麻那样常常使用大麻,他们把大麻的种子扔在炽热的石头上,他们喜欢令人兴奋的蒸汽浴。[72] 这是第一次提到这样一种植物[印度大麻(*Cannabis sativa*, *indica*)],它被诸多(尤其是近东和中东的)国家的许多人从远古一直到现在如此广泛地使用甚至滥用。在研究人类对陶醉的欲望时,大麻的历史是需要花费最多篇幅的部分之一。

我们简略地考虑几个其他的例子。瑞士人费迪南德·凯勒(Ferdinand Keller)于1854年创立了史前考古学的一个新的分支——对湖上住宅(lake dwellings)的研究[即湖上考古学(lacustrine archaeology)]。[73] 而希罗多德那时就描述了马其顿的普拉西亚德湖(Lake Prasiad)的湖上住宅以及湖上居民的生活方式和习俗;与他同时代的人、科斯岛的希波克拉底则写了一份关于(黑海东端的)科尔基斯湖的湖上居

[71] 西徐亚语大概是伊朗语的一种,属于它的西北分支。参见A.梅耶(A. Meillet)和马塞尔·科昂(Marcel Cohen):《世界的语言》(*Les langues du monde*, Paris, 1924),第36页、第42页、第176页和第285页[《伊希斯》*10*, 298(1928)]。

[72] 希罗多德:《历史》,第4卷,第74节、第75节。大麻在墨西哥语中为*marijuana*,这种植物在当今我们的国家中正在引起许多麻烦。

[73] 费迪南德·凯勒(1800年—1881年)出生在苏黎世(Zurich);参见《伊希斯》*26*, 308-311(1934),附有一幅肖像;最古老的湖上住宅属于石器时代,但在史前时期甚至有史时代,湖上住宅仍在继续使用。

民的简短记录。[74]

希罗多德提到利比亚的俾格米人。[75] 这并不新鲜，但希罗多德的记述比以前的记述更为完整和令人信服。俾格米族人（矮小黑人）的存在已得到现代的探索者[迪谢吕（Du Chaillu）、施魏因富特（Schweinfurth）和斯坦利（Stanley）]的反复证明。[76] 313

他目睹了歃血为盟："这两个民族[吕底亚人（Lydians）和米底人]像希腊人一样地宣誓缔盟，此外，他们在宣誓时，在臂上割伤一块，并相互吸吮对方的血。"[77] 现代的民族学家也常常观察到这种习俗。[78]

他还谈到具有宗教性质的文身："在这个地方的岸上（在尼罗河的卡诺皮克河口附近）有一座敬奉赫拉克勒斯的神庙，这座神庙直至今天依然存在。如果一个奴隶从他的主人那里跑到这个神庙里来避难，在自己的身上打上神圣的印

---

[74] 希罗多德：《历史》，第5卷，第16节；希波克拉底：《论气候水土》（*Airs, Waters, Places*），15。在我对《康拉德·维茨1444年画作中对史前湖边桩屋遗迹的最早描绘》（"The Earliest Representation of the Remains of Prehistoric Pile Dwellings Apropos of Conrad Witz's Painting of 1444"）的注释中，给出了他们二人论述的英文，参见《伊希斯》*26*，449–451（1936），另页纸插图1；《伊希斯》*32*，116（1947–1949）。另可参见，W. R. 哈利迪（W. R. Halliday）：《对湖上村庄的最早描述》（"The First Description of a Lake-Village"），载于《发现》*1*，235–238（1920）[《伊希斯》*4*，127（1921–1922）]；罗伯特·芒罗（Robert Munro）：《宗教和伦理学百科全书》，第7卷（1915），第773页—第784页。

[75] 希罗多德：《历史》，第2卷，第32节。

[76] 保罗·蒙索（Paul Monceaux）：《关于赤道非洲的俾格米人和矮人的传说》（"La légende des pygmées et nains de l'Afrique équatoriale"），载于《史学评论》（*Revue historique*）*47*，1–64（1891）；参见《科学史导论》，第3卷，第1227页、第1860页。

[77] 希罗多德：《历史》，第1卷，第74节。

[78] P. J. 汉密尔顿-格里尔森（P. J. Hamilton-Grierson）：《结拜兄弟》（"Artificial Brotherhood"），见于《宗教和伦理学百科全书》，第2卷（1910），第857页—第871页。

记,以此象征把自己奉献给神,则不管他的主人是谁,再也不能动这个奴隶了。”[79]有人也许会论证说,应该把烙印与文身区别开。

希罗多德描述了埃及人的动物崇拜。[80] 相关的叙述并非神话,它们已经得到考古学证据的证明,并且得到图腾研究的证明,图腾研究是民族学的一个分支,其历史只能上溯到上个世纪的最后 25 年。[81]

没有必要再列举更多的这类观察资料。民族学方面的论述构成希罗多德著作最具创意的部分,这些部分如此有创意,以至于在我们这个时代以前,它们并没有得到适当的评价。上个世纪最优秀的评论家们忽略了它们,因为民族学尚不存在或者尚未得到充分的阐述,无论民族学状况如何,他们都对它不了解。他们是古典学者、考古学家、古代政治和宗教的研究者,当他们偶遇民族学事实时,他们无法认识到它们的价值。现在的民族学家很容易把这些事实按照万物有灵论、禁忌、图腾、湖上住宅等主题加以分类,[82]它们已不再被当作怪异的东西或新的发明了。希罗多德为一门科学

---

[79] 希罗多德:《历史》,第 2 卷,第 113 节。

[80] 同上书,第 2 卷,第 64 节—第 75 节。

[81] 约翰·弗格森·麦克伦南(John Ferguson McLennan,1827 年—1881 年)在《图腾崇拜》(*Totemism*, Edinburgh, 1887)中、詹姆斯·乔治·弗雷泽(James George Frazer,1854 年—1941 年)在《图腾崇拜和族外婚》(*Totemism and Exogamy*, 4 vols.;London,1910)中已经澄清了这个主题。请注意,詹姆斯爵士于 1941 年去世,这离我们多么近。

[82] 有关这些主题的介绍,请参见《宗教和伦理学百科全书》:戈尔贝·达尔维拉(Goblet d' Alviella)关于“万物有灵论”的词条,第 1 卷(1908),第 535 页—第 537 页;R. R. 马雷特关于禁忌的词条,第 12 卷(1922),第 181 页—第 185 页;E. 悉尼·哈特兰(E. Sidney Hartland)关于图腾崇拜的词条,第 12 卷(1922),第 393 页—第 407 页。这些主题在半个世纪以前颇有争议,现在在每一本民族学的教科书中已经变得很平常了。

奠定了基础,但这门科学在他去世以后不久就被忽视了;这
并非由于希腊人对人缺乏兴趣;实际上他们对生活之谜有着
浓厚的兴趣,但由于受到苏格拉底和柏拉图的影响,他们更
关注人的内在本质,更关注人的伦理和政治问题,而忽略了
对人的生活方式和风俗习惯的研究。人是如何生活并解决
他们的日常问题的?他们以什么作为自己的食物?他们制
作和穿什么样的外衣?他们建造什么样的房子?他们有什
么样的性习俗和家族联系?他们为什么会以他们那种方式
行事?他们如何从童年过渡到青春期,从独身过渡到结婚,
从壮年过渡到老年?他们如何对待病人和精神病患者?他 314
们如何处置死者?……希罗多德试图回答这些问题,但他的
后继者中几乎没有人试图回答这些问题。直到18世纪才会
发现一些对"民族学"感兴趣的人,而在上个世纪末、我们这
个世纪初,民族学这门科学基本上还没有建立起来。这位史
学之父叙述的许多似乎与我们的祖父母无关的事实,已经得
到现代民族学家的确证,而且,由于它们是同类事实中最早
的例子,因而具有相当重要的价值。正如我们这个时代一位
最重要的民族学家评价的那样:"Hérodote gagne de jour en
jour"(希罗多德变得日益重要了)。[83] 这位史学之父也常
常被称作"谎言之父",但是许多归咎于他的谎言并非他的
发明,而是我们自己知识的缺陷。随着我们对民族学的无知
的减少,他会变得越来越高大,这两者的变化是成比例的。

---

〔83〕阿诺尔德·范·格内普(Arnold Van Gennep):《宗教、风俗与传说》(*Religions, moeurs et légendes*, Paris, 1909),第2卷,第174页。

八、雅典的修昔底德

我们很少谈到斯巴达,因为不提及斯巴达也有可能写出希腊科学史,而且基本上不会有什么损失。不过,也可以简略地谈一下它,不是为了它本身,而是为了更好地理解它的伟大竞争者和对手——雅典。

拉科尼卡(Laconica)的斯巴达[或称拉克代蒙(Lacedaimon)]是伯罗奔尼撒半岛的主要城市。变成统治阶级的多里安人侵占了它,使当地人变为二等国民,甚至使许多人沦为奴隶。在波斯人入侵时,他们是希腊最强大的民族,但胜利在很大程度上应归功于雅典人的进取心,这有助于加快雅典的发展。在萨拉米斯战役(公元前 480 年)以后相对和平的半个世纪中,雅典帝国发展并且确立了她的道德权威。这对古代斯巴达人来说,变得越来越无法忍受,而且成为伯罗奔尼撒战争(公元前 431 年—前 404 年)的主要原因。

也许有人会说,主要原因是更深层的因素——斯巴达人的性情和理想与雅典人是绝对不相容的。这是爱奥尼亚人与多里安人之间,或者民主制度与寡头政治之间,又或海上强国与陆地强国之间的冲突。这两个竞争对手试图争取他们的邻邦作为联盟来壮大自己的力量,从而,两个联盟体系逐渐覆盖了希腊和爱奥尼亚;这个世界变成两个敌对的群体,他们之间潜在的差异也在稳步增长;所积蓄的敌对的能量很快或者不久必然要释放出来,而释放的方式将是战争。这是一次殊死的战争,结果两败俱伤,而最终,葬送了希腊的独立自主。我们没有用更多的篇幅纳入细节的讨论,但可以在下面概述一下这场战争的历史。

最初,雅典似乎掌握了所有赢牌;她势不可挡的海上力量把她的帝国团结在一起;但一场瘟疫的发生(公元前 430 年—前 429 年)使雅典人口骤减,幸存下来的人士气大挫,最初的优势也随之失去。这场连续战争的最初 10 年(公元前 431 年—前 421 年)以《尼西亚斯和约》(the Peace of Nicias)而告结束。[84] 这场和平本应维持 50 年,但事实证明这只不过是一种令人怀疑的和不稳定的休战。雅典人于公元前 415 年开始西西里远征(134 艘三层桨战船运载着 4000 名 315
重甲步兵),结果以雅典的海军和陆军于公元前 413 年在叙拉古全军覆灭而告终。这场战争的最后 10 年亦即公元前 413 年—前 404 年,导致雅典的投降和蒙耻。

雅典被征服了,而斯巴达大获全胜。但是,从永恒的意义上讲,斯巴达并**没有**赢得胜利,而雅典却是不朽的。斯巴达的胜利(正如我们在以下几章将指出的那样)并没有阻止雅典的思想发展,而雅典依然是希腊乃至欧洲的学校。希腊的辉煌也就是雅典的辉煌,而不是斯巴达的辉煌。

况且,斯巴达人并没有把他们实质的霸权维持很久,因为他们于公元前 371 年在留克特拉(Leuctra)被底比斯人(Thebans)击败,过了一代以后,他们又于公元前 338 年被腓力二世(Philip II)在海罗尼亚打败,而分裂的希腊人不得不臣服于马其顿人(Macedonians)。

我们也许可以说,波斯战争把希腊从愚昧中解放出来,

---

〔84〕 尼西亚斯(Nicias,大约公元前 470 年—前 413 年),雅典贵族、将军,他努力争取和平,最终于公元前 421 年获得了以他的名字命名的和约。他不赞成西西里远征,但最后做出的决定与他的意愿相反,而且他被任命为这次远征的指挥官。公元前 413 年他被叙拉古人(Syracusans)处死。

而伯罗奔尼撒战争却为它的衰落和毁灭铺平了道路。

第一次战争使希罗多德产生灵感;第二次战争则引来另一位伟大的史学家、所有时代最伟大的史学家之一修昔底德。

修昔底德是雅典人,奥洛罗斯(Oloros)之子。我们对他的性格非常了解,但对他的生活环境所知甚少。我们无法确切地说出他的生卒年代。最有可能的是,他出生于大约公元前460年,殁于大约公元前400年(或者,其生卒年代都晚一些。即生于公元前455年,卒于公元前395年)。他遭受了瘟疫的痛苦,但最终痊愈;这说明,他于公元前430年至公元前429年在雅典。我们可以假设他是一个富有的人,因为他拥有色雷斯金矿的开采权,[85]而且他必然享有的自给的经济收入足以维持他的史学写作生活。他必定把部分时间用在政治和军事事务,因为他于公元前424年被任命为*stratēgos*(将军)。他担任这个公职的时间并不长,因为他未能在这一年解救阿姆菲波利斯(Amphipolis),因而被放逐了20年;[86]这使他有闲暇时间从事历史研究;在这20年间,他可能花了一些时间去旅行,以便收集文献资料;有可能,他的绝大部分时间都待在斯卡普特-海勒,他在这里感觉就像在家一样,而且这里远离战争,足以使他能够以某种超然的态

〔85〕 我们无法说明,他是否拥有那里的产权,但其中有些金矿已经租给他。这些矿在斯卡普特-海勒(Scaptē Hylē),位于色雷斯海岸,与它西面一点的萨索斯[即现代的艾斯基-卡瓦拉(Eski Kavala)或古代的卡瓦拉(Cavalla)]相对。我们会回想起,卡瓦拉是圣保罗在欧洲的第一个登陆处,而且于1769年成为高官穆罕默德·阿里(Muhammad ʿAlī pāshā)——现代埃及的缔造者的诞生地;参见《伊希斯》*31*,97(1939-1940)。

〔86〕 修昔底德:《伯罗奔尼撒战争史》,第5卷,26。

度对战争进行思考,并且在和平中从事研究。如果他像我们所认为的那样在那里撰写内战史,那么斯卡普特-海勒就成了一个圣地。不过,我们从他本人的话中可以推断,他是在战争爆发(公元前431年)后不久开始写作的,而且一直从事这项工作直至雅典人彻底失败(公元前404年)以后。因此,即使他在公元前424年至公元前404年(或者其中的大部分时间)待在斯卡普特-海勒,他的史学著作也是在他被放逐以前动笔、在放逐过后完成的。

他的史学著作是这样开始的(参见图68):

> 雅典人修昔底德撰写了伯罗奔尼撒人和雅典人发动的这场彼此攻击的战争的历史。在这次战争刚刚爆发的时候,我就开始写这一历史著作,相信这次战争是一场伟大的战争,比过去曾经发生过的任何战争更有叙述的价值,我的这种信念来源于下列的事实:那时双方都竭尽全力以各种方式备战;同时,我看见希腊世界中其余的国家不是参加了这一 317
> 边,就是参加了那一边;就是那些现在还没有参加战争的国家也正在准备参加。这是希腊历史中最大的一次骚动,同时也影响到一些蛮族人的世界,可以说,甚至影响到几乎整个人类。

作者充分认识到他的工作的重大意义;他可能从一开始就认识到这一点,因为这场战争经过如此长时间的准备。这场战争已经不是一个国家的内战,因为有许多别的国家也卷入战争(斯巴达人最终在波斯的帮助下赢得战争)。在这位哲人看来,每一场战争都是内战,对于伯罗奔尼撒战争来说尤其如此,因为这场战争把人类分裂了。公元前404年以后,修昔底德修订了他的著作,并且写了一个新的前言:

316

ΘΟΥΚΥΔΙΔΟΥ ΞΥΓΓΡΑΦΗΣ ΠΡΩΤΗΣ.

Ουκυδίδης ἀθηναῖος ξυνέγραψε τὸν πόλεμον τῶν πελοποννησίων καὶ ἀθηναίων, ὡς ἐπολέμησαν πρὸς ἀλλήλους, ἀρξάμενος εὐθὺς καθισταμένου, καὶ ἐλπίσας μέγαν τε ἔσεσθαι, καὶ ἀξιολογώτατον τῶν προγεγενημένων, τεκμαιρόμενος ὅτι ἀκμάζοντές τε ἦσαν ἐς αὐτὸν ἀμφότεροι παρασκευῇ τῇ πάσῃ, καὶ τὸ ἄλλο ἑλληνικὸν ὁρῶν ξυνιστάμενον πρὸς ἑκατέρους, τὸ μὲν εὐθύς. τὸ δὲ, καὶ διανοούμενον. κίνησις γὰρ αὕτη μεγίστη δὴ τοῖς ἕλλησιν ἐγένετο, καὶ μέρει τινὶ τῶν βαρβάρων. ὡς δὲ εἰπεῖν, καὶ ἐπὶ πλεῖστον ἀνθρώπων. τὰ γὰρ πρὸ αὐτῶν, καὶ τὰ ἔτι παλαιότερα, σαφῶς μὲν εὑρεῖν διὰ χρόνου πλῆθος, ἀδύνατον ἦν. ἐκ δὲ τεκμηρίων, ὧν ἐπὶ μακρότατον σκοποῦντί μοι πιστεῦσαι ξυμβαίνει, οὐ μεγάλα νομίζω γενέσθαι, οὔτε κατὰ τοὺς πολέμους, οὔτε ἐς τὰ ἄλλα. φαίνεται γὰρ ἡ νῦν ἑλλὰς καλουμένη, οὐ πάλαι βεβαίως οἰκουμένη, ἀλλὰ μεταναστάσεις τε οὖσαι τὰ πρότερα, καὶ ῥαδίως ἕκαστοι τὴν ἑαυτῶν ἀπολείποντες, βιαζόμενοι ὑπό τινων ἀεὶ πλειόνων. τῆς γὰρ ἐμπορίας οὐκ οὔσης, οὐδ' ἐπιμιγνύντες ἀδεῶς ἀλλήλοις, οὔτε κατὰ γῆν, οὔτε διὰ θαλάσσης, νεμόμενοί τε τὰ αὐτῶν ἕκαστοι ὅσον ἀποζῆν, καὶ περιουσίαν χρημάτων οὐκ ἔχοντες, οὐδὲ γῆν φυτεύοντες, ἄδηλον ὂν ὁπότε τις ἐπελθὼν, καὶ ἀτειχίστων ἅμα ὄντων, ἄλλος ἀφαιρήσεται, τῆς τε καθ' ἡμέραν ἀναγκαίου τροφῆς πανταχοῦ ἂν ἡγούμενοι ἐπικρατεῖν, οὐ χαλεπῶς ἀπανίσταντο. καὶ δι' αὐτὸ, οὔτε μεγέθει πόλεων ἴσχυον, οὔτε τῇ ἄλλῃ παρασκευῇ. μάλιστα δὲ τῆς γῆς ἡ ἀρίστη ἀεὶ τὰς μεταβολὰς τῶν οἰκητόρων εἶχεν. ἥ τε νῦν θεσσαλία καλουμένη, καὶ βοιωτία, πελοποννήσου τε τὰ πολλὰ, πλὴν ἀρκαδίας. τῆς τε ἄλλης, ὅσα ἦν κράτιστα. διὰ γὰρ ἀρετὴν γῆς, αἵ τε δυνάμεις τισὶ μείζους ἐγγιγνόμεναι, στάσεις ἐνεποίουν, ἐξ ὧν ἐφθείροντο, καὶ ἅμα ὑπὸ ἀλλοφύλων μᾶλλον ἐπεβουλεύοντο. τὴν γοῦν ἀττικὴν ἐκ τοῦ ἐπὶ πλεῖστον διὰ τὸ λεπτόγεων ἀστασίαστον οὖσαν, ἄνθρωποι ᾤκουν οἱ αὐτοὶ ἀεὶ. καὶ παράδειγμα τόδε τοῦ λόγου οὐκ ἐλάχιστόν ἐστι, διὰ τὰς μετοικίας ἐς τὰ ἄλλα μὴ ὁμοίως αὐξηθῆναι. ἐκ γὰρ τῆς ἄλλης ἑλλάδος οἱ πολέμῳ ἢ στάσει ἐκπίπτοντες, παρ' ἀθηναίους οἱ δυνατώτατοι, ὡς βέβαιον ὂν, ἀνεχώρουν. καὶ πολῖται γιγνόμενοι εὐθὺς ἀπὸ παλαιοῦ, μείζω ἔτι ἐποίησαν πλήθει ἀνθρώπων τὴν πόλιν. ὥστε καὶ ἐς ἰωνίαν ὕστερον, ὡς οὐχ ἱκανῆς οὔσης τῆς ἀττικῆς, ἀποικίας ἐξέπεμψαν. δηλοῖ δέ μοι καὶ τόδε τῶν παλαιῶν ἀσθένειαν οὐχ ἥκιστα. πρὸ γὰρ τῶν τρωϊκῶν, οὐδὲν φαίνεται πρότερον κοινῇ ἐργασαμένη ἡ ἑλλάς. δοκεῖ δέ μοι οὐδὲ τοὔνομα τοῦτο ξύμπασά πω ἔχειν, ἀλλὰ τὰ μὲν πρὸ ἕλληνος τοῦ δευκαλίωνος, καὶ πάνυ οὐδὲ εἶναι ἡ ἐπίκλησις αὕτη. κατὰ ἔθνη δὲ ἄλλα τε, καὶ τὸ πελασγικὸν ἐπὶ πλεῖστον, ἀφ' ἑαυτῶν τὴν ἐπωνυμίαν παρέχεσθαι. ἕλληνος δὲ καὶ τῶν παίδων αὐτοῦ ἐν τῇ φθιώτιδι ἰσχυσάντων, καὶ ἐπαγομένων αὐτοὺς ἐπ' ὠφελείᾳ ἐς τὰς ἄλλας πόλεις, καθ' ἑκάστους μὲν ἤδη τῇ ὁμιλίᾳ μᾶλλον καλεῖσθαι ἕλληνας. οὐ μέντοι πολλοῦ γε χρόνου ἠδύνατο καὶ ἅπασιν ἐκνικῆσαι. τεκμηριοῖ δὲ μάλιστα ὅμηρος. πολλῷ γὰρ ὕστερον ἔτι καὶ τῶν τρωϊκῶν γενόμενος, οὐδαμοῦ τοὺς ξύμπαντας ὠνόμασεν, οὐδ' ἄλλους, ἢ τοὺς μετ' ἀχιλλέως ἐκ τῆς φθιώτιδος, οἵπερ καὶ πρῶτοι ἕλληνες ἦσαν. δαναοὺς δὲ ἐν τοῖς ἔπεσι, καὶ ἀργείους, καὶ ἀχαιοὺς ἀνακαλεῖ. οὐ μὴν οὐδὲ βαρβάρους εἴρηκε, διὰ τὸ μηδὲ ἕλληνάς πω, ὡς ἐμοὶ δοκεῖ, ἀντίπαλον, εἰς ἓν ὄνομα ἀποκεκρίσθαι. οἱ δ' οὖν ὡς ἕκαστοι ἕλληνες κατὰ πόλεις τε ὅσοι ἀλλήλων ξυνίεσαν, καὶ ξύμπαντες ὕστερον κληθέντες, οὐδὲν πρὸ τῶν τρωϊκῶν δι' ἀσθένειαν καὶ ἀμιξίαν ἀλλήλων ἀθρόοι ἔπραξαν. ἀλλὰ καὶ ταύτην τὴν στρατείαν, θαλάσσῃ ἤδη πλείω χρώμενοι, ξυνῆλθον. μίνως γὰρ παλαίτατος ὧν ἀκοῇ ἴσμεν, ναυτικὸν ἐκτήσατο, καὶ τῆς νῦν ἑλληνικῆς θαλάσσης ἐπὶ πλεῖστον ἐκράτησε, καὶ τῶν κυκλάδων νήσων ἦρξέ τε, καὶ οἰκιστὴς πρῶτος τῶν πλείστων ἐγένετο, κᾶρας ἐξελάσας, καὶ τοὺς ἑαυτοῦ παῖδας ἡγεμόνας ἐγκαταστήσας, τό, τε λῃστικὸν ὡς εἰκὸς καθῄρει ἐκ τῆς θαλάσσης ἐφ' ὅσον ἠδύνατο, τοῦ τὰς προσόδους μᾶλλον ἰέναι αὐτῷ. οἱ γὰρ ἕλληνες τὸ πάλαι, καὶ τῶν βαρβάρων, οἵ τε ἐν τῇ ἠπείρῳ παραθαλάσσιοι, καὶ ὅσοι νήσους εἶχον, ἐπειδὴ ἤρξαντο μᾶλλον περαιοῦ

A A

图 68　修昔底德著作的第 1 版(folio;Venice:Aldo Manuzio,May,1502)。请注意希罗多德和修昔底德著作的希腊文版都是同一年即 1502 年的“精装”本。我们复制了原文的第 1 页,它从一些著名的词句开始,翻译过来就是:“雅典人修昔底德撰写了……战争的历史……”左上方的空白之处是留给画匠增加一个大的装饰性的词首大写字母,从小写的 θ 开始印他的导言[复制于哈佛学院图书馆馆藏本]

这些事件的历史也是原来写历史的那个雅典人修昔底德所著的，他是按事件发生的顺序，以夏冬相递嬗的编年体撰写，将这段历史一直写到斯巴达人和他们的同盟者把雅典帝国毁灭、把“长城”和比雷埃夫斯占领时为止。那时战事已经延续了 27 年；如果有人不能适当地把休战的那一段时间包括在战争时期之内，那他一定不能做出正确的判断。只要根据已提出的事实来考虑这个问题，他就会发现，那个时期双方都没有履行他们的诺言，交还或收回任何土地……在这样的局势之下，断定一个国家有“和平”不可能是恰当的……如果有人将最初 10 年的战争、随着战争而来的值得怀疑的休战以及随后又发生的战事连贯起来，按照自然季节推算一下，那么他就会知道，我所计算的年数和实际情况只有几天的出入。他还会发现，对那些做出任何判断都要以神谶为依据的人来说，只有这一事实被证实了。我记得，从战争开始到战争结束，许多人都说战争注定将延续 3 个 9 年。我一直在战争中生活着，早已到了可以做出判断的年龄，我密切关注事态的发展，专心研究事情的真相。[87]

这部历史著作仍然是不完整的，因为尽管修昔底德有上述陈述，但他的记述并没有超过公元前 411 年。大概是亚历山大的学者把这部著作划分为 8 卷。第 8 卷的真实性受到质疑；我们所看到的这卷的原文被归于修昔底德的女儿以及色诺芬和希俄斯的泰奥彭波斯的名下。有一点是肯定的，即后两位都写了《希腊史》（*Hellenica*），它们成为修昔底德著作的续篇；泰奥彭波斯业已失传的著作讲述了从公元前 411 年

〔87〕 修昔底德：《伯罗奔尼撒战争史》，第 5 卷，26。

至公元前394年的历史；色诺芬的著作保留下来，它涉及更长的历史时期，从公元前411年至公元前362年第二次曼提尼亚(Mantinea)战役。第8卷除了没有演说外，包含了修昔底德作者身份的所有其他特征。

第1卷的最初23篇是一个涉及考古的绪论，把从公元前479年至公元前440年期间发生的事件快速地概述了一下，以便把他的历史叙述与希罗多德的叙述联系起来，并解释了新战争的起源。该书的其余部分叙述了战争本身，他严格按照年代学顺序适度和客观地讲述战事的变化。列出雅典和斯巴达的名年执政官[*]，就可以确定战争的第一年(公元前431年)，但这样一来，年代只能说成是战争的第一年、第二年等等，除此之外，无法再认定年代，雅典的月份也不能再提。修昔底德时代使用了不同的历书，这是一个混乱的根源，而他对此并没有注意。对于每一年，他分为有利的季节(*theros*)和不利的季节(*cheimōn*)，当需要更进一步的精确性时，他就提及农业方面的事物诸如春回大地、收割小麦、小麦长出耳穗、葡萄收获期以及最后的美丽时光，等等。他的记
318 述完全按照这种严格的年代学框架进行。他常常不得不从希腊的一个部分跳跃到另一个部分，这会妨碍读者的阅读，但我们承认他是对的；他使地志学方面的统一性服从于年代学，这对科学的史学家来说是最好的指导和保护。我有意使用了“科学的”这个词，因为从这个词的完整意义上讲，修昔底德是一位科学的史学家，而且是世界历史上第一位这样的

---

* 名年执政官即其名字被用来称呼其执政年代的执政官。在古代雅典，人们说××年时，就说××执政年。名年执政官位列雅典九大执政官之首，所以又称首席执政官。最初，执政官是终生制，后来改为一年一任。——译者

史学家。他的著作是第一部古雅典语的散文杰作(希罗多德的著作是用一种爱奥尼亚方言写作的),不仅如此,它还是第一次对战争、它的原因和变迁的描述尝试,就像一个训练有素的科学工作者所做的那样,或者说,就像一个医生描述疾病的交替变化那样。正如他自豪地指出的那样,他避免了虚构的故事和不明确的传闻:

> 我的叙述很可能读起来不引人入胜,因为叙述中缺少虚构的故事;但对那些想要清楚地了解过去所发生的事件和将来很有可能也会以相同或类似的方式发生的事件的人来说,如果他们认为我的历史著作还有一点益处的话,那么,我就心满意足了。我写这部著作不是只想迎合群众一时的嗜好,而是想垂诸永远的。[88]

最后几个词的英译与希腊文的 *ctēma es aiei* 相对应,它们常常被引用,或者更确切地说,它们常常被错误地引用,仿佛所用的词就是指 *mnēma*(纪念物),而且,仿佛修昔底德会像贺拉斯那样大叫:"Exegi monumentum aere perennius"(我已经建立了一座比青铜更持久的纪念碑)。情况根本不是这样。修昔底德并没有考虑他个人的荣誉,而是像一位高尚的科学家那样,考虑的是他的著作的价值;他花费了巨大的努力去获取那些具有永恒价值的结果。

他的资料来源就是他自己的体验和从其他见证者那里获得的知识;在有些情况下,他会利用一些可靠的文献,他把这些文献穿插在他的叙述之中;例如,他 *in extenso*(全文)引

---

〔88〕 修昔底德:《伯罗奔尼撒战争史》,第1卷,22。

用了《尼西亚斯和约》,〔89〕还引用了雅典人、阿尔戈斯人(Argives)、曼提尼亚人(Mantineans)和埃利亚人(Eleans)签订的联盟条约。〔90〕 这个条约的一部分被雅典考古学会(the Archaeological Society of Athens)于1877年在卫城附近的一块大理石板上发现;所刻的文本本身与修昔底德所给出的文本相符,而且是对他的一个极好的证明。虽然他忠实于伯里克利,但他不是一个受党派左右的人;或者,我们换一种说法:他的党派性是有节制的,他总能够听取并且理解其他一方的各种观点,而且能对它们做出公正的甚至是富有同情心的说明。智者派所进行的自由主义教育,把雅典人培养得能够考虑一个问题的两个不同方面以及每一个人的多重方面。当然,并非每一个雅典人都能从这种教育中获益,但是修昔底德的心灵完全适合这种教育。

他的根本目的就是无论如何要尽可能做到实事求是。他懂得一个必须描述不幸尝试的科学家的感受;失败是令人痛苦的,但如实地说明它是一种享受。他为那些领导者们绘出了精彩的画像;他对伯里克利的生动描写,是我们对后者主要在最后的年代(公元前433年—前429年)的性格和政策之研究最好的原始资料;它向我们展示了一个似乎能做成不可能的事的人,因为他能对人们进行重新教育而又不限制他们的自由;〔91〕也就是说,如果他们自己选择了教育的话,他能够促使他们接受必要的教育。对修昔底德来说,描述伯里克利的政治天才是一种乐趣,他非常敬佩伯里克利,但他

〔89〕 修昔底德:《伯罗奔尼撒战争史》,第5卷,23。

〔90〕 同上书,第5卷,47。

〔91〕 同上书,第2卷,65。

也能公平地对待他非常不喜欢的人，他描述了克里昂（Cleon）的暴虐，描述了尼西亚斯的懦弱并且掺杂着迷信的正直，描述了阿尔基比亚德出了名的鲁莽。他对人的看法基本上与他们的成功与否无关；一个好人也许运气不佳，但他的品格将会为他作证。 319

修昔底德的无党派偏见、客观和诚实，似乎在讨论雅典的民主相对于古代斯巴达的集权主义的价值这个基本问题时达到顶峰。伯里克利在葬礼上的演说中为民主进行了令人感动的辩护，[92]这一演说是有史以来最著名的政治演讲之一。不仅对纪念发表这一演说的伯里克利和聆听他的演说的雅典人来说，而且对他们的母亲雅典城来说，它都具有永久的荣誉。如果人们能够听到并接受如此丰富的演说词，他们会多么愉快！如果引用演说全文，那会占用很多篇幅，我只能提供一些例子：

> 我们热爱美好的东西，但是没有因此而变得奢侈；我们热爱智慧，但是没有因此而变得柔弱。我们把财富当作采取行动的机会，而没有把它当作可以自己夸耀的东西。对我们来说，一个人承认自己贫穷并不是什么耻辱，而不竭尽全力消除贫穷才是更大的耻辱。你们会发现，在我们这里，每一个人所关心的不仅是他自己的事务，而且也关心国家的事务，你们还会发现，就是那些最忙于他们自己的事务的人，对于一般政治也是很熟悉的。因为我们认为，一个不关心政治的人不是一个关心自己事务的人，而是什么也做不好

〔92〕修昔底德：《伯罗奔尼撒战争史》，第2卷，35-46。

的人。[93]

他最后说：

现在依照法律上的要求，我已经说了我所应当说的话，我们对死者已经做了一定的祭献；国家将用公费维持他们的儿女们的生活，直到他们达到成年时为止。这是国家给予死者和他们的遗属们的花冠和奖品，作为他们经得住考验的酬谢。哪里对美德的奖赏最大，你们就可以在哪里找到最优秀的公民。现在你们对阵亡的亲属已致哀吊，你们可以散开了。[94]

如果不想想林肯（Lincoln）的葛底斯堡演说（Gettysburg address），美国人就不能读懂这些庄严的词语；这两位政治家在时间和空间上相距遥远，而他们两人的葬礼演说在庄严和镇定方面非常相近，这是他们永恒的荣誉。

修昔底德也展示了另一方的论点：

克里尼托斯（Cleainetos）的儿子克里昂又发言了，他成功地推动了以前处死米蒂利尼人（Mytileneans）的议案。他不仅是国民中最狂暴的，而且是那时对人的影响最大的人。[95]

克里昂说：

在过去，我在许多其他情况下了解到民主政治不能统治别人。[96]

他进而解释说，民主与帝国是不相容的。因此，公元前 5 世

---

〔93〕修昔底德：《伯罗奔尼撒战争史》，第 2 卷，40。
〔94〕同上书，第 2 卷，46。
〔95〕同上书，第 3 卷，36。
〔96〕同上书，第 3 卷，37。

纪末的雅典人面临着与我们这个时代的英国人、法国人、荷
兰人和美国人同样的两难选择。今天，当民主面临新的比以
前更大的考验时，阅读伯里克利和克里昂的演说是令人伤感 320
的。我们应该思考伯里克利那些不朽的话语，但也要对克里
昂那些保守的警告有所关注。

修昔底德帮助了与他同时代的人而且仍在帮助我们理解人与人之间的根本差异，其中有些差异是先天的，其他差异虽是环境造成的，但也是根深蒂固的。他自己的责任就是把雅典和斯巴达这两个宿敌加以比较。雅典人（例如在葬礼的演说中）被描述为，他们有追求知识的渴望和好奇心，他们豪爽、好客、高雅、有品位、慷慨而且不知疲倦；古代斯巴达人相对贫穷一些，他们热情、以自我为中心、迟钝而沉着，他们保守、谨慎、爱嫉妒、顽强、有耐心；有这样（从他们自己的标准看可能是好人）的人做敌人是很可怕的。这两种类型依然存在，而雅典与斯巴达的战斗也并没有结束，而且也许永远不会结束。与一种试图给人留下深刻印象，但却像一个律师的辩护词那样缺乏客观和公正的描述相比，修昔底德所提供的科学的描述更为生动。而最终，没有什么比真实更令人感动的了。

有人也许会感到遗憾，修昔底德受到他的目的限制，以致他把其余的东西都略去了，他没有对他那个时代的社会做出说明，也没有对希腊艺术家和思想家无与伦比的成就做出说明。这是一个黄金时代，那个时代像修昔底德这样有才智和敏锐的人的描述是多么弥足珍贵！他是一位科学工作者，不过（对此我不得不重复地说一下），他知道科学研究必须有一个不太大的对象而且要有明确的限制。修昔底德没有

为我们描述雅典黄金时代的图景，但他尽其所能为我们准确和真实地描述了雅典与一个不共戴天的宿敌的殊死战斗。这是他的职责，没有任何事物能够把他的注意力从这里移走。

有人认为，修昔底德的方法或者态度在其创作的30年中发生了变化；语言学家们曾试图通过内部分析来证明这一点。如果记住这一点，即修昔底德在不断修订他的著作，而且，其第1卷的部分内容可能在他撰写第7卷的某一部分时刚刚修订过，那么显然，这种分析是不可靠的。我们仍然愿意接受这个普遍的命题。修昔底德显然在开始他的著述之前就已经成熟了，但他的经验在不断增加，《尼西亚斯和约》和西西里远征的失败肯定使他变得清醒了；在那些可怕的事情之前和之后，他不可能完全一样。他必然会像每一个学者一样致力于一个长期的事业：他只能随生活的进程和他研究的进展而改变。

我们必须暂时回到修昔底德最初的篇章，即考古学介绍。他认为有必要写这样的介绍，这种看法是非常重要的。关键在于，修昔底德(像我们将在后面看到的希俄斯的希波克拉底一样)是一个新式的人，他意识到自己的新式作风和全新的观念，就像我们对我们自己的意识那样，他也意识到，漫长的历史逐渐导致了现在的情况。因此，对历史经验的总结是很有必要的，但我们(考虑到他的方法)会惊讶地发现，他的总结在一定程度上就像我们自己可能做的总结。例如，他假设，荷马对特洛伊战争的叙述，无论他怎样凭借诗人的想象添加一些细节，必然还是以现实为基础的。在谈到爱琴海诸岛时他说：

海上抢劫在这些岛屿仍然流行，其居住者既有卡里亚人 321
也有腓尼基人，卡里亚人居住在其中的大部分岛屿上，这一点可以从以下事实推知，在这次战争中，当雅典人在提洛岛上举行祓除祭奠时，以前死在岛上的所有人的坟墓都被迁走，在此过程中发现，从盔甲与他们埋在一起这种风尚来看，死者有一半是卡里亚人，而这类方式仍在卡里亚人中使用。[97]

修昔底德是唯一运用考古证据来说明希腊由来的古代作家。也许可以把他称作考古学之父，甚至可以把他像希罗多德一样称作民族学之父。这一绪论也对他的历史哲学做了某种说明。因为他的记述揭示了一种与赫西俄德所表达的退步思想相对立的进步观念，退步思想直到17世纪都是一种更为流行的观点。不过，上面所引述的他的陈述[98]仍然暗示了人类事物重现的可能性；修昔底德没有详述这种暗示，因此人们也没有权利把它与柏拉图的定期（或周期）性循环和永世轮回的思想相比较。也许，他想说的就是科学家所指的：如果类似的情况出现，我们可以预期会有类似的结果。人类激情是史学家必须考虑的情况之一，而且它们并不会因时间和地点的不同有很大变化。因而，对古代人类的研究可能有助于史学家预见人类冲突的后果，就像对临床报告的研究有助于医生预见疾病的可能演变一样。

修昔底德竭尽全力保持公正和客观：他几乎不谈他被定罪和被放逐的事，没有做过任何辩解。这是表示蔑视吗？抑

---

〔97〕修昔底德：《伯罗奔尼撒战争史》，第1卷，8。

〔98〕同上书，第1卷，22。

或这是一种良知和自豪感的反映？或者，这是一种科学客观态度的表现？在这个事例中，也许是这三种情况表现的混合，但主要是第三种情况的表现。

修昔底德是从哪里获得他的科学态度的？毫无疑问，他自身固有的客观和公正的品质，使这种态度成为可能，不过外部环境会使这些品质增强或减弱。他所受的教育对这些品质是很有益的。他曾师从雷姆诺斯的安提丰以及其他智者。诡辩已经变得令我们非常反感，我们可能很难理解它在公元前 5 世纪的用途。但我们首先必须记住，绝大多数雅典人不可避免地具有一种辩论的真理观。某个公共集会的参与者必须对相关的不同辩论是否正确做出判断。他们会怎么做呢？他们如何在一场政治辩论中从两个演说者所捍卫的相互对立的观点之间做出选择呢？很少有这种情况，即一方是完全对的，而另一方是完全错的。问题并非这么简单。当然，有党派的人可能会盲目地赞成他们自己的党派。而智者，至少那些比较好的智者，那时在教育年轻人时要避免党派偏见和其他先入之见，要鄙视谎言和迷信。这就为理性的和科学的思维做了很好的准备。受过这种教育因而懂得真理具有相对性的人，不一定就会成为犬儒学派或怀疑论的信徒；由于他们的政治经验，他们对因偏见和缺乏开放的头脑而导致的特别争执有敏锐的意识。在纯科学争论中，沿着正确的道路而行相对容易一些，但是在政治事务中，发现真理的首要条件就是必须对对手有足够的客观、宽容和同情。修
322 昔底德有理解这种教育的天才，凭借这种天才，他在这方面获得了完备的素养，并且变成了一个尽可能思想开放和客观的人。

他对真理的热爱使他能够看清事实、真实地记录它们并且把它们分类(就像科学家把其观察结果加以分类以使之变得井然有序那样);他能够实事求是地而且 *sub specie aeternitatis*(从永恒的观点)看待各种事物。一般来说,他并不会考虑事件的道德方面,对他来说,描述它们就足够了。不过,他也报道了随着瘟疫而生的衰落,以及由其他一系列无休止的冲突的变动导致的衰退——这是研究任何战争的学者都很熟悉的一个论题。

他的文笔像他的头脑一样诚实而严谨;他的写作既热情、简洁、准确、清晰又充满活力。他使细节尽可能地准确,并用非常平和的语气进行一般叙述。麦考利(T. B. Macaulay)本人是英国最伟大的历史学家之一,他毫不犹豫地断言:"我对任何一部散文作品,甚至对《论皇冠》(*De corona*)[99]都没有像对修昔底德著作的第7卷那样给予如此高的评价。它是人类艺术的 *ne plus ultra*(最高峰)。"(第7卷论述了时运不佳的西西里远征,这是雅典最终被打败的主要原因)人们还能说什么呢?谁还能有更大的权威来评价它呢?

每一个评论家都令人厌烦地重复和啰嗦地讨论了修昔底德创作方法的一个方面,即他(与古代其他史学家共有的)把现场的演说加入叙述中的习惯。我们来听听他是怎么说的:

---

〔99〕《论皇冠》(*Peri stephánu*)是雅典最伟大的演说家狄摩西尼(公元前385年—前322年)最著名的演说。他于公元前330年发表这一演说,以证明他长达14年的反对马其顿王国腓力二世的斗争是合理的。腓力二世赢得了海罗尼亚战役(公元前338年)的胜利,这标志着希腊独立的终结;腓力二世于公元前336年去世。狄摩西尼继续进行反对亚历山大的斗争,但是失败了。

> 在这部历史著作中,我利用了不同人的一些现成的演说词,有些是在战争开始之前发表的,有些是在战争时期发表的,我亲自听到的现场演说中的准确词句,我很难记得了,从各种来源告诉我的人也觉得有同样的困难。因此,对于书中给出的就某些话题发表的演说,当我觉得是几个不同的演说者讲过的时,我就把它们归于最适合那个场合的政治家,同时尽量保持实际上所用词句的一般意义。[100]

还不够清楚吗?一旦明白了不应逐字地接受这些演说,那么,以直接或间接的方式来写这些演说、加引号或不加引号,就没有什么太大的区别了。这样写这些演说是一种惯例,而不是为了欺骗任何人。这是一种必要的惯例,或者至少,是一种可证明为合理的惯例,因为古人并不知道演说者的 *ipsissima verba*(原话),除非他们在场并且有很强的记忆力;在今天,这种惯例不会再被证明是合理的,因为演说的文字稿很容易获得。[101]

细心的读者可能会提出的最后一个问题是:对于那些导致他的国家不幸失败的悲剧性事件,一个爱国的雅典人怎么可能如此平静地描述它们呢?答案已经给出了,或者至少给出了部分答案。首先,修昔底德固然是一个爱国者、一个非常热爱雅典民主政治的人,但他也是一个科学工作者;他对真理的忠诚超过了对任何其他人或事物的忠诚。其次,他对
323 民主有着如此深的信念,以至于他不能把雅典的失败作为终结来看待。在那场失败之后,雅典依然存在或者依然能够存

[100] 修昔底德:《伯罗奔尼撒战争史》,第1卷,22。

[101] 现在甚至有可能在演说发表时把它记录下来并且为后代保留下来,使它仿佛像有生命一样。

在——她迄今为止一直是：希腊的学校（*tēs Hellados paideusis*[102]）。正如伯里克利在葬礼上的演说中所解释的那样，民主的主要成果不是效率而是教育。尽管有可怕的兴衰变迁，雅典仍在培育着希腊乃至整个西方世界；伯里克利和修昔底德的信念得到了广泛的证明。

雅典的瘟疫（公元前430年—前429年）　在这场战争开始一年以后，由于斯巴达人对阿提卡的入侵，使得它的居民被迫逃离家园而拥入雅典。这座城市人满为患，卫生设施贫乏，而且其环境很容易使某种流行病蔓延。流行病爆发了，而且非常可怕。我们来引述一段修昔底德的记述，这是世界文献中第一次对一场瘟疫的详细描述：

在（公元前430年）夏季之初，伯罗奔尼撒人和他们的同盟者像从前一样，用他们全部军队的三分之二，在祖西达莫斯（Zeuxidamos）的儿子斯巴达国王阿基达莫斯（Archidamos）的指挥下侵入阿提卡，他们建立营地后，马上就开始破坏那个地区。他们到达阿提卡之后不久，瘟疫就第一次在雅典人中发生了。据说，这种瘟疫过去曾在利姆诺斯以及其他许多地区流行过，然而在记载上，从来没有哪个地方的瘟疫像雅典的瘟疫一样有如此大的规模，或者对人的生命造成如此严重的伤害。起初，医生们完全不能医治这种病症，因为他们不知道这种病的性质，事实上，医生们的死亡率最高，因为他们经常与这种病接触，任何人类技术都无能为力。在圣所中祈祷、询问神谶等办法，也都毫无用处；最后，

[102] 修昔底德：《伯罗奔尼撒战争史》，第2卷，41。

人们完全被这一灾难压倒了,所以他们也不再求神问卜了。

据说,这种疾病起源于埃及以外的埃塞俄比亚,由那里传播到埃及和利比亚以及波斯国王统治的大部分领土内。随后,它在雅典城突然出现,首先患这种病的是比雷埃夫斯的居民,因此那里的人们甚至说,伯罗奔尼撒人在蓄水池中放了毒药;因为那里还没有公用喷泉。但是后来这种病在上城也出现了,从这时起,死亡的人数大大增加。现在,任何人,无论是医生还是外行人,都可以根据自己的个人观点谈论这种病症可能的起源,并按照自己的看法去说明与正常情况有如此之大的偏离的原因;我自己只描述这种病症的实际原因,说明它的征候。通过这样的研究,任何人,由于事先有了关于这种疾病的这些知识,如果它再发生就能够准确地认识它。我自己患过这种病,也看见别人患过这种病。

所有人都承认,那年很特别,没有爆发引起混乱的其他病症;纵或有一些以前患别的疾病的人,最终都得了这种瘟疫。但是另外有一些人,似乎没有受这种病症侵袭的明显理由,虽然他们身体完全健康却突然染病,起初头部变得非常热,眼睛变红、发炎;在有些人的口中,喉咙和舌头立即变得血红,呼吸不自然、不舒服。随后的阶段是打喷嚏、嗓子变哑,不久之后,胸部出现不适,接着就是剧烈的咳嗽。当病症侵入胃中时,患者就会出现肚子痛,呕吐出医生业已相继定名的各种胆汁,这一切都是很痛苦的;在大部分病例中,患者是干呕,产生强烈的抽筋,抽筋有时会立即停止,有时还要持续很久。从外表上看,抚摸时,身体热度不高;身体也没有变得苍白,而是红色和青紫色,显现出小脓包和烂疮。但在身体内部,由于高烧的摧残,就是盖着最薄的被子或亚麻被单的患者也不能忍耐，他们什么也不愿盖，大部分人最喜欢跳进冷水中——的确，许多没人照顾的病人实际上也这样做 324 了，他们跳进蓄水池中，以消除不可抑制的干渴使他们受到的折磨；因为他们无论喝多少水总是一样的。他们还受到无法休息和失眠的困扰，而且这些症状总也得不到缓解。当这种疾病达到顶点的时候，病人的身体并没有衰弱，相反，却能令人惊讶地抵抗疾病的各种蹂躏，所以在开始发烧以后的第七天或第八天的时候，他们还留有一定的体力；也正是在这个时候，他们多半会死亡，倘若患者度过这个危险期，疾病便会侵入患者的肠内，导致严重的溃烂和急性腹泻；在这后一阶段，大多数患者都会身体衰弱，并因此而死亡。因为这种疾病首先从头部开始，进而向下在整个身体内传播，纵使患者逃出危险的时期，它至少也侵袭了他们的四肢，并在那里留下它的痕迹：它影响生殖器、手指和脚趾，许多幸免于难的患者丧失了这些器官的功能；也有一些人的眼睛变瞎了。在有些病例中，当患者开始好转时马上又遭到了丧失记忆的打击，他们完全丧失了记忆力，他们既不记得自己姓甚名谁，也不认识他们的朋友。

的确，这种疾病的一般情景是难以用语言文字描绘的，至于每个病例中的巨大痛苦，似乎不是人所能忍受的，尤其有一点明显表现出这种瘟疫与其他人们所熟悉的疾病不同的地方：虽然有许多死者的尸体躺在地上，没有埋葬，通常吃人肉的鸟兽或者不接近尸体，或者如果它们尝了尸体的肉的话，后来就因此而死亡。[103]

---

〔103〕 修昔底德：《伯罗奔尼撒战争史》，第2卷，47−49。

这里并非他的描述的结束,但我们已经把描述中涉及医学方面的主要内容都引述了。请注意,雅典人最初把瘟疫归因于敌人在蓄水池中蓄意投毒;这是直到17世纪在许多有关瘟疫的记述中不断重复出现的一个特点。[104] 在外行人看来,修昔底德所提供的医学方面的描述似乎是清楚的,但对于确定的诊断来说它仍是不充分的。这种流行病可能是新的,也就是说,它是由新出现的细菌或病毒引起的,而雅典人的身体还没有在抵抗这些细菌或病毒方面做好准备;这也许可以说明它的强烈程度和高死亡率(尽管如若没有出现新的细菌,那么人口拥挤、食不果腹和卫生较差也可以对它做出相当充分的说明)。我们知道,在没有经历过某种疾病的地区,这种疾病的侵袭会导致可怕的浩劫,例如,14世纪中叶的黑死病,15世纪末的梅毒,[105] 1520年在阿兹台克人(Aztecs)中流行的天花,[106] 1831年—1832年在欧洲盛行的霍乱,以及1875年斐济群岛(the Fiji Islands)麻疹的四处蔓延。还可以从影响植物和动物的流行病的历史中借用其他一些类似的例子,如1889年舞毒蛾突然和灾难性地进入马萨诸塞州(Massachusetts),1893年圣约瑟虫侵入美国东部诸州,1894年棉铃象甲袭击得克萨斯州(Texas),如此等等,不一而足。很有可能,雅典瘟疫是这类疾病的第一次,而且从未一模一样地重复出现过;的确,一个对某种疾病没有经验的人的反应,绝不可能在一个已经不那么单纯并且已得到某种程度的锻炼和一定免疫能力的人的身上重复出现。

---

[104] 《科学史导论》,第3卷,第1656页。

[105] 《伊希斯》*29*,406(1938)。

[106] 《伊希斯》*37*,124(1947)。

对于雅典瘟疫的认定，人们已经做了许多尝试，而认定的多样性说明这些认定尚无充足的根据。其中没有哪一个认定是令人信服的；它依然不确定，仍是一个有着或大或小的概率的问题。这是一次腹股沟淋巴结炎瘟疫、天花、斑疹伤寒还是伤寒症？J. F. D. 施鲁斯伯里（J. F. D. Shrewsbury）[107]所做的最新的研究表明，这场瘟疫最有可能是麻疹。他的论文中含有一个很长的文献目录，但却没有提 325
到小芬利（Jr. J. H. Finley）的《修昔底德》（*Thucydides*）。[108]在这部其他方面非常出色的著作中，小芬利指出（并且重申），那场灾祸不是传染病，而是麦角中毒。[109] 最恰当的猜测也许是麻疹，但谁又能肯定呢？

许多（甚至我们当代的）史学家没有科学头脑，这一点是很典型的，因而他们把修昔底德对瘟疫的医学描述看作偏离了主题。从修昔底德的科学头脑来看，这并非脱离主题，而恰恰是他的主题的核心部分。这场瘟疫的自然后果是可怕的，道德后果更糟糕；有人也许会说，这场瘟疫是雅典最终被打败的预兆。那么，那时弄清这场瘟疫究竟是什么、它是如何发生的以及如何停止的，就没有价值吗？显然这里存在着一个寻找病因、诊断和治疗（*prophasis*，*diagnōsis*，*therapeia*）的实际问题。修昔底德的分析没有更多的益处并非他的过

---

[107] J. F. D. 施鲁斯伯里：《雅典瘟疫》（"The Plague of Athens"），载于《医学史学报》（*Bull. History of Medicine*）*4*，1－25（1950）；威廉·麦克阿瑟（William MacArthur）对该文发表了评论，载于《医学史学报》*5*，214－215（1950）。

[108] 小芬利：《修昔底德》（*Thucydides*，Cambridge：Harvard University Press，1942）。

[109] 关于麦角中毒，请参见《科学史导论》，第3卷，第1650页、第1668页、第1860页和第1868页；乔治·巴杰（George Barger）：《麦角菌与麦角中毒》（*Ergot and Ergotism*，London：Gurney & Jackson，1931）。

错;无论如何,他尽到了他的职责,即一个科学的史学家的职责。

古代最伟大的哲学诗人卢克莱修(活动时期在公元前1世纪上半叶)认识到这种描述内在的重要意义,这是很有代表性的。他在《物性论》中对雅典瘟疫令人恐惧的描述,[110]严格遵循了修昔底德的著作原文。

作者用自己的语言比较详细地讲述了瘟疫的情况,而这几乎是他的史学著作中唯一能够立即引起科学史家兴趣的部分。书中提到的用烽火在山上传递信号[111]可能会使技术史家感兴趣,不过,如此简单的通报方法肯定远在那时以前就已经有人实践过了。[112] 的确,我们知道许多原始民族已经习惯用烽火或击鼓传递消息;尤其是击鼓,它可以传递非常复杂的信号。

修昔底德的史学著作也有三次提到日食和月食——公元前431年8月3日的日全食,[113]公元前424年3月21日的日环食,[114]以及公元前413年8月27日的月食;[115]这些日食和月食确实发生过,它们有助于证明作者的可信赖性。

九、希罗多德与修昔底德

我们已经熟悉了两位希腊最早和最伟大的史学家,现

---

[110] 卢克莱修:《物性论》,第6卷,第1138行—第1286行。

[111] 修昔底德:《伯罗奔尼撒战争史》,第2卷,94。

[112] 希罗多德在《历史》第9卷,第3节;第6卷,第115节、第121节和第124节提到过类似的情况,色诺芬以及其他史学家也提到过这类情况。参见托泽:《古代地理学史》,第328页—第334页;沃尔夫冈·里普尔(Wolfgang Riepl):《古代的通讯事业》(*Das Nachrichtenwesen des Altertums*,492 pp.;Leipzig,1913),该书主要讨论了罗马时代。

[113] 修昔底德:《伯罗奔尼撒战争史》,第2卷,28。

[114] 同上书,第4卷,52。

[115] 同上书,第7卷,50。

在,我们也许应暂停一下,把他们做一番比较。这两个人都是各自类型中最早的典型事例。不同寻常的是,这同一个国家在相同的半个世纪内把他们两个人奉献给人类。

他们的生命跨度几乎是相等的(他们去世时都过了花甲之年),而且他们前后相继,年龄相差20多岁;从父子属于同一时代的意义上讲,他们是同一时代的人。在那个英雄时代,20年会造成一定的差异,但差异不会很大。从外部环境来看,他们之间的主要差异就是,波斯战争时希罗多德是一个孩子,而修昔底德是伯罗奔尼撒战争的见证者;希罗多德 326
是卡里亚人,用爱奥尼亚语写作,而修昔底德是雅典人,是古雅典语散文的奠基者。前者来自希腊文化的边陲地带,后者来自它的中心。

希罗多德早年所接受的可能是实用方面也许是商业方面的训练;修昔底德是雅典智者们的一个弟子,与他的这个前辈相比,他有点像一个高等学校的毕业生。

然而对比一下他们的个性,就会发现他们在这方面的差异远远大于外部环境的差异。的确,他们二人都有机会经历另一个人的环境。色雷斯像卡里亚一样也是边陲地带。两场战争都同样糟糕。他们两人都曾四处旅行并结识了许多类型的人。

当然,希罗多德进行过相当多的旅行,他的旅行范围决定了他的著作的范围。他涉及了更长的历史和更大的世界[事实上是整个 *oicumenē*(有人居住的世界)],并且在更宽广的范围内进行了如实的描述。把修昔底德与他相比,就像是把一个微型画的画家与巨型壁画的画家相比;修昔底德只涉及了希腊世界,而且只涉及了一个27年的时期;如果不把绪论包括进去，那么，他的巨著所涵盖的时期不超过20年，也就是说，修昔底德和希罗多德，一个描述了20年，另一个描述了上千年；一个涉及的只是希腊，另一个涉及的是整个有人居住的世界。

希罗多德是一个性情温和而且极为博学多识的说书人，生性非常好奇而又单纯，他是一个毕达哥拉斯主义者、半个东方人，喜欢奇迹和怪异的事物；他的文笔潇洒、流畅而且令人愉快。修昔底德不仅选择了一个较小的话题，而且把自己小心翼翼地限制在这个话题上。他的头脑和文笔同样严谨，而且不苟言笑。他是一个政治现实主义者、实证主义者和科学工作者。

他们的准确性标准有很大差异。希罗多德在寻找事实方面的确遇到一些麻烦，他坦率地但并非不加批判地讲述那些事实。但是，一个人怎么能知道整个世界的人文地理学和古代近东史呢？而从另一方面讲，确切地叙述希腊两个最主要的民族在30年的短暂时期内的军事和政治的兴衰变迁，即使不是很容易，也是可能的。他们两个人对人都有浓厚的兴趣——希罗多德以一个有教养的旅行家的方式对人感兴趣，而修昔底德在这方面更像一个智者和政治家。

最终的结果是不寻常的。希罗多德的史学著作中包含了更多对科学史家来说重要的内容，而修昔底德的史学著作对政治史的研究者具有更为重大的意义。科学史家也许很容易忽视修昔底德的史学著作，但如果这样做就错了。从整体上讲，修昔底德的史学著作是史学上的一座丰碑，该书首次把科学的方法运用于对历史的研究，时至今日，它仍然是最杰出的著作之一。

如果不考虑数学思想和医学研究的价值，那么可以说，修昔底德的史学著作是那个黄金时代最伟大的科学成就。

十、尼多斯的克特西亚斯

第三位史学家尼多斯的克特西亚斯远不如希罗多德或修昔底德重要，也远不如他们著名，因为他们的著作都完整地留传给我们，而克特西亚斯的著作，我们只有一些残篇；尽管如此，他在许多方面都是一个非常值得注意的人。首先，他有助于我们认识，虽然波斯和希腊有差异甚至有敌意，但它们并不能完全分开，波斯也不能与印度分离。这些国家的人们彼此到对方的国家去，就像现在的人们一样，尽管有各 327
种限制，但依然会从俄国去西方或者从西方去俄国。

此外，克特西亚斯是一个医生。他出生在尼多斯[116]，这里活跃着一个著名的医学学派；不仅他是一个专业医生，他的父亲和祖父也都是专业医生。大约公元前417年，他被波斯人逮捕了，并且成为波斯的宫廷御医。他是大流士二世(Darios II，公元前424年—前404年在位)和阿尔塔薛西斯二世尼蒙(公元前404年—前358年*在位)的御医。他的主要顾客是王后帕里萨蒂斯(Parysatis)，大流士的同父异母姐妹，她后来成了一个非常有权势的母后。克特西亚斯在公元前401年库那克萨战役[117]中辅佐阿尔塔薛西斯，不久之

---

[116] 尼多斯是小亚细亚西南角的一个狭长的半岛。它离哈利卡纳苏斯和科斯岛很近。

* 原文如此，与前文略有出入。——译者

[117] 关于公元前401年的库那克萨战役，请参见本章注释24。色诺芬和克特西亚斯都参加了这次战役，但分别在彼此敌对的一方。

后就作为特使被派去见塞浦路斯的希腊统治者。[118] 他并没有从塞浦路斯返回波斯，而是（于大约公元前 398 年）回到相对比较近的他在尼多斯的家乡。他正是在尼多斯撰写了他的著作，而且大概在这里度过了他生命的最后那些岁月。他从公元前 4 世纪初动手著述，而我们只在这一章中谈论他，因为这些著作是他在东方体验的结果，是在前一个世纪取得的成果。

他的主要著作有《波斯志》（*Persica*）和《印度志》（*Indica*），前者是一部关于亚述和波斯的历史，共计 23 卷，后者是单一一卷的关于印度的著作（参见图 69）。这些著作的有些部分被西西里岛的狄奥多罗（活动时期在公元前 1 世纪下半叶）、大马士革的尼古拉斯（Nicholas of Damascus，活动时期在公元前 1 世纪下半叶）以及其他人保存下来，但主要是由君士坦丁堡的佛提乌（Photios of Constantinople，活动时期在 9 世纪下半叶）保存下来的。佛提乌似乎是一个非常晚的见证者，但晚一些并没有多大问题，因为显而易见，他手中有一些原稿。在（大约于 857 年以前完成的）《群书集要》（*Bibliotheca*）或《百家集粹》（*Myriobiblon*）中，他收集了 280 部著作的概要或评论，其中许多业已失传。例如，他关于《波斯志》的论文这样写道："读了尼多斯的克特西亚斯的著作《波斯志》，共计 23 卷。不过，前 6 卷讲述的是亚述的历

---

[118] 塞浦路斯曾经受波斯人和腓尼基人统治，但公元前 411 年，在萨拉米斯（萨拉米斯是塞浦路斯主要的希腊语城市，位于叙利亚视线以内的东海岸）的埃瓦戈拉斯（Evagoras of Salamis，公元前 435 年—前 374 年）的领导下实现了希腊文化的复兴。许多希腊难民加入埃瓦戈拉斯的队伍，最著名的是海军统帅雅典的科农（Conon，公元前 444 年—前 392 年），他重组了波斯舰队，并且于公元前 394 年在尼多斯歼灭了斯巴达舰队。

ΕΚ ΤΩΝ ΚΤΗΣΙΟΥ, ΑΓΑΘΑΡ-
ΧΙΔΟΥ, ΜΕΜΝΟΝΟΣ
ἱστορικῶν ἐκλογαί.
ἈΠΠΙΑΝΟΥ Ἰβηρικὴ καὶ Ἀννιβαϊκή.

Ex Ctesia, Agatharchide, Memnone excerptæ historiæ.
Appiani Iberica. Item, De gestis Annibalis.

Omnia nunc primùm edita. Cum Henrici Ste-
phani castigationibus.

EX OFFICINA HENRICI
Stephani Parisiensis typographi.

AN. M. D. LVII.

图69　克特西亚斯的著作的第1版(Paris:Henri Estienne,1557);小开本。这是扉页;从这页可以了解到,它不仅是克特西亚斯著作的希腊文第1版,而且是尼多斯的阿加塔尔齐德斯(活动时期在公元前2世纪上半叶)著作的第一个摘录、赫拉克利亚-本都卡的门农(Memnon of Heracleia Pontica,活动时期在1世纪?)著作的第一个摘录以及亚历山大的阿庇安(Appianos of Alexandria,活动时期在2世纪下半叶)著作的第一个摘录。亨利二世艾蒂安(Henri II Estienne,Paris 1531–Lyon 1598)既是这部书的编辑者也是其出版者,他是法国一个著名的印刷商、人文主义者和书商家族的后代[复制于哈佛学院图书馆馆藏本]

史以及波斯以前的其他事件。”这段希腊文的评论大约为850行。

佛提乌以同样的方式说明了另一部著作：“读了同一作者的《印度志》，该书只有单一的一卷。在写作时他更多地运用了爱奥尼亚方言。”这一评论比较简短；它的希腊文本大约为442行。

最近亨利[119]编辑出版了佛提乌概述的法语-希腊语对照本，使用起来很方便，但我们实际上需要一个新的对克特西亚斯的所有残篇的评注本，以及有关他的思想的文献汇编。[120]

《波斯志》的前6卷论述了亚述的历史，它们差不多都被西西里岛的狄奥多罗保存下来；有关公元前549年米底(Media)国王阿斯提亚格斯(Astyages)被居鲁士打败以及波斯统治开始的记述，应该感谢大马士革的尼古拉斯，是他把这一记述保存下来。佛提乌概述了(直至公元前398年的)波斯史的所有其余部分，他把克特西亚斯与希罗多德进行了比较。克特西亚斯的波斯史知识来源于希罗多德，他常常对
328 希罗多德提出批评，不过，他给这个框架增加了许多信息，他曾长期居住在波斯宫廷中，而这些信息正是从他那段生活经历中获得的。我们也许可以想象，那些故事是国王或其助手

---

[119] R.亨利：《佛提乌对克特西亚斯的〈波斯志〉和〈印度志〉的概述》(*Ctesias, la Perse, l' Inde, les sommaires de Photius*, Brussels: Office de Publicité, 1947)[《伊希斯》*39*, 242(1948)]。

[120] 《波斯志》的最好的版本是约翰·吉尔摩(John Gilmore)编辑的版本(London, 1888)，该版完全是希腊文，但增加了很好的注释和索引。关于《印度志》，请参见J. W. 麦克林德尔(J. W. McCrindle)的英译本(Calcutta, 1882)，该版没有希腊文，但也加了很好的注释和索引。

告诉他的,或者是飞扬跋扈的帕里萨蒂斯和她的那些贵妇人告诉他的。不过,其中的大部分只不过是一些闲谈。他的著作太缺乏考证,因而我们也许不会(像称呼他的对手那样)称他为史学之父,而称他为历史小说之父,但这也并非很合适。无论如何,当无法获得更纯粹的资料时,我们必定会充分利用历史小说。克特西亚斯所收集的资料往往是很有意思的,当他的叙述与希罗多德相矛盾时,我们不应草率地推断说,后者是对的,尽管一般而言希罗多德更为可信。

克特西亚斯的叙述缺乏考证,他对贝希斯顿铭文(the Behistūn inscription)的记述就是一个例子。[121] 这段铭文是公元前516年刻的,记载了大流士一世成功地制服他的一些 329
造反的诸侯;铭文使用波斯语、埃兰语(Elamite)和阿卡德语三种语言,用楔形文字写成。这个纪念碑对语言学家来说具有重大意义,因为并列的铭文有助于译解未知的语言;它被称作楔形文字(或亚述学)的罗塞塔石碑(the Rosetta stone)。在该纪念碑建成刚刚一个世纪后,正是克特西亚斯的活跃时期,而那时有关它的传说依然很新鲜,克特西亚斯说,碑文是用叙利亚(亚述)文写的,并且认为它是亚述的塞米拉米斯王后写的!有些人也许会认为,若不是传奇的塞米拉米斯成了克特西亚斯的亚述浪漫故事中的女主人公,他们本应对波

---

[121] 西西里岛的狄奥多罗:《历史丛书》(*Bibliotheca historica*),第2卷,13。贝希斯顿现称作比苏顿(Bīsutūn)[《伊斯兰百科全书》,第1卷(1912),第734页],位于伊朗西部,在克尔曼沙阿城附近。克特西亚斯使用的名称是 *to Bagistanon oros*,它来源于古波斯语的 Bāgastāna,意为神居住的地方(亦即 Mithras)。亨利·罗林森爵士(1847年)对巴比伦楔形文字的译解是亚述学的基础。参见伦纳德·威廉·金和雷金纳德·坎贝尔·汤普森:《大流士时代的雕塑与铭文》(*The Sculptures and Inscription of Darius the Great*, London, British Museum, 1907)。

斯宫廷有更多的了解。

希罗多德描述了波斯帝国从以弗所到苏萨的皇家大道，克特西亚斯继续描述了从苏萨到巴克特里亚和印度的大道（他的记述已失传）。

克特西亚斯所讲述的另一段逸事是可信的，它涉及关于沥青和石油在巴比伦的出现：

尽管在巴比伦可以看到许多独一无二的风景，但这个地区大量出产的沥青（*asphaltos*）却没有丝毫的惊人之处；它的供应量如此之大，以至于不仅能满足诸多大型房屋的建设，而且普通人也可以毫无限制地在产地收集和提取沥青，把它晾干，用它当木柴烧。虽然提取沥青的人数不胜数，但其产量未见减少，仿佛它出自一个取之不尽、用之不竭的来源。此外，在这个沥青来源的附近，有一个洞，其规模并不很大，但却有相当大的能量。因为它喷发出的含有硫磺的水汽会使所有接近它的生物丧生，而且它们会很快、很离奇地死去。在维持一段时间的呼吸后，它们的呼吸就像被某种攻击呼吸过程的力量阻止了一样，因此而失去生命；并且，它们的身体很快会膨胀以至爆裂，尤其是在肺部附近的区域。在这条河的另一边还有一个湖，实心的物体可以立在湖边，如果一个人对该湖不熟悉，进入湖中游泳，游一会儿还可以，但是当他向湖中心游去时，他就会向下坠，仿佛有一种力量在拖他似的；当他开始自救，并且下决心回到岸边时，尽管他奋力解救自己，他好像又会被某种东西拽回去；他的身体会变得麻木，首先是脚，其次是到腿及腹股沟，最后，他的全身都会失去知觉。他会被拖入湖底，过不了多久就会丧命并且从湖底浮起。[122]

希罗多德有关伊斯（Is）[123]沥青储量的记述[124]对此做出了印证。

克特西亚斯对印度的描述甚至比他对波斯的描述更令人难以置信。至少，克特西亚斯还在波斯与波斯人一起生活过多年；但他从未去过印度，他描述的关于印度的逸事是从波斯这个窗户所看到的。在这里，印度主要指印度河和希达斯佩河（Hydaspes）流域。但奇怪的是，克特西亚斯没有提到塔克西拉（Taxila），它在那时已经是那个地区［旁遮普（Punjab）］的主要城市了。不过，《印度志》这部书依然重要，因为在很长一段时期中，它一直是西方有关印度的知识的主要来源。

现在该回过来谈谈作为医生的克特西亚斯了，克特西亚斯有关藜芦[125]的论述，被奥里巴修（Oribasios）编入他的医 330

〔122〕西西里岛的狄奥多罗：《历史丛书》，第2卷，12，"洛布古典丛书"，查尔斯·亨利·奥德法瑟（Charles Henry Oldfather）译。

〔123〕伊斯［现称希特（Hit）］距巴比伦有8天的路程，在幼发拉底河以西附近。它是巴比伦城墙上所用的沥青的矿源。

〔124〕希罗多德：《历史》，第1卷，第179节。

〔125〕在爱奥尼亚语中，拼写藜芦（*elleboros*）这个词时要标上不送气符，而在古雅典语中，拼写时要标上送气符。这就可以解释英语中两个都正确的拼写 ellebore 和 hellebore，前者现已废弃不用。希腊人和罗马人大量使用各种藜芦的干根茎，把它们当作药物；它们包含不同的生物碱，可起到止痛药和镇静剂的作用；也可作杀虫剂外用。在希波克拉底的文集中多次提到藜芦，参见利特雷主编：《希波克拉底全集》，第10卷，第628页—第630页；盖伦提到它们的次数较少，参见卡尔·格特洛布·屈恩（Karl Gottlob Kühn）主编：《盖伦全集》（*Galeni opera omnia*，20 vols.；Leipzig，1821−1833），第20卷，第296页。希波克拉底派的医生把藜芦用于许多不同的目的。

学文选中的一章。[126] 其主要内容如下：

我的父亲和祖父都不敢在药方中使用藜芦，因为他们不知道如何使用它以及正确的剂量是多少；如果让某患者饮用藜芦，必须首先给他提出忠告，征得他的同意。那些过多地服用藜芦的人会窒息(*apepnigonto*)，没有几个能活下来。现在，它的使用已经很安全了。

这段话很有启示意义，因为它揭示了尼多斯三代人药理学知识的发展；尼多斯的医生进行了医学实验，并且弄清了其结果。

从许多希腊著作和拜占庭著作提到克特西亚斯的次数来看，他似乎是一个颇受欢迎的作者；甚至有可能，读他的著作的人比读希罗多德著作的人还要多。就连柏拉图和亚里士多德这样的人也熟悉他，我们可以假设，亚里士多德最著名的学生亚历山大大帝也读过克特西亚斯的著作。的确，亚历山大的海军统帅涅亚尔科(Nearchos，活动时期在公元前4世纪下半叶)告诉我们，这位国王被有关塞米拉米斯和居鲁士的故事深深地迷住了。[127] 激发一个富有活力者的想象的更有可能是神话而非科学说明；也许，对于这位国王来说，希罗多德著作的科学性太强了，而克特西亚斯的著作对他更有吸引力。因此，克特西亚斯对亚历山大的亚洲战役也有一定影响。

---

[126] 佩加马的奥里巴修(Oribasios of Pergamon，活动时期在4世纪下半叶)是叛教者尤里安(Julian the Apostate)的御医。原文出现在《医学文选》(*Iatricai synagōgai*)第8卷，8。参见比瑟马克(Bussemaker)和达朗贝格编辑的版本(6 vols.；Paris，1851-1876)第2卷(1854)，第182页；这一版非常出色。

[127] 斯特拉波：《地理学》，第15卷，1，5；2，5。